"十三五"普通高等教育规划教材

特种高分子材料

刘引烽　编著

化学工业出版社

·北京·

本教材以结构与性能间的关系为主线，系统介绍了各类功能高分子材料与生物医用高分子材料的功能或特性原理、分类与制备方法、实际应用与展望等，展示近年来国内外这些领域的研究成果，引导读者了解特种高分子材料的基本类型和功能原理，尤其是其结构设计思想，启发创新思维。

全书共分七章，着重介绍化学功能、分离功能、光功能、电磁功能和致动功能及生物医用高分子材料共六大方面，主要包括高分子化学反应试剂与高分子催化剂；分离树脂与分离膜、高分子絮凝剂和高吸水性树脂；光学塑料和塑料光纤、高分子非线性光学材料、光刻胶、光致变色高分子材料；高分子绝缘与导电材料、光导高分子材料、高分子压电、热电和铁电材料、高分子磁性材料和高分子吸波材料；高分子致动材料也叫人工肌肉和智能凝胶，包括能对各种物理或化学刺激做出伸缩响应的高分子材料；生物医用高分子材料则包括人工脏器、高分子修复材料、高分子药物及药用高分子材料等。

本书是高等院校功能高分子材料和生物医用高分子材料课程教材，也适合于其他学科学生课外阅读，并可作为从事特种高分子科研与开发人员参考。

图书在版编目（CIP）数据

特种高分子材料/刘引烽编著. —北京：化学工业出版社，2017.9
ISBN 978-7-122-30650-0

Ⅰ. ①特… Ⅱ. ①刘… Ⅲ. ①特种材料-高分子材料-研究 Ⅳ. ①TB324

中国版本图书馆 CIP 数据核字（2017）第 232833 号

责任编辑：赵媛媛 杨 菁　　　　　　　　　　装帧设计：张 辉
责任校对：王素芹

出版发行：化学工业出版社（北京市东城区青年湖南街 13 号 邮政编码 100011）
印　　刷：三河市延风印装有限公司
装　　订：三河市宇新装订厂
787mm×1092mm 1/16 印张 24 字数 595 千字 2017 年 9 月北京第 1 版第 1 次印刷

购书咨询：010-64518888（传真：010-64519686） 售后服务：010-64518899
网　　址：http://www.cip.com.cn
凡购买本书，如有缺损质量问题，本社销售中心负责调换。

定　　价：79.00 元　　　　　　　　　　　　　　　　　　版权所有 违者必究

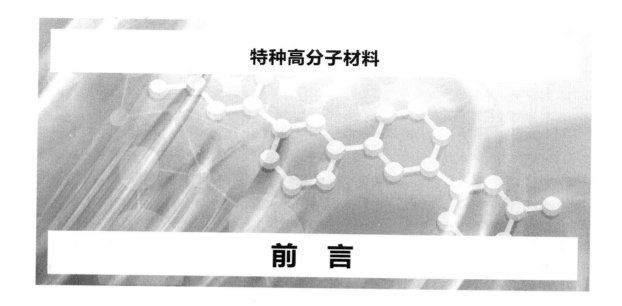

特种高分子材料

前　言

　　特种高分子材料包括常规高分子材料所不具备的特殊性能，是高分子材料领域的一个重要分支。

　　高分子材料通常具备基本力学性能和良好的加工性能。与其他材料相比，高分子材料在其 T_g（或 T_m）～T_f 间，在受到不大的力的作用时即可发生很大的形变，并能以较快的速度回复，表现为明显的高度弹性行为特征，称为高弹性；而在 T_g（或 T_m）以下，这种高弹性通常难以表达，表现出硬质材料特征，只有在特定的温度区间，在较大的应力下才会屈服而表现出大的应变，这种应变在 T_g（或 T_m）以下是无法回复的，只有当温度升高到 T_g（或 T_m）以上时才能回复，称为强迫高弹性；在 T_g（或 T_m）附近，这种大的应变是可以回复的，但需要时间来逐渐回复，表现为明显的黏弹性特征。因此在力学性能方面，高分子材料具有其他材料所不具备的高弹性和黏弹性。高分子材料可以表现得很软，也可以表现得很硬；既可以很强，也可以很韧。一般高分子材料在具备基本力学性能的同时，还具有隔热、绝缘特性，是热、电的不良导体，且易于加工成型，可以满足一般生产生活需要。

　　但是与其他材料相比，高分子材料的耐温性、耐磨性等不尽如人意。为了应对极端条件，需要耐高温或耐寒材料，需要有超强度、超耐磨材料；为了应对航空航天和各类导弹的需求，需要有耐烧蚀材料。显然一般高分子材料难以胜任，一大批具有高性能的高分子材料应运而生。具有高强度、高模量和高耐热特点的工程塑料在机械工业、国防科技、汽车等交通工具中都得到了广泛的应用。

　　为了提高化学反应速率和选择性，高分子试剂及仿照天然酶结构的高分子催化剂走上历史舞台；高分子固相合成方法使生物活性蛋白的合成周期大大缩短；模板聚合的方法使生物复制在实验室进行成为可能。具有优良分离功能的生物膜是大分子，因此，高分子成为优良的分离材料，离子交换树脂、螯合树脂为电子工业、原子能工业提供超净水、富集有用的金属离子；反渗透膜使海水淡化简便易行；渗析膜为尿毒症患者带来福音；高吸水性树脂使荒漠少水的地带披上了绿装；高分子絮凝剂使废水处理简便易行。为了实现信息的高速、高保密性传递，光纤材料发挥了重要的作用；有机非线性光学材料因具有高的非线性系数，从而使倍频器件、光开关、光存储器迅猛发展；与大规模集成电路相配套的光刻胶的不断进步使芯片的集成度不断飙升。导电高分子为新能源电极和电解质提供了新的材料选择，电致发光高分子使柔性显示屏成为可能。这些功能高分子的发明展示了高分子材料的独特魅力。

缓释药物和控制释放的药物使药物有效成分在血液中维持正常浓度的时间大大延长，组织工程材料的出现使损伤修复趋于完美，人工肾、人工心脏等人工脏器使尿毒症病人和心脏衰竭患者有了重生的希望。这些生物医用高分子材料的发展为人类生命健康和生活品质的提升提供了材料的保障。

这些正是特种高分子材料的贡献。特种高分子材料主要包括三大类型：第一类是具有特殊功能的材料，如具有化学反应功能的高分子试剂和高分子催化剂，具有分离功能的各种分离树脂和分离膜，具有光传输功能的光学塑料和光导纤维、通过光化学反应产生成像特性或颜色变化的光刻胶与光致变色材料，具有电磁功能的导电高分子材料、电致发光高分子材料、磁性高分子材料和吸波材料等，通过化学或光电响应产生机械力的传动功能高分子材料等；第二类是生物医用高分子材料，此类高分子材料首先必须满足所用场合的生物医用基本要求，如无毒、无害、无菌，有组织相容性或血液相容性等，同时还能满足特定应用场合的功能需要，如心脏瓣膜的单向输送功能、人工心脏的耐疲劳性能、人工血液的溶氧功能、组织工程材料支架的干细胞黏附与生长功能及可降解特性、高分子药物的控制释放功能及其杀菌治疗功能等，是特殊的一类特种高分子材料；第三类是具有特别优异性能的高分子材料，如特别耐高温和特别耐低温的高分子材料、超高模量或超高强度的高分子材料、超耐磨材料、自润滑高分子材料、耐烧蚀高分子材料等。

本教材以具有特殊功能的功能高分子材料和具有特殊应用的生物医用高分子材料为对象，以结构与性能间的关系为主线，系统地介绍各类功能高分子材料与生物医用高分子材料的功能或特性原理、分类与制备方法、实际应用与展望等，展示近年来国内外这些领域的研究成果，引导读者了解特种高分子材料的基本类型，尤其是其结构设计思路，启发心智。化学功能高分子材料侧重于高分子化学反应试剂、高分子催化剂及其所表现出的特有的高分子效应，介绍高分子在固相合成多肽等生命物质中所起的特殊作用及固定化酶在催化领域中的特殊意义；具有分离功能的各种高分子材料中，有些与化学反应有关，如离子交换树脂、螯合树脂等，而还有很多则与其树脂的化学结构、物理形态有关，如分离膜、拆分树脂、高吸水性树脂等，因而我们把分离特性单独列为一章，它包括了各种具有分离特性的高分子树脂和膜材料；物理功能以光功能与电磁功能为主。光功能材料主要介绍光学塑料和塑料光纤、高分子强光物理材料、感光树脂、光致变色高分子材料等；电磁功能材料主要介绍介电与导电高分子材料，光导高分子材料，高分子压电、热电和铁电材料，磁性高分子材料和高分子吸波材料等；生物医用高分子材料则主要介绍具有替代人体器官功能的人工脏器、人工血管与血液、与人体组织相容性好的高分子整形修复材料、在医疗过程中充任重要角色的各种高分子医疗用品，以及在药物制剂、药物控释等方面有广泛应用的药用高分子材料和具有药理功能的高分子药物等。

本书可作为高等院校开设特种高分子材料课程的教材，也可以用作功能高分子材料或生物医用高分子材料课程教材，适合于其他学科学生课外阅读，也可以作为从事特种高分子科研与开发人员的参考用书。

鉴于当前特种高分子材料的发展非常迅速，新的功能特性不断被开发，对结构与性能间的关系还在深入研究，原有的一些理论还在不断地完善，新的理论还将出现，因此，与之相应的特种高分子教材也不应是一成不变的。本书的内容仅能部分反映特种高分子发展的现有水平，尚不能全面反映这一领域的现有成果，同时限于作者的水平，在内容的选取、编排和总结上，偏颇、疏漏与不当之处在所难免，希望得到广大专家、读者的批评指正。

本教材在编写过程中参考并引用了大量的书籍及文献资料，在此，我要向这些书籍和文献的作者表示衷心的感谢。在试讲过程中，得到了我校十多届学生的热情鼓励，在此我也要向他们表示衷心的感谢。最后，尤其要感谢华家栋先生，在功能高分子科研和特种高分子教学中，他始终给予我亲切的教诲和无私的帮助。

编著者

2017 年 5 月

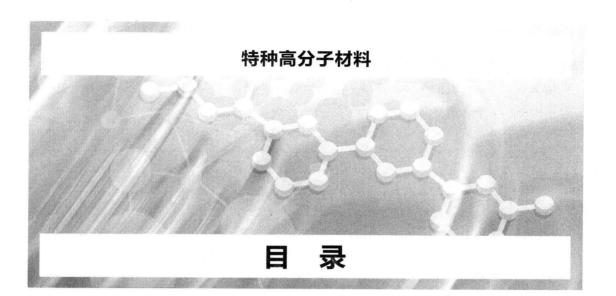

特种高分子材料

目 录

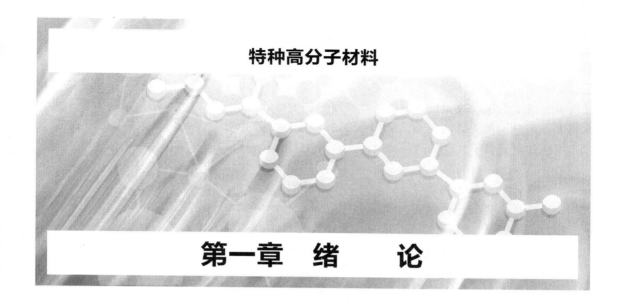

特种高分子材料

第一章 绪 论

第一节 特种高分子材料的定义与分类

材料是能为人类制造有用器具的物质。人们使用材料，做成了各种工具来为人类服务。工具的使用反映了人类的文明，材料的制造与应用技术则反映了人类文明的进程，因此，历史学家用"材料"来划分时代，见表 1-1。从材料的发展历史来看，从远古的旧石器或新石器时代到随后的陶器、铜器时代或铁器时代，人们从直接使用石材、木料、棉麻、皮毛等天然材料到学会了将黏土变陶器，将矿石变铜、铁，并运用到生产实践中去，构成了人类文明的基础。可以说，人类的历史是材料逐渐更新进步的历史，也是材料发展的历史。

表 1-1 各时代材料的特征

时代划分	材料特征
石器时代	原始的人类逐渐使用石器作武器和工具等,属于天然材料
陶器时代	用可塑性好的黏土加热变硬可制成陶器,属人工材料
铜器时代	耗费更大的能量将铜矿、铁矿还原成铜、铁,制成人工材料
铁器时代	
高分子时代	高分子的应用量已超过金属,属合成材料

材料是现代科技发展的基础。现代科技的发展始终与材料的革新相关联。当今世界已步入高技术的发展时代。科学界认为，电子和信息技术、能源技术、生命科学将构成现在和今后一段时期内科学技术发展的三大领域，它们是人类赖以生存的三大支柱，而材料则是其共同的基础，因为能源的保存和利用离不开材料（如燃料及其开采、发电机、电池等能源的开发、转换、运输、储存都需要材料介质），信息的接收、处理、储存和传播离不开信息材料（如印刷材料、照相机、电话、电视、收录机和计算机等各种机械、器件与线路等），健康益寿、遗传工程也需要依靠各种生物材料和其他材料的支持。因此，与现代科技发展相适应的"新材料革命"始终是科技领域的主旋律。

20 世纪以来，高分子材料异军突起，已引起了材料领域的重大变革，其使用量从体积上远远超过了金属。从某种意义上讲，人类已经进入了高分子合成材料的时代。随着高分子科学的建立和石油化工的蓬勃兴起，形成了新兴而庞大的高分子材料工业。高分子材料以其优良的力学特性，以及原料来源广博、加工制造方便、品种繁多、形态多样、用途广泛、省能节资、成本低廉、效益显著等优势，在材料领域中的地位日益突出，增长最快，比重也越来越大。高分子工业既满足了人们日常的衣食住行的各种需要，也为工农业生产、尖端技术、国防建设提供了大量的产品和材料。高分子材料是国民经济和现代社会生活中不可缺少的材料，它和金属材料、无机非金属材料以及复合材料一起形成了多种材料共存的格局。

近年来，从高分子化学与高分子材料工业的发展来看，其发展方向主要表现在以下三个方面：一是通用高分子材料向大型工业化方向发展，例如由于烯烃聚合的高效催化剂的出现，导致成本降低 20%～30%，这有利于建立年产十万吨级以上的大厂；二是工程塑料与复合材料的迅速发展，新的高分子材料逐渐或部分取代了原有材料，例如代替钢、铝、有色金属及其他金属的轻质结构材料，可以用来制造车、船、飞机以节约能源和资源；三是特种高分子材料的兴起，为了适应计算机技术、信息技术、生物技术、宇航技术等尖端技术的发展，特种高分子材料尤其是功能高分子材料得到了长足的发展，其功能设计原理和方法也日益成熟，出现了各种各样的新品种，在高技术领域中获得了广泛的应用。如耐高温或耐超低温材料、超高强度材料、超高模量材料、耐烧蚀材料、固相合成用高分子试剂、反渗透分离膜、光导纤维、光刻胶、导电高分子材料、组织工程材料、人工脏器等的问世，为高新技术的发展和人类健康奠定了基础。因此，特种高分子材料已自成体系，成为高分子材料科学与工程中的一个重要的分支。

一、特种高分子材料的定义

高分子材料按其使用特性可分为通用高分子材料、工程高分子材料和特种高分子材料。通用高分子材料和工程高分子材料大部分属于结构高分子材料。

结构高分子材料最基本的特性是具有高的比强度和比刚度，可代替金属作为结构材料，如我们熟知的工程塑料和聚合物基复合材料等。一般高分子都具备以下一些特性，如美观、质轻、比强度高、力学强度范围宽，从柔性、弹性、韧性到刚性都有相应的材料，其耐磨性好，具有防腐、隔热、绝缘、吸波、消音、减震等性能。

特种高分子材料，一般认为，是指除了具有一般的力学性能之外，还具有特定功能或突出性能的高分子材料，主要包括三大类型：具有特殊功能的高分子材料、生物医用高分子材料和具有特别优异性能的高性能高分子材料。所谓性能，是指材料对外部作用的抵抗特性，如对外力的抵抗表现为材料的强度、模量，对热的抵抗表现为耐热性，对光、电、化学药品的抵抗则表现为材料的耐光性、绝缘性、耐化学腐蚀性等。功能，是指从外部向材料输入某种能量和信号时，材料内部发生质和量的变化而产生输出和转化的特性。例如，材料在受到外部光的输入时，材料可以输出电信号，称为材料的光电功能；材料在受到多种介质作用时，能有选择地分离出其中某些介质，称为材料的选择分离性。此外，如导电性、磁性、光导性、压电性、药物缓释性、光化学反应性等，都属于"功能"的范畴。但是，性能和功能间的含义有时是相互交叉的，并不能截然分开。就功能的定义中，我们也可以看出，性能实际上也可以看成是材料对能量或信号的输出功能。因此，按照通常的观点，"功能"往往是指除了机械特性以外的其他功能性。生物医用高分子材料也是比较特殊的一类高分子材料，它除了需要满足一般高分子所具有的力学性能外，还必须满足其特定场合的使用特性，如外用的无毒无害、无过敏致畸性等，植入材料的组织相容性和血液相容性等。所谓突出性能，与"普通"相比较，是指其特别优异的性能，如超高强度、特优绝缘性、耐高压、耐高温等特性。所有这些特种高分子材料有时也称为精细高分子材料（fine polymer），原因在于其生产量较小，但附加值很高。

二、特种高分子材料的分类

特种高分子材料包括三大类特殊的高分子材料，主要包括功能高分子材料、生物医用高分子材料和高性能高分子材料。

（一）按来源不同分类

特种高分子材料可分为天然特种高分子材料、半合成特种高分子材料和合成特种高分子材料三大类。

天然高分子材料的突出代表就是生物高分子，如蛋白质、核酸、酶、多肽和血红素等，在生命现象中扮演着丰富多彩的重要角色。例如，鳗鱼的表皮外有一层很滑的聚多糖物质，它具有减阻功能，也能使污水澄清，是一种很好的天然絮凝剂；海带等海洋生物的细胞膜具有富碘功能等。

在半合成功能高分子材料中固定化酶是最重要的特种高分子材料之一。现已有许多固定化酶用于工业，如固定化的淀粉酶和糖化酶能高效地使淀粉、糊精等转化成葡萄糖，葡萄糖也可借助于固定化酶转化成高甜度的果糖。

大部分特种高分子材料来自全合成，为合成特种高分子材料，如广泛应用于计算机制造领域的光刻胶、催化各种有机合成的高分子催化剂以及用于修复人体组织的人工脏器等。

（二）按能量输入输出形式分类

在特种高分子材料中，功能高分子材料按照能量的输入与输出形式不同，可以分为能量传输型功能高分子材料和能量转换型功能高分子材料。

1. 能量传输型高分子材料（一次功能材料）

当从材料输出的能量与向材料输入的能量具有相同形式时，材料仅起能量传送作用，这种高分子材料即能量传输型功能高分子材料，这种功能又称为一次功能。输入的能量形式包括如下几种。

（1）机械能 材料对机械能的传输或抵抗表现为材料的强度、硬度和韧性等力学性能。这是高分子材料的基本特性，因此不归于特种高分子材料。而超高模量、超高强度、超高韧性的高分子材料具有高性能特征，可以在极端条件下使用，属于特种高分子材料，但不是功能高分子材料。

（2）热能 材料对热的传输或抵抗性能表现为耐热性、隔热性、导热性及吸热性等。耐热性是高分子的基本特性，具有多孔结构的泡沫塑料则具有很好的隔热特性，这些材料都不属于特种高分子材料。而导热材料、吸热材料（相变材料）属于功能高分子材料。

（3）声能 声能是一种特殊的机械能。材料对声波的传输或抵抗表现为隔音性、吸音性、声波反射性等。经过发泡，高分子材料具有较好的隔音效果，而高分子弹性体的振动频率与声波较为接近，可以将其制成特殊的吸音材料。

（4）电磁能　材料对电、磁或电磁波能量的传输特性表现为导电性（包括绝缘体到超导体的广泛范围）、导磁性（饱和磁化强度）、介电损耗、磁损耗等。绝缘是一般高分子的性能特点，电导率在半导体以上的高分子材料则属于电磁功能高分子材料。

（5）光能　材料对光输出表现为透光性、阻光性、反射、折射性和分光性、偏光性、聚光性，以及经过二次谐振的倍频、非线性光学现象等。

（6）化学能　材料对化学能的传输表现为对分子及其聚集体的传输与阻隔（分离功能）、化学基团的改变（化学反应功能）等，表现为分离吸附功能、氧化还原、离子交换、基团转递、催化作用、生化反应、酶反应等。

2. 能量转换型高分子材料（二次功能材料）

当向材料输入的能量和从材料输出的能量形式不同时，材料起能量转换作用，这种高分子材料即能量转换型高分子材料，这种功能又称为二次功能。它包括以下几种。

（1）机械能的转换　如压电材料、形状记忆材料、化学机械材料、声光材料、摩擦发光材料、光弹性材料等。

（2）电能的转换　如电磁材料、电阻损耗吸波材料、介电损耗材料、热电材料、电致发光材料、光电材料、电化学材料等。

（3）磁能的转换　如热磁材料、磁冷冻材料、光磁材料、磁致伸缩材料等。

（4）热能的转换　如热弹性材料、激光加热、热刺激发光、热化学反应等。

（5）光能的转换　如光致诱蚀剂、光致抗蚀剂、化学发光材料、光导材料、光致变色材料、电致变色材料等。

（6）化学能的转换　如化学发光材料、化学电池、化学热、光刻胶、光敏材料、光致变色材料、电致变色材料、pH 型人造肌筋、化学机械材料等。

（三）按材料功能特性分类

日本著名功能高分子材料专家中村茂夫认为，功能高分子材料按照材料的功能特性可分为力学功能材料、物理化学功能材料、化学功能材料和生物化学功能材料四大类别。

1. 力学功能材料

力学功能材料包括强度功能材料（如超高强材料、高结晶材料等）、阻尼功能材料（如具备弹性功能的弹性球、弹性贴面等）、降阻功能材料（如高分子降阻剂等）。

2. 物理化学功能材料

物理化学功能材料包括耐热性高分子（如含氟高分子、元素有机及无机高分子等）、电磁功能材料（如导电高分子材料、压电和热电高分子材料、高分子驻极体、磁功能高分子材料等）、光学功能材料（如光学塑料、光学纤维、感光高分子、光导材料、光致变色材料、光电材料、光记录材料等）、声功能材料（如高分子吸音材料、声电功能高分子材料、高分子压电材料等）、其他传感材料（如温敏、湿敏高分子材料及生物、化学高分子传感器等）。

3. 化学功能材料

化学功能材料包括分离功能材料（如离子交换树脂、螯合树脂、高分子分离膜、高分子絮凝剂、高吸水性树脂等）、反应功能材料（如高分子试剂、反应性高分子等）、催化功能材料（如高分子催化剂、高分子固定化酶等）。

4. 生物化学功能材料

生物化学功能材料包括人工脏器材料（如人工肾、人工心肺、骨科和齿科材料等）、医用高分子材料（如医用黏合剂、可吸收缝合材料等）、药物高分子材料（如药物载体、高分子药物等）、仿生高分子材料（如胰岛素、仿酶催化剂等）。

（四）按应用特性分类

按照材料的应用特性可将特种高分子材料分为功能高分子材料、生物医用高分子材料和高性能高分子材料三大类型。

1. 功能高分子材料

按照材料的主要功能特性，功能高分子材料分为化学功能高分子材料、分离功能高分子材料、光功能高分子材料、电磁功能高分子材料、致动功能高分子材料五种。由于许多功能高分子材料同时兼有多重功能、多种特性和多种用途，特别是能量转换型功能高分子材料，因输入能量与输出能量不同，这些功能高分子材料究竟以输入能量还是以输出能量来归属，有不同的方法。例如离子交换树脂运用的是化学反应过程，而其目标是实现离子的分离，本书按后者归于分离功能高分子材料中；又如电致发光材料输入的是电能，输出的是光能，但应用的主要场合是柔性显示，更多的属于电能转化特性，且所用高分子与导电高分子更为相近，因此，本书将之归于电磁功能高分子材料中。

2. 生物医用高分子材料

近年来，生物医用材料尤其是生物医用高分子材料发展特别迅速，包含的内容非常丰富。主要有能替代人体器官功能的人工脏器、人工血管与人工血液，与人体组织相容性好的高分子整形与修复材料、在医疗过程中充任重要角色的各种高分子医疗用品，以及在药物制剂、药物控释等方面有广泛应用的药用高分子材料和具有药理功能的高分子药物等。组织工程学的出现，提出了复制"组织""器官"的新思想，为组织和器官修复带来了革命，再生医学进入新时代，为众多的组织缺损、器官功能衰竭病人的治疗带来了曙光。组织工程学融合了工程学和生命科学的基本原理、基本理论、基本技术和基本方法，研究开发用于修复或改善人体病损组织或器官的结构、功能的生物活性替代物，在体外构建一个有生物活性的种植体，植入体内修复组织缺损，替代器官功能；或作为一种体外装置，暂时替代器官功能，达到提高生存质量，延长生命活动的目的。与此相应的组织工程支架材料包括骨、软骨、血管、神经、皮肤和人工器官（如肝、脾、肾、膀胱等）的组织支架材料也不断地被开发，所用材料主要涉及可降解高分子材料、陶瓷材料和生物衍生材料等，并出现了大量的研究成果。本书中没有单列组织工程材料，而以人工组织器官不同进行分类说明。

3. 高性能高分子材料

高性能高分子材料主要包括超高强度高分子材料、超高模量高分子材料、超耐磨与自润滑材料、耐高温高分子材料、耐低温高分子材料、耐烧蚀高分子材料、导热高分子材料以及超疏水高分子材料等。

第二节　特种高分子材料的设计与制备

特种高分子材料或者具有特殊的功能，或者需要满足生物功能或医用医疗的特殊要求，或者需要有特别优异的力学性能，因此，必须对其结构按照应用要求进行设计，使之具有相应的特性。为此，必须首先了解高分子结构和性能间的关系，然后根据所需特性，设计分子结构，通过合成和加工，制备特种高分子材料。

高分子材料有四个结构层次，即一次结构、二次结构、三次结构和高次结构。一次结构和二次结构构成了高分子的链结构，其中一次结构又称近程结构，针对的是高分子链的化学结构，包括高分子结构单元的化学组成、结构单元的构型、结构单元之间的键接方式以及不同的结构单元之间的序列结构、整个链的构型与构造方式等；二次结构是高分子链在空间的形态，针对的是高分子链改变构象的特性，即高分子链是否具有柔性。三次结构是高分子的聚集态结构，用于描述高分子链相互堆砌的有序程度，三维有序的结构为晶体结构，一维和二维有序结构又称为取向结构，这些有一定有序性的结构具有各向异性的特点，存在着对称缺陷。无定形或非晶态结构通常没有宏观有序性，但高分子链的长链特征会使局部区域的高分子表现出一定的有序性或有序性的潜征。为了赋予高分子材料特殊的功能或特性，就需要从结构上加以设计，以满足要求。

一、结构设计的主要途径

(一) 一次结构设计

一次结构设计即根据应用需要，直接将功能基团或特性结构设计在高分子链中，由此直接获得特殊性能。例如，要设计感光性高分子，可以在高分子的结构中引入肉桂酸酯等感光性基团；要设计高分子氧化试剂，可以将具有氧化功能的过氧基团直接接入聚苯乙烯等高分子的侧基上；要设计耐高温材料，可以将刚性基团设计于高分子主链上等。

(二) 二次或三次结构设计

有时，高分子只需通过改变链的构象或其结晶形态、取向态结构等二次或三次结构即可具备所需特性。例如，高分子材料通过薄膜化结合相分离手段可以制得带有特定孔径的高分子分离膜，其分离特性更多地取决于这些分离膜的物理结构，已广泛应用于反渗透、透析、超过滤等膜分离工艺中；某些高分子材料通过非晶化处理及纤维化工艺可制得塑料光导纤维。又如，高分子薄膜在一定温度下置于直流电场中可以制得驻极体；人造肌筋的伸缩机制、药物的某些智能控释机制等则可以靠链的形态变化来完成。而液晶态结构则可以赋予材料调光、显示等更加迷人的特性和功能。

(三) 高次结构设计

通过两种或两种以上的具有不同特性的材料进行复合，制成复合型特种高分子材料，是目前制造特种材料所广泛采用的方法，它具有工艺简单、材料来源丰富、价格低廉等优点。例如，在绝缘高分子材料中掺入导电填料（炭黑、金属粉末），当填料的浓度达到一定程度后，可在高分子材料内形成特定的导电网络结构，成为导电高分子材料；在共轭共聚物（如聚乙炔）中加入少量的掺杂剂（如 HIO_4、AsF_6、Na 等），其导电率有很大的增加，具有导体的性能；加入磁性填料（如铁氧体或稀土类磁粉）就可制得高分子磁性材料等。但是需要注意的是，功能填料与高分子基体间的相容性是影响材料最终特性的重要因素。例如在聚乙烯中往往加入炭黑形成导电高分子材料，而不是在环氧树脂中加炭黑；反过来，在环氧树脂中通常采用加入金粉来制成导电胶，而很少将炭黑加入环氧树脂中制作导电胶。当然经过表面改性改善复合体系的界面特性后，也可以实现本不相容的两种物质间的复合。

二、特种高分子的制备方法

分子设计完成后，需要选择合适的制备方法来制造特种高分子材料。其制备方法包括特种树脂合成和特种材料制造两个方面。特种树脂合成包括含特种基团的单体聚合（高分子化）或现有高分子的特种化两种主要方法，以及对已有特种高分子材料的功能扩展。特种材料制造则主要依赖于加工成型方法，其加工工艺是特种高分子材料制造的重要环节，对于非一次结构设计的特种高分子材料而言尤为关键。如多孔分离膜的制备和光纤的拉制，其加工工艺与最终产品的物理形态、结构的均一性密切相关，也直接影响其功能特性。而复合型特种高分子材料的制备涉及多种物质间的混合分散，其混料加工工艺参数也对最终产品的功能特性有重要的影响。配方与工艺参数选择不当则难以发挥甚至丧失功能添加剂的功能特性。大多特种高分子材料的性能不仅取决于其一次结构，也与其二次结构、聚集态结构、高次织态结构密切相关，因此其制备方法既要考虑到特种树脂的制备，也应重视其加工过程。

（一）特种单体聚合

这种制备方法主要包括下述两个步骤：首先是将含特种基团的小分子与可聚合基团相结合，得到特种单体，然后进行适当的聚合反应生成特种高分子。可聚合基团一般为双键、羟基、羧基、氨基、异氰酸酯基、环氧基、酰氯基、吡咯基、噻吩基等基团。特种单体聚合制得的特种高分子，其特种基团在高分子链上分布均匀，含量相对很高。如聚乙烯基吡啶是一种高分子配体，可用于高分子金属络合物催化剂，它由乙烯基吡啶经自由基聚合而成；聚甲基丙烯酸羟乙酯是亲水性高分子，可用于接触式眼镜和医用覆膜，它可以由甲基丙烯酸羟乙酯聚合而成；共轭高分子是赋予高分子以导电特性的一种结构功能材料，其单体如乙炔、苯胺等来源十分广泛，将乙炔、苯胺等单体在适当的条件下聚合即可获得导电高分子材料。

但也有相当多的特种高分子的单体很难制得，或者制备过程复杂，步序烦琐；或者副反应多，得率很低。如果特种基团和可聚合的基团都有反应活性，在合成时还要注意保护；有的单体制备时毒性大，需要注意环境保护和过程控制。例如，氯甲基苯乙烯是一种很有用的单体，由它可制取很多功能高分子，但是，生产这种单体不仅步骤多，对设备腐蚀性大，而且中间产品刺激性强，特别是采用氯甲醚法生产时其原料二氯甲醚是强致癌物质。因此，工业化生产需要有较高的要求。加上分离提纯上的问题等，一般而言，特种单体合成时比较麻烦，成本较高。尽管如此，人们已经研制出了大量的功能性单体，如图 1-1 所示具有配位基团的单体，可用于制备高分子金属络合物催化剂，也可用于制备螯合树脂。在导电性、感光性、生物相容性等方面，也制备出了大量带有功能基团和特种基团的单体。

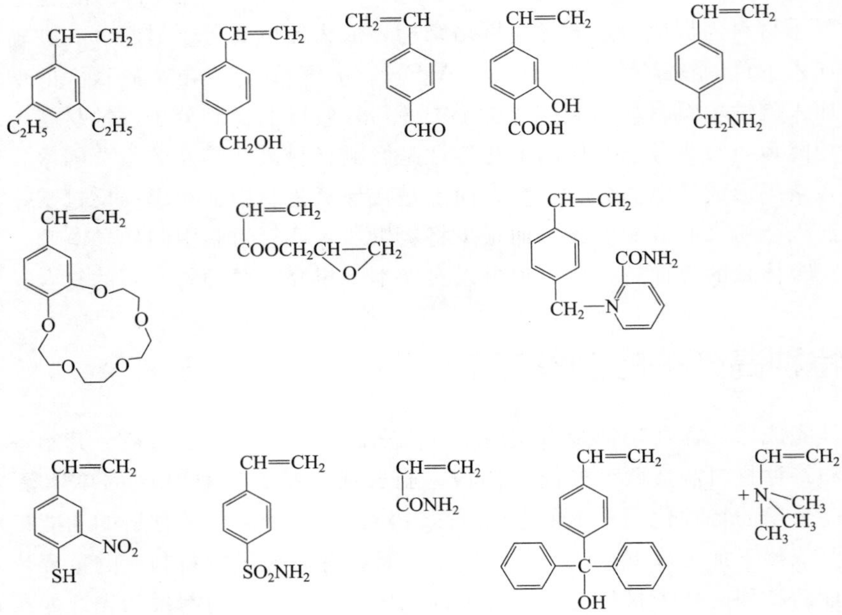

图 1-1　一些功能性单体结构

　　除了单纯的连锁聚合和逐步聚合之外，采用多种单体进行共聚反应制备特种高分子也是一种常见的方法。特别是当需要控制聚合物中功能基团的分布和密度时，或者需要调节聚合物的物理化学性质时，共聚可能是最行之有效的解决办法。

（二）现有高分子材料改性

1. 化学改性方法

　　利用高分子化学反应将特种基团引入高分子链上来制取特种高分子材料，其主要优点是高分子骨架是现成的，可选择的高分子母体品种多，价格低廉，原料来源丰富。如聚苯乙烯、聚乙烯醇、聚酰胺、聚丙烯酸、羧甲基纤维素和甲壳胺等均可作为高分子母体。在选择聚合物母体的时候应考虑许多因素，首先应较容易地接上特种基团，此外还应考虑其机械、热、化学稳定性等。但是，在进行高分子化学反应时，反应不可能 100% 地完成，尤其是在多步高分子化学反应中，制得的产品内含有未反应的官能团；特种基团在高分子链上的分布也不均匀，含量较低，有时还会产生一些副反应等。当然，在某些场合，例如用于多肽固相合成时的 Merrifield 树脂，要求树脂中的氯甲基含量很低，采用条件温和的氯甲基化反应，却有利于达此目的。目前，大多数功能高分子是利用各种高分子骨架进行高分子化学反应来制取的。此外，还可以用具有配位基团的高分子为骨架，采用金属络合物的形式进一步引入功能基来达到功能化的目的。

　　在特种高分子中可利用的高分子骨架品种很多，有聚苯乙烯、聚乙烯醇、聚丙烯酸类、聚丙烯酰胺、聚酰胺、聚乙烯亚胺、纤维素、淀粉、甲壳素等。尤以聚苯乙烯应用最多，这是因为，一方面，聚苯乙烯价格低廉，聚合方法多样，终产品形态可调性好；另一方面，聚苯乙烯上有苯环可以发生一系列的芳香族的取代反应，如磺化、氯甲基化、卤化、硝化、锂化、烷基化、羧基化、氨基化等；苯环上的 α 位上又有活泼的叔氢也可以发生化学反应。例如，对苯环依次进行硝化和还原反应，可以得到氨基取代聚苯乙烯；经溴化后再与丁基锂反应，可以得到含锂的聚苯乙烯；与氯甲醚反应可以得到聚氯甲基苯乙烯等活性聚合物。引入了这些活性基团后，聚合物的活性得到增强，在活化位置可以进一步与许多小分子化合物进行反应，从而引入各种特殊基团。图 1-2 是聚苯乙烯所能进行的化学改性反应示意图。

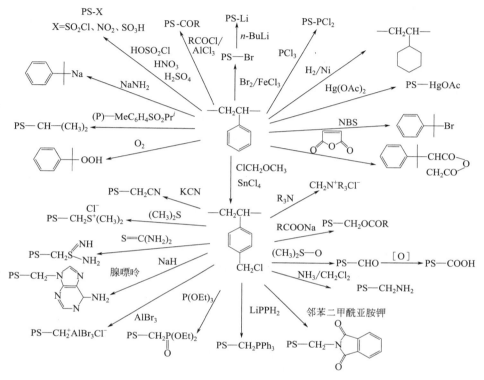

图 1-2　聚苯乙烯改性反应示意图

其他如聚氯乙烯、聚乙烯醇等也有很多改性方法和相关应用。

无机硅胶和玻璃珠表面存在大量的硅羟基，这些羟基可以通过与氯硅烷、硅氧烷等试剂反应而引入特种基团。这类经改性处理的无机聚合物可作为高分子吸附剂用于各种色谱分析的固定相，也可用作高分子试剂或高分子催化剂。无机高分子载体的优点在于其机械强度高，可以耐受较高压力，且耐热性好。

2. 物理混合方法

除了直接将特种基团接入高分子链上外，也可以通过特种小分子化合物与普通聚合物的共混和复合等物理方法使现有高分子材料特种化。当聚合物与特种小分子间缺乏反应活性、不能或者不易采用化学方法进行功能化，或者被引入的特种基团对化学反应过于敏感，不能承受化学反应条件时，就可以采用这种方法来实现特种高分子材料的制备。将高分子作为载体，通过吸附、包埋、微胶囊化等物理手段，将特种小分子与高分子体系混合形成特种高分子材料，如某些酶的固定化、某些金属和金属氧化物的固定化等。与化学法相比，通过复合法制备特种高分子复合材料的主要缺点是复合材料不够稳定，在使用条件下，特种小分子会逐步流失而逐渐丧失其特性。

（三）多功能材料制备方法

将两种以上的特种高分子材料以某种方式结合，将形成新的特种材料，而且具有任何单一特种高分子均不具备的性能，这一结合过程被称为特种高分子材料的多功能复合过程。在这方面最典型的例子是单向导电高分子的制备。带有可逆氧化还原基团的导电高分子，其导电方式是没有方向性的。但是，如果将带有不同氧化还原电位的两种高分子复合在一起，放在两电极之间，可发现导电是单方向性的。这是因为只有还原电位高的处在氧化态的高分子能够还原另一种还原电位低的处在还原态的高分子，将电子传递给它。这样，在两个电极上交替施加不同方向的电压，将都只有一个方向电路导通，呈现单向导电。

在同一高分子链上引入两种以上的功能基团也是制备新型特种高分子的一种方法。以这种方法制备的高分子，或者集多种功能于一身，或者两种功能起协同作用，产生出新的功能。例如，在离子交换树脂中的离子取代基邻位引入氧化还原基团，如二茂铁基团，对电极表面进行修饰，修饰后的电极对测定离子的选择能力将受电极电位控制。当电极电位超过二茂铁氧化电位时，二茂铁被氧化，带有正电荷，吸引带有负电荷的离子交换基团，构成稳定的正负离子对，便可失去离子交换能力，被测阳离子不能进入修饰层，因而不能被测定。

树脂合成后，就需要选择合适的加工方法。加工成型工艺是特种高分子材料的最后环节，对于非一次结构设计的特种高分子材料而言尤为关键。如多孔分离膜的制造、光导纤维的拉制、复合型导电高分子材料的混料加工等，牵涉到复杂的工艺参数，加工成型工艺参数选择不当则难以获得所需功能特性。

第三节　特种高分子材料的发展前景

一、发展动力

作为特种高分子材料的离子交换树脂远在20世纪30年代就已开发。但那时，合成高分子工业刚刚建立，开发和生产通用高分子是人们的主要目标，而用于指导高分子合成与加工的理论也刚刚开始建立。直到第二次世界大战以后，高分子工业迅速发展，特种高分子才有可能逐渐崭露头角。其重大发展是在20世纪60年代以后，推动其发展的动力主要有以下几方面。

（一）经济发展的需要

20世纪60年代后，高分子工业已基本完善，解决了人们的衣着、日用品和工业材料的需求。从品种上说，发展了通用高分子、工程高分子和特种高分子三大系列。通用高分子和工程高分子的世界总产量每年已超过几千万吨，特种高分子的总产量每年也有几十万吨。

然而，20世纪几次世界性石油危机使原油价格猛涨，以石油为主要原料的高分子材料成本呈直线上升，商品市场陷入极为困难的处境。在这样的经济背景下，迫使人们试图用同样的原料去制备价值更高的产品。特种高分子在这种外部条件促使下迅速发展了起来。

（二）现代科技的需要

能源、电子和信息及生命科学等领域的迅速发展对高分子材料提出了新的要求，以满足航天航空、电子信息、物质的传输和分离、能源的传输和存储以及高效高选择性反应催化等方面的需求。如太阳能的利用，单晶硅还不能达到满意的能量转换效率，为此，人们把注意力转向低能耗、可高效转换太阳能的功能高分子材料上。而氢能源的利用则使高分子分离膜有了长足的发展。

（三）高分子科学发展的必然

第二次世界大战以后，高分子工业有了很大的发展，已取得材料工业的主导地位，在高分子合成、结构、性质和加工方面建立了比较完整的科学体系，这就为开发高功能和高性能的高分子材料提供了坚实的科学和技术基础。特种高分子材料的发展无疑是现代科学技术和高分子科学与工程相互促进的结果。

已经开发的特种高分子材料除了超高强、超耐磨和超耐热高分子材料、生物医用高分子材料外，在功能高分子材料中，已开发的品种有：高分子试剂和高分子催化剂，离子交换树脂、功能性分离膜、高吸水性树脂和高分子絮凝剂，光学塑料和光纤，高分子非线性光学材料和感光性高分子材料，导电高分子、信息转换及信息记录材料、高分子热电和压电材料、高分子驻极体等。上述这些材料涵盖了化学、物理、电子信息、能源、运输、医疗卫生、农业及日用等各方面。

二、发展趋势

由于特种高分子材料具有各种奇特的功能和特别突出的高性能，其发展潜力是巨大的。生产和科学技术的进步对材料提出了各种各样的新的要求，将有更多的新型特种高分子材料出现。目前，人类正向着宇宙、深海和地下，向着未知的世界探索。如同追求没有尽头的美景一样，新型材料也正向着"功能更好""性能更佳""智能化更高""成本更低"的目标不断地发展。尤其是随着高度信息化社会的到来，对新型材料的需求将急剧增加。总的来说，特种高分子材料的前景充满了活力和挑战，其发展的主要趋势有以下几个。

（一）高性能化

为满足航天航空、电子信息、汽车工业、家用电器等技术领域的需要，要求材料的机械强度、耐热性、耐久性、耐腐蚀性等性能进一步提高。

（二）高功能化

功能特性包括电磁功能、光学功能、物质传输、分离功能、催化功能、生物功能和力学功能等，功能材料的高功能化就是要提高材料相应的功能，例如进一步提高导电高分子的电导率；进一步提高感光高分子对光的敏感程度等。当传统的方法达到性能极限时，就需要我们另辟蹊径，此时创新能力将发挥其重要的作用。以提高感光性高分子对光的敏感度为例，光照射聚乙烯醇肉桂酸酯后将发生交联反应，因此，材料中受光部分将不再能溶解，具有光成像特性。如何提高感光树脂对光的敏感性？由于一束光不是单色的，大多数光波长没有被材料所利用，此时为了提高材料对光的敏感性，就需要扩展其光吸收的范围。简单的做法就是增加树脂结构中共轭双键的含量，或者在体系中添加增感剂。但这些方法达到性能极限后就成为材料发展的瓶颈了。当光生催化剂的想法出现后，这一难题迎刃而解。因为受光产生的少量光生催化剂就可以引发大量的化学反应，从而使材料对光的敏感度大大增加。因此，高功能化领域充满了活力。

（三）复合化

博采众长的复合材料代表了材料的发展方向，包括多功能材料、功能与高性能结合材料、功能与生物医用材料复合、高性能与生物医用功能复合，以及多种功能特性间的交叉配合使材料品种更加丰富，性能更加完善而富于变化，新型多功能高性能复合材料成为新材料革命的重要方向。

（四）精细化

不同领域所用材料是不同的，同一种功能在不同的应用场合下也因有不同的特性要求而需要有不同的结构设计。电子技术、信息技术的变化日新月异，要求材料及加工工艺进一步向高纯度、超净化、精细化、功能化方向发展，集成电路的精细化程度之高是该领域的典型代表，有机电子材料就是为了适应这种趋势应运而生的，它包括纳米导线、分子导线技术，也包括在芯片制造中应用的电子束刻蚀材料等。

（五）智能化

智能化是使材料本身带有生物所具有的高级功能。如具有预知预告性、自我诊断、自我修复及自我增殖能力、识别能力、刺激反应性和环境应答性等智能特性。从功能材料到智能材料是材料科学的一大飞跃。

本书主要介绍功能高分子材料和生物医用高分子材料，功能高分子材料中主要包括化学反应功能高分子材料、分离功能高分子材料、光功能高分子材料、电磁功能高分子材料和高分子致动材料。

思 考 题

1. 什么是材料？什么是高分子？什么是高分子材料？
2. 与小分子相比，高分子有哪些重要的特点？
3. 高分子材料力学性能的特点是什么？与其他材料相比，高分子材料有哪些突出的力学性能？
4. 什么是特种高分子？什么是特种高分子材料？它有哪些类型？
5. 什么是功能高分子？什么是功能高分子材料？它有哪些类型？
6. 如何设计功能高分子材料？功能特性设计的基础是什么？
7. 说明制备功能高分子及功能高分子材料的途径，并比较各种方法的优缺点。
8. 谈谈你对特种高分子材料发展前景的看法。

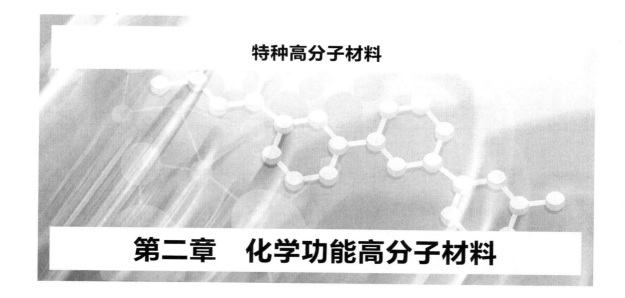

特种高分子材料

第二章　化学功能高分子材料

第一节　高分子效应

　　能够参与化学反应，并对化学反应起特殊作用的高分子材料就是化学功能高分子材料。它包括高分子试剂和高分子催化剂两大类别。

　　对于低分子反应，反应物与反应产物都是低分子，分离一般比较复杂。如果反应体系中有高分子参与，高分子首先与一个反应物生成带反应基团的高分子化合物，它可以进一步与另一个反应物发生反应，生成低分子产物，并还原出高分子化合物。这样，产物与反应物间的分离就比较方便了。这一过程可简单地表示为：

低分子反应　　$A+B \longrightarrow AB$

高分子参与　　$A+P \longrightarrow PA$

$$PA+B \longrightarrow P+AB \text{ 或 } PA+B \longrightarrow P\text{-}AB \longrightarrow P+AB$$

高分子参与的结果，不仅使分离变得容易，而且在反应中还可以引入一些特殊的效应，使反应速率得以加快、选择性得以提高等，还可以使反应试剂的一些性质得以改善。上述反应体系中，PA 就称为高分子试剂，它具有较强的反应活性，直接参与合成反应，如氧化还原树脂、高分子卤化剂、高分子酰化试剂等。P 称为高分子催化剂或高分子反应促进剂，它虽然也参与了反应，并使反应速率或选择性得以增加，但其自身在反应前后没有发生变化。如离子交换树脂、高分子金属络合物、固定化酶等，都可用作高分子催化剂。

　　高分子在化学反应过程中已有广泛应用，它包括高分子试剂、高分子载体上的固相合成、高分子催化剂、高分子固定化酶等，与生物化学、有机合成、特殊分离、有机金属化合物、分析化学等有着极为密切的关系。利用高分子的化学过程可归纳为表 2-1 所示。

表 2-1　利用高分子进行的化学过程

化学过程或试剂的类型	所用的聚合物性质
催化剂 特殊分离 转递试剂 载体及保护基	与低分子化合物容易分离

续表

化学过程或试剂的类型	所用的聚合物性质
高度稀释 高度浓缩	固定低分子化合物
选择反应、加速反应	高分子效应（微环境效应）
分析、合成	高分子试剂之间的相互难接近性

一、高分子参与反应的一般优点

高分子试剂和催化剂比传统的低分子试剂和催化剂有许多优越性，从其自身的特性及其在反应体系中所表现出的特性来看，主要有两方面。

（一）提高安全性和稳定性

高分子试剂或催化剂无味道、刺激少，不挥发、不易爆，防水抗氧稳定性好，低毒防腐安全性高。因为高分子一般无味无毒，没有沸点，没有挥发性，低分子试剂接到高分子上后，原先的刺激性和挥发性便可以得到相应的改善，工作空间也相应得到净化。而且高分子是热、电、溶剂等的不良导体，一些原先对热、电流、化学药品比较敏感的低分子试剂，接到高分子链上后，可以降低这种敏感性。例如，酶在热、有机溶剂等作用下很容易失活，固定于高分子载体上形成固定化酶时，其稳定性大大增加。而酰氯等在空气中很容易水解的试剂，接着于高分子载体上形成高分子化酰氯后，也可以提高其稳定性。还有一些强氧化剂、叠氮化物等在受热、力等因素作用时，易发生爆炸。而将其高分子化后，便可以提高其安全稳定性。

（二）便于分离利于回收

常规的有机合成和使用高分子试剂的有机合成、高分子固相合成方法的比较如图 2-1 所示。

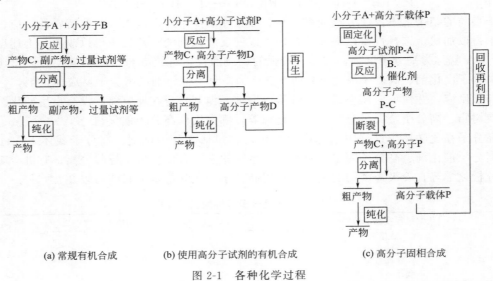

(a) 常规有机合成　　(b) 使用高分子试剂的有机合成　　(c) 高分子固相合成

图 2-1　各种化学过程

从图 2-1 的比较中可以清楚地看出，高分子参与的反应过程，分离一般比较方便，因为高分子试剂或高分子载体在某种溶剂中不会溶解或者溶解很慢，尤其是交联高聚物在各种溶剂中均不会溶解，因此可以用简单的过滤方法使之与液相分离。而高分子催化剂或过量的高分子反应试剂及其高分子产物也便于回收，可以反复使用或再生后使用，稳定性好，因而易于实现连续化和自动化生产。

例如，高分子试剂聚苯乙烯过氧甲酸可以将环己烯氧化成环氧环己烷，使环辛烯氧化成环氧环辛烷等。高分子氧化剂被还原成聚苯乙烯甲酸树脂，由于反应前后树脂是不溶性的，因此易与低分子化合物分离，反应后的树脂又可氧化再生为高分子氧化试剂，可重复使用。

用固相法制备蛋白质、聚核苷酸等生物活性物质更具有无可比拟的优越性，因为易于分离，使产物的提纯更容易，操作更简单，氨基酸或碱基的序列结构也更容易进行控制，而用液相法合成法则很难达此目的，操作手续非常烦琐。

有些反应需用贵金属盐或其络合物进行催化，在低分子反应过程中，贵金属的流失现象比较严重。如果引入高分子螯合物，则可提高其回收利用率。例如，乙二胺四乙酸（EDTA）是众所周知的性能优良的螯合剂，其相应的高分子螯合剂 2-1 是 EDTA 型树脂，它对二价金属离子有优良的选择螯合性。由于交联型高分子螯合物不溶于水等溶剂，因此可以方便地进行

$$-CH_2CH-$$

$$CH_2COOH$$
$$CH_2N$$
$$CH_2COOH$$

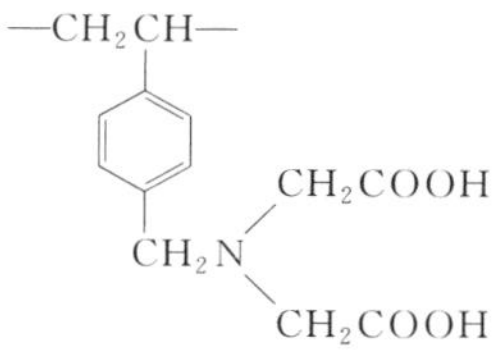

2-1
高分子氨二羧螯合剂

分离和回收，贵金属的流失就很少。其不溶性在水处理、环境保护、湿法冶金、分析化学等方面都有广泛的应用。

又如，强酸型离子交换树脂聚苯乙烯磺酸盐可用作水解反应、酯化反应、缩合反应的催化剂，甲醛与甲醇在其催化下加热回流可制取甲缩醛 $CH_3OCH_2OCH_3$，收率在 90% 以上，反应完毕只要用简单过滤的方法即能与液相低分子化合物分离，十分方便。而此催化剂又可以多次重复使用，催化活性却不降低。可见，高分子试剂或高分子催化剂参与反应可以使分离操作大大简化，方便其回收利用。

二、高分子效应

除了上述的一些优点外，高分子参与反应时，还会因高分子本身所具有的特殊的空间结构，以及与反应体系中各个组分间的相互作用的特殊关系，使之独具一些低分子反应体系所不具备的特殊效应，人们将其归纳为高分子效应，又常称为微环境效应，包括反应体系中高分子链所起的各种作用，如稀释或浓缩效应、邻基效应、协同效应、模板聚合效应、包络效应、形态效应、空间位阻效应、隔离效应及场效应等。

（一）稀释或浓缩效应

稀释或浓缩效应又称固定化作用或固定化效应。它是指将功能基接于高分子链上，通过调节功能基在高分子链上相互间的距离来控制反应选择性的效应。当在高分子链上所接的功能基间的距离较大时，受高分子链的制约以及分子内旋转障碍的影响，功能基间很难接触则为稀释效应，在进行化学反应时，可避免其自身间的一些缩合副反应；而若减小其间隔距离，则又可以增加其碰撞概率（浓缩效应），使其自身间的反应容易进行。

低分子反应	A+B $\longrightarrow$ A-A+A-B
固定化后（稀释时）	A+P $\longrightarrow$ P-A $\longrightarrow$ P-A-B $\longrightarrow$ P+A-B
（浓缩时）	A+P $\longrightarrow$ P-A $\longrightarrow$ P-A-A $\longrightarrow$ P+A-A

例如，苯乙酸与对硝基苯甲酰氯间可以发生酯缩合反应。生成的产物中，除了对硝基苯苄酮外，还包括多种各自的自缩合产物。如果将苯乙酸固定于高分子链上，当苯乙酸在高分子链上的浓度足够低时，其自缩合的产物基本没有。反之，如果其含量相当高，则可以得到较高收率的二苄酮这一自缩合产物。

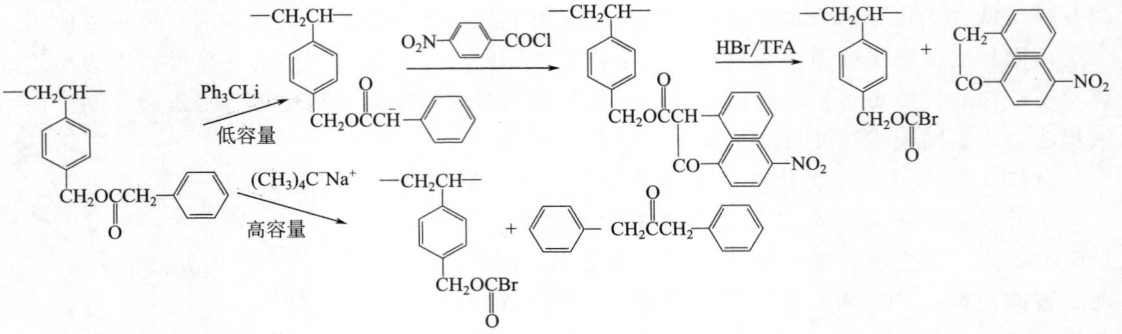

$$(2-1)$$

功能基间的碰撞概率除了取决于其在高分子链上的分布密度外，还与其离主链的距离、链的柔顺性以及高分子链与溶剂间相互作用大小、环境温度、介质黏度等因素有关。

（二）邻基效应

在高分子链中，功能基近旁的一些官能团，尤其是不相同的官能团对该种功能基的反应速率及最终的功能基转化率有明显的影响，这种现象在高分子反应中很普遍，称为邻基效应。它是高分子效应的重要组成部分。

例如，聚丙烯酰胺初始水解速率与低分子模型化合物 α-甲基丙酰胺相似，而丙烯酸与丙烯酰胺共聚物初始水解速率却很快，比聚丙烯酰胺均聚物快数千倍。与之相应的是，聚丙烯酰胺的均聚物随着水解反应的进行，反应速率逐渐加快，出现了自催化作用。由此可见，邻近基—COOH 对酰胺的水解有促进催化作用。这是因为 COOH 可以亲核攻击形成酸酐结构，而后急速水解。

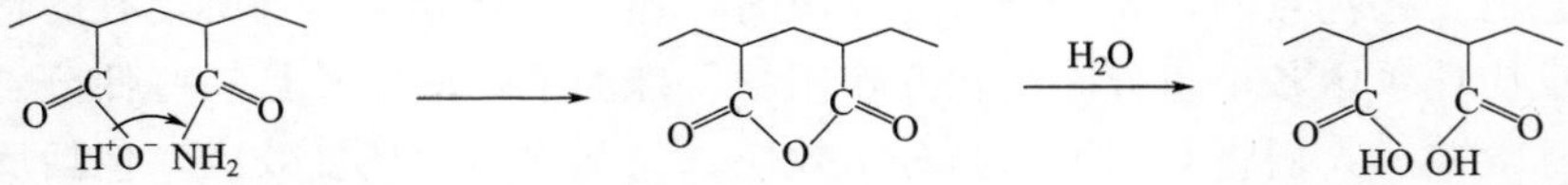

$$(2-2)$$

如果介质呈碱性，则当水解达到相当高的程度（72%）时，由于酰氨基两旁的功能基都转化为羧基离子，对 OH^- 有排斥作用，会使水解反应速率变得很慢，甚至觉察不出有反应的发生。因此，在高分子参与的反应中要考虑到反应前后高分子链的电荷性质变化对反应的影响。

再如，聚丙烯酸与 Cu^{2+} 的络合物生成常数（9.1×10^9）比相应的低分子模型化合物戊二酸（7.24×10^2）大 10^7 倍，也显示出邻近基效应，使聚丙烯酸与 Cu^{2+} 的络合稳定性显著提高。

（三）协同效应

协同效应是指连接在高分子主链上的两种或两种以上的功能基在反应中相互配合，对反应发挥更佳的作用。这种效应在酶促反应、高分子催化剂催化的反应中显示出优越性。如图 2-2 所示，高分子催化剂中的某些功能基 X 以静电引力或其他性质的亲和力吸引住底物的一端 Z，然后，在适当部位的另一种功能基 Y 攻击底物的另一部位 W。高分子催化剂中的功能基 X 起吸引底物的作用，功能基 Y 起催化作用，相互配合成为协同效应。

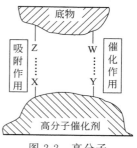

图 2-2　高分子
催化剂的协同效应

例如，聚乙烯吡啶与溴乙酸盐的 Menschtkin 反应（2-3），一部分带有正电荷的季铵化的吡啶环吸引住带负电荷的溴乙酸盐，邻近的游离吡啶环对分子的另一端进行进攻，互相配合，加速了反应的进行。

$$\text{（反应式见图）} \tag{2-3}$$

再如，乙酸烯丙酯的水解，用聚苯乙烯磺酸催化时，当银型单元比例上升时，水解速率也增加，银型含量达到 50％时，速率最大；若采用钾型，则水解速率降低。这是因为银盐可以与—CH=CH₂络合，把酯吸引到树脂上，利于水解反应的进行。

含有两种金属的聚酞菁，如 Mo-Fe、Cu-Fe 聚酞菁体系，对于乙二醇缩乙醛的氧化反应比单金属的 Cu、Fe、Mo 酞菁络合物或其混合物有更高的催化活性。这是由于一种金属离子起到将缩醛氧化为过氧化氢的作用，另一金属起到分解作用，聚酞菁的共轭体系在两种金属离子间起转移电子的作用，使之能协同催化反应。

（四）场效应

由范德华力作用、氢键作用、静电力场作用以及空间不对称因素等可以构成亲水场、疏水场、静电场、界面活性场等特殊微观环境，我们将之统称为场效应。

高分子催化剂催化加氢反应中，对无溶剂体系而言，高分子催化剂骨架与反应底物间的范德华作用对催化反应可以产生场效应。根据溶液热力学，对于非极性体系，高分子与底物间的相互作用与其溶度参数差有关，这样，结合溶液热力学与反应动力学可以推出催化反应速率 r 与二者溶度参数差间的关系为

$$r = A\exp[-B(\delta_1 - \delta_2)^2]$$

其中，

$$\begin{cases} A = k'_3 \dfrac{n_1 n_2 n_H}{(n_1 \widetilde{V}_1 + n_2 \widetilde{V}_2)^3} \times \exp[-n_1 \ln\phi_1 - n_2 \ln\phi_2] \\ B = \dfrac{1}{RT}(n_1 \widetilde{V}_1 + n_2 \widetilde{V}_2)\phi_1\phi_2 \end{cases} \tag{2-4}$$

式中，n_1、n_2 和 n_H 分别是底物、高分子和氢气的物质的量；$\widetilde{V}_1$ 和 $\widetilde{V}_2$ 分别是底物和高分子骨架的摩尔体积；ϕ_1 和 ϕ_2 分别是底物和高分子在催化剂溶胀体中的体积分数；δ_1 和 δ_2 分别是底物和高分子的溶度参数；k'_3 为常数。定量的结果及其实验都表明，高分子与底物的溶度参数越接近，二者的相互作用越强，加氢速率就越快。

当体系中含有溶剂时，溶剂与底物就在高分子骨架周围按相互作用的大小进行分配，从而影响底物在催化剂附近的浓度。结果表明，溶剂与高分子间的溶度参数差越小，二者相互

作用越强，则底物在高分子周围的浓度就越低，催化反应速率就越小。定量式为

$$r = \frac{A}{1 + D\exp[-B(\delta_0 - \delta_2)^2]} \qquad (2-5)$$

其中，$A = C'(\phi_2 - \phi_2^2)$；$D = \exp[B(\delta_1 - \delta_2)^2]$；$B = \tilde{V}_1\phi_2/RT$；$\delta_0$ 是溶剂的溶度参数；$\tilde{V}_1$ 是底物的摩尔体积，其他参数意义同（2-4）；B、C' 和 D 均为常数。

当两个反应物带有相同符号的电荷时，如果添加相反电荷的高分子聚离子，则会因为库仑引力吸引带电的反应离子，使其浓缩在聚离子的周围，反应速率因而加快，显示出催化作用；当两个反应离子的电荷符号相反时，添加聚离子则会因其排斥同性电荷的反应离子而使反应物间的接触概率降低，反应速率减慢，此时高分子聚离子起阻缓作用。如对于溴乙酸与硫代硫酸钠间的取代反应，添加聚乙烯亚胺盐酸盐后，可使反应速率大大增加，与低分子模型化合物如乙二胺盐酸盐等相比，速率可增加 20～30 倍。而对于带有相反电荷的铵离子与异氰酸根离子间的反应，加入任何带电的高分子聚离子都有明显的阻缓作用。对于只有一种底物带电的情形，底物与催化剂间如果存在静电吸引，则可以加速反应。这就是静电场带来的协同效应。根据德拜静电作用理论，加氢催化反应速率 r 与高分子链上所具有的电荷密度之间的定量关系为

$$r = A\alpha\phi_2(1 - \phi_2)\exp\{\lambda\sigma_2\exp[\gamma\sqrt{\alpha(1 - \phi_2)} + \beta\sqrt{\alpha(1 - \phi_2)}][\alpha(1 - \phi_2) + \sigma_2\phi_2]\} \qquad (2-6)$$

其中，A 是与反应速率常数有关的常数；α 是底物的电离度；ϕ_2 是高分子催化剂的体积分数，λ、β 和 γ 是与介质介电常数、带电高分子表面电势等有关的参数；σ_2 是高分子骨架的带电密度。结果表明，催化剂电荷密度越高，加氢反应速率越快。

若反应物分别属于亲水物质和疏水物质，不能混溶，其反应只能在界面上进行。当添加具有两亲结构的高分子作为催化剂时，则可以大大提高反应物间的接触概率。如高分子胺冠醚 2-2 既不能溶于氰化钠的水溶液，又不能溶于溴辛烷的有机相，但它是水相与有机相之间有效的相转移催化剂。在其催化下，用氰化钠与溴辛烷反应制取壬腈，其收率高达 100%。这就是界面活性场作用，这种催化剂通常又称为相转移催化剂。

2-2　高分子胺冠醚

（五）聚合的模板效应

模板聚合（template polymerization）是一类新的聚合方法。我们知道，生物体内的高分子合成有许多特点，如分子量单一，分子链有严格的序列结构和立体规整性，反应条件温和等。其中蛋白质的合成、脱氧核糖核酸（DNA）的遗传信息的储存与复制等，都与模板聚合有着密切关系。受此启发，人们研究开发了模板聚合的方法。它是将单体在模板聚合物所提供的特殊的反应场中进行聚合，其反应速率、子体聚合物的聚合度、立体规整性、序列结构、性能等都受到模板聚合物的影响。因此，模板聚合方法是高分子设计及仿生高分子制备的重要手段。模板聚合的深入研究，有助于从分子水平来阐述生命现象的本质。同时利用这种聚合方法还可以模仿生物体内的合成特点，节省能源和资源，减少公害。

模板聚合时所依赖的相互作用有共价键作用、酸碱作用、氢键作用、电荷转移作用、偶极作用、立体选择性作用等。下面我们分别举例加以说明。

1. 共价键作用

最早实现的模板聚合是在酚醛树脂模板上进行的丙烯酸聚合，它是利用丙烯酰氯与酚羟基缩合而成的酯键使单体接在酚醛树脂模板上的。

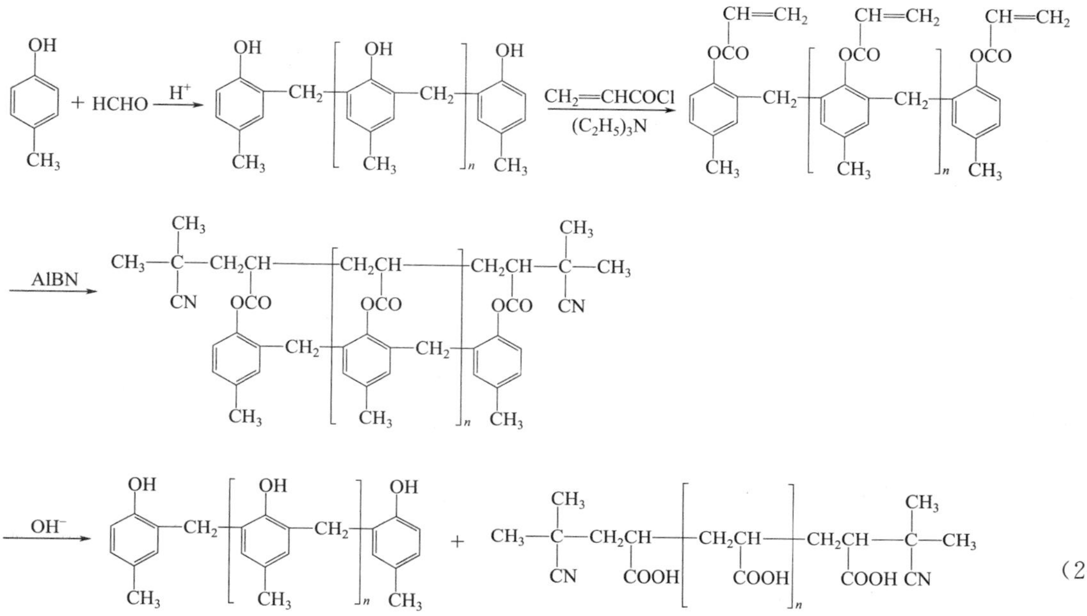

（2-7）

2. 酸碱作用

以高分子聚酸或聚碱为模板，可以实现碱性单体或酸性单体的模板聚合。例如，4-乙烯基吡啶在聚苯乙烯磺酸模板存在下，不需引发剂和其他催化剂即可聚合。在二者物质的量的比为 1:1 时，聚合速率最大，这就是利用酸碱作用而实现的。子体聚合物的分子量与乙烯基吡啶的用量无关。用其他的高分子酸如聚丙烯酸、聚 L-谷氨酸等为模板，对碱性单体的聚合也有同样的效应。而用各种聚碱如聚乙烯基吡啶、聚乙烯基吡咯烷酮、聚乙烯亚胺等为模板可以使丙烯酸等酸性单体的聚合速率大大增加。

3. 氢键作用

利用氢键的模板聚合在生物合成中十分重要。如 DNA 的双螺旋结构就是通过核苷酸碱基间的氢键相互结合起来的，腺嘌呤和胸腺嘧啶间可以形成两对氢键，鸟嘌呤和胞嘧啶间则可以形成三对氢键。它们既容易结合，也容易分开，在蛋白质的合成、遗传信息的复制中起重要作用。

4. 电荷转移作用

我们知道，顺丁烯二酸酐（马来酸酐）结构对称，极化程度低，加上空间位阻效应，所以很难均聚。但它是很强的电子受体，利用电荷转移作用进行模板聚合则可以实现均聚。例如，用大分子电子供体聚乙烯基吡啶作模板，顺丁烯二酸酐与之可以形成电荷转移络合物，在氯仿或硝基乙烷溶剂体系中很容易聚合，水解后得到聚顺丁烯二酸，如式（2-8）所示。

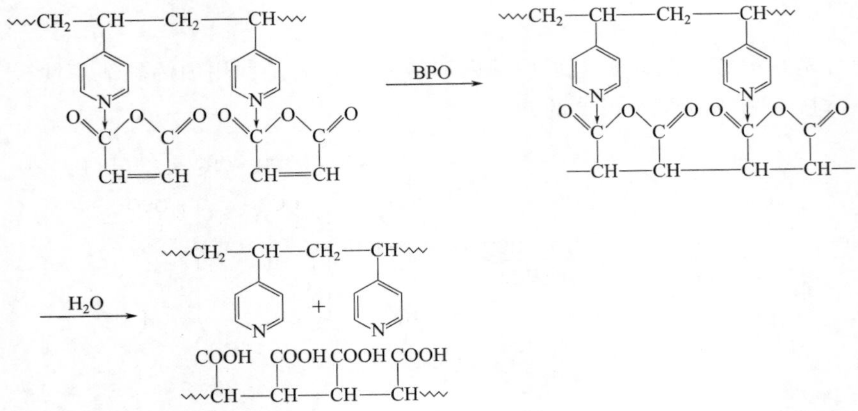

$$(2-8)$$

5. 偶极作用

带极性基团的单体与极性模板聚合物间存在着偶极作用，可以进行模板聚合。例如，将丙烯腈单体在 77K 或 178K 下用 γ 射线辐照，可制得一种高度规则排列的聚丙烯腈。以此聚丙烯腈为模板，将丙烯腈单体与之混合，20℃下经 γ 射线辐照后，发现聚合速率比一般情况下要快得多，说明存在着模板效应。

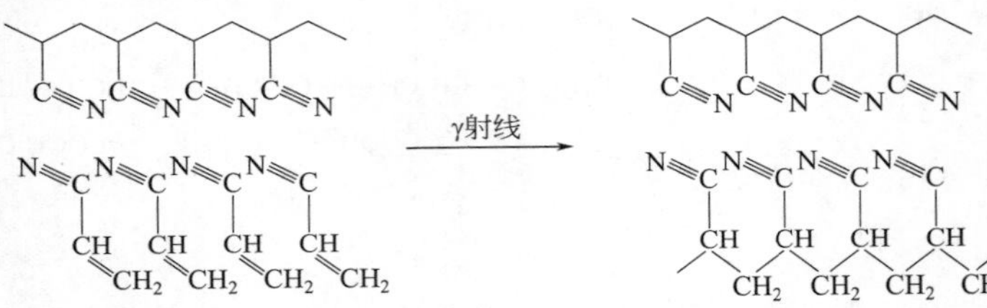

$$(2-9)$$

6. 立体选择性作用

在模板聚甲基丙烯酸甲酯的存在下，甲基丙烯酸甲酯可以顺利地聚合，而且，受模板聚合物的影响，当母体聚合物为全同立构时，子体聚合物则为间同立构；反之，以间同立构的 PMMA 为模板，则可以得到全同立构的子体聚合物。以无规立构聚合物为模板，得到的子体聚合物亦为无规立构。

7. 模板离子的络合作用

在螯合树脂的制备过程中，为了提高树脂对某种金属离子的选择吸附性，常以该种金属离子为模板。例如，聚 4-乙烯基吡啶与铜离子间的络合稳定常数 K 为 124L/mol；而将聚乙烯基吡啶与铜离子先吸附络合，再用 1,4-二溴丁烷交联，此时生成了交联型络合树脂。将树脂中的铜离子洗脱后，它对铜离子的络合稳定常数可以增加 13 倍，达到 1750L/mol。

模板聚合是（Matrix）聚合的组成部分。基体聚合是在给定的三维空间反应场内进行的聚合反应，它还包括管道聚合（canal polymerization）、拓扑化学聚合（topochemical polymerization）等。

例如，氯乙烯、丙烯腈、丁二烯、2,3-二氯丁二烯-[1,3]、2,3-二甲基丁二烯-[1,3]等单体，包结在由尿素、硫脲、全氢苯并[g]菲（$C_{18}H_{30}$，PHTP，perhydrotriphenylene）或去氧胆甾酸（deoxycholic acid，DCA）等结晶组成的管道内，经 γ 射线辐照，进行的聚合即为管道聚合。由于管道的形状、尺寸、极性等提供了特殊的反应场，单体在管道中有规律地堆砌，使制得的聚合物有优良的立体选择性，可以获得立构规整性好的反式聚 1,4-丁二烯等结晶聚合物。

广义的拓扑化学聚合是指单体在结晶态时的聚合反应。在晶体中，单体分子有规律地紧密排列，可聚合的功能基之间非常靠近，有较低的聚合活化能，易受光或热的激发而聚合。所得聚合物也是高度结晶的，而且其晶形与单体晶形相似。这种聚合反应速率快，制得的聚合物立构规整性好。例如，1,4-二取代丁二炔-[1,3] 在溶液中或熔融态下性质稳定，在晶态时受光照或加热可聚合生成深色的共轭聚合物，具有半导性和光导性。

（六）包络效应

1891 年发现的环糊精（cyclodextrin，CD）是第一个可以包结其他有机或无机分子的天然或半合成的低聚物，也是优良的人工酶模型。淀粉经环糊精葡萄糖基转移酶（cgtase，CGT 酶）作用可以得到一系列聚合度不等的环状低聚糖，由 6，7，8，9，…个葡萄糖链节组成的环糊精，依次称为 α，β，γ，δ，…环糊精，其物理性质见表 2-2。

表 2-2 环糊精的物理性质

环糊精	葡萄糖链节数	分子量	溶解度（水）/(g/100mL)	比旋度 $[\alpha]_D^{1.5}$	熔点/℃	空洞尺寸/nm			碘包结物结晶
						内径	外径	高	
α	6	972	14.5	150.5±0.5	278(分解)	0.45	1.35	0.67	蓝紫色六方板状
β	7	1135	1.85	162.5±0.5	300(分解)	0.70	1.45	0.70	黄褐色单斜晶系
γ	8	1297	23.2	177.4±0.5		0.85	1.65	0.70	黄色针状或四角板状
δ	9	1459	易溶	191±3					

碘经环糊精包络化后，分子间距和原子间距均发生了改变，而且在电性上碘也不是呈现中性的，而是正负相间排列。因此，最外层电子更容易流动而产生颜色。淀粉的分子结构与环糊精类似，但它是螺旋形的，也可以与碘形成包结化合物而呈现蓝色。

α-环糊精分子的主体结构很像是一个厚壁露底的杯子（图 2-3）。每个 α-环糊精分子有 12 个仲羟基和 6 个伯羟基分别分布在杯口的边缘上，使其具有很强的亲水性，但其内侧又具有很强的疏水特征。这种特性使之对很多有机化合物如 N-十二烷基-3-羟基吡啶乙酸酯、酚酯等有良好的催化作用。如对酚酯而言，不论苯环上取代基是吸电子的还是推电子的，环糊精总是可以催化间位取代的酚酯水解，而环糊精杯口边缘上的解离的羟基与底物分子的

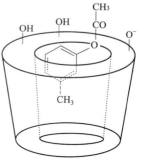

图 2-3 α-环糊精的羟基与底物的配合

酯基，在空间上可以互相配合形成反应中心。因此，它实际上也是一个微反应器，可以有选择地使反应物进入杯中参与反应。对环糊精进行适当改性，可以改变微反应器的化学结构和物理性质，其包络的主客体识别性质也随之发生改变。例如，β-环糊精的 2 位和 6 位羟基经甲基化后，疏水空腔得到加长，与金刚烷或苯酚的络合能力就明显加强。

与环糊精相似的还有葫芦脲（CB），它是一种桶状的环形化合物，内部为疏水结构，如图 2-4 所示。它可以容纳多种有机分子，空腔开口的两端由羰基环绕而成，容易与阳离子键合，因此也可以作为微反应器。葫芦脲本身没有手性，但通过引入氨基酸和 Cu^{2+} 可以组装成手性纳米反应器，对 D-A 反应（双烯加成反应）有很好的选择催化能力。不同的葫芦脲可以选择性催化不同的底物。

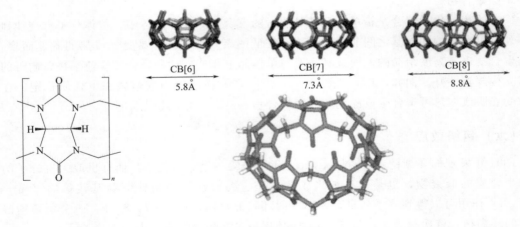

图 2-4 葫芦脲的结构

(1Å=0.1nm)

其他如冠醚、杯芳烃以及聚乙二醇链等也可以形成包络化合物。

（七）空间位阻效应

聚合物的空间位阻、主链的形态、构型、结晶度等对高分子化学反应都有明显的影响。例如，聚甲基丙烯酸甲酯的水解速率比低分子模型化合物丙酸甲酯慢得多，尽管酯基密集分布于高分子链上，但由于大分子空间位阻较大，分子链相互缠结，水的渗透速率及产物的扩散速率都很小，因此，水解速率大为降低。

立体构型的规整性对高分子化学反应也有明显的影响。例如，丙烯酸与丙烯酸甲酯的共聚物水解时，全同立构的水解速率要比无规的快3～5倍。

结晶度大的高分子化学反应比较困难。例如，纤维素非晶区的水解比结晶区的容易，所以水解后留下的是结晶纤维素，可用作催化剂载体。纤维素晶区中的羟基反应活性很低，在水中的溶解性也极差。若将羟基部分醚化，例如羧甲基纤维素，由于破坏了结晶性，提高了水溶性，因而也提高了产物中剩余羟基的反应活性。尼龙也有类似的情况，一般它只能溶于甲苯酚等极性溶剂中。若在部分酰胺键上引入—CH_2OCH_3，破坏了尼龙的结晶性，则可以溶解在极性较低的醇中，而残留的酰氨基的化学反应性也相应提高了。

当交联高分子网的大小与某种小分子匹配，正好可以让其通过，这样就可以提高反应底物的选择性，这种效应就是立体选择性效应。在高分子金属络合物催化反应中，也常利用这种由高分子链所产生的空间效应，使反应底物具有一定的选择性。如以聚 ε-羧苯氧基-L-赖氨酸铜络合物作为催化剂进行各种醇的脱氢反应时，发现它对正丁醇、异丁醇、仲丁醇显示高活性，而对二异丁基甲醇、二异丙基甲醇等，则完全没有活性。这是由于多肽的螺旋及氨基酸侧链在铜离子附近构成了笼状物，结构复杂的醇就不能与之接近，从而出现底物的选择性。

（八）不饱和配位效应

一些高分子在参与反应时，是通过和过渡金属离子一起形成配位化合物来实现的。在与金属离子形成配合物时，高分子占据了金属离子的一个空轨道后，由于其本身体积庞大，影响了其他配位基团的进入，使金属离子处于一种不饱和配位的状态。这种状态是不稳定的，在反应中很容易与其他一些反应物配体进行配位，从而表现出比饱和的低分子配合物更高的反应活性。例如，低分子配合物甲基羟肟酸铜对过氧化氢的分解速率就远不及高分子羟肟酸铜的催化效果。前者24小时后，过氧化氢的残存量尚有97%，而后者仅为64%左右。

当然，高分子参与反应也不可避免地会有一些缺点，例如其制备成本较高，反应活性一般会有所降低，连接在大分子上的官能团结构分析表征较为困难，大分子通常热稳定性较差，反应温度不宜过高等。所以在具体合成某一化合物时，需要具体对待，选择方便、快捷、经济、高效、可靠的合成方法和路线。

第二节　高分子试剂

一、高分子试剂的种类

（一）高分子氧化还原试剂

1. 氧化还原树脂

氧化还原树脂也称为电子转移树脂，是一类具有可逆的氧化还原功能的高分子试剂。它能与周围活性物质发生氧化还原反应。

氧化还原树脂的制备方法与其他离子交换树脂类似，可以将带有氧化还原基团的单体通过聚合反应而制得，也可以通过大分子反应将氧化还原基团接入到高分子链上，有时将具有氧化还原功能的低分子化合物吸附在离子交换树脂上，也能迅速简便地制备氧化还原树脂。如果氧化还原基团在聚合或接入反应过程中易分解，则应先引入保护基团，最后再除去保护基。制成的树脂要具有可润湿性和可溶胀性，树脂中的孔隙也要相对大些，以增加氧化还原反应速率和容量。在合成树脂时，还要注意应尽量使功能基相互间隔开来，以减少它们之间的相互作用，降低氧化还原电位。

氢醌类、巯基类、吡啶类、二茂铁类、吩噻嗪类等都是重要的氧化还原树脂。

（1）氢醌类　氢醌类树脂中含有对苯二酚结构，它可以氧化为氢醌结构，氢醌结构又可以还原成苯酚结构，如式(2-10)所示。

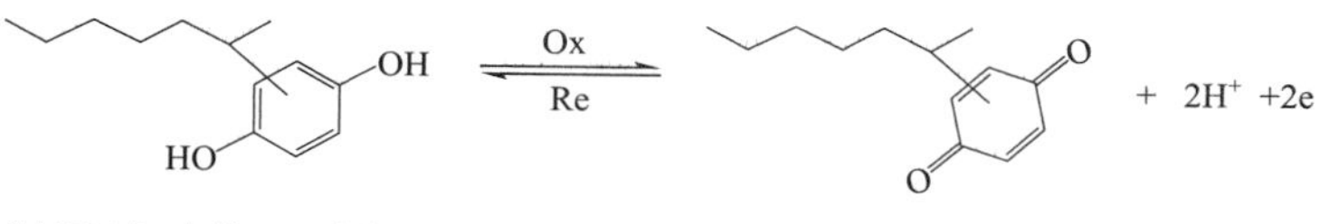

$$\text{(2-10)}$$

这种树脂可以通过对苯二酚与甲醛的缩合反应得到，也可以通过含有对苯二酚结构的乙烯类单体进行连锁反应聚合得到。

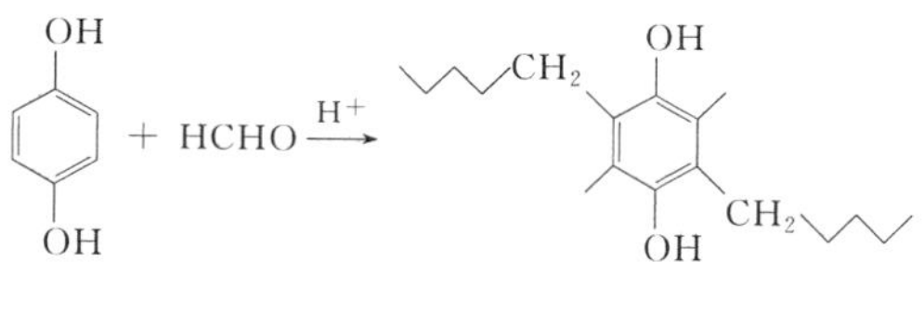

$$\text{(2-11)}$$

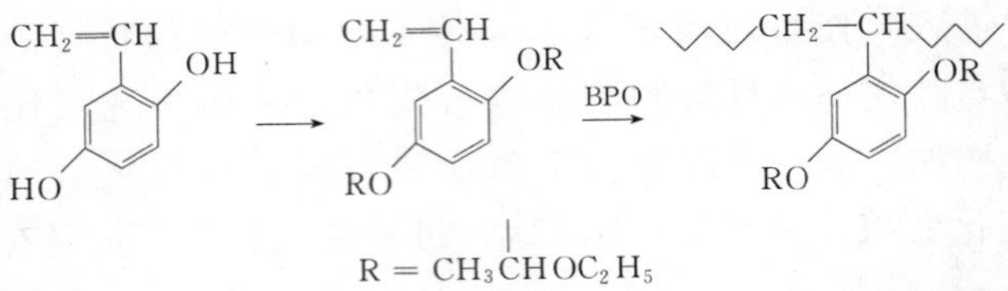

$$(2\text{-}12)$$

$$R = CH_3CHOC_2H_5$$

必须注意的是，在进行加成聚合的时候，一般需对酚羟基加以保护，如把单体制成缩醛形式，以减少酚的阻聚作用。为了增加树脂的稳定性，苯环上应尽可能多取代，以防止游离基进攻时引起交联反应。

（2）巯基类　巯基树脂上的巯基在氧化物的作用下，可以在两个巯基间脱氢形成双硫键。一般硫醇比硫酚更容易被氧化，氧化时有分子内和分子间两种成键形式。分子内成键时形成二硫环，分子间形成双硫交联键。高分子硫醇中由于巯基密集，因而比低分子硫醇更易被氧化。而巯基与双硫键间的这种转化又称为动态键联，可用于构建智能响应性高分子材料。

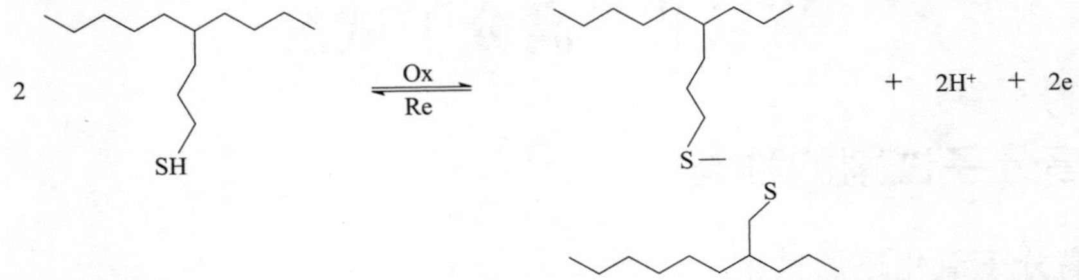

$$(2\text{-}13)$$

巯基树脂可以由含巯基的单体聚合而得到，也可以利用大分子反应在高分子链上引入巯基。利用单体直接进行聚合时，需对巯基进行保护，以提高分子量。如：

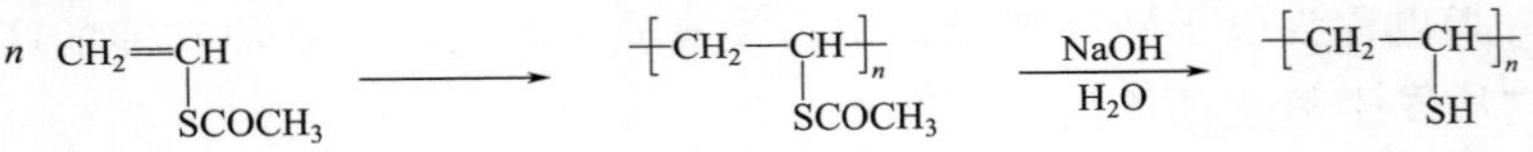

$$(2\text{-}14)$$

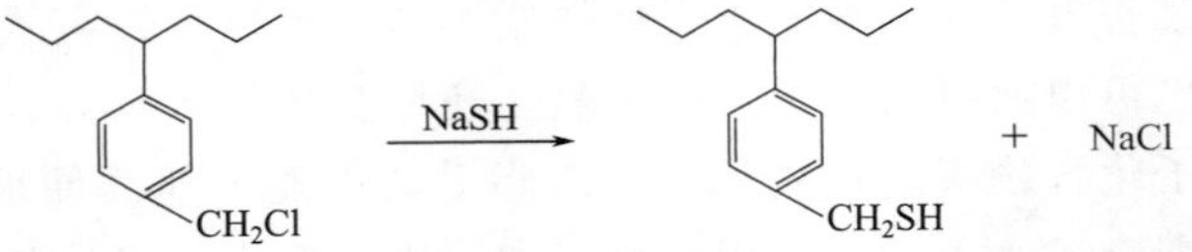

$$(2\text{-}15)$$

生活中烫发也是利用了头发中胱氨酸的双硫键与半胱氨酸的巯基间可逆转化的氧化还原反应。烫发的原理首先是用还原剂将胱氨酸中的双硫键还原成巯基，形成半胱氨酸而断链，然后对头发进行造型，造型完成后再用氧化剂将半胱氨酸氧化成胱氨酸，使之成为稳定的双硫键结构。

$$CH_3CH_2OH + NAD \xrightarrow{ADH} CH_3CHO + NADH + H^+ \qquad (2\text{-}16)$$

（3）吡啶类　烟酰胺是乙醇脱氢酶（ADH）的辅酶（NAD）中的活性基团，在生物体内的氧化还原反应中起重要作用。

烟酰胺结构中起氧化还原作用的有效单元就是吡啶环。如果把烟酰胺接在高分子上，就可以得到氧化还原树脂。

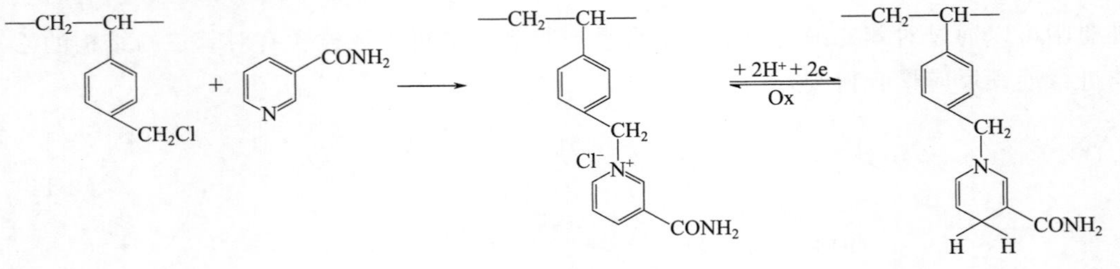

$$(2\text{-}17)$$

　　如果先制备具有吡啶结构的单体，然后再使之聚合，制得的聚合物吡啶环含量高，氧化还原容量就大。联吡啶盐在光照下也可以发生氧化还原反应，并伴随着明显的颜色变化，因此还可用作光致变色材料。与此相似，联苯胺结构也具有可逆的氧化还原性能。

　　解酒的原理与之类似。如果人体内含有大量高活性辅酶 NAD，就可以及时将乙醇氧化，依次转化成为乙醛、乙酸，最终变为 CO_2 排出体外。如果不能及时将乙醇氧化，则会造成人体血液中酒精含量过高，引起兴奋和头晕。如果氧化反应停留在乙醛阶段，则容易使人中毒。

　　（4）二茂铁类　二茂铁能可逆地氧化成三价的二茂铁离子。它可以由二茂铁乙烯聚合得到。

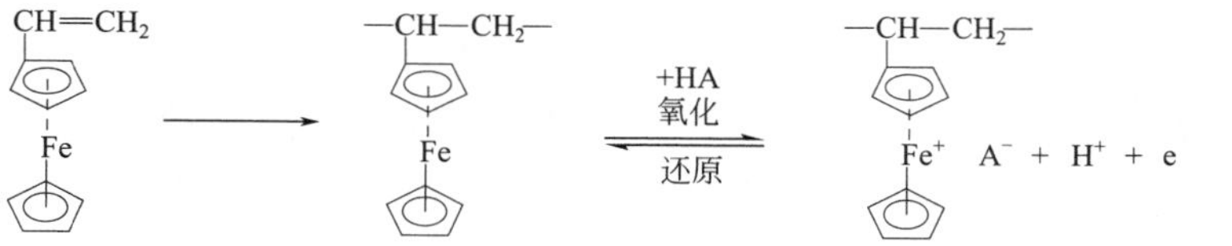

$$(2-18)$$

　　氧化还原反应前后，树脂的颜色也随之发生变化。这类树脂还可以用作导电材料。

　　（5）稠环与杂环类　含有吩噻嗪结构的聚苯乙烯基次甲基蓝树脂（2-19）、硫堇树脂等是典型的氧化还原树脂。

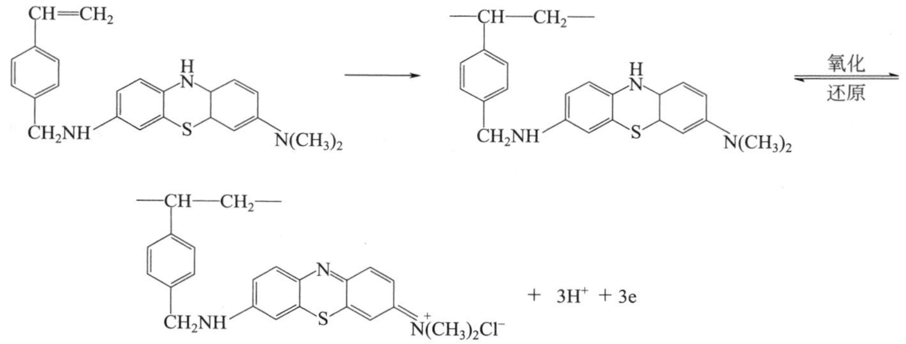

$$(2-19)$$

　　此外，含有吩嗪、吩噁嗪、吩噁噻、异咯嗪、苯并三唑及靛蓝结构的高分子也可作为氧化还原树脂。

　　氧化型树脂是良好的氧化剂，它能将四氢萘氧化成萘、二苯肼氧化成偶氮苯、半胱氨酸氧化为胱氨酸、维生素 C 转化为脱氢维生素 C 等。

　　还原型树脂可以除去溶解在水中的氧气而不引入杂质，因此可用于处理高压锅炉供水。氢醌甲醛缩聚树脂能将经氧气饱和的水转化为过氧化氢溶液，转化率可达 $80\% \sim 100\%$，两次循环后的过氧化氢浓度可达 2mol/L。使用后的树脂可用硫代硫酸钠还原再生。氢醌类氧化还原树脂还可以用作彩色胶卷乳液的非扩散性还原剂，使胶卷色彩鲜艳，并避免胶片出现斑点。它可用作塑料、橡胶、纤维、黏合剂、涂料等材料及肥皂的抗氧剂，以抑制或阻止材料中易氧化基团如烯类双键、醛等的氧化。烟酰胺还原树脂能将孔雀绿、次甲基蓝等染料还原褪色。

　　氧化还原树脂配合生化合成可制备许多有生化活性的物质。如合成维生素 C、维生素 B_2、维生素 B_{12} 及 2,4-二羟基苯丙氨酸等。在人工合成胰岛素的制备过程中，也需用到氧化还原树脂。若将氧化还原树脂加入纸张中，就可以制成氧化还原试纸，用于化学分析检定。

缩聚得到的氢醌甲醛树脂在医疗上可用于医治胃溃疡。服用巯基树脂可去除人体中积累的二甲基汞等。

2. 高分子氧化剂

(1) 过氧酸　低分子过氧酸很不稳定，易爆炸，制成高分子过氧酸则可以提高其稳定性。例如，将聚乙烯苯甲酸氧化成聚乙烯苯过氧甲酸后，在 20℃下储存 70 天，其氧化容量仅降低一半，而在 −20℃下储存数月，其活性基本不变。这种高分子过氧酸可以使环己烯氧化成环氧化物，收率为 86%，而聚过氧丙烯酸则使之氧化成二醇。

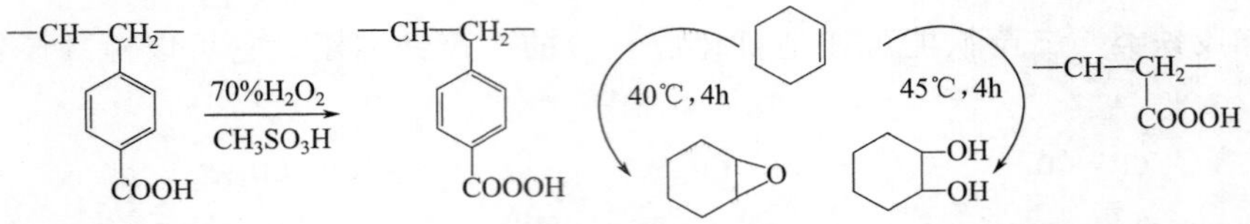

$$(2\text{-}20)$$

(2) 硒氧化物　低分子硒氧化物有毒性和恶臭，制成高分子硒氧化物就可以克服这些缺点，具有良好的选择氧化性。

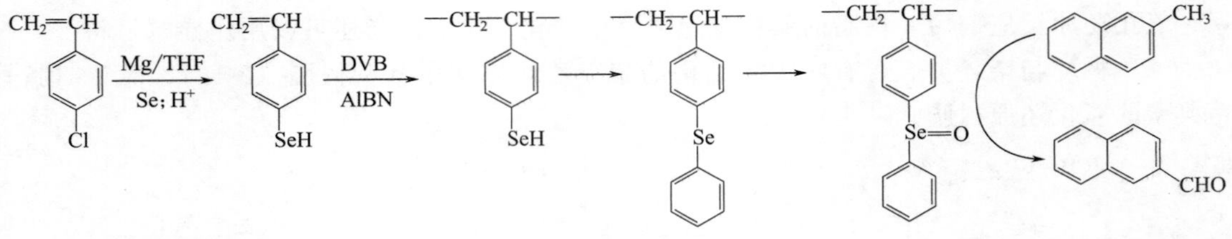

$$(2\text{-}21)$$

(3) 氯化硫代苯甲醚　如下式所示，氯化硫代苯甲醚可以由聚溴代苯乙烯为原料制得，它可以选择性地氧化二元醇中的一个羟基成为羟醛化合物。

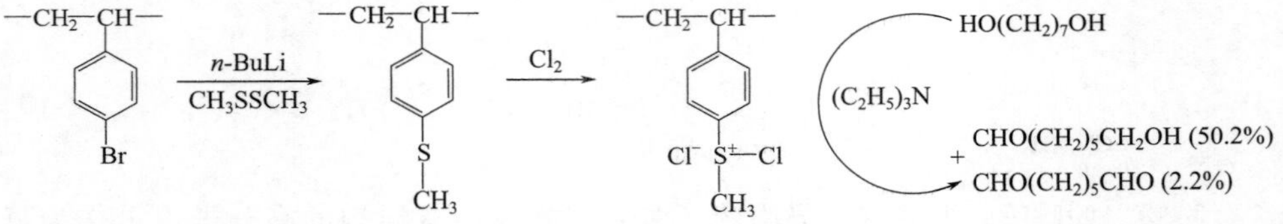

$$(2\text{-}22)$$

(4) N-氯代聚酰胺　N-氯代聚酰胺在温和的条件下就可以使醇氧化成相应的醛或酮，芳香族硫醚氧化成相应的亚砜，收率均较高，可达 90% 以上。主要产品有 N-氯代尼龙 3、N-氯代尼龙 6、N-氯代尼龙 66 等。

(5) 络合吸附型　聚乙烯基吡啶 (PVP) 与某些低分子氧化剂可以形成氧化态络合物，如 PVP/HCl·CrO$_3$、PVP/Br$_2$ 等。这类树脂制备方便，反复使用稳定性也较好，它可以使醇氧化成相应的醛或酮，收率也较高。

某些含有氧化型离子的交换树脂同样具有强氧化性能，如将强碱性阴离子交换树脂的阴离子转变成为具有氧化作用的铬酸根离子或重铬酸根离子，则可制成一种有效的高分子氧化剂。

如果将氧化铬、高碘酸钠、碳酸银、高锰酸钾等低分子氧化剂吸附于离子交换树脂、硅胶、分子筛、蒙脱石等有机或无机载体上，也可以制成相应的负载型氧化剂。由于各种载体提供了庞大的表面积以及良好的反应场所，降低了反应的活化能，使氧化反应可以在较为温和的条件下进行，反应活性高，选择性好。例如，臭氧微溶于有机溶剂，所以对有机物的氧化十分缓慢；而将其在$-78℃$下吸附于硅胶后，可使烷烃直接羟基化。

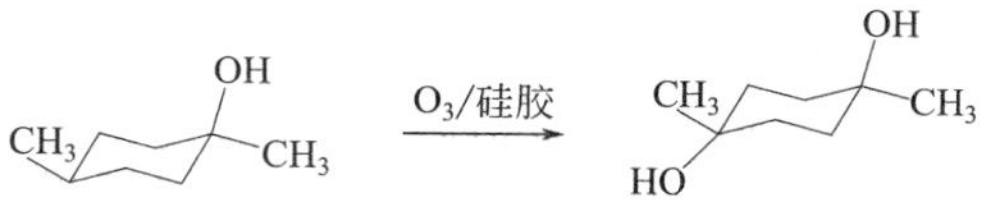

$$(2-23)$$

3. 高分子还原剂

（1）含 Sn-H、Si-H 结构的还原剂　低分子有机锡的氢化物有较强的还原性，但不稳定，且有毒性。把锡氢结构接于高分子链上，则制成高分子还原剂。如聚乙烯基苯-正丁基锡氢烷可以将对苯二甲醛大部分还原成对醛基苯甲醇，仅少量转变成对苯二甲醇。

含有硅氢基团的高分子还原剂常与有机锡配合使用，将醛酮等还原。

（2）磺酰肼　高分子磺酰肼可以使含羰基的烯烃加氢还原，而羰基不被还原。

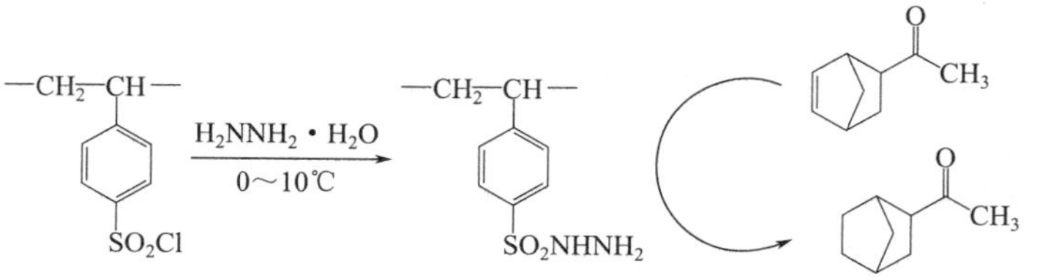

$$(2-24)$$

（3）络合吸附型　聚乙烯基吡啶（PVP）也能与某些低分子还原剂形成还原态络合物，如 PVP/BH_3 等，它可以使醛或酮还原成相应的醇。

将强碱性阴离子交换树脂的阴离子转变成为具有还原作用的硼氢酸根离子、亚硫酸根离子、硫代硫酸根离子等，或者在 H 型强酸性阳离子交换树脂上交换入 Fe^{2+}、Sn^{2+} 等具有还原功能的金属离子，可制成有效的高分子还原剂。这些还原树脂在氧化后又可具有氧化功能。

如果将硼氢酸钠（$NaBH_4$）、有机锡氢烷等低分子还原剂吸附于离子交换树脂、硅胶、Al_2O_3 等有机或无机载体上，也可以制成相应的负载型还原剂。由于其比表面积大，反应的活化能低，因此还原反应可以在较为温和的条件下进行，选择性也好。

（二）高分子基团转递试剂

高分子基团转递试剂是可以将分子中某一化学基团转递给另一化合物的高分子试剂，包括卤化试剂、酰化试剂、烷基化试剂、Wittig 和 Ylid 试剂、亲核试剂、偶氮转递试剂等。

1. 卤化试剂

卤化是向有机物分子中引入卤素的反应。低分子卤化剂有卤素、盐酸加氧化剂、金属或非金属卤化物、二氯亚砜、光气等。高分子卤化试剂主要有高分子卤化膦、N-卤代酰亚胺等。采用上述相似的络合吸附的方法也可以制备出高效高分子卤化剂。高分子卤化膦可以使羧酸卤化为酰卤。

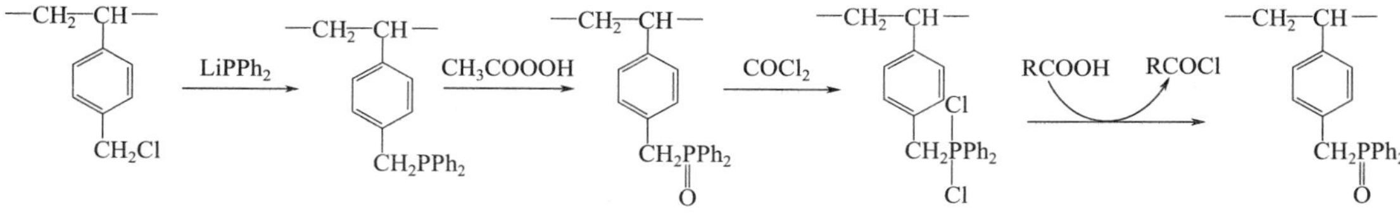

$$(2-25)$$

N-卤代酰亚胺的聚合物也可以使双键卤化：

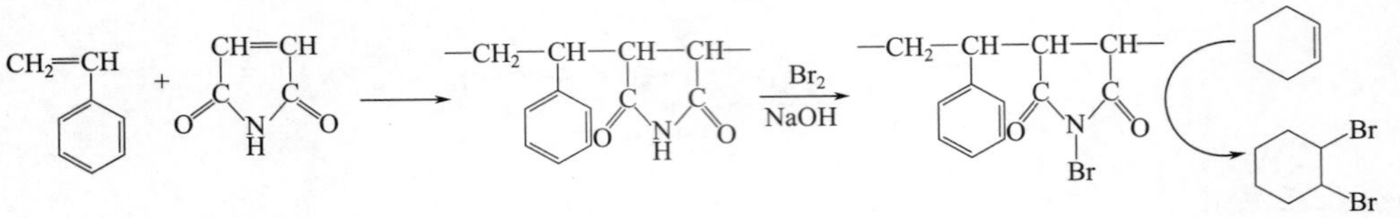

(2-26)

2. 酰化试剂

酰化试剂主要有活性酯、酸酐和席夫碱酯。高分子活性酯主要用于肽的合成。在肽合成中需先将羧基进行活化，而后再与氨基反应形成酰胺键。羧基活化的早期方法有酰卤法和酸酐法，后来发展了活性酯法。高分子活性酯可表示为 P-A，P 代表高分子骨架，A 即代表活性酯基，它是由羧酸与弱酸性羟基如酚羟基反应生成的，这种酯基易与亲核试剂 B 发生酰基化反应，生成 A-B。若 B 是胺，则 A-B 为酰胺。

$$P\text{-}A + B \longrightarrow P + A\text{-}B \tag{2-27}$$

为了提高反应收率，P-A 应过量。反应后经简单过滤或离心即可分离，活性酯易再生，可重复使用，选择性也好。例如用高分子硝基酚酯进行多肽合成：

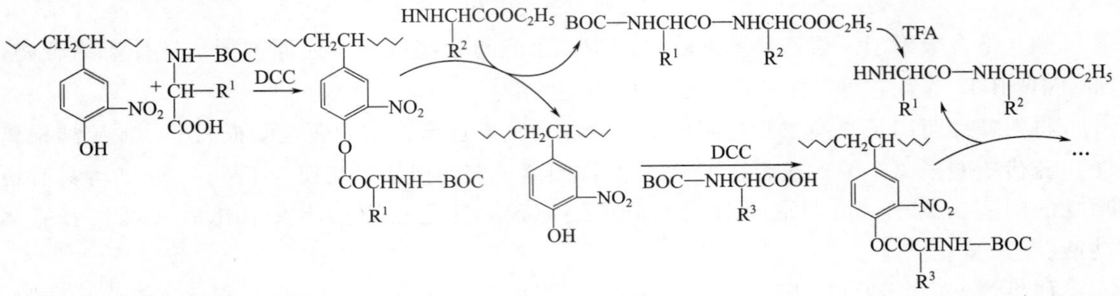

(2-28)

式（2-28）中，BOC 为叔丁氧羰基，是氨基的保护基；DCC 是环己基碳二亚胺，用作缩水剂；TFA 为三氟乙酸，用作脱氨基保护基的试剂。

高分子酸酐型树脂与低分子羧酸反应可得相应的低分子酸酐；与胺类反应可得相应的酰胺。

3. 烷基化试剂

烷基化是指在有机化合物分子中的碳、氮、氧等原子上引入烃基、羧甲基、羟甲基、氯甲基、氰乙基等基团，在工业和实验室中用途广泛。烷基化试剂有卤代烷、烯烃、醇类、卤代磺酸、环氧化物等，一般需用路易斯酸、质子酸或酸性氧化物、烷基铝等来催化。具有氨基偶氮结构的高分子可以使羧酸酯化，而带有三苯膦有机铜的高分子试剂可以使卤代烃烷基化，其反应为：

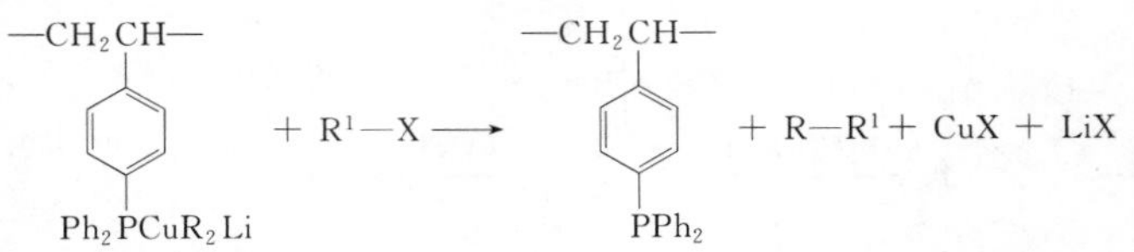

(2-29)

4. Wittig 和 Ylid 试剂

Wittig 反应是由醛酮制取烯烃的重要途径。带有 $P^+\text{-}C^-$（P=C）、$P^+\text{-}N^-$（P=N）、$S^+\text{-}$

$C^-(S=C)$、$S^+-N^-(S=N)$ 等 Ylid 结构的试剂可以作为 1,2 位偶极加成的中心,在有机反应中有重要意义。高分子 Wittig 试剂是由三苯基膦型高分子与卤代烃反应生成鏻盐后,经碱作用脱去卤化氢而制得的。在有 Li^+ 存在时,Wittig 反应选择生成反式烯烃,在无 Li^+ 时与醛生成顺式烯烃。

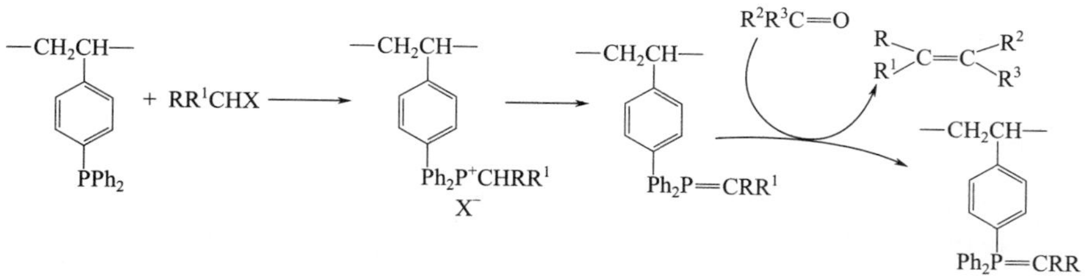

$$(2\text{-}30)$$

5. 亲核试剂

利用离子交换树脂将强亲核基团接入高分子中,可以制备性能优良的高分子亲核试剂。如将强碱性氯型阴离子交换树脂浸入 10%~20% KCN 水溶液中,转换为 CN^- 型,经洗涤干燥后,就可以成为亲核试剂,它可以使卤代烃转换为腈化合物;而若浸入 KOCN 水溶液中则转换成 OCN^- 型树脂,与卤代烃反应则可得到异氰酸酯:

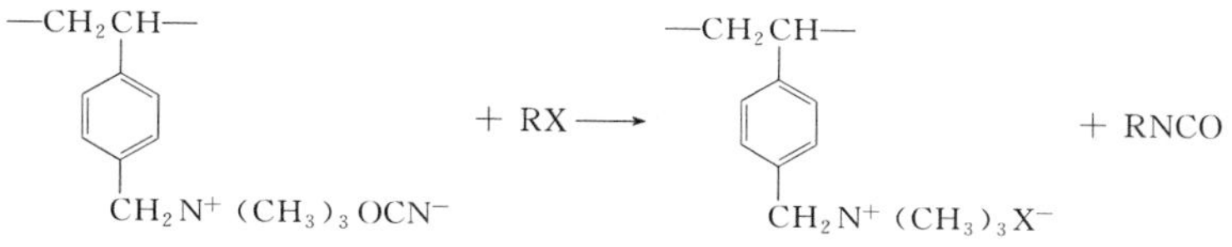

$$(2\text{-}31)$$

如果体系中残存有水分,则生成的异氰酸酯将进一步与水反应,产生氨基羧酸、胺及脲的衍生物等。

6. 偶氮转递试剂

含有叠氮官能团的高分子试剂与低分子叠氮化合物相比,稳定性大大提高,在受到撞击时不会发生爆炸。它可以使 β-二酮、β-酮酸酯、丙二酸酯等转变为偶氮衍生物。

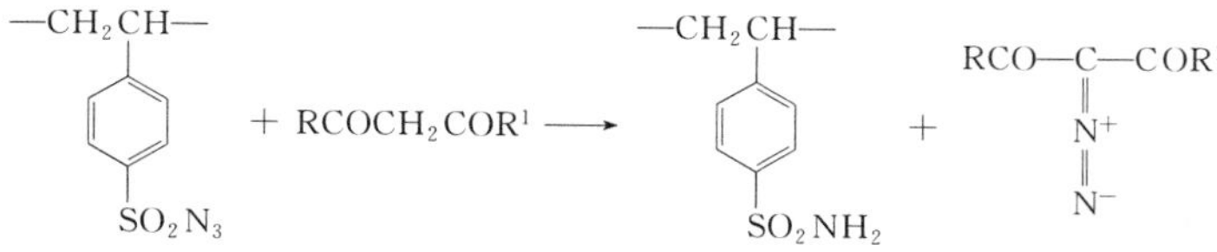

$$(2\text{-}32)$$

(三) 高分子缩合剂

1. 碳二亚胺

碳二亚胺全名是二环己基碳化双亚胺,简称 DCC,是缩合反应中的重要脱水剂,主要用于肽的合成。它与水的加成产物为脲的衍生物,与反应体系中的亲水性物质难以分离,应用受到一定的限制。高分子碳二亚胺很好地解决了分离问题,因而已广泛地应用于肽合成和多核苷酸的合成。如聚异丙基碳二亚胺苄乙烯可用作许多缩合反应的脱水剂,可以使二元酸转化成相应的酸酐。高分子碳二亚胺则转变成高分子脲,很容易用溶解性的差异与反应物及产物进行分离。

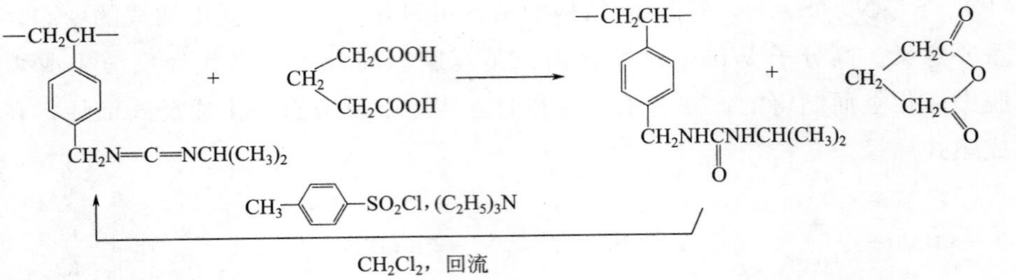

$$\text{(2-33)}$$

（式 2-33 的反应式，含炔胺中间体与丁二酸、对甲苯磺酰氯、三乙胺，在二氯甲烷中回流）

CH$_3$—⟨苯环⟩—SO$_2$Cl, (C$_2$H$_5$)$_3$N

CH$_2$Cl$_2$，回流

2. 氯磺酸

在制备多聚核苷酸时，常采用空间位阻较大的低分子芳香氯磺酸作缩合剂，使磷酸单酯与醇缩合酯转化成磷酸双酯，但其副产物磺酸酯却难以与磷酸双酯分离干净。如果将氯磺酸基团接到高分子链上，例如将聚 3,5-二乙基苯乙烯氯磺化，制备成氯磺酸树脂，就可方便地解决这一问题。

3. 三苯基膦

三苯基膦树脂与二氯乙烷、四氯化碳或二硫联吡啶等试剂一起可以组成缩水剂。它可以使酰胺（RCONH$_2$）及肟基（RCH=NOH）脱水生成腈，在多肽合成中，也有应用。

4. 其他

EEDQ 是 N-甲酸乙酯-2-乙氧基-1,2-二氢喹啉的缩写。虽然它可用作多肽合成的缩水剂，但由于分离困难，因而需将其高分子化，如式（2-34）所示。

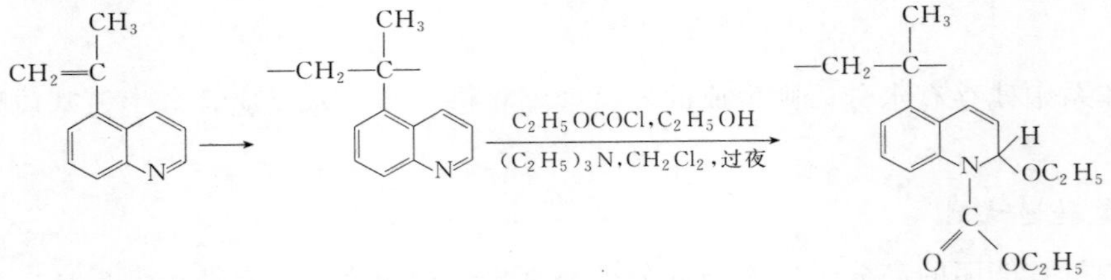

$$\text{(2-34)}$$

（C$_2$H$_5$OCOCl, C$_2$H$_5$OH）
（C$_2$H$_5$）$_3$N, CH$_2$Cl$_2$，过夜

含有炔胺结构的树脂也是一种有效的缩合剂（Ⅰ），用于制备酸酐、酰胺、酯及多肽。

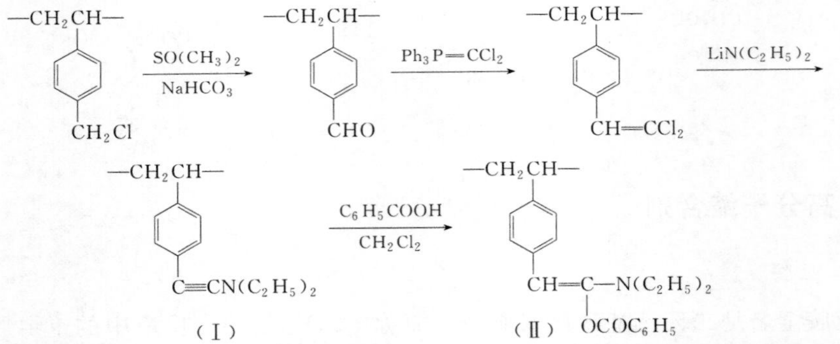

$$\text{(2-35)}$$

SO(CH$_3$)$_2$ / NaHCO$_3$

Ph$_3$P=CCl$_2$

LiN(C$_2$H$_5$)$_2$

C$_6$H$_5$COOH / CH$_2$Cl$_2$

（Ⅰ）　　　　（Ⅱ）

这种炔胺树脂如果进一步与苯甲酸加成，则可得到一种酰化试剂（Ⅱ），可将苯甲酰基转移至羧酸（形成酸酐）、胺（形成酰胺）和醇或酚（形成酯）等化合物上。

无水三氯化铝可用于催化烷基化等反应，它也具有脱水作用。将三氯化铝吸附至某种树脂（如交联的聚苯乙烯）上，制成吸附型脱水剂，可以用作酯化反应、羟醛缩合醚化等缩合反应中的脱水剂。

二、高分子载体上的固相合成

固相合成以不溶性的高分子为载体，通过共价键与带有功能基的低分子结合，形成高分子试剂，然后与低分子反应物或其溶液进行单步或多步高分子反应，所需的反应产物仍与高分子载体相连，过量的试剂及其反应后的副产物都可以用简单的过滤方法除去，最后将合成好的有机物从载体上切割下来。这种方法为有机合成的分离提供了简捷方便的手段。目前，它已成为化学、药学、免疫学、生物学和生理学等领域不可缺少的方法。

（一）生物物质的合成

在具有生物活性的物质中，人们对蛋白质、核酸、糖类及糖蛋白等的合成始终抱有浓厚的兴趣。用固相法合成生物物质方便、快捷，因而它得到了广泛应用。

1. 多肽

蛋白质的合成是以肽合成为基础的。理论上讲，一个氨基酸的氨基和另一个氨基酸的羧基可以缩合成肽。但在实际合成时，首先要对第一个氨基酸中的羧基和第二个氨基酸中的氨基进行保护，同时要活化参加反应的官能团。在二者结合成肽后，还需用适当的方法去除保护基而不能破坏新合成的肽。这种多肽合成方法是在溶液中进行的，因此称为液相合成法。1953 年，应用传统的液相法首次合成出了具有生物活性的九肽激素——催产素（oxytocin）。之后，加压素、舒缓激素、促肾上腺皮质激素等也相继通过液相法合成出来。1965 年，我国首次全合成了具有生物活性的结晶牛胰岛素，对蛋白质的合成化学作出了杰出的贡献。但是，用液相法合成时，虽然产品纯度高，但分离、纯化频繁，且随着肽链的延长而愈加困难。

1963 年，Merrifield 用固相法合成了 L-亮-L-丙-L-甘-L-缬四肽，开创了高分子载体上进行的多肽固相合成法，在有机合成史上展开了新的一页。1964 年，他又合成了一种具有降低血压功能的舒缓激肽，含 9 个氨基酸残基，总收率为 32%，全合成只花了八天时间，而当时用液相法则需一年时间。这种快速简便的合成方法引起了人们的广泛关注。一些用液相法难以合成的长肽，也相继用固相法合成出来。为此，Merrifield 获得了 1984 年度的诺贝尔化学奖。

固相法合成肽的基本步骤如式（2-36）所示。式（2-36）中，BOC 是叔丁氧酰基 $[C(CH_3)_3—O—CO—]$，它是氨基酸中氨基的保护基团。氨基保护剂也可以用苄氧酰基（CbZ）、对甲苯磺酰基（Tos）等。这些基团在 TFA/CH_2Cl_2、$HCl/HOAc$ 等作用下能顺利地断裂，而聚合物与氨基酸相连的苄酯基却不发生断裂。现在更多的是采用 9-芴甲氧羰基（Fmoc），其对酸稳定，可用哌啶、DMF 或二氯甲烷除去。最后，当需要把多肽从树脂上切下来时，用 HBr 或 HF 将苄酯基解离。此外，第一步氯甲基树脂与 BOC-氨基酸一起反应时，通常使用有机碱催化，以防止氨基酸受强刺激而发生消旋。

固相合成法简单、快速，不存在肽的溶解度问题。但是，这种方法一般只适合于合成 10～20 肽。由于高分子载体上的反应属于大分子反应，不能保证每一个反应基团在每一步的反应中都能参加反应，这样，如果在反应中没有完全定量，则有可能在多肽上产生不同的错误序列。要提高多肽合成的序列精确性，可以采用活性酯的方法加以改进。在活性酯方法中，每接上一个氨基酸就要把肽从高分子载体上切割下来，因而可以对每一步所产生的肽进行提纯精制，这样就保证了下一步反应时原料的纯洁［参见式(2-28)］。

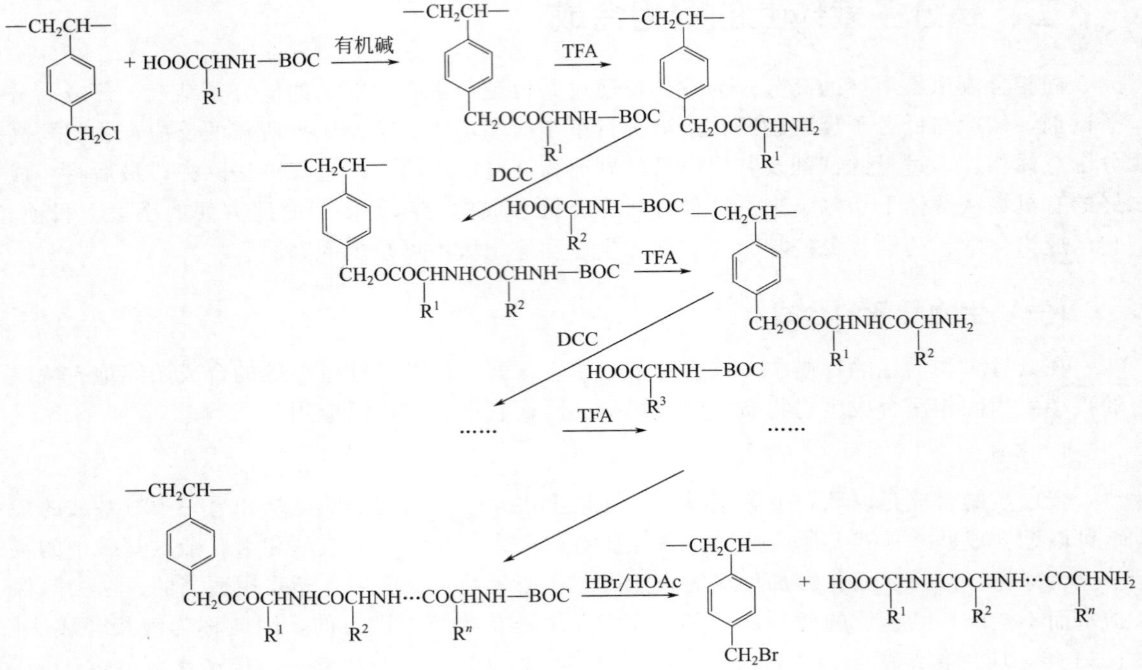

$$(2\text{-}36)$$

2. 低聚核苷酸

核酸是一种多聚核苷酸，分核糖核酸（RNA）与脱氧核糖核酸（DNA）两类，其基本结构单元是核苷酸，均由戊糖、氮碱和磷酸组成。前者所含的糖为 D-核糖，后者为 D-2-脱氧核糖。氮碱基包括嘌呤碱（腺嘌呤 A 和鸟嘌呤 G）和嘧啶碱（胞嘧啶 C、尿嘧啶 U 和胸腺嘧啶 T）（如图 2-5 所示）。DNA 含胸腺嘧啶，不含尿嘧啶；RNA 则相反。戊糖的第 $1'$ 位碳与嘌呤的 9 位 N、嘧啶的 1 位 N 相连，天然核苷酸中以戊糖的第 $5'$ 位上的自由羟基，与磷酸形成磷酸单酯。

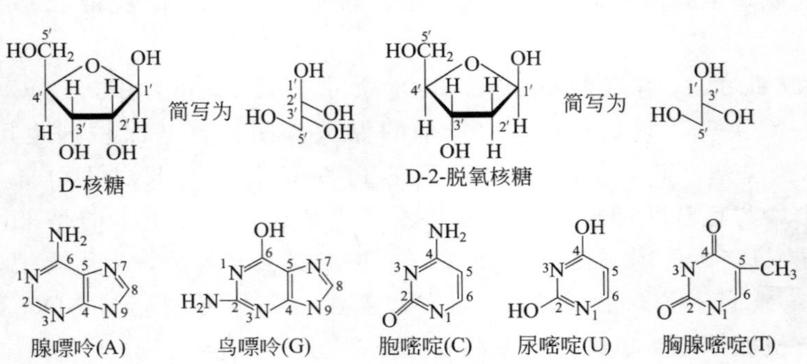

图 2-5　核酸基本结构单元

核酸的人工合成方法有两类，一类是酶促合成法，另一类是化学合成法。把两类方法结合起来，可以成功地制备具有较长序列结构的核酸大分子。1982 年，我国采用有机化学和酶促连接相结合的方法，首次成功地人工合成了含有 76 个核苷酸的核酸大分子——酵母丙氨酸转移核糖核酸 tRNA[ala]，这种具有生物活性的核酸的合成无疑是一大创举。固相法合成低聚核苷酸则可以简化分离和提纯操作，使合成周期缩短，其基本步骤如式（2-37）所示。

$$(2\text{-}37)$$

式中，N^n 代表第 n 个核糖上的氮碱基。

3. 低聚糖

糖类是多羟醛或多羟酮及其缩合物和某些衍生物的总称。它主要有两种类型，一类是同聚多糖，如戊聚糖中的阿拉伯聚糖和木聚糖、己聚糖中的淀粉、琼脂和葡聚糖等；另一类是杂聚多糖，如阿拉伯胶、半纤维素、黏多糖、细菌多糖等。低聚糖又称寡糖，由 2～6 个或 2～10 个分子的单糖结合而成。

固相法合成低聚糖是 1971 年由 Schuerch 等人首次报告的，之后人们对此做了大量的工作，发现固相法合成低聚糖时，载体的功能度不能太高，一般应小于 0.1%，以免造成活性部位过分拥挤。此外，还需解决好以下两个问题：一是糖苷化反应方法的探索，使之在较低

特种高分子材料

的温度下，可以得到较高的收率和较少的副产物；二是筛选简捷易行的基团保护方法和脱保护方法。固相合成低聚糖的好处是，随着糖链的延伸，基团离聚合物骨架的距离越远，其活性越高。下面是固相法合成低聚糖的典型步骤。

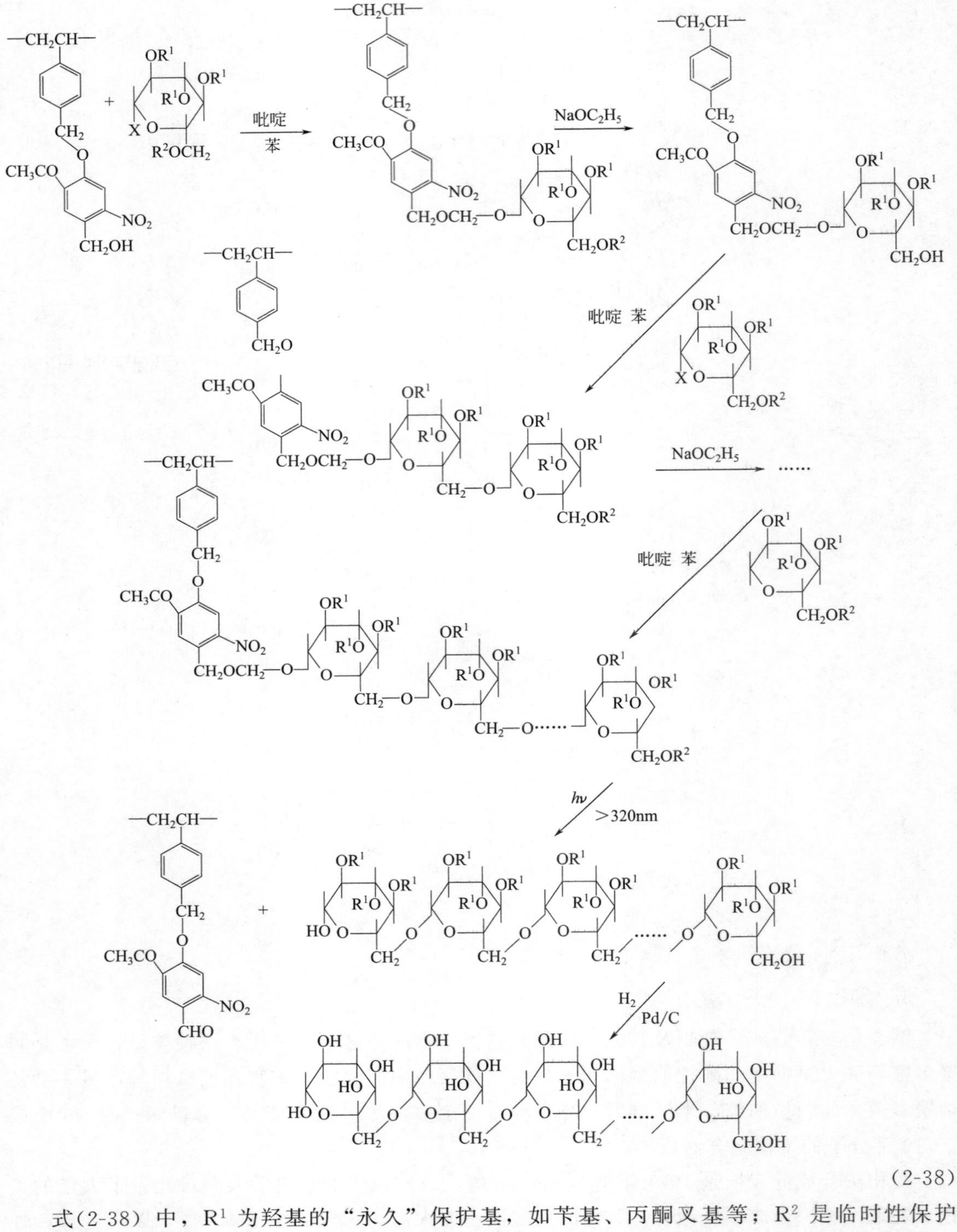

(2-38)

式(2-38)中，R^1 为羟基的"永久"保护基，如苄基、丙酮叉基等；R^2 是临时性保护基，是"离去基团"，要求有足够的活性，常用卤素、磺酰基、酰亚胺基、乙酰基、硫苷、戊烯基等。但这种靠离去基团方法实现糖苷化过程的效率不高。目前又发展了其他一些方法，如不饱和糖法、缩水内酯法、相转移催化法等。

其他如糖肽等也可用固相法进行合成。它有两种方法，一种是将糖基化的氨基酸作为单体来合成；另一种是先用成熟的方法在高分子载体上合成多肽，其活性基团用不同的保护基保护，然后在不同的条件下分步脱除保护基，再分别对其进行糖基化反应。

（二）有机化合物的固相合成

固相有机合成最初仅局限在聚合性小分子的合成上，而目前已在有机合成上取得了长足的进步。其类型已包括了缩合、取代、环加成及氧化还原反应等方面。

1. 取代反应

这类反应可用下列通式来表示：

$$\text{(2-39)}$$

芳香亲核取代反应也可用固相合成法实现。

2. 缩合反应

缩合反应是研究较多的一类反应，包括成酯或酰胺（包括磷酰胺、磺酰胺）反应、形成碳-碳键反应、多组分缩合反应等。例如，多肽合成就是一种成酰胺键的反应；而形成碳-碳键的反应是有机合成研究的重点，如 Claisen、Knoevenagel 及醇醛缩合等。Wittig 反应、Heck 反应、Still 反应等都是形成碳-碳键的反应，如下列 Still 反应：

$$\text{(2-40)}$$

多组分缩合反应有 Mannich 反应、Biginelli 反应及 Ugi 反应等，如：

$$\text{(2-41)}$$

含有活泼亚甲基的酯在进行烷基化、酰基化反应时，不可避免地会发生自缩合。如果采用固相合成法，则可减少副反应的发生。将酯接于高分子链上，通过控制高分子载体的刚柔性及酯基在链上的分布密度，可以达到控制反应的目的，如反应式(2-1)。

二元羧酸双酯在碱催化下与 α 位 H 缩合形成环状 β-酮酯。如果双酯不对称，则会产生两种环状 β-酮酯，它们之间很难分离。如果采用固相法进行合成，由于其一与高分子载体相连，因而分离方便。

$$\text{(2-42)}$$

式（2-42）中，（P）代表高分子载体。

具有对称双功能基的有机化合物在有机制备反应中，往往只需要其中一个功能基参加反应，此时就需要对双功能基中的一个进行保护。利用高分子载体来保护功能基可以使剩余功能基有效地参加随后的反应。最后，将产品从高分子上切割下来。例如，制备某种昆虫性引诱剂的固相合成过程如式（2-43）所示，载体用聚对—氯二苯甲基苯乙烯，它只与伯醇形成醚键。

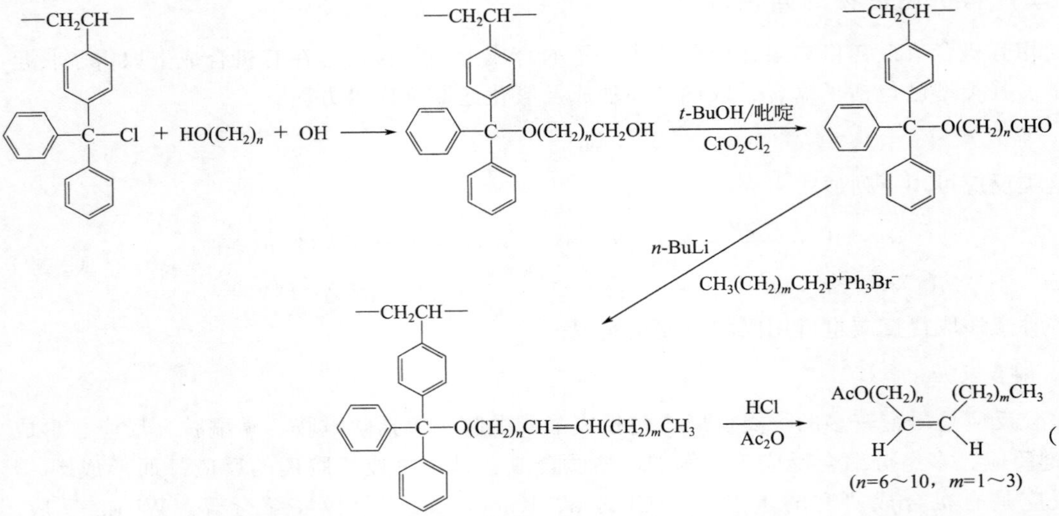

$$(2-43)$$

$$(n=6\sim10,\ m=1\sim3)$$

其他如二酚基可用高分子酰氯进行单保护，二元羧酸可用含羟基的高分子进行单保护，二元胺用高分子酰氯或氯苄树脂进行保护，等等。

3. 环加成反应

环加成反应包括 Pauson-Khand 环加成、[2＋2] 环加成、1,3-偶极加成、Pictet-Spengler 反应等，它也是制备杂环化合物的有效方法，如式（2-44）所示。

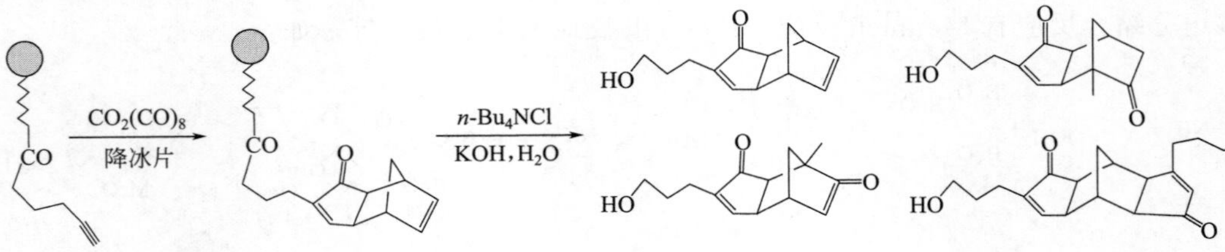

$$(2-44)$$

4. 氧化还原反应

氧化还原反应可使官能团直接发生转化，如杂环脱氢、烯烃的环氧化及臭氧化、醇醛的氧化、硫醚的氧化等。

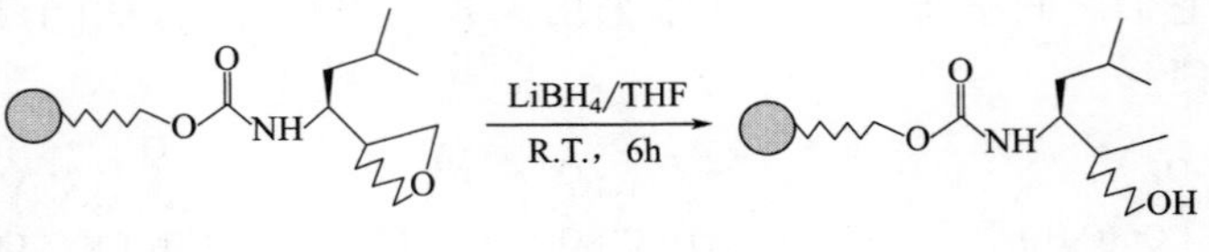

$$(2-45)$$

5. 其他反应

固相合成中，如果高分子骨架具有旋光性，则在潜手性化合物的反应过程中可以实现立体选择性的不对称合成。例如，具有旋光性的高分子胺与环己酮结合后，保持了分子结构的不对称性，烷基化后在温和的条件下进行水解可以获得光学收率较高的 2-甲基环己酮。

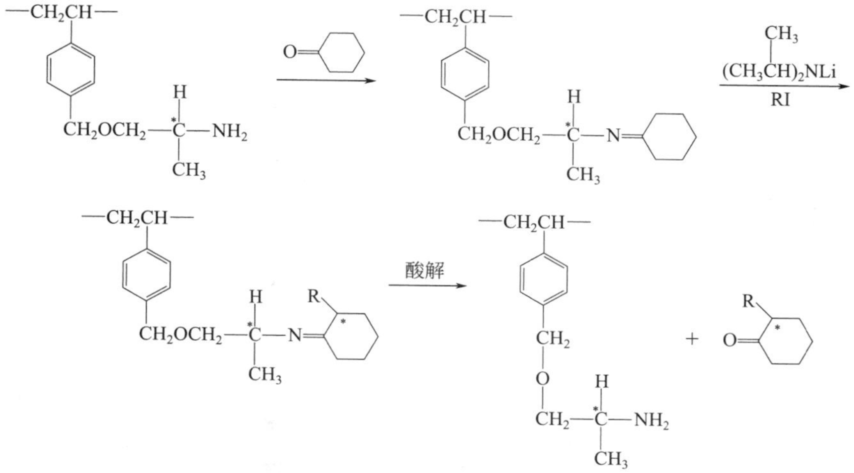

$$(2-46)$$

此外，还有 Michael 加成、Wittig-Horner 反应、Grignard 及其相关的反应，以及一些涉及金属试剂的反应等，都有报道。

（三）组合化学与液相化学

1. 组合化学

随着科学技术和社会物质生活的进步，健康已成为人们普遍关注的一个问题。提供药效更高、不良反应更小的新药是保障健康的重要任务之一。但是，每种新药的产生常常要经过一个烦琐和冗长的合成和筛选过程。由于对药物结构与药效间的构效关系还不甚了解，所以在设计药物分子时不得不同时把类似物和衍生物一并考虑在内，然后进行逐一筛选。为了提供足够的供筛选的对象，往往要合成多达上千个基本相似但组成不同的化合物，尽管其中包含着大量的"无效劳动"。

组合化学的兴起可以有效地加快类似物的合成和降低原材料的消耗，为药物筛选提供了便利。组合化学是一种新的合成技术，它打破了传统合成化学的观念，不再以单个化合物为目标逐个合成，而是采用相似的反应条件一次性同步合成成千上万种结构不同的分子，即合成一个化合物库，并以混合物的形式进行生物活性的测定，从而寻找或优化先导化合物。其方法以固相合成为基础，其发展更得益于固相合成技术的进步。

组合化学最初进行的是多肽、核苷酸及类肽等聚合分子的化合物库的构建。以构建三肽化合物库为例。三种氨基酸 X、Y、Z 相互缩合可以形成 27 种不同的三肽结构。如果逐一合成，需要花大量重复性步骤。如果采用组合化学方法，则步骤大为减少。先将三种氨基酸分别接于高分子树脂上，然后加以混合，再三等分，分别与三种氨基酸反应生成二肽。将所得的二肽纯化后，再混合，同样三等分，再与三种氨基酸反应，生成三肽。此时，有三个子库，每个子库中都含有 9 种化合物，共计 27 种不同结构的三肽。这样一次过程（3 步）可以合成 3^3 个样品（图 2-6）。如果氨基酸的种类增加至 5 种，则一次过程（5 步）所制得的化合物库中就有 5^5 个样本。

在药物开发过程中，低分子化合物在人体利用度和药物代谢方面更为有利。因此，大量

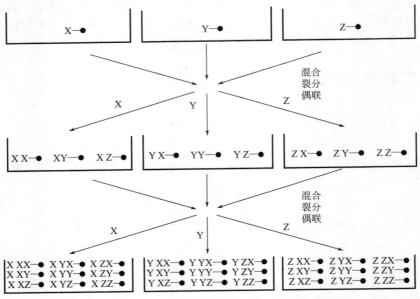

图 2-6 采用组合化学方法构建三肽化合物库示意图

的化合物库的构建已转向了非聚合性的低分子，如 1,4-苯并二氮杂䓬、四氢吡咯、β-内酰胺、咪唑等各种类型的多取代小分子化合物库。

2. 液相化学

为了克服固相合成中存在的反应速率低、反应不完全、分析表征难等缺点，Bayer 在 20世纪 70 年代初提出将可溶性高分子作为载体的新的液相合成方法，称为液相化学。液相化学采用可溶性高分子作为替代载体，集中了固相合成和小分子均相反应的双重优点，既有固相合成的易分离、可循环利用、产物易纯化等特点，又保持了均相反应的高反应性、易表征和分析等优点。反应完成后，高分子试剂或催化剂可通过向反应体系加沉淀剂或通过温度敏感结构产生相变使之沉淀。有些功能化的高分子则可通过膜过滤或体积排斥色谱直接分离。目前液相化学已广泛用于组合库的建立及有机合成中，所用可溶性高分子载体结构包括聚乙二醇、聚乙烯衍生物、聚苯乙烯衍生物、有机硅、聚丙烯酰胺等。为了提高官能度，采用支化、超支化结构高分子作为载体也日渐增多。

三、影响因素

为了使高分子试剂与反应体系中其他物质便于分离，通常需要对之进行适当交联。交联程度不足，未交联的线性链会对产物造成污染；但交联过度，则会使反应物或产物扩散速率降低而使反应变慢，甚至难以进行。高分子试剂在溶剂中要具有可润湿性和可溶胀性，树脂的孔隙也要大些，以增加反应物容量，提高反应速率。同时，对大部分反应而言要注意应尽量使功能基相互间隔开来，以减少它们之间的相互作用。为了减少反应活性的降低程度，官能团也应远离主链，尽量保持其独立性，避免高分子骨架对反应基团产生空间位阻作用。

总之，高分子试剂作为带有反应性基团的大分子试剂，在化学合成中已显示了独特的优势。近年来，正像我们介绍过的那样，在药物合成、生物物质尤其是具有生物活性物质的合成方面，用高分子试剂参与的固相合成技术可以解决许多以往液相合成难以解决的问题。这已是有机合成发展的一个重要领域。在这一领域，有机化学家与高分子学家携起手来，共同向生物、生命的未知世界进军，必能取得更加辉煌的成果。

第三节　高分子催化剂

高分子催化剂是对化学反应具有催化作用的高分子。生物体中的酶无疑是世界上最神奇的高分子催化剂。在生物体内进行的化学反应几乎都是由酶来催化的。存在于活细胞中的酶分两种，一种是单纯酶，一种是结合酶。单纯酶是具有生物催化功能的生物大分子，大多数为蛋白质类的大分子，也有少数为非蛋白质类大分子，如核酶等。单纯酶活性中心往往是带有酸性或碱性的有机基团，配以特征性构型与特异性空间构象。结合酶通常由大分子（主要是酶蛋白）和辅因子（包括金属离子、辅酶和辅基）共同构成。酶蛋白和辅因子单独存在时，均无催化活力，只有二者结合成完整的分子时，才具有催化活性。酶蛋白与辅因子构成的完整的酶分子称为全酶。无论是单纯酶还是结合酶，它们在常温常压下就可以高效、高选择性地催化酶促反应。由于酶是水溶性的，不容易回收再利用，对于水溶性产物也容易造成污染，同时，酶的生存条件比较苛刻，很容易受外界因素的干扰而失活，因此，在一定程度上限制了酶在工业中的应用。人工合成的高分子催化剂在一定程度上解决了这一难题。人工合成的高分子催化剂主要包括高分子酸或高分子碱（即酸性聚合物、碱性聚合物）、高分子金属络合物和固定化酶三大类型。

高分子酸或高分子碱是较为简单的高分子催化剂，它用以替代小分子酸或碱来催化有机或无机化学反应，其结构可以看成是对单纯酶的仿造；而高分子金属络合物催化剂则可以看成是对结合酶的模仿。一些酶需要结合金属离子才具有催化活性，一般金属离子起到活性中心的作用，而酶蛋白则提供对催化底物的选择性和辅助催化功能。高分子金属络合物也具有相似的特点，起催化活性作用的大多是金属离子，高分子骨架则对反应起提高活性或提高选择性的作用。此外，用适当的方法使酶固定在大分子上，将酶改造成不溶于水的固定化酶，可以钝化酶对外界环境的敏感性，防止其失活，并利于其回收利用，拓宽了酶在工业中的应用范围。可以说，固定化酶是一种半合成的高分子催化剂。可见，这三类高分子催化剂其实都与酶的结构有一定的关联。当然，对酶结构的仿造不能仅停留在特征基团的设计上，还需要从构型和构象两个方面做进一步的结构设计，以充分发挥空间结构对催化反应的选择性作用，并充分发挥高分子效应，提高其催化效率和催化选择性。而如何根据酶蛋白与辅酶或辅基结合产生催化作用方面，也需要我们做进一步深入的研究探讨，从而进行相关反应的仿酶结构设计，获得相关人工合成高分子催化剂来实现更多更高效的化学反应为人类服务。

一、高分子酸和高分子碱

许多有机反应可以被小分子的酸或碱来催化，但产品分离、提纯繁复，人们尝试用高分子酸或碱来替代小分子酸碱，取得了成功。目前，酸性离子交换树脂或碱性离子交换树脂可以催化的反应很多，由于分离简单，反应条件温和，催化剂便于回收再利用，因而有着广泛的应用和开发前景。关于酸性阳离子交换树脂和碱性阴离子交换树脂的制备方法详见第三章第一节，这里不复赘述。

（一）缩合反应

用强酸性阳离子交换树脂可以催化羧酸与醇的酯化反应，由于避免了使用浓硫酸，因而产物不发黄，反应温度也较低，使合成那些对热过敏的酯更加方便。对于多元醇，还可控制其仅合成单酯。这类树脂也可催化醇醛缩合［式(2-47)］、醛醛缩合［式(2-48)］、Perkin缩合等反应，例如，用聚苯乙烯磺酸与硫酸钙配合，催化醇醛缩合，收率可达99%。

$$RCHO + HOCH_2CH_2OH \xrightarrow{\text{聚苯乙烯磺酸}} RCH \overset{O-CH_2}{\underset{O-CH_2}{\big<}} \qquad (2-47)$$

$$CH_3CH_2CHO + HCHO \xrightarrow[\text{聚苯乙烯磺酸}]{\text{常压 95℃}} CH_2{=}\overset{}{\underset{CH_3}{C}}{-}CHO \qquad (2-48)$$

聚苯乙烯磺酸可以替代浓硫酸，催化醇的消除反应，生成醚或者烯烃。

$$2CH_3OH \xrightarrow[\text{聚苯乙烯磺酸}]{77\sim107℃} CH_3OCH_3 + H_2O \qquad (2-49)$$

$$(CH_3)_3C{-}OH \xrightarrow[\text{聚苯乙烯磺酸}]{80℃} CH_2{=}C(CH_3)_2 \qquad (2-50)$$

缩醛化反应［式(2-51)］也可用高分子碱来催化。弱碱性离子交换树脂还可以催化醛与氰乙酸的缩合［式(2-52)］，若是芳香醛，在室温下就可反应。其他如 Knoevenagel 缩合反应也可以用弱碱性离子交换树脂来催化。

$$2CH_3CH_2CH_2CHO \longrightarrow CH_3(CH_2)_2\overset{OH}{\underset{C_2H_5}{\overset{|}{C}H}CH}CHO \qquad (2-51)$$

$$RCHO + CH_2\overset{CN}{\underset{COOH}{\big<}} \longrightarrow RCH{=}C\overset{CN}{\underset{COOH}{\big<}} \qquad (2-52)$$

（二）加成反应

高分子碱催化的加成反应包括 Michael 反应、羰基加成、烯烃加成等，示例如下：

$$CH_2{=}\overset{}{\underset{CN}{CH}} + ROH \longrightarrow ROCH_2CH_2\overset{}{\underset{CN}{}} \qquad (2-53)$$

$$\overset{R}{\underset{R'}{\big>}}C{=}O + HCN \longrightarrow \overset{R}{\underset{R'}{\big>}}C\overset{OH}{\underset{CN}{\big<}} \qquad (2-54)$$

$$RCHO + CH_3NO_2 \longrightarrow KCH\overset{}{\underset{OH}{}}CH_2NO_2 \qquad (2-55)$$

催化剂

$$\begin{array}{c} -CH_2CH- \\ \Big\langle \Big\rangle \\ -CH_2N^+(CH_3)_3X^- \\ \text{2-3} \end{array}$$

$$\bigcirc\!\!-OH + \overset{CH_2-CH_2}{\underset{O}{\diagdown\diagup}} \longrightarrow \bigcirc\!\!-OCH_2CH_2OH \qquad (2-56)$$

强酸性阳离子交换树脂催化的加成反应包括烯烃的烷基化反应、羰基加氢反应等。如：

$$\text{（2-57）}$$

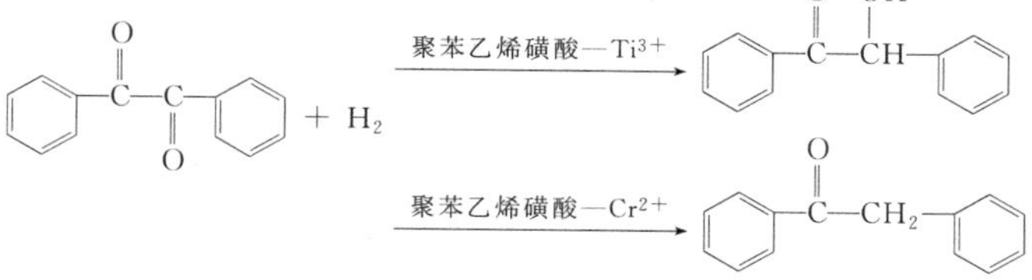

$$\text{（2-58）}$$

$$\text{（2-59）}$$

（三）其他反应

酯的水解是酯化反应的逆反应，同样可以用高分子酸或碱来催化。此外，高分子酸或碱还可以催化酯交换反应、氧化还原反应、Cannizzaro 反应等。利用高分子的两亲性，还可以进行相转移催化，如用高分子𬭩盐 2-4 催化油溶性的 1-溴戊烷和水溶性的硫氰化钾反应：

$$CH_3(CH_2)_4Br + KSCN \xrightarrow[\text{催化剂}]{110℃} CH_3(CH_2)_4SCN + KBr \qquad \text{催化剂}$$

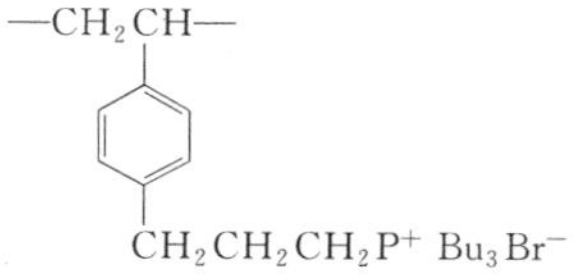

2-4

$$\text{（2-60）}$$

用聚苯乙烯磺酸催化二苯肼重排［式（2-61）］时，反应速率比用小分子苯磺酸催化的反应速率快 120 倍，体现了高分子的协同效应。

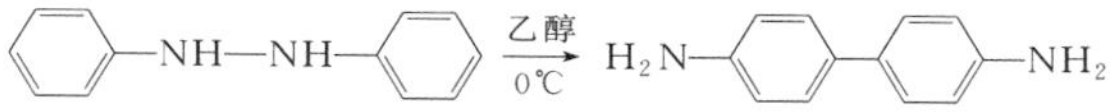

$$\text{（2-61）}$$

（四）高分子合成

将苯酚与甲醛的混合物在 100℃流经装有阳离子交换树脂的柱子时，可以在柱内生成酚醛树脂。在用缩聚法合成一些耐高温的杂环高分子时，可以用多磷酸来进行催化。

二、高分子金属络合物催化剂

高分子与金属离子的络合物不仅可以具有很多低分子络合物所具有的催化功能，尤其是这种功能被高分子骨架修饰以后，可以表现出高催化活性和高选择性来。由于分子结构上的特殊性，其电性能、光功能、热性能以及在不同条件下分子形态发生很大的变化而产生的力化学性能等都引起了人们的广泛关注。同时，在目前纳米材料制备领域，高分子金属络合物也有重要的应用。

（一）合成方法

合成高分子金属络合物的方法一般来说有以下三种，即高分子配位体与金属的络合反应，低分子配位体的络合成链法和带聚合官能团的小分子络合物的聚合。表 2-3 比较了这些合成方法的特点，采用哪种方法是由所要络合物的种类、性能、功能等决定的，为此，需要充分了解各个方法的特点。

表 2-3　高分子金属络合物各种合成方法比较

方　法	高分子配位体 与金属的络合	低分子配位体 的络合成链法	金属络合物的聚合
反应式	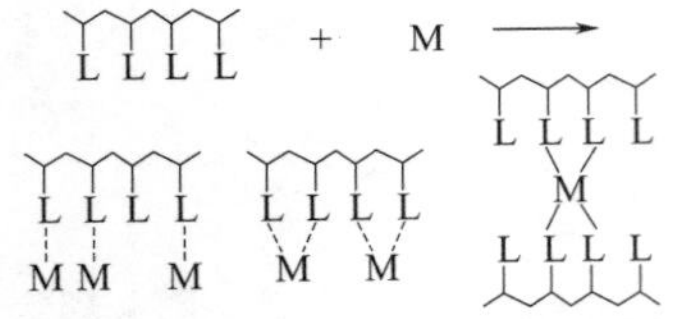 单配位　分子内螯合　分子间交联	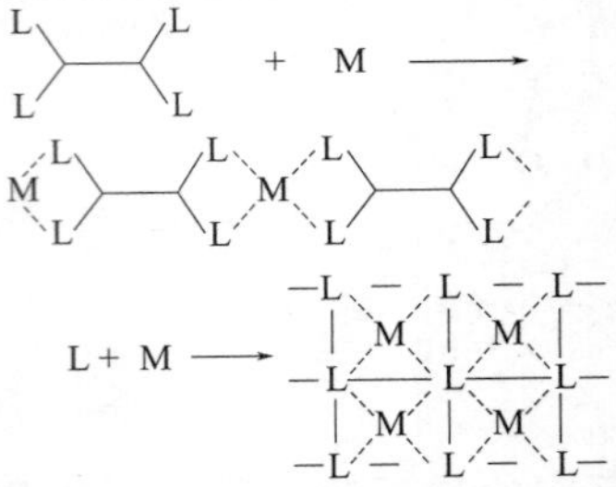	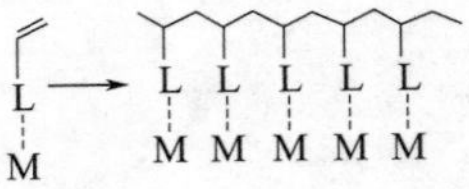
配位基	选择范围宽	配位体两端有配位基	有限制,络合时金属离子要化学惰性
金属离子	无要求	金属离子配位能力强	有限制,络合时金属离子要化学惰性
聚合度	高分子量,聚合度可调	低,最高达 10 聚体	可得较高分子量
络合物组成均匀性	配位基配位不完全	均一	均一
高分子化后稳定性	降低	略有降低	无变化
溶解性	有可溶者	不溶	一般可溶

1. 高分子配位体与金属的络合反应

这是通过高分子配位体与金属离子,或者金属络合物进行高分子反应而合成高分子金属络合物的方法。其主要优点是,通过含有配位体的单体的聚合或共聚及高分子配位体的后反应等,一方面可以很容易地修饰高分子配位体,另一方面也可以自如地调节配体与金属离子的比例,从而得到性能多样的络合物。当然,在合成时还要注意,合成高分子配位体要花精力;配位样式较多,络合物结构不均一;配位度不能达到 100% 等。

有代表性的配位基团见表 2-4,在合成时需根据要求选择配位体,再选择合适的合成方法。

表 2-4　主要配位基团

配位原子	配位基团
氧	—OH(醇、酚),—O—(醚、冠醚),—CO—(醛、酮、醌),—COOH(羧酸),—COOR(酯、盐),—NO(亚硝基),—NO₂(硝基),—SO₃H(磺酸基),含氧杂环(呋喃等)
氮	—NH₂,＞NH,≡N(胺),＞C＝NH(亚胺),＞C—N—R(席夫碱),＞C＝N—OH(肟),—CONH₂(酰胺),—CONH—OH(羟肟酸),—CONHNH₂(酰肼),—N＝N—(偶氮),—C(:NH)NH₂(脒),—(C＝N—NHC₆H₅)₂(脘),含氮杂环(吡咯、卟啉、吡咯酮、咪唑、吡唑、嘧啶、嘌呤、吡啶、喹啉、咯嗪等)
硫	—SH(硫醇、硫酚),＞S—(硫醚),＞C＝S(硫醛、硫酮),—COSH(硫代羧酸),—CSSH(二硫代羧酸),—CS—S—S—CS—(过硫硫代乙酰),—CSNH₂(硫代酰胺),—SCN(硫氰),含硫杂环(噻吩、噻喃、噻唑等)

配位原子	配位基团
磷	—PH$_2$，〉PH，≡P（膦），—HPO(OH)（次膦酸），—PO(OH)$_2$（膦酸），＝POOH（二代次膦酸）
砷	—AsH$_2$，〉AsH，≡As（胂），—AsO(OH)$_2$（胂酸）
硒	—SeH（硒醇），〉C＝Se（硒酮），—CSeSeH（二硒羧酸）

高分子配位体可以用含有配位基的烯类单体的聚合或共聚法来制得。如在 NaOCH$_3$ 存在下，将甲基丙烯酸甲酯与丙酮缩合，合成在侧链上具有 β-二酮配位体的甲基丙烯酰丙酮单体，再通过自由基聚合合成可溶性高分子配位体：

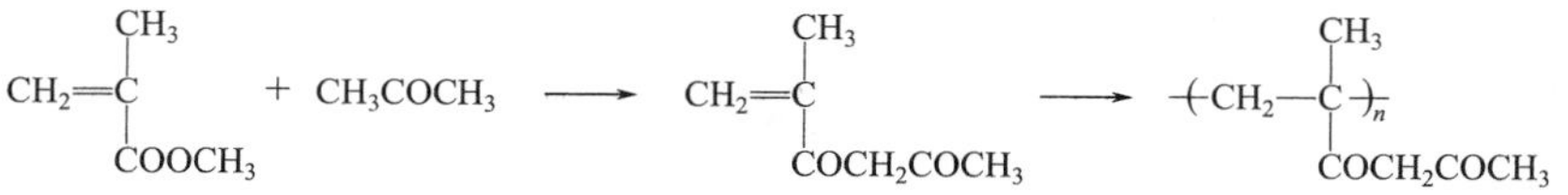

$$(2-62)$$

用此方法可以将配位体原封不动地引入高分子，故可将单体时的络合能力原样移至高分子上，但在聚合之后要产生一些空间位阻。

也可以通过含有配位基组分的缩聚反应来制备高分子配位体。如甲醛和水杨酸缩聚可以连接成高分子配位体：

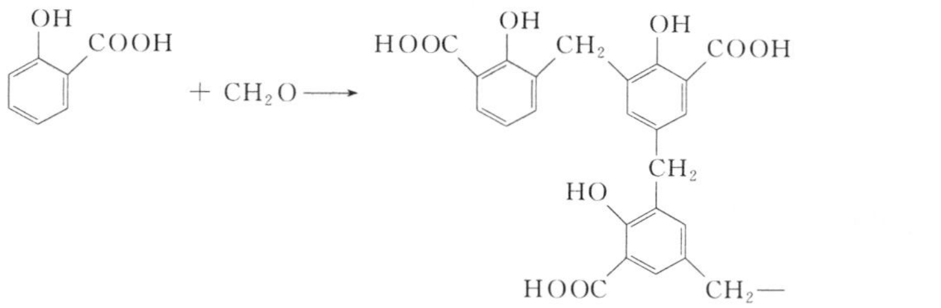

$$(2-63)$$

聚席夫碱则可以通过次甲基双（水杨醛）与邻苯二胺的缩聚来制得，但合成分子量高的配位体较困难。

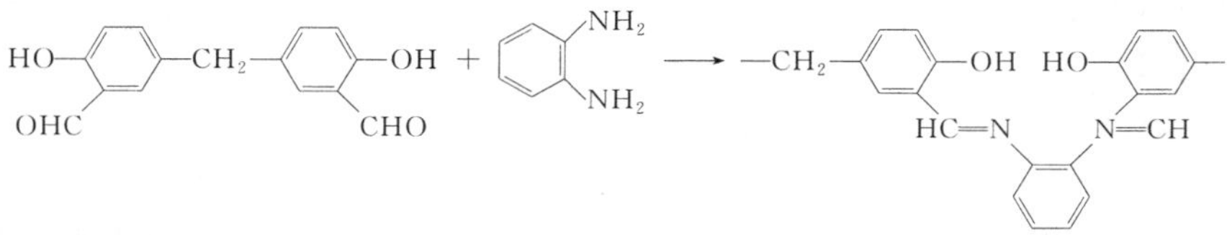

$$(2-64)$$

高分子配位体还可以通过大分子反应引入配位体单元。例如，将亚胺二乙酸引入聚苯乙烯环上就可以采用下列方法：

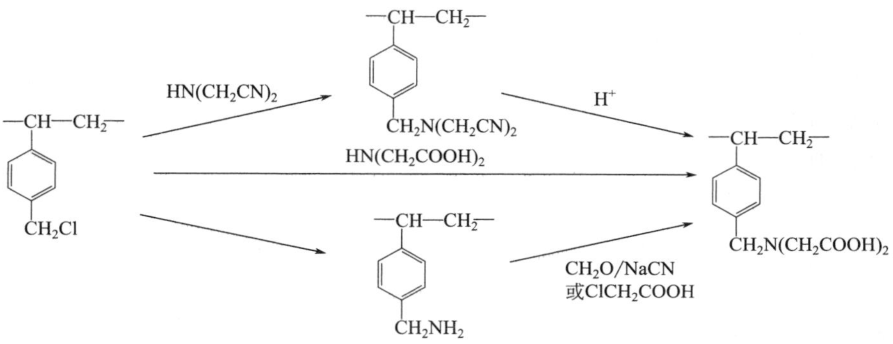

$$(2-65)$$

在聚合过程中，配位体单元要尽量稳定，并在高分子化后其他部分对配位基不应产生空间阻碍，同时还要留意不要混入金属离子。

许多天然高分子及其改性产物也是很好的络合配位体，如改性纤维素、葡聚糖、甲壳胺、海藻酸、肝素、蚕丝、羊毛等，都可以与金属离子配位络合。

将金属离子与高分子配位体络合有两种方法，即直接法和间接法（又称衍生法）。

直接法是将金属盐与高分子配位体直接混合以合成络合物的方法。例如，将 N,N-二乙基乙二胺的聚苯乙烯（33%氨基化）溶解于精制甲醇中，然后将其加入至溶有氯化铜的甲醇溶液中，可得绿色沉淀，过滤洗净后就得到高分子金属络合物 2-5。这里采用的方法就是直接法。

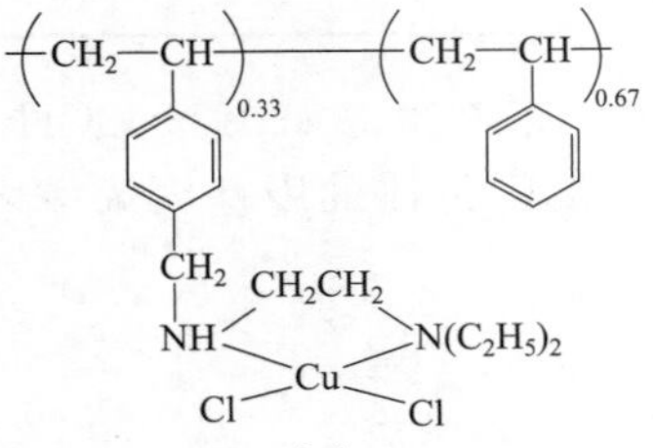

$$\left(CH_2-CH\right)_{0.33}\left(CH_2-CH\right)_{0.67}$$
结构中带有 $CH_2-NH-CH_2CH_2-N(C_2H_5)_2$ 侧基，与 Cu、Cl、Cl 配位

2-5

用直接法生成高分子金属络合物时，如果高分子的每一个结构单元上都含有一个配位基团，则在与金属离子络合时，往往以分子内的螯合形式优先，这就要求高分子配位体的骨架有一定的挠曲性。当配位体与金属离子的配比在某一范围时，会发生分子间的螯合，形成不溶的交联络合物。

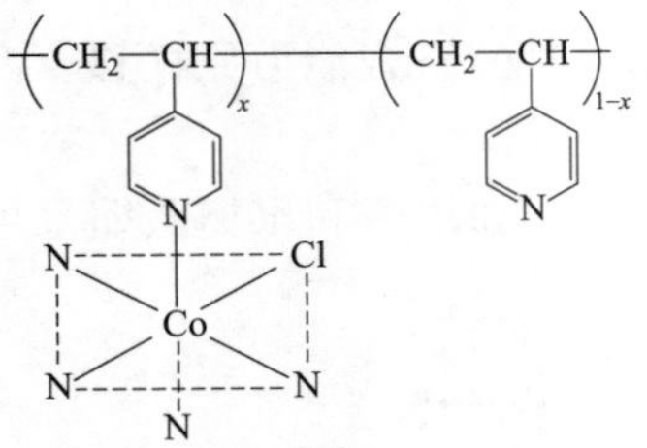

$$\left(CH_2-CH\right)_x\left(CH_2-CH\right)_{1-x}$$
含吡啶基，与 Co、Cl 配位

2-6

间接法则是先合成低分子的金属络合物，然后将其中一个配位基置换为高分子配位体。如将聚 4-乙烯基吡啶溶解于 95% 的温乙醇中，将等比例的顺氯代双乙二胺 $[Co(en)_2Cl_2]Cl \cdot H_2O$ 的水溶液缓慢加入其中，在 80℃的水浴上加热 2～6h，溶液颜色由紫色变至稍泛红的紫色。充分加热后，浓缩液体，再蒸发除去水分，就可得到红紫色透明的聚乙烯基吡啶钴 2-6 薄膜。

受低分子金属络合物的空间位阻及络合物间的静电斥力的影响，低分子金属络合物在高分子配位体上的配位度达不到 1。在络合反应过程中，还必须考虑以下一些因素对络合反应的影响：

（1）溶剂　以水作溶剂时要注意金属离子会生成水合络合物；而吡啶、二甲基甲酰胺、二甲亚砜等虽然对高分子配位体、金属盐及生成的络合物都易于溶解，但它也能参与络合，使最终的络合物结构发生改变。

（2）pH 值　溶液的 pH 值高，金属离子则会发生水解；pH 值低，配位体易发生质子化、络合物分解，故需选用反应体系的最佳 pH 值。在有机溶剂中进行络合时，体系的碱性效应更为复杂。

（3）浓度　浓度过高时，由于高分子的分子间距离较近，因而易于形成分子间交联的络合物。改变配位体与金属离子的比例，可以使分子内的螯合物出现稳定的最大值。

（4）反应温度　衍生法的反应温度高则会发生原料络合物的水合、异构化等副反应。

（5）分离与精制方法　生成络合物为沉淀时可用过滤法；为可溶性产品时，则需加入大量的沉淀剂，但沉淀剂很难选好。精制时，注意用水作洗涤液可能会引起金属离子的流失。

2. 低分子配位体络合成链法

这种方法的优点是容易制备，但其缺点也比较明显，在络合成链时易交联，聚合度较低时，溶解性很快下降。而且，末端基有副反应，螯合键弱，易引起分解反应等，所以分子量一般都不高。小分子配位体如表 2-5 所示。

表 2-5　可通过络合法形成高分子链的小分子配位体

配位基团	典型的配位体分子
二酮	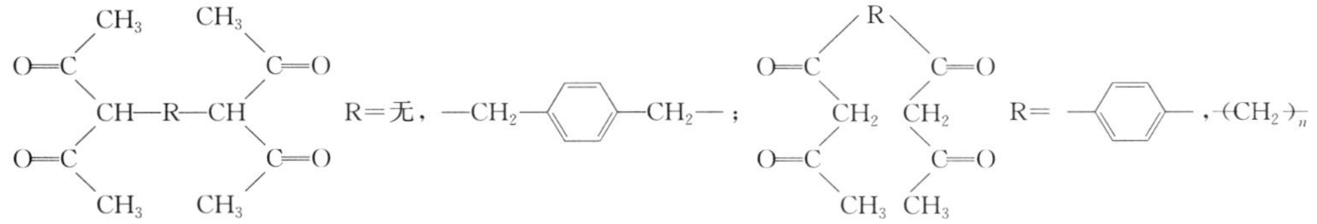 $R=$无，$-CH_2-$〇$-CH_2-$；$R=$〇，$(CH_2)_n$
羟醛、水杨醛	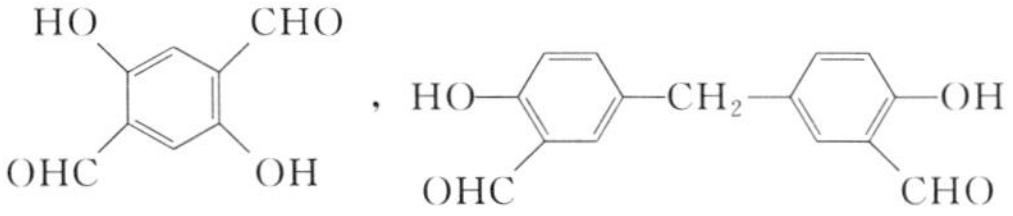
酚醌、酮酚	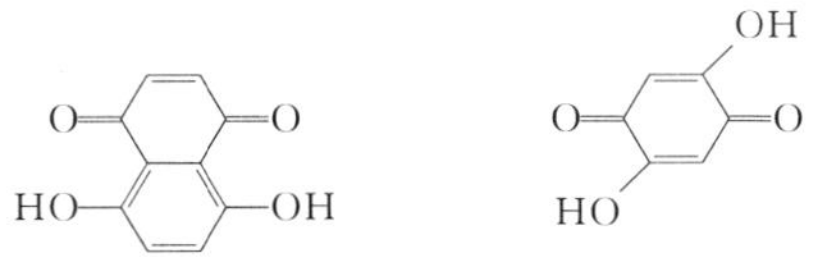 萘茜　　酮酚
羧酸	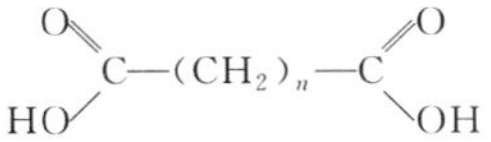 $HO-C(=O)-(CH_2)_n-C(=O)-OH$
羟基胺、双喹啉	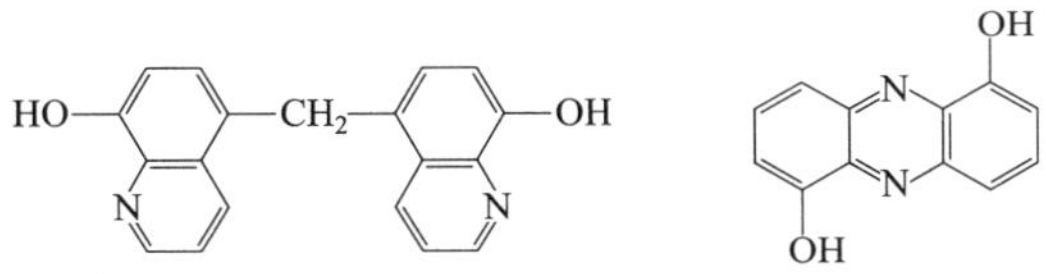
氨基酸	 $HOOC-CH(NH_2)-CH_2CH_2-CH(NH_2)-COOH$
肟	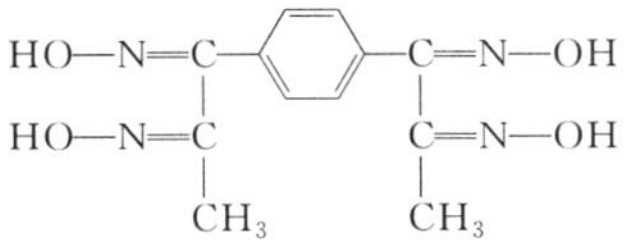
巯基羧酸	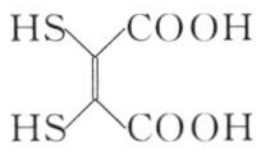
硫醇、硫酮、硫代羧酸、硫代酰胺	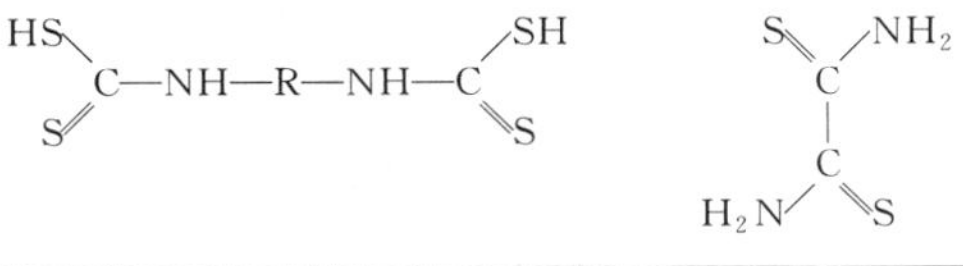

这种制备方法只要将配位体与金属一起搅拌即可络合，形成梯形结构，一般反应都很迅速。例如，1,6-二羟基吩嗪与硫酸铜或醋酸铜反应，立刻就有黑色沉淀出现。红氨酸与金属离子的络合也是如此。

这类聚合物中，具有平面网状结构的络合物特别引人注目。如聚酞花菁、聚四氰基乙烯铜络合物等。不含金属的酞花菁易被酸水解，络合后可提高稳定性。它具有良好的导电性能，电导率为 $10^{-8} \sim 10^{-1}\text{S/cm}$。含两种金属的聚酞菁有氧化催化作用，可以催化乙二醇缩乙醛的氧化反应。

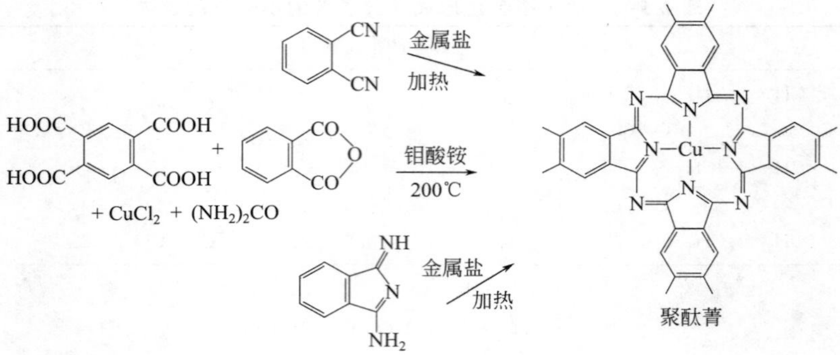

$$(2-66)$$

聚酞菁

3. 低分子络合物的聚合

这种方法所得的高分子金属络合物结构均一、明确，络合程度高，但是单体制备较困难，聚合时往往受到金属离子氧化还原反应的影响而发生阻聚。

如乙烯基二茂铁可以在 AIBN 的引发下聚合，它也可以与苯乙烯、甲基丙烯酸甲酯等共聚：

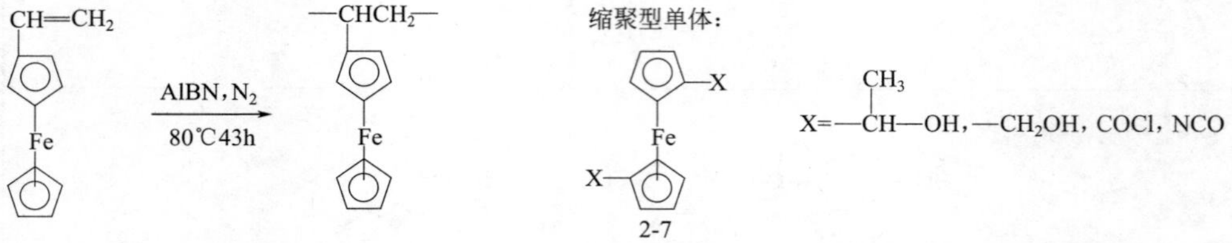

$$(2-67)$$

用缩聚的方法也可以制备这类高分子金属络合物。如用双官能团取代的二茂铁 2-7 进行缩聚，但一般难以制得高分子量的络合物。

（二）催化反应

1. 加氢反应

$$RCH{=}CHR' \longrightarrow RCH_2CH_2R' \qquad (2-68)$$

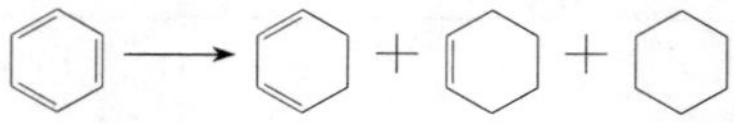

$$(2-69)$$

$$RNO_2 \longrightarrow RNH_2 \qquad\qquad (2-70)$$

$$RCHO \longrightarrow RCH_2OH \qquad\qquad (2-71)$$

这类反应研究得最多，包括烯烃、芳烃、硝基化合物、醛和酮化合物等不饱和化合物的加氢。催化剂包括了各种类型的高分子配位体，中心金属离子主要有 Pt、Pd、Rh、Ru 以及 Ni 等。

小分子配位化合物如 RhCl(PPh₃)₃ 等在空气中不稳定，易分解失活，且产生酸性物质而腐蚀金属反应器。高分子化后可以大大改善其稳定性，也几乎没有腐蚀性；而且由于存在着高分子效应，在使用高分子金属络合物催化剂催化时，反应速率比同类小分子催化剂催化速率要快；反应条件一般也较温和，大部分可以在室温、常压下进行。选择合适的高分子配体及金属离子制成催化剂，可以对芳烃、多烯烃、含醛酮的烯烃或其他同时含有多种不饱和基团的有机物进行选择性加氢。如果采用旋光性高分子配体，还可对潜手性化合物进行不对称加氢，如：

$$CH_3CCH_2COOCH_3 \xrightarrow[\text{催化剂}]{H_2} CH_3\overset{*}{C}H CH_2COOCH_3 \qquad 催化剂 \quad \underset{2-8}{+CH_2 \overset{CH_3}{\underset{H\ Ru}{\overset{|}{C}} NH}} \qquad (2-72)$$

2. 氧化反应

含有 Cu^{2+}、Fe^{3+}、V^{3+}、Co^{2+} 等金属离子的高分子金属络合物可以催化各种氧化反应。如用二氧化硅负载的聚硅氨烷铂络合物 2-9 作催化剂，可以在温和的条件下催化乙醇氧化，并使其停留在乙醛的阶段，而不进一步生成乙酸。

$$CH_3CH_2OH \xrightarrow{\text{催化剂}} CH_3CHO \qquad 催化剂 \quad \underset{2-9}{(SiO_2) - \text{聚硅氨烷铂络合物}} \qquad (2-73)$$

异丙苯、乙苯等用高分子-Cu^+ 的络合物催化氧化，可以生成相应的醇或酮：

$$(2-74)$$

催化剂　环化聚丙烯腈-Cu^+

$$(2-75)$$

催化剂　聚乙烯基吡啶钒

高分子金属络合物还可催化含有活泼氢的抗坏血酸、氢醌、硫醇等有机化合物，以及硫代硫酸（酯）等无机分子的氧化反应。

3. 氢硅加成反应

高分子膦铑络合物 2-10 可以催化三乙氧基硅烷与烯烃的加成，高分子硫醇铂络合物 2-11 也具有催化氢硅加成反应的性能。

$$CH_3(CH_2)_3CH{=}CH_2 + HSi(OC_2H_5)_3 \xrightarrow{\text{催化剂}} CH_3(CH_2)_5Si(OC_2H_5)_3 \qquad 催化剂 \qquad (2-76)$$

$$CH_3CH_2OCH{=}CH_2 + HSi(OC_2H_5)_3 \xrightarrow{\text{催化剂}} CH_3CH_2OCH_2CH_2Si(OC_2H_5)_3 \qquad (2-77)$$

$$CH{\equiv}CH + HSi(OC_2H_5)_3 \xrightarrow[80℃\ 0.1013MPa]{\text{催化剂}} CH_2{=}CHSi(OC_2H_5)_3 + [(C_2H_5O)_3SiCH_2]_2 \qquad (2-78)$$

2-10

催化剂　$(SiO_2) - OSiC_3H_6SH \to H_2PtCl_6$

2-11

当高分子骨架上含有不对称性因素时，它还可以催化不对称氢硅加成，制备不对称化合物。

4. 醛基化、羰基化反应

烯烃在催化剂作用下可以与 H_2、CO 进行醛基化或羰基化。如高分子膦铑络合物 2-12 就是一种较好的催化剂：

$$C_3H_7CH{=}CH_2 + H_2 + CO \xrightarrow[\triangle]{\text{催化剂}} C_3H_7CH_2CH_2CHO + C_3H_7\underset{CH_3}{\overset{|}{C}}HCHCHO \qquad (2-79)$$

$$CH_3OH + CO \xrightarrow[\triangle]{\text{催化剂}} CH_3COOCH_3 \qquad (2-80)$$

催化剂　$(PPh_2)_n RhCl(CO)$

2-12

如果催化剂带有不对称因素（2-13），则可以催化一些潜手性化合物的不对称醛基化反应：

$$\text{(顺式丁烯基)} + H_2 + CO \xrightarrow[\triangle]{\text{催化剂}} \text{(丙烯醛基)} \qquad \text{催化剂：} 2\text{-}13 \qquad (2\text{-}81)$$

5. 异构化反应

具有联吡啶结构、卟吩结构 2-16 的高分子钯、钴等络合物 2-14、2-15 可以催化光敏化合物光敏反应或其逆反应，使太阳能的储存与释放可以实现循环。如：

$$\text{(降冰片二烯)} \underset{\text{催化剂}}{\overset{h\nu}{\rightleftharpoons}} \text{(四环烷)} \qquad \text{催化剂：} \begin{array}{c}2\text{-}14 \\ X=CO, SO_2 \\ Y=OAc, SO_3CH_3 \\ 2\text{-}15 \end{array} \qquad \text{TPP:} \quad 2\text{-}16 \qquad (2\text{-}82)$$

其他如为了提高燃料的辛烷值而进行的正烷烃的异构化反应也可用相似的催化剂进行催化。

6. 聚合反应

在高分子膦镍络合物催化剂 2-17 的催化下，丙酸乙酯发生脱氢环三聚反应，转变为均苯三乙酸乙酯：

$$CH_3CH_2COOC_2H_5 \xrightarrow[68℃,7h]{\text{催化剂 THF}} \text{(均苯三乙酸乙酯)} \qquad \text{催化剂：} 2\text{-}17 \qquad (2\text{-}83)$$

一些有机物在高分子金属络合物 2-18 催化下会发生氧化聚合反应，如：

$$\text{(邻苯二胺)} \xrightarrow[\text{催化剂}]{O_2} \text{(吩嗪二胺)} \qquad (2\text{-}84)$$

$$H_2N\text{-}\text{(对苯二胺)}\text{-}NH_2 \xrightarrow[\text{催化剂}]{O_2} \text{(偶氮苯聚合物)}_n \qquad \text{催化剂：} 2\text{-}18 \qquad (2\text{-}85)$$

$$\text{(2,6-二甲基苯酚)} \xrightarrow[\text{催化剂}]{O_2} \text{(聚苯醚)}_n \qquad (2\text{-}86)$$

对于烯类单体，高分子金属络合物 2-19 可以使之聚合形成高分子：

$$\begin{array}{c}CH_3 \\ CH_2=C \\ COOCH_3 \end{array} \xrightarrow{\text{催化剂}} \begin{array}{c}CH_3 \\ (CH_2C)_n \\ COOCH_3 \end{array} \qquad \text{催化剂：} \begin{array}{c}2\text{-}19 \\ M=La, Ce, Pr, Nd, \cdots \end{array} \qquad (2\text{-}87)$$

三、固定化酶

酶是天然的高分子催化剂，其催化效率极高。例如，一个碳酸酐酶分子在一秒内可转化 60 万个底物分子，同时，酶催化有特异性，选择性极强。但是，酶是水溶性的，反应后很难回收，而且对 pH 值、温度、周围环境等条件极为敏感，易变性失活。若将其固定在载体上，则可以改变上述缺点。如固定化酶不溶于水，便于与催化产物分离，既不会污染产物，又便于酶的回收利用；固定化使易变性的酶更趋稳定，不易变性失活，反应后仍可保持其活性，可以反复使用；利用固定化进行的催化反应比之酶催化反应更易于实现连续、自动化操作等。

但是，固定化酶的活性比酶有所降低，只有原来的 5%～40%。这是因为在固定化时，尤其是采用化学法固定时，酶蛋白活性中心的氨基酸残基有一部分会被破坏，接在高分子链上时，酶的高次结构发生了变化，与底物间的相互作用难免受到高分子空间位阻的影响，酶上的电荷分布也发生改变，反应物扩散到酶附近时，受到外层高分子链的阻挡，扩散速率会大大降低等。因此，在进行固定化酶反应时，应尽量使其活性的损失降低到最低限度。

在酶促反应中，因某种物质与酶结合而使酶分子构象发生改变，从而改变酶活力的作用称为酶的变构作用。这种作用有的使酶的活力降低，有的则会使酶的活力提高。例如，丙酮酸和磷酸吡多醛都可以使天冬氨酸-β-脱羧酶的活力增加，而三磷酸胞苷 CTP 则使天冬转氨甲酰酶的活力降低。如何使固定化酶保持高活力是这一领域十分诱人又十分棘手的课题。由于固定化酶可以重复利用，因而相对来说，它仍有很好的经济效益和应用价值。

（一）制备方法

一般有两种方法可以将酶固定化，即化学法和物理法。化学法是通过化学键将酶连接在高分子载体上形成侧链，或将酶交联于链中。而物理法则是用物理吸附、包埋以及微胶囊等方法将酶固定。

1. 化学法

化学法包括交联法和偶联法两种。通过双功能或多功能基团试剂使酶分子间交联聚合，形成网状结构的方法称为交联法；通过化学键将酶悬挂固定在载体上的方法称为偶联法。化学法要求载体具有可反应的活性基团，这样可以与酶上的末端基或侧基如氨基、羟基、巯基、咪唑基、苯基等发生化学反应，从而制得固定化酶。通常载体应具有亲水性，但不溶于水，可以是有机高分子，也可以是无机高分子，常用的活性基团包括叠氮、重氮盐、酰氯、氯磺酸、异氰酸酯、异硫氰酸酯、氨基、活性酯基、醛基、三聚氰酰、卤素原子等。如以下的酶的固定化反应：

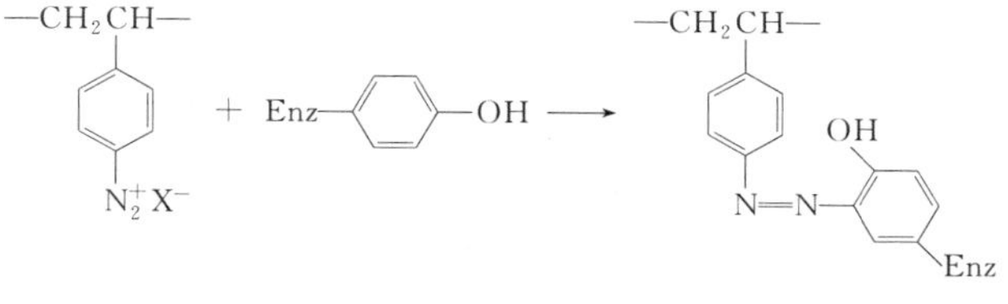

$$(2\text{-}88)$$

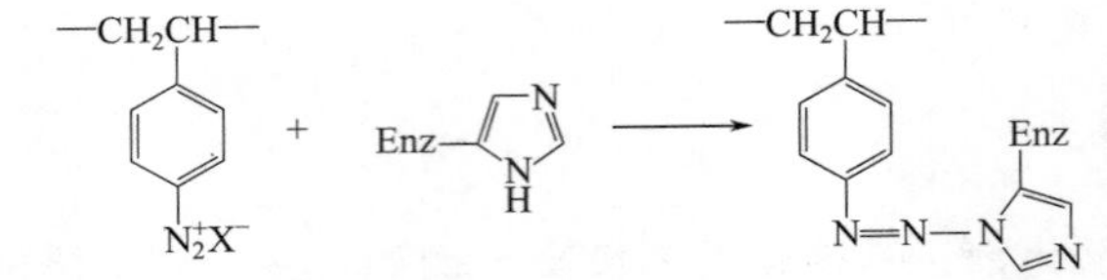

$$-CH_2CH- \quad + \quad Enz \quad \longrightarrow \quad -CH_2CH- \qquad\qquad (2\text{-}89)$$

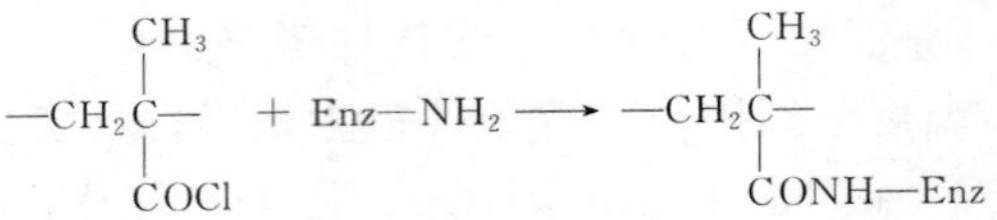

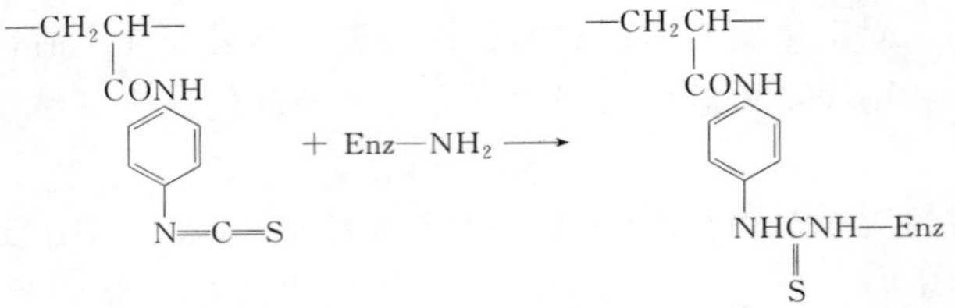

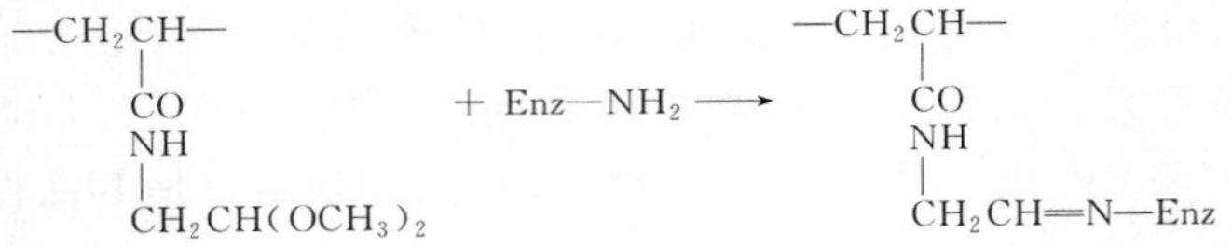

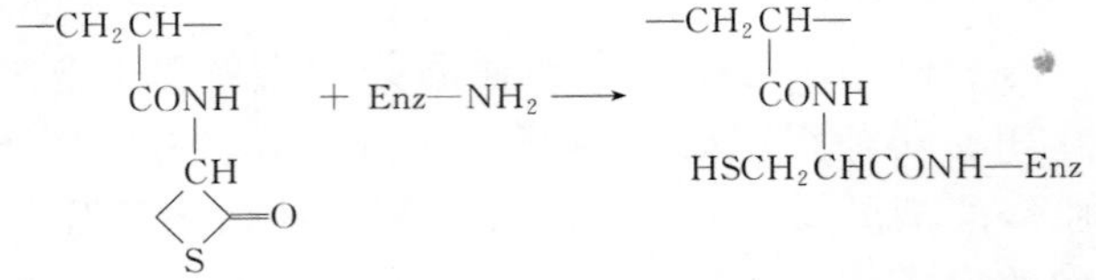

$$-CH_2-\overset{CH_3}{\underset{COCl}{C}}- \quad + \quad Enz-NH_2 \quad \longrightarrow \quad -CH_2-\overset{CH_3}{\underset{CONH-Enz}{C}}- \qquad\qquad (2\text{-}90)$$

$$-CH_2CH- \quad + \quad Enz-NH_2 \quad \longrightarrow \quad -CH_2CH- \qquad\qquad (2\text{-}91)$$

$$-CH_2CH- \quad + \quad Enz-NH_2 \quad \longrightarrow \quad -CH_2CH- \qquad\qquad (2\text{-}92)$$

$$-CH_2CH- \quad + \quad Enz-NH_2 \quad \longrightarrow \quad -CH_2CH- \qquad\qquad (2\text{-}93)$$

$$-CH_2CH-CH-CH- \quad + \quad Enz-NH_2 \quad \longrightarrow \quad -CH_2CH-CH-CH- \qquad\qquad (2\text{-}94)$$

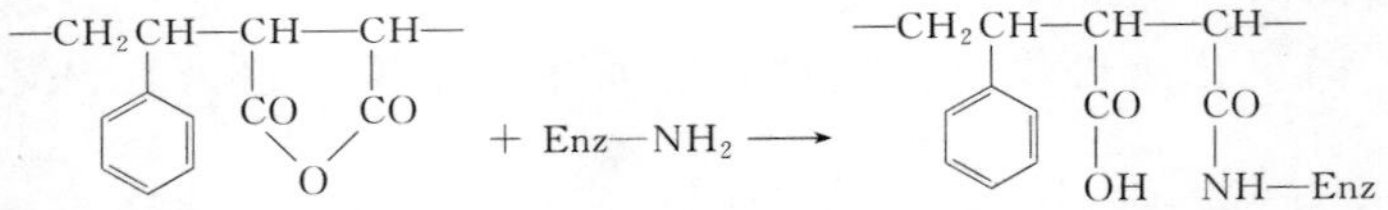

为了不使酶在固定化反应过程中失活，固定化反应条件要温和，避免高温、强酸或强碱，避免使用有机溶剂等。而固定化反应后酶上的基团也发生了变化，这种变化不应对酶的催化活性产生根本影响。酶在高分子链上固定的位置应尽量远离高分子骨架，以减少高分子骨架对酶构象的影响。高分子载体还应具备足够的多孔性和可溶胀性，以保证底物能充分扩散到酶的周围而保持其活性。

很多天然高分子如纤维素、琼脂糖、甲壳素，以及羊毛、蚕丝等也可以与酶反应使之固定化。无机高分子如多孔玻璃、磁粉、硅胶等经过表面处理，接入一些可反应的有机基团，也能用来固定酶。

如果用多官能团小分子化合物如二元醛、二异氰酸酯、二异硫氰酸酯、二重氮盐、二酰亚胺等为交联剂，则可以与酶反应产生交联酶结构。

2. 物理法

物理法有混合聚合包埋法、吸附固定法和微胶囊法等。

将酶与水溶性单体混合，引发聚合后可将酶包埋于高分子链中。如将丙烯酰胺和 N,N'-次甲基双丙烯酰胺水溶液与葡萄糖氧化酶或乳酸脱氢酶相混合，用磷酸缓冲溶液调节 pH 值为 7.4，氮气保护下，光照引发聚合可将酶包埋于高分子凝胶中。

酶可以被一些高分子凝胶、离子交换树脂和多孔性无机材料所吸附。如聚苯乙烯磺酸树脂与核糖核酸酶一起放置过夜，可以将酶吸附于树脂中，形成固定化酶。胃蛋白酶、胰蛋白酶等也可以在羧甲基纤维素或壳聚糖上吸附。

微胶囊法是聚合物构成微量级的中空球，分子量较低的底物可以通过半透膜进入微胶囊中进行反应，而生成物也可以通过半透膜逸出囊外。这种方法不适宜于较大尺寸的底物，如蛋白酶、淀粉酶、纤维素酶等。制备微胶囊的方法包括界面聚合、原位聚合等化学方法，以及喷雾干燥、水中干燥、相分离、溶剂蒸发等物理方法。

（1）水中干燥法　将酶的水溶液乳化分散于含有聚合物的有机溶液中，形成乳液体系，再将其分散于含有保护胶体的大量水中，使之形成（W_1/O）/W_2型复合乳液。然后减压，在 35～40℃的温度下让有机溶剂蒸发，聚合物开始在酶水溶液的液滴周围缓慢析出而成为薄膜，最后制得微胶囊。

（2）界面缩聚法　将二元胺与酶混合溶于水中，加入有机溶剂进行乳化，然后加入二酰氯溶液，则在酶水液滴表面有界面缩聚反应发生，形成聚酰胺微胶囊。但是，这种方法由于需用碱中和反应生成的氯化氢，因此，被固定化的酶必须是对酸碱稳定的。

（3）相分离法　将酶水溶液加入含有聚合物的有机溶剂中乳化，再缓慢加入聚合物的非溶剂，当非溶剂加入到一定量后，聚合物便开始缓慢分相，分子量较高的组分首先在酶水液滴周围析出，形成聚合物微胶囊。

（二）应用

酶催化的化学反应很多，据此，人们将酶分为以下六类：①氧化还原酶，可以促进氧化还原反应；②转移酶，可以使一个底物的基团或原子转移到另一底物分子上，如转氨酶；③水解酶，使底物加水分解，如蛋白水解酶；④裂解酶，使底物失去或加上某一部分，如脱羧酶、羧化酶等；⑤异构酶，使底物分子内部排列改变，如变位酶等；⑥合成酶，使两个底物结合，如谷氨酰胺合成酶等。

固定化酶在催化反应中无疑有着重要的应用。但在众多的酶中，目前只有少数用于工业生产，其中又以水解酶为主。此外，固定化酶还应用于分离、分析及医疗等领域。

1. 催化反应

（1）L-氨基酸的生产　将由曲霉菌中提取的氨基酰酶固定于葡聚糖载体上，制成固定化酰酶，可用于混旋的酰基化氨基酸选择性催化水解为 L-氨基酸。没有水解的 D-原料经过消旋化处理，可重复该过程。通过用固定化酶填柱，可实现所需氨基酸的连续化生产，在连续使用一个月后，酶的活性仅下降 30%～40%。

$$
\begin{array}{c}
\text{RCHCOOH} \\
| \\
\text{NHCOR}' \\
\text{D,L-混旋体}
\end{array}
+ \text{H}_2\text{O}
\xrightarrow{\text{固定化氨基酰酶}}
\begin{array}{c}
\text{RCHCOOH} \\
| \\
\text{NH}_2 \\
\text{L-氨基酸}
\end{array}
+
\begin{array}{c}
\text{RCHCOOH} \\
| \\
\text{NHCOR}' \\
\text{D-氨基酸}
\end{array}
\qquad (2\text{-}95)
$$

消旋后循环

（2）淀粉的糖化及转化糖的生产　淀粉在淀粉糖苷酶的作用下可以水解产生葡萄糖，将这种酶固定于二乙氨乙基纤维素上，在 55℃下异相催化可以实现连续化生产。

（3）6-氨基青霉素酸的生产　6-氨基青霉素酸是生产多种青霉素的主要原料，一般采用微生物法生产。采用固定化酶法进行生产，既方便又可以实现连续化操作。

$$
\text{PhCH}_2\text{CONH} \cdots \xrightarrow{\text{固定化青霉素酰胺酶}} \text{H}_2\text{N} \cdots + \text{PhCH}_2\text{COOH} \qquad (2\text{-}96)
$$

此外，在甾族化合物的转化、转化糖的生产、乳糖的分解、葡萄糖异构化、合成干扰素诱导剂、多肽合成中脱保护基、肽酯合成等酶促反应及有机合成中，固定化酶都有极为广泛的应用。

2. 特异吸附

酶对特定的底物有选择吸附作用，可以用于分离和精制酶和抗体等。如用接 DNA 的纤维素可以精制 DNA 聚合酶，用琼脂糖接抗体蛋白可以精制木瓜酶，用琼脂糖接 D-苯丙氨酸可以精制羧肽酶 B，用纤维素固定牛白蛋白可以分离精制家兔抗体，琼脂糖与胰岛素结合可以分离精制胰岛素抗体等。

3. 混旋体拆分

用二乙氨基乙基纤维素固定氨基酰化酶充填色谱柱，可以将混旋体乙酰化 D,L-蛋氨酸有效地拆分。

4. 酶电极

酶法分析能定量测定极其微量的某些特定物质，灵敏度可达 10^{-10} g，且有特效性。酶电极是酶法分析的一种自动分析方法。

如利用固定化葡萄糖氧化酶可以对葡萄糖定量。在高灵敏度的氧电极上，覆盖一层厚度为 $20 \sim 50 \mu m$ 的固定化葡萄糖氧化酶的凝胶，将此电极与生物组织液接触，则氧气与葡萄糖扩散进入固定化酶的凝胶层而发生反应，通过耗氧量便可知组织液中的葡萄糖含量。

利用不同的固定化酶可做成不同特异性的酶电极，如尿酶电极定量测定尿素，L-氨基酸氧化酶电极则可定量分析 L-氨基酸等。此外，酶电极还可用于分析寡聚核糖核酸的序列，因为将磷酸酯酶固定化后，便可方便地控制分解反应，从而实现按需分解。

5. 医疗

如尿酶微胶囊在人工肾中得以应用，血红蛋白微胶囊可作为人工红细胞，测定转氨酶活力可以诊断肝炎，固定化胃蛋白酶可以治疗消化不良，用 L-天冬酰胺酶可以治疗白血病等。

思 考 题

1. 什么是化学功能高分子？它有哪些种类？
2. 什么是高分子试剂？什么是高分子催化剂？二者有何异同？
3. 化学功能高分子在参与有机合成中有何优缺点？如何设计其结构，使之具有更多的优点？
4. 一些塑料制品有气味说明高分子会挥发，对吗？为什么？
5. 什么是高分子效应？包括哪些作用？请各举一例说明。
6. 为什么马来酸酐难以用自由基法均聚？如何利用模板聚合法使之实现？
7. 试设计合成具有窄分布的聚丙烯酸的方法。
8. 高分子试剂有哪些类型？其突出的应用有哪些？
9. 高分子氧化还原试剂各有哪些类型？举例说明其制备方法。
10. 氧化还原树脂结构有什么特点？
11. 氧化还原树脂与高分子氧化剂或高分子还原剂有什么不同？

12. 烫发的原理是什么？

13. 解酒的原理是什么？

14. 如果需要设计一种氧化还原树脂做指示试纸，你会怎样考虑？

15. 高分子试剂或高分子催化剂参与化学反应时，如何提高其反应速率？

16. 如何增大反应基团容量？反应基团容量是不是越大对反应越有利？

17. 如何制备旋光性高分子？它在制备手性分子制备中有何应用？

18. 高分子基团转递试剂有哪些？请举例说明。

19. 不对称合成是有机合成反应中重要的一类，怎样使不对称反应生成的产物中对映体之一过量？

20. 碳二亚胺是多肽合成的很好的缩水剂，试写出其缩水反应式。如何改进其结构以便于分离？

21. 固相合成方法的优点是什么？它有哪些缺点？如何克服这些缺点？

22. 写出固相法合成多肽的两种方法，比较其特点。

23. 试设计一条固相合成路线，合成 L-苯丙-L-丙-L-缬-L-甘的四肽化合物。说明你选择该方法的理由。

24. 高分子催化剂有哪些类型？如何从酶的结构设计高分子催化剂的结构？

25. 浓硫酸是有机反应中常用的催化剂，它有哪些缺点？请选择一种可以替代它的高分子催化剂。

26. 高分子金属络合物与小分子金属络合物有什么异同？

27. 制备高分子金属络合物有哪些方法？各有什么特点？

28. 有些高分子催化剂在催化反应时，催化反应速率还不如小分子，为什么工业上还用它代替小分子催化剂？

29. 在催化氧化反应和催化加氢、氢硅加成等反应中，高分子金属络合物催化剂的中心金属有什么规律？

30. 固定化酶与酶相比，有哪些优缺点？如何克服其缺点？

31. 怎样制备固定化酶？请列表比较各种方法及其优缺点。

32. 固定化酶有哪些应用？试举例说明。

33. 用交联法或偶联法来制备固定化酶时，哪种方法不利于保持活性？为什么？

34. 什么是酶电极？举例说明其应用原理。

35. 请根据实际反应需要来设计良好的固定化酶结构。

36. 试设计一条离线合成 L-苯丙-L-丙-L-缬-L-甘四肽化合物的路线。说明你选择该方法的理由。

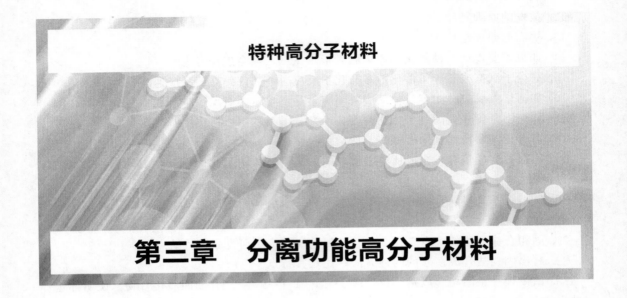

特种高分子材料

第三章　分离功能高分子材料

　　能对固态、液态或气态的各种混合物进行分离的材料称为分离功能材料。具有分离功能的材料可以是固态，如滤纸、离子交换树脂等；也可以是液态，如液膜。正像生命体中的酶是化学反应催化剂的最高代表一样，生物膜则是分离功能材料的典范，其本质正是液态膜。本章所涉分离材料尚不包括液态分离膜，而主要介绍固体高分子分离功能材料，包括各种分离树脂、高分子分离膜、高吸水性树脂及高分子絮凝剂，分离的对象包括各种离子、分子或分子的聚集体，以及各种旋光对映体等。

第一节　离子交换树脂

　　离子交换树脂是一类通过离子交换实现离子分离的功能高分子材料，本质上属于反应性聚合物。早在 1935 年 Adams 和 Holmes 就研究合成了酚醛系离子交换树脂，之后，聚苯乙烯系列和丙烯酸系列离子交换树脂相继投放市场。20 世纪 60 年代以后，大孔型离子交换树脂和吸附树脂逐步得到应用，各种特种树脂也不断涌现，体现了高分子独特的分离性能。此外，还研发了生物分离介质，可用于蛋白质、干扰素等生物大分子的分离。

　　离子交换树脂的外形一般为球形颗粒，不溶于水，也不溶于有机溶剂，为体型交联结构。其大分子骨架上带有许多化学基团，这些化学基团由两种带有相反电荷的离子组成，一种是以共价键结合在分子链上的固定离子，另一种是以离子键与固定离子相结合的反离子。反离子在溶液中可以被解离成为自由移动的离子，并在一定的条件下可与周围的其他同类型离子进行交换。离子交换反应一般是可逆的，在一定条件下，被交换的离子可以解吸，使离子交换树脂再生，因而离子交换树脂可以反复利用。

一、离子交换树脂的分类和命名

离子交换树脂品种很多，我们可以按其化学结构或物理结构的不同进行分类。

（一）根据化学结构分类

1. 阳离子交换树脂

离子交换树脂是由大分子固定离子加上可解离、可交换的反离子组成的。通常，将带有酸性基团的、能解离出阳离子并能与外来阳离子进行交换的树脂称为阳离子交换树脂。带有 H^+ 的阳离子交换树脂实际上是不溶不熔的高分子酸。根据其解离程度的不同，它们又有强酸型和弱酸型之分，如表 3-1 所示。当 H^+ 被 Na^+、K^+ 等金属离子取代时，则为高分子酸的盐。

表 3-1　离子交换树脂根据交换基团的性质分类

交换基团	—SO_3H	—PO_3H_2，—PO_2H_2，—$COOH$	＞N⁺X⁻，＞P⁺X⁻	—NH_2，＝NH，≡N
分类	强酸型	弱酸型	强碱型	弱碱型
型号	001-009	100-199	200-299	300-399
平衡离子	阳离子(酸：H^+，盐：Na^+，K^+ 等)		阴离子(碱：OH^-，盐：Cl^-，I^-、SO_4^{2-} 等)	

2. 阴离子交换树脂

带有碱性基团的、能解离出阴离子且能与外来阴离子进行交换的树脂称为阴离子交换树脂。可见，带有 OH^- 的阴离子交换树脂实际上是不溶不熔的高分子碱。根据其解离程度的不同，它们又有强碱型和弱碱型之分，如表 3-1 所示。当 OH^- 被 Cl^- 或 SO_4^{2-} 等酸根离子取代时，则为高分子碱的盐。

各种高分子酸或高分子碱的解离反应分别为：

$$\left.\begin{array}{l} RSO_3H \Longleftrightarrow RSO_3^- + H^+ \\ RCOOH \Longleftrightarrow RCOO^- + H^+ \\ RNR_3'OH \Longleftrightarrow RN^+R_3' + OH^- \\ RNH_2 + H_2O \Longleftrightarrow RNH_3^+ + OH^- \end{array}\right\} \tag{3-1}$$

3. 两性树脂

在离子交换树脂应用中，将阴、阳两种树脂配合，可以除去溶液中的阴、阳离子，达到去盐的目的。但在再生时，也需要将两种树脂分别用酸、碱处理，手续较烦琐。为了克服这些缺点，将阴、阳离子交换基团连接在同一树脂骨架上，就成为两性树脂。

如果离子交换树脂中含有两种聚合物链，其中一种带有阳离子交换基团，另一种带有阴离子交换基团，一种是交联的聚合物，而另一种是线型的聚合物，恰似蛇被关在笼网中，不能漏出，则形象地称之为"蛇笼树脂"（snake cage resins）。在蛇笼树脂中，可以是交联的阴离子树脂为"笼"，线型的阳离子树脂为"蛇"；也可以是交联的阳离子交换树脂为"笼"，线型的阴离子交换树脂为"蛇"。

当高分子骨架上所带的酸、碱基团分别是弱酸和弱碱性基团时，由于其电离平衡对温度十分敏感，在室温下能够吸附 NaCl 等盐类形成弱酸强碱盐和弱碱强酸盐，而在 70～80℃下由于水的电离程度增加了约 30 倍，大量生成的 H^+、OH^- 可以把盐类重新脱附下来，从而达到脱盐和再生的目的。这种利用热水使离子交换树脂再生的弱酸弱碱型两性树脂被称为热再生树脂。蛇笼树脂、热再生树脂本质上都是两性树脂。

普通离子交换树脂的最大问题是需要用酸碱再生，一般的两性树脂再生时需用大量的水淋洗，而热再生树脂可以用少量热水简单再生。其工作原理并不复杂，但对树脂及有关操作要求极为严格，树脂的骨架结构、交换基团的种类、数量、分布情况、离子的亲和力、体系的 pH 值以及使用温度等都是成败的关键。因此，热再生树脂目前尚不完善，交换容量较小，仅 0.1～0.3mmol/g，有待于进一步研究改善。

（二）根据物理结构分类

离子交换树脂按其物理结构的不同可分为凝胶型、大孔型和载体型三类。如图 3-1 所示。

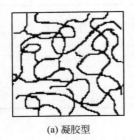 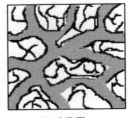 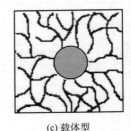

(a) 凝胶型　　　　　　　　(b) 大孔型　　　　　　　　(c) 载体型

图 3-1　离子交换树脂类型

① 凝胶型　透明，表面光滑，湿态链间隙 2～4nm。
② 大孔型　不透明，表面粗糙，干湿态均有孔，孔径从几纳米至几千纳米。
③ 载体型　包覆于载体表面，可承受高压。

1. 凝胶型离子交换树脂

凝胶型离子交换树脂是外观透明、具有均相高分子凝胶结构的离子交换树脂。这类树脂表面光滑，球粒内部没有大的毛细孔，树脂在水中会溶胀形成凝胶状。离子交换反应是通过离子在链间扩散到交换基团附近而进行的。树脂内大分子链间的距离取决于交联程度。因此，离子交换树脂合成时交联剂的用量对树脂性能影响很大。一般大分子链间的间隙为 2～4nm。而无机小分子的尺寸均在 1nm 以下，因此可自由地通过离子交换树脂内大分子链的间隙。但在无水状态下，凝胶型离子交换树脂的分子链紧缩，体积缩小，此时无机小分子也难以通过。所以，这类离子交换树脂在干燥条件下或在油类中将丧失离子交换功能。

2. 大孔型离子交换树脂

大孔型离子交换树脂是针对凝胶型离子交换树脂的上述缺点而研制的。其外观不透明，表面粗糙，为非均相凝胶结构。其特点是即使在干燥状态，内部也存在不同尺寸的毛细孔，毛细孔体积一般为 0.5mL（孔）/g 左右，也有更大的，毛细孔径比分子间距离大得多，根据树脂合成条件不同，孔径可为几纳米到几千纳米，因此可在非水体系中起离子交换和吸附作用。值得注意的是，大孔型离子交换树脂具有很大的比表面积，从几平方米/克到几千平方米/克，因此，其吸附功能十分显著，不容忽视。

3. 载体型离子交换树脂

载体型离子交换树脂是一种特殊用途的树脂，主要用作液相色谱的固定相。一般是将离子交换树脂包覆在硅胶或玻璃珠等非活性材料的表面上制成。它可以经受液相色谱中流动的高压，因而能作为液相色谱及离子色谱固定相用的树脂，具有离子交换功能。

根据国标《离子交换树脂命名系统和基本规范》（GB/T 1631—2008）的规定，离子交换树脂的型号主要由三位数字及两组字符组成，对大孔型树脂，在型号前再冠以字母"D"。数字编号及字符意义列于表3-2中。如果要标示树脂的交联度，则在第三位数字后用"×数字"表示。例如，核工业中常用的D001×7-MB-NR就是核级（NR）混合床（MB）用大孔（D）强酸型聚苯乙烯系阳离子交换树脂（001），其交联度为7%；水处理应用中用量很大的D113，则是一种大孔型（D）弱酸型丙烯酸系阳离子交换树脂（113）。

表 3-2　离子交换树脂型号与结构

编号	第一位数字代表树脂分类		第二位数字代表树脂骨架	第一组字符		第二组字符	
001-099	强酸型阳离子交换树脂	0	聚苯乙烯系	R	软化床	NR	核级
100-199	弱酸型阳离子交换树脂	1	聚丙烯酸系	SC	双层床	ER	电子级
200-299	强碱型阴离子交换树脂	2	酚醛树脂系	FC	浮动床	FR	食品级
300-399	弱碱型阴离子交换树脂	3	环氧树脂系	MB	混合床		
400-499	螯合型离子交换树脂	4	聚乙烯吡啶系	MBP	凝结水混床		
500-599	两性型离子交换树脂	5	脲醛树脂系	P	凝结水单床		
600-699	氧化还原型阴离子交换树脂	6	聚氯乙烯系	TR	三层床		

注：第三位数字代表树脂的顺序号，通常表示了树脂中特殊的官能团、交联剂、致孔剂等的区别，由各生产厂自行掌握和制定。第三位数字后面还可以跟"×（数字）"表示交联度。

二、离子交换树脂的制备

离子交换树脂的制备方法主要有两种：一种是聚合法，它是将带有功能基的单体进行聚合，包括缩聚反应和加聚反应；另一种是改性法，即先制备交联高聚物，然后在大分子骨架上引入不同性质的离子交换基团。

早期的离子交换树脂主要是用缩聚法合成的。这类树脂稳定性差，强度不高，在使用过程中还常有可溶性物质渗出，而且是通过研磨、过筛获得无定形颗粒的，有许多缺点，因而逐渐被加聚型离子交换树脂所取代。目前商品化的离子交换树脂绝大多数是加聚型的，但缩聚型树脂化学基团可选范围广，性质可调性好，比较适于做研究工作。

离子交换树脂从方便应用考虑，要求制成大小均匀的球形颗粒（20～50目），以增大表面积，提高机械强度，减少使用时的流体阻力。加聚型树脂选择悬浮聚合的方法就可以直接获得球状颗粒。缩聚型树脂现在也多半改进为在分散剂中合成，如在邻二氯苯或变压器油中进行悬浮分散缩聚，直接得到圆球形颗粒。

（一）聚苯乙烯系

这是以苯乙烯交联共聚物为母体制得的一类离子交换树脂。这类树脂品种多、性能好、应用很广。其合成途径是首先制备共聚物球粒，然后再引入交换基团。

$$\text{（3-2）}$$

1. 共聚物球粒的制备

一般树脂的制备方法是以过氧化二苯甲酰（BPO）为引发剂，在含有聚乙烯醇等分散剂的水溶液中，将苯乙烯与二乙烯苯进行悬浮共聚，制得共聚物球粒。球粒的大小可以通过选择适当的分散稳定剂及调节搅拌速率来控制，温度、液比等因素对悬浮聚合的影响也很大。这样得到的共聚物小球常称为"白球"。它可以在一定条件下进行各种取代反应来制备带有功能基的树脂。

在共聚合时，由于二乙烯基苯的自聚速率大于与苯乙烯共聚的速率，因此，在聚合初期，进入共聚物的二乙烯基苯单体比例较高；而在聚合后期，二乙烯基苯单体已基本耗尽，反应主要为苯乙烯的自聚。结果，球状树脂中的交联密度分布不均，外疏内密。在离子交换树脂的使用中，体积较大的离子或分子难以扩散进入树脂的内部。而在再生时，由于外疏内密的结构，较大的离子或分子会卡在分子间隙中，不易与可动离子发生交换，最终失去交换功能。这种现象称为离子交换树脂中毒。为了克服这一问题，可以在聚合反应过程中逐渐添加二乙烯基苯单体，以避免产生外疏内密的结构。

大孔树脂的设计也可以克服这种中毒现象。与离子交换树脂相比，制备大孔树脂有两大不同之处，一是二乙烯基苯含量大大增加；二是加了致孔剂。

致孔剂可以是溶剂，也可以是可溶性线型聚合物。溶剂型致孔剂可分为两类：一类是聚合物的良溶剂，又称溶胀剂；另一类为聚合物的劣溶剂，即单体的溶剂、聚合物的非溶剂。

(a) 良溶剂致孔　(b) 劣溶剂致孔

图 3-2　大孔树脂不同的致孔方式

良溶剂制得的孔较小，而用劣溶剂时，其孔径较大。这是因为，用聚合物的良溶剂时，共聚物的链节在溶剂中伸展，随交联程度的提高，共聚物逐渐固化，出现相分离。聚合完成后抽提去溶剂，则在聚合物骨架上留下多孔结构。这种孔结构是由链节间的交联形成的。而采用劣溶剂时，随着聚合反应的进行，溶液体系出现相分离，共聚物分子逐渐蜷曲，形成极细小的分子圆球，圆球之间通过分子链相互缠结形成大孔结构，如图 3-2 所示。

用可溶于单体的线型聚合物作致孔剂，待聚合后再将其从交联体中除去，也可得大孔结构树脂。采用这种致孔剂制备的大孔树脂孔径较大。

通过不同致孔剂的选择和相互配合，可以获得各种规格的大孔树脂。它在一定的条件下接上各种交换基团，就得到各种类型和规格的大孔型离子交换树脂。

2. 交换基团的引入

（1）强酸型阳离子交换树脂的制备　"白球"在硫酸银催化下与浓硫酸或氯磺酸一起加热进行磺化，即制得强酸型阳离子交换树脂。这种磺化后的交联聚苯乙烯小球俗称"磺球"。

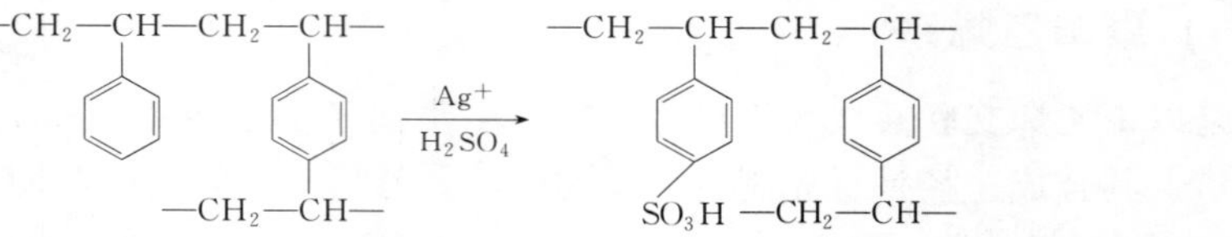

$$—CH_2—CH—CH_2—CH— \xrightarrow[H_2SO_4]{Ag^+} —CH_2—CH—CH_2—CH— \tag{3-3}$$

由于具有交联结构的共聚物化学反应较难进行，所以，磺化时需将"白球"先在二氯乙烷或四氯化碳等溶剂中充分溶胀，然后再加硫酸反应。在这种情况下，由于磺化反应在较温和的条件下进行，因此能防止生成的树脂开裂和着色，所得树脂性能更好。

　　反应结束时，应立即降温，否则球粒易炭化而成"黑粒"。也不能马上加大量的水，否则易剧烈发热，既造成危险，也易使球粒破裂。磺化反应后应滤出小球，逐步加入水缓慢稀释反应体系中多余的硫酸，之后再用大量的水洗，最后用 NaOH 溶液处理转成 Na 型以提高储存稳定性。

　　聚苯乙烯磺酸系阳离子交换树脂的交换容量约为 5mmol/g，物理及化学性能极稳定，是强酸型阳离子交换树脂中性能最优的一种。

　　（2）阴离子交换树脂的制备　"白球"在路易斯酸如 ZnCl$_2$、AlCl$_3$、SnCl$_4$ 等催化下，与氯甲醚反应而氯甲基化，所得的中间产品通常称为"氯球"。氯甲基上的氯很活泼，可与各种胺进行氨基化反应，制备各种不同碱性的阴离子交换树脂，如式（3-4）所示。"氯球"与叔胺反应后可得强碱型阴离子交换树脂。其中用三甲胺进行季铵化得到的是 I 型强碱型树脂，用二甲基乙醇胺进行季铵化得到的是 II 型强碱型树脂。I 型碱性很强，对 OH$^-$ 的亲和力小，因此在用 NaOH 再生时效率很低，但其耐氧化性和热稳定性较好。II 型引入了羟基，利用羟基的吸电子特性，降低了氨基的碱性，再生效率提高，但其耐氧化性和热稳定性相对较差。

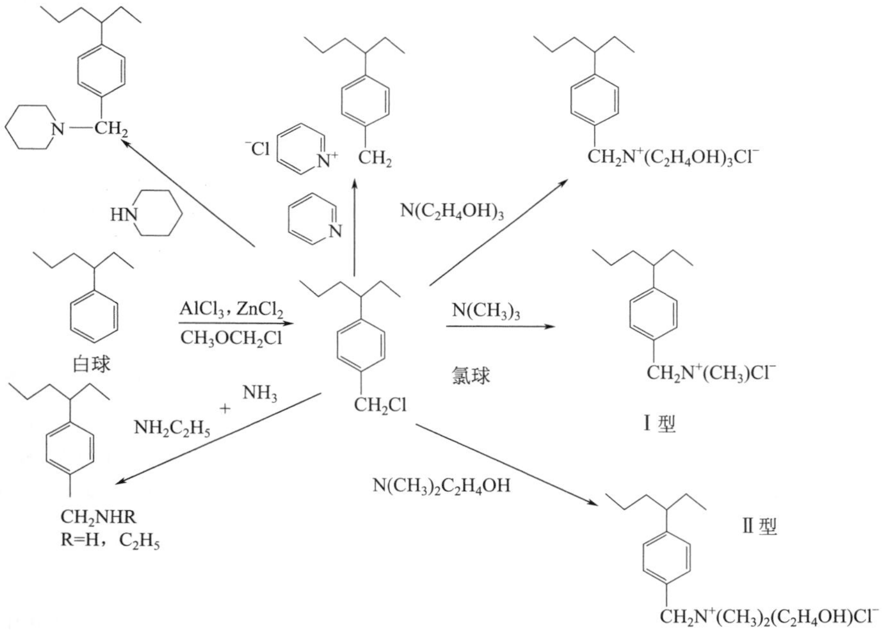

$$（3-4）$$

　　这类树脂的生产过程中，由于氯甲醚毒性很大，故劳动保护是一个重大问题。

（二）聚丙烯酸系

　　由于丙烯酸或甲基丙烯酸及其聚合产物都是水溶性的，为了使其聚合物成粒，需在非水溶剂中聚合，但分散剂选择较困难，故此类树脂常采用其酯类单体进行聚合后再进行水解的方法来制备。丙烯酸酯可以与二乙烯苯悬浮共聚合，得到性能良好的球状共聚物，然后通过水解、氨解等反应制得弱酸型阳离子交换树脂和各种阴离子交换树脂。

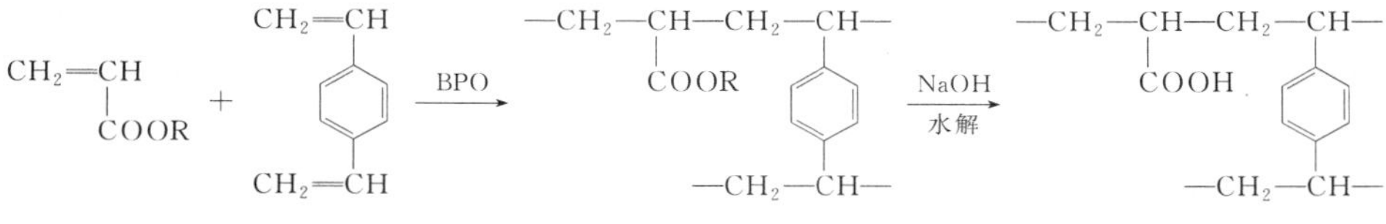

$$（3-5）$$

1. 弱酸型阳离子交换树脂的制备

交联的聚丙烯酸酯类共聚物经过充分溶胀，在碱存在下进行水解反应，即可得到弱酸型阳离子交换树脂。它是多价的弱酸，再生容易，且能与重金属离子螯合，选择性很强。交换容量约为 3mmol/g。

2. 阴离子交换树脂的制备

用丙烯酸甲酯共聚物与 N,N-二甲基丙二胺反应，可制得弱碱型阴离子交换树脂，交换容量为 5.3mmol/g。

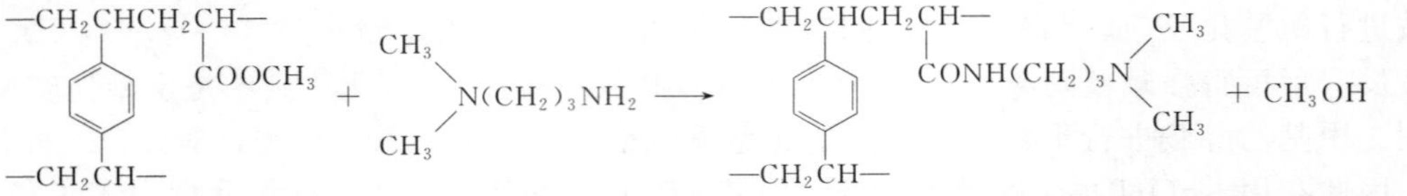

$$\text{(3-6)}$$

再将以上带叔氨基的弱碱型树脂放入碱性介质中，通入氯甲烷进行反应，可制得带季铵基的强碱型阴离子交换树脂。

用 N,N-二甲氨基甲基丙烯酰胺为单体进行共聚反应，也可制得带叔氨基的弱碱型树脂。

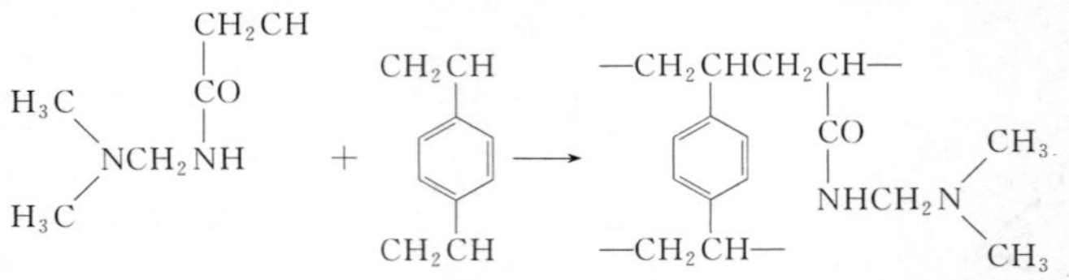

$$\text{(3-7)}$$

与聚苯乙烯系阴离子交换树脂比较，聚丙烯酸系阴离子树脂，特别是强碱型阴离子树脂，抗污染性能特别好，更适用于处理含有机物及色素较多的溶液。

（三）其他离子交换树脂的制备

两性树脂中两种功能基团是以共价键连接在树脂骨架上的，它可以采用带有两种不同酸碱基团的单体共聚得到，也可以先由一种带有功能基团的单体与苯乙烯等非功能单体共聚，再对所形成的共聚物进行第二功能基改性处理而得到。通过不带酸碱基团的单体共聚，再分别对两种单体进行酸碱改性，也可以获得两性树脂。例如，将苯乙烯与氯乙烯共聚得到共聚物，再分别对氯原子和苯环进行碱性和酸性基团的改性处理，可以获得两性树脂：

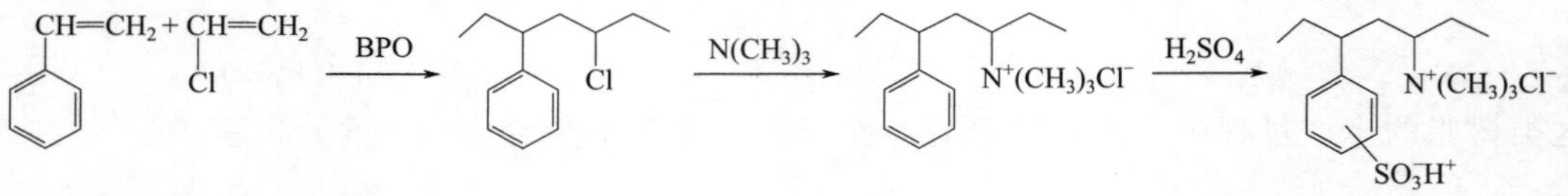

$$\text{(3-8)}$$

两性树脂中酸性基团和碱性基团相互靠得很近，阴阳离子相互独立，呈中和状态。遇到溶液中的离子时，这些离子均能起到交换作用。树脂使用后，只需用大量的水淋洗即可再生，恢复到树脂原来的形式，这是它最大的优点。两性树脂不仅可用于分离溶液中的盐类和有机物，还可作为缓冲剂，调节溶液的酸碱性。

蛇笼树脂则是先将一种单体进行体型聚合，然后将此体型聚合物在某种溶剂中溶胀，再将另一种单体在此溶胀聚合物中进行聚合制得的，是一种半互穿网络体系。当然如果制成互穿网络也是可以的。这种半互穿网络树脂或互穿网络树脂的特性与两性树脂相似，可用于海水的淡化，并可以通过水洗而再生。

热再生树脂的合成与两性树脂和蛇笼树脂相似，只需将酸性基团或碱性基团更换为弱酸性和弱碱性基团即可。弱酸性基团和弱碱性基团可以像一般的两性树脂那样接在同一个高分子骨架上，也可以像半互穿网络的蛇笼树脂或互穿网络树脂那样接在不同的高分子骨架上。

三、离子交换功能原理及评价

（一）离子交换功能原理

离子交换树脂相当于多元酸或多元碱，它们可发生下列三种类型的离子交换反应：
中和反应：

$$\left. \begin{array}{l} RSO_3H + NaOH \Longleftrightarrow RSO_3Na + H_2O \\ RCOOH + NaOH \Longleftrightarrow RCOONa + H_2O \\ RNR_3'OH + HCl \Longleftrightarrow RNR_3'Cl + H_2O \\ RNH_3OH + HCl \Longleftrightarrow RNH_3Cl + H_2O \end{array} \right\} \tag{3-9}$$

复分解反应：

$$\left. \begin{array}{l} RSO_3Na + KCl \Longleftrightarrow RSO_3K + NaCl \\ 2RCOONa + CaCl_2 \Longleftrightarrow (RCOO)_2Ca + 2NaCl \\ RNR_3'Cl + NaBr \Longleftrightarrow RNR_3'Br + NaCl \\ 2RNH_3Cl + Na_2SO_4 \Longleftrightarrow (RNH_3)_2SO_4 + 2NaCl \end{array} \right\} \tag{3-10}$$

中性盐分解反应：

$$\left. \begin{array}{l} RSO_3H + NaCl \Longleftrightarrow RSO_3Na + HCl \\ RNR_3'OH + NaCl \Longleftrightarrow RNR_3'Cl + NaOH \end{array} \right\} \tag{3-11}$$

各种树脂都能进行中和反应和复分解反应，只是由于各类树脂的交换基团性质不同，因而进行离子交换反应的能力也不同。中性盐分解反应只在强酸和强碱性树脂中能发生。所有上述反应均是平衡可逆反应，这正是离子交换树脂可以再生的本质。只要控制溶液中离子的浓度、pH 值和温度等因素，就可使反应逆向进行，达到再生的目的。

离子交换树脂在溶液内的离子交换过程大致如下：溶液内离子扩散到树脂表面，再由表面扩散到树脂内功能基所带的可交换离子附近，经过离子交换反应后，被交换的离子从树脂内部扩散到表面，再扩散到溶液中。

两性树脂（包括蛇笼树脂和热再生树脂）可以同时去除溶液中的阴离子和阳离子，在海水淡化过程中，其原理简单示意于图 3-3 中。

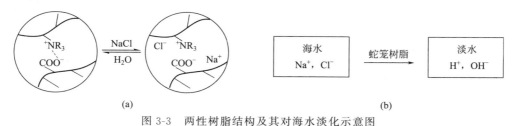

图 3-3　两性树脂结构及其对海水淡化示意图

（二）离子交换树脂评价

评价离子交换树脂的性能指标有以下几个。

1. 物化性能

(1) 粒径　一般为 0.4～0.8mm（20～40 目），这种尺寸既具有较高的表面积和强度，又不至于产生很大的流动阻力。

(2) 化学稳定性　阴离子交换树脂对碱不稳定，长期放于强碱中容易破裂溶解，所以通常都以比较稳定的氯型储存。而对于阳离子型交换树脂，为了提高其化学稳定性，通常以钠型储存。

(3) 热稳定性　干树脂在空气中受热容易使骨架及功能基降解破坏。树脂的耐热性随离子存在的类型有很大的差异。通常盐型比酸型或碱型更稳定，耐热性更高。阴离子交换树脂耐热性较差，氯型树脂只能耐热 80～100℃。钠型磺化聚苯乙烯阳离子树脂可在 150℃下使用，而其氢型只能在 100～120℃下使用。

(4) 力学稳定性　包括力学强度、耐磨性、耐压力负荷及耐渗透压变化等，均随交联度的提高而增强，也同合成的原料及工艺条件有关。树脂的力学强度是决定其使用寿命的主要因素之一。树脂受氧化后力学强度会下降，特别是强酸型阳离子树脂易于被氧化。强碱型阴离子树脂则易于吸附有机物而被污染，使其力学强度降低。一般大孔型树脂的力学性能优于凝胶型树脂。

2. 离子交换性能

(1) 交换容量　交换容量也叫交换量，是指一定数量的离子交换树脂所带的可交换离子的数量。它是表征离子交换树脂质量的重要指标，反映了树脂对离子的交换吸附能力。由于离子交换树脂的交换容量随条件不同而改变，为应用方便起见，通常把交换容量分为总交换容量、工作交换容量和再生交换容量。

总交换容量表示单位树脂中所具有的可交换离子的总数，它反映了离子交换树脂的化学结构特点。

工作交换容量是离子交换树脂在一定工作条件下表现出的交换量，它是离子交换树脂实际交换能力的量度。受各种条件的影响，交换基团可能未完全电离，故工作交换容量小于总交换量。

在被处理的流出液达到贯流点时，离子交换树脂就要进行再生。离子交换树脂刚开始使用时，被处理液体的流出液中不含被交换离子；随着离子交换量的增加，离子交换树脂逐渐趋于饱和，流出液中开始出现被交换离子，所谓贯流点是指流出液中开始出现被交换离子时的树脂状态，又称穿透点、破过点、饱和点等。在实际应用中，贯流点定义为流出液中被交换离子达到一定的浓度时的状态。再生时也并不要求离子交换树脂中被交换基团全部再生恢复，而只控制再生一部分。因此，再生剂的用量对树脂的工作交换量影响很大。

再生交换量是离子交换树脂在指定再生剂用量条件下的交换容量。

一般情况下，总交换容量、工作交换容量和再生交换容量三者间的关系为

再生交换容量＝(0.5～1.0)总交换容量

工作交换容量＝(0.3～0.9)再生交换容量

工作交换容量/再生交换容量＝离子交换树脂的利用率

交换量可用质量单位（mmol/g 干树脂）或体积单位（mmol/mL 湿树脂）表示。因离子交换树脂多数在柱或塔上使用，故后者更为重要。

(2) 选择性　离子交换树脂对溶液中各种离子有不同的交换能力，即对离子有选择性吸

附交换。它可用选择系数来表征。若溶液中有 A、B 两种离子。则离子交换树脂的选择系数为

$$K_{AB} = \frac{[R_B][A]}{[R_A][B]} = \frac{[R_B]/[R_A]}{[B]/[A]} \tag{3-12}$$

式(3-12)中，$[R_A]$ 为达到平衡时结合在树脂上的 A 离子浓度；$[A]$ 为达到平衡时溶液中 A 离子浓度；$[R_B]$ 为达到平衡时结合在树脂上的 B 离子浓度；$[B]$ 为达到平衡时溶液中 B 离子浓度。

显然，若 $K_{AB} > 1$，表明树脂对 B 离子的选择性高于 A 离子；若 $K_{AB} = 1$，则选择性相同，此时 A、B 两种离子无法用树脂分离。

离子交换树脂的选择系数受许多因素的影响，包括离子交换树脂功能基的性质、树脂交联度、溶液浓度、组成和温度等。尽管如此，树脂对不同离子的选择性仍有一些经验规律。

对强酸型阳离子树脂而言，高价离子优先、原子序数大者优先、离子半径大者优先。弱酸型阳离子树脂具有同样的规律，但它对氢的选择性更强，所以，用酸进行处理很容易再生；各离子的选择性为：

$$H^+ > Fe^{3+} > Ba^{2+} > Ca^{2+} > Mg^{2+} > K^+ > Na^+$$

在常温下用强碱型阴离子树脂处理稀溶液时，各离子的选择性次序为：

$$SO_4^{2-} > CrO_4^{3-} > I^- > NO_3^- > Br^- > Cl^- > OH^- > F^-$$

弱碱型阴离子树脂则对 OH^- 有最大的亲和力。

在高浓度溶液中，树脂对不同离子的选择性的差异几乎消失，甚至出现相反的选择顺序，尤其是阴离子交换树脂，情况更为复杂。

一般树脂对尺寸较大的离子，如络合离子、有机离子的选择性较高。

树脂的选择性对树脂交换效率有很大影响。不难理解，树脂的选择系数愈大，离子的穿漏就愈少，处理溶液就愈纯，树脂实际交换吸附能力也愈高。但是，选择系数愈大，再生也就愈困难。因此，在实际应用中常采取改变浓度或 pH 值的方法，使再生的选择系数降低，达到更完全的再生效果。

（三）影响因素

离子交换树脂的结构，如可交换离子基团含量、离子的解离度、交联度、粒度等，以及外部环境如溶液的组成、pH 值、温度、水压、流速等因素对离子交换树脂的功能特性发挥都有影响。

1. 内因

（1）可交换离子基团含量　这是影响树脂交换容量的重要参数。离子交换树脂的交换容量首先取决于可交换基团的含量，官能基越多，其交换容量也越大。反离子若无法从树脂上解离，则很难实现离子交换能力。因此，离子的解离度也是重要的参数。

（2）交联度　交联程度越高，凝胶中微孔尺寸越小，对离子的运动阻碍越大，交换效率越低；但交联度过小，大分子可溶性部分增大，也容易产生溶出污染。

（3）粒度　离子交换树脂粒径一般为 $0.4 \sim 0.8$mm，使之既有较大的表面积，也有较高的强度，并能减少它在使用中对流体的阻力。

2. 外因

体系中的悬浮物杂质会堵塞树脂孔隙，油脂类杂质会包覆于树脂颗粒表面而产生屏蔽作

用，某些大分子离子树脂活性基团的固定离子结合力很强，一旦结合就很难再生，会导致树脂的再生率和交换能力下降。例如高分子有机酸与强碱性季铵基团的结合力很大，难于洗脱。

高价金属离子废水中 Fe^{3+}、Al^{3+}、Cr^{3+} 等高价金属离子易被树脂吸附，再生时难以把它们洗脱下来，结果会导致树脂中毒，降低树脂的交换能力。铁离子中毒还会使树脂的颜色变深。结合有高价金属离子的树脂再生时需用高浓度酸液长时间浸泡。

离子交换树脂实质上是一种高分子电解质。强酸型或强碱型树脂中活性基团的电离能力很强，交换能力基本上与 pH 值无关。但弱酸性树脂在低 pH 值时不电离或部分电离，因此在碱性条件下，才能得到较强的交换能力；弱碱性树脂则在强酸性条件下才有较强的交换能力。

水温高虽可加速离子的扩散与交换，但各种离子交换树脂都有一定的允许使用温度范围。水温超过允许温度时，会使树脂交换基团被分解破坏，从而降低树脂的交换能力，所以温度太高时，应进行降温处理。

废水中如果含有氧化剂（如 Cl_2、O_2、$H_2Cr_2O_7$），离子交换过程中会使树脂氧化分解，可能导致其完全丧失离子交换能力。氧化作用也会影响交换树脂的母体，使树脂加速老化，结果也使交换能力下降。为了减轻氧化剂对树脂的影响，可选用交联度大的树脂或加入适当的还原剂。

四、离子交换树脂的其他功能

离子交换树脂最主要的功能是分离离子功能，此外，它还具有吸附、催化、脱水等功能。

（一）吸附作用

无论是哪种类型的离子交换树脂，相对来说，均具有很大的比表面积。根据表面化学原理，固体表面具有吸附能力，吸附主要来自于表面力场的不平衡。原则上讲，任何低表面张力物质均可被固体表面所吸附。吸附的选择性和吸附量的大小取决于固体表面的性质及其与被吸附物质间的相互作用。

吸附靠的是分子间作用力，因此是可逆的，改变溶剂或温度可使之解吸。

图 3-4 是氢型强酸型阳离子交换树脂从水醇混合溶液中吸附不同结构的醇的行为。醇的烷基越长，树脂对其的吸附量也越大。这是由于树脂结构中的非极性大分子链与醇中烷基相互作用而造成的。大孔型树脂比凝胶型树脂有更大的易于扩散渗透的比表面积，因而具有更为显著的吸附能力。它不仅可以从极性溶剂中吸附弱极性或非极性物质，而且可以从非极性溶剂中吸附弱极性物质，也可以对气体进行吸附。

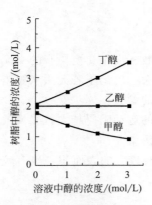

图 3-4　强酸型离子交换树脂在醇水溶液中对醇的吸附行为

（二）催化功能

低分子的酸和碱可对许多有机化学反应和聚合反应起催化

作用。离子交换树脂是多元酸和多元碱，因而对某些有机化学反应也可以起催化作用。在第二章里，我们已经介绍了有关离子交换树脂的催化性能，如阳离子交换树脂可应用于催化酯化反应、缩醛化反应、烷基化反应、酯的水解、醇解、酸解等，阴离子交换树脂则对醇醛缩合等反应有催化作用。

离子交换树脂还能以配价键、离子键或共价键的形式与过渡金属离子结合，形成高分子金属复合物催化剂，起催化作用。这种催化剂已被用于烯、炔的氧化反应和环化反应中。

利用大孔型树脂的强吸附功能，可以将易于分解失效的一些催化剂吸附在微孔中，在反应过程中逐步释放以提高催化剂效率。离子交换树脂和大孔型树脂等还可用于固定化酶。

（三）脱水功能

离子交换树脂的交换基团是强极性的，有很强的亲水性，因此，干燥的离子交换树脂有很强的吸水作用。离子交换树脂的吸水性与交联度、化学基团的性质和数量有关。交联度增加，吸水性下降；树脂的化学基团极性愈强，吸水性愈强。

图 3-5 是以强酸型阳离子交换树脂作脱水剂对各种有机溶剂的脱水性能。

除了上述几个功能外，离子交换树脂和大孔树脂还具有脱色、作载体等功能。

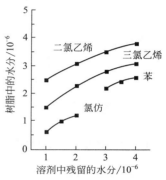

图 3-5　离子交换树脂对
不同溶剂的脱水性能

五、离子交换树脂的应用

由于具有以上功能，离子交换树脂可用于物质的净化、浓缩、分离、物质脱色及催化剂等方面，成为许多工业部门和科技领域不可缺少的重要材料之一。而水处理则是其十分普遍又十分重要的一个应用领域。表 3-3 总结了离子交换树脂的各个应用领域，可见，这一古老的功能高分子品种依然焕发着青春的活力，随着科学技术的发展，它还将不断地找到新的用途。

表 3-3　离子交换树脂的应用领域

水处理	水的软化、脱碱、脱盐、高纯水制备
环境保护	各种废水处理、废气处理
冶金工业	各种(稀土、重、轻、贵等)金属的分离、提纯和回收
原子能工业	铀、钍的提炼，反应堆用水的净化，放射性废水的处理
食品工业	制糖过程的脱色精制、原料纯化、酒的脱色去杂、调节味香、泡沫状香烟过滤嘴、调节乳品组成、味精脱色等
医药卫生	药剂提纯脱色精制、生化药物的分离精制、药物崩解剂、中草药成分的提取、蛋白质、氨基酸的分离、内服药物、医疗诊断、药物分析的药剂、外敷药剂等
海洋资源利用	提取碘、溴、镁等化工原料、制盐、海水淡化
分析化学等	各种离子的分离与测定等

当然，离子交换树脂还需要进一步地发展，在原有基础上，需要不断提高原有品种的化学物理稳定性，提高交换容量；改进树脂的骨架结构，提高交换速率及再生效率；增加特种

规格，适应于特殊需求，如核子级、医药级、色谱级、食用级等；同时，要开发新型树脂新产品，如兼有离子交换与萃取性能的萃淋树脂，用于湿法冶金和含金属离子污水治理的各种螯合树脂，用于有机大分子及生物活性物质提取分离的新型大孔树脂等。尤其是在我国，必须紧密结合水资源缺乏、能源化工落后、环境污染严重等国情，研究相应的分离材料，一方面提高现有品种质量，同时研究和开发含氟离子交换树脂，提高树脂的耐腐、耐热、耐溶剂性能，研究和开发螯合树脂、金属树脂、冠醚树脂、生物活性树脂等特种树脂；开发孔径分布窄、结构均匀、分离效率高的均孔树脂，研究中等极性到极性的吸附剂等，以及研制和开发记忆分离材料等。

第二节　其他分离树脂

除离子交换树脂外，螯合树脂和拆分树脂也是常用的分离树脂，前者用于分离金属离子，后者用于分离手性化合物的混旋体。

一、螯合树脂

（一）定义与功能原理

螯合物是通过两个或多个配位体与同一金属离子配位形成的环状配合物。所谓配位是指两原子在形成共价键时，共用的电子对由其中一种原子独自提供，而另一原子提供空轨道。其中，提供所有成键电子的称为"配位体"（简称配体），提供空轨道接纳电子的称为"受体"。含有多个配位基团的多齿有机配体与金属间的配位形成多齿啮合的结构，则称为螯合作用，借助于这种螯合作用实现对金属离子选择性分离的树脂即螯合树脂。

螯合树脂中配位基可以在侧基上，也可以在主链上：

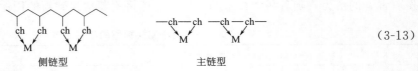

侧链型　　　　　　　　主链型　　　　　　　　　　　　（3-13）

式（3-13）中，ch 为螯合基团，M 为金属离子。

有机多齿配体与金属离子配位可以形成杂环结构，如乙二胺与金属离子间可以形成五元环螯合物，EDTA 可以与金属离子形成 5 个五元环（3-1）。这种杂环结构比单齿配体与金属离子生成的配合物有更高的稳定性，因为要同时断开多齿配体与金属的多个配位键是困难的。与离子交换树脂对金属离子的分离原理依赖于静电作用不同，螯合树脂吸附金属离子的机理主要是树脂上的配体与金属离子发生配位反应，形成类似小分子螯合物的稳定结构，因此，相比离子交换树脂，螯合树脂与金属离子的结合力更强，选择性也更高。正因为多齿配体与金属的配位具有特定选择性，因此在分析化学中，也常利用配合物的选择性来鉴定特定的金属离子。不同的螯合基对不同的金属离子有特

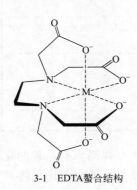

3-1　EDTA螯合结构

定的络合能力，因此不同的螯合树脂对不同的金属离子有不同的选择性，可以与其他金属离子分离开来。

螯合树脂实际上是一种特殊的离子吸附树脂，它可以对各种金属离子有选择地进行浓缩和富集，因而可用于分离、回收重金属及贵金属，防治金属离子对环境的污染。

（二）分类与制备

螯合基团是一类含有多个配位原子的功能基团，配位原子主要是具有给电子性质的第ⅤA和第ⅥA族元素，例如，氮原子外层有五个电子，其中，三个与其他原子成键，另两个构成一对孤对电子作为配位电子；氧原子则有两对孤对电子可以形成配位键。其他配位原子还有硫、磷、砷、硒等。含有这些元素的有机基团通常都可以作为螯合基团，如表 3-4 所示。

以氧原子为配位原子的高分子螯合树脂包括醇类（如聚乙烯醇）、酚类（如聚对羟基苯乙烯）、冠醚类（如聚乙烯基苯并冠醚）、羧酸类（如聚丙烯酸）、β-二酮类（如聚甲基丙烯酰丙酮）、β-酮酸酯类（如聚乙酰乙酸乙烯酯）、羟基酸类（如水杨酸甲醛树脂）等多种。

含有氮原子的高分子螯合树脂包括胺类（如聚乙烯胺）、脒类（如聚脒）和席夫碱类（如聚二席夫碱基异丁基苯乙烯）等。

含有席夫碱结构的高分子螯合物也具有良好的络合作用。它可以由聚对-2,3-二腈基乙基苯乙烯为原料，经氢化锂铝还原，将腈基还原成胺，再与醛肟化得到双席夫碱：

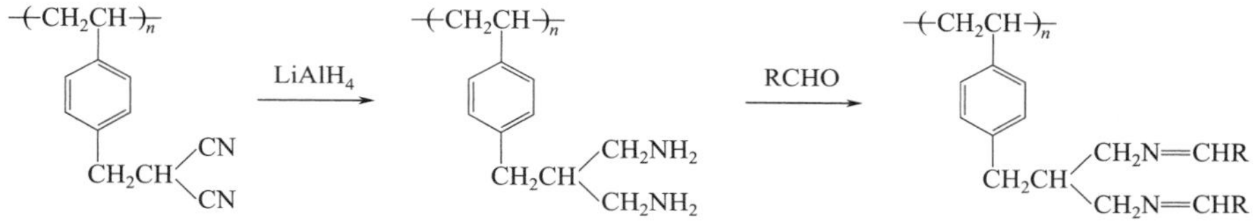

(3-14)

氮氧配合的高分子螯合树脂有肟、羟肟酸、氨基酸及羟基偶氮等。

肟的结构中含有氮和氧两种配位原子（＝N—OH），制备螯合树脂时，常采用双肟的结构。如聚丙二酮肟可由聚酮类树脂与亚硝基甲酯反应后再与羟胺反应而得［式(3-15)］，侧链上的肟也可以通过类似的方法引入双肟结构［式(3-16)］。

主链型：

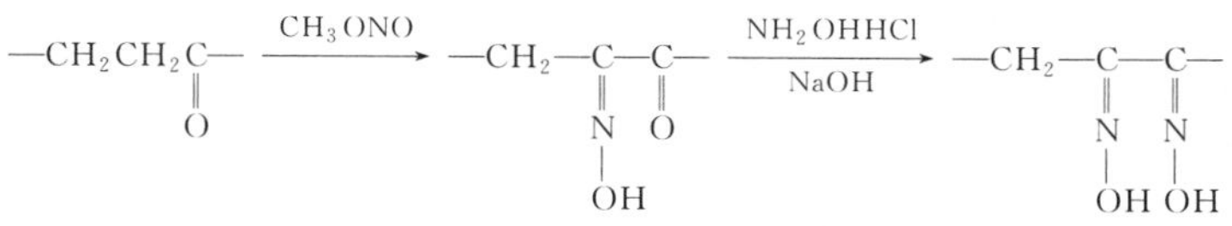

(3-15)

侧链型：

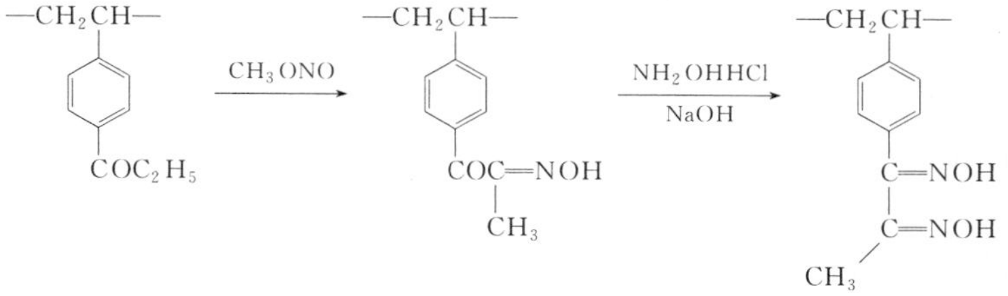

(3-16)

这种螯合树脂可以吸附 Cu^{2+}、Ag^+、Hg^{2+}、Fe^{3+}；但不吸附 Na^+、Mg^{2+}、Ba^{2+}、Mn^{2+} 和 Fe^{2+} 等。

氨基和羧基有不同的配合方式。它可以是亚胺羧酸的结构，也可以是二甘氨酸的配合形式。亚胺羧酸的结构通式为 $—CH_2N(CH_2COOH)_2$，它可以接在聚苯乙烯的侧基上，通过以下途径来制得：

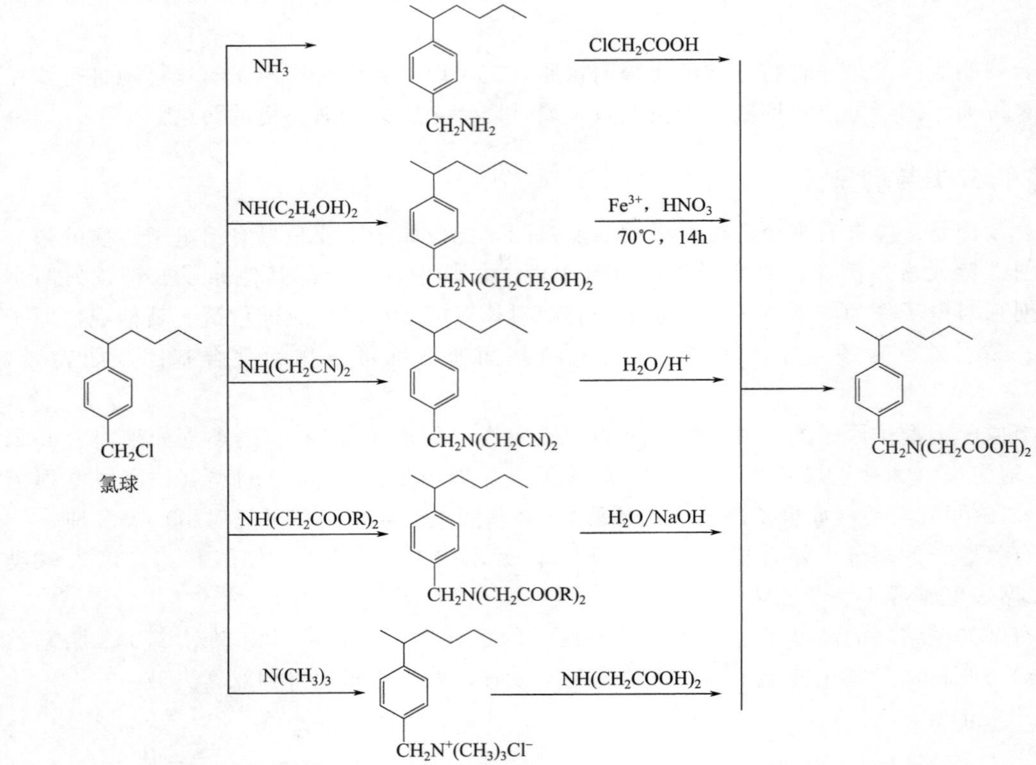

$$(3\text{-}17)$$

二甘氨酸的相互配合可以是在苯环上的邻位或间位的取代所形成的亚苯基二甘氨酸缩合物：

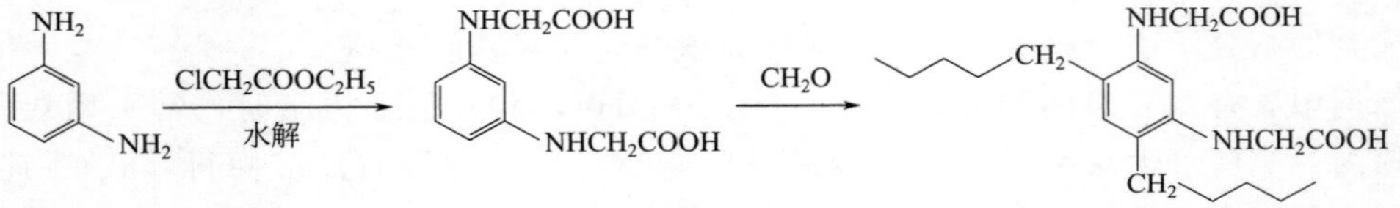

$$(3\text{-}18)$$

含硫的基团最常见的是巯基和硫醚。聚乙烯硫醇和聚对巯甲基苯乙烯是较早应用的螯合树脂。目前更多的则是将硫原子与其他配位原子一起配合形成螯合基团结构，以增强其对金属的捕获能力，如含有氨荒酸及其酯、硫脲、砜及亚硫酸酯等基团的聚合物。

各种含氧、氮及硫的杂环也常用作螯合基团，或与其他螯合基团配合，接于高分子骨架上，成为螯合树脂，如含有呋喃、吡啶、吡咯、咪唑、嘧啶、喹啉、噻吩等杂环结构的聚合物。

含磷和砷的基团主要是膦酸和胂酸等，将这些基团接于聚苯乙烯等骨架上，便可以制得含磷和砷的螯合树脂。

一些常用的螯合树脂品种列于表 3-4 中。

表 3-4 典型的螯合树脂示例

类别	典型聚合物	结构示例	可以参与配位的离子
醇	聚乙烯醇	$\left(\!CH_2CH\!\right)_n$ | OH	Cu^{2+}、Fe^{3+}、Ti^{3+}、Zn^{2+} 等

类别	典型聚合物	结构示例	可以参与配位的离子
酚	聚-3-磺酸基-4-羟基苯乙烯	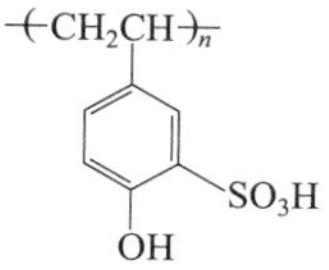 $\left[CH_2CH\right]_n$ 苯环带 SO_3H 和 OH	Ni^{2+}、Cu^{2+} 等
醚	聚-1,2-并(4-乙烯基苯)-10,11-并苯 18-冠-6，PD18C6	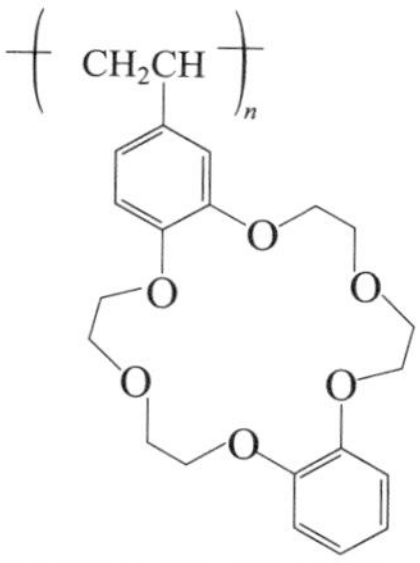 $\left(CH_2CH\right)_n$ 冠醚结构	碱金属、NH_4^+ 等
β-二酮	聚甲基丙烯酰丙酮	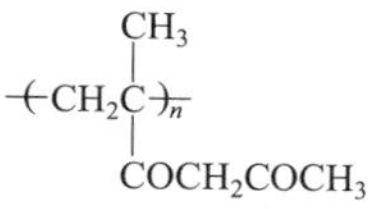 $\left[CH_2\underset{COCH_2COCH_3}{\overset{CH_3}{C}}\right]_n$	Cu^{2+}、Cr^{3+}、Ce^{3+}、Fe^{3+}、ZrO^+、UO_2^{2+} 等
β-酮酸酯	聚乙烯醇乙酰乙酸酯	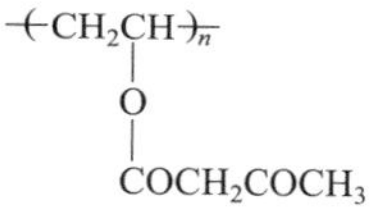 $\left[CH_2CH\right]_n$ O $COCH_2COCH_3$	Cu^{2+}、Al^{3+}、La^{3+}、Ce^{2+}、Th^{3+}、UO_2^{2+} 等
水杨酸	水杨酸甲醛树脂	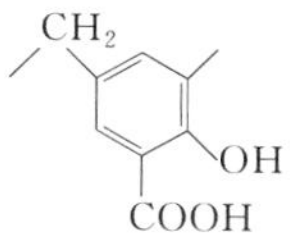 苯环带 CH_2、OH、$COOH$	Cu^{2+}、Mn^{2+}、Fe^{3+}、UO_2^{2+} 等
偶氮水杨酸	聚-5-水杨酸偶氮对苯乙烯	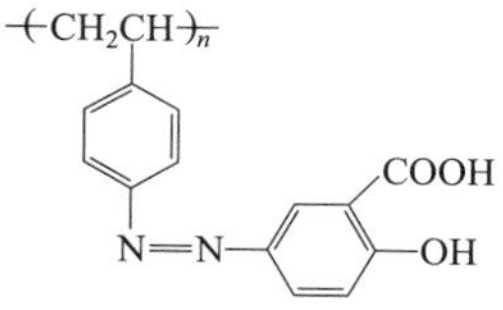 $\left[CH_2CH\right]_n$ 苯-N=N-苯带 $COOH$、OH	Cu^{2+}、Fe^{3+} 等
羧酸	聚丙烯酸	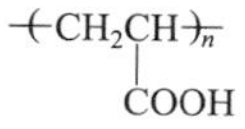 $\left[CH_2CH\right]_n$ $COOH$	Cu^{2+}、Zn^{2+}、Ni^{2+}、Co^{2+} 等
呋喃/羧酸	呋喃-丙烯酸共聚物	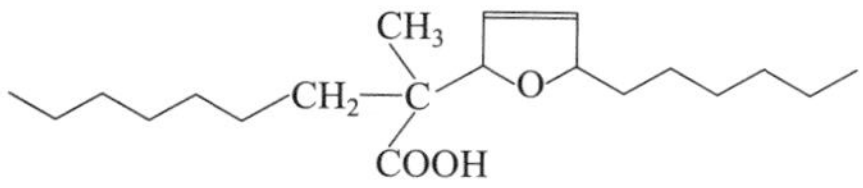 呋喃环带 CH_3、CH_2、$COOH$	Cu^{2+}、Fe^{3+}、Ni^{2+} 等
胺	聚多乙烯多胺次甲基苯乙烯	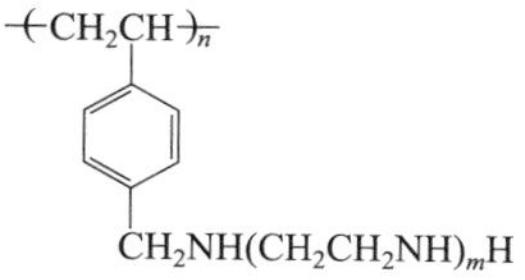 $\left[CH_2CH\right]_n$ 苯环带 $CH_2NH(CH_2CH_2NH)_mH$	Au^{3+}、Hg^{2+}、Cu^{2+}、Ni^{2+}、Zn^{2+}、Cd^{2+}、Co^{2+}、Mn^{2+}、Mg^{2+}、Sr^{2+}、Th^{4+} 等
肟	聚烯丙肟	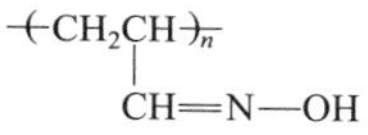 $\left[CH_2CH\right]_n$ $CH=N-OH$	Cu^{2+} 等

类别	典型聚合物	结构示例	可以参与配位的离子
羟/肟	聚间（β-邻羟基苯丙酮肟基）苯乙烯		Cu^{2+} 等
脒	聚脒		Cu^{2+}、Fe^{3+}、Zn^{2+} 等
二肟	聚丙二肟		Fe^{3+}、Co^{2+}、Ni^{2+} 等
席夫碱	聚二席夫碱基异丁基苯乙烯		Cu^{2+}、Co^{2+} 等
羟肟酸	聚甲基丙烯羟肟酸		Fe^{2+}、MoO_2^{2+}、Ti^{4+}、Hg^{2+}、Cu^{2+}、UO_2^{2+}、Ce^{4+}、Ag^+、Ca^{2+}、Fe^{3+}、VO_2^+ 等
酰肼	聚甲基丙烯酰肼		Cu^{2+}、Ni^{2+}、Co^{2+} 等
草酰胺	聚草酰乙二胺共聚物	$R=$	Pb^{2+}、Cu^{2+}、Ag^+、Cd^{2+}、Zn^{2+}、Cr^{3+}、Ni^{2+}、Ca^{2+}、Li^+ 等
氨基醇	聚二羟乙基氨基苄乙烯		Cu^{2+}、Zn^{2+}、Fe^{3+}、Co^{2+}、Ni^{2+} 等
氨基酚	邻氨基酚醛树脂		Fe^{3+}、Cu^{2+}、Zn^{2+} 等
氨基酸	聚二羧甲基氨基苄乙烯		Cu^{2+}、Ni^+、Zn^{2+}、Cd^{2+}、Fe^{3+}、Mn^{2+}、Ca^{2+}、Mg^{2+} 等

续表

类别	典型聚合物	结构示例	可以参与配位的离子
偶氮/胺或醇或酚	聚-2′-羟-3′-磺酸-5′-硝基苯偶氮-3-氨基-5-乙烯苯	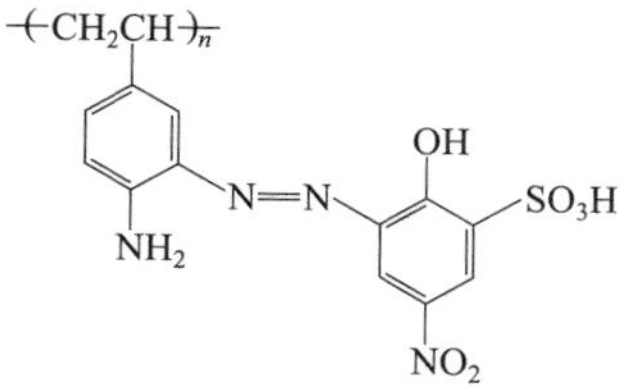	Cu^{2+}、Fe^{3+}、Ni^{2+}、Zn^{2+}等
含氮杂环		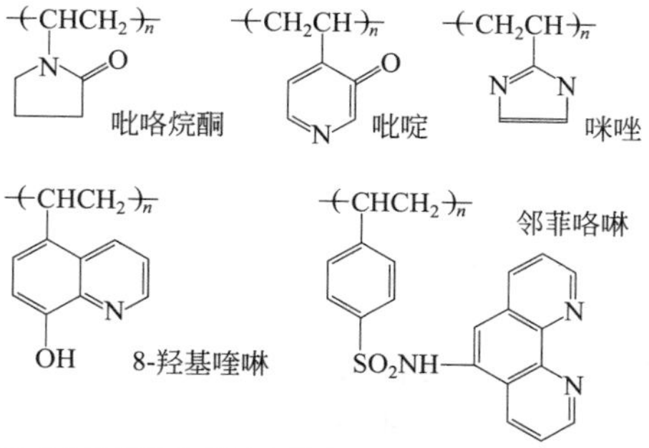 吡咯烷酮　吡啶　咪唑 8-羟基喹啉　邻菲咯啉	Fe^{2+}、Co^{2+}、Ni^{2+}、Cu^{2+}、Zn^{2+}、Pb^{2+}、Ca^{2+}、Mg^{2+}、Au^{3+}、Pt^{4+}、Pd^{2+}等
巯基	聚巯基苄乙烯	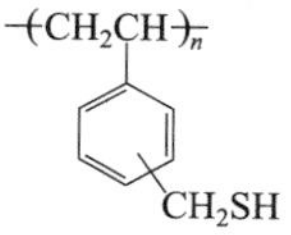 CH_2SH	Hg^{2+}等
巯基/氨基	聚多（N-巯乙基乙烯胺）苄乙烯	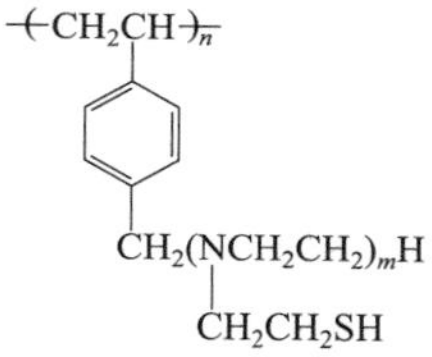 $CH_2(NCH_2CH_2)_mH$ CH_2CH_2SH	Hg^{2+}、Cu^{2+}、Cd^{2+}等
氨荒酸	聚 N-二硫羧酸钠乙烯亚胺	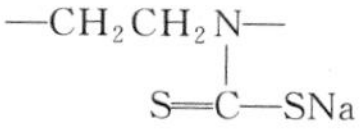 $—CH_2CH_2N—$ $S=C—SNa$	Cu^{2+}、Ag^+、Zn^{2+}、Pb^{2+}、Fe^{3+}、Co^{2+}、Ni^{2+}
噻吩/羧酸	噻吩-甲基丙烯酸共聚物	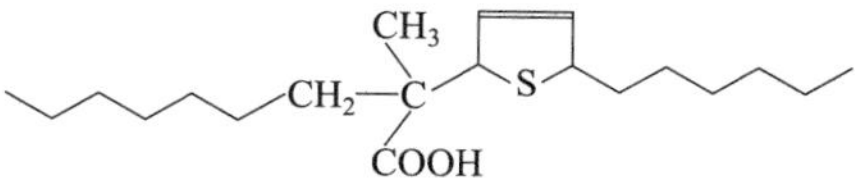 CH_3　CH_2　S $COOH$	Cu^{2+}、Fe^{3+}、Ni^{2+}等
脒硫醚	聚脒硫醚苄乙烯	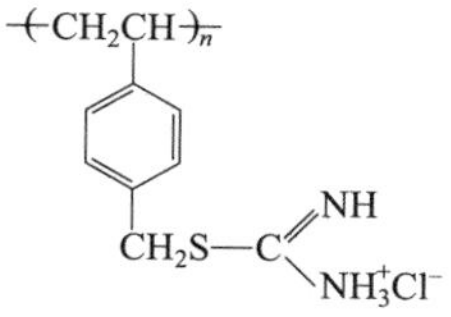 CH_2S　NH $NH_3^+Cl^-$	Ag^+、Au^{3+}、Pt^{2+}、Pd^{2+}等贵金属离子

（三）影响功能性的因素

一般来说，螯合树脂对金属离子的配位能力随溶液的 pH 值的提高呈先增大后减小的趋势。因为 pH 值过低螯合树脂易与 H^+ 结合，pH 值过高则会使水中的金属离子发生水合反应生成氢氧化物沉淀，此时螯合树脂只能起过滤器作用。如对 Ca^{2+}、Mg^{2+} 处理的最佳 pH 值为 9 左右，通常要求小于 11。

螯合树脂对金属离子的配位受温度影响，温度升高，吸附量会随之增加。但是温度过高，螯合树脂会膨胀失去原有性质，不利于树脂的再生利用。

配位过程中，在初始阶段，随着时间的延长，螯合树脂对金属离子的吸附容量和吸附率不断增大，但是增大的速率会越来越慢，一段时间后达到最大值。

金属离子的初始浓度主要影响配位反应的平衡移动。增大初始浓度，平衡向有利于吸附的方向移动；因为提高金属离子的初始浓度，使金属离子与螯合树脂的反应概率增大，转化速率也升高。但当离子浓度达到一定时，转化速率不变，这是因为在高浓度介质中，配位反应达到平衡。

（四）螯合树脂的应用

1. 水处理

螯合树脂主要应用于水处理领域，它可以与各种金属离子进行配位螯合，螯合容量较大。在微电子工业、半导体工业、原子能工业中所用的超纯水都可以运用螯合树脂来制备。它也可以用于处理含金属离子的电镀污水和冶金废水，对含有金属离子的污水进行去离子脱色处理。例如采用重金属螯合树脂处理印制电路板含铜废水，可以克服传统化学处理法的缺点，沉淀物稳定性高，处理水中的铜含量远低于传统方法，特别是对低铜含量废水的处理，处理费用低，有很好的应用前景。

2. 金属离子分离与回收

螯合树脂具有强烈的配位能力，可用以对含有金属离子的污水进行去离子处理，也可以用来提炼铂、钯、铑、钌、铱、锇、金和银等贵金属。例如采用硫脲树脂可以提取贵金属钯，亚氨基二乙酸螯合树脂可以提取稀土元素铕，氨基膦酸树脂可以提取稀土元素铈、镝、镱等。

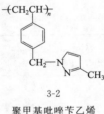

3-2
聚甲基吡唑苄乙烯

不同的螯合树脂对不同的金属离子有不同的络合稳定常数，因此，螯合树脂对金属离子具有一定的选择能力，这一特点使螯合树脂对含有不同金属离子的体系可以加以分离。如在 1mol/L 左右的酸性条件下，在含有 Au^{3+}、Ag^+、Pt^{4+}、Pd^{2+}、Rh^{3+}、Ir^{4+} 等贵金属及 Cu^{2+}、Fe^{3+}、Ni^{2+}、Ca^{2+}、Mg^{2+} 等贱金属离子的混合离子体系中，聚甲基吡唑苄乙烯树脂（3-2）对贵金属具有明显的选择性；聚二羧甲基胺苄乙烯则可用于 Hg^{2+}-Cu^{2+} 等二价金属离子间的分离。

3. 金属离子定性与定量

螯合树脂与某些金属离子配位形成螯合物后会发生颜色变化，因此可用于检测和鉴定某些金属离子。如聚甲基丙烯酸与 VO^{2+} 的螯合物为深紫色，而与 Fe^{3+} 的螯合物则为红紫色。当螯合树脂的螯合容量比较稳定时，可以用于某些金属离子的定量。如聚水杨酸偶氮苯乙烯就可用于海水中 Cu^{2+}、Fe^{3+} 的定量分析。

4. 食品与医疗

螯合树脂作为吸附剂，还可以吸附有机磷农药，一些具有良好血液相容性的螯合树脂，有望用于临床血液灌流，抢救重症有机磷农药中毒患者。大孔螯合树脂还可以处理中药原料中重金属过量的污染，并可分离、提取各种抗生素及分离提纯中草药。丙烯腈和丙烯酸共接枝制备的螯合纤维可有效去除苹果汁中的有毒有害物质如 Cu^{2+}、Pb^{2+} 和 As^{3+}，去除率可达到 80% 以上。

5. 催化反应

与高分子金属络合物相似，络合有金属离子的螯合树脂还具有一定的催化反应能力，可用作氧化、还原、水解、烯类加成聚合、氧化偶合聚合等反应的催化剂。如聚丙烯羟肟酸与铜形成的螯合物能催化过氧化氢分解，β-二酮类的螯合树脂与 Cu^{2+} 络合形成的螯合物也能催化过氧化氢分解，而含有 Pt^{4+}、Pd^{2+}、Rh^{3+}、Ni^{2+} 等的螯合树脂则具有较强的催化加氢能力等。

6. 人造肌筋

螯合树脂在与金属离子螯合前后，树脂的空间结构会发生变化，从而产生体积变化，可以用作敏感材料。例如，将 PVA 制成不溶性的薄膜，置于含有 Cu^{2+} 的溶液中，因络合的发生，薄膜会发生相应的收缩；而当用更强的螯合剂 EDTA 溶液去浸渍时，Cu^{2+} 转与 EDTA 螯合，PVA 薄膜因此伸长。由于 PVA 与 Cu^{2+} 可以螯合，与 Cu^+ 不能螯合，所以，利用氧化还原反应将 Cu^{2+} 还原成 Cu^+，也可以解离 PVA 与 Cu^{2+} 间的络合键，使 PVA 薄膜伸长。

此外，螯合树脂与金属离子配位形成螯合物后，增加了分子间的交联，通常可以有较高的分解温度，利用该性质可将高分子螯合物制成耐高温材料。螯合树脂与金属配位后，其力学、光、电磁等性能也均有所改变，利用该性质可将高分子螯合物制成光敏高分子、耐紫外线剂、抗静电剂、导电材料、黏合剂及表面活性剂等，有更多的用途。

二、拆分树脂

我们知道，生物体中的很多物质都是有旋光性的。不同旋光方向的物质具有不同的生物活性。例如，右旋雌素酮是雌性激素，而左旋的则无生物活性；右旋乳酸为肌肉产生，而左旋乳酸则由发酵产生；R 型门冬酰胺味甜，S 型门冬酰胺味苦；等等。

获得纯对映体的通常方法包括不对称合成法和外消旋体拆分法。不对称合成可以获得较高光学纯度的对映体，而用一般的合成方法所得的产物往往是两种对映体的等量混合物。这时就需要用拆分的方法将它们进行分离。所谓拆分就是将外消旋体通过物理、化学或生物等方法分离成单一对映异构体的方法。

拆分通常有三种方法，第一种是利用物理性质如溶解度、吸附力等差异来进行的拆分，如结晶法、层析法等；第二种是利用化学反应速率上的差异进行的动力学方法拆分；第三种是利用酶的高度特异性催化反应进行的酶法拆分。由于一对对映体具有相同的物理、化学性质，因此不能用通常的蒸馏、重结晶等方法进行分离。只有在手性环境下，对映体与手性物质相互作用后形成非对映体，才能使两者间的物理性质产生差异，进行分离。将分离后的非对映体分解还原便得到纯对映体。如果将拆分过程置于色谱柱中进行，则称为色谱拆分。

色谱拆分有如下类型：①手性衍生化法（CDR），它首先利用待分离的两个对映体与手性试剂反应生成一对非对映体，然后在普通色谱柱（非手性柱）上实现分离，如联萘对映体的分离，可采用如下方法进行色谱分离（如图 3-6 所示），其分离条件简单，但衍生化反应需要有高纯度的衍生化手性试剂；②手性流动相法（CMPA），将手性添加剂加入流动相中，与溶质的对映体生成一对非对映络合物，在普通色谱柱上进行分离，该方法的优点是无须进行柱前衍生，但手性添加剂选择不当会干扰分离物质的检测，可拆分的化合物也有限；③手性固定相法（CSP），该方法基于固定相表面的手性环境与两个对映体的作用不同，通过色谱柱后，两个对映体的保留时间不同而达到手性分离的目的，属于直接拆分的方法。前两种方法均采用普通色谱柱，属于间接拆分。作为手性固定相，可以是低分子的旋光性化合物，也可以是手性化合物改性的固定液，这两者主要用于气相色谱。对于液相色谱，考虑到固定相必须在淋洗液中稳定，不流失，因此多采用高分子量甚至交联的旋光性高分子，或者将手性高分子涂覆或接枝在担体多孔硅胶上。填充于色谱柱中作为固定相可以直接将外消旋体分离开来的树脂即为拆分树脂。

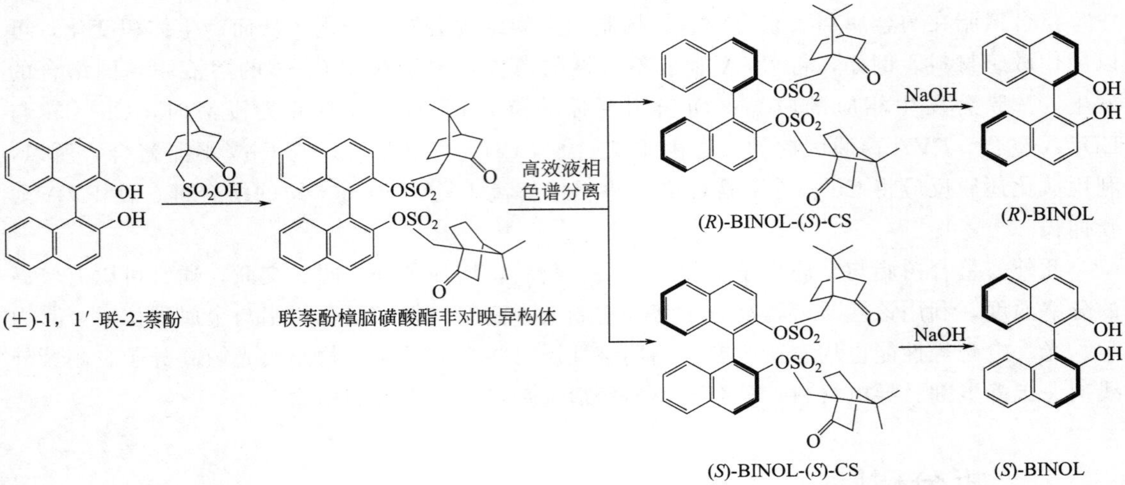

图 3-6　联萘手性衍生色谱分离示意图

天然高分子如纤维素、蛋白质等都是旋光性高分子，是最早的手性固定相。实际上，在 20 世纪 20 年代初期，人们已经发现用外消旋的染料对羊毛进行染色后剩余的液体就有旋光性了。这可以说是最初的色谱拆分。20 世纪 50 年代初期，人们又发现芳香族氨基酸可用纸色层分离。而色谱法拆分的真正发展则开始于 20 世纪 70 年代初。合成的旋光性高分子逐步取代了天然旋光性高分子，拆分能力及色谱性能都有很大提高。

采用手性固定相的色谱直接拆分具有以下一些优点：①无须先制成非对映体，不经化学反应，方法过程都很简便；②可拆分一些不宜用化学方法分离的混旋体，如对酸碱敏感的、易被化学物质破坏的、易分解的、反应条件苛刻的等；③用于分析时，用量极少（μg 或 ng 级）；用于制备时，可自动化生产，日产可达数克至数十克的规模；④手性试剂可反复使用，成本低；⑤可用于估计旋光纯度。

（一）拆分机理

1. 配体交换型

所谓配体交换，就是在固定相的离子络合物上，混旋体配体被流动相配体交换的过程。用作拆分的树脂就称为配体交换树脂。这是用于氨基酸直接拆分的较好的手性固定相。它是一种二齿配位体，通常是 α-氨基酸，如脯氨酸或羟基脯氨酸锚接在高分子载体上，然后与一种过渡金属离子（如 Cu²⁺、Ni²⁺ 等）进行配位。当混旋体进入时，混旋体与金属离子进一步配位，由于空间位阻效应，两种对映体所形成的配合物稳定性不同，通过配体淋洗液

（通常是水）的淋洗，不稳定的配合物上的对映体将被交换而先被分离出来。这一过程可用下式来说明：

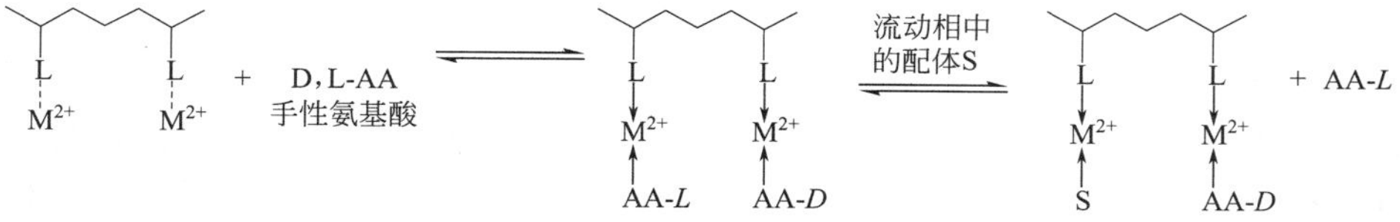

$$\text{（3-19）}$$

在配体配位与交换过程中，络合物的形成和解离是可逆的，络合键必须易于断裂和再生成。由于生成可逆的络合物仍然依靠化学键的连接，因此，这种方法比物理吸附的选择性更高。

例如，将 L-脯氨酸接于聚苯乙烯的骨架上，形成带有脯氨酸配位体的高分子，再将其与铜离子螯合，便可得到高分子拆分树脂。这种树脂对 D,L-脯氨酸、D,L-缬氨酸、D,L-对双（β-氯乙基）氨基苯丙氨酸等具有配位基团的外消旋体具有良好的拆分效果。

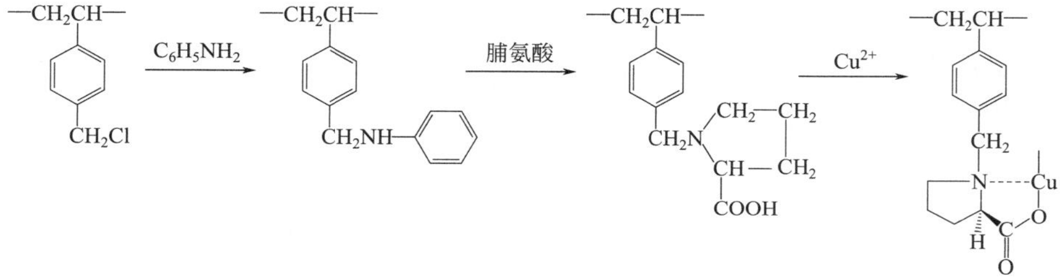

$$\text{（3-20）}$$

2. 空穴型

将手性模板化合物与大分子单体络合，经交联剂作用，形成网状结构，再用化学方法除去聚合物中的手性体，形成手性洞穴，则可产生手性识别能力。拆分时，将含有目标化合物的混旋体或其他混合物，通过淋洗液淋洗后，目标化合物被手性空穴捕获，而其他组分则可以轻易地通过色谱柱，从而实现分离。这种方法所产生的手性空穴与目标化合物完全匹配，因此又称为移植型或分子印迹型（分子烙印型）。又因其与酶对底物具有单一选择性的特点很相似，因此也称为模拟酶型。空穴型手性分离柱最早是在 1952 年被报道的，当时所用的模板是 D-樟脑磺酸或 D-扁桃酸，以硅胶为基底得到的固定相。它可以对模板化合物的混旋体进行拆分。这种方法对键合作用不加考虑，单纯依靠形状选择而拆分混旋体。

制备空穴型手性固定相的单体包括（甲基）丙烯酸或丙烯酸酯单体，（甲基）丙烯酰胺等。目前应用较多的是 4-乙烯基苯基硼酸，因为硼酸与二元醇的作用是可逆的，容易在聚合后被分解，然后使模板化合物从聚合物中除去，留下手性空穴。交联剂则常用二甲基丙烯酸乙二醇酯，这样，交联后的聚合物不至于太刚性，有利于同底物结合。

这种方法设计思想比较巧妙，但合成过程烦琐，而且由于高度立体识别能力，也限制了其广泛地应用。

在空穴型手性固定相中，还有一种空腔是由环糊精、冠醚或大环抗生素等环状结构提供的。这种类型的拆分机制与分子印迹型不同，是通过被分离物质与环状结构间存在的相互作用不同实现分离的，其拆分机制更多地与吸附型类似。

3. 吸附型

吸附型是色谱法拆分对映体中发展最早也是最常用的一类固定相。初期采用的是一些天然的旋光物质，如石英、羊毛、葡聚糖等，但拆分效果不理想。随着立体化学的发展，人们合成了一系列手性化合物，并将其固定到聚合物或硅胶等载体上，对一些药物、酸类、酰胺类化合物进行了有效的拆分。

在这类手性识别中，一般认为符合三点作用机制。所谓三点作用机制，是指手性固定相对对映体的识别至少要靠三个位点，如图 3-7 所示。当混旋体之一的三个或三个以上作用位点与固定相分子上的三个或三个以上位点在空间形态上均相匹配并有相互作用时，手性体便得以识别，而混旋体之中的另一个对映体仅有一个或两个位点与固定相有作用，因此该对映体不被树脂所识别，可以被较快地分离。如果拆分树脂与两个对映体间的作用均少于三个位点，

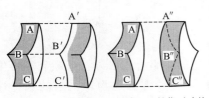

图 3-7 三点作用机制

树脂则不能准确识别手性体的空间结构。

三点作用机制要求对映体与固定相间有较强的相互作用，这些相互作用可以是氢键作用、静电作用、共轭电子云间的相互作用及其他分子间作用力。例如将含有蒽基和羟基的手性有机硅接于硅胶上得到拆分树脂，它对 3,5-二硝基苯甲酰衍生物具有良好的拆分能力，就符合三点作用机制，如图 3-8 所示。

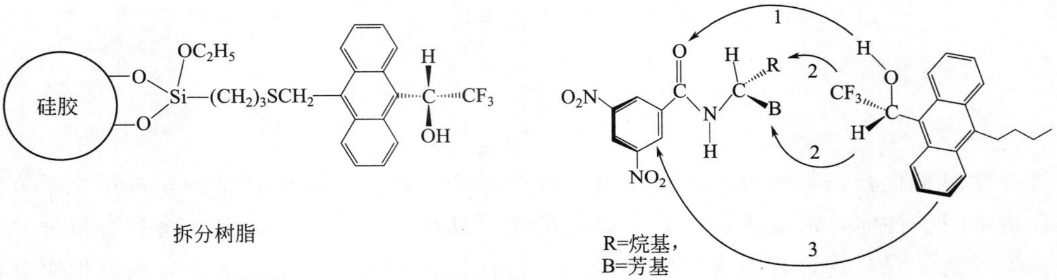

图 3-8 手性树脂对对映体的三点作用

1—氢键作用；2—疏水基团作用；3—芳环电子云间相互作用

又如将 L-精氨酸固载于葡聚糖凝胶上，用来拆分 β-(3,4-二羟基苯基) 丙氨酸 (DOAP)；将 2,2,2-三氟(9-蒽基) 乙醇接于载体上，用来分离 3,5-二硝基苯甲酸衍生物等，都属于这种类型。这种将手性小分子接在惰性载体上得到的手性固定相又称为珀科尔 (Pirkle) 型手性固定相。由于它是将单个可以识别对映体的分子连接于载体上，对对映体的识别能力是可以预见的，因此，也可由此来推测被拆分化合物的绝对构型。

依赖于三点作用机制的手性固定相也可以直接采用蛋白质、多糖类等天然手性高分子，或者人工合成的旋光性高分子。近年来还发展了环果聚糖类手性固定相、金属复合物键合手性固定相、离子液体手性固定相等新类型。

4. 电荷转移机制

在三点作用机制的基础上，其中一种作用对是电子给体与电子受体作用的手性固定相成为重要的一类拆分树脂类型。能在电子给体与电子受体间形成电荷转移络合物的拆分方法称为电荷转移机制。

将手性电子给予体（或电子受体）接于高分子载体上，可以对电子受体（或给体）的对映体进行拆分。由于高分子拆分树脂与两个对映体形成电荷转移络合物的能力不同，因而可

以识别混旋体中某一对映体。例如，上述的含有蒽基的有机硅拆分树脂就是一种电子受体，它与电子给体的混旋体相互作用，可以识别对映体结构。当把蒽基衍生物转换成电子给体时，则可以识别电子受体混旋体。图3-9中，含有四硝基和芴酮肟基团的拆分树脂对电子受体螺烯具有良好的识别能力，在紧密接触时，可以形成电荷转移络合物，而两者距离稍远，其电荷转移络合物则不易形成。除了拆分螺烯特别有效外，它对亚砜、内酯、醇、胺、氨基酸、羟基酸和硫醇等对映体也都具有良好的拆分能力。

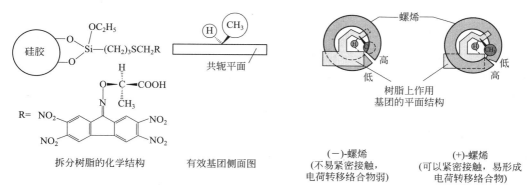

图 3-9　电子给体拆分树脂与电子受体螺烯间的相互作用关系

（二）拆分树脂分类与制备

根据拆分树脂与溶剂的相互作用机制，Irving Wainer 将拆分树脂分为 5 种类型：分子间作用力型（氢键、π-π 作用、偶极作用）、分子间力＋包埋复合型、空穴型、配体交换型和蛋白质型。也有人根据化学结构将其分为以下 7 种类型：刷型或 Prikle 型、纤维素型、环糊精型、大环抗生素型、蛋白质型、配体交换型和冠醚型。根据拆分机理，用于手性固定相的高分子必须具有空间特异性。例如蛋白质和多糖等天然高分子、带有旋光性侧基的聚合物都可用于拆分树脂。环糊精或冠醚等带有手性空穴的分子或直接由目标分子产生特异空间的分子印迹体系也是近年来常用的手性拆分树脂。如果这些具有不对称结构的聚合物能与金属离子进行配位，则可构成配体交换拆分树脂。聚合物的这种空间特异性可来源于其不对称构型，也可以来源于其手性螺旋构象，均属于旋光性聚合物。

1. 构型旋光性聚合物

构型旋光性聚合物包括主链旋光性和侧基旋光性两类聚合物。

（1）主链旋光性聚合物　主链旋光性聚合物包括天然高分子和合成高分子。天然高分子有蛋白质、核苷酸和多糖等。蛋白质具有手性构型，同时也具有手性构象，有非常高的空间特异性，具有多层次不对称结构，如牛血清蛋白、胰蛋白酶等。常见的多糖类高分子包括纤维素、淀粉、壳聚糖等，但直接用它作固定相时选择性较低，往往需要采用衍生化反应来提高其手性识别能力。

人工合成则可以采用具有手性的单体通过缩聚或加成聚合而得，也可以通过具有手性或潜手性的单体开环聚合而得。如氨基酸缩聚形成多肽，手性二元酸（如酒石酸）与二元胺或二元醇缩聚形成旋光性聚酰胺或旋光性聚酯，内酰胺（3-3）、环（硫）内酯（3-4 和 3-5）、环（硫）醚（3-6 和 3-7）、环乙烯亚胺（3-8）、环氨基酸酐（3-9）等开环聚合得到旋光性聚酰胺、旋光性聚（硫）酯或聚（硫）醚等。

（结构式 3-3、3-4、3-5、3-6、3-7、3-8、3-9、3-10、3-11）

（2）侧基旋光性聚合物　侧基含有手性基团的旋光性聚合物可以通过手性单体直接聚合，也可以通过大分子旋光化改性得到。直接聚合包括手性单体缩聚，如将手性酚与甲醛缩合获得旋光性酚醛树脂，也可以通过含手性侧基的乙烯类单体、乙烯醚或乙烯酮单体、丙烯酸酯类单体等加成聚合得到旋光性聚烯烃、旋光性聚乙烯醚、旋光性聚乙烯酮或旋光性聚丙烯酸酯等。大分子旋光化改性也是常用的方法之一。如利用共价键将手性基团引入聚合物侧基，或者将带有酸性或碱性基团的聚合物与具有旋光性的小分子碱（如奎宁、尼古丁）或小分子酸（如酒石酸、扁桃酸）等反应，或将手性分子通过与金属离子的络合接于聚合物上等。带有手性的基团很多，如异丁基、甲基苄基、蓋基（3-10）、茨基（3-11）或各种氨基酸基团等，高分子骨架则主要是聚苯乙烯、聚丙烯酰胺、聚丙烯酸酯、聚乙烯胺等。

聚苯乙烯系是一类应用最早的手性配体固定相，其合成往往采用氯甲基化的苯乙烯-二乙烯苯共聚物（氯球）作为活性中间体，然后引入手性氨基酸或其他手性化合物，得到手性树脂。再将其与不同的过渡金属络合，即可得到不同的配体交换手性固定相。对多种氨基酸及其衍生物的拆分研究结果表明，手性配体以引入 L-脯氨酸的效果最佳；中心金属离子的拆分能力按 $Cu^{2+} \gg Ni^{2+} \gg Zn^{2+} \gg Cd^{2+}$ 的顺序排列。经大量拆分实验表明，这类手性固定相对拆分氨基酸十分有效。

聚丙烯酸酯手性配体也是一类常用的配体交换拆分固定相树脂，如以聚甲基丙烯酸缩水甘油酯为骨架的手性配体，引入 L-脯氨酸并络合铜离子后，对多种氨基酸进行拆分，发现络合物的稳定性由于羟基参与络合而大大提高。在拆分过程中，树脂无脱铜现象。

聚丙烯酰胺是亲水性的聚合物，20 世纪 70 年代，Blaschke 合成了一系列手性丙烯酰胺类单体，手性基团包括氨基酸和非氨基酸两类。将这些功能单体与 10% 的丙烯酸类二乙醇酯等交联剂共聚，得到交联聚合物，可用于拆分药物和极性较强的胺、醇类化合物。

用这种交联的旋光性聚丙烯酰胺作固定相，对映体在聚合物手性空间中滞留时间不同，因而将对映体拆分。氢键是主要的吸附力，因此这类固定相最适于拆分极性化合物（如带有酰胺、酰亚胺基团的药物）。一些研究表明，树脂的合成方法直接影响拆分能力。若将手性部分通过大分子改性的方法接入已形成的聚合物上，则该聚合物很难具备拆分能力，只有先合成手性单体再聚合，才有拆分能力。

也可以采用 Mannish 反应对聚丙烯酰胺进行手性修饰，在酰胺侧基上引入手性氨基酸配体，得到聚丙烯酰胺系手性配体拆分树脂。

$$\text{C=O} + CH_2O + NH_2-R^* \longrightarrow \text{C=O} \qquad (3-21)$$
（左：NH₂，右：NH—CH₂—NH—R*）

这种树脂与 Cu^{2+} 络合后，也可拆分多种氨基酸混旋体。由于树脂的亲水性较好，大大提高了拆分的效率。

若将交联聚丙烯酰胺进行 Hoffmann 降解反应，就得到交联聚乙烯胺树脂。经进一步功能化反应引入手性氨基酸后，可以形成多齿配体环境，有助于提高络合物的稳定性。这类树脂对芳香氨基酸显示了良好的拆分能力。

此外，手性配体聚合物骨架还有聚乙烯基吡啶、有机硅及其他多种共聚物系列等，都显示了良好的拆分效果。

将手性有机小分子接到高分子骨架或硅胶等载体表面可制得手性固定相即珀科尔（Pirkle）型手性固定相。为了实现三点作用机制，手性侧基通常含有一些特殊的基团，包括芳香基团、氢键、电荷转移给体或受体等。手性侧基的典型结构如图 3-10 所示。

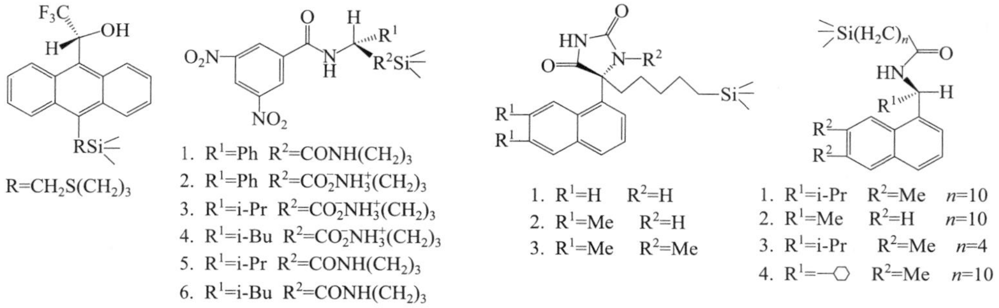

1. R^1=Ph R^2=CONH(CH$_2$)$_3$
2. R^1=Ph R^2=CO$_2$NH$_3^+$(CH$_2$)$_3$
3. R^1=i-Pr R^2=CO$_2$NH$_3^+$(CH$_2$)$_3$
4. R^1=i-Bu R^2=CO$_2$NH$_3^+$(CH$_2$)$_3$
5. R^1=i-Pr R^2=CONH(CH$_2$)$_3$
6. R^1=i-Bu R^2=CONH(CH$_2$)$_3$

1. R^1=H　R^2=H
2. R^1=Me　R^2=H
3. R^1=Me　R^2=Me

1. R^1=i-Pr　R^2=Me　n=10
2. R^1=Me　R^2=H　n=10
3. R^1=i-Pr　R^2=Me　n=4
4. R^1=—　R^2=Me　n=10

图 3-10　典型的珀科尔型手性固定相侧基

伊瑞霉素（eremomycin）（3-12）等大环糖肽类抗生素作为手性选择剂也是非常有效的 HPLC 手性固定相。其他如万古霉素（vancomycin，VA）、利福霉素 B（rifamycinB）、硫链丝菌素（thiostrepton）等大环糖肽类抗生素均具有广泛的拆分范围和较强的适用性，成为新一代的手性选择剂。将这些大环抗生素接到高分子载体上，即可形成有效的手性分离柱。它可提供三点作用机制的多种作用位点。而万古霉素和替考拉宁中还存在"杯"状的结构区和糖平面区，因此还有可以提供包络结构空腔。

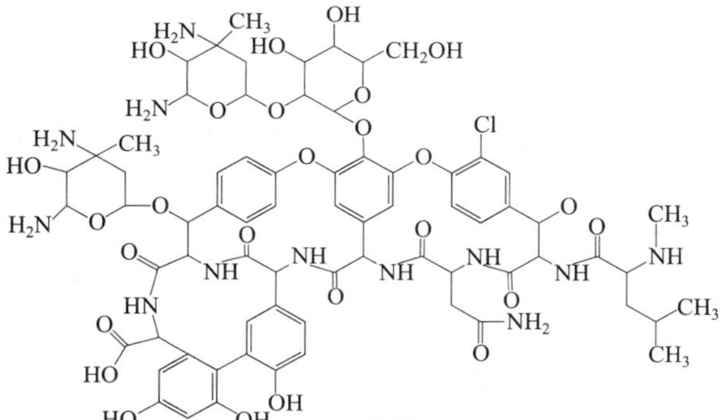

3-12

2. 构象旋光性聚合物

构象是由分子中单键内旋转形成的分子在空间的形态。当分子在空间的稳定形态具有手性时，就具有旋光能力。如六螺苯就是典型的构象旋光分子，它在氯仿中的 [α] 值可达惊人的 3700°。蛋白质、DNA 等生物大分子不仅具有构型旋光性，而且多呈单向螺旋链，因此，也具有很高的附加构象旋光性。用作拆分树脂的天然高分子体系大多具有构型与构象双重不对称空间结构，如蛋白质、聚多糖包括环糊精（环形多糖）等。

常见的合成聚合物大多没有旋光性。如全同立构的聚丙烯在晶体中的构象是 H3$_1$ 螺旋构象，但由于其左右螺旋能量相同，在高分子链中的分布几乎等量，且聚丙烯柔性较高，左右螺旋间的互变非常容易，很难使其螺旋结构稳定在单一方向上，因此，全同聚丙烯并没有旋光性。而具有很高旋转位垒的高分子则可以具有较为稳定的螺旋构象。含有庞大侧基的聚合物在手性试剂、手性催化剂或手性介质的诱导下有可能产生单一螺旋的不对称构象。例如，甲基丙烯酸三苯甲酯在手性配位体如（-）-鹰爪豆碱及 2,3-二甲氧基-1,4-双（二甲氨基）丁烷（DDB）存在下进行阴离子聚合，可得到旋光性聚甲基丙烯酸三苯甲酯。其旋光性来自单手螺旋构象。将其中一个或多个苯环换成吡啶环，同样可以形成不对称构象。它们可以拆分多种手性化合物，特别是那些因为不具备官能团而难以用其他手段拆分的化合物。如下列化合物 3-13～3-20 的混旋体都得到了良好的拆分效果。

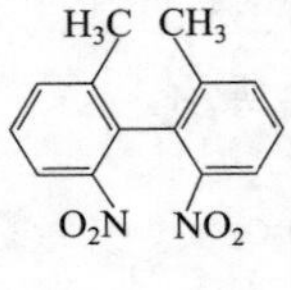

3-13 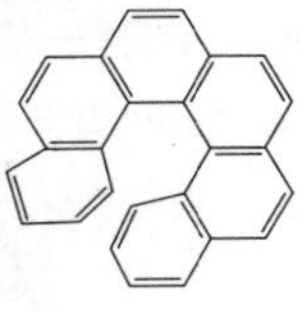   3-14 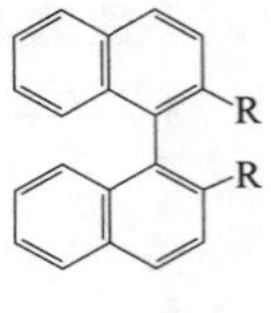   3-15 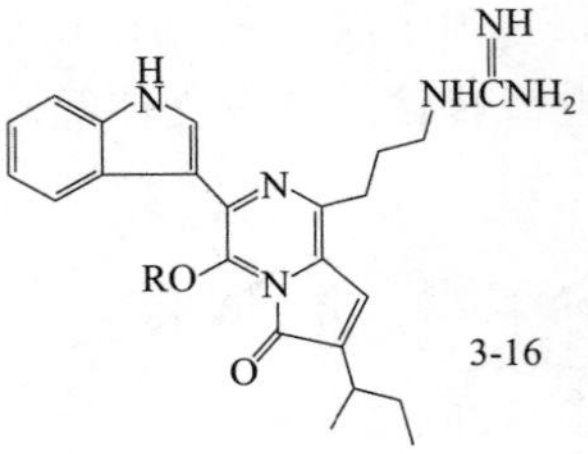   3-16 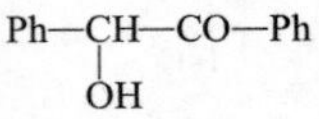   3-17

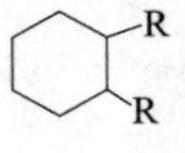

3-18   R= OOOPh, CONHPh, OCOPh OCOC₇H₁₅, 等   3-19 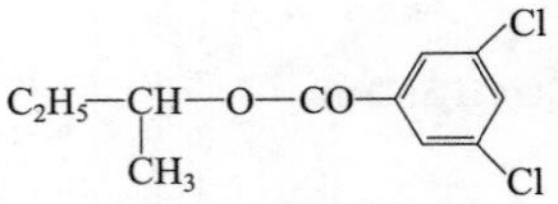   3-20

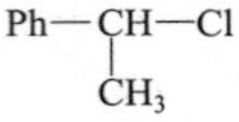

3. 手性空穴型

冠醚、环糊精、分子印迹等空穴型也称为包结络合物型。与构型旋光性聚合物和构象旋光性聚合物不同，冠醚通常并不具备手性。但冠醚具有特定尺寸空腔，能够和一些金属离子或 NH_4^+ 形成包容性络合物，当待拆分的手性物质与离子间也存在较强的相互作用时，即可把手性物质通过媒介离子接入聚合物中。其稳定性取决于离子半径与冠醚内穴大小的匹配程度。如 18-冠-6 的大小适合于 NH_4^+，以 NH_4^+ 为桥梁与手性试剂相连，就可对多种氨基酸和胺类化合物的对映体进行拆分。通常所用的 18-冠-6 为联萘衍生物，可键接于聚苯乙烯骨架或硅胶上，具有螺旋结构的双萘部分形成一道"手性墙"，从而造成两种对映体在空穴中稳定性的差异而被拆分。

由于冠醚较昂贵，且水的存在会减弱冠醚与铵离子的相互作用，因而限制了此类固定相的使用。

环糊精是本身具有手性的环形低聚糖。其空腔也具有包络效应，可用于拆分树脂。尽管它与对映体间的络合机制尚不太清楚，但它确实有一定的拆分能力。固载化的环糊精可以用来分离各种金属茂化合物、冠醚、氨基酸衍生物、各种药物如氯噻酮、酮基布洛芬、氯非拉明、巴比妥酸盐等手性化合物。若分子体积太小，则需先进行取代反应，增大分子体积，以提高识别能力。

其他包合物手性固定相还有带有手性功能团的杯芳烃及其衍生物。

在空穴型手性固定相中，"分子印迹聚合物"是最为有效的一类特殊体系。如前所述，其制备方法是将目标化合物作为模板与单体形成络合物后进行聚合并交联，再洗提除去聚合物中的模板分子即可形成特异空间。当然，分子印迹聚合物的分离作用不局限于混旋体拆分，对于具有特殊结构的药物、多点相互作用的分子都可以采用模板方法制成分子印迹聚合物，从而实现特异性识别和选择性吸附。只是分子印迹聚合物的特异性太强，所以应用受到限制。

（三）影响因素

影响拆分的主要因素有拆分树脂的结构、中心金属离子的种类、待分离化合物的性质以及色谱条件等。

就配体交换型拆分方法而言，不同的配位基团，其拆分能力差别很大。事实上，只有采用了杂环氨基酸中的 L-脯氨酸及 L-羟脯氨酸作固定相后，拆分才有实际应用的价值。中心金属离子改变时，也会引起分离对象洗脱次序的改变。大量的实验结果表明，以 Cu^{2+} 为中心离子的体系拆分效率最高。而 Ag^+、Cu^{2+} 和 Hg^{2+} 能形成可逆的 π-络合物，因而可用于不饱和化合物的配体交换色谱。

待分离化合物的结构特点与分离效果也有关系。如电荷转移机制中具有较强的电子给予特性或电子接受特性的化合物，应该具有较大的分离因子。

提高温度一般可以使选择性得到改善，如以硅胶为载体的不对称配位树脂上使用 $0.05mol/L\ KH_2PO_4$ 溶液洗脱时，许多氨基酸外消旋体于 50℃ 在 2～15min 内，可完全拆分；而此时不能拆分的某些氨基酸可在 80℃ 下得以拆分。但长期较高温度操作会影响色谱柱的寿命。

碱性介质一般比中性或酸性时的分辨率要高，但分离时间延长，出现显著的峰加宽，同时，碱性条件还会影响色谱柱的柱结构。而中性或酸性缓冲液作流动相可改善峰形，几乎对所有的氨基酸的完全拆分都有利。

交联度及孔径的大小也直接影响拆分效率。一般交联度要稍高些，以提高树脂对手性化合物的选择性，同时，也提高树脂在高压色谱柱中的耐受能力。采用小粒径、多孔性的硅胶等作载体，可以达到很高的柱效率。

（四）拆分树脂的应用

拆分树脂采用手性固定相对混旋体加以分离，具有简便、高效、适用性广等特点，主要用于医药和精细化学品领域，用于生物活性物质、药物、农药以及多种手性试剂的分离、检测、分析和制备，甚至可用于人类齿质年代的推算中。

1. 手性化合物制备分离

采用拆分树脂作为固定相的液相色谱法可以拆分许多类型的外消旋药物，如采用纤维素类拆分树脂 CTA-1 分离止痛药、β-阻断剂、安神药、钙拮抗剂、利尿剂和抗惊厥药等，用聚丙烯酰胺类树脂分离抗肿瘤药异环磷酰胺、酞酰亚胺、苯并二氮杂酮等。动植物对手性农药或引诱剂的绝对构型也表现出不同的生物感应，可以采用拆分树脂对这些手性生物活性化合物对映体进行分离。在手性试剂合成中一些手性试剂、手性助剂通过拆分方法来获得可以大大降低成本，如 3-苄氧基羰基-2-叔丁基-1,3-氧氮杂环戊酮在拆分柱 Chiralcel® OD［纤维素-三(3,5-二甲基苯基氨基甲酸酯)］柱上可以分离出两种对映体。此外，还可以分离一些手性 NMR 溶剂，如 1-(9-蒽)-2,2,2-三氟乙醇是 NMR 光谱中测定光学活性物质的光学纯度常用的试剂，它在很多拆分树脂柱上都可以进行外消旋体的分离。对于一些反应机理研究，如基团转换、Claisen 重排等也可以运用手性分离的方法获得反应中间体的信息。对于非碳原子手性化合物、手性螺旋化合物的分离都可以运用拆分树脂进行拆分来获得光学纯度的对映体。

2. 化学试剂的分离

离子交换色谱法可以对各种氨基酸进行很好地分离，但不能拆分氨基酸对映体。利用配体交换拆分树脂就可以很方便地分离手性氨基酸对映体。二对映体选择性合成是否成功，也可以通过拆分树脂来进行检验，提供对比两种对映体的相对含量可以了解进入产物中的原料类型。对含有两个手性中心的二肽，手性固定相 Chiralcel® OD 也表现出良好的对映体分离效果。

麦角碱与神经传质结构有相似性，因此是具有活性的药物重要的结构之一。例如麦角溴烟酯（α-肾上腺素能阻断剂）、麦角乙脲（5-羟色胺能拮抗剂）和氢化麦角乙脲（混合的垂体 D_2 兴奋剂/拮抗剂和中枢神经系统）显示出相当大的活性。采用万古霉素和游壁菌素手性固定相以反相模式可以分离上述化合物的手性对映体。

环戊烯酮是包括前列腺素在内的许多天然产物的中间体，通过对映体拆分可以获得光学纯的对映体。采用衍生化的纤维素手性固定相对多种环戊烯酮衍生物对映体进行分离，都得到了良好的分离效果。

3. 手性药物分离和药代动力学研究

手性药物进入生物体内后，其药理作用是通过与体内大分子之间严格的手性匹配和分子识别完成的，不同的单一异构体在生物体内显示出不同的药理和毒理作用，因此，测定药物或药物代谢物对映体的组成或纯度是重要的研究内容。如果一种外消旋体药物能够分离成光学纯的对映体，就能够研究该药物对映体的不同药代动力学和药效学行为。例如常用的 β-受体阻滞剂药物可以在大环抗生素手性固定相上成功进行拆分。即使是多手性中心药物也可以方便地通过拆分树脂实现对映体的分离。例如用于治疗高血压和心绞痛的 β-肾上腺素阻滞剂萘羟心安是一种具有两个手性中心的化合物，市售产品是 4 个等量的立体异构体混合物。通过直链淀粉手性拆分柱 Chiralpak® AD［直链淀粉-三(3,5-二甲基苯基氨基甲酸酯)］在适当的条件下可以直接进行分离。

4. 手性农药对映体分离

农药中有 25% 以上属于手性化合物，因此手性对映体分离也具有重要的地位。例如（+）-顺氯丹（cis-CHL）、（+）-反氯丹（$tran$-CHL）等多氯有机农药混旋体在纤维素 Chiralcel® OD 柱上用正己烷-异丙醇（99:1）流动相分离时，可以实现（+）-对映体首先洗脱而分离。改变分离条件，可以实现此类手性化合物的制备分离。直链淀粉类手性固定相 Chiralpak® AD 或 AS ｛直链淀粉-三［(S)-1-苯乙基氨基甲酸酯]｝、纤维素类 Chiralcel® OD、OG［纤维素-三（4-甲基苯基氨基甲酸酯)］或 OJ［纤维素-三（4-甲基苯甲酸酯)］等拆分树脂柱对甲胺磷、氨苯磷、地虫磷等氨基膦酸类手性磷农药有良好的分离效果。其他如膦肽、核苷等含磷手性农药的混旋体在上述手性固定相色谱柱中也得到了有效分离。烯唑醇、戊唑醇、己唑醇、粉唑醇等三唑杀菌剂混旋体同样可以采用淀粉类或纤维素类手性固定相实现混旋体的有效分离。

第三节 高分子分离膜

膜是一种薄层物质，可以将两相分隔开来。膜可以是固态的（如无机陶瓷膜和有机高分子膜），也可以是液态的（如皂膜、细胞膜），甚至是气态的（如气浪、龙卷风）；而被分隔的两相通常为流体相（液态或气态）。而流体相既可以是均相的（如气体混合物、溶液），也可以是多相的（气溶胶、液溶胶）。

在生命体内，细胞维持正常的生命活动是依靠生物膜来保障的。生物膜能使生命在新陈代谢过程中，不断得到从细胞膜输送进来的氧气和营养物质，接受各种信息分子和离子，排出代谢产物和废物，使细胞保持稳态，是一个具有能量转换、物质运送、信息识别与传递功能的选择性通透膜。其主要化学结构是脂质和蛋白质，另有少量糖类通过共价键结合在脂质或蛋白质上。生物膜的形态呈双分子层的片层结构，由脂质双分子层构成液晶状态的基质，脂质分子、蛋白质分子均处于不停的运动状态，因此生物膜是液膜。但就其分离功能看，其高效、快速、强选择性的物质输送、浓缩能力令人叹服，如海带可以从海水中上千倍地富集碘、大肠杆菌体内外钾离子的浓度差可达 3000 多倍等。其他构成生命的许多基本问题，如能量转换、细胞识别、免疫激素等也都与生物膜的功能有关。

高分子具有成膜特性，可以用来制造各种薄膜。这些薄膜可以分为两大类。一类是普通薄膜，广泛用于包装工业、农业和日常生活中；另一类则是功能膜，它的功能包括分离功能、分子识别功能、反应器功能、能量转化功能及电子功能等，如表 3-5 所示。

表 3-5 功能高分子膜的分类

膜功能	膜类型	能量转化关系
分离	分离膜	化学能→化学能
	交换膜	化学能→化学能
识别	传感器膜	化学能→电能
反应器	催化剂膜	化学能→化学能
	固定化酶膜	化学能→化学能
能量转化	光转化膜	光能→化学能
	光电池膜	光能→电能
	压电膜	机械能→电能
	光感应膜	光能→机械能, 热能
	人工肌筋	化学能→机械能
	热电膜	热能→电能
电子功能	发光膜	电能→光能
	导电膜	电能→电能

膜的选择性分离功能是应用较广、影响很大的一个方面，也是上述各种功能的基础。传统的分离方法有机械分离法（如过滤、沉降、离心分离等）、平衡分离法（如蒸馏、萃取、吸附、离子交换等）和速率控制分离法（如泡沫分离、色谱分离等）。利用膜进行分离扩大了以往的分离手段，其主要作用类似于选择性的障碍物，它允许某一组分通过，而截留混合物中的其他组分，这样，在渗透物或截留物中，就有一种或多种组分被富集。膜对物质的选择性有多种方式，如粒子或分子尺寸大小、渗透系数差别、溶解度差异、电荷种类不同等。

膜分离方法有许多传统分离方法所不可比拟的优点，主要是：①利用膜分离手段进行分离，不发生相变，是一种节能的化工分离单元操作；②无须加热，可防止热敏组分如蛋白质等的变性；③可在低温下进行操作，从而抑制处理液中杂菌的繁殖；④可以对溶液中的各溶解组分进行分离。

实际上，高分子膜的分离功能的发现可以追溯到 18 世纪。1748 年，Nollet 发现水可以自发扩散到装有酒精的猪膀胱内。1854 年 Graham 发现了透析现象，并提出了气体透过橡胶膜的溶解扩散机制。1861 年，Schmidt 首先提出了超过滤的概念，提出用棉胶膜和赛璐酚膜过滤时，若在溶液侧施加压力，即可反向挤压出溶剂，从而分离溶液中的细菌、蛋白质和胶体等微小的粒子。之后，有关溶液理论和渗透压的热力学关系逐步建立完善。1925 年在德国的哥廷根成立了世界上第一个滤膜公司，专门生产和经销硝化纤维膜。1953 年，佛罗里达大学的 Reid 首先发现了乙酸纤维素具有良好的半透性。与此同时，加利福尼亚大学的化学家们经过大量的对比和筛选实验，在 1960 年首次制成了具有历史意义的乙酸纤维素反渗透膜，用于海水和苦咸水的淡化，使膜分离技术进入一个新的阶段。之后，膜技术得到了很大的发展，许多膜分离技术实现了工业化生产，得到了广泛的应用。20 世纪 80 年代起，膜分离技术水平不断提高，一些难度较大的膜分离技术的开发也取得了重大进展，并开拓了新的膜分离技术，如膜渗透蒸发、膜蒸馏、膜萃取、膜控制释放及集成膜分离技术等。21 世纪以来膜分离技术日益成熟，正朝着多功能集成、智能化、仿生物膜方向发展。

一、分离膜的分类

高分子分离膜有多种分类方法。按膜材料来源分，可分为天然高分子及其改性材料膜（如纤维素酯类膜等）、合成高分子膜（如聚砜、聚酰胺、硅橡胶、含氟聚合物等）；按膜断面的物理形态分，可分为对称膜和不对称膜、均质膜和多孔膜、单层膜和复合膜等；按膜分离装置分，有板式结构、管式结构、卷式结构、中空纤维结构和旋叶式动态膜装置等。

以膜分离机理来分类，则可以归为体积分离膜、溶解扩散膜和反应性膜三类。但各种膜分离过程的机理并非绝对，可能多种机理并存，只是其中一种更具优势而已。如渗析膜分离过程就存在体积排斥、溶解扩散两种机制。各种分离过程的适用范围列于表 3-6 中。

表 3-6　各种分离方法的适用范围

孔径	10^{-10} m	10^{-9} m	10^{-8} m	10^{-7} m	10^{-6} m	10^{-5} m	10^{-4} m	10^{-3} m
分离对象	小分子，小离子	蔗糖／血清蛋白／红蛋白／各种病毒		细菌粗胶体	大肠菌	葡萄状球菌藻类	悬浮体系、粗分散体系酵母,酶	废纤维，毛发／沉淀物、絮凝体系

分离方法：

分类	项目	适用范围
分离方法	粒径大小	←微孔过滤→（约 $10^{-7}\sim10^{-5}$ m）；←布和纤维过滤→（约 $10^{-4}\sim10^{-3}$ m）；←超滤→（约 $10^{-9}\sim10^{-6}$ m）；←绢网过滤→（约 $10^{-4}\sim10^{-3}$ m）；←凝胶渗透色谱→（约 $10^{-9}\sim10^{-6}$ m）
	扩散系数	←反渗透→（约 $10^{-10}\sim10^{-9}$ m）；←渗析→（约 $10^{-10}\sim10^{-7}$ m）
	离子电荷	←电渗析→（约 $10^{-10}\sim10^{-8}$ m）；←离子交换→（约 $10^{-10}\sim10^{-8}$ m）
	蒸气压	←蒸馏、冷冻浓缩→（约 $10^{-10}\sim10^{-7}$ m）
	溶解度	←溶剂萃取→（约 $10^{-9}\sim10^{-7}$ m）
	表面活性	←浮选分离(泡沫和气泡精馏)→（约 $10^{-7}\sim10^{-3}$ m）
	密度	←超速离心分离→（约 $10^{-9}\sim10^{-7}$ m）；←离心分离→（约 $10^{-7}\sim10^{-4}$ m）；←液体旋风分离→（约 $10^{-6}\sim10^{-3}$ m）；←重力沉降→（约 $10^{-5}\sim10^{-3}$ m）；←阳离子絮凝剂,非离子、阴离子絮凝剂→（约 $10^{-8}\sim10^{-5}$ m）

（一）体积排斥膜

这种膜纯粹按被分离物间的尺寸大小不同实现分离而不考虑膜与被分离物质间的相互作用。如微孔膜、超滤膜、反渗透膜等。筛网、滤纸也是通过尺寸不同而实现分离的，但筛网或滤纸分离过程中，待分离物质间尺寸差别很大，网眼尺寸或膜孔也较大，稍有一点压力差如重力、离心力或真空减压即可使待分离体系中的小分子流动相顺利通过膜孔，截留大尺寸微粒而实现分离。微孔膜、超滤膜、纳滤膜、反渗透膜等由于被截留的物质分子或颗粒物的质量很小，液体体系会产生较高的渗透压，因此重力等微小的压力差已不足以克服渗透压，体系中的小分子溶剂难以自行透过膜孔而实现分离，故此类分离过程必须施加远大于渗透压的压力才能使体系中的小尺寸溶剂从液体中渗出而实现分离。

（二）溶解扩散膜

溶解扩散膜的分离过程不仅与被分离物质的尺寸有关，更重要的是被分离物与膜间的相互作用。其分离原理类似于萃取，由于被分离物质与分离膜的亲和性强，容易进入膜中，进入膜分子间隙的粒子经溶解扩散后，可从膜的另一侧被释放出来，从而实现分离。如气体分离膜、渗透蒸发膜等。

（三）反应性膜

反应性膜是通过膜与被分离物质间能否发生反应而进行分离的。由于膜与被分离物间具有一定的反应特性，因而有可能在结合-分解的过程中使混合物得以分离，如离子交换膜、电渗析膜、膜传感器、催化反应膜等。

二、膜分离过程与机理

各种膜分离过程所用的分离推动力是不同的。如微孔过滤、超滤、反渗透和气体分离等是利用压力差进行分离的，电渗析过程则利用电位差进行分离，渗析、控制释放和渗透蒸发等利用的是浓度差，膜蒸馏等则利用的是温度差。膜分离以微孔过滤、超过滤、反渗透、渗析、电渗析、气体分离、渗透蒸发和膜蒸馏为主，其基本过程与基本特性如表3-7所示。各种膜分离过程的原理是不同的。

表 3-7　几种主要的膜分离过程及特性

过程	示意图	推动力	传递机理	透过物质	截留物质	膜类型
微孔过滤	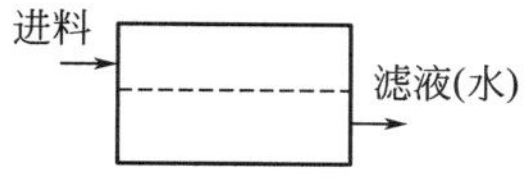 进料→□→滤液(水)	压力差约 0.1MPa	颗粒大小和形状	水、溶剂溶质,胶体	悬浮物粗分散颗粒	多孔膜非对称膜 0.02～10μm
超滤	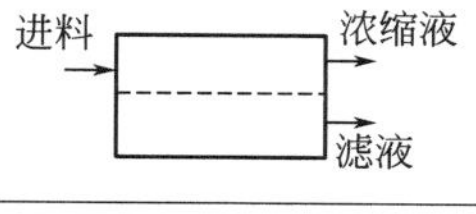 进料→□→浓缩液/滤液	压力差 0.1～1MPa	分子特性大小和形状	溶剂、小分子溶质($M<1000$)	胶体及各类大分子	非对称膜 1～20nm
反渗透	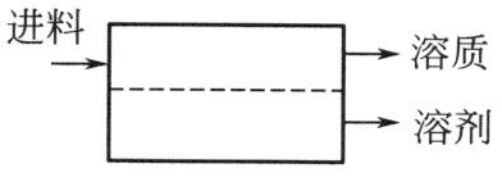 进料→□→溶质/溶剂	压力差 1～10MPa	溶剂的扩散传递	水,或溶剂	溶质分子离子悬浮物、胶体	非对称膜复合膜 0.1～1nm

过程	示意图	推动力	传递机理	透过物质	截留物质	膜类型
渗析(透析)	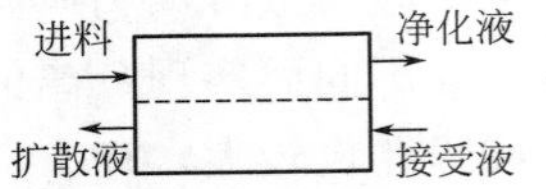 进料 → 净化液；扩散液 → 接受液	浓度差	溶质的扩散传递	小分子溶质和离子	溶剂、大分子溶质($M>1000$)悬浮物	非对称膜离子交换膜
电渗析	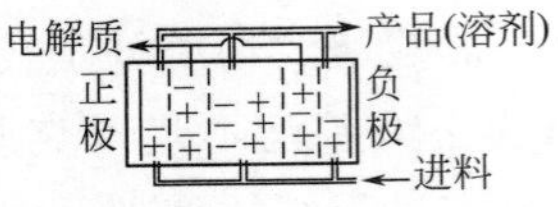 电解质正极 → 产品(溶剂)负极 → 进料	电位差	电解质离子的选择传递	离子	非电解质，大分子物质	离子交换膜
气体分离	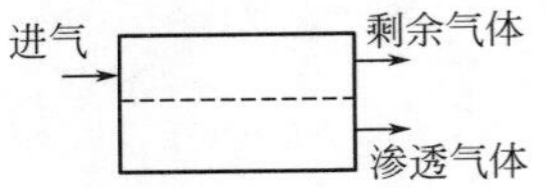 进气 → 剩余气体；渗透气体	压力差 $1\sim150$atm	气体和蒸汽的扩散渗透	易渗气体或蒸汽	难渗气体或蒸汽	均质膜复合膜非对称膜
渗透蒸发	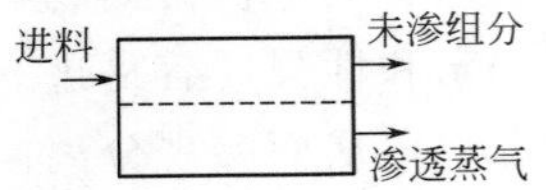 进料 → 未渗组分；渗透蒸气	浓度差(分压差)	选择传递	易渗组分(气体)	难渗组分(液体)	均质膜复合膜非对称膜
膜蒸馏	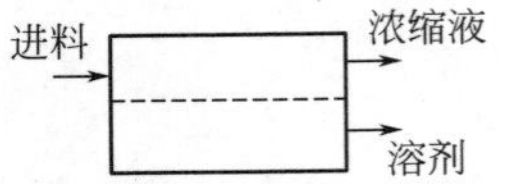 进料 → 浓缩液；溶剂	温度差(分压差)	蒸气渗透	溶剂的蒸气	溶质盐	多孔膜

注：1atm＝101325Pa。

(一) 反渗透

只能通过溶剂而不能透过溶质的膜是理想的半透膜。当把溶剂和溶液用半透膜隔开时，纯溶剂将透过半透膜而自发地向溶液侧流动，这种现象叫作渗透。当渗透达到平衡时，溶液侧与溶剂侧间的液面有一个高度差，它阻止了溶剂向溶液侧的进一步流动。此压力差即为该溶液的渗透压。渗透压的大小取决于溶液的种类、浓度和温度，而与膜本身无关。

与上述过程相反，若在溶液的一侧液面上施加一个大于渗透压的压力，溶剂将与原来的渗透方向相反，从溶液侧向溶剂侧流动。用这种方法进行浓缩或纯化的分离技术即为反渗透法。

溶液的渗透压可以由式(3-22)来计算：

$$\pi = iC_sRT \tag{3-22}$$

式中，i 是范托夫系数，当电解质完全电离时，其值等于解离的阴阳离子总数；C_s 是溶液中溶质的摩尔浓度；R 是气体常数；T 是绝对温度。

高浓度非理想溶液的渗透压则需要按下式计算：

$$\pi = \frac{RT}{\tilde{V}_i}\ln[x_i\gamma_i] \tag{3-23}$$

式中，$\tilde{V}_i$ 是组分 i 的摩尔体积；x_i 是组分 i 在溶液中的摩尔分数；γ_i 是组分 i 在溶液中的活度系数。

可见，渗透压与摩尔浓度有关，溶液浓度越高，渗透压越高。

而水和溶液中离子的透过速率可分别表示为：

$$\left.\begin{array}{r} J_w = \dfrac{K_w}{d}(\Delta p - \pi) \\[2mm] J_i = \dfrac{K_i}{d}\Delta C_i \end{array}\right\}$$

(3-24)

式中，Δp 是加于厚度为 d 的聚合物两侧的压力差；π 是溶液相对于水的渗透压；K_w 和 K_i 分别为水和离子的渗透常数；ΔC_i 是溶液和水间的浓度差。可见，水的渗透速率正比于压力差（$\Delta p - \pi$），而膜两侧水的化学势差也正比于（$\Delta p - \pi$）。因此，增加压力无论从热力学还是从动力学看，对水的淡化都是有利的。相反，外加压力对离子的化学势影响很小，可以忽略。在反渗透分离过程中所施加的压力，必须远大于溶液的渗透压，一般为其几到十几倍。

单纯靠尺寸不同进行分离通常称为"筛网效应"，即通过膜的孔径大小将较小的可透过物质分子与较大截留分子分开。但实际上，在膜分离过程中，除了利用体积排斥原理的"筛网效应"之外，还会附加其他效应，膜与待分离物间的相互作用差别对分离过程起重要作用。

反渗透膜大体可分为非荷电膜和荷电膜两大类。非荷电膜大多为含有氧、氮等元素的亲水性高分子材料，通过氢键与水分子结合，可以加快水在膜中的迁移速率。这样，一方面通过膜的孔径大小将较小的水分子与较大的水合离子分开；另一方面，强极性的高分子膜与水间可以形成氢键等强烈的相互作用，在膜的表面形成一层水吸附层，并把孔占满。在压力作用下，水不断被解吸和吸附，被结合的离子通过结合水层而有序地扩散到膜的另一侧，不被结合的溶质则被水膜所阻碍。这种膜的孔径为 $0.1 \sim 10\text{nm}$，孔隙率约在 50% 以下。荷电膜与水分子的亲和性更为强烈，其反渗透过程则还要考虑电荷间的选择相互作用，这种影响要比其他相互作用力的影响大得多。

（二）超滤

超滤与反渗透一样，都是以压力差为分离动力的，分离机理与其相似，分离过程不仅取决于膜的孔径大小，同时取决于膜表面的化学特性。由于超滤膜的孔径与反渗透膜不同，因而截留物也有所不同，所需压力也不相等。一般来说，反渗透法主要用来截留无机盐类等小分子，而超滤则是从溶液中将比较大的溶质分子筛分出来，但是两者间没有本质区别。根据上述渗透压的关系，我们知道，在质量浓度一定时，分子量越大，摩尔浓度越小，则渗透压越低，因而进行分离所需的压力相应也就越小。由于反渗透中分离的溶质是小分子，因而渗透压较高；而超滤中分离的溶质是大分子，渗透压要低得多，因而可以在较低的压力下进行过滤。

超滤法主要用于对某些含有较大分子量的溶质的溶液进行浓缩、分离和提纯。这种方法可以截留分子量大于 500，小于 1000 万的大分子，而特别大的分子如病毒、巨型 DNA 等物质或聚集体，则需要用微孔过滤法进行分离。

超滤膜大体上有两种：一种是各向同性的均质膜，微孔贯通于整个膜层，微孔数量和直径在膜层各处基本相同，滤液通量小；另一种是各向异性膜，由极薄的表层和较厚的起支撑作用的"海绵层"组成，是非对称膜，滤液通量大且不易被堵塞。超滤膜孔径为 $1 \sim 100\text{nm}$，孔隙率约为 60%。

（三）微孔过滤

微孔过滤的主要特征是膜的孔径均一，过滤精度较高；空隙率可高达80％左右，过滤通量大；滤材薄，一般微孔滤膜的厚度在150μm左右，与用滤纸进行过滤的方式相比，过滤时液体的损失相对较少。它主要用于液体的精密过滤，以得到澄清度极高的液体，或用来检测、分离某些液体中残存的微量不溶性物质。

微孔过滤的分离动力主要也是压力差。由于截留的物质是悬浮的颗粒和粗分散物质，尺寸更大，因此，所需压力比超滤膜更低。其分离机理主要还是过筛作用。与反渗透和超滤膜一样，微孔膜可以截留比其孔径大的或与其孔径相当的微粒，通过分子尺寸的差异进行分离。有时，微粒本身不一定比孔径大，但由于微粒间有絮凝等架桥现象，也可以被截留。此外，如果微粒与膜之间有较强的相互作用，则容易被膜吸附截留。如果膜中存在着纵横交错的网络，微粒在经过膜时也会在途中被膜内部的网状结构所截留。

（四）渗析

在两种溶液中间放置一张半透膜时，两侧溶液中的大分子溶质被膜阻隔，无法通过，小分子溶质和溶剂则透过膜进行相互交换，这种现象就是渗析，又叫透析。

透析的原理是高浓度侧的小分子溶质通过扩散作用迁移至低浓度的接受液一侧；而接受液一侧的溶剂则在渗透压的作用下，向原液侧迁移。透析膜由于溶剂的膨润作用，成膜的高分子链扩展构成一个个"孔眼"。溶质分子的大小和化学性质不同，因而在经过具有一定孔眼尺寸的透析膜时就具有不同的透过速率，这样透析膜可以按溶质分子的尺寸不同和化学性质不同进行分级筛分，并可以通过透析膜对溶液中各物质的比例进行调节。

透析法曾经广泛用于蛋白质溶液的提纯，以去除小分子杂质；或者用来调节溶液中离子的组成。自超滤技术发展后，透析法已逐渐被其所取代，应用领域不断缩小，但对于少量物质的处理来说，由于不需要像超滤那样的特殊器件和装置，在高浓度处理中，透析法仍有其优越性。目前主要用作人工肾。

人工肾即血液透析，其核心部分是以高分子膜材料制成的透析器，将引出人体外的血液与专门配制的透析液隔开，由于血液和透析液所含溶质浓度的不同及其所形成的渗透浓度差，使代谢产物，如尿素、肌肝、尿酸以及废物硫酸盐、酚和过剩的 Na^+、K^+、Cl^- 等离子，在浓度梯度的驱动下，从浓度高的血液一侧，通过半透膜向浓度低的透析液一侧移动（称为扩散或弥散作用）；而水分子则从渗透浓度低的一侧向浓度高的一侧转移（称为渗透作用），最终实现动态平衡，达到清除人体代谢废物和纠正水、电解质和酸碱平衡的治疗目的。

（五）电渗析

电渗析装置由许多阴、阳离子交换膜交替排列组成，在直流电场的作用下，溶液中的阴、阳离子分别向阳极和阴极移动，碰到离子交换膜时，阳离子交换膜只允许阳离子通过，而阴离子交换膜只允许阴离子通过，于是，溶液中的离子便被分离成浓溶液相和稀溶液相，如图3-11所示。

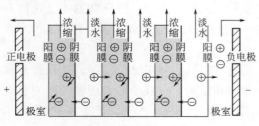

图 3-11　电渗析装置示意图

阳离子交换膜通常是一些带有酸性基团的高分子，如高分子磺酸、高分子羧酸等。

阴离子交换膜则在高分子链上连接了碱性基团，如胺类或季铵类等基团。在水溶液中，这些基团会发生解离而生成可移动的小离子和相对固定的大分子离子。带电的大分子离子对具有相同电性的离子有排斥作用，而对带有相反电性的离子则有吸引作用，从而使之具有选择透过的性能。

在电渗析中，不可避免地存在电极反应而消耗能量。例如食盐水通电后在阴极与阳极会分别生成氢气与氯气，剩下的氢氧根离子与钠离子结合生成氢氧化钠。当然，由于氯气与氢氧化钠溶液接触会生成 NaCl 和 NaClO，工业上制取氢氧化钠时常使用阳离子交换膜来隔绝氯气。在电渗析制备去盐水时，通过降低电压可以防止电极反应，但电压过低也会影响离子的迁移速率，因此实际操作中更多的是采用增加离子交换膜的排列总量来减少到达电极的离子数目，从而降低能耗。

（六）气体分离

高分子膜对气体的分离原理是在压力作用下混合气中各组分在膜上的通透速率不同，从而来进行分离。高分子气体分离膜有多孔膜和均质膜等，膜的性质不同，对气体的分离机制也有所差别。

均质膜几乎不存在人为的微孔，膜中聚合物为非晶态或半晶态。在这种均质膜中，气体分离以溶解扩散机理为主。即气体分子首先与膜接触并溶解，在浓度梯度的作用下，气体在膜中扩散，再从膜的另一侧逸出。在此过程中，气体的扩散量 Q 可以由扩散方程来表示：

$$Q=\frac{D(C_1-C_2)At}{d} \tag{3-25}$$

式中，D 是气体在膜中的扩散系数；C_1、C_2 分别是气体在膜两侧的浓度；A 为膜的表面积；d 是膜的厚度。若用分压 p 来表示，则：

$$Q=\frac{Ds(p_1-p_2)At}{d}=\frac{\rho\Delta pAt}{d} \tag{3-26}$$

式(3-26) 中，$C_i=sp_i$，s 为亨利系数，又称溶解度系数；$\rho=Ds$，称为气体渗透系数。可见扩散系数和溶解度系数越大，气体分子透过量越大；而增大膜面积、降低膜厚度及延长渗透时间等，其气体渗透量也增加。尽管压力差增大也有利于气体的渗透，但是，由于增大压力会使膜受到损坏，因而通常压力增加是有限的。一般扩散系数与分子大小有关，而溶解度系数则取决于气体分子与渗透膜间的相互作用。

对于双组分的气体体系，则 A、B 两种气体分子的透过量分别为：

$$\left.\begin{array}{l}Q_A=\dfrac{\rho_A\Delta p_AAt}{d}\\[2mm]Q_B=\dfrac{\rho_B\Delta p_BAt}{d}\end{array}\right\} \tag{3-27}$$

定义分离系数 α 为：

$$\alpha=\frac{C_{A2}/C_{B2}}{C_{A1}/C_{B1}} \tag{3-28}$$

假定在测量开始时，膜的透过侧没有 A、B 气体，则 t 时间后透过侧的 A、B 浓度比与透过量之比相等，且起始供给侧中混合气的浓度比等于分压比，因而，分离系数可化为：

$$\alpha=\frac{Q_A/Q_B}{p_{A1}/p_{B1}}=\frac{D_As_Ap_{A1}/D_Bs_Bp_{B1}}{p_{A1}/p_{B1}}=\frac{D_As_A}{D_Bs_B} \tag{3-29}$$

式(3-29)表明，对于混合气体的分离，应该选择渗透系数相差较大或者说是扩散系数和溶解度系数相差较大的分离膜。

对于多孔膜，气体分离以透过扩散机理为主。它是借助于气体流过膜中的细孔时产生的速率差来表示的。在混合气体中，每个气体分子的能量是等分的，其动能为：

$$\frac{1}{2}m_1v_1^2 = \frac{1}{2}m_2v_2^2 \tag{3-30}$$

式中，m_1、m_2 分别是分子的质量；v_1、v_2 分别是分子的平均速率。

通常，气体的流动大致可分为黏性流动、分子流动及介于两者之间的流动。气体的流动形式可以用 Knudsen 数（$Kn = \dfrac{\lambda}{2r}$，λ 是气体的平均自由程，r 为微孔半径）来判别：

$$Kn \gg 1, \qquad 分子流动$$
$$Kn \ll 1, \qquad 黏性流动$$

在分子流动区域内，分离系数可定义成：

$$\alpha = \frac{\overline{v_2}}{\overline{v_1}} = \sqrt{\frac{m_1}{m_2}} \tag{3-31}$$

当微孔的孔径远小于气体的平均自由程时，分子在孔的入口和孔道内不经碰撞而通过的分子数与分子的平均速率成正比，气体通过微孔的流量 Q 为：

$$Q = \frac{4rvm}{3d} \tag{3-32}$$

式(3-32)中，r 为膜上滤孔半径；d 则是膜的厚度（微孔的长度）。可见，增大孔径、降低膜厚度有利于气体的透过。就气体分子本身而言，分子量越小，越有利于透过。升高温度会使气体分子运动加快，但也增大分子间的碰撞概率，反而不利于气体分子的透过。但只有在分子流动的状态下，气体才有可分离性。因此，要取得良好的分离效果，必须使分子流动占优势。

大气压力下的气体平均自由程在 100～200nm 范围内，因而膜的孔径必须在 50nm 以下。孔径越小，分子流动所占的比例越高。一般，当多孔膜的孔径大于 1nm 时，分子流动与黏性流动就会同时存在，当 $2r/\lambda > 10$ 时，则黏性流动可达 90% 以上（如图 3-12 所示）。

在实际操作时，往往需要提高分离压力，这使分离过程在黏性流动和分子流动间进行，因而分离效率有所降低。

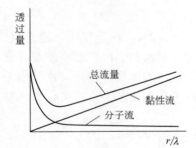

图 3-12 r/λ 与透过量的关系

但当气体分子与膜表面或孔壁间的相互作用大到一定程度后，将产生一种与分子流动不同的表面扩散流，可以改善分离效果。

（七）渗透蒸发

渗透蒸发是液体混合物在膜中渗透，在透过侧因受热或因减压而汽化进行膜分离的过程。渗透蒸发的分离机理与气体分离膜大致相同，区别在于待分离的原物质是液体混合物。不同于常规的膜分离方法，渗透蒸发在分离过程中将产生由液相到气相的转变。其分离过程有三步：①液体混合物在与膜接触时，有选择地被吸附并被溶解；②溶解的组分在膜中扩散渗透；③在膜的另一侧变成气相，脱附而与膜分离开。

在渗透蒸发操作过程中，必须不断地补充热能，才能维持一定的操作温度。为了维持气体分压差，在透过侧，可采用抽真空的方式（称真空渗透蒸发）、惰性气体吹扫的方式（称扫气渗透蒸发）和用冷凝器连续冷凝的方式（称热渗透蒸发）。渗透蒸发过程中涉及浓度、压力、温度等多种梯度的变化，因而影响因素很多。膜与被分离物质间的相互作用关系、压力、温度、进料液的浓度以及膜的特性等，都对膜的分离效率有重要的影响。被分离组分与膜间相互作用强，则它在膜中的溶解度增加，扩散速率也较高。多数情况下，分离系数随温度的上升而下降，即非优先的组分随温度的上升，其渗透率的增幅较大。接受侧的压力增加时，物质的渗透率降低，此时，当优先渗透的组分是易挥发的组分时，分离系数则增加；膜厚增加时，若溶胀状态的膜厚也相应增加，则会使传质阻力加大，渗透率降低。显然，处于干区的膜的厚薄对传质没有影响。

渗透蒸发的最大特点是单级选择性好，适合分离沸点相近的物质，尤其适合于恒沸物的分离。但其分离通量比反渗透还要小，通常在 $2000g/(m^2 \cdot h)$ 以下；而具有高选择性的渗透蒸发膜，其通量往往只有 $100g/(m^2 \cdot h)$ 左右。因此渗透蒸发适用于用常规方法难以解决的一些特定的分离场合。

（八）膜蒸馏

膜蒸馏一般以非挥发性物质的水溶液为蒸馏对象，从本质上讲，膜蒸馏属于一种采用非选择性渗透膜的渗透蒸发。它用一个疏水的微孔膜把不同温度的水溶液隔开，由于表面张力的作用，膜两侧的水溶液都不能通过膜孔进入另一侧，但暖侧的水蒸气在膜两侧分压的驱动下，会通过膜孔进入冷侧，然后在冷侧冷凝下来。其温度变化曲线如图 3-13 所示。

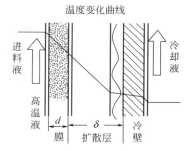

图 3-13　膜蒸馏温度变化曲线

膜蒸馏也可以利用微孔高分子膜来提取挥发性大的物质。在水溶液中，如果溶质的挥发性比水大，则透过膜的物质将是溶质。

膜蒸馏的效率取决于单位膜面积上蒸气的透过速率，它与蒸气分子量、冷热两侧表面的蒸气压差、蒸气黏度以及膜本身的特性有关。膜蒸馏过程中，不论是高温水还是低温水，其流量与蒸馏通量都成正比关系。高温水在 $80℃$ 以下、低温水在 $40℃$ 以下时，水流量超过 $8L/min$ 后，蒸馏通量 Q 就趋于恒定了。此时，由于流速较高达到了湍流状态，界膜阻力可以忽略，则蒸馏通量 Q 可近似表示为

$$Q = \frac{\rho \varepsilon (p_1 - p_2)}{\delta} \tag{3-33}$$

式(3-33)中，ρ 为透过系数；ε 是膜的孔隙率；p_1、p_2 分别是蒸发表面和冷凝表面的蒸气压；δ 是从蒸发表面到冷凝表面间扩散层的厚度。ρ 与蒸气的分子量成正比、与蒸气黏度成反比。可见，提高孔隙率、加大蒸气压差、降低膜厚和扩散层的厚度等都有利于增加膜的蒸馏通量。此外，当低温水温度固定时，高温侧水温越高，蒸馏通量越大。

膜蒸馏的分离效率 α 可表示为：

$$\alpha = \left(1 - \frac{C_2}{C_1}\right) \times 100\% \tag{3-34}$$

式(3-34)中，C_1、C_2 分别是进料液和透过液的质量浓度。

在膜蒸馏过程中，为了使液相的物质无法通过膜，膜材料应选择表面张力较低的高分子材料。通常含氟高分子如聚四氟乙烯、聚偏氟氯乙烯等具有最低的表面张力，因而普遍被采用，聚丙烯等也常用作膜蒸馏的分离材料。膜的孔径一般以 $0.2\sim0.4\mu m$ 为好，孔径太小，蒸馏通量太低；孔径过大，液相物质将通过膜孔进入另一侧。

利用膜蒸馏进行分离，可在常压下操作，设备简单、操作简便，在分离时也无须加热到沸点，只需维持一定的温差，因而有可能利用太阳能、地热、温泉或工厂余热等热源。膜蒸馏技术可用于大规模、低成本地制备纯水和提纯一些非挥发性的物质，特别是对高热不稳定的有效物质。如果在透过侧同时减压，则为减压膜蒸馏，可以提高分离速率。

三、影响膜分离性能的因素

(一) 结构因素

作为分离膜，其渗透性和选择性是两个最基本的特性指标。膜的渗透性由膜材料的化学结构和物理结构决定。膜的微观结构取决于聚合物的化学结构，同时也与膜制备方法有关。化学结构包括结构单元的化学组成、键接方式、支化与交联、立体规整性、共聚结构等，它们直接影响膜的极性、链的柔顺性及结晶能力，影响膜与被分离物质间的相互作用关系，同时也影响膜的化学稳定性、耐溶剂性、抗污染性及耐生物降解性等。而膜的结晶态、取向态等聚集态结构是物理结构，一方面取决于材料的化学组成，另一方面则受加工成型条件的制约。这种聚集态结构将影响膜材料的自由体积和链段运动能力，从而影响其可渗透性，同时还影响膜材料的尺寸稳定性、耐热性和耐溶剂性等。

膜的宏观结构包括膜孔的形状、孔径大小和分布、膜活性层和支持层的厚度、均匀性等，同时还与膜的最终形态如片状、纤维状、管状或球状等有关。它由膜的制备方法决定，是影响物质透过速率的重要因素。降低膜的厚度、孔径与被分离物质的尺寸匹配性好、孔径分布均匀等都可以增加分离物的渗透速率。例如，一种 1nm 厚的单分子层超薄分离膜的 H_2/CO_2 分离系数可达 200 以上，H_2 透过量可达 $2000\times10^{-6}cm^3/(cm^2\cdot s\cdot cmHg)$，远高于其他有机和无机膜的 H_2/CO_2 分离性能。

碳链高分子有较好的柔性，一般具有较高的气体渗透性，但选择性较低。结晶后，链段运动受影响，气体的渗透性降低，但耐热性提高，有良好的耐溶剂性能。如聚乙烯、聚丙烯膜等，常用作微孔滤膜、膜蒸馏和气体分离膜；而极性聚合物分子间作用力较强，一般亲水性较高，膜的水通量较大，可用作渗透蒸发、反渗透等分离膜材料。

膜材料所用的聚合物所处的力学状态对渗透性和分离选择性都有一定的影响。在玻璃化温度以下，膜的渗透性降低，但选择性有所增加；反之，在玻璃化温度以上，膜的渗透性增加，但选择性降低（如表 3-8 所示）。

表 3-8　不同力学状态的聚合物的相对渗透系数和分离系数

聚合物	CO_2 渗透系数	CO_2/N_2 分离系数
PDMS	1120	6.19
LDPE	12.6	13.0
PVAc	0.676	21.1

　　膜对渗透物质的相对分离性能取决于渗透物与膜间相互作用的物理化学因素，包括分子间作用力和空间立体位阻效应。

　　膜材料和进料液中各种组分间的分子间作用力的相对大小是决定分离选择性的重要因素。物质与膜间的相互作用越大，越容易在膜中溶解，因而也就越容易在膜中通过。对于非极性体系而言，物质间相互混合时所产生的混合热 ΔH_M 可以用两种物质间的溶度参数差来表示：

$$\Delta H_M = V\phi_1\phi_2(\delta_1-\delta_2)^2 \tag{3-35}$$

　　式中，V 是混合后体系的总体积；ϕ_1、ϕ_2 分别是体系中两种组分所占的体积分数；δ_1、δ_2 分别是两种组分的溶度参数。相互作用力越大，ΔH_M 值就越小，因而要求两者的溶度参数应尽可能接近。也就是说，溶度参数越接近，物质与膜的相互作用力就越大，物质在膜中的溶解度就越大，越容易在膜中透过。因此，对于多组分体系而言，溶度参数与膜最为接近的那种组分应优先透过。

　　但要注意，如果被分离的组分均可在膜中溶解，则相互作用越强的组分在膜中停留的时间会越长，渗透速率反而越小。同时，在膜中溶解的组分又可以使膜发生溶胀，过度溶胀将使膜的选择性降低，膜强度也降低。为此，在选择膜材料时，应避免极强的相互作用，只要各组分与膜间的相互作用有较大的差别即可。

（二）外部因素

　　温度升高，可以使被分离物质的运动加快，渗透速率相应提高。但是温度升高，同时也会改变膜的物理结构，如破坏结晶、解取向等，使膜孔径增大，膜的选择性降低。温度过高，还可能降低膜的使用寿命。

　　对膜蒸馏而言，高温水与低温水间的温差对蒸馏通量的影响如图 3-14 所示。温差越大，蒸馏通量越大。此外，扩散层厚度越小，膜空隙率越大，蒸馏通量也越大。

　　被分离组分在进料侧的浓度直接影响其透过通量，浓度越高，透过总量也就越高。

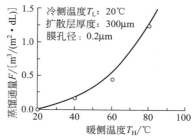

图 3-14　膜蒸馏过程暖侧温度
对蒸馏通量的影响

　　膜分离过程受压力影响较大。就渗透蒸发而言，上游侧的压力只有超过 1MPa 时才有明显的影响，一般对渗透率影响不大，所以通常维持常压；而下游侧压力增大，渗透率明显降低，且易挥发组分在渗透物中的浓度增加，因此，若优先渗透组分为易挥发组分时，分离系数上升；当优先组分为难挥发组分时，分离系数下降。

四、膜材料及其制备

（一）膜用高分子

　　膜材料包括天然高分子及其改性产品，如动物膀胱等天然膜、改性纤维素和改性多糖等人工膜。醋酸纤维素是当今最重要的改性纤维素类膜材料，它性能稳定，适应面广，价格便宜。但其缺点是易受微生物侵蚀，pH 值适应范围较窄，不耐高温以及某些有机或无机溶剂，在高温和酸碱存在下易发生水解。

目前各种合成高分子膜材料也广泛应用于膜分离技术，如聚乙烯、聚丙烯、聚有机硅氧烷、聚四氟乙烯及聚偏氟乙烯等弱极性的低表面张力膜，聚丙烯腈、芳香聚酰胺、聚酰亚胺、聚砜、聚碳酸酯等极性膜，高分子电解质等离子型高表面张力膜等。

非极性高分子表面张力低，一般具有较大的柔性，分子间作用力弱，内聚能密度小，玻璃化温度低。结晶度低的材料，如低密度聚乙烯有较高的气体渗透性，适于无孔障碍层气体分离，但其选择性较差，膜强度也不高。结晶可以改善这一性能。聚乙烯膜常用作微孔膜、膜蒸馏、渗透蒸发和气体分离膜。聚四氟乙烯以及各种含氟高分子膜结晶度很高，在各种化学环境中具有很高的稳定性，耐热性也好，但价格较高。聚二甲基硅氧烷内聚能密度低，柔性好，气体渗透率高，也是一种广泛应用的气体分离膜。

聚氯乙烯通常可用作微孔膜和超滤膜，并可作为复合膜的支撑体。其价格低，耐酸碱和溶剂，抗微生物侵蚀。聚丙烯腈分子结构中含有很强的极性基，耐溶剂、抗氧化、耐细菌侵蚀，可用作超滤膜。由于它是一种疏水性膜，因而在制作反渗透膜时，需进行表面改性处理。无规聚甲基丙烯酸甲酯由于结晶度很低，易于与溶剂发生强烈的相互作用，因而无法制备微孔膜；等规聚甲基丙烯酸甲酯则可制成渗析膜。聚乙烯醇亲水性很好，可用作反渗透膜，但必须先进行交联处理。

聚酰胺、聚砜、聚脲等由于具有良好的亲水与亲油的平衡性，因而是很好的反渗透膜材料。而且这类材料分子间作用力很强，且受氢键作用，易于结晶，因而具有较高的强度。聚砜类树脂具有良好的化学、热和水解稳定性，强度也很高，pH 值适应范围为 $1\sim13$，最高使用温度达 $120℃$，抗氧化性和抗氯性都十分优良，因此已成为重要的膜材料之一。代表品种有聚砜（3-21）、聚芳砜（3-22）、聚醚砜（3-23）和聚苯醚砜（3-24）等。早期使用的聚酰胺是脂肪族聚酰胺，如用尼龙 4、尼龙 66 等制成中空纤维膜。这类产品对盐水的分离率为 $80\%\sim90\%$，但透水速率很低，仅 $0.076mL/(cm^2\cdot h)$。以后发展了芳香族聚酰胺，用它们制成的分离膜，pH 值适用范围为 $3\sim11$，分离率可达 99.5%，透水速率为 $0.6mL/(cm^2\cdot h)$，长期使用稳定性好。如 Dupont 公司生产的 DP-I 就是由对氨基苯甲酰肼与对苯二甲酰氯经缩合聚合得到的（3-25）。由于在铸膜过程中，溶剂很难破坏聚酰胺分子链中的氢键，因此，为了便于加工，往往对聚酰胺的结构进行改性，如引入较大的取代基等，以降低形成氢键的能力。

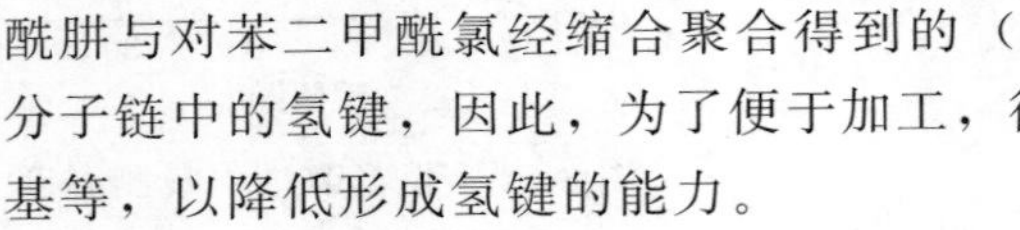

3-21 聚砜

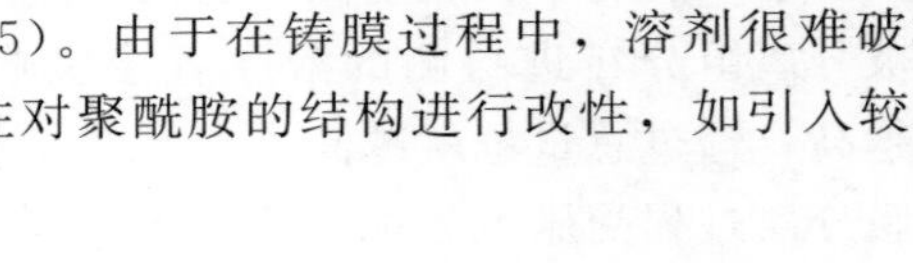

3-22 聚芳砜

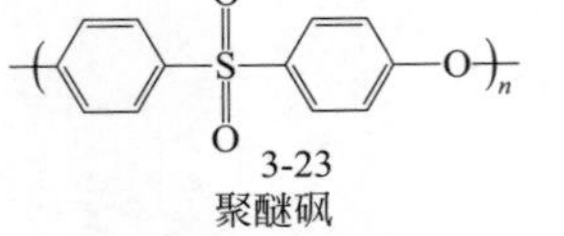

3-23 聚醚砜

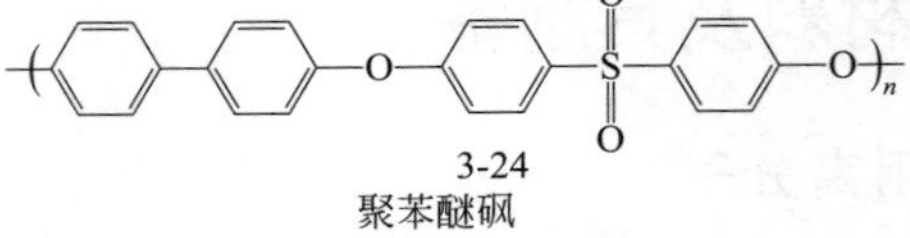

3-24 聚苯醚砜

此外，人们还开发了多种含有芳香杂环的膜材料，如聚酰亚胺、聚苯并咪唑、聚吡嗪酰胺等，但真正形成工业化规模的尚不多，主要用于制备微孔膜、超滤膜和反渗透膜。

高分子电解质膜与离子交换树脂结构相似，按其化学结构可分为阴离子型、阳离子型和两性型等类型，如含有磺酸、膦酸或亚膦酸、羧酸、酚羟基等酸性基团的阳离子交换膜，含有季铵盐、吡啶盐、叔胺或仲胺盐等碱性基团的阴离子交换膜，以及含有上述两种基团的两性型离子交换膜等。

3-25

聚对苯二甲酸对氨基苯甲酰肼

（DP-I）

离子交换膜通常用于电渗析过程。在外加电场作用下，水中的阴、阳离子做定向运动，阳离子在电场的作用下向阴极移动，它很容易穿过带负电荷的阳离子交换膜，但是被带正电荷的阴离子交换膜所阻挡。同样，水中的阴离子能穿过带正电荷的阴离子交换膜，而被带负电荷的阳离子交换膜所阻挡。因此，离子交换膜具有选择透过性，在淡化海水、浓缩海水制盐、制碱等工程中有广泛的应用。尤其是制碱，采用膜法是当前最节省能源、经济效益最明显的方法。但由于电解食盐水过程中，温度较高，碱浓度大，因而对膜的要求较高。膜应具

3-26

Nafion 结构示意式

有优良的耐热性、化学稳定性、高离子选择性和良好的机械性能。人们研制了一系列含氟离子交换膜，基本上满足了上述性能要求。如 Nafion® 系列（3-26），就是 1962 年由 Dupont 公司开发的含有磺酸基团的四氟乙烯-全氟氧化乙烯/丙烯共聚物，它可以在 150℃ 以下长期使用，耐浓硝酸、盐酸及过氧酸，且由于氟碳链的强烈憎水性，使之无须交联即可应用，一经开发就在宇航燃料电池中得到应用。但在氯碱工业中应用时，人们发现，虽然—SO$_3$H 的强酸性使膜的含水率很高，膜的电导率很大，但膜的离子选择性较差，电解时全氟磺酸离子交换膜不能有效地阻隔 OH$^-$ 随水的反渗透，带来的后果是电流效率的下降，以及阳极室中次氯酸盐等杂质的生成对设备的损害，这正是由磺酸的强酸性引起的。1975 年由日本旭硝子（Asahi Glass）公司开发了全氟羧酸离子交换树脂和膜 Flemion® 系列，问题得到了解决，它的侧基一般是六氟丁酸醚基团（—OCF$_2$CF$_2$CF$_2$COOH）。弱酸基团尤其是羧酸基团可以有效阻挡 OH$^-$ 的反渗透，用两种树脂制备的复合膜能同时得到较低的膜电阻和较高的电流效率，从而被成功应用于氯碱工业，促进了全球氯碱工业朝着低能耗、无污染的方向发展。目前这类膜已广泛用作电解水制氢的电极隔膜和燃料电池中的质子交换膜。

除了用于电渗析外，离子交换膜还可用作反渗透膜、超滤膜和微孔过滤膜。这是由于膜上的离子基团及自由活动的反离子在水的作用下，形成水合离子，从而使离子交换膜发生膨胀。同时，膜上的同性电荷间的斥力也使膜发生膨胀，膜内形成微孔，成为实际上的亲水性微孔膜。在膜上电荷所产生的协同效应作用下，可以实现某些组分的优先传递，因此可以用于反渗透、超滤、微孔过滤及渗析等过程。在这些场合下，膜的耐酸碱性要求不高，而耐压性则相对突出。通常以聚酰胺、聚砜等为母体进行磺化或羧酸化修饰，再复合于聚砜或聚酰胺等支撑膜上制成复合型膜。如磺化聚苯醚膜（3-27）、磺化聚砜膜（3-28）等含有磺酸基团，聚均苯三甲酸哌嗪（NS-300）（3-29）、聚均苯三甲酸间苯二胺（FT-30）（3-30）等则具有自由羧基，在中性或碱性条件下，能产生带电的阴离子，从而对阳离子有选择性截留能力。

3-27

磺化聚苯醚

3-28

磺化聚砜

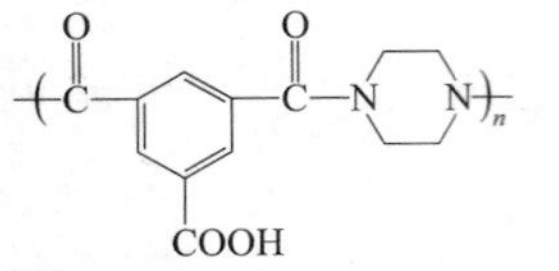

我们也可以从应用的角度来观察膜用高分子材料。为了加快水在膜中的迁移速率，同时考虑材料应具有耐介质、耐热、耐压等性能，反渗透膜通常为亲水性较好、强度较高的极性高分子或高分子电解质材料，如醋酸纤维素、聚酯、聚醚、聚酰胺、聚酰亚胺及其荷电改性产品等，并采用渗透性强、耐机械压密性的多孔性高分子作载膜，以提高耐压性能。

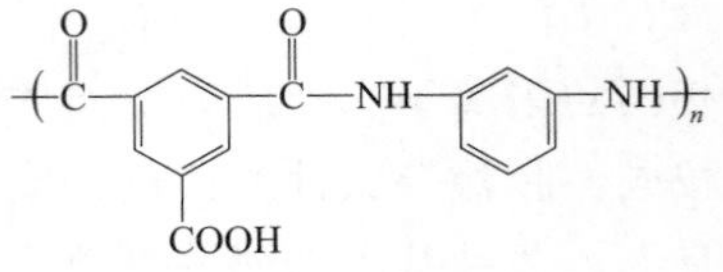

微滤膜和超滤膜对材料的要求不高，因而有更广泛的选择余地，许多价格低廉的高分子产品都可应用。主要有醋酸纤维素、聚氯乙烯、聚丙烯酸酯、聚丙烯腈等聚烯烃、聚酰胺及目前广泛使用的聚砜等。

用于气体分离的膜材料往往是柔性较好的聚合物，如聚二甲基硅氧烷、聚-4-甲基-1-戊烯、聚乙烯亚胺和聚醚等均聚或共聚物。为了提高渗透系数，聚合物应采取非晶态结构。然而为了提高对气体分离的选择性，则需要通过增加结晶度、提高致密性来达到。

（二）膜的制备

膜材料的制备包括膜用原材料的合成、膜的制备和膜功能化三部分。膜制备及功能化工艺对分离膜的性能是十分重要的。同样的材料，制备条件和工艺不同，其性能差别很大。因此，选择合适的制膜条件是制造性能优良的分离膜的重要保证。

膜的制备方法不外是化学法、物理法或两者的结合。化学法包括共聚合、接枝、界面缩聚、表面聚合和表面改性、交联等。物理法则有溶剂铸膜、流延、纺丝、熔融拉伸、塑化或膨润、相转移成膜、复合膜化、双向拉伸、冷冻干燥等。

溶剂铸膜成型是将聚合物溶解于合适的溶剂中，制成具有一定浓度和黏度的溶液，再在适当的基材上铺展成液态膜，溶剂挥发后即可形成所需的膜。用这样的方法制得的膜是均质膜。膜的性能在很大程度上取决于聚合物在溶液中的分散状态，聚合物与溶剂的特性及其相互作用、聚合物的分子量、溶液的起始浓度、温度、溶剂的挥发速率等因素都对最终形成的膜有很大的影响。例如，溶剂与聚合物间的相互作用越大，则膜的结晶度越低；溶剂的挥发速率越快，膜中聚合物来不及调整其分子链的构象，膜中的内应力越大。

将聚合物加热熔融进行拉伸，通过模板成型，冷却固化后，也可形成均质膜。由于没有溶剂参与，因而膜的性质主要取决于聚合物本身的特性以及拉伸成膜过程的条件，包括聚合物链的柔性、分子量及其分布、分子间作用力、熔融黏度、温度、拉伸速率、淬火及退火的温度和时间等。改变膜的制备条件可以调整膜的聚集态结构，如结晶度、取向度等。

在均质膜的制备方法中，还可以将单体溶液在一定的载体上浇注成液膜，并加入一定的催化剂或引发剂，使聚合过程与膜的形成过程同步进行。采用这种方法的典型实例就是利用界面缩聚制备聚酯、聚酰胺、聚砜酰胺、聚亚胺酯等均质膜。

相转移成膜法是制备不对称膜的重要方法，无论是微孔膜、超滤膜还是反渗透膜，以及复合膜的支撑膜，都可以用相转移法制造。其机理简单来说就是在成膜过程中，聚合物溶液

（或溶胶）在溶剂挥发过程中，逐渐由溶剂为连续相转变为聚合物为连续相。它包括干法、湿法及热法等过程。

干法是一种彻底蒸发过程，其铸膜液由聚合物、良溶剂与非溶剂组成，其中，非溶剂起致孔的作用。一般非溶剂的沸点要比良溶剂高 30℃ 左右，以便实现相转移过程。首先使聚合物在良溶剂与非溶剂混合体系中溶解，形成分子分散的单一相或超分子聚集体的双分散相溶液。在铸膜或纺丝过程中，随着良溶剂的逐渐挥发，聚合物溶液将发生相分离，体系逐步变成聚合物为连续相的溶胶。继续提高温度除去非溶剂后，即形成多孔性的聚合物膜。膜结构与非溶剂的含量有直接关系。当其浓度较低时，膜的孔隙率很低，且多为封闭式结构，膜表面还会形成致密层，因此膜透过率很低。非溶剂的浓度增大到一定程度后，膜表面致密层的厚度大大降低，而膜中孔的开放程度大大增加，膜的透过率则也大大提高。但非溶剂含量过高时，表面层将消失，分离膜完全是微孔型结构，成为微滤膜。一般来说，膜的孔隙率与非溶剂所占的体积分数成正比，与聚合物的体积分数成反比；溶剂与非溶剂间的沸点差越大，孔隙率及孔径也越大；若水是聚合物的强非溶剂时，提高环境相对湿度，膜的孔隙率和孔径也相应增大。从制膜工艺上讲，铸膜液必须具备足够的黏度，以适于平板膜、中空纤维膜和管式膜的操作处理，这就需要采用分子量较高的聚合物。提高聚合物的分子量，还可以提高分离膜的机械强度、提高孔隙率。

湿法则是将铸膜液置于非溶剂中，使良溶剂及致孔剂与非溶剂交换，经相转变实现胶化而成膜。膜的结构取决于溶剂与非溶剂间的交换速率。如果交换速率太快，将破坏聚合物在溶液中的形态，最终形成的膜会因内应力高而破裂。因此，湿法成膜要求聚合物溶液的黏度要高，即聚合物浓度要大。但聚合物浓度大会使分离膜的孔隙率降低。为此，人们在聚合物溶液中还加入致孔剂以增加孔隙率。致孔剂与聚合物间的相互作用介于良溶剂与沉淀剂之间，有时又称其为溶胀剂。这样在胶化过程中，溶胀剂与非溶剂间的交换速率也不宜太快。温度提高可以促进胶化过程，增加膜的溶胀程度和孔隙率，透过率也相应增加，但膜的选择性会有所下降。制备好的分离膜经过热处理后会进一步改变膜的聚集态结构，继而影响其性能。

热法则利用聚合物溶液对温度的敏感性，即随着温度的变化，体系可以从均一分散的溶液转变成为相分离体系的特性。所用溶剂称为高分子的潜溶剂，它对聚合物的溶解存在一个临界温度，在此温度之上，它是聚合物的良溶剂，在此温度以下，则是聚合物的非溶剂。与前两种方法不同的是，在常温下，潜溶剂可以是液体，也可以是固体。这样，在成膜后，需要用另一种溶剂将其萃取出来。热法主要应用于聚烯烃膜。由于热法制备的膜其断面具有各向同性的微孔结构，因而特别适用于控制释放膜的制备。

致孔剂也可用另一种聚合物来充当。将用作致孔剂的聚合物与成膜聚合物一起用适当的溶剂溶解，先铸膜制成双组分密度膜，然后将膜浸入另一种溶剂，它对致孔聚合物是良溶剂，而对成膜聚合物是非溶剂。在此溶剂的作用下，密度膜中的可溶性聚合物被溶解掉，留下多孔性分离膜。因而膜中孔隙大小及孔隙率与致孔聚合物的性质及用量有关。用这种方法制备的膜，其特征是膜的内外结构一致，表面没有致密层，孔径分布较窄。

复合膜由很薄的均质膜复合在微孔支撑膜上制成。复合的方法有薄层复合法、浸涂法、界面缩聚法和气相沉积法等。薄层复合法是将分别制备的超薄密度膜和微孔支撑膜层压在一起的方法。浸涂法是在微孔支撑膜上浸涂高分子溶液后干燥，或涂以单体或预聚体溶液，经热固化或光固化而得复合膜的技术。界面缩聚法将微孔支撑膜在一种单体溶液中充分溶胀后再浸涂以互不相溶的另一种单体溶液，在膜和溶液的界面上进行聚合反应而制备复合膜。气相沉积法是在干燥的微孔支撑膜上以等离子体聚合的方式形成表面层。

荷电膜的制备方法较多，它可以直接用高分子电解质来成膜，也可以在别的膜材料上，运用化学反应来制备表面荷电层，如表面刻蚀、表面化学处理、离子交联、界面缩聚等。

除此之外，一些无机多孔膜也逐渐走向应用，其卓越的耐热、耐腐蚀性能使之与有机膜一起相得益彰。其主要品种有玻璃、α-Al_2O_3 和 ZrO_2 等，主要用于高温下和有腐蚀作用的物质的超滤、微滤和气体分离等方面。

第四节　高吸水性树脂

所谓高吸水性树脂是吸水能力很强的一种聚合物，又称超级吸水聚合物或超级吸水剂。它是一种含有强亲水基团并具有一定交联度的功能高分子材料。

以往使用的吸水材料，如纸箔、脱脂棉、海绵、麻等吸水能力只有自身重量的 10～40 倍（指去离子水，以下同），保水能力也相当差，稍加压力就会脱水。1968 年，Fanta 等首先用硝酸铈铵引发，在淀粉上接枝聚丙烯腈，再进一步水解，开发了土壤改良剂；1969 年，Gugliemelli 等研究了用碱来水解上述接枝共聚物，获得成功；1974 年，《化学周报》报道美国农业部北部研究中心的 Weaver 等在开发玉米淀粉应用时，制成了高吸水性树脂。这类新型吸水性树脂的吸水率比以往材料有很大程度的提高，其吸水率可达其自身重量的几百倍，保水能力也有很大程度的提高。但是，十多年后，这种高吸水性树脂才真正引起人们的注意，应用的领域也从农业转向了其他行业。各种类型的高吸水性树脂相继出现，生产能力不断扩大。高吸水性树脂 1983 年的世界总产量不过 6000t，到 2013 年已接近 200 万吨，单单我国的消费量就达 24.5 万吨，其中 90% 以上用于卫生材料。高吸水性树脂的吸水率已提高到可吸收千倍至几千倍于其自身重量的水，保水性强，并可以反复使用。

由于高吸水性树脂有很强的吸水能力和保水能力，因而它在很多领域都可以得到应用。例如在石油、化工、轻工和建筑领域可作为堵水剂、脱水剂、增稠剂、增黏剂、速凝剂、防露剂及各种密封材料等；在医药卫生领域可作为药膏的基材、缓释药剂、吸血绷带、吸收各种分泌物的绷带或纱布、人工皮肤及人工脏器的抗血栓材料等；在农林业中，可用作土壤改良剂、保水剂、育苗床基材、苗木处理剂等；日用上可作为各种吸水性纸张、餐巾、抹布、小孩的玩具、尿布、鞋垫、妇女卫生巾、水果和蔬菜的保鲜剂、冰箱及厕所卫生间的防臭剂、插花基座、缓释香水囊等；此外还可用于包装材料、凝胶材料等。

一、分类与制备

高吸水性树脂的种类很多，可以从不同的角度进行划分。

按合成反应类型分，高吸水性树脂可分为单体聚合型和聚合物水解改性型两类。单体聚合型包括亲水性单体聚合并交联体系、疏水性单体羧甲基化或羟甲基化后聚合并交联体系、亲水性与疏水性单体接枝共聚体系。聚合物水解改性型包括腈基聚合物水解型和酯类聚合物水解型等。

按交联方法分，高吸水性树脂可分为外加交联剂体系、自身交联体系、辐射交联体系及物理交联体系等。

按制品形态可分为粉末、颗粒、薄片及纤维状等体系。

常见的则是按其原料组成分类，包括淀粉类、纤维素类及合成树脂类三大系列。

（一）淀粉类

淀粉是亲水性的天然多羟基高分子化合物。以淀粉为骨架与亲水性单体的接枝共聚物即可为一类高吸水性树脂，如淀粉-丙烯腈接枝共聚的水解产物。这是最早开发的一种高吸水性树脂。其制备方法是用淀粉和丙烯腈在引发剂存在下进行接枝共聚，聚合产物在强碱加压下水解，接枝的丙烯腈变成丙烯酰胺或丙烯酸盐，干燥后即可获得产品。其典型的反应过程如式(3-36)所示。

这种树脂的合成是按自由基反应机理进行的，最广泛采用的引发剂是四价铈盐。美国对使用硝酸铈铵和 H_2O_2/Fe^{2+} 等氧化还原引发剂的接枝共聚做了大量的研究工作。硝酸铈铵溶于稀硝酸中，它与淀粉先形成络合物，络合物分解时，四价铈离子还原成三价，而淀粉中的葡萄糖单元上羟基被氧化成 H^+，致使淀粉形成自由基，同时伴随 C_2 与 C_3 间键的断裂，淀粉自由基在单体存在下随即引发单体接枝共聚形成接枝链。不过由于反应体系黏度过大，反应较难进行，速率较慢。

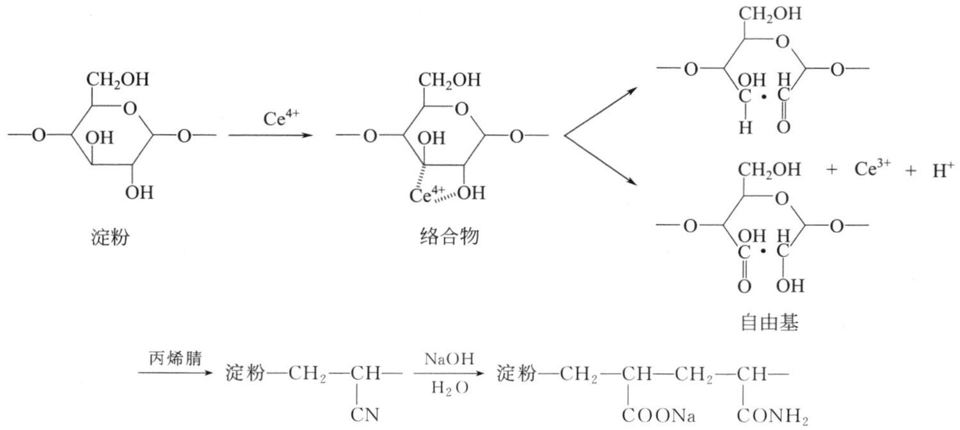

淀粉
Ce^{4+}
络合物
$+ Ce^{3+} + H^+$
自由基
丙烯腈
淀粉—CH_2—CH—
CN
NaOH
H_2O
淀粉—CH_2—CH—CH_2—CH—
COONa
$CONH_2$

(3-36)

这种树脂的吸水率较高，可达自身重量的千倍以上，但其长期保水性和耐热性较差。

也可以用丙烯酸和交联剂对淀粉进行接枝共聚，再用碱中和来制备高吸水性树脂，可以省去水解的步骤。所得产品吸水率略低，且大多数形状不稳定，长期保水性差。但这种方法生产工艺简单，实施方便。

将淀粉在环氧氯丙烷中预先交联，将交联产物羧甲基化，也可得到高吸水性树脂。

（二）纤维素类

纤维素与淀粉结构类似，可作为接枝共聚的骨架高分子。接枝单体除丙烯腈外，还可使用（甲基）丙烯酰胺、（甲基）丙烯酸等。所得产品呈片状。

纤维素经羧甲基化制备高吸水性树脂是由 Hercules 等公司开发的。它是将纤维素与一氯醋酸反应得到羧甲基纤维素，再经加热进行不熔化处理，或用表氯醇进行交联后制得的，如式(3-37)所示。

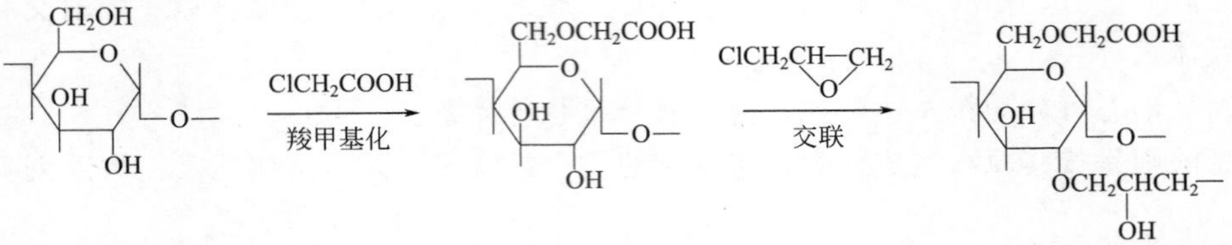

$$(3-37)$$

纤维素类高吸水性树脂的吸水能力比淀粉类树脂低，但是，在一些特殊形式的用途方面却是淀粉类树脂所不能代替的。例如，用纤维素类树脂与合成纤维混纺可以改善织物的吸水性，制作的高吸水性织物可用于卫生巾、吸水性纤维衣料等的制造。

但是淀粉类和纤维素类都有一个缺点，它们很容易受细菌等微生物的侵蚀，分解后很容易失去水分。因此，合成树脂类高吸水性树脂便应运而生了。

(三) 合成树脂类

合成树脂类包括阴离子型、阳离子型和非离子型三类，如聚丙烯酸类阴离子型的，聚乙烯醇类和聚环氧乙烷类则是非离子型的，经过羧基改性也可以成为阴离子型。阳离子型产品价格较高，使用相对较少。

聚丙烯酸系树脂的代表性产品的分子链中含有丙烯酸结构单元。它有三大特点：一是在高吸水状态下仍有很高的强度；二是对光和热有较好的稳定性；三是具有优良的保水性。

通常，聚丙烯酸系树脂可由三种方法制备。

1. 单体聚合法

聚合法是以丙烯酸单体为原料，通过与其他单体进行共聚来制备。如：

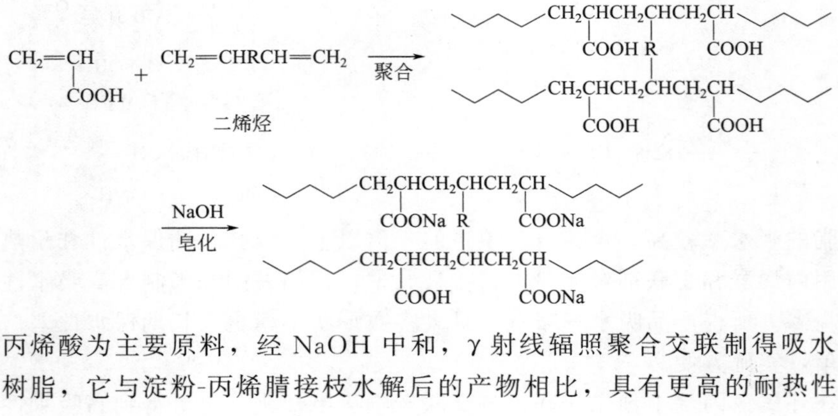

$$(3-38)$$

我国以丙烯酸为主要原料，经 NaOH 中和，γ 射线辐照聚合交联制得吸水 400 倍以上的高吸水性树脂，它与淀粉-丙烯腈接枝水解后的产物相比，具有更高的耐热性、耐腐蚀性和保水性。

2. 聚丙烯腈水解法

聚丙烯腈水解法通常是将腈纶纤维水解并用碱皂化其表面，再用甲醛交联。腈纶废丝水解后用 Al(OH)$_3$ 交联的产物也属于此类。后者的吸水能力可达自身重量的 700 倍，而且成本也较低廉。反应如式(3-39)所示。

$$\begin{array}{c}
\left[CH_2{-}CH\right]_n \xrightarrow[90\,^\circ C]{NaOH/H_2O} \left[CH_2{-}CH\right]_{n-m} \left[CH_2{-}CH\right]_m \\
\quad\quad | \quad\quad\quad\quad\quad\quad\quad\quad | \quad\quad\quad\quad\quad\quad | \\
\quad CN \quad\quad\quad\quad\quad\quad\quad COONa \quad\quad\quad CONH_2
\end{array}$$

$$\text{CH}_2\text{O} \swarrow \qquad\qquad \downarrow \text{Al(OH)}_3$$

$$-CH_2{-}CH-\qquad\qquad\qquad -CH_2{-}CH-$$

左：
$$-CH_2{-}CH{-}\quad CONH{-}CH_2{-}NHCO \quad -CH_2{-}CH-$$

右：
$$\begin{array}{c}
-CH_2{-}CH- \\
| \\
COO^- \cdots\cdots Al(OH)_3 \\
| \\
COO^- \cdots \\
| \\
-CH_2{-}CH-
\end{array}$$

$$(3\text{-}39)$$

3. 聚丙烯酸酯水解

聚丙烯酸酯在碱存在下，可以水解产生聚丙烯酸钠，吸水率为自身重量的 300～1000 倍。也可以用醋酸乙烯与丙烯酸酯的共聚物进行水解，这种方法所得的高吸水性树脂性能更好，不仅吸水率高，而且在高吸水状态仍有较高的强度，对热、光稳定，保水性良好。

4. 其他

聚乙烯醇与溶解于有机溶剂中的酸酐（如顺酐）反应可以使聚乙烯醇链上的部分羟基酯化，并引入羧基，再用碱处理可得高吸水性树脂。改变反应条件，可控制树脂的交联密度，从而改变树脂的特性，制备不同吸水能力的树脂。其吸水率一般为自身重量的 700～1500 倍。

聚环氧乙烷交联得到的高吸水性树脂虽然吸水能力不高，仅为自重的几十倍，但它是非电解质，耐盐性强，对盐水几乎不降低其吸水能力。此外，还有一些以羟基、醚基、酰氨基为亲水性官能团的非离子型高吸水性树脂，如将聚乙烯醇水溶液或丙烯酰胺和亚甲基双丙烯酰胺的水溶液辐射交联形成的各种吸水性树脂。这些非离子型树脂的吸水能力较小，一般只能达到自重的几十倍。它们通常不作为吸水材料用，而是作为水凝胶用于人造水晶体和酶的固定化等方面。

二、高吸水机制

传统的棉、纸、海绵等的吸水作用是靠毛细管吸收的原理进行的，而高吸水性树脂则是通过多种物理化学过程来完成的。

高吸水性树脂大多是具有一定交联度的高分子电解质，在水体系中，它可以电离产生大分子离子和小分子反离子。其吸水机制可以用聚电解质的离子网络来解释。

高吸水性树脂置于水中产生高吸水性可以划分为 6 个步骤。

（1）吸附水　首先，高吸水性树脂上的亲水性基团在水中吸附水。这些亲水性基团与水相互作用形成水合状态，亲水性基团中的金属离子与水形成配位水合离子，而电负性很强的氧原子等则与水形成氢键，水合层为 0.5～0.6nm。而疏水基团则相对集中于网络的内侧，形成局部不溶性的微粒状结构。

（2）电离产生渗透压　在水的作用下，高分子电解质发生电离，在网络内便产生离子对。开始时，由于树脂空间狭小的限制，离子对均不能自由移动而扩散到水中，于是，在网络的内外两侧便产生渗透压。

（3）渗透压迫使大量水渗入　在渗透压的作用下，外部的水分子大量渗透进入聚电解质的内部，导致树脂网络发生显著的膨胀。水的进入同时又促进了聚电解质的进一步电离，增大的渗透压导致外部的水进一步渗入。

(4) 小离子向树脂外部迁移　由于树脂发生膨胀，离子运动有了足够的空间。网络内电离产生的离子对中，大分子离子运动迁移比较困难，而小分子离子在水介质中则很容易运动，水大量进入网络后，在高分子链间出现纯溶剂区，小分子离子首先向网络内部的纯溶剂区扩散，继而扩散到外部溶液中，导致高分子链上带有相同电性的电荷。

(5) 高分子链带有同性电荷产生斥力导致网链膨胀　高分子链内部和链之间的静电斥力使高分子链进一步扩展，网络充分膨胀，又使水进一步渗入。

(6) 混合自由能与弹性自由能相抵时达到吸水平衡　随着高分子网链不断吸水而发生膨胀，高分子链逐渐伸展导致熵值减小，引起网链弹性自由能而产生收缩力。当引起收缩的弹性自由能与导致膨胀的混合自由能相等时，高分子的吸水过程就达到了平衡。高分子网络的束缚和渗透压的限制作用使水分子的运动受到阻碍，从而阻挡了树脂失水，使高吸水性树脂具有良好的保水性。

根据 Flory 晶格理论，交联高分子在溶液中发生溶胀时，其溶胀程度可由式(3-40) 表示：

$$Q^{5/3} = \frac{\overline{M}_c}{\rho_2 \widetilde{V}_1} \left(\frac{1}{2} - \chi_1 \right) \tag{3-40}$$

式(3-40) 中，Q 为溶胀度，即溶胀后的体积与溶胀前的体积之比；$\overline{M}_c$ 为交联高分子有效网链的平均分子量；ρ_2 是交联高分子的密度；$\widetilde{V}_1$ 是溶剂的摩尔体积；χ_1 则是高分子与溶剂间的 Huggins 参数。

由式(3-40) 可见，高分子的 $\overline{M}_c$ 越大，有效网链越长，即交联度越低，则溶胀度越大；高分子与溶剂间的相互作用越强，即 Huggins 参数 χ_1 越小，则溶胀度也越大。

对于高分子电解质而言，由于存在渗透压的影响，因而式(3-40) 可修正为

$$Q^{5/3} = \frac{\left(\dfrac{i}{2 \widetilde{V}_2 S^{1/2}} \right)^2 + \dfrac{\frac{1}{2} - \chi_1}{\widetilde{V}_1}}{V_0 / V_e} \tag{3-41}$$

式(3-41) 中，Q 是吸收溶剂后的溶胀度，约等于吸水倍率（吸水后的重量/吸水前的重量）；i 是网络中所固定的电荷浓度；$\widetilde{V}_2$ 是树脂自身重复单元的摩尔体积；S 为溶液中电解质离子的浓度或强度；V_0 / V_e 反映了树脂的交联密度，它与有效网链的摩尔体积（$\overline{M}_c / \rho_2$）成反比。

式(3-41) 反映了渗透压、离子浓度等因素对高吸水性树脂吸水性的影响。尽管这一公式并不能反映体系中所有的实际情况，但用它来分析影响吸水能力的因素所得到的结论却是正确的。式(3-41) 中，分母项是交联度的影响，它决定了树脂可以膨胀的限度及弹性，当交联密度降低时，高分子有效网链的摩尔体积增大，溶胀度相应增大。分子项中则增加了离子浓度及溶液中离子强度的影响因素。网链中所固定的电荷浓度越高，i 值越大，则溶胀度越大。溶液中离子的影响正相反，离子强度 S 越大，则溶胀度越低。

三、影响因素

根据上述公式，我们知道，高吸水性树脂的吸水能力与树脂的组成、交联度及外部溶液的性质、环境温度等因素有关。

没有交联的聚电解质，一般都可以溶于水中。因此，未交联的高分子电解质是无所谓吸水性的。交联度越高，高分子的网络空间越小，链段的运动能力也受到较大的限制，因而其网络可膨胀的限度就越小，吸水能力就很低。而且，受网链的限制，网络太小，还同时影响水分子的运动，因而吸水速率也很低。反之，交联度越小，网链受到的限制就越小，链段的运动能力就越强，网链的空间也越大，网络可膨胀的程度越高，吸水能力相应也越强。但交联度过低时，则会由于交联不完全，可溶性的部分较多而影响溶胀度，反而使吸水率下降，如图 3-15 所示。

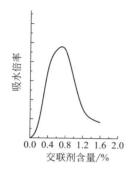

图 3-15　交联度对吸水性的影响

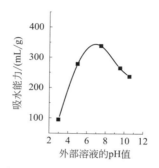

图 3-16　溶液 pH 值对丙烯酸钠共聚物吸水性的影响

由于吸水性受渗透压的影响，渗透压越高，可吸收的水分也较多。因此，聚电解质的结构中，可电离的离子对特性也有很大的影响。聚电解质上离子分布密度越高，电离度越大，浓度越大，电离出的小分子反离子浓度越高，离子体积越小，运动能力越强，则树脂的吸水性越大，吸水速率也越快。例如，部分水解的聚丙烯酸甲酯水解程度增加时，吸水率也相应增加。

同时，由于高吸水性树脂的吸水能力与离子的扩散有关，因而，除了聚电解质自身外，溶液的特性是影响树脂吸水性的重要的外部因素。图 3-16 是丙烯酸钠共聚物对具有不同 pH 值的水溶液的吸收能力。可见，这种树脂对中性的溶液有较强的吸收能力。与电解质溶液相比，高吸水性树脂对非电解质溶液的吸收更强，其中以水的吸收率最大。外部溶液中离子浓度越大，离子价数越高，则树脂对此溶液的吸收率就越低。

温度升高，有利于链段的运动，因而膨胀的网络收缩能力增强，同时，树脂与水分子间形成的氢键等相互作用被破坏，Huggins 参数上升，从而使树脂的吸水率降低。当达到一定的温度时，树脂中固有的交联点还会被破坏，树脂中可溶部分增多，吸水能力下降。高温时，树脂几乎可以全部溶解，从而吸水率降低为零。

树脂的吸水能力还与树脂的形状有关。树脂的比表面积越大，吸水速率越快。然而，由于高吸水性树脂是亲水性的，因而细粉状的树脂在进入水中后，受表面张力作用，粒子与粒子间强烈的毛细压力使之很容易粘连结块成团，反而使吸水速率降低。通常，薄膜状、多孔状和鳞片状的树脂吸水速率较快。

四、功能特性

高吸水性树脂的基本功能特性包括吸水性和保水性及吸氨性和增稠性等。

吸水性是高吸水性树脂最重要的性能，用吸水率来表征。吸水率定义为单位质量的树脂吸收的水量，表示为 mL 水/g 树脂或 g 水/g 树脂。不同结构的高吸水性树脂吸水能力是不同的,一般树脂的吸水量可达自身重量的 500～1000 倍,最高可达 5000 倍以上。

除了要测定树脂对纯水的吸收量外,还要测定其对盐水、尿、血等溶液的吸收率。其中,尿和血通常由数种化合物配制而成。配制方法见表 3-9。

表 3-9　溶液配制方法

组成/%	水	尿素	甘油	NaCl	$MgSO_4 \cdot 7H_2O$	Na_2CO_3	$CaCl_2$	CMC
合成尿	97.09	1.94	—	0.8	0.11	—	0.06	—
合成血	88.14	—	10.0	1.0	—	0.4	—	0.46

普通的纸和棉吸水后,只要稍加压力就可以将水挤压出来。但高吸水性树脂则不同,在加压的情况下,失水不多,具有很好的保水性。如将 0.3g 的高吸水性树脂与 300g 砂混合,加入 100g 水,在 20℃、相对湿度 60% 的情况下,可以维持 30 天;而若不加高吸水性树脂,则仅能维持 7 天。树脂的保水性不仅与压力有关,还与温度、湿度有关。温度越高,保水性越差。湿度高时,保水性就好,而在湿度低时,保水性相对而言就较差。

高吸水性树脂主要是含有羧基的阴离子聚合物,由于体系中仍保留有部分羧基未被中和,因而这种树脂具有一定的吸氨性。将它与适当的香料相配合,做成香囊置于易有异味的地方,则可以除臭并散发出宜人的香气。

高吸水性树脂吸水后成为水凝胶,因此可用作水性体系的增稠剂,使体系黏度增加。

五、高吸水性树脂的应用

(一) 农业方面

在农业中,高吸水性树脂可用作土壤的保水剂和改良剂,在干旱少雨的沙漠地区及其边缘地带的沙土中,添加少量的高吸水性树脂,就可大大改善土壤的湿度,保持植物生长过程中所需的水分不至于很快地蒸发。在水土流失比较严重的土壤中添加少量的高吸水性树脂则可改善土壤的湿度和透气性。

在植物培植过程中,将待移植的树苗、秧苗等幼苗根部在高吸水性树脂的水凝胶中处理一下,就可大大延长移植的保存期,提高树苗的成活率。如在土壤中加入 0.1% 的高吸水性树脂,就可使枫树苗移植成活率提高三倍。在我国北方山地的阳坡,春季旱情严重,初夏持续高温,"年年种树不见树"。北京林学院在 1985 年用高吸水性树脂掺泥包裹于油松、侧柏的苗根进行种植,成活率高达 76%。

在种子发芽过程中,也可用高吸水性树脂进行保护处理,以维持种子发芽生长过程中所需要的水分,提高发芽率;而将种子与高吸水性树脂拌和撒播,也可大大提高种子的发芽率和成活率。

用高吸水性树脂作水果、蔬菜的包装薄膜,还可以通过调节局部湿度和环境气氛,控制水果蔬菜的呼吸代谢,对果蔬进行保鲜。

(二) 工业方面

高吸水性树脂可以吸收大量的水分,而在环境湿度过低时,又可缓慢释放水分,具有平衡水分的功能,因而可用于室内湿度调节。将高吸水性树脂添加在清漆和墙面涂料内,可以防止墙面和天花板在阴雨潮湿的天气里返潮；而将含有高吸水性树脂的涂料涂于无纺布上用于内墙装饰，可以防止结露现象。在电子仪器仪表上，高吸水性树脂则可以用作防潮剂。

利用高吸水性树脂的强吸水能力，可以将其用作非极性有机溶剂的脱水剂，以脱除苯类、石油类等与水不相混溶的物质中的水分。

在建筑工程中，将少量高吸水性树脂拌入水泥中，可以使水分缓慢释放，从而保证了水泥内部水化完全、均匀，提高制件强度，并可用于水泥管道间的连接。而将高吸水性树脂掺入橡胶或混凝土中，则可制成堵水剂。与聚氨酯、聚醋酸乙烯酯、聚氯乙烯等配合可用作自动喷水器等设备的水密封剂等。

（三）医用与日用方面

把高吸水性树脂添加于纸或纤维中，制作可以吸收液体的卫生纸、尿布、垫褥、绷带、外科手术垫等已得到十分普遍的应用。将高吸水性树脂用于这类产品，可减少层数，克服了以往用纱布层层缠绕，且更换频繁等缺点，减少了妇女、儿童和广大患者的麻烦和痛苦，带来了极大的便利。

用高吸水性树脂制作的水凝胶还可用作人造皮肤。在烧伤、烫伤等大面积受损皮肤医治过程中，可将高吸水性树脂的水凝胶敷于创面，以保持创面的湿润。在医治皮肤创伤、处理褥疮、溃疡等时，则可将高吸水性树脂敷于创面，以吸收渗出的脓血，保持干燥和清洁，减少感染，恢复时，焦痂少。此外，高吸水性树脂还可以用于人工肾过滤材料，以调节血液中的水分含量；用作抗血栓材料，以抑制血浆蛋白质和血小板间的黏着；用于药物的包覆，以控制药物在体内的释放速率，提高药效等。

第五节　高分子絮凝剂

通过粒子相互聚集而加速沉降（或上浮，以下仅以沉降为例来说明）进行固液分离的方法是水处理技术中重要的分离方法之一。水体中的颗粒物相互碰撞长大而沉降有凝聚和絮凝两种方式。颗粒物相互碰撞聚集长大并各自独立自然下沉形成细密的沉淀积淀于底部，这种沉降方式称为凝聚（coagulation）。可以促使颗粒物间碰撞概率增加并使之凝聚的试剂称为凝聚剂（coagulant）。而若颗粒物相互碰撞聚集时能形成一种松散结构，在下沉过程中又可以挟带其他小微粒一起沉降，最终形成松散沉淀的过程称为絮凝（flocculation）。能使分散的微粒絮凝的试剂称为絮凝剂（flocculant）。

采用加速沉降方法进行水体净化的技术历史悠久，早在公元1世纪后半期，人们就已经开始用石灰、矾土来澄清悬浮浊水。19世纪初，无机凝聚剂已用作大型工业的水处理药剂。高分子絮凝剂首先得以应用的是淀粉、明胶等天然高分子，但效果并不理想。20世纪50年代以后，合成高分子工业迅速发展。社会对环境治理的迫切要求，尤其是对工业废水和生活污水进行净化的迫切需求促进了高分子絮凝剂的开发及絮凝技术的发展。1950年美国氰胺公司将聚丙烯酰胺类絮凝剂推向工业化。之后，为了适应不同工艺和水质处理的要求，涌现了各种合成高分子絮凝剂。目前世界上各生产企业已开发了多种不同结构的高分子絮凝剂，如聚丙烯酰胺系列、聚乙烯醇系列、聚乙烯基吡啶系列等。采用水溶性高聚物为絮凝剂来处理各种工业用水、工业废水、生活用水及生活污水时，具有促进水质澄清、加快沉降污泥的过滤速率、减少泥渣数量、滤饼便于处置、焚烧灰分少等优点。

一、分类与制备

絮凝剂主要分无机絮凝剂和有机絮凝剂两种。

无机絮凝剂主要有无机盐和无机酸，前者包括无机酸的铝盐、铁盐和亚铁盐、锌盐、钛盐、钙盐、铝酸盐等；后者包括硫酸、盐酸、活性硅酸等。无机絮凝剂作用速率慢、腐蚀性强，在环境中会留下潜在危害，影响人类健康，使得其在饮用水处理中的应用受到限制。

高分子絮凝剂属于有机絮凝剂类。根据其来源不同，可分为天然高分子、半合成和合成高分子。天然高分子有淀粉、糊精等多糖及各种植物胶等。目前开发使用的微生物絮凝剂实际上是利用微生物产生的有絮凝活性的代谢物，包括糖蛋白、多糖、蛋白质、纤维素和核算等天然大分子成分，来达到絮凝的目的。因此也属于利用天然高分子絮凝剂的范畴。这种微生物絮凝剂所产生的絮凝活性物质能快速絮凝水中各种颗粒物质，在废水脱色和食品工业废水再生利用等方面具有独特的效果。具有分泌絮凝剂能力的微生物成为絮凝剂产生菌，至今发现的有细菌、放线菌、霉菌和酵母菌等。半合成高分子主要是各种改性淀粉和改性纤维素等；合成高分子则包括聚丙烯酸酯或聚丙烯酰胺类、聚乙烯基类、聚苯乙烯类等。

根据有机絮凝剂在水处理过程中高分子链结构上所带电荷形式不同，高分子絮凝剂又可分为四种类型，即阴离子型、阳离子型、两性离子型及非离子型絮凝剂。

阴离子型絮凝剂的分子结构中含有磺酸基团、羧酸基团等酸性基团，在溶液中，可产生大分子阴离子和带正电荷的反离子，如藻朊酸的钠盐、聚丙烯酸及其共聚物的钠盐、聚苯乙烯磺酸盐等。大多数阴离子型絮凝剂是以聚丙烯酰胺结构为基础的。通过酰氨基团的部分水解或与少量丙烯酸共聚，分子链结构中有少量的羧酸基团。在水溶液中，羧酸电离产生羧酸根离子，由于链上带有相同的负电荷，从而使大分子在水溶液中得以伸展，增强絮凝效果。

阳离子型絮凝剂在分子链结构中含有季铵盐、叔胺盐或仲胺盐等碱性基团，在水溶液中发生水解反应而使聚合物链上带有正电荷，如壳聚糖、聚乙烯基吡啶季铵盐、聚氨甲基丙烯酰胺盐等。

蛋白质、明胶以及部分水解的聚丙烯酰胺等都同时具有酸性基团和碱性基团，在不同的pH值条件下，可以表现出不同的电性。在等电点以上的偏碱性条件，高分子链带有负电荷；在等电点以下的偏酸性条件，高分子链则带有正电荷。

非离子型絮凝剂主要有淀粉、植物胶、羟基纤维素、聚丙烯酰胺、聚乙烯醇、聚丙烯醛及水溶性脲醛等，虽然分子链中没有可电离的基团，但它带有亲水性基团，与水有强烈的相互作用，在水中能形成水合状态而使分子链伸展，从而达到吸附悬浮微粒的作用。一些典型的高分子絮凝剂列于表 3-10。

表 3-10　典型的高分子絮凝剂的结构

种　类	化学名称	结　构	产品形态
两性离子型	明胶、纤维素、各种蛋白质		液体
	改性聚丙烯酰胺	$\left[\begin{array}{c}CH-CH_2\\COOH\end{array}\right]_n\left[\begin{array}{c}CH-CH_2\\CONH_2\end{array}\right]_m \quad M=10^4\sim10^6$	粉状或液体

种　类	化学名称	结　构	产品形态
阴离子型	藻朊酸钠、琼脂、海萝等	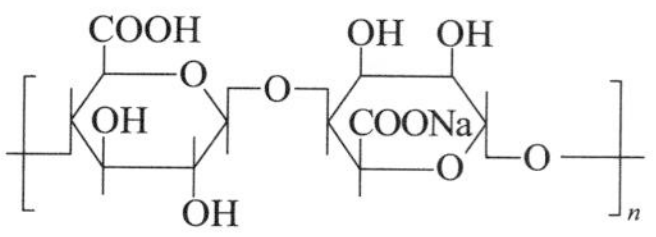	液体
	葡聚糖、羧甲基纤维素钠	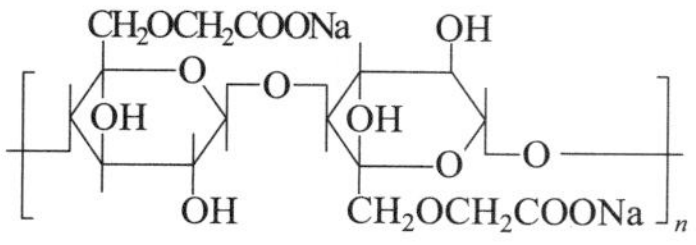	液体
	聚丙烯酸钠	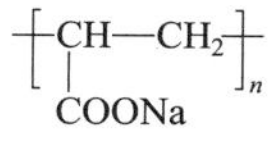 $M=10^4\sim10^6$	液体
	苯乙烯磺酸钠-马来酸共聚物	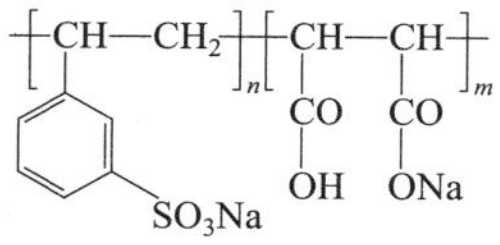 $M=10^4\sim10^6$	液体
	聚丙烯酰胺部分水解产物	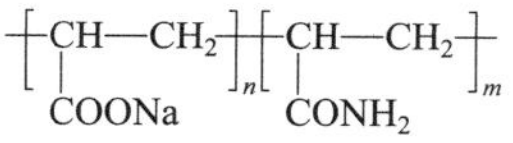 $M=10^4\sim10^6$	粉状或液体
阳离子型	壳聚糖	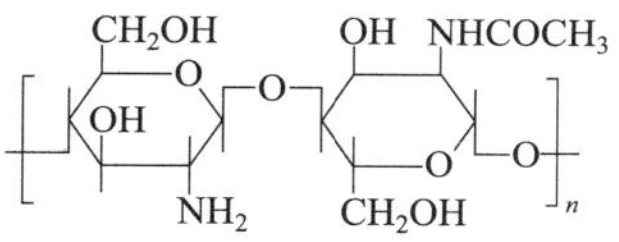 $M=10^5$	粉状
	聚乙烯基吡啶季铵盐	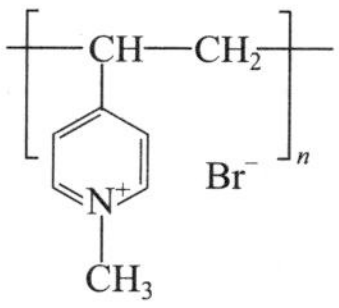 $M=10^4\sim10^6$	粉状或液体
	聚二丙烯基季铵盐	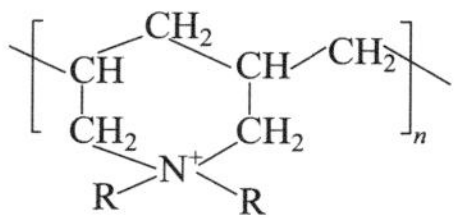 $M=10^4\sim10^6$	粉状或液体
	聚氨甲基丙烯酰胺	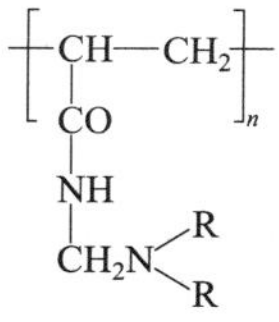	粉状或液体
	聚乙烯基咪唑啉	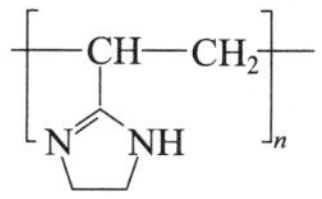 $M=10^4\sim10^6$	粉状或液体

种 类	化学名称	结 构	产品形态
非离子型	淀粉、糊精	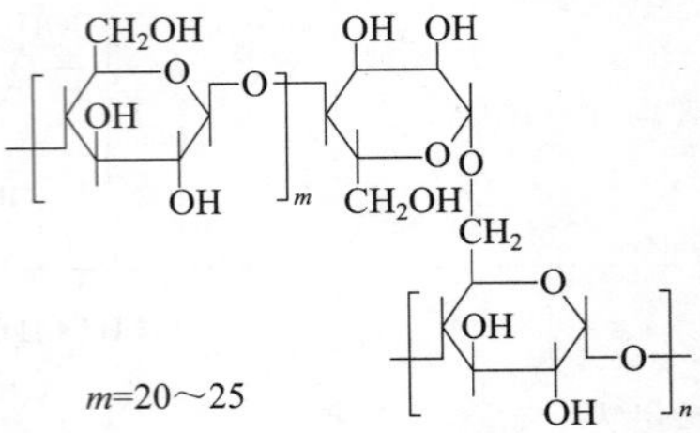 $m=20\sim25$	粉状
	阿拉伯胶、树胶、豆胶	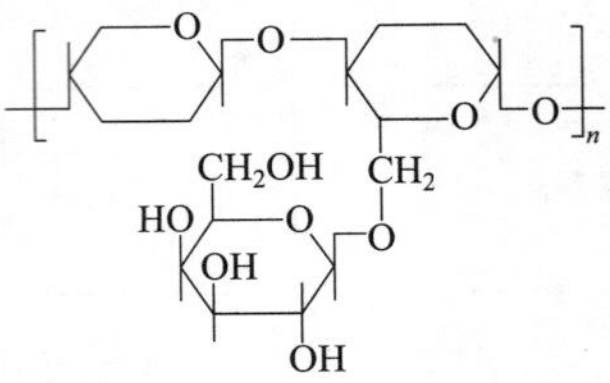	粉状
非离子型	羟乙基纤维素	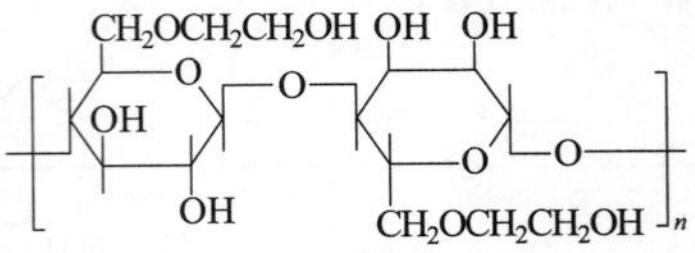	粉状
	聚丙烯酰胺	$\left[CH\!-\!CH_2 \right]_n$ $CONH_2$ $M=10^3\sim10^6$	粉状或液体
	聚氧乙烯	$\left(CH_2\!-\!CH_2\!-\!O \right)_n$ $M=10^5$	粉状
	聚丙烯醛	$\left(CH\!-\!CH_2\!-\!O \right)_n$ CH_3 $M=10^5$	粉状
	聚乙烯醇	$\left[CH\!-\!CH_2 \right]_n$ OH $M=10^5$	粉状或液体
	水溶性脲醛	$\left(CH_2NHCONH \right)_n$ $M=10^3$	液体

二、絮凝机理

在表 3-7 中，我们归纳了针对不同粒径大小的分散体系所采取的分离技术。当体系中分散粒子的粒径较大时，利用重力或离心力就可以很好地分离。对于粒子较小的分散体系，则可以采用过滤、微滤、超滤、活性炭吸附直至反渗透及离子交换等手段来进行分离。对于胶体体系而言，采用絮凝方法加快粒子的沉降，具有简单方便易行的特点，适于大量污水的处理。

（一）悬浮体系的基本特性

在各种污水中，存在着许许多多大小不一的固体颗粒，形成复杂的多分散体系。从动力学角度来说，粒子在体系中处于不停的布朗运动中，运动能力大小可以用 Einstein 方程来表示：

$$\overline{X} = \left(\frac{RT}{N_0} \times \frac{t}{3\pi\eta r}\right)^{1/2} \tag{3-42}$$

式(3-42)中，$\overline{X}$ 是粒子在 t 时间内，在某一坐标轴方向上的平均位移；N_0 为阿伏伽德罗常数；r 是粒子的半径；η 是体系黏度，在分散物（相）浓度不高时，可近似等于介质黏度。可见，粒子半径越小，运动的距离就越远，运动能力就越强。

当体系内局部浓度因重力、布朗运动等因素而产生涨落时，浓度较高区域中的粒子因粒子间的碰撞概率较高，而向浓度较低的区域迁移。这一现象就是扩散。由 Fick 扩散定律可得，粒子在体系中的扩散系数 D 为：

$$D = \frac{RT}{N_0} \times \frac{1}{6\pi\eta r} \tag{3-43}$$

可见，粒子越小，扩散系数越大，体系的均一化程度就越高。我们还可以从粒子受重力所发生的沉降现象去考察粒径对体系稳定性的影响。在重力作用下，分散体系中粒子的沉降速率 v 可用 Stokes 公式表示：

$$v = \frac{2r^2 \Delta\rho g}{9\eta} \tag{3-44}$$

式(3-44)中，$\Delta\rho$ 是粒子与介质间的密度差；g 是重力加速度。这样重力产生沉降使体系中的粒子分布不均匀，它与扩散作用相抗衡，当两者作用相抵时，体系达到沉降平衡。此时，粒子在体系中的分布自上而下有一个梯度，在 h 高度的浓度 n_h 与在底部的浓度 n_0 间的关系可借用式(3-45)表示：

$$n_h = n_0 \exp\left(-\frac{\hat{V}gh\Delta\rho}{RT}\right) \tag{3-45}$$

式(3-45)中，$\hat{V}$ 是粒子的摩尔体积。假定分散相与介质间的密度差为 $1g/cm^3$，水体系的黏度为 0.01P（1P＝0.1Pa·s），这样，对于半径为 0.01cm 的粒子，其在重力作用下的沉降速率为 2.2cm/s，沉降十分明显；但当粒子的半径小到 $0.01\mu m$ 时，其沉降速率仅为 $2.2\times10^{-8}cm/s$，不难计算，一个粒子沉降 1cm 要用上 4.5×10^7s，即 526 天。因此，对于粒径很小的单个微粒而言，其自然沉降速率是极其缓慢的，再加上布朗运动和热对流等因素的影响，要完全靠重力沉降是不可能的。

那么，粒子与粒子间是否可以因碰撞而聚集长大呢？从热力学角度看，分散相粒径越小，体系的表面能越高，体系也就越不稳定，粒子与粒子间的合并欲望越强烈。粒子与粒子间碰撞聚集而长大是其必然趋势。

然而，在分散体系中的粒子，通过可电离基团的电离、对溶液中离子的吸附，以及由于介电常数的差异而造成的电子在界面上的迁移等过程，微粒或多或少会带有一定的电荷。在介质中的微粒由于带有同性电荷而相互排斥，减少了彼此间的碰撞聚集。因此，微粒在体系中得以稳定的另一个重要原因就是微粒的带电特性。粒子表面带电，在其周围形成双电层结构，通过扩散模型可以推导出其双电层的特性参数。其中，双电层有效厚度 δ 定义为从粒子的表面到溶液中电势降为其表面电势的 $1/e$ 处的距离。其倒数 κ 在 25℃ 下，可简化为：

$$\kappa = 2.90 \times 10^{10} Z \sqrt{\frac{C}{D}} \quad (\text{m}^{-1}) \tag{3-46}$$

式中，Z 是溶液中电解质离子的价数；C 为电解质溶液的浓度，mol/L；D 是介质的相对介电常数。双电层厚度越厚，粒子间就越不容易碰撞，体系就越稳定。可见，Z、C 增加，可以降低双电层有效厚度，破坏其稳定性。

（二）絮凝机理

通过以上分析可知，由于单个微粒自然沉降速率较慢，因而要加速沉降，就必须设法使之相互碰撞来增大粒径。加速沉降的试剂包括凝聚剂和絮凝剂。我们知道，凝聚和絮凝产生的结果并不相同，凝聚得到的沉淀结实，滤饼体积小，而絮凝产生的沉淀松散，体积较大。但是凝聚过程是长大的颗粒自由下降的过程，难以挟带其他小颗粒一起下沉，因此，沉降后上层仍会有细小的颗粒存在，水体仍不够清澈透明；而絮凝过程由于颗粒物间相互碰撞形成庞大的松散结构，其下沉过程中可以挟带其他细小的颗粒一同下沉，因此，沉淀后水体上层显得更为清澈透明。可见，采用絮凝剂对水体净化时，不仅可以减少用量，更具有很好的净化效果。

有多种途径可以破坏分散体系的稳定性，加速微粒的沉降过程。在体系中加入一定量的电解质，使粒子的双电层厚度降低是一种常用的方法。可以使一多分散体系发生凝聚所需的某种电解质最低用量称为该电解质对该分散体系的聚沉值。聚沉值的大小在很大程度上取决于与微粒所带电性相反的离子的价数，并基本符合 Schulz-Hardy 原则，即聚沉值与反离子价数的六次方成反比。例如，对于带正电的 Al_2O_3 胶体体系，聚沉值就取决于电解质中负离子的价数。如 NaCl 的聚沉值为 43mmol/L，用 K_2SO_4 可降低为 0.30mmol/L，而采用 $K_3[Fe(CN)_6]$ 时，聚沉值仅为 0.08mmol/L。此外，对于有机电解质离子，不论其价态高低，一般都具有很大的聚沉能力。例如，对于带负电的 As_2S_3 溶胶，用 KNO_3 的聚沉值为 50mmol/L，用氯化吗啡只有 0.425mmol/L，用氯化品红仅为 0.114mmol/L。

无机盐对多分散性体系的净化作用原理是电解质对悬浮杂质粒子的双电层有破坏作用，导致粒子与粒子间的碰撞概率大大增加，从而促进微粒间的相互聚集，加速其沉降过程。这种方法不是絮凝，而是凝聚法。

升高温度也属于凝聚法，它是通过加快粒子的运动速率，增大其相互碰撞概率，从而加速其聚集长大而沉降的。

然而单靠微粒间自身相互碰撞，其效果还远不够理想。絮凝剂则为此助了一臂之力。

铝矾土等无机絮凝剂的作用有两个：一方面，铝矾土中的硫酸铝进入大量的水中会发生水解反应，产生絮状沉淀 $Al(OH)_n$（$n=1\sim3$），它夹带着体系中的悬浮微粒一起沉降；另一方面，这种絮状沉淀在水中因水解不完全而带有正电荷，它对带有负性电荷的分散微粒具有强烈的吸附作用，这样既破坏了负电微粒的双电层，增加了微粒间的碰撞概率，也使负电微粒吸附于正电絮状沉淀上，强化了微粒与絮凝剂间的相互作用而协同沉降。

应该说，高分子絮凝剂的作用也与此类似。水溶性高分子对悬浮微粒的絮凝作用一般认为有三种方式：一是带电的絮凝剂可以与带相反电荷的微粒作用使电荷中和，降低微粒的双电层厚度，促进微粒间的相互碰撞；二是一个分散微粒可以同时吸附两个以上的高分子链，在高分子链间起吸附架桥的作用，由于高分子链包覆使微粒变大而加速沉降；三是一个高分子链也可以同时吸附两个以上的微粒，高分子如同具有多个触手的链条将体系中的微粒挟持一同下降。这样，高分子链的架桥作用可以将许多微粒连接在一起，形成絮团，这个絮团又不断变大而促进沉降过程，如图 3-17 所示。

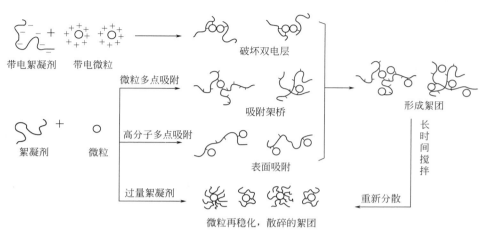

图 3-17　高分子絮凝剂的作用模型

但是，如果高分子絮凝剂过量，微粒表面全被高分子链所覆盖，没有空位吸附其他起架桥作用的分子链时，微粒仅在尺寸上有所放大，而各个微粒的表面性质又趋相同，高分子链反而起到表面活性剂的作用，微粒得以重新分散。这种作用称为再稳化。如果已经形成了絮团，还对体系进行剧烈或长时间的搅拌，则絮团将被打散，打散的粒子通过本身对高分子链的二次吸附，也有可能形成再次稳定的散碎絮团。上述两点是使用高分子絮凝剂时要注意的。

（三）高分子絮凝剂适用范围

不同种类的高分子絮凝剂可以适用于不同类型的废水处理。无机凝聚剂、无机絮凝剂一般带有正电荷，而高分子絮凝剂则可以根据需要设计出带有不同电性、不同电荷密度的分子链结构，因而其适用范围很宽。

根据絮凝机理，我们可以大致归纳出各种不同絮凝剂的适用范围。

阴离子型高分子絮凝剂，因链上带有负电荷，与带有正电荷的微粒有较强的相互作用，因而适用于带有正电荷的悬浮物，也即适用于 pH 值大于等电点条件下的污水处理。大部分无机盐类悬浮固体在中性及碱性条件下均可用此类絮凝剂来进行处理。分散体系中固体含量高、微粒粒径大的悬浮液，也常优先采用阴离子絮凝剂。如可以对造纸纸浆、选矿、电镀、洗煤及机械工业等行业废水进行絮凝净化处理。

阳离子型絮凝剂则适用于 pH 值在等电点以下的体系，即偏酸性条件比较合适。因而，阳离子絮凝剂对各种有机酸、酚及酸性染料等有机物悬浊体系有较好的絮凝效果。固体含量较低，微粒粒径小，呈胶体状的有机分散体系，一般首先选择阳离子型絮凝剂。它在印染行业、油漆厂、食品加工厂等工业废水及生活污水处理中有广泛应用。

非离子型絮凝剂在溶液中不带电荷，其絮凝作用主要靠高分子链上的极性基团与微粒的相互作用，通过吸附架桥来加快沉降和过滤速率。它对悬浮固体含量高、微粒粗、中性或酸性的体系较为合适，应用于沙砾开采、黏土废水和矿泥废水等矿业废水的处理。

但实际上，在应用絮凝剂进行污水处理时，往往需要同时并用几种不同类型的絮凝剂。

三、影响絮凝效果的因素

（一）絮凝剂结构

高分子絮凝剂的絮凝作用主要是在微粒间吸附架桥，因而分子链上所具有的吸附点数目、分子链在溶液中所采取的状态、分子链上所带的电荷量等都对絮凝性能有很大影响。

首先，分子链上应具有足够多的吸附点；其次，分子链在溶液中应尽量取伸展状态以捕捉尽可能多的微粒。这就是说，分子链上应含有大量的亲水性基团。对于带电微粒的吸附，高分子链上应具有足够多的可电离基团；就非离子型和阳离子型絮凝剂而言，因对有机物起吸附絮凝作用，因而需要具有适当的亲水和亲油两性平衡特性。

高分子絮凝剂的分子量越大，分子链越长，所含的有效官能团就越多，对微粒的吸附量就越大，即使微粒间的距离较远也能起到架桥作用，因此，絮凝效果就越好。如线形聚丙烯酰胺链，当分子量为 300 万时，其聚合度为 4.23×10^5，伸直后的链长达 $10.6\mu m$；而分子量为 2000 万时，链长可达 $70.6\mu m$。但是，分子量过大，高分子在水溶液中的溶解比较困难，且分子链运动缓慢，对微粒的捕捉效果反而不好。一般分子量较高的絮凝剂用于固体含量较低的悬浮液效果较好。

高分子在溶液中很容易形成蜷曲链，分子链的蜷曲会使絮凝效果变差。如非离子型絮凝剂聚丙烯酰胺在水溶液中呈无规线团，其絮凝效果就较差。当分子链上带有电荷时，受同性电荷相斥作用，分子链将取较为伸展状态，絮凝效果就提高。分子链上所含的电荷量不同，引起的斥力不同，分子链的伸展程度就不同。如聚丙烯酰胺部分水解时，当水解度为 10% 左右时，聚丙烯酰胺中的—$CONH_2$ 和水解产生的—$COOH$ 酸碱性基本相当，链上的吸引力反而使分子链更加蜷曲收缩。当水解度达到 30% 左右时，分子链上的 COO^- 的负电排斥超过了—$CONH_3^+$，使分子伸展程度大大增加。但是也不是电荷越多越好，因为大多数悬浮物在水溶液中带有负电荷，分子链上如果负电荷过多，则会影响对负电性的悬浮微粒的絮凝作用。同时，发生再稳化现象的概率也增大。

大分子链的形式不同，絮凝效果也不一样。与线形链相比，支化链的分子尺寸较小，对体系中微粒的捕捉能力相对较弱，絮凝效果下降。

（二）悬浮体系

悬浮体系中固体微粒的种类、电性、粒径及其在介质中的含量、介质的酸碱性、液体的温度等都对絮凝效果有直接影响。

悬浮微粒的沉降速率与粒径有关，悬浮物粒径越大，其自然沉降的速率也越快。粒径较小的一般悬浮体系，自然沉降速率较慢，采用阴离子型或非离子型高分子絮凝剂可以促进其絮凝沉降的速率。不能自然沉降的胶体分散体系，以及浊度较高的废水、含有大量有机物的污水等则可以采用阳离子型絮凝剂。

微粒在溶液中会因各种因素而带电。带电量越高，其双电层厚度越厚，则微粒就越稳定。微粒的带电情况可以用微粒运动时的动电位，又称 ζ 电位来表征。ζ 电位的绝对值越大，说明微粒的表面电荷密度越大，微粒越稳定。在选择絮凝剂时，必须根据微粒的电性来选择带有相反电性的合适的高分子絮凝剂，以增强其相互作用。

悬浮液的固体含量有一定的适用范围。在微粒含量很高的体系中，线形高分子链难以均匀分布于整个体系中，且分子链得不到充分伸展，因此不能与固体微粒充分接触吸附，影响絮凝效果。此时，采用低分子量的絮凝剂往往会取得较好的效果。而在悬浮物浓度过低时，絮凝剂分子就很难捕集到微粒，因而也就难以架桥。这时，如果单靠增加絮凝剂的用量是不行的，相反还会造成悬浮粒子的再稳化。为解决这一问题，通常是采用添加一定的助剂，如黏土、皂土、硅藻土、高岭土、活性炭等，以提高分散体系的悬浮物浓度。同时，这类助剂还具有吸附等加和效应，从而有效地提高絮凝作用的效果。

非离子型絮凝剂对 pH 值的敏感性不大。离子型高分子絮凝剂因在不同的 pH 条件下电离度不同，在溶液中所具有的形态也不相同，因此，对悬浮液的絮凝效果就不一样。阴离子型絮凝剂适用于中性至碱性的体系，而阳离子型絮凝剂则在酸性至中性条件下絮凝效果较好。

温度升高既可以使溶液的黏度降低，又可以增强微粒及絮凝剂的运动能力，使絮凝速率加快，絮团增大，因此，有利于促进絮凝过程。但温度高于 70℃，絮凝剂大分子会因水解而造成断链及其他性质上的变化而大幅度降低功效。对于温度较低的冬季等场合，就必须适当增加絮凝剂的用量以提高絮凝效果。

废水中如果含有无机电解质，就会使体系的离子强度增强，进而影响微粒的 ζ 电位及其絮凝性能。在许多情况下，就是利用这个特点，采用外加 $CaCl_2$ 等无机电解质作为混凝剂或是助凝剂以增强絮凝效果的。

四、高分子絮凝剂的应用

与无机絮凝剂相比，有机高分子絮凝剂具有用量少，絮凝效果好，种类繁多，产生的絮体粗大，沉降速度快，处理过程时间短，产生的污泥容易处理等优点，并已广泛地应用在制革、石油、印染、食品、化工、造纸等工业的废水处理中。为了使絮凝剂能充分发挥作用，在实际使用时应先将其配成稀溶液（0.02%～0.1%，质量分数），以使之在溶液中能与微粒充分接触吸附。在絮凝剂添加过程中，一般先用较快的速率进行搅拌，以使絮凝剂在溶液中均匀分布，一旦絮凝作用产生，搅拌速率就应该降低，以免破坏已形成的絮团。此外，絮凝剂的用量也应控制，因为过量的絮凝剂只会使微粒再稳化，如果发生了再稳化的现象，可以采用具有与原微粒同电性的高分子絮凝剂进行再次絮凝处理。

为了缩短絮凝时间，降低成本，在凝聚过程中常先用廉价的无机凝聚剂降低微粒表面电荷密度，然后再加入高分子絮凝剂，使之形成大块絮团，可以取得更好的效果。一定类型的高分子絮凝剂只适用于一定带电性质和一定颗粒大小的悬浮粒子。由于待处理的悬浮物较为复杂，在使用高分子絮凝剂时，也常将几种不同种类的高分子絮凝剂配合起来使用，可以更好地发挥高分子絮凝剂的作用。

（一）废水处理

随着工业的发展和城镇化的加快，工业废水和城市污水的排放量也随之增加。大量悬浮物排入水体会造成水体外观恶化、浑浊度升高，使水质变差。采用絮凝沉降进行固液分离已经成为水处理技术中重要的分离手段之一。其中利用水溶性的高聚物为絮凝剂来处理工业废水、市政生活污水等，具有促进水质澄清，加快污泥沉降，加速过滤分离，减少泥渣数量和滤饼体积，便于处置等优点，因此得到了广泛的应用。处理的污水包括制革废水、造纸废水、印染废水、冶金废水、食品工业废水和生活污水处理等。例如制革废水主要含有动物油脂、胶原蛋白、动物纤维、植物纤维、无固形物、硫化物、金属铬离子等，一经排入自净能力较差的水体，容易导致水体发黑、发臭，且其中的硫化物属有毒物质，会造成严重的环境污染，必须经过严格的处理才能排放。由于制革废水中含有较多的不容易生化降解的化工辅料，单一的生化处理很难达到排放要求，必须将生化与物化处理方法相结合，才能达到理想的处理效果。因此絮凝剂在制革废水的处理中起着相当重要的作用。制革厂"三废"治理的重点在废水，难点却在污水处理后得到的污泥。在两者的处理中应用较多的是有机高分子絮凝剂，经其处理的制革废水能有效脱除 $80\%\sim95\%$ 的悬浮物、58% 的 COD_{Cr}（采用重铬酸钾作为氧化剂测定出的化学耗氧量）、80.5% 的 S^{2-} 和 96.6% 的铬，同时可将水中 90% 以上的微生物和病毒一起转入污泥中。

（二）污泥处理

随着污水、废水处理量的增大，大量悬浮物排入水体，需要处理的污泥量也迅猛增加。水处理厂处理污水大部分采用活性污泥法，由此产生大量剩余污泥。经培养的活性污泥可以吸附水中的有机物，所吸附的有机物成分复杂，其中包括多种有机酸、苯衍生物等，甚至包括多种农药和化肥等。另外，污水经二级处理后，其中 50% 以上的重金属转移到污泥中。如何安全处理大量污泥成为污水处理厂亟待解决的问题。

在过去污泥处理量不大的时候，污泥常常被大规模弃置在河湖、堤岸、沟壑、田地中。但污泥沉于河底淤积河道，危害水底栖生生物繁殖，影响渔业生产；沉积于灌溉的农田，则阻塞土壤空隙，影响通风，不利于作物生长。高含水率污泥中的污染物可能被雨水冲入水体，通过土壤污染地下水，散发的气味和挥发性有机物会污染周边空气，同时还会造成局部土壤的污染物浓度升高。从这些方面来说，与垃圾相比，污泥对环境所造成的危害从表面看似乎更为隐蔽，实际上更直接、更难治理和消除。污泥几乎是水状的混合物，具有颗粒细小、比阻大、脱水性能差以及挥发性物质含量高等特性。尤其是活性污泥，体积大，含水率高达 99%，需要在污水处理厂预先进行脱水处理以减小其体积。经过处理后，污泥中的颗粒和胶体均得到浓缩，成为半固态状。污泥处理是通过沉淀、干化等工艺将污泥中的固体和液体分离，从而降低污泥的体积，便于运输。

污泥处理方法有多种，按处理原理不同，可分为物理法、化学法、物理化学法和生物化学法四类。其中物理处理法包括重力分离法、磁力分离法和筛滤截留法等；化学处理法包括絮凝或混凝沉降法、中和法和氧化还原法等；物理化学处理法包括吸附法、离子交换法、膜分离法、浮选法、萃取法、蒸发法、结晶法、吹脱法和汽提法等；生物化学处理法则包括活性污泥法、生物膜法和厌氧生物处理法等。采用絮凝沉降进行固液分离已经成为水处理技术中重要的分离手段之一，它也可以提高污泥的脱水性能。尤其是无机絮凝剂和阳离子型高分子絮凝剂复合用于污泥脱水，具有良好的絮凝剂效果。加入 $2\times10^{-6}\sim4\times10^{-6}$ 的高分子絮凝剂，可以使污泥含水率从 95% 以上降至 65% 左右，采用复合絮凝剂时，污泥含水率还可进一步降至 62.8%。弱酸性条件及温度升高有利于絮凝剂的絮凝作用。

（三）油田污水处理

为了提高油田采油收率，化学驱油技术得到了广泛应用。油层中采出的污水以及地面处理、钻井及作业过程中排出的污水汇聚在一起，造成污水中驱油剂、油、悬浮物、泥沙和机械杂质等含量高，导致水质净化处理很难。目前油田污水的净化主要采用絮凝沉淀法，单独使用无机絮凝剂存在着加药量大，水中生成的沉淀多，易产生大量污泥和浮渣，且对加药设备、管线的防腐有较高要求等缺点，采用阳离子型有机絮凝剂则不仅可以克服这些缺点，而且在强化絮凝剂去除难生物降解有机污染物方面也表现出了巨大的优势和应用前景。所用体系包括阳离子聚丙烯酰胺类、聚二甲基二烯丙基氯化铵类、环氧氯丙烷与胺反应所得阳离子聚合物类、聚乙烯基咪唑和壳聚糖、木质素及改性淀粉类等，或上述体系与无机絮凝剂复配所形成的复合絮凝剂体系。

（四）絮凝选矿

矿石中有用矿物常常存在于大量的脉石中。为了使有用的矿物同脉石分离，必须将矿石磨得足够细，采用重选、磁选、浮选等技术将其尽量分开。在许多湿法冶炼过程中，有用组分同杂质分离经常面临沉淀产生慢、悬浮物不沉降，以及渣的过滤难等问题。特别是处理某些含泥物质多或在过程中产生某些胶体物的矿石，液固分离的困难有时会导致流程无法进行。而恰当地选择及使用性能优良的絮凝剂可以很好地解决以上问题。

选择性絮凝是在中低速搅拌条件下，添加适宜的pH调整剂和脉石矿物分散剂，使矿浆处于良好的分散状态，然后添加适量的选择性絮凝剂，使目的矿物选择性絮凝成团，而脉石矿物仍处于分散状态。再根据矿石性质辅以各种不同的分离方法，从而实现絮团与脉石矿物间的分离。这种方法工艺过程简单，易于工业化。

在矿业生产中产生的大量的选矿废水也需要及时处理，以免对矿区周边环境产生危害，避免造成水资源的极大浪费。采用阴离子型絮凝剂对矿坑废水进行处理，Pb、Zn、Cd和黄药去除率均在95%以上，出水悬浮物质量浓度小于10mg/L。采用阴离子型高分子絮凝剂DPW-1355对某磷酸盐选矿废水进行絮凝沉降也显示出很好的效果。

随着原矿处理量的逐年增加，选矿厂排出的尾矿量也逐年增加，尾矿的低浓度输送导致经营费用越来越高。提高尾矿排放浓度是各选矿厂急待解决的问题，采用絮凝剂是使尾矿达到高浓度浓缩的高效且实用的方法。使用阴离子型聚丙烯酰胺絮凝剂，用量为5～10g/t，对南芬尾矿絮凝效果很好，不仅产生的絮团较大，沉降速度快，而且药剂用量少，效率高。

第六节　高分子超疏水材料

一、疏水性的表征

图 3-18 表示在固体表面上不扩展的一滴液体的形状。通过气液固三相交界点 A，沿液滴表面引一切线，它和固体表面所夹的角度 θ，即称为液体对固体的接触角。这个接触角是静态接触角。

液体能否润湿固体表面，取决于几个界面张力的相对大小。如图 3-18 所示，在 A 点处，三种表面张力相互作用，气固界面张力 γ_s 力图使液滴沿 NA 方向伸展，

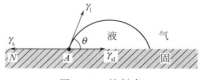

图 3-18　接触角

而液体的表面张力 γ_1 和液固的界面张力 γ_{sl} 又力图使液滴收缩。当三个作用力达到平衡时，有：

$$\gamma_s = \gamma_{sl} + \gamma_1 \cos\theta \qquad (3\text{-}47)$$

此即描述润湿过程的基本方程，叫作 Young 方程或润湿方程。它也可化为：

$$\cos\theta = \frac{\gamma_s - \gamma_{sl}}{\gamma_1} \qquad (3\text{-}48)$$

由此，只要知道了三个界面张力的数据，就可以计算出接触角。显然，接触角小则液体容易润湿固体表面，而接触角大则不易润湿。接触角的大小反映了液体对固体的润湿能力，也反映了固体表面的疏水能力。通常，我们以 $\theta = 90°$ 为界区别润湿的情况。若固体表面水的接触角大于 $90°$，接触角为钝角，水滴呈滚球状，不能润湿固体，此时 $\gamma_s < \gamma_{sl}$，固体表面为疏水表面；反之，$\theta < 90°$，接触角为锐角，水滴呈凸透镜状，能够润湿固体，称为亲水表面，此时 $\gamma_s > \gamma_{sl}$。两种极端情况是，若 $\theta = 0°$，液体在固体表面张力铺展成一层薄膜，为完全润湿，也叫理想润湿，此时 $\gamma_s = \gamma_1 + \gamma_{sl}$；若 $\theta = 180°$，液滴呈球形与固体相切，则为完全不润湿，此时 $\gamma_s + \gamma_1 = \gamma_{sl}$。实验测得水对玻璃的接触角近似为 $0°$，水对石蜡的接触角是 $110°$。因此，水对玻璃是完全润湿的，而对石蜡是不润湿的。

由于固体表面的复杂性，在测定接触角时往往会发现往固体表面滴液体测定的接触角与从固体表面吸走液体所测得的接触角是不相同的，存在接触角滞后现象。因此，在接触角测定中，我们把液体沿固体表面展开、沿固体前进时所测得的接触角称为前进角，用 θ_F 表示，而把液体沿固体表面收缩而测得的接触角称为后退角，用 θ_B 表示。前进角与后退角的差值（$\theta_F - \theta_B$）叫作接触角滞后，也称为动态接触角。如图 3-19(a) 所示，当水滴在干净平滑的玻璃表面时，水就铺展开，此时接触角为 $0°$。显然此时前进角与后退角相等；若玻璃表面被灰尘等脏物所污染，则水不再铺展，而是变成液滴 [图 3-19(b)]。这时，前进角大于后退角，即产生了滞后现象。引起接触角滞后的因素很多，主要有：

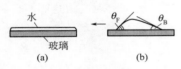

图 3-19　接触角滞后
(a) 水在洁净的玻璃表面；
(b) 水在污染的玻璃表面

① 表面污染　无论是固体还是液体，表面污染后，其表面自由能都将下降，由式(3-48)可见，其接触角也将随之发生改变。由于前进和后退时污染程度不同，因此有接触角滞后现象。

② 表面不均匀　表面粗糙不平也是造成接触角滞后的重要原因。对于粗糙表面，液滴的接触角为 θ'。若其实际表面积为 A，而其投影产生的理想平面的表面积为 A_0，考虑到面积的影响，将力的平衡方程式(3-47)转化为表面自由能的平衡方程，可得

$$\gamma_s A = \gamma_{sl} A + \gamma_1 A_0 \cos\theta' \qquad (3\text{-}49)$$

定义表面粗糙因子 q 为实际表面积与理想表面积之比（$q > 1$），结合式(3-48)可得

$$q = \frac{\cos\theta'}{\cos\theta} \qquad (3\text{-}50)$$

这就是 Wenzel 方程。因为 $q > 1$，所以式(3-50)说明在接触角小于 $90°$ 时，$\theta' < \theta$，即表面粗糙化有利于润湿性液体的铺展；而在接触角大于 $90°$ 时，$\theta' > \theta$，亦即表面粗糙化使不润湿的液体更不易润湿固体表面。同时它也说明，对于接触角接近 $0°$ 或 $180°$ 的情形，粗糙所产生的影响更大。例如，$q = 1.01$ 时，对于 $\theta = 80°$ 的液固界面测得的 θ' 约为 $79.9°$；而对 $\theta = 10°$

的液固界面，测得的 θ' 仅为 6°；对 $\theta=170°$ 的液固界面，测得的 θ' 可达 174°（图 3-20）。粗糙程度越大，润湿性变化越明显。如 $q=1.01$ 时，原接触角为 172° 的体系方能达到完全不润湿（180°），原接触角为 8° 的体系可以达到完全润湿（0°）；而当 $q=3$ 时，原接触角为 121° 的体系即可达到完全不润湿，原接触角为 70° 的体系即可达到完全润湿。

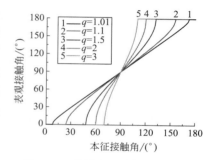

图 3-20 粗糙度对接触角的影响

同时，固体表面对液体的亲和力大小不均匀也将引起接触角滞后。前进时，液体往往停留在表面能较低的区域，使接触角增大。而液体后退时往往停留在表面能较高的区域，从而使后退角变小。如果往高能表面上掺入一些低能杂质，将使前进角大大增加而对后退角影响甚微；反之往低能表面上掺入少量高能杂质，则将使后退角大大减小而对前进角影响不大。一般来说，粗糙度低于 0.1～0.5μm，或不均匀相小于 0.1μm 时滞后作用可忽略。

判断一个表面的疏水效果，除了考察其接触角的大小，更要考虑它的动态过程，一般用滑动角或者滚动角来衡量。滑动角定义为固体表面倾斜时能使液滴因重力而下滑的最小倾角。如果液滴会从固体表面滚落，则能使之滚下的最小固体表面倾角就称为滚动角。滑动或滚动都是液滴从固体表面离开的标志，通常用 α 表示。

所谓超疏水，一般是指其表面与水之间的接触角大于 150°、滑动或滚动角小于 10° 的性质。可见，超疏水性既要求有较大的静态接触角，也要求具有较小的滑动（滚动）角。

荷叶是天然的超疏水材料，它出淤泥而不染，在自清洁方面堪称楷模。其实不仅仅是荷叶荷花，其他植物的叶子和花瓣、蝴蝶的翅膀、水黾的腿脚和水禽类的羽毛等都有此功能。自然界中这种现象就是超疏水效应，也常常被称为"荷叶效应"。具有超疏水特性的材料近年来已发展成为一类独特的功能材料。

二、天然超疏水材料的表面结构

（一）表面化学结构

自然界超疏水材料表面的超疏水特性与其独特的表面结构密切相关。化学结构表征指出荷叶表皮由角质膜和角化膜构成，而角化膜由角质和蜡质（也称蜡被）组成。植物表皮蜡质是各种脂类化合物组成的一层疏水屏障，覆盖在陆生植物地上大部分器官的表面，是植物表面的重要结构。植物表皮蜡质组成成分复杂，不同的植物组成成分也不同，主要由碳原子数为 20～34 的特长链脂肪酸及其衍生物（包括烷烃、醇、醛、脂肪酸和酯等）组成，还包括萜类和其他微量次级代谢物如固醇和类黄酮类物质。一般认为，表皮蜡质具有阻止植物非气孔性失水、维持植物表面清洁与植物表面防水、抵御病虫害、防止有害光线对植物的损伤、反射可见光、影响叶片和果实着色、防止果实开裂等生理功能，另外蜡质对植物叶片和果实的形态发育和花粉发育也有重要影响，进而影响植物的育性。

水黾腿部上数千根刚毛表面也有疏水性的油脂。水禽羽毛表面富含油脂，其尾部通常有油脂的分泌腺，鸭、鹅和其他禽常常从尾部梳理羽毛，就是把尾部分泌的油脂涂抹到羽毛上，使其表面保持富含疏水成分。

(二) 表面物理结构

但是仅有疏水的化学结构还不足以产生超疏水效应。例如 PE 表面水的接触角 110°，而具有最低表面张力的固体聚四氟乙烯，其对水的接触角也只有 115°，离超疏水的要求还很远。研究表明，这些天然超疏水材料的表面还有特殊的物理结构。

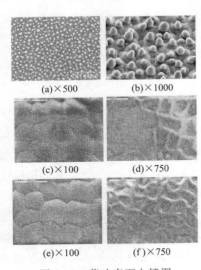

(a) ×500   (b) ×1000

(c) ×100   (d) ×750

(e) ×100   (f) ×750

图 3-21 荷叶表面电镜图

(a) (b) 鲜荷叶正面；(c) (d) 鲜荷叶背面；(e) (f) 干荷叶背面

例如，荷叶正面表面有较大的近锥形乳突状几何单元体，其底径为 $10\sim15\mu m$，高度为 $3\sim4\mu m$，分布密度为 $2000\sim2500$ 个/mm^2，近锥型几何单元体上又密布着更小的针状毛刺 [见图 3-21(a) 和图 3-21(b)]；而荷叶背部表面上分布网格状凹坑的半球形，半球的半径为 $200\sim300\mu m$，其表面网格状凹坑单元的尺度为 $20\sim40\mu m$，半球单元的分布密度为 $10\sim20$ 个/mm^2；半球上的网格密布整个半球单元 [图 3-21(c)～图 3-21(f)]。正是由于荷叶表面的这种特殊微纳复合结构有效地降低了固体与液滴之间的紧密接触，使得三相接触线的形状、长度和连续性发生了改变从而大大降低了水滴与固体表面的相互作用力，最终呈现出了超疏水的特性。

再如，水黾腿部分布着具有多层微米结构的数千根直径不足 $3\mu m$ 的刚毛 (图 3-22)，刚毛按同一方向排列，刚毛的表面形成螺旋状纳米结构的沟槽，吸附在沟槽中的气泡形成气垫，从而让水黾的腿部具有超疏水性，能够在水面上自由地穿梭滑行，却不会将腿弄湿。水黾正是利用其腿部特殊的微纳米结构，将空气有效地吸附在这些同一取向的微米刚毛和螺旋状纳米沟槽的缝隙内，在其表面形成一层稳定的气膜，阻碍了水滴的浸润，宏观上表现出超疏水特性。正是这种超强的负载能力使得水

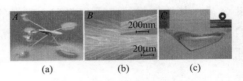

图 3-22 水黾及其腿部结构

(a) 水黾在水面的站立；(b) 水黾腿部刚毛结构；(c) 水黾腿在刺穿水面前的最深的水窝侧面图

黾在水面上行动自如，即使在狂风暴雨和急速流动的水流中也不会沉没。

一般认为，材料表面达到超疏水性能的条件必须具有表面疏水的化学结构，同时还必须有一定的粗糙度。前者要求本征接触角大于 90°；后者要求表面有凸出的物理结构单元，需要其有一定的分布密度。而表面物理结构单元尺度的量级也是影响超疏水性能的重要因素，一般微纳复合结构可以达到较好的效果。此外表面物理结构单元的刚度、耐磨性、稳定性是保持材料表面具有稳定持久超疏水性能的重要保障。

三、超疏水理论

(一) 接触角理论

Young 方程 [式(3-48)] 是关于接触角的最早的理论。其适用范围是表面平整光滑的固体表面。而实际上，生活中许多固体材料的表面并不光滑，往往具有一定的促成结构。尤其

是对超疏水表面，粗糙表面是超疏水的必要条件。对于粗糙表面，Wenzel 提出了修正模型［图 3-23（a）］，得到了 Wenzel 方程式（3-50）。根据 Wenzel 方程，当材料的表面变得粗糙时，原本疏水的更为疏水，而亲水的将更亲水。

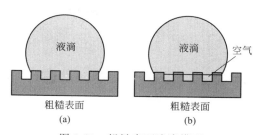

图 3-23　粗糙表面液滴模型

（a）Wenzel 模型；（b）Cassie 模型

　　Cassie 在研究织物的疏水性能时，提出了另一种接触角模型，即空气垫模型。该模型将粗糙表面上液滴与固体的接触面分解为两部分，一部分是液滴与固体表面突起部分的接触（浸润部分），另一部分则是液滴与空气垫的接触（空气垫部分），如图 3-23（b）所示。令液-固实际接触面积与液滴下方固体的总表面积之比为润湿比例系数 f（$0 < f < 1$），此时，表面自由能平衡方程成为：

$$\gamma_s f = \gamma_{sl} f + \gamma_1 (1 - f) + \gamma_1 \cos\theta_a \tag{3-51}$$

因此表观接触角 θ_a 与本征接触角 θ 的关系方程（Cassie 方程）为：

$$\cos\theta_a = f\cos\theta + f - 1 \tag{3-52}$$

　　Cassie 和 Baxter 提出了复合接触角的概念，他们认为对于复合型介质，接触方程为：

$$\cos\theta_a = f_1\cos\theta_1 + f_2\cos\theta_2 \tag{3-53}$$

　　式中，下标 1 和 2 分别指代两种介质；f_1 和 f_2 为两种介质所占的面积分数（$f_1 + f_2 = 1$）。对于疏水性体系，因为 $\cos\theta < 0$，f 值越小，粗糙度 q 越大的体系，表面的疏水性越强。

　　对于实际体系，由于存在接触角滞后现象，因此当液滴体积不断增大时，所观测到的接触角比静态接触角大，称为前进角 θ_A；当液滴体积不断减小时，所观测到的接触角比静态接触角小，称为后退角 θ_R。前进角与后退角的差值 $\Delta\theta$ 不仅与表面粗糙度有关，也与表面不均匀性有关。这种现象也称为表面对液体的黏滞性，$\Delta\theta$ 值越大，黏滞性越强，液滴越难滑落或滚动，而当 $\Delta\theta$ 值很小甚至趋近于 0°时，该表面几乎没有黏滞性，液滴就很容易从该表面上滚落。因此，以前进角与后退角的差值 $\Delta\theta$ 也可以定义液滴的移动性能。

（二）滑动角方程

　　能使液滴从斜面上滑落的最小斜面角称为临界滑动角，简称滑动角。液滴在斜面上的滑动是由于液滴在斜面上受力不平衡引起的。一方面，液滴的重力使得液滴有下滑的倾向，另一方面，液滴所受的表面张力也可能不平衡。1956 年 Wolfram 提出了一个经验方程，描述了光滑表面上液滴滑动时的影响因素：

$$\sin\alpha = k\frac{2r\pi}{mg} \tag{3-54}$$

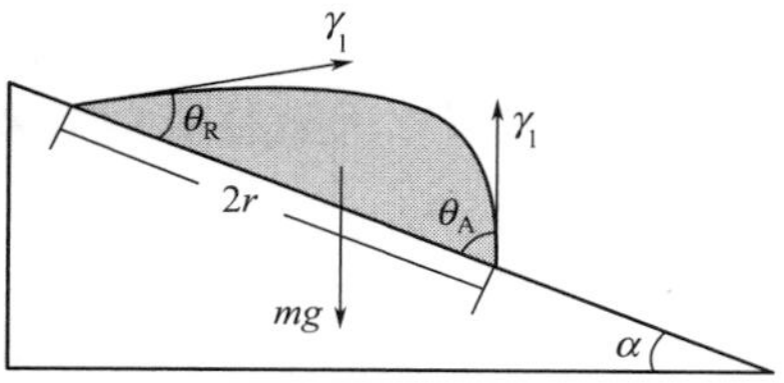

式中，α 为滑动角；r 为液滴与固体表面接触圆周的半径；m 为液滴的质量；g 为重力加速度；k 为常数。之后 Wolfram 又对液滴进行了受力分析（图 3-24），以了解常数 k 的含义。液滴滑动的条件是下滑的动力大于下滑的阻力，即

图 3-24　倾斜面上的液滴

$$r\pi\gamma_1\cos\theta_A \leqslant r\pi\gamma_1\cos\theta_R + mg\sin\alpha \tag{3-55}$$

对比式（3-55）和式（3-54）可知：

$$k = \frac{1}{2}\gamma_l | \cos\theta_A - \cos\theta_R |$$ (3-56)

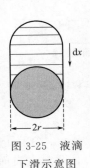

图 3-25　液滴
下滑示意图

由于前进角总是大于后退角，因此表面张力的不平衡同样是下滑的动力，从而造成式（3-56）中 k 值成为负值，不得已 Wolfram 给它加了个负号。显然这是不合理的。上述受力分析没有考虑重力产生的摩擦力和液滴对斜面产生的黏滞阻力，因而得出了错误的方程。1962 年，Furmidge 等提出了另一个描述滑动角与滞后角之间关系的方程。当一个置于倾斜固体表面上的液滴沿着表面下滑一段微小的距离 dx 时（见图 3-25），重力所做的功必须与润湿单位面积固体表面所需的功相等，得到的公式如下：

$$mg\sin\alpha = \gamma_l(\cos\theta_R - \cos\theta_A) \times 2r$$ (3-57)

若液滴滴落前的半径为 R'，在斜面上形成球冠后球半径为 R，与斜面接触部分的圆的半径为 r，Murase 等 1998 年在 Wolfram 的经验方程基础上，通过几何计算得到了滑动角与接触角的关系方程：

$$\frac{4}{3}\pi R'^3 \rho = m$$ (3-58)

$$R' = \left[\frac{1}{4} \times (2 - 3\cos\theta + \cos^3\theta)\right]^{\frac{1}{3}} R$$ (3-59)

$$r = R\sin\theta$$ (3-60)

将上述方程带入式（3-54）得：

$$k = \left[\frac{9m^2(2 - 3\cos\theta + \cos^3\theta)}{\pi^2}\right]^{\frac{1}{3}} \times \frac{g\rho^{\frac{1}{3}}\sin\alpha}{6\sin\theta}$$ (3-61)

式中，ρ 为液体的密度；可以通过测量 α、θ 和 m 的值来计算常数 k 的值。

Watanabe 等在此基础上引入粗糙度因子，提出了粗糙表面的滑动角和接触角关系的方程。他们认为固液之间相互作用能应该正比于液滴与固体表面实际接触面积，而与固液之间相互作用能有关的常数 k 也应如此，即对于粗糙表面常数 k 应为原来的 qf 倍，因为粗糙度因子 q 与润湿比例系数 f 的乘积就是固液接触面积与固体实际表面积的比值。将此假定带入式（3-61）得：

$$\sin\alpha = \frac{2qfk\sin\theta_a}{g} \times \left[\frac{3\pi^2}{m^2\rho(2 - 3\cos\theta_a + \cos^3\theta_a)}\right]^{\frac{1}{3}}$$ (3-62)

再结合 Wenzel 和 Cassie 模型，得到粗糙表面实际接触角 θ_a 与本征接触角 θ 的关系方程：

$$\cos\theta_a = qf\cos\theta + f - 1$$ (3-63)

将式（3-63）带入式（3-62）得：

$$\sin\alpha = \frac{2qk\sin\theta_a(\cos\theta_a + 1)}{g(q\cos\theta + 1)} \times \left[\frac{3\pi^2}{m^2\rho(2 - 3\cos\theta_a + \cos^3\theta_a)}\right]^{\frac{1}{3}}$$ (3-64)

由该方程通过测定临界滑动角，并运用式（3-61）得到 k 值，就可以大致估算润湿系数 f 的值。

（三）滚动角理论

液滴在斜面上的滑动主要是受力不平衡引起的。当液滴从斜面上滚落时，不仅力的平衡被打破，力矩的平衡也被打破。引起液滴从斜面上滚落的最小斜面角称为滚动角。LIU 等分析了液滴在斜面上滚动的不同状态（图 3-26），运用力矩不平衡原理和能量守恒定律，研究了液滴在斜面上的临界滚动角与接触角间的关系，得到了光滑表面临界滚动角与接触角间的关系为：

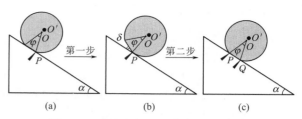

图 3-26　液滴在斜面的滚动过程示意图

（a）初始状态；（b）过渡态；（c）终态

$$\sin\alpha \geqslant \frac{4\gamma_1}{g\delta} \times \left(\frac{3\pi^2}{\rho m^2}\right)^{\frac{1}{3}} \times \frac{(1+\cos\theta)^2}{(3+\cos\theta)} \times \left(\frac{2+\cos\theta}{1-\cos\theta}\right)^{\frac{2}{3}} \tag{3-65}$$

式(3-65) 中，δ 表示当滚动角度至少为 δ 时（如图 3-26 所示）液滴才能完全克服液体对固体的黏附力而从表面上被抬起。

对于粗糙表面，在存在空气垫的情况下，运用能量守恒原理可以得到临界滚动角方程：

$$\sin\alpha \geqslant \frac{4f\gamma_1}{g\delta} \times \left(\frac{3\pi^2}{\rho m^2}\right)^{\frac{1}{3}} \times \frac{(1+q\cos\theta)(1+\cos\theta_a)}{(3+\cos\theta_a)} \times \left(\frac{2+\cos\theta_a}{1-\cos\theta_a}\right)^{\frac{2}{3}} \tag{3-66}$$

式(3-66) 中各参数的意义同前。

由式(3-65) 和式(3-66) 可见，液滴的质量 m、密度 ρ、液体的表面张力 γ_1 以及接触角等都对滚动角有影响。此外，与固体表面形貌有关的粗糙因子 q 对超疏水表面上液滴的滚动角有着很大的影响，如图 3-27 所示，不存在空气垫时，若粗糙因子为 1.5，本征接触角超过 130°，滚动角就可接近 0°。

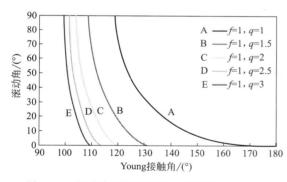

图 3-27　粗糙表面粗糙因子 q 对滚动角的影响

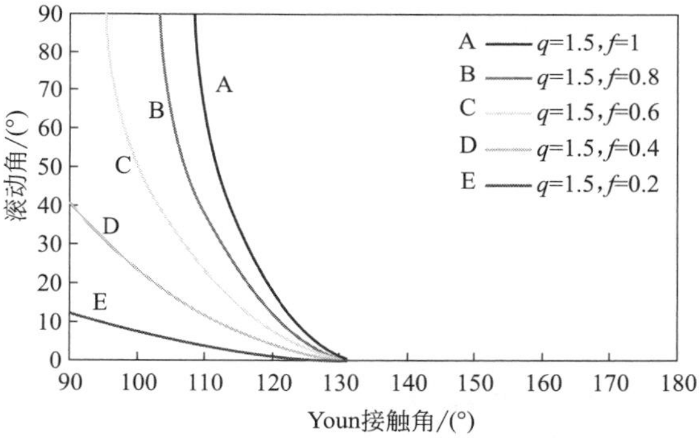

图 3-28　粗糙表面润湿比例系数 f 对滚动角的影响

对于存在空气垫的情况，润湿比例系数 f 是表征空气垫多少的相关参数，它对滚动角也有很大的影响，如图 3-28 所示。由图可见，改变空气垫的大小，并不影响其滚动角为 0° 的临界值接触角值，但影响其与接触角的变化关系。空气垫越多，f 值越小，滚动角数值也越小，且随接触角的减小而变化不大，均在较小的范围内。

四、分类与制备

（一）本征型超疏水

本征型超疏水表面以疏水性材料为基础，在其上通过相分离法、刻蚀法或模板法等方法来构造出粗糙表面，实现超疏水特性。

1. 相分离法

相分离法是指在一定条件下高分子溶液在溶剂挥发过程或熔体冷却过程中体系产生相分离而最终形成微米-纳米结构的粗糙表面的方法。可用相分离法制备超疏水表面的高分子材料有 PS、PP、PVC、PMMA 以及含氟丙烯酸酯等，将其溶解于适当的溶剂中，通过加入沉淀剂或者改变温度等来产生相分离。

例如，将聚氯乙烯溶解在 THF 中，再滴加少量非溶剂乙醇，混合均匀后将该混合物倒在玻璃基板上干燥，由于溶解性的差异所导致的相分离使得薄膜呈现出多孔粗糙结构，所得粗糙薄膜的接触角约为 154°，滚动角为 7°。再如，聚丙烯通过溶液浇注法或浸渍法，利用控制溶剂挥发和聚丙烯结晶这两种因素对薄膜表面形貌进行调节，可以制备超疏水表面。

将丙烯酸全氟烷基乙酯和甲基丙烯酸甲酯的无规共聚物以 1,1,2-三氟三氯乙烷作为选择性溶剂，溶剂挥发时含氟丙烯酸酯无规共聚物在溶液中产生特殊的微胶束结构，待溶剂挥发成膜后便得到了具有超疏水性的聚合物膜，水滴在该聚合物膜上的静态接触角为 151°～160°，滚动角小于 3°。

通过选择性溶剂对嵌段共聚物不同链段溶解能力的差异，可以得到特殊结构的超疏水表面。如聚丙烯-b-聚甲基丙烯酸甲酯的嵌段聚合物（PP-b-PMMA）中两部分聚合物在二甲基甲酰胺溶剂中溶解能力不同，可以自组装成以 PP 为核心以 PMMA 为外壳的球形结构固体薄膜，该薄膜表面结构类似于自然界中荷花叶子的表面，经测试接触角超过 160°。

相分离方法过程简便，可以用于制备均匀的、大面积的超疏水表面。但该方法可控性、重复性较差。

2. 模板法

模板法以具有微米或纳米空穴结构的基底为模板，将铸膜液通过浇注、涂布、挤压等方式覆盖在模板上，成膜后去除模板，从而获得与模板一致的粗糙表面。

例如用智能机器人在电镀抛光的铝箔模板上刻出微米级的粗糙结构，再经阳极氧化后得到具有微米-纳米双重结构的铝箔模板，在此模板上合成聚氨酯膜或制备聚丙烯薄膜，后者接触角最大可达到 165°，滚动角为 2.5°。通过设置机器的行动参数和控制电镀条件可以制备不同的粗糙结构。

也可以直接利用荷叶等天然超疏水表面作为原始模板，用聚二甲基硅氧烷（PDMS）先制备凹版，再用其制备 PDMS、PS 或其他疏水性高分子凸版。由于原始模板为真正的荷叶等超疏水表面，所以凸版就具有由微米级突起和纳米级蜡晶组成的双重粗糙结构，与荷叶的表面形貌相同，是荷叶等天然超疏水表面结构的复制品。这种模板可以多次复制使用，所制得的粗糙表面的接触角可达 160°。其他可用的模板包括滤纸、织物和丝网等。

结合现代模板刻蚀方法能方便地调控材料表面结构，但这种方法不适合大规模制备。

3. 刻蚀法

刻蚀法是利用物理或化学方法在表面进行刻蚀或光刻而产生粗糙结构的方法，包括化学刻蚀、光刻蚀和等离子刻蚀等。

例如采用酸刻蚀法可在金属表面构造粗糙结构，再通过疏水改性可制得超疏水表面。将疏水性感光性高分子作为基体材料，通过微纳复合结构的掩膜对基材进行光照并曝光显影，可获得表面具有粗糙结构的超疏水材料。如聚乙烯醇肉桂酸酯、天然橡胶与双叠氮化合物组成的光交联体系等都可以实现超疏水特性。

用氧气等离子体对 PMMA 和 PEEK 进行处理可以得到超亲水表面（水接触角为 $0°$），再用 C_4F_8 进一步处理后其表面水接触角可达 $153°$。处理时间对于形貌和接触角有很大影响，可以得到柱状形貌。

使用氧气等离子体也可以对 LDPE 表面进行粗化，再用 CF_4 等离子体处理，在粗糙表面上形成一层低表面能物质降低表面能，经过两步处理能够得到粗糙可控的透明超疏水表面。

4. 静电纺丝法

静电纺丝法可以制备直径为几十纳米到几微米的纤维，它是将高分子溶液通过静电力从喷嘴中喷出，而在材料表面直接植入纳米或微米纤维的方法。静电纺丝产生的表面结构通常有一定的粗糙度，这种粗糙表面与疏水结构相结合即可构造超疏水表面。如将 PS 溶解后进行静电纺丝，改变纺丝液浓度，得到的膜结构是不同的，高浓度下获得的是蛛网状纳米纤维，浓度很低时得到的是多孔微粒组成的聚合物膜，但强度不够，在适当的浓度下，则可以获得同时存在多孔微粒和纳米纤维的复合结构，超疏水性能来自于多孔微粒，而纤维则起到了强化作用，提高了强度。这种方法可以用于合成天然高分子聚合物、聚合物合金和带有载色体、纳米颗粒以及活性基团的聚合物，还有金属和陶瓷。然而电纺丝法在聚合物中广泛应用，在陶瓷上的应用增强了表面的热力学稳定性。静电纺丝法适用于连续性生产，但由于该法需要在比较高的电压下实现，所以使用起来有一定的局限性。

（二）复合型超疏水

复合型超疏水表面通常是以某种材料为基础，在其上通过化学沉积法、原位生长、粒子填充等方法形成凸起的粒子，从而构造粗糙表面，疏水性表面既可以由基材和粒子直接提供，也可以在构造完成的粗糙表面再进行疏水性改性。

1. 沉积法

沉积法包括物理沉积法（PVD）、化学沉积法（CVD）和电沉积法，它是通过物理、化学或电化学沉积方法将粒子沉积在基材表面来构造粗糙疏水表面的。

如采用气相沉积法在聚丙烯薄膜和聚四氟乙烯薄膜表面沉积多孔晶状聚丙烯涂层，经这样构造后，PP 对水的接触角达到 $169°$，呈现出良好的超疏水性。而聚四氟乙烯薄膜通过沉积处理后接触角也提高了 $30°$左右。两种薄膜表面上各种高低不同的突起结构是产生超疏水性的关键。

通过离子加强化学气相沉积技术，在氧化的单晶硅表面制备垂直阵列碳纳米管，进一步在其表面沉积聚四氟乙烯后，垂直阵列碳纳米管从原来的亲水材料立即变成了超疏水材料，其前进角与后退角分别为 $170°$ 和 $160°$。

利用电沉积法将含氟的 3,4-乙烯二氧噻吩（EDOT）单体在 ITO 玻璃上进行电化学聚合沉积，得到由 $0.3\sim0.7\mu m$ 聚合物棒形成的微米级多孔结构薄膜，水滴接触角为 $155°$，滚动角小于 $10°$，且其疏水性可保持数月。油可以在 3s 内穿过薄膜。

2. 溶胶凝胶法

溶胶凝胶法是以反应性的化合物为前驱体，在适当的催化剂作用下，在液相下发生水解先形成稳定的溶胶，然后通过胶粒间发生交联反应而形成具有三维空间网络结构的凝胶。如将金属醇盐或有机盐溶解在醚、醇等有机溶剂中，形成均匀的溶液后进行水解，再缩聚形成均一稳定的胶体。通过控制胶体的凝胶化过程，经过热处理，去除凝胶中包含的水分和小分子物质，制备出特殊的微纳米粗糙结构。经过疏水性改性即可获得超疏水性涂层。这种方法设备简单，工艺过程容易控制，涂膜方便，可以在具有不同形状的表面实现大面积涂膜，并且可以通过控制反应达到调节表面微观粗糙结构的目的。但是溶胶-凝胶法也存在一些缺陷，例如部分原料为有毒有机物，会危害人体健康；溶胶-凝胶法生产周期较长；凝胶中有一些微孔，干燥时会收缩，影响产品质量，并且有可能释放出有害气体等。

3. 粒子填充法

粒子填充法就是将微米或纳米级颗粒填充在疏水性涂层中制备具有三维粗糙结构的超疏水表面的方法。所选用的填充粒子包括二氧化硅、无机盐、金属氧化物等无机粒子，也包括PTFE、PS等疏水性高分子的颗粒。

例如，以含氟丙烯酸酯共聚物为基体树脂，通过添加二氧化硅粒子来实现表面凹凸以制备超疏水表面，对比聚合物中加 SiO_2 的一步法和先加 SiO_2 再聚合的二步法发现，一步法中的 SiO_2 团聚较为严重，二步法 SiO_2 分散程度较好，当 SiO_2 含量为 20% 时接触角可达到 160°，并有超过 90% 的透光度。以氟改性的丙烯酸树脂与二氧化硅和二氧化钛共混后可以制备出水的接触角为 160° 的超疏水涂层。

由于多尺度粗糙是天然超疏水材料的特征，因此，制备多尺度粗糙表面结构具有仿生意义。先制备具有微纳双尺度蛇莓形结构的复合型粒子，再与疏水性基材复合，具有结构仿生、复合方法简单、操作简便、粗糙度可控等特点。制备蛇莓结构复合粒子的方法主要有四种：①先制备内部单分散大尺度微米粒子，再在其表面原位合成外接纳米小粒子；②先制备外接纳米小粒子，通过 Pickering 乳液聚合方法原位合成内核微米粒子；③先分别合成含有特定可反应或有强烈相互作用基团的内核微米粒子和外接纳米粒子，再通过二者间的化学反应或强烈的相互作用使外接粒子接着于内核粒子上；④同时原位合成内核粒子和外接粒子。

复合粒子的形貌有球形、椭球形、棒状、纤维状、立方体、长方体等。当内核粒子呈球形，外覆一连续层材料时，称为核壳型结构；内核和外接粒子均接近球形的复合结构常以覆盆子形（raspberry-like）或草莓形来描述。其实它更像蛇莓形［如图 3-29(a)~(c) 所示］。内核粒子为球形，外接粒子呈针状、纤维状或棒状的复合粒子通常称为海胆形（urchin-like）或刺猬形（hedgehog-like），如图 3-29(d) 所示。

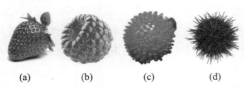

图 3-29　复合粒子形貌的类似结构

(a) 草莓；(b) 覆盆子；(c) 蛇莓；(d) 海胆

将蛇莓形碳酸钙/二氧化硅复合粒子用六甲基二硅氮烷进行表面处理，然后与聚二甲基硅氧烷进行复合，可以得到具有微纳结构的超疏水涂层，其表面接触角可达 169°。

粒子填充法是一种简便有效又适合大规模生产和使用的方法。通过该方法可以非常简便地获得粗糙表面，当使用疏水性聚合物作为基体或者使用疏水性粒子作为填充物时就能够有效地提高表面的疏水性，最终获得超疏水表面。

五、超疏水材料的应用

（一）油水分离

由于粗糙表面可以放大润湿性，因此，对于水接触角大于 90° 的疏水性表面而言，当粗糙度达到一定程度时，水滴的接触角可大于 150° 而油滴的接触角可接近为 0°。这种超疏水超亲油的表面可以对油水混合物实现有效分离。

将超疏水材料通过物理喷涂、化学接着等方法复合在具有多孔结构的滤纸、织物、海绵或金属滤网上，就构成了油水分离滤纸、油水分离海绵和油水分离网，其制备非常简单，制备成本低廉，也适于大规模制备。油水分离效果与网眼尺寸、油的化学结构、含量及杂质的类型、承受的压力等都有一定的关系。

通过特定的方法制备超疏水薄膜也可以进行油水分离，分离的机理有两种，一种是依据表面张力作用的过滤法，另一种是通过吸附油来达到油水分离的目的。例如将疏水性高分子（如 PS）溶解在适当的溶剂（如 THF）中，通过喷雾器喷洒或静电纺丝制备微米球和纳米纤维形成的多尺度超疏水薄膜，它具有很强的吸油特性，可吸收几十倍于自身重量的柴油，因此可用于海水中的石油污染处理。对于用过滤方法分离油水的超疏水薄膜，其优缺点和超疏水网类似。对于通过吸附油而进行分离的薄膜，其吸油效率受薄膜厚度限制，易达到饱和，难于连续化进行，更适合于实验室操作。

（二）抗冰涂料

冰雪会给日常工作和生活带来诸多烦恼甚至造成安全隐患。机械设备的覆冰会损坏机械设备，输电线路覆冰或积雪会严重威胁电力和通信网络的安全运行，冰在飞机、舰船等交通工具上的集聚更是严重威胁人身安全。目前防覆冰的方法可分为物理法和化学法，物理法包括直接加热、热辐射、电流脉冲和机械除冰等，这些方法需要消耗大量热能和电能，费时费力；化学法包括防冻液法、化学溶解及化学热等，不仅除冰效果难以持久，还容易造成环境污染。因此，抗冰材料应运而生，被称为被动抗冰法。

抗冰材料能从源头上减少冰雪在其表面上的覆积，因此这种被动抗冰法实际上掌握了抗冰的主动权。它无须提供额外的热能或电能，也不像防冻液那样需大量喷洒而对环境造成危害，是一种节能又环保的抗冰措施，能够达到持久抗冰的效果。

抗冰材料的关键是超疏水特性。以飞机为例，其结冰方式主要是过冷水滴结冰，过冷水滴存在于高空云层之中，其温度在冰点以下却仍以液体的形式存在，通常，过冷水滴越小，其冻结的温度就越低。由于处于一种极不稳定的状态，轻微的机械扰动就能使过冷水滴结冰。当飞机飞过由过冷水滴构成的云层时，过冷水滴碰撞温度极低的机体表面就会立即冻结，从而导致飞机的机翼、尾翼、进气口等迎风尖锐部位结冰，影响飞机的安全。超疏水材料与水的相互作用力很小，能够起到减少覆冰量的作用；同时冰在超疏水表面的附着力也很低，使得冰晶脱离表面的剪切力更小，对于已经聚集在超疏水表面上的冰雪，很容易通过风等自然力的作用脱离材料表面，从而起到防覆冰的功效。此外，由于超疏水表面与水滴间接触面积降低，使得水在超疏水表面开始形成冰核的时间延长，也提高了防覆冰性能。

在家电行业中，超疏水涂层用于室外天线，可以防止积雪覆盖在天线表面对其接收信号产生干扰，从而提高电视收视质量；空调制冷时，室内换热器上形成大量冷凝水，造成能量浪费同时还容易出现管路漏水，在管道内壁涂覆超疏水涂层，使水滴快速排出，提高空调使用寿命；空调制热时，室外换热器上会结霜，超疏水涂层也可有效解决此类问题；超疏水涂层用于冰箱内挡，可防止冷凝水结冰，提高冰箱热导率，减少电的浪费，同时有利于空调保冷。

不过，当温度持续低于水的露点时，大气中的水汽在超疏水表面的不断凝结会使之在固体表面的静态接触角逐渐减小，而滞后角逐渐增大，水滴的迁移性能变差，涂层超疏水性能会随之减弱。随后，进一步凝结的水滴会进入微结构中形成冰晶，增加了涂层表面与水滴间的接触面积，使得形成的冰与涂层表面的黏结力增大，不易脱离，新的结冰过程在冰晶上继续进行，最终导致超疏水表面不再具有防冰性能。因此，超疏水材料的抗冰性能有时效性，尤其是在受压、磨损导致表面粗糙度被破坏的情况下更是如此。冰对固体的剪切强度随接触角增大而减小，而探寻超疏水表面抗覆冰规律还需要加强黏结强度测试标准的制定和同一规范粗糙度的表征方法。

（三）自清洁

雾霾、油性烟雾、工业废气、汽车尾气、酸雨等给建筑物外墙和地面带来不少污染问题，大大影响了建筑的美观性、功能性和耐久性。耐沾污性已成为考察建筑外墙涂料性能的重要指标。为了提高涂层的耐沾污和自清洁能力，技术人员开发了不易附着污染物或者使附着的污染物能借助于雨水、风力等自然作用被去除的耐沾污自清洁涂料。这种涂料由于能简单方便地解决外墙（地面）的污染问题，已成为建筑涂料发展的一个重要方向。

涂料自清洁是依靠涂层自身所具有的亲-疏水物理特性来起易洁和自洁作用的。GB/T 23764—2009《光催化自清洁材料性能测试方法》中涂料耐沾污自洁效果通过"雨痕"实验进行检测，即将实验样品置于带有亲油性及"雾霾"污染源的大气自然环境下一定周期，测试污染前后涂料外观的变化。这种测试能够体现在自然环境下的实际污染情况。不同体系的建筑涂料耐沾污性相差很大。根据"雨痕"实验测试，建筑涂料耐沾污性优劣次序是：乳胶漆＞溶剂型丙烯酸漆＞溶剂型氟碳漆。溶剂型氟碳漆的好处是表面比较硬，容易清洗，但最容易脏；很多乳胶漆产品，如弹性乳胶漆，其污染往往是永久性的，污染物都渗透到了涂膜里面，沾污只能靠涂料自身的微粉化解决问题，因此常常会出现涂料在刚开始使用的一段时间越来越脏，后来反而越来越干净的奇特现象。

但不能由此认为氟碳涂料耐沾污性不行。将氟碳涂料设计成超疏水表面结构就可以具备耐沾污自清洁效果。一般的超疏水材料受到各种油污的污染后会丧失其超疏水特性，而采用含氟材料构筑的超疏水体系能够赋予表面超双疏的特性，即不仅具有很强的拒水能力，还能够防止油污污染所造成的表面性质的变化，因此具有极好的自清洁性能与持久性。例如采用 40nm 和 100nm 两种尺度的纳米 SiO_2 混合溶胶加以改性并加入到含氟聚氨酯聚合物基体中，得到超双疏纳米复合罩面清漆。这种超双疏纳米复合罩面清漆对水的接触角为160°～170°，对十二烷烃的接触角为150°左右，因此具有很好的防水、耐油污和自清洁能力。无论是大气环境下的溶剂型污染物，还是以粉尘为主的水性污染物，都能够实现耐沾污和自清洁。

（四）减阻增输

油品的管道运输需要克服其在管道内流动时与内壁产生的摩擦阻力，管道越长需要克服的阻力越大。如果能降低摩擦阻力，就可以减少管道中石油加压站的数量，达到减阻增输、减少能耗、降低成本的目的。输油管道的减阻增输通常采用添加减阻剂来降低油品的黏度。但减阻剂一般为超高分子量的聚合物，在油品输送的过程中受剪切力作用因拉伸取向而影响其减阻效果，或因遇到泵、管件和孔板等机械阻碍和剪切作用断链变成短链分子而失去减阻效果。另外，加入减阻剂可能会影响油品的质量。新型减阻技术是通过改变管壁材料使其表面具有超疏水性。由于超疏水表面能够显著减少固液之间的接触，在液体和固体表面形成大量的气垫，减少了流体和管壁之间的摩擦力，防止流体在管道内壁的粘连堵塞，进而可以更快速、更省力地传输油流。

这种现象可以用壁面滑移理论来解释。流体在流动时，从固定面到表面有一个速度梯度，液层间的剪切力与速度梯度成正比。壁面滑移理论认为，当液体流经低表面能表面时产生了壁面滑移，使得边界面上的速度梯度减小，从而减少了边界上的剪切力，使其流态更加稳定，同时，层流边界层厚度相应增加，这些因素共同导致了减阻效果。Watanabe 等最早提出用疏水表面进行减阻的研究，他们认为疏水表面存在有细微沟槽，导致其表面与流体的接触面积减小，因而降低了摩擦阻力。实验表明，含水原油在有超疏水涂层的管道中传输时沿程压力梯度较无涂层管道小。可见，疏水涂层在石油减阻增输方面有着很大的应用潜力，节省资源，增加输量。

在航海潜水领域，利用超疏水材料制备船舶外壳，同样可以减少流体与船体的接触，极大减小水流对于船舶的阻力，可以让船舶航速带来全新的变革，尤其是极大地减小潜水艇在深海运行中的阻力，提高航速。超疏水涂层的应用还可以减少燃料的使用量，提高船舶、潜艇的续航能力。

（五）金属防护

油田管道的腐蚀问题是困扰油田生产的一个重要因素。尽管金属表面钝化层是具有防腐作用的，但若长期处于存在腐蚀性的环境中，该钝化层也会被腐蚀介质穿透而导致金属腐蚀。由于一般金属表面并不是完全均匀的，所以液滴在超疏水表面可以形成空气垫，这样液滴在超疏水表面接触角增大，滚动角很小，与固体表面的附着力也会大大降低，在液滴自身重力或者其他外力作用下就很容易离开金属表面或者只有部分残留在其表面。采用超疏水防腐技术，就是在金属表面通过施加超疏水膜，使腐蚀介质（水、酸性气体及盐的水溶液等）在其表面接近完全不润湿状态，而大大减缓金属的腐蚀过程。

石油行业大部分是室外作业，设备工具受腐蚀严重，性能很快会下降，保养防腐蚀是维持设备工具良好性能的主要方式，超疏水材料提供一种新的设备工具的保养方式。暴露在室外的设备工具如有一层超疏水涂层，可以避免空气中的水分与其直接接触，达到防腐蚀的效果。许多石油液位计长期使用会变黑甚至堵塞无法读数，频繁更换液位计增加了成本也加大了员工的劳动强度，如液位计使用超疏水材料制作则可以解决以上问题。

具有超疏水表面的材料应用到海洋钻井平台，也是有广阔前景的。将表层导管外层制成超疏水材料可以减少导管在海波中的阻力，从而减少海波对导管的影响。在平台底部与海水接触部分运用超疏水材料可以在微纳凹凸中产生大量的空气垫，避免了金属与水的直接接触，增加了平台防腐蚀能力，提高了其在水中的浮力。但是目前超疏水材料耐受温度范围还不宽，寿命较短，耐磨损性能较差等，需要加以解决。

（六）防止海洋生物附着

舰船长期在海洋中行驶时，微生物、植物、动物可聚集并附着于水下物体表面，会给船体及水下抽排水管道及一切海洋设施造成很大破坏作用。船底附着大量海洋生物能明显增加航行阻力，降低航速，增加燃料消耗。大量海洋生物的附着会破坏金属表面的涂层，从而加速金属腐蚀和老化，迫使船舶更频繁地进入船坞整修，浪费大量的时间和资源。以往所用的防污涂料是在涂料中添加了有机锡类化合物等防污剂，来防止和控制污损生物在基体表面的附着和生长。但随着时间的推移，大量防污剂被释放到海洋中，对环境造成不可逆转的危害。它容易破坏环境。

海洋生物长期置身海水，却很少有附着生物黏附。研究发现，海洋生物通过分泌一种对附着生物有避忌或抑制作用的特殊化学物质，或者通过特殊的表面形态，避免其他海洋生物在体表附着。例如巨头鲸皮肤表面就存在着由纳米尺寸的脊围绕而成的纳米洞，其中填有含水凝胶，有效地阻碍了海洋生物的附着。超疏水表面可以减小污损生物与表面的接触面积，从而阻止和减缓污损。微纳结构使得材料表面与污染物的接触面积减小，作用力减弱，液滴滚动时表面的污染物很容易被带走，从而达到防污作用。

（七）精细分割液体

俗话说抽刀断水水更流，用刀来分割液体似乎是妄想。然而，当放置水滴的案板和刀表面都经过超疏水化处理，这样在特定条件下就可以干净利落地把水切成两半了。这是分割微量液体样品的一种方法。将其与其他分离方法（例如等电位聚焦）结合，就有了从很少量的液体中分离不同成分的潜力。

（八）其他

在生物医学领域，将其应用于手术器械上，利用超疏水表面具有抗细菌黏附的特性，可减少手术过程中对正常组织的损伤；还可用于微量注射器的针尖，以减少昂贵的药品在针尖上的黏附，同时消除药品对针尖的污染。可逆超疏水材料可以随外场条件的改变发生超疏水/亲水的转换，运用这一特性，可以通过控制葡萄糖含量、温度的高低、酸碱度的高低等为超疏水/亲水材料作出响应的因素来实现离子的定向传输和药物的定向送达，使药物直达病灶。

在纺织品领域，用超疏水纤维织物做成的服装具有防水、防污、透气的能力；用超疏水纤维材料制作的雨伞、雨衣，可以方便地抖落水珠。

在太阳能电池发展方面，超疏水表面的应用可维持钢化玻璃或太阳能电池板的吸收率。在微机电系统中，超疏水表面的应用可减弱微结构之间的液体桥接，提高系统内微器件自组装技术性能。在航空航天方面，超疏水表面涂层用于卫星接收天线还可避免积雪、覆冰和灰尘等造成的通信质量变差或中断故障。

如果所制备的超疏水涂层具有透明性，则可用于制造自洁、防污性玻璃，用于汽车挡风玻璃不仅可以在雨雾天或高湿度环境中保持一定的透明性，还可以减少污染，提高人们在雨天行驶过程中的安全性；用于高层建筑物的窗玻璃和幕墙，通过雨水带走玻璃表面的污染物，可以减少人工清洗的次数，避免高空作业的危险。

思　考　题

1. 说明离子交换树脂的类型。凝胶型与大孔型树脂在结构、性能上有何不同？

2. 强酸型和弱酸型离子交换树脂吸附离子的顺序各是怎样的？

3. 含有 Fe^{3+}、Ca^{2+}、Mg^{2+}、Na^+ 的被处理液自上而下通过氢型强酸型阳离子交换树脂柱，达到贯流点的标志是什么？原因何在？

4. 什么是"白球""磺球"和"氯球"？请分别写出它们的制备方法。分别简述其应用。

5. 制备大孔树脂时，有哪些致孔剂？所得孔径有何不同？试简述原因。

6. 两性树脂、蛇笼树脂和热再生型离子交换树脂均含有酸碱两性基团，其结构上的差别是什么？

7. 提高离子交换树脂的交联度对其性能有何影响？

8. 离子交换树脂通常以盐型保存的原因是什么？

9. 分别举例说明离子交换树脂的离子交换反应。弱酸弱碱型离子交换树脂为何不能分解中性盐？

10. 称取干树脂 1.0g，置于 250mL 锥形瓶中，准确加入 0.10mol/L NaOH 标准溶液 100mL，振荡后放置过夜。用移液管吸取上层清液 25.0mL，加酚酞指示剂 1 滴，用 0.10mol/L 标准 HCl 溶液滴定至红色消失，设用去标准 HCl 溶液 14.0mL，试计算树脂的交换容量。

11. 离子交换树脂有哪些功能？简述离子交换树脂的主要用途。

12. 举例说明混旋体的拆分方法。

13. 拆分树脂的显著特征是什么？

14. 旋光性高分子有哪些种类？它在手性分子合成中具有哪些作用？

15. 你能举出主链上具有手性碳原子且具有旋光性的高分子吗？

16. PS 结构单元上有手性碳、全同立构 PP 在晶态中呈螺旋结构，它们是否具有旋光性？为什么？

17. 聚甲基丙烯酸三苯甲酯为什么有可能具有旋光性？

18. 下列可以有旋光性的聚合物是（　　）。a. 聚甲基丙烯酸三苯甲酯　b. 聚苯乙烯　c. 聚丙烯酸异丙酯　d. 聚甲基丙烯酰胺　e. 聚 3-甲基-1-戊烯

19. 以下旋光性聚合物拆分树脂中，可用作配体交换固定相的是（　　）。a. 聚-(R)-3-甲基-1-戊烯；b. 聚丙烯酸-α-氨基丙酯；c. 聚甲基丙烯酸三苯甲酯 d. 全同立构聚苯乙烯；e. 聚-L-3-甲基-1-戊烯　f. 聚氧乙烯

20. 壳聚糖与羧甲基纤维素（CMC）在分离 Fe^{3+} 时机理有何区别？在应用于分离金属离子的树脂时，对树脂需要做怎样的处理？

21. 请举出含 N、O、S 原子的螯合树脂，各一种。

22. 金属离子与高分子配位后除了可以用于分离回收金属离子外，还可以用于人造肌筋。写出其基本原理。

23. 如果需要对含有金属 Cr^{3+} 的电镀污水进行处理，请介绍几种不同的方法。

24. 简述膜分离的优缺点。

25. 分离功能膜有哪些主要类型？其分离的机理各是什么？分离的动力是什么？

26. 什么是扩散？什么是渗透？

27. 什么是反渗透？溶液的渗透压如何计算？为什么反渗透分离过程所需压力比微滤大得多？

28. 300K 时，测得某苦咸水中 NaCl 浓度为 5.85g/L，平均分子量为 10000 的胶体/大分子总量约 10.0g/L。试分别计算该体系中由 NaCl 和胶体/大分子所产生的渗透压（忽略第二维里系数的影响）。

29. 如何利用电渗析法由海水制备淡水和盐？如何有效地利用电能，防止电解现象？它与电解食盐水制备盐酸和烧碱有何不同？

30. 对特定的分离要求，如何设计分离膜的结构？

31. 膜上气体分离过程的机理有哪两种？

32. 气体的流动有哪些类型？运用多孔膜进行分离时，气体流动处于何种状态下分离效果较好？

33. 已知两种膜材料 PE（8.34H）和 PIP（10.05H），现欲分离环己烷（8.20H）和苯（9.06H），请问采用两种分离膜分离时，各组分分离次序如何？哪种膜材料分离效果更好？

34. 渗透蒸发法是如何将液体组分分离的？它与气体分离有何不同？

35. 在渗透蒸发过程中，膜与待分离组分间的相互作用对其渗透性、选择性有何影响？

36. 膜蒸馏分离方法有何优点？它与气体分离、渗透蒸发有何区别？

37. 高吸水性树脂为什么能吸收大量的水分？

38. 为什么胶体体系具有很高的稳定性？

39. 破坏胶体体系的方法有哪些？

40. 25℃时，一水性分散体分散在含 $MgSO_4$ 浓度为 10^{-4} mol/L 的溶液中，试计算与粒子相联系的双电层厚度。已知 25℃时水的介电常数是 78.5。

41. 某溶胶中粒子的平均直径为 4.2nm，设其黏度为 0.01P。试计算：（1）25℃时胶体的扩散系数；（2）在 1s 内由布朗运动而引起的粒子沿 X 轴的平均位移；（3）该粒子沉降 1.0cm 距离所需的时间，设粒子和基体间的密度差为 $2.0g/cm^3$。

42. 什么是絮凝剂？什么是凝聚剂？高分子絮凝剂的结构有何特点？

43. 高分子絮凝剂与高吸水性树脂在结构上有何异同？

44. 影响絮凝效果的因素有哪些？

45. 可以改善土壤的湿度，保持土壤水分的功能材料是什么？

46. 高吸水性树脂高吸水能力的原因何在？其吸水的过程是怎样的？

47. 高吸水性树脂的吸水率与树脂的交联程度、电荷密度有何关系？写出其吸水率计算的数学表达式。

48. 为什么一些高吸水性树脂还可以应用于卫生间除臭？

49. 如果请你设计一种高吸油性树脂，你会如何设计？高吸水性树脂与高分子絮凝剂都是带电的高分子，它们的结构有何异同？

50. 在进行电镀废水处理时，可用交联聚丙烯酸树脂处理，也可以用聚甲基丙烯酰丙酮处理，还可以用线形聚（丙烯酸-co-丙烯酰胺）处理。这三种方法原理是否一样？各有什么特点？

51. 亲水性和疏水性是如何界定的？

52. 如何测定液体在固体表面的接触角？为什么接触角有滞后现象？

53. 构造超疏水表面的必要条件是什么？

54. 试根据热力学理论推导 Wenzel 方程和 Cassie 方程。

55. 简述超疏水表面的构造方法。

56. 超疏水材料有哪些应用？

第四章 光功能高分子材料

　　光学性质，简单来说，就是光经过介质时介质产生的物理和化学结构上的变化，以及介质对光的传播方向、频率、强度等性质所产生的影响。所谓光功能高分子材料，是指对光能具有传输、吸收、存储、转换等功能的一类高分子材料。随着现代科学技术的发展，光功能高分子材料日益受到重视。从其作用机理看，可以简单地分为光物理材料和光化学材料两大类。

　　光物理材料着眼于材料对光的物理输出和转化特性，包括光的透过、传导、干涉、衍射、反射、散射、折射等普通光物理特性，在强光作用下所产生的非线性光学、光折变、电光、磁光、光弹等效应，以及在材料吸收能量后，以非化学反应的方式将能量转化为其他形式的能的特性。例如利用高分子材料对光的透射性，制成了品种繁多的线性光学材料，如普通的安全玻璃、各种透镜、棱镜等光学塑料，与信息、通信技术相适应的光盘的基材、塑料光学纤维等；利用某些高分子材料在激光作用下所具有的非线性特性而研究开发的有机非线性光学材料；利用材料的折光率随电场强度、机械应力和光能等外场的变化而变化的特性研究开发出了高分子电光材料、光弹材料、光折变材料等。此外，还有高分子光致发光材料、光导电材料等光能转换材料。

　　光化学材料则侧重于材料在光的作用下所发生的光化学变化，如光交联、光分解、光聚合及光异构等反应。由于发生了光化学反应，材料的其他特性如颜色、溶解性能、表面性能、光吸收特性等也发生了相应的变化。如利用高分子材料的光化学反应，开发出在电子工业和印刷工业上均得到广泛使用的感光树脂（光刻胶），利用光聚合反应和光固化反应制造光固化涂料及黏合剂，利用高分子材料的光-化学能量转换特性制成了光致变色材料等。

　　高分子材料能否作为光功能材料使用，首先取决于它的光学特性。材料的光学特性有两种方式。第一种是光的传播方式。在光的能量损失很小或频率变化较小的情况下，光在介质中发生传播方向上的偏转或速度上的减缓现象，如光的折射、散射、双折射和旋光等。这种性能不仅与材料的化学结构有关，而且取决于材料的形态结构。比如晶态的聚苯乙烯和非晶态的聚苯乙烯具有同样的化学组成，却具有不同的透光、反射和折射性能；天然石英有光活性，而熔融硅石却没有。第二种是能量转换方式。例如高分子材料吸收了光能，并把光能变成化学反应的动力，产生降解、交联等反应就是光化学反应特性；又如光电效应就是材料吸收光能经过转变而产生电能的特性。由于原子和分子是光能与其他能量形式相互转换过程的基本载体单元，故这种性能与材料的分子结构密切相关。只有具有一定结构，包括化学结构和形态结构的材料，才会具有特定的光功能。也就是说，光学功能不仅与材料的化学组成、分子结构有关，而且与材料中分子的聚集状态或形态结构有关。

第一节　光学塑料与光纤

透明材料过去以玻璃为主。进入了光电子时代的今天，一些主要的光学或光电元件如光盘、光纤、非球面透镜、透明导电薄膜、液晶显像膜、发光二极管等，均需用透明材料制造。而随着仪器和元件要求的轻量化、小型化、低成本化，高分子透明材料日益受到重视。这是因为玻璃虽然光学性能很好，坚固不易变形，但质量重、易碎、加工成各种形状的自由度小，加工耗能大，表面精度要靠研磨、抛光等复杂的工艺才能实现；高分子则不然，它密度小、易热塑成型，并可加工成各种所需形状的零件，制成极薄的薄膜，与玻璃相比，有优良的抗冲性能，且成本低廉。目前它已和玻璃、光学晶体一起成为三大光学基本材料。

一、光学塑料

第二次世界大战期间，由于光学玻璃缺乏，英美等国开始采用光学塑料来制造光学零件，应用于望远镜、瞄准镜、照相机和放大镜中。但当时材料性能较差，成本偏高，因而应用受到限制，产品少且档次低。战后，随着高分子合成工艺和加工工艺的改进，光学塑料得到了极大的发展。

（一）光学材料的性能要求

1. 透明性

透明性是光学材料的最基本要求。光线通过材料时的损失包括三个部分：表面反射，介质吸收和介质散射。

根据表面反射定律，表面反射率与折射率间的关系为：

$$R = \frac{(n-1)^2}{(n+2)^2} \tag{4-1}$$

可见，介质的折射率越高，被表面反射的部分就越多，透光率就会下降。因此，如果用于平光镜，则不必强调高折射率，而以低折射产品为好。一般高分子的表面反射较小，如PMMA的反射率为 3.5%。为了提高透光率，可以在材料表面镀上一层减反射膜（增透膜）。

介质吸收取决于材料的化学结构，饱和单键对可见光的吸收较小，对不饱和双键则吸收较多。大部分光学塑料均为饱和结构，因而在紫外、可见区的透光性与光学玻璃相近，但在近红外以上区域会出现 C—H 键等化学键的振动吸收。

介质散射取决于材料内部结构的均一性，分子量的不均一、晶体结构与无定形共存都将导致光散射。因此要得到透光性好的塑料，必须采取相应的措施以获得无定形结构，或采取微晶化方法减少结晶或使结晶区域的尺寸小于可见光波长，避免使用发色团或加入离子型助剂以消除发色团，降低损耗。

2. 折射率与色散

根据经典电磁理论，折射率 n 可由 Lorentz-Lorenz 关系给出：

$$R_{LL} = \frac{(n^2-1)}{(n^2+2)}\widetilde{V} = \frac{4}{3}\pi\widetilde{N}\chi \tag{4-2}$$

或 Gladstone-Dale 经验式：

$$R_{GD} = (n-1)\widetilde{V} \tag{4-3}$$

或 Vogel 关系式：

$$R_V = nM \tag{4-4}$$

式中，R 为摩尔折射度；χ 为介质的极化率；$\widetilde{V}$ 为摩尔体积；$\widetilde{N}$ 为阿伏伽德罗常数。所以，折射率 n 与分子体积成反比，而与摩尔折射度成正比。而摩尔折射度与极化率成正比。

在透镜的设计中，通常材料的折射率越高，做成的透镜就越薄，曲率也可降低要求。因此可以通过引入具有高极化率和较小体积的官能团来提高折射率。以前适于精密成型的只有聚甲基丙烯酸甲酯（PMMA）和丙烯酸酯环酯树脂（OZ-1000），其折射率通常在 1.5 左右，一般可以通过引入一些卤素原子（氟除外）、硫、磷、砜和重金属离子等来提高材料的折射率。在有机基团方面，折射率的变化为芳香稠环＞脂环＞直链＞支化链。

材料的折射率随入射光频率而变化的性质，称为色散。分子色散度可表示为：

$$\Delta R_{12} = \left(\frac{{n_1}^2-1}{{n_1}^2+2} - \frac{{n_2}^2-1}{{n_2}^2+2}\right)\widetilde{V} = \frac{4}{3}\pi\widetilde{N}(\chi_1-\chi_2) \tag{4-5}$$

色散也常用平均色散（n_f-n_c）或阿贝数 ν_d 来表示：

$$\nu_d = \frac{n_d-1}{n_f-n_c} \quad \text{或} \quad \nu_d = \frac{R\times 6n_d}{\Delta R(n_d^2+2)(n_d+1)} \tag{4-6}$$

式（4-6）中，n_f、n_c 和 n_d 分别为太阳光谱中相应的 Flaunhofer 线中的 f 线（486.13nm）、c 线（656.28nm）和 d 线（587.56nm）所对应的折射率。在校正色差时，一般采用两组具有不同色散系数的材料进行组合。为减小色散，也可以引入脂环、Br、I、S、P、SO_2 等元素或基团，或引入 La、Ta、Ba、Cd、Th、Ca、Ti、Zr、Nb 等金属元素，而苯环及稠环、Pb、Bi、Tl、Hg 等虽然折射率较高，同时也使色散增加。

3. 双折射

各向异性介质在平行和垂直于介质中某一特殊平面方向上的折射率是不一样的，光波入射至这种材料后会分解成相互垂直、折射角不同的两个光波，这种现象称为双折射。与界面平行方向的折射率 $n_{//}$ 与垂直方向折射率 $n_{\perp}$ 间的差值定义为双折射的程度：

$$\Delta n = n_{//} - n_{\perp} \tag{4-7}$$

双折射会使图像产生歪影，因此一般要求材料没有双折射。双折射与聚合物的分子结构和分子取向有关。双折射程度除用式（4-7）表示外，也可表示为 $\Delta n = f\Delta n_0$，其中，f 为取向系数，Δn_0 是聚合物本征双折射，它与不同方向上极化率之差 $\Delta\chi$（$\Delta\chi = \chi_{//} - \chi_{\perp}$）有关：

$$\Delta n_0 = \frac{2}{9}\pi \frac{\overline{n}+2}{\overline{n}} \times \frac{\Delta \chi d \widetilde{N}}{M} \tag{4-8}$$

式中，$\overline{n}$ 为平均折射率；d 为密度；M 为分子量。

聚碳酸酯、聚苯乙烯等带有芳环结构的物质，双折射较大，各向异性的材料更具有较大的双折射。采用共混或共聚的方法可以抵消二组分的表观双折射；通过调节成型条件，降低分子取向程度，也可以降低双折射。如 PMMA 与 PVC 在 82∶18 的共混组成时，双折射为 0。

4. 机械性能

耐磨性和韧性是光学塑料的重要性能。为了提高材料的耐磨性，可以采用交联、结晶、表面涂覆耐磨涂层等方法，但交联、结晶等将使材料脆性增大，而结晶则将使材料的透明性降低，且会引起较大的双折射。无定形聚合物的韧性与分子结构有关，一般链的柔性增加则韧性提高；而结晶高分子的韧性与 T_g 有关，降低 T_g 可以使材料的韧性提高，降低结晶度也可以提高韧性。

5. 温度性质

聚合物堆砌密度 $K(T)$ 与其自由体积分数有关。其关系为：

$$K(T) = \frac{\widetilde{N}\sum \Delta V_i}{M\nu_g[1+\alpha_g(T-T_g)]} \tag{4-9}$$

式(4-9)中，ν_g 是 T_g 时的比容；ΔV_i 是 i 原子的体积增量；α_g 是 T_g 时的热膨胀系数。计算可得，在 T_g 时 $K(T)$ 为 0.667。随着温度的升高，聚合物的体积将发生膨胀，它包括两部分的膨胀，一是本身的膨胀，二是自由体积部分的膨胀。

聚合物的热膨胀系数与玻璃相比要大一个数量级，但尺寸的改变对焦距等影响不大，主要还受折射率随温度的变化的影响。折射率随温度的变化关系为：

$$\beta = \frac{\mathrm{d}n}{\mathrm{d}T} = \frac{(n^2+2)(n^2-1)\mathrm{d}V}{6nV\mathrm{d}T} = -F(n)\alpha \tag{4-10}$$

一般在 T_g 以下，对于非晶聚合物，其热膨胀系数为 $(1.5\sim2.4)\times10^{-4}\mathrm{K}^{-1}$，其折射率温度系数为 $(1\sim2)\times10^{-4}\mathrm{K}^{-1}$。而玻璃仅为 $(2\sim4)\times10^{-6}\mathrm{K}^{-1}$。

6. 湿度

吸湿变形会使光学元件精密性和稳定性受到影响。与温度影响相比，吸湿带来的变化属于缓慢变化，其补偿也是很难解决的课题，因此，即使得到精密成型的高精度透镜或元件，如果材料的吸湿变形比较明显，也会因此导致光学元件的精度下降，限制其应用。

（二）光学塑料的主要优缺点

光学塑料与光学玻璃相比，有很多优点。高分子材料成型方便，成本低，能够制造一般用玻璃不能或很难制造的元件，如非球面透镜包括菲涅尔透镜等，能制成极薄的薄膜，还可以把透镜、垫圈和镜框制成一个整体，其成本仅为玻璃制品的 3%～10%；光学塑料耐冲击强度比玻璃大 10 倍以上，不易破碎；其相对密度仅为 0.83～1.46，因此其制品轻巧；其透光率与玻璃相近，特别是在近紫外到近红外（0.3～2μm）区域，透光率可达 92%；它的折射率和色散系数的范围虽不及玻璃宽，但基本能满足一般光学要求。

但是，光学塑料不可避免也有一些缺点，例如，性能受温度的影响较大，其折射率随温度的变化梯度约为 $2\times10^{-4}℃^{-1}$，热膨胀系数约为玻璃的 10 倍，导热性、耐热性差，受热易变形；光学塑料往往必须是无定形的结构，耐磨性较差，机械强度还不够高；此外高分子或多或少都有一点吸湿性，极性材料的吸湿性更加严重，吸湿或脱湿过程会使塑料膨胀或收缩，折射率和曲率也相应发生变化，导致焦距等透镜的参数发生改变，精度下降。为了克服这些缺点，人们采用了多种方法加以改进，如在表面涂覆有机硅涂层或使材料内部交联，以提高材料的硬度；采用减少极性基团的方法使吸湿性降低等。但处理的结果往往又会使其他性能发生变化，因而需视应用场合具体加以考虑。尽管如此，光学塑料仍是一种优良的透光材料。

（三）光学塑料的主要品种

目前，应用较为广泛的光学塑料有以下一些品种。

1. 聚甲基丙烯酸甲酯（PMMA）

PMMA 又称王冕光学塑料，能透可见光及 270nm 以上的紫外线，也能透 X 射线和 γ 射线，其薄片可透 α 射线、β 射线，但吸收中子线。透光率优于玻璃，达 91%～92%，其 $n_D^{20}=1.491$。制备方法通常为本体聚合或悬浮聚合法，机械成型性好，抗拉强度和抗压强度高，但表面硬度较低，容易被擦伤。主要应用于照相机的取景器、对焦屏、电视、计算机中的各种透镜组，投影仪与信号灯中的菲涅尔透镜，人工晶状体、接触眼镜以及光纤、光盘等。近年来新研制的具有特殊酯环基的丙烯酸树脂（OZ-1000）耐热性好，吸湿性低，折射率高，色散小，已用于高性能激光摄像机的变焦镜头。

2. 聚苯乙烯（PS）

PS 又称火石光学塑料，透光率为 88%～92%，折射率达 1.5758～1.6176，双折射大，在白偏振光下可见到虹彩，色散系数 $\nu_d=30.2$，吸湿性较小，能自由着色，无臭无味无毒，耐辐射。但它不耐候，在阳光下易变黄，且脆性大，耐热性也差。聚苯乙烯的加工性特别优良，其成本仅为聚甲基丙烯酸甲酯的一半。由于折射率高，可与王冕塑料一起组成消色差透镜，在轻工和一般工业装饰、照明指示、玩具等方面有普遍的应用。

3. 聚碳酸酯（PC）

聚碳酸酯的透光率及折射率与聚苯乙烯相近，但耐热性优于 PS，抗冲性好，延展性佳。由于它对热、辐射及空气中的臭氧有良好的稳定性，耐稀酸和盐、耐氧化还原剂、耐油等，因而在工程材料中有广泛的应用，如用于齿轮、离心分离管、帽盔、泵叶轮及化工容器中。但它内应力大，需在 100℃ 下退火，所以很少应用于光学零件。

4. 聚双烯丙基二甘醇碳酸酯（CR-39）

$$2COCl_2+(HOCH_2CH_2)_2O \longrightarrow ClCOO(CH_2CH_2O)_2COCl+2HCl \qquad (4-11)$$

$$ClCOO(CH_2CH_2O)_2COCl+2CH_2=CHCH_2OH \longrightarrow O(CH_2CH_2OCOOCH_2CH=CH_2)_2+2HCl$$
$$(4-12)$$

CR-39 是双烯丙基二甘醇碳酸酯的聚合物，由于分子间有交联，因而是热固性塑料。其制法如下：

$$O(CH_2CH_2OCOOCH_2CH=CH_2)_2 \xrightarrow{IPP} \qquad (4-13)$$

通常可采用浇注成型，也可采用加工玻璃的方法进行研磨和抛光。

CR-39 是比较理想的眼镜片材料，透光率约为 92%，折射率为 1.498，适于做太阳镜、劳保镜、近视镜、老花镜、弱视镜，以及防毒面具和各种面罩的视窗。由于它在成型过程中的收缩率大，因而不宜制作精密透镜。

5. 环氧光学塑料

高分子量的环氧树脂通常带有一定的颜色，因而在光学材料中应用的常为低分子量的环氧树脂（4-1）。透光率为 92%，折射率为 1.572，且不易生霉、起雾，易染色，可制作优质的滤光片。

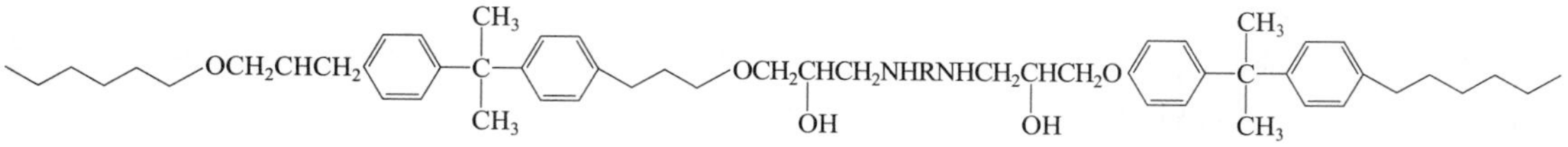

4-1

6. 其他

聚 4-甲基戊烯-1（TPX）是结晶高分子，但由于晶区内分子排列不紧密，密度和非晶区几乎相等，因而仍然是透明的。这种材料质地紧密，电性能优良，红外透过率高，在一些军工产品中应用比较广泛，但其模塑后收缩率高。

其他一些共聚物如苯乙烯-丙烯酸酯（SMA）、苯乙烯-丙烯腈（SAN）、苯乙烯交联的聚苯醚砜、丙烯腈-丁二烯-苯乙烯共聚物（ABS）、甲基丙烯酸甲酯-丁二烯-苯乙烯核壳共聚物（MBS）等也是具有较好综合性能的光学塑料。

折射率最高的聚合物是聚噻吩，达 2.12，芳香聚酰胺也可达到 2.05，但它们却难以用作光学塑料。如何获得可以实用的高折射率的聚合物材料是人们一直在努力的方向。日本 TS 系列交联型光学树脂是含卤素原子的聚合物，如聚甲基丙烯酸五溴苯酯的折射率达 1.72。但这类树脂易着色、变色，且质脆，密度偏高，实用性较差。65% 氯代聚苯乙烯和 35% 甲基丙烯酸镧的共聚树脂，折射率为 1.653。由于共聚物的折射率受到低折射率组分的限制，也难以有很大程度的提高。将磷尤其是以硫代磷酸酯形式引入聚合物中，可以提高其折射率，一般为 1.60~1.65。但这类树脂单体制备比较复杂，单体数目尚较少，是一个颇具发展潜力的品种。多元硫醇和多异氰酸酯或多异硫氰酸酯通过聚加成反应得到含硫聚氨酯，折射率可达 1.8，色散小，密度低，是目前综合性能很好的树脂材料。

通过在聚合物中引入耐热结构单元，如 N-环己基马来酰亚胺，或使树脂交联等，可以相应地提高树脂的耐热性。而下列单体共聚形成的交联型聚氨酯表面硬度非常高。如后二者（4-4 和 4-5）的共聚物，据称表面硬度达到了 9H。

4-2 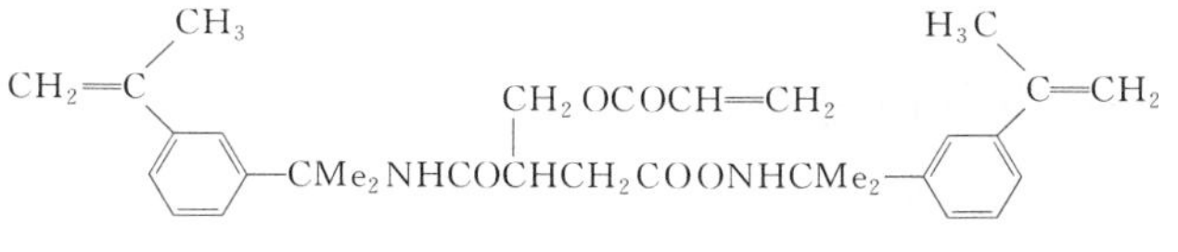　　　　　　　　　　　　　　4-3

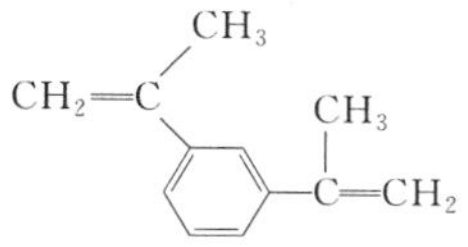

4-4 　　　　　　　　　　　　　　4-5

（四）光学塑料的应用

在眼镜方面，美国 PPG 公司在 20 世纪 40 年代初首先推出了 CR-39 作为镜片。经过几十年的改进和完善，这种镜片目前几乎已垄断了世界塑料镜片市场，年产量已达数万吨级，高分子塑料镜片已占到总使用量的 85%，美国每年约需进口 10 亿美元的塑料眼镜，西方很多国家已立法要求孩子、司机和保安人员等佩戴树脂镜片。此外，接触镜和隐形眼镜也都采用高分子材料，原料有轻度交联的聚甲基丙烯酸-2-羟乙酯、聚乙烯基吡咯烷酮等亲水性高分子的水凝胶。

在照相器材方面，包括高档的取景器、透镜组等在内的大量元件已开始使用光学塑料。据报道，美国司威格照相机光学系统用塑料比用同样的玻璃光学系统成本降低 94%，一个塑料的非球面校正板是玻璃价格的 10%，且有很大的灵活性。

在仪器仪表方面，人们也普遍采用塑料光学元件。如分光光度计中的光栅元件使 PE 公司成为很大的受益者，变得实力雄厚。目前，塑料复制光学件已有独特的市场，成为独立的工业部门。菲涅耳透镜是 20 世纪 80 年代发展起来的，由于它可给出平行光线，因而在很多场合得到应用。如探照灯、铁路信号传输、电视放大屏、投影仪、摩托车、公路交通信号灯等，均可采用菲涅耳透镜。塑料菲涅耳透镜价格低、重量轻、体积小，厚度约为玻璃的 1/50、质量约为玻璃的 1/40。极薄的菲涅耳透镜厚度仅 0.25mm，甚至可以卷起来，因此有很强的优势。

在滤光片方面，以前所用的玻璃滤光片虽可满足常规的光学要求，稳定性良好，但光谱范围有一定的限制，有时就不能适应某些特殊的要求，如无法消除荧光。而塑料在光谱问题上几乎不受限制，还可引入玻璃无法引入的一些吸收材料，制备一系列吸收陡峭的紫外截止滤光片。将铅、钡、镉和锗等金属的不饱和有机酸盐聚合在树脂中，可以制备各种防 X 射线和 γ 射线的玻璃，如坦克的防辐射潜望镜、X 射线仪、电视机及计算机的视保屏等。

此外，耐热透明的塑料板材已被广泛用作客车、飞机的挡风玻璃，飞机座舱和各类窗户玻璃。其中，丙烯酸酯塑料就是一种广泛使用的高分子材料。在一些民用和军用飞机上，装备有综合图像显示仪，其中斯米特校正板是一个理想的投影透镜，具有宽视野、光损失小的特点，在显示仪中，该板与一块凸透镜用光学塑料模塑成一个整体，畸变很小。总之，塑料光学零件在军事、医学、摄影等方面都有很好的应用前景。

二、光盘基材

（一）发展历史

光盘和录像带、录音磁带、计算机磁盘一样，都是人们熟悉的信息记录材料。它是 20 世纪 80 年代新开发成功的大容量信息记录存储装置，既可以记录文字数据，又可以记录声音和图像。

光盘是利用激光的单色性、相干性进行记录再现的。它以非接触方式读取或播放所储存的信息。光盘的两大要素是底板和记录膜。在透明的塑料基板上沉积有几百埃厚的记录层。如若录制电视节目，可先把调幅信号变成调频信号。用该信号调制 30mW 氩离子激光成为光开关，只通过正脉冲的激光。当激光照到旋转的圆盘上，技术层融化成一串椭圆形凹痕，使图像和声音记录在圆盘上，得到电视唱片的原版，然后用有机玻璃或聚碳酸酯透明塑料复制成大量出售的商品光盘。这种电视唱片上每一圈轨迹间隔 $1.2\mu m$，是一幅 525 线的电视画面，每一面可播放约 1h，成本只有 1in（1in＝2.54cm）录像带的 0.6%，16mm 电影片的 0.7%，而且失真小，质量好。图像和伴声的信噪比分别为 40dB 和 50dB，图像清晰度超过最好的电视广播。光盘的信息存储密度大，是磁带的 4000 倍，磁盘的 250 倍，盒式录像带的 55 倍。如果把英国伦敦档案局的长达 136km 的书架上堆得满满的历史档案资料存入薄薄的光盘中，那么堆积如山的文件资料就会变成只有几米高的一叠光盘。而目前发展的蓝色激光和多层记录技术，大大提升了光盘的信息记录容量。蓝光影碟机是用蓝色激光（400nm左右）读取盘上的文件，因蓝光波长较以往的红色激光波长更短，可以读写 200nm 左右的信息点，因此能够读写的信息容量非常惊人。与传统的 CD 或是 DVD 存储形式相比，蓝光光盘（BD 光盘）显然具有更好的反射率与存储密度，这是其实现容量突破的关键。利用 405nm 蓝色激光在单面单层光盘上可以录制、播放长达 27GB 的视频数据，比现有的 DVD 容量大 5 倍以上，可录制 13h 普通电视节目或 2h 高清晰度电视节目。目前一张双层光盘已可达到 54GB，足够刻录一个长达 8h 的高清晰电影。而容量为 100GB 或 200GB 的蓝光光盘，分别可以记录 4 层或 8 层信息。

光盘的分类有几种。根据记录信息的频率特性或用途，分为记录图像和文字的视频光盘（VCD）和记录声音的音频光盘（CD）；根据光盘功能特性可分为只读型（ROM）、读写型（DRAW）和可抹型（E-DRAW）。只读型的如激光唱片（LD）或 VCD，其声音或图像信息已预先刻制在光盘的凹凸微槽上，用户只能用激光唱机或 VCD 机播放而不能录也不能抹。读写型光盘可以利用激光进行录制和读出声像和文字资料。可抹型则是能抹去原来记录的信息并进行再记录的光盘。

（二）材料要求

制作光盘的技术要求很高，同时要求光盘能长期保存，因此，作为支撑的基板材料，也必须有优异的光学特性和优良的物理力学性能，例如对可见光部分（400~800nm）透过率希望大于 90%；材料内折射率应高度一致，双折射应尽量小，以减少图像歪影失真；要防止材料因激光辐射或高温加工而热变形，这样，聚合物应具有较优的耐热性；因为吸湿会使元件翘曲、变形，难以保存，资料还会被损坏，因此，需减少极性基团以降低吸湿性；同时，光盘材料还必须具有一定的耐磨性和一定的表面硬度；为了能精确转印母板上的格式，以保证复制信息的质量，材料还必须具有易加工成型性等。

作为光盘盘基的材料，除上述一般性要求外，具体使用时，还有一些特殊的要求。比如，对于磁光光盘，要求盘基材料所产生的光学障碍要小，并要有一定的载噪品质；对于可写型光盘，则要求光盘与用作记录介质的染料间的结合力要强，并且对染料无任何副作用等。

（三）光盘材料

玻璃是最早被用于光盘的盘基材料，它具有吸湿性小、硬度高、尺寸稳定性好、在实际使用过程中具有误码率低及信噪比高等优点，但不足之处是玻璃的传热速率快，这就需要提高激光的写入功率。此外，玻璃的成型比较困难，而且质量重，容易破碎，给实际应用造成诸多不便。因此，人们把目光投向了高分子材料。

PMMA 光学性能好，双折射小，加工成型性好，耐候性佳，但不足之处是容易吸湿而变形，长期保存易产生蠕变，且耐热性较低，从而影响了它在高温环境中的应用。改进的方法是采用双面贴合层保护结构，或在材料表面涂上疏水保护层加以解决。现已有部分产品应用于激光视盘（LVD）中。

PC 耐热性高，吸湿性小，尺寸稳定性好，但其本征双折射指数较大。通过改进成型工艺可以减小由加工过程引起的不均一性，而对于由苯环引起的双折射，则可以通过共聚或共混的方法加以改进。如用多官能团的单体与之共聚，使大分子产生支链结构；采用光弹系数较小的类双酚 A 结构单体（如 4-6，4-7，4-8）与具有长链烃结构的脂肪酸（如壬二酸等）进行共缩聚；用能抵消 PC 双折射的聚合物如用苯乙烯-马来酸酐树脂（SMA）与之共混或接枝等。

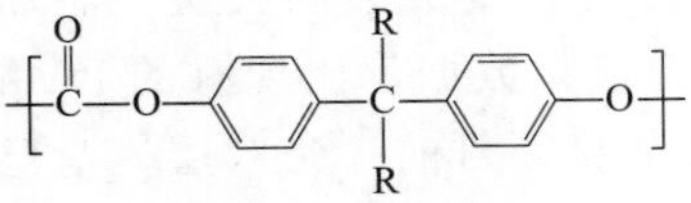

R=CH₃，C₂H₅　　　　　　　4-7 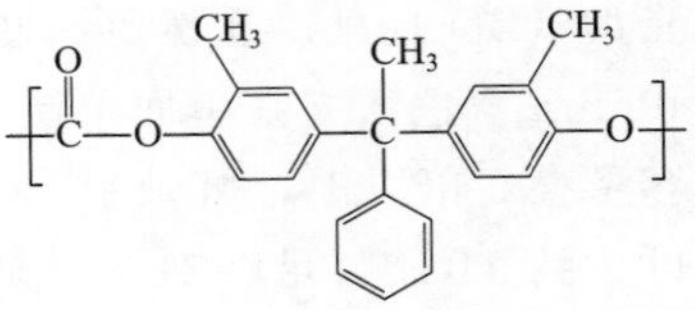　　　　　　　　4-8

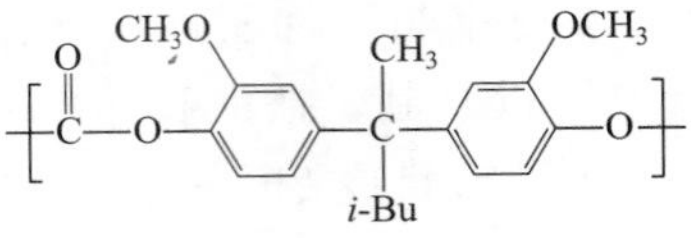

4-6

日本三井石油化学公司研制的 APO 树脂是在 TPX 基础上进行非晶化处理得到的非晶聚烯烃，Zeon 公司开发的 ZEONEX 树脂则是合成的降冰片烯系列的非晶聚烯烃。它们的透光率为 91%～93%，吸湿率低，热稳定性好，力学强度与 PC 相当，无双折射，可用于光盘盘基，还可用作透镜、光卡通片、光纤、高周波回路基板、话筒及一般的透明薄膜和耐热容器等。

日本合成橡胶公司开发的 ARTON 树脂，也是合成的降冰片烯系列的非晶聚烯烃。其分子内含有极性基团，与金属或其他无机材料、有机材料有较好的黏结性能，耐热性也较高。制作光盘时，基板比较容易与记录膜黏附，可用于光盘、光学透明薄膜、纸张及计算机液晶显示屏等。

光盘储存技术应用发展很快，以 CD、VCD、DVD 和电脑光盘等为载体的音像资料曾经阔步走进了家庭生活，使人们进入视听新境界，得到了视听享受。而伴随着其他信息记录介质的迅猛发展，光盘也面临着更大的挑战。多层记录技术、蓝色激光影碟机的出现为光盘在现代信息记录大战中赢得了一席之地。而在光盘的发展中，光盘盘基材料的发展和应用也起了重要的作用。高密度、高速度光盘的研制开发对光盘盘基材料提出了更高的要求。非晶态环状聚烯烃及其共聚物以其众多的优势受到了广泛的关注。同时，在制作光盘时，其表面还有一层保护涂层，该涂层通常采用光聚合法来成型，其原理将在第三节中介绍。

三、塑料光纤

塑料光纤有导光纤维和光导纤维两种。导光纤维仅利用其对光的传输功能；而光导纤维则利用光为载体进行信息传输。

导光纤维一般传光距离较短，对光损耗要求不高，所以对材料本身纯度的要求也不高，纤维制备工艺较简单。故而其内部光耗一般较大，在 $10^2 \sim 10^3$ dB/km 数量级，不适合于远距离传输。利用导光纤维传输光能（传光束）和图像（传像束）在医学、照明、计量、加工等方面已得到了实际应用。

　　无线电通信的原理告诉我们，高频无线电波运载信息的能力（即信息容量）是随着其本身的频率增加而增加的。现在，无线电载波所用的波段已从长波、中波发展到短波、超短波、微波直至毫米波和亚毫米波。使用微波同轴电缆系统可以在上万公里的距离上同时传送 10 万路电话。要进一步提高无线电波传送信息的能力，人们自然又想到了光波。光波的波长范围从亚毫米到 $0.1\mu m$。用波长为 $3\mu m$ 的激光作载波传送信息，如果它的全部信息容量发挥出来，一束激光就能同时传送 100 亿路电话或 1000 万套电视节目。光通信既然具有如此巨大的信息容量，理所当然地引起了人们极大的关注。

　　20 世纪 60 年代，激光的出现为光通信提供了一种理想的载波源。20 世纪 70 年代，低损耗石英光学纤维的制造成功使光信号的远距离传送有了一种廉价、轻便、保密的实用信道。一般同轴电缆的损耗达 $5\sim10dB/km$，而石英光纤的损耗一般仅 $0.1dB/km$。以铜线传输的信号误差率为 10^{-3}，而石英光纤仅 10^{-9}，用于计算机的光纤信号传输可小至 10^{-15}。塑料光纤在 1964 年由美国杜邦公司首先开发成功。之后，世界其他各大化纤公司也相继对塑料光纤进行研制和生产，尽管其损耗比石英光纤大得多，但在短距离传输方面，已逐渐得到了应用。

　　利用光纤构成的光缆进行激光通信可以大幅度提高信息传输容量，降低误差率；而且它抗电磁干扰，对雷、电、磁不会造成感应，电子对抗对它毫无用处；由于是内传方式，光缆中各光纤间也无干扰，具有高保密性，无法窃听；所用的材料无论是石英还是塑料，都具有成本低、尺寸小、重量轻、耐腐蚀、无短路火花等优点，还省节有色金属和能源。1977 年，美国加州通用电话公司安装了第一台光纤通信，标志着光纤开始走向实用化。美国第六舰队旗舰“小鹰号”航空母舰上使用光缆保密电话通信系统和闭路电视传送。英国内政部为防止户外线路受雷击损坏计算机，也采用了光缆。但是由于目前塑料光纤的传输损耗较高，在通信系统中，主要用于汽车、飞机、舰船内部、城市光网中光纤到户等短距离光通信系统，以及用于长距离通信的端线和配线。

（一）光纤传光原理

　　如图 4-1 所示，在两种不同介质的界面上，光线的入射角 θ_1 和折射角 θ_2 服从光的折射定律：

$$\sin\theta_1/\sin\theta_2 = n_2/n_1 \tag{4-14}$$

　　若 $n_2 < n_1$，即光从光密介质射入光疏介质时，$\theta_1 < \theta_2$。当 $\sin\theta_1 = n_2/n_1$ 时，$\sin\theta_2 = 1$，即 $\theta_2 = \pi/2$。此时，$\theta_1 = \theta_c$，θ_c 称为临界角。当 $\theta_1 > \theta_c$ 时，光线在介质 1 内发生全反射。

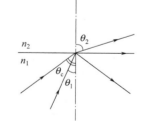

图 4-1　光的折射与全反射

　　光在光纤中传播的基本原理就是使光在高、低折射率界面通过全内反射而独立，高效地传光。因此，光纤通常由高折射率的纤芯和低折射率的包层所组成。为了保护光纤，最外面通常再加一层塑料套管。

　　从光纤内部折射率的分布情况来看，光纤的结构有折射率突变型（又称阶跃型，SI 型）和折射率渐变型（又称梯度型，GI 型）两种。光波在阶跃型光纤中以锯齿形路线向前传播，在梯度型中则是以会聚和发散多次反复的波浪形向前传播，因而这种类型又称自聚焦型，如图 4-2 所示。常用的光纤纤芯直径约 $50\mu m$，包层直径约 $125\mu m$。

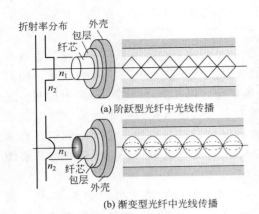

图 4-2　不同光纤折射率分布及光线传播方式

根据光纤的传输模式可将光纤分为单模光纤和多模光纤两种。单模光纤直径很细，约 $3\sim10\mu m$，只有沿光纤轴线方向传播的一种模式的光波可以满足全反射，其余模式由于光程差导致不同导模间的时延差过大，达 50ns/km，均不能满足条件，在光纤中传送一段距离后就很快被淘汰。这种单模光纤一般采用阶跃型光纤。多模光纤直径为几十到上百微米，远大于光波长。许多模式的光波进入光纤都可满足全反射的条件，且不同导模间的群时延可以大大减小，为 $1\sim5ns/km$，因而可以在光纤中得到正常的传播，在输出端可以看到光强分布的不同花样。多模光纤一般为梯度型光纤。

光纤按全反射方式传播光信息，是否可以传播到无穷远呢？不行。因为光纤存在着各种损耗特性，包括材料对光的本征吸收和散射、杂质吸收和散射等。如材料本身的原子、离子中由于电子跃迁和分子振动产生的本征紫外吸收和红外吸收，当分子结构中含有双键或含带有孤对电子的原子（团）时，由于存在 $\pi\rightarrow\pi^*$、$n\rightarrow\pi^*$ 等电子跃迁，分子将吸收紫外光；有机基团的振动吸收则在红外区有所反映；杂质如水、OH^-、有机物等，尤其是过渡金属离子也可以引起较强吸收。此外还有介质各向异性造成的本征散射和缺陷散射、杂质造成的杂质散射等，这些都将引起光能的损耗。聚甲基丙烯酸甲酯及聚苯乙烯的光损耗值见表 4-1。可见 PMMA 光纤在绿光区、PS 在红光区有最小的光损耗。

表 4-1　PMMA、PS 为芯材的光纤损耗因素和极限损耗值

损耗因素		IR 吸收 /(dB/km)	紫外吸收 /(dB/km)	雷利散射 /(dB/km)	结构缺陷 /(dB/km)	极限损耗 /(dB/km)	总的光损耗 /(dB/km)
芯材	波长/nm						
PMMA	518	1	—	28	—	29	57
	567	7	—	20	28	27	55
	650	88	—	12	—	100	128
PS	552	0	22	95	—	117	162
	580	4	11	78	45	93	138
	624	22	4	58	—	94	129
	672	24	2	43	—	69	114

在传输信息时，频率越高，传的信息容量就越大。那么，是否可以无限制地提高调制频率呢？由于存在着色散效应，因此，答案是否定的。在光通信中，信息的调制是脉冲编码调制，即把载波光按信息要求调制成一个个光脉冲，光脉冲的幅度、重复频率以及脉冲的排列方式等都包含着信息。频率过高，会使脉冲畸变和展宽，波形重叠现象加剧，严重时完全不能分辨每个脉冲到达的时间，从而无法取得信息。色散包括材料色散、模式色散和构造色散三种。材料色散是因材料的折射率随入射光波长的不同而改变引起的。由于单色光总有一定的宽度，因此，材料色散将引起不同波长的光传播速率上的差别，到达接收端的时间也不同。波长越短，由单色光展宽而造成的相对误差就越大。不同光纤模式的传播速率不同，由

此引起模间色散，不同的模式到达接收端的时间不同，从而造成脉冲形状的改变。由于光纤结构上的差别，引起光传播速率上的变化，则是构造色散。模式色散和构造色散都会随波长的降低而增大，从而影响其信息传播的精确度。

（二）塑料光纤的优缺点

与石英光纤或玻璃光纤相比，塑料光纤具有以下优点：①塑料光纤加工方便，可制备粗芯光纤（0.5～1mm），数值孔径大，传输容量高，耦合损耗低，并适于现场安装，截面用剃刀即可切割出光洁的端面；②机械性能良好，抗冲强度大，能承受反复弯曲和振动；③其重量轻，价格低，密度约为石英光纤的2/5，价格仅为石英光纤的1/10；④耐辐照，如杜邦公司的 PFX 受 10^8 rad 射线辐照后，永久性只降低 5%，且瞬时吸收恢复时间比其他光纤快，停机时间短，可用于卫星探测。当然，塑料光纤也有一些缺点，如不耐热、易吸潮、传输损耗较大等。有机光纤最大的损耗来自于污染物的散射，而石英光纤则主要来自于水分子的吸收。多束光纤在制成光缆时，有机光纤的束扎损耗和端面损耗较低，所以在较短的光纤中，其透光性能优于石英光纤，而在较长的光纤中石英光纤则优于有机光纤。例如，1in 长的石英光纤透光率为 70%～75%，而同样长的有机光纤可达 85%。

（三）塑料光纤的类型与制备

1. 阶跃型塑料光纤

阶跃型塑料光纤通常由高折射率的纤芯和低折射率的包层组成。由于光是在界面上通过全反射而传播的，因此要求纤芯和包层都具有高透明性，而且纤芯折射率必须适当高于包层聚合物。此外，纤芯应具有较好的成纤性能，与包层间有良好的黏结性，包层材料也必须具有良好的成型性、耐摩擦性、耐弯曲性和耐热性等。阶跃型塑料光纤按材料的组合形式大致有以下几类：

（1）以聚苯乙烯（$n=1.59$）为纤芯，聚甲基丙烯酸甲酯（$n=1.49$）为包层材料。但由于聚苯乙烯的传输损耗大，性脆，久置易发黄，透光率下降，因此现在已几乎不用。

（2）以聚甲基丙烯酸甲酯为纤芯，含氟聚合物（$n=1.40$ 左右）为包层材料。这是应用较广的纤芯/包层组合，纤芯材料往往是甲基丙烯酸甲酯和少量其他丙烯酸酯的共聚物。为了减小塑料光纤的吸收和散射损耗，合成纤芯的聚合物所用的单体必须是高纯的，为此可用碱性氧化铝过滤法和蒸馏法去除单体中的杂质。丙烯酸酯类单体一般采用本体聚合法，在聚合过程中也必须严格控制，保持清洁，防止杂质混入。

塑料光纤制备的一般工艺为单体精制—聚合—纺丝—包层和拉伸—光缆加工。

为了减少塑料光纤的吸收和散射损耗，合成纤芯和包层的聚合物单体都必须是高纯度的，反应前单体、引发剂、链转移剂等需要进行水洗、干燥、过滤、精馏等，以便提纯，如用碱性氧化铝过滤法和蒸馏法去除单体中的尘埃、联乙酰、过渡金属等杂质，单体中的联乙酰含量要小于 5×10^{-6} mg/kg，金属总含量小于 0.1×10^{-6} mg/kg。如能避免使用引发剂而采用电子加速器等辐射引发聚合，可以更好地降低光损耗。聚合方法一般选择本体聚合。

聚合完成后可以通过棒管法、沉积法、共挤出法、复合纺丝法和连续聚合纺丝法等来制备光纤。

棒管法是将芯材聚合物制成棒状，外面套上包层材料管，然后进行热拉伸成纤使之成为塑料光纤。

沉积法又称涂覆法，是将包层材料溶解或熔化为液态，然后使芯材从中拉过，使其在芯材表面形成包层。如果采用溶剂溶解，则需注意溶剂的选择，它必须能完全溶解包层材料而不溶解芯材，且具有快速挥发特性，无毒无害。这种方法的优点是包层材料的选择范围广，但易沾染尘埃。

共挤出法是在拉制塑料光纤时使用两台挤出机，一台挤出芯材，另一台挤出包层，两台挤出机通过同一模头熔融挤出成型，再经牵引收卷拉制成塑料光纤。这种方法对模头的设计要求较高，必须保证芯材和包层在共挤出模头中能均匀合理分配。

复合纺丝法是分别将芯材和包层两种聚合物熔融，用复合喷丝板纺丝成型。该方法要求喷丝板设计合理，精密度高。

连续聚合纺丝是较为先进的光纤拉制工艺，从单体聚合到纺丝成型全部在密封系统中进行，大大减少了外界环境污染，从而使光纤的透光率大幅度提高，光损耗也随之降低。

2. 梯度型塑料光纤

梯度型塑料光纤通常由几种原料通过特殊的聚合方法而得到，折射率从内到外逐渐降低，因而没有纤芯和包层之别。这种光纤可以采用扩散法来制备。将一根已聚合好的高折射率的塑料纤芯放进另一种低折射率的塑料单体熔池中，使单体在纤芯表面由外及里发生充分扩散，然后再进行聚合，则可制得由内到外折射率逐渐降低的梯度型塑料光纤。制备具有折射率分布的预制棒的方法还有界面凝胶共聚法、热扩散共聚法、光敏共聚法、等离子工艺法等。界面凝胶共聚法是目前使用较广的工艺，它采用两种单体 M_1 和 M_2 进行共聚，其中 M_1 单体折射率和分子尺寸均小于 M_2。将经过纯化精制处理的两种单体置于用 M_1 均聚物制成的管状反应器中加热聚合，管内壁会溶于单体相，首先在管内壁附近形成凝胶层，单体在凝胶相中的聚合反应速率要比在单体相中快得多，聚合反应首先从管内壁的凝胶层中开始，而分子较小的单体更容易扩散到凝胶相中，因此反应开始时主要是分子较小的单体 M_1 的聚合，形成的管壁附近的包层折射率较低。随着共聚相逐渐向管中心轴方向增长，由于 M_1 的浓度不断减小而 M_2 的浓度不断升高，反应逐渐由 M_1 单体为主过渡到以 M_2 单体为主，共聚相的折射率随之逐渐增大，在中心甚至得到 M_2 的均聚物，从而获得折射率从包层到中心轴逐渐变大的光纤预制棒。热扩散共聚法是早期使用的方法，选择折射率小而竞聚率大的单体与折射率大而竞聚率小的单体进行共聚，共聚开始时，管壁处主要以折射率低的聚合物为主，到中心轴附近则以折射率大的聚合物为主，从而得到折射率由内而外逐渐减小的梯度光纤预制棒。但由于这种预制棒结构均匀性差，光损耗大，已为界面凝胶共聚法所替代。将引发剂改为光引发聚合便成为光敏共聚法，它与热扩散共聚法原理基本一致。

等离子工艺是先制得聚合物棒，然后采用等离子工艺用氟原子取代聚合物中的氢原子，经过人工控制，从聚合物棒的表面到聚合物中心轴其取代程度是不同的，形成一个梯度。由于含氟聚合物的折射率较低，因此形成从棒中心向外逐渐减小的折射率分布，获得 GI 型预制棒。

将得到的具有折射率梯度分布的预制棒进行热处理并拉丝，经冷却卷绕后制得具有与预制棒相同的折射率分布的梯度型塑料光纤。

也可以通过共挤出的方法制备梯度型光纤。芯材和包层材料分别进入不同的挤出机中，芯材或包层材料中含有一种或几种能改变折射率分布的可扩散的掺杂剂（通常是增大折射率的惰性小分子化合物），然后共同通过扩散机头，机头内有一个芯材喷嘴，芯材通过喷嘴进入扩散段的中心区域，皮层聚合物熔体则同心分布于芯材周围也进入扩散段。扩散段通常加热到能够维持聚合物熔体流动且能够促进扩散剂扩散的温度，且有足够的长度，以保证熔体在扩散区能充分扩散达到所需的程度。然后流出出口模，口模外光纤在一定的牵引速度下被拉伸，在空气中冷却定型为梯度光纤，然后被卷绕在牵引收卷装置的卷盘上。

与预制棒拉丝工艺相比，共挤出工艺连续性好，折射率分布的形成和拉丝成型同步完成，可以制备满足各种长度需要的梯度光纤。因为预制棒只能逐一拉制，而共挤出工艺通过设计合理的挤出机头就可以实现同时挤出十几根、几十根甚至上百根的纤维，实现多孔多丝共挤出工艺，加工效率大大提高。因为预制棒中存在着均聚物与共聚物的相分离情况，因此会带来额外的光散射损耗。而共挤出以掺杂剂扩散来形成梯度折射率分布，几乎没有相分离，因此光纤损耗得到有效地降低。

3. 漏光型塑料光纤

有时，为了使光纤在传输过程中获得美丽的光学图案，可以有意使之漏光，制成漏光型光纤。如用尼龙单丝在纤束外绕成环状覆盖层，然后进行热处理，利用尼龙与光纤的收缩率不同造成光纤畸变而漏光。另一种方法是在包层和纤芯界面处分散有粒径与包层厚度相当的玻璃珠、玻璃粉等透明物质，由光散射产生漏光。

（四）塑料光纤的应用及发展方向

光纤是光通信的主要传输媒介，它具有两个低传输窗口，分别位于波长为 $1.31\mu m$ 和 $1.55\mu m$ 处。目前光通信材料与器件的研究应用主要集中在这两个波长上。

石英光纤损耗小，带宽宽，但其直径必须控制很小以保持光缆具有足够的柔性，也因此石英光纤间的连接比较麻烦。而塑料光纤正相反，其损耗大，带宽窄，但柔性好，可以制作大直径和大数值孔径，安装容易，连接方便，因此更适宜于需要大量连接点的短距离数据通信系统。塑料光纤可用于局域网、光纤到户、光纤传感器、工业环境监测、汽车电子通信系统等。它也非常适于导光照明或装饰系统。

塑料光纤的传输损耗较大，一般聚甲基丙烯酸甲酯为 300dB/km，这一缺点限制了它的应用，因而减小传输损耗成为发展塑料光纤的关键。传统聚合物在近红外波段（NIR：$1.0\sim1.7\mu m$）有吸收损耗。如 C—H 键三次伸缩振动吸收峰位于 $1.1\mu m$，二次伸缩与变形振动偶合在 $1.4\mu m$，二次伸缩振动吸收峰位于 $1.65\mu m$；而 O—H 键的伸缩振动位于 $1.4\mu m$ 等，都在该传输窗口引起较大的传输损耗。根据光纤产生损耗的原因，可以从结构上加以改进来制备低损耗塑料光纤，如氘化或氟化即将 C—H 键在近红外区的吸收移向长波方向，C—D 键振动波长是 C—H 键振动的 1.4 倍，C—F 键振动波长则是 C—H 键振动的 2.8 倍，对于 O—H 键引起的吸收，则应在结构上采取尽量减少 O—H 键、降低聚合物的吸湿率来加以改进，从而使塑料光纤的损耗限度降低。

几种芯材的塑料光纤的损耗临界值见表 4-2。从表中可以看出，氘化聚甲基丙烯酸甲酯是光损耗较小的芯材。

表 4-2 几种芯材的塑料光纤的损耗临界值

纤芯	波长 /nm	实验室制光纤 /(dB/km)	各种因素的损耗/(dB/km)			极限损耗 /(dB/km)
			吸收	雷利散射	结构缺陷	
PMMA	516		11.3	26.0		37.3
	568		17.2	17.7	20	34.9

续表

纤芯	波长 /nm	实验室制光纤 /(dB/km)	各种因素的损耗/(dB/km)			极限损耗 /(dB/km)
			吸收	雷利散射	结构缺陷	
PMMA-d$_5$	565	41	6.5	15.8		22.3
	646	55	26.8	9.2	19	36.0
	760	180	158.2	4.8		163
P(F$_6$EMA)	516		6.2	13.8		20
	568		9.5	9.5		19
	650		52.7	5.5		58.2
P(F$_6$BMA-d$_8$)	568		5.5	10.0		15.5
	650		0.3	5.5		5.8
	680		0.9	4.6		5.5

　　表 4-3 是光纤芯材八氘代聚甲基丙烯酸甲酯的光损耗,可见,氘化有助于降低光损耗。若用氟原子取代氢原子,也能降低雷利散射及分子振动吸收,因而光损耗也较低。近年来,低损耗的塑料光纤芯材的研究重点已由重氢化转向重氢化与氟化相结合。研究表明,重氢化氟代的聚甲基丙烯酸甲酯是很有前途的低损耗光纤材料。例如,以聚五氟(甲基丙烯酸)三氟甲酯为芯材,以聚(1H,1H,5H-丙烯酸八氟戊酯)作为包层,在熔融状态下挤出,得到的光纤在 90% 相对湿度下处理 48h,光损耗在 680nm、790nm 和 870nm 时分别为 0dB/km、10dB/km 和 25dB/km,比单纯氘代要低得多。

表 4-3　P（MMA-d$_8$）为芯材的光纤损耗因素和极限损耗值

损耗因素		振动吸收 /(dB/km)	雷利散射 /(dB/km)	结构缺陷	极限损耗 /(dB/km)	总的光损耗 /(dB/km)
波长 /nm	680	0	10	—	10	20
	780	9	6		15	25
	850	36	4	—	40	50

　　以聚甲基丙烯酸甲酯为纤芯的塑料光纤有优异的透光性,但耐热性较差,使用上限温度仅 80℃ 左右,因而限制了它的使用范围。近年来,人们采用共聚或其他方法在大分子主链中引入环状结构或引入大侧基来提高其耐热性。用具有交联结构的热固性树脂作光纤芯材也可以提高耐热性。如在内径为 1mm 左右的氟化乙烯-丙烯共聚物圆管中注满液态硅氧烷,用紫外线使之固化,可耐 150℃ 高温。采用氟代技术也会由于树脂的玻璃化温度提高而提高耐热性。美国杜邦公司研制的 Teflon AF 是非晶含氟聚合物透明材料。用不同折射率的 Teflon AF 作芯材和包层材料,据称可耐 280℃ 高温,是所谓的"超级光纤"。包层材料使用最广的是聚甲基丙烯酸氟代烷基酯,并引入丙烯酸链段以增强对纤芯的黏附性。含氟材料还有偏氟乙烯和四氟乙烯的共聚物,它熔融温度适当,结晶度低,与聚甲基丙烯酸甲酯及其共聚物的黏附性和耐弯曲性都较好。而用含氟烯烃与甲基丙烯酸甲酯共聚,得到的包层材料有较好的综合性能,也已实用化。

　　塑料光纤比较容易吸湿,水的存在往往会大大增加光纤的光损耗。为此,可在芯材聚合物中引入脂肪环、苯环和长链烷基等以降低吸湿性。

　　低损耗、高耐热及扩展特有的应用领域等是塑料光纤方向发展的重要方向。

第二节　有机非线性光学材料

一、非线性光学现象

激光的发现给光学带来了巨大的变化。光是一种电磁波，普通光的电场强度约为 10^4 V/m。透明介质材料在一般光线作用下，折射率与光强无关。若采用高功率激光，其电场强度可达 $10^6 \sim 10^9$ V/m，甚至更高，在如此强光作用下，某些材料的折射率便不再是常数了。材料中的束缚电子在激光的高电场强度作用下将产生很大的非线性，材料的极化强度 **P** 不再与电场强度 **E** 成线性正比关系。由光电场引起的电极化 **P** 及非线性效应可表示为

$$P = \chi^{(1)}E + \chi^{(2)}E^2 + \chi^{(3)}E^3 + \cdots \tag{4-15}$$

式中，**E** 为入射光电场；$\chi^{(1)}$、$\chi^{(2)}$、$\chi^{(3)}$ 分别为线性、二阶和三阶极化率，对于具有中心对称的体系，$\chi^{(2)} = \chi^{(4)} = \cdots = 0$，$\chi^{(1)}$、$\chi^{(2)}$、$\chi^{(3)}$、$\cdots$ 分别是 2、3、4、$\cdots$ 阶张量。

激光通过介质时会诱发非线性效应。非线性光学现象主要可以分为三类：一是非线性介质中传播的各光波间相互耦合而呈现的倍频、和频、差频和四波混频等现象；二是介质在光场作用下，由于折射率变化而引起的光束的自聚焦、光束自陷及光学双稳和感生光栅效应等现象；三是共振介质在窄激光束脉冲作用下，将产生类似于磁共振中的光学回波、光学章动、自由感应衰减等瞬态相干现象。1961 年 P. A. Franken 等将脉冲红宝石激光器射出的 694.3nm 的光波聚焦在一块石英晶体上，发现出射的光波中含有 347.2nm 的光波长。这种效应即是最早发现的非线性光学现象，由于光波频率加倍，因此称为光倍频现象，又称二次谐波（SHG）。非线性光学现象还有其他很多变频现象，如三次谐波、四波混频以及线性电光效应（Pöckels 效应）和二阶电光效应（kerr 效应）等。

材料的三阶非线性光学性能可通过材料的光开关品质因子来判断：

$$F(\lambda) = \frac{\chi^{(3)}(\lambda)}{\alpha'(\lambda)\tau} \tag{4-16}$$

式（4-16）中，$\chi^{(3)}(\lambda)$ 为三阶极化率；$\alpha'(\lambda)$ 为线性吸收系数；τ 为响应时间。从品质因子可知，在工作波长范围内，要求器件的三阶极化率 $\chi^{(3)}(\lambda)$ 要大，而材料的线性吸收系数 $\alpha'(\lambda)$ 要小，这样，需要诱导光开关的光强度就小，淹没响应的热效应、光吸收等就低，传播距离就远；同时，要求材料具有快响应速度，响应时间 τ 越短，开关的串联处理速度就越快，在串联全光信号处理中，希望 τ 达 ps 和亚 ps 量级。

二、有机非线性光学材料

非线性光学材料的实用化应具备以下几个条件：①非线性极化率较大，转换率高；②光损伤阈值高；③光学透明且均一的大尺寸晶体；④在激光波段吸收较小；⑤易产生相位匹配；⑥化学及热稳定性较好，不易吸潮；⑦制备工艺简单，价格便宜。

以往所用的无机光学晶体性能较好，但晶体生长慢，工艺烦琐，成本较高。对有机晶体的研究发现，有机化合物作为非线性光学材料具有许多无机晶体无法比拟的优点：①非线性

光学系数比实用的无机晶体高 $1\sim2$ 个数量级，其折射率小，也易产生大的非线性性能指数；②有机材料的响应快，因为有机化合物的非线性光学效应源于非定域的 π 电子体系，而无机材料的极化是由晶格畸变造成的，电子激发的响应时间为 $10^{-15}\sim10^{-13}\,\mathrm{s}$，比晶格畸变快 10^3 倍；③有机化合物的激光损伤阈值较高，达 GW/cm^2 级；④有机材料直流介电常数低，从而使器件的驱动电压也小；⑤吸收系数低，仅为无机晶体和半导体材料的万分之一；⑥有机化合物种类繁多，可根据非线性光学效应的要求来进行分子设计；⑦有机材料尤其是聚合物材料具有优异的可加工性，和现在的半导体工业有更好的兼容性。此外，由于光学各向异性使其易于满足位相匹配条件。

但是，有机物的缺点是熔点低，耐热性差，易热分解，机械性能差，硬度较小，许多晶体易吸潮，同时，还难以生成质量好的大尺寸晶体。在光学方面，有机物在紫外到可见区域往往有强吸收。

典型的有机二阶非线性光学晶体已有千余种，主要有以下几类：

（一）尿素及其衍生物

尿素（NH_2—CO—NH_2）是迄今发现并得到实际应用的极少数非线性光学有机小分子晶体之一。其优点是，尿素及其衍生物的 $\chi^{(2)}$ 高，为磷酸二氢钾（KDP）的 3 倍，且具有极好的透明性和相当大的双折射，光学损伤阈值高，折光指数与温度关系不大等，其缺点是晶体软且易吸湿。

（二）二取代苯衍生物

二取代苯包括对硝基苯胺衍生物体系、苯乙烯衍生物体系及芳杂环衍生物体系等，如表 4-4 所示。

表 4-4　一些有机非线性化合物的结构

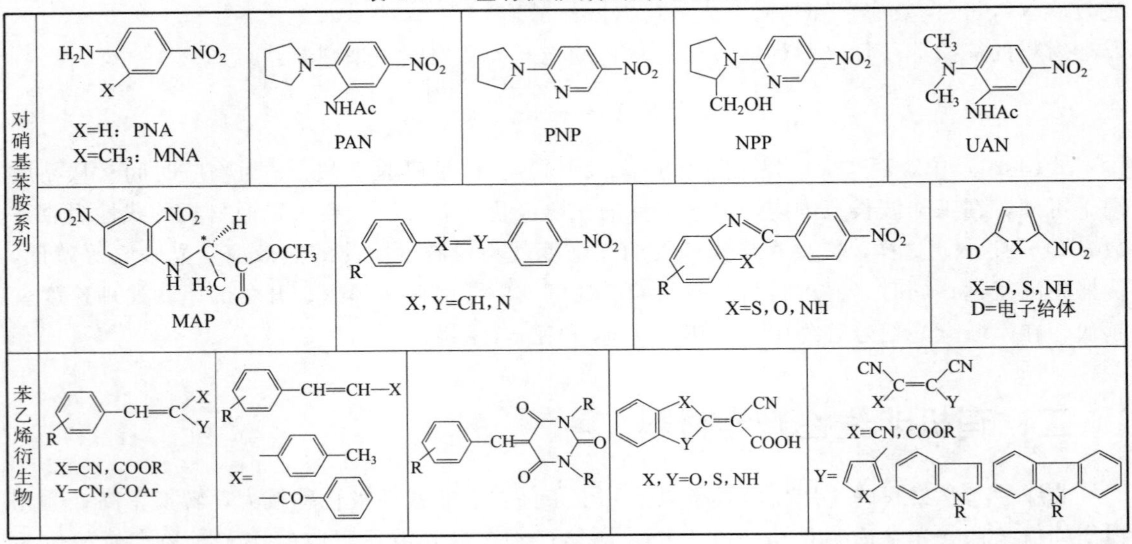

间二取代苯衍生物本身分子极化率较高，但这些晶体的二阶非线性光学系数并不一定很高，如间二硝基苯的 $\chi^{(2)}$ 为 KDP 的 $1\sim5$ 倍、2,4-二氨基甲苯的 $\chi^{(2)}$ 为 KDP 的 2.9 倍等。要转变为较大的 $\chi^{(2)}$，可以采用以下方法：①削弱基态偶极矩，防止反平行极化生成；②引

入手性基团；③利用分子间氢键，使之定向排列；④在非对称位置引入位阻基团；⑤选用成盐原子或离子杂质破坏对称性；⑥用亚甲基（—CH$_2$—）连接对称分子使之形成"∧"形结构；⑦与手性化合物形成包络体系等。其中，间羟基苯胺和间硝基苯胺的 $\chi^{(2)}$ 可达 KDP 的51 倍，而且二阶谐波（SHG）的转换效率相当高，可达 65%。

（三）甲酸盐类

这类晶体有一水甲酸、一水甲酸锂钠、甲酸钠、甲酸锶等。其中对一水甲酸锂的研究最多。它具有良好的双折射性能，可制成各种偏振光学元件，并具有较大的非线性光学系数。在最佳相位匹配条件下，它的倍频光输出功率比 KDP 大 20 倍，是一种良好的非线性光学材料。

三、聚合物非线性材料

有机非线性晶体虽然二阶非线性系数较大，但也有很多缺点，主要是：①熔点低，耐热性差，受热易分解；②机械性能差，硬度小；③许多晶体易吸潮；④制备大尺寸、质量好的晶体很难；⑤在紫外到可见区往往有强吸收等。将有机非线性材料高分子化，不仅可以保留其原有的优点，而且也可以部分改善其不足之处。其特点是：①具有非常大的非共振光学效应，非线性光学系数大；②响应速度快，低于 10^{-12} s；③激光损伤阈值高，达 GW/cm^2 量级；④直流介电常数小，使器件的驱动电压也低；⑤吸收系数小，仅为无机晶体及半导体的万分之一；⑥化学稳定性及结构稳定性优良，系统不需要环境保护及低温设备；⑦机械性能好，易于加工，可制成均一柔软的膜、纤维、块状、液晶等，有利于控制尺寸，控制双折射系数，从而达到优化非线性光学系数的目的。

近年来有机聚合物非线性光学的研究受到极大重视。它包括非中心对称的共轭聚合物材料、用含发色基团的有机低分子掺杂聚合物的材料及将发色基团连接于大分子链上形成的材料等。

（一）共轭型聚合物

共轭聚合物是同时具有导电性和光学特性的材料，由于对称性好，$\chi^{(2)}$ 通常极小，因此，主要用于三阶非线性光学材料。它具有强的光子-光子耦合，任何电子结构的改变都可能导致诸如孤子、极化子、偶极子、极子-激子等非线性激发的形成。相应地，几何结构的变化也将改变电子结构并使电子具有较大的位移，因而在振子强度中能诱导出更大的非线性光学响应。其典型的例子是聚乙炔和聚双炔（PDA）。聚双炔的共振异构式如式（4-17）所示 。

$$+C=C=C=C+_n \rightleftharpoons +C-C\equiv C-C+_n \tag{4-17}$$

这类聚合物的 $\chi^{(3)}$ 多为 $1\times10^{-10}\sim1\times10^{-8}$ esu，响应时间为 $1\times10^{-15}\sim1\times10^{-12}$ s。如聚乙炔在充分取向后，沿分子链方向的 $\chi^{(3)}$ 为 1.7×10^{-8} esu（1.907 μm），响应时间小于 1×10^{-12} s。聚长链烷基取代噻吩的 $\chi^{(3)}$ 为 4×10^{-9} esu（532nm）和 4×10^{-10} esu（602nm）。取代噻吩用化学或电化学聚合后，再用 I$_2$ 掺杂，$\chi^{(3)}$ 减少不多，但是其电导率可提高 8 个数

量级。用噻吩与苯二胺共聚所得聚合物的 $\chi^{(3)}$ 为 4×10^{-10} esu，并有较高的激光损伤阈值，为 $4GW/cm^2$。

共轭体系增大，一般可以使 $\chi^{(3)}$ 增大。例如氟代苯基与聚双炔的主链相共轭，具有较小的能隙，$\chi^{(3)}$ 值比非长程共轭体系大，全氟苯基的聚双炔 $\chi^{(3)}$ 值为 2.2×10^{-9} esu $(1.907\mu m)$。而金属与配位体间的电荷转移状态对三阶非线性的增大也有贡献。如含金属的聚酞菁的 $\chi^{(3)}$ 值比没有金属的明显增大。分子的取向对非线性有较大的影响。如单轴取向的聚苯炔及其 2,5-甲氧基衍生物薄膜，当电矢量平行于拉伸方向时，$\chi^{(3)}$ 值最大，而垂直方向上的 $\chi^{(3)}$ 值最小。当拉伸比为 $6:1$ 时，$\chi^{(3)}_{\parallel}/\chi^{(3)}_{\perp}$ 为 18；当拉伸比为 $10:1$ 时，$\chi^{(3)}_{\parallel}/\chi^{(3)}_{\perp}$ 达 39。在双轴取向的情况下，$\chi^{(3)}$ 值也随方向而改变。拉伸膜的各向异性为器件中的极化双稳态提供了一个途径。

不过，主链共轭的聚合物往往是一维的刚性分子，难以加工成型。为了易于形成薄膜，一般可采用下列方法：①先将单体涂延成薄膜，然后再使之聚合，如聚双炔 PDA 就可以采用这种方法聚合成膜；②在聚合物的侧链上接上长的烷基，使之形成可溶性的高分子，如可溶性的聚双炔、聚噻吩等；③首先形成可溶性的中间体，然后制成薄膜再进行固相反应生成共轭聚合物，如 PAN 成膜后在双向拉伸的情况下高温脱氢氧化形成共轭聚合物。

（二）有机掺杂聚合物体系

尽管 π 电子共轭体系的有机材料的非线性光学特性远高于无机及半导体晶体，但有机化合物的低缺陷大晶体的生长技术及晶体的切割与研磨十分困难，这些是器件化的障碍。但是利用聚合物加工性好，以它们为基体与大 $\chi^{(2)}$ 值的有机物相复合，可得到很有希望用于器件的材料。为了避免有机分子在聚合物中形成有对称中心的排列方式，可以用驻极体制备方法，在 T_g 以上施加直流高电压，使偶极子沿电场方向取向，然后在电场下冷却下来，偶极子取向被冻结。这就是所谓的电场极化法。

主体聚合物的种类有三种，第一种是透明的非晶态聚合物，如第一节所说的 PMMA、PS、PC 等一些光学塑料。如 PMMA 与分散红的复合物经电场极化，$\chi^{(2)}$ 值可达尿素的 3 倍，但小分子取向度不高，稳定性也较差。第二种是液晶聚合物。例如用 4-二甲氨基-4′-硝基均二苯乙烯（DANS）掺杂具有热致液晶性质的聚甲基丙烯酸酯，当 DANS 浓度达到 2% 时，在 $1.3V/cm$ 的极化电场作用下，$\chi^{(2)}$ 为 6×10^{-9} esu。由于侧链液晶分子的作用，这种方法可使小分子得到较好的取向。第三种是选择与 SHG 小分子有强烈相互作用的高分子材料，如聚乙烯基咔唑、聚酰胺类、聚醚及多肽高分子等，使之与 SHG 小分子生成非中心对称的晶体。如聚氧乙烯与 PNA（对硝基苯胺）以物质的量之比为 $6:1$ 混合时，在电场下结晶后，$\chi^{(2)}$ 值高于尿素 98 倍。

由于染料客体与聚合物混溶性差，致使掺杂量不高，限制了性能提高，可采用在聚合物链上接枝的方法解决。

（三）接枝改性聚合物

为了提高聚合物-有机生色基分子的复合物的稳定性，一个重要的方法是将生色基分子作为侧链与聚合物主链结合在一起。这类工作有了很大的进展，采用刚性聚合物或在电极化的同时产生交联作用更有利于生色基的取向稳定性。

例如，由 DANS 衍生物生成甲基丙烯酸酯的酯基，该单体与甲基丙烯酸甲酯的共聚物（4-9）在电场中产生良好取向，有较高的 $\chi^{(2)}$，其线性电光系数是 LiNbO$_3$ 的 3 倍。生色基分子所使用的高分子骨架一般为聚甲基丙烯酸酯、聚硅氧烷及聚苯乙烯等。DANS 中的氮原子换为硫原子可改善膜的加工性及在 830nm 的透明度，这个波长对半导体激光器十分重要。

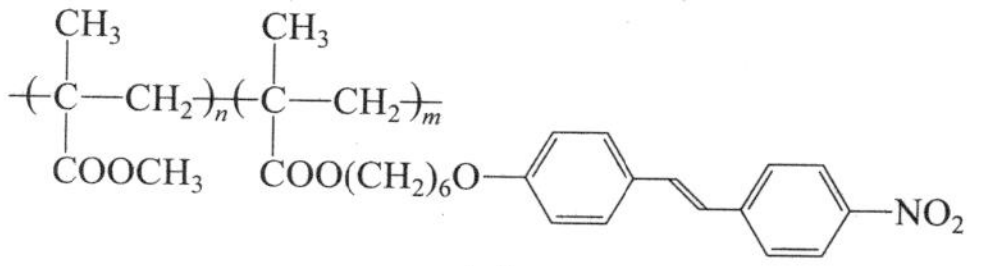

SHG 聚合物的取向会受到热运动解取向的破坏，因而选择高 T_g 的聚合物有利于达到更好的稳定性。研究表明，要制成实用的器件，其玻璃化温度一般须超过 250℃，因而如何提高聚合物的 T_g 是其实用化的关键。采取单体多生色基功能化的方法可提高生成的聚合物的 T_g，如将聚 2,6-二甲基-1,4-苯醚的两个甲基溴化后与 NPP 的羟基缩合产生 PPO-NPP（4-10），电晕极化后产生的 SHG 性质十分稳定。

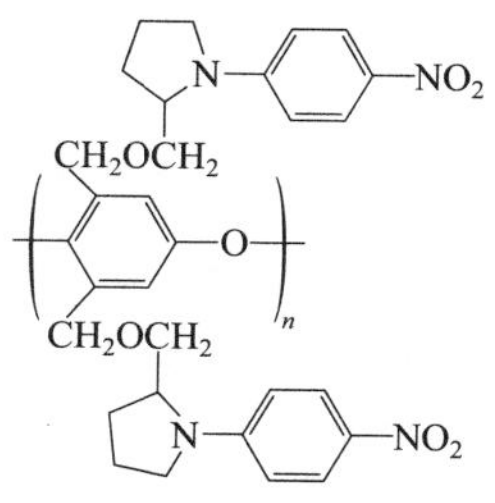

近年来，具有较高玻璃化温度的聚酰亚胺受到了人们的关注。将染料发色团掺入聚酰亚胺，或通过化学键接入聚酰亚胺主链或侧基中，可以得到具有良好性能的二阶非线性光学材料，它具有介电常数低、与无机半导体工艺相容等优点。但由于聚酰亚胺在亚胺化后往往不溶不熔，难以进一步进行化学反应，所以，很多接枝改性都是在亚胺化前进行的。也有一些反应被设计成在亚胺化后实施，这主要是为了防止亚胺化过程中非线性官能团受热分解的现象。

（四）LB 膜的高分子化

LB 膜是 Langmuir-Blodgett 膜的简称，它是由两亲分子在固体基片上以垂直于表面的方式堆砌形成的规则有序的多层分子膜。LB 膜方法是消除材料中心对称的有效手段，有以下几种类型：①单分子膜；②交互累积膜（异式 Y 型）；③尖对尖式（X 型或 Z 型）累积膜；④面内取向累积膜。

具有大 $\chi^{(2)}$ 值的生色基的两亲化合物，用 LB 膜法可制成非中心对称结构的 SHG 膜。LB 膜在法线方向上是否形成非对称的有序状态取决于积层条件。应用于光波导材料的薄膜至少要有数十层的均一累积膜。为了提高膜的强度和稳定性，可将 LB 膜高分子化，或用高分子强化 LB 膜。它通常是将具有较大 $\chi^{(2)}$ 值的 SHG 小分子晶体作为侧基，接在具有大 π 键的聚双炔主链上铺展、沉积而得，也可以通过强相互作用自组装而得。例如，在有聚苯乙烯磺酸阴离子聚合物的水表面，阳离子型的双亲单分子展开形成聚离子复合物 LB 膜。这与水面上的单分子膜聚合有同样的效果。非线性光学 LB 膜已用于纤维波导材料的外涂层，最终目标是作为光计算机的光学双稳态器件材料。

四、非线性光学材料的应用

非线性光学材料在光电和光子应用中日益得到发展。目前，光子器件所用的非线性材料大多是铁电无机晶体，已广泛应用于激光技术和光谱技术，如表 4-5 所示。

表 4-5 非线性光学效应及其应用

效应次数	效 应	应 用
二次	二次高次谐波振荡 光混频 参量放大 Pöckels 效应（线性电光效应）	改变波长（SHG） 产生短波长 产生长波长 电光变换器
三次	三次高次谐波振荡 力效应 光双稳定性 光混频	改变波长（THG） 超高速光开关 光运算元件，光存储器 Raman 分光，位相共轭

（一）激光倍频

在倍频激光器中运用非线性光学材料可以获得倍频光。将频率为 ν 的入射光变换为频率为 2ν 的倍频光，扩展了激光的波段，使激光器件获得更为有效的利用。例如 YAG：Nd^{3+} 输出的 $1.06\mu m$ 的激光倍频为 $0.53\mu m$ 的绿光后，可用于眼科治疗、水下摄影和测距等。

（二）光学参量振荡

非线性光学材料用作光学参量振荡器，可制成宽光谱范围的可调谐单色光源。当一束频率较高的激光 ν_p 通过非线性光学晶体时，由于二次非线性效应，晶体内产生两个频率较低的光波 ν_s、ν_i，且满足 $\nu_p = \nu_s + \nu_i$。这就是光参量振荡技术，是获得新频率激光的有效办法。其特点是输出波长在很宽的范围内可调谐，为光谱分析研究提供了一种理想的波长可调光源。

（三）红外与可见光转换

由一低频 ν_1 的红外光与一频率为 ν_2 的强激光在非线性光学晶体内混频后产生频率为 ν_3 的高频辐射，即 $\nu_3 = \nu_1 + \nu_2$。可以将低频率的远红外辐射（$\lambda > 8\mu m$）变频到可见或近红外波长（$\lambda < 1\mu m$），解决了在远红外波段缺少有效红外灵敏探测器的困难，为各种远红外激光器的应用提供了更为有利的条件。

（四）光计算机

在称为克尔效应的三次过程中，材料的折射率取决于透射光的强度，这样用一光束控制另一束光的通路，在光计算机中可用作光开关。利用四波混频技术，少放一条基波，则第四波会在百亿分之一秒内消失，可用作开关速度极快的光闸。

此外不少非线性光学材料还具有电光效应、压电效应，因而可以制成相应的元件。

尽管在非线性光学材料中，无机晶体和半导体材料占绝大多数，有机及高分子材料的比重还相当低，但是其发展还是相当迅速的。在很短的时间内，人们从发现聚合物的非线性效应到合成各种非线性特性聚合物，并对其进行合成及深入的研究，认识已有了相当大的进步。非线性光学聚合物可能应用的领域如表 4-6 所示。人们普遍认为，聚合物在电光及全光信号处理及传感器保护等方面会有重要作用。目前，已有 MNP/PMMA 掺杂体系的电光调制器等产品销售。

表 4-6　非线性高分子材料可能的应用领域

$\chi^{(2)}$	光通信	调节器、多路驱动器、中继器
	光信号处理（光计算）	神经网络
		空间光调制器
$\chi^{(3)}$	数字式光计算	光双稳态、光开关
	全光过程	并行和串行信号处理、全光可调滤光片、简并四波混合、相共轭、传感器保护等

但要做成器件，还需进行深入、细致和艰苦不懈的努力，研究方向有：①非共振非线性光学系数大于 10^{-8} esu；②可加工、光学质量优异；③微焦级开关能量；④极化方向平行于膜表面的二维电光调制材料的研制等。同时，作为 SHG 器件材料的目标是 $\chi^{(2)}$ 值争取达到 10^{-7} esu，膜厚误差要小于 ± 3 nm（相位匹配要求），指数一致性误差小于 ± 0.001，工作频率上无双光子吸收等。

五、聚合物电光效应、光弹效应与光折变效应

（一）聚合物电光效应

在外加电场作用下，介质的折射率发生变化的现象即电光效应，它可以用下式表示：

$$n - n_0 = \alpha E_0 + \beta E_0 + \cdots\cdots \tag{4-18}$$

式中，n_0 和 n 分别是电场作用前后介质的折射率；E_0 是外加电场的场强；α、β 均为常数。等式右边第一项 αE_0 称为一次电光效应，又叫 Pöckels 效应；第二项 βE_0 称为二次电光效应或 Kerr 效应。Pöckels 效应仅存在于不具备对称中心的晶体中；Kerr 效应则可能存在于任何形式的晶体中。

产生电光效应的主要原因在于，在外加电场的作用下，原有极化形式被破坏，发生重新取向，从而产生应力，使分子内的物性改变。这种特性与压电性很相似（见第五章第四节），因此，具有电光功能的材料往往同时具有压电和铁电特性。当然还有诸如畴的形成、动态散射、光轴转动或变形、记忆效应、宾主相互作用等其他原因。

具有电光效应的聚合物有两种类型：一种是掺杂型，即以普通透明聚合物如 PMMA、PC 等为基材，与具有电光特性的小分子如 MNA 等进行复合而成，可以制成电光空间光调制器；另一种是所谓的本征型，即聚合物本身具有电光特性，主要是一些侧链可以形成液晶的柔性聚合物，其侧链有如下通式：

$$—Y—A—X—B—Z$$

通式中，Y、Z 代表烷基、烷氧基、羧基、酯基、氰基、硝基等，A、B 主要为芳杂环基团，中间的 X 可以是席夫碱、偶氮、芳香酯基及烯、炔等基团。这种侧基有两个特点，一是分子的几何形状为细长的棒状或平板状，有永久偶极和易极化键；二是具有适当大小的分子间作用力可以保持分子的平行排列。如下列两个液晶聚合物（4-11 和 4-12）就是典型的侧链液晶型电光聚合物：

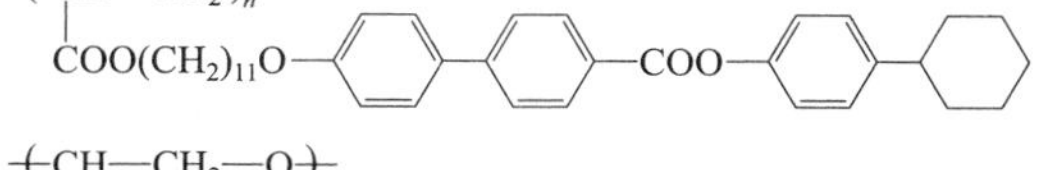

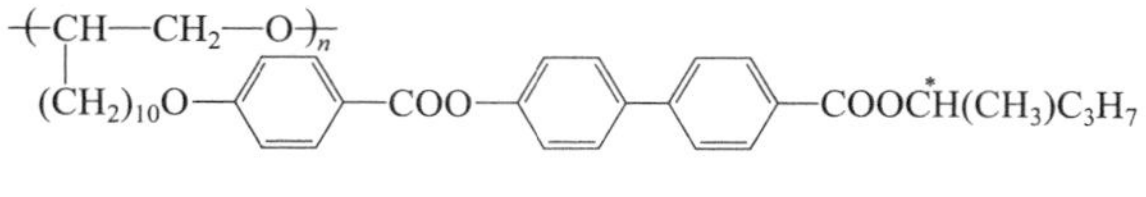

主链型液晶聚合物以对称型居多,其线性电光效应不明显,如聚苯并噁唑等,一次电光系数很小。但它的二次电光效应系数较高。

一般来说,聚合物体系取向容易,光调制时,半波电压低,耗电少,如聚合物液晶每平方厘米耗电仅 10^{-6} W。同时,聚合物的独特的加工性能可以使器件小型化。但目前还存在着一些缺点,如温度范围较小,合成一些液晶聚合物的工艺过程还较复杂、成本较高等。

电光聚合物可以应用于激光调制、液晶显示等场合。

(二) 聚合物的光弹效应

晶体介质在弹性应力的作用下,由于发生一定的形变,分子的聚集态结构、相互作用力发生变化,从而导致折射率等光学性质发生变化的现象称为光弹效应或压光效应,可用式(4-19)表示:

$$n - n_0 = \alpha X_0 + \beta X_0^2 + \gamma X_0^3 + \cdots\cdots \tag{4-19}$$

式(4-19)中,n_0 和 n 分别是受弹性应力作用前后,介质的折射率;X_0 是外界施加的弹性应力;α、β、γ…都是常数,分别为一次光弹系数、二次光弹系数、三次光弹系数…。

声波是一种机械波,超声波在介质中传播时晶体内也产生弹性应力,使折射率发生周期性变化。它可以形成超声光栅,光栅常数等于超声波波长。光通过超声光栅时将受到光栅的衍射。这种由声波产生的光声交互现象则称为光声效应。

晶态聚合物(包括液晶聚合物)通常具有较高的光弹系数,但要实际应用则需要使其透光率高、声吸收系数小。目前这方面的研究工作才刚刚开始,报道还不多。

具有光声效应的晶体可以用作高速声光偏转器,实现激光打印、激光全息存储等,用作声光调制器、滤波器及信息处理元件等。

(三) 光折变聚合物

非线性光学材料在强光的作用下,介质的折射率发生变化的现象称为光折变效应。

其原理是,在非均匀光的作用下,受光区产生电子-空穴载流子,其中一种载流子向周围扩散或漂移迁移。随着电荷载流子的分离,通过运输过程中被陷阱俘获、再释放等一系列过程,受光区的电荷逐步转移到暗区,从而形成空间电荷场,使介质的折射率发生改变。

因此,具有光折变效应的材料必须具备以下几个特点:①具有光敏组分,可以产生载流子;②具有载流子的运输体;③有载流子的俘获中心;④具有电光活性基团。

光折变效应首先是在无机晶体 $LiNbO_3$ 中发现的。其他还有 $LiTaO_3$、$BaTiO_3$、CaF_2 等无机晶体,1990 年 Sutter 发现有机晶体体系的光折变效应。有机光折变聚合物与无机体系不同,其电荷产生的效率和迁移性均依赖于电场,而其中的二次非线性特性也必须通过外电场诱导来产生。光折变聚合物体系有掺杂型和本征型两种。

掺杂型如表 4-7 所示,可以由含有电光活性生色团的聚合物与小分子电荷运输体组成,如 PMMA-MSAB 与 DEH 或 TTA 组成的体系(类型Ⅰ),也可以由电光活性小分子 DEANST 或 DMNPAA 与电荷输运聚合物 PVK 组成(类型Ⅱ)。含有电光活性生色团的聚合物通常都是非线性光学聚合物,如前面提到过的一些非线性光学液晶态聚合物都具有电光活性生色团。

表 4-7　光折变聚合物掺杂体系

聚合物	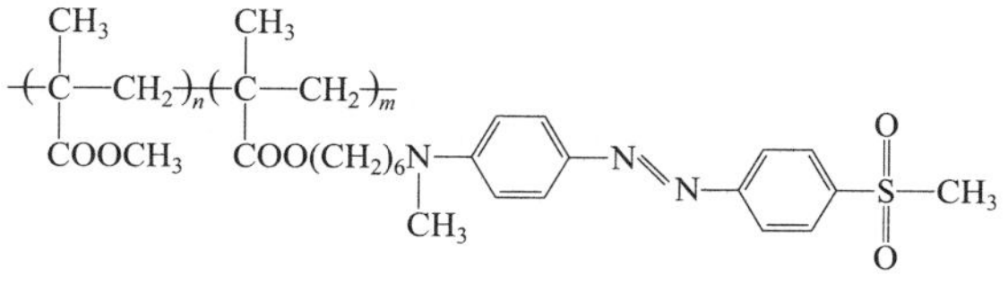 PMMA-MSAB，NLO 聚合物	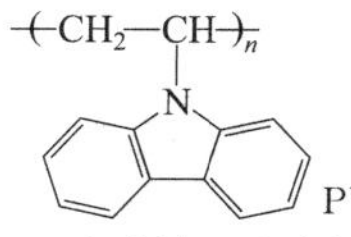 PVK，电荷输运聚合物
小分子	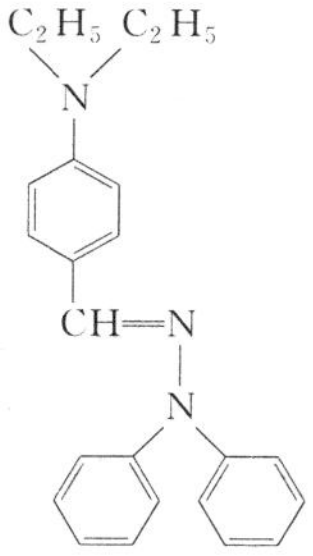 DEH　　　　　TTA	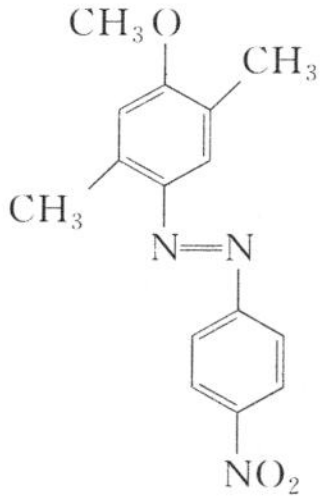 DMNPAA　　　DEANST
类型	Ⅰ	Ⅱ

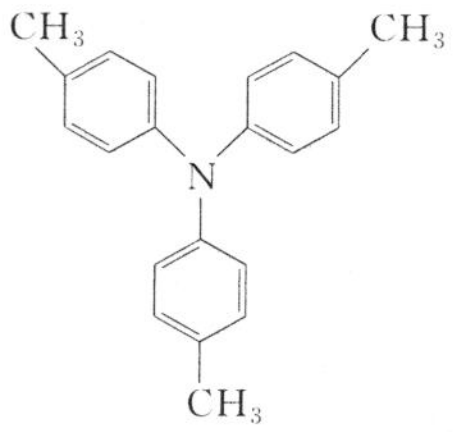

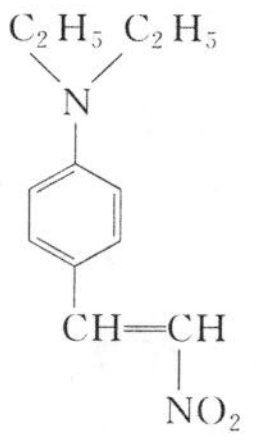

本征型光折变聚合物又称全功能聚合物，在聚合物结构中包括了电荷产生基团、非线性光学生色团、电荷输运体和电荷俘获中心，如下列所示的共聚物（4-13），电光系数达 12～13pm/V，光电流为 1.2μA，响应时间为 100ms，折光指数光栅为 90°位移。其他还有三氰基乙烯咔唑衍生物与 MMA 的共聚物、用 4-二甲氨基-4′-硝基均二苯乙烯（DANS）改性的MMA 与 MMA 的共聚物等。

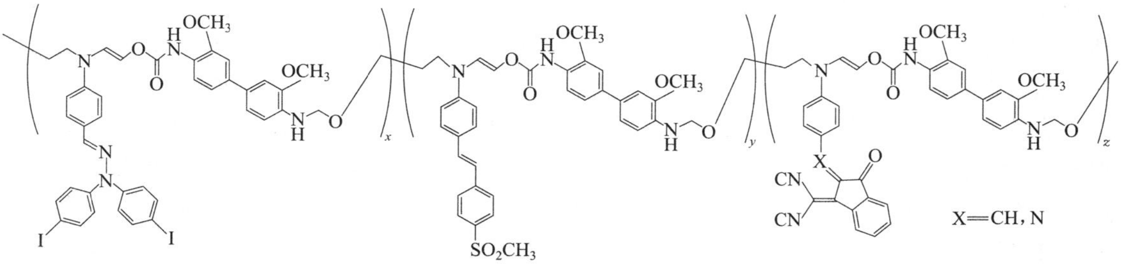

4-13　全功能光折变聚合物

光折变聚合物可应用于光放大、高密度数据存储、相共轭、全息图像加工、神经网络及协同记忆的模拟等记忆场合，因为光照后形成的折射率变化可以在暗处保留相当长的时间。当用均匀光照射或加热时，这种变化又可以被擦洗掉，使介质恢复初态。这种材料对畸变图像的修复也有很好的效果，它与用感光底片储存全息图不同，光折变介质可用作"相位共轭器"，全息图的写入与畸变的消除可以同时完成。光折变介质还具有双光束耦合的特征，可用于实现单指令多数据（SIMD）机。其中光学逻辑门列阵可以重复寻址，因而实现了算法状态机。如实现布尔逻辑的"或""非""与"。由于非线性很高，可制作增益因子高达 4000倍的光学放大器。它也可以应用于低功率激光束作用场合。

第三节　感光性高分子

一、概述

光化学现象是人们很早就观察到的，例如，染过色的衣服经光的照射会褪色，卤化银见光后会变黑，植物受到光照会生长等，都涉及光化学过程。利用光化学反应过程产生的物理性质变化可以制造许多有重要意义的功能材料。例如，利用材料在光照时发生光固化、光分解等反应，产生溶解特性的变化，通过溶剂洗去可溶性部分，就可以获得所需图形，这种具有光成像特性的材料已广泛用作集成电路工业和印刷工业的光刻胶；光敏涂料则是利用涂料体系在光照下可以发生光聚合或者光交联反应，具有快速光固化成膜的特性；利用光照时材料的分子结构变化而导致颜色、尺寸或电导率变化，可用于光致变色材料、光导材料等；利用光能与化学能的相互转化可以用作太阳能储存材料；利用材料的光降解反应特性可以制成光降解材料来减少白色污染；等等。有关光导功能材料将在电功能材料中加以介绍，下一节我们将着重介绍光致变色材料，本节主要介绍光化学反应产生溶解特性变化的光刻胶和光敏涂料（包括光固化油墨和光敏黏合剂）。

（一）发展历史

感光性高分子最早是在照相制版方面作为成像材料用的。东汉蔡伦造纸给记录信息创造了良好的条件，成为中国人引以为骄傲的四大发明之一。宋朝毕昇发明了活字印刷术，给信息的传播创造了条件，也给印刷业带来了一次伟大的革命。400 年后，1450 年，德国 Gutenberg 也"发明"了铅字活版印刷术，使《圣经》得以广为流传。19 世纪，欧洲各国开始研究照相术，1831 年，法国的 J. N. Niepce 将沥青涂在石板上，放进照相机，经长时间曝光后，用松节油揩拭除去未固化的沥青，得到照相图像，引起了法国贵妇人的浓厚兴趣。由于这种方法将原先雕刻师需要几天才能完成的雕刻工作在几小时内完成了，因而成为划时代的照相制版术。几乎在同时，法国的 L. J. M. Daguerre 发明了以银盐作为感光材料的银版照相法，沿用至今。1832 年，Suckow 发现重铬酸盐类物质的感光性，用于照相制版，它至今仍被当作重要的感光材料使用，并使照相制版术得以迅速发展。20 世纪以来，人们又研制出很多有机感光材料。

第二次世界大战后，1954 年，依斯曼·柯达公司 Minsk 等研究成功聚乙烯醇肉桂酸酯为代表的新感光高分子，应用于照相制版，又进一步用于电子工业、金属精密加工等方面，再一次使之得以迅猛发展，同时给电子工业带来了划时代的革命——光刻法电路制造新工艺的诞生。

电子工业最早的布线法是按照设计图用塑套铜线将各种电子元件如真空管、变压器、电阻、电容等焊接而成的。1942 年，英国的 Esler 发明了印刷线路法，将层压在绝缘板上的铜箔利用照相制版术只留下必要的部分，腐蚀其余，则成为印刷线路。

今天，微电子技术正以令人震惊的速度发展，从 20 世纪 60 年代一个芯片上集成度只有几个元器件，到 2010 年已超过 10^{10} 个元器件，实现了"吉集成"和纳米线宽加工精度，微电子领域的发展水平和发展速度令人瞩目，这也意味着对用于微细加工的材料有愈来愈高的要求。近年来光刻技术的发展情况如表 4-8 所示。

表 4-8　光刻技术及其光刻胶的发展

光刻波长	主要用途	感光剂	成膜材料	光刻胶体系
紫外全谱(300~450nm)	2μm 以上集成电路和半导体器件	双叠氮化合物	环化橡胶	环化橡胶-双叠氮负胶
g 线(436nm) i 线(365nm)	0.5μm 以上集成电路 0.35~0.5μm 以上集成电路	重氮萘醌化合物	酚醛树脂	酚醛树脂-重氮萘醌正胶
KrF(248nm)	0.15~0.25μm 集成电路	光致产酸剂	聚对羟基苯乙烯及其衍生物	248 光刻胶
ArF(193nm 干法) ArF(193nm 浸没法) (高折射率浸没流体+高折射率透镜)	65~130nm 集成电路 45nm、32nm 集成电路	光致产酸剂	聚酯环族丙烯酸酯及其共聚物	193 光刻胶
极紫外(EUV.13.5nm)	32nm、22nm 集成电路	光致产酸剂	聚酯衍生物分子玻璃单组分材料	EUV 光刻胶
电子束	掩膜版制备	光致产酸剂	甲基丙烯酸酯及其共聚物	电子束光刻胶

在光敏涂料方面，美国的 Inmont 公司 1946 年首先获得了紫外光固化油墨专利，它是由不饱和聚酯和苯乙烯组成的体系。1960 年代德国首先实现了光固化涂料的商品化。美国福特公司首先将电子束辐射固化涂料应用于汽车零部件和仪表的涂装。目前，光敏涂料包括光固化油墨和光敏黏合剂，不仅在印刷工业、纸张涂饰、木材装潢、金属表面保护等传统领域得到了广泛应用，在汽车工业、电子器件封装材料、光学透镜、光纤涂层等新技术领域也得到了广泛应用。

（二）感光高分子分类

根据光化学反应类型，感光高分子可分为光交联型、光分解型、光聚合型和光氧化还原型等；根据感光基团的种类可分为重氮、叠氮类、肉桂酰类、丙烯酸酯类等；按照感光体系的组成可分为复合型（感光性化合物加高分子）、本征型（带感光性基团的高分子）及单体聚合型等；按照高分子骨架分则可以分为聚乙烯醇系列、聚酯系列、聚酰胺系列、聚丙烯酸系列、环氧系列和聚氨酯系列等。按照应用特性可把感光高分子分为光刻胶和光敏涂料等。其中光刻胶根据感光源不同又分为光敏胶（光刻胶）和辐射胶（包括电子束胶）。根据所用光源或辐照源的不同，感光高分子的感光源可分为普通光源（紫外光或可见光）和辐射源（深紫外、X 射线、γ 射线、电子束和离子束等）。

光刻胶按照成像作用的不同，可分为负性胶和正性胶两种。所谓负性胶，又称光致抗蚀材料，是指经过光化学反应并显影以后，在高分子材料上留下的图样与所用掩膜的图样相反，基底腐蚀后成为负片的感光材料。这种材料经光照辐射后，高分子链结构从线型转变为网状，溶解性大大降低，从而产生了对溶剂的抗蚀能力。正性胶又称光致诱蚀材料，经光化学反应并显影后，光刻胶上留下的图样与掩膜的图样完全一致。这种高分子材料受光照发生光化学反应后，可以提高溶解性（如图 4-3 所示）。

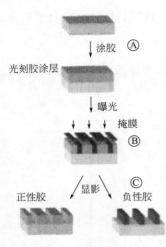

图 4-3　光刻胶光刻

目前广泛使用的预涂感光版（简称 PS 版），就是将感光材料树脂预先涂敷在亲水性的基材（如铝）上制成的。晒印时，树脂若发生光交联反应，则用溶剂显像时未曝光的树脂被溶解，感光部分的树脂留下来。这种 PS 版称为负片型。而晒印时若发生光分解反应，溶剂可将受光部分的树脂溶解，此类型则为正片型。然后将水和油墨同时供给 PS 版，由于基板亲水，不附着油墨，而树脂是疏水的，可附着油墨，从而可以进行印刷。这种印刷方法的优点是制版快，版重量轻，效率高。

在半导体电子器件或集成电路的制造中，需要在硅晶体或金属等表面进行选择性地腐蚀，为此，必须将不应腐蚀的部分保护起来。将光刻胶均匀涂布于被加工物体的表面，通过所需加工的图形（掩膜）进行曝光，由于受光与未受光部分发生溶解度的差别，曝光后，用适当的溶剂显影，就可得到由光刻胶组成的图形，再用适当的腐蚀液除去被加工表面的暴露部分，就形成了所需要的图形。这种刻蚀工艺称为光刻。光刻工艺可以加工细至十多个纳米的线条，并能精确控制图形尺寸和位置（如图 4-3 所示）。

二、光化学反应基本原理

（一）分子基态与激发态

按照量子化学理论，分子轨道由构成分子的原子轨道线性组合而成，如两个相等的原子轨道（能量分别示为 φ_A 和 φ_B），相互作用后可形成两个分子轨道：$\Psi_1 = \varphi_A + \varphi_B$，$\Psi_2 = \varphi_A - \varphi_B$，其中一个为成键轨道，另一个为反键轨道。成键轨道和反键轨道根据其形状和特点又可分为 σ 轨道和 π 轨道两种。不参与成键的核外孤对电子占据的是非键轨道，其能量介于成键轨道和反键轨道之间。

我们以分子中 $CH_2 = C{\left\langle\right.}$ 基团为例来说明。如图 4-4 所示，为了叙述

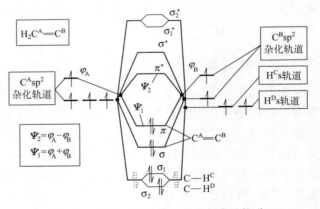

图 4-4　$CH_2 = C$ 的原子轨道与分子轨道

方便，我们将 4 个原子分别标记为 C^A、C^B、H^C 和 H^D。C^A 原子与 C^B 原子均发生 sp^2 杂化，C^A 杂化轨道上的三个电子将分别与 C^B、H^C 和 H^D 生成 σ 键；C^A 原子的 p 电子与 C^B 原子的 p 电子将形成 π 键。sp^2 杂化轨道能量较 p 电子轨道能量低。若 C^A 上 p 电子轨道能量为 φ_A，C^B 上 p 电子轨道能量为 φ_B，则其相互作用后可形成两个分子轨道，一个是成键 π 轨道，能量为 $\Psi_1 = \varphi_A + \varphi_B$，另一个为反键 π 轨道 $\Psi_2 = \varphi_A - \varphi_B$。由于两个氢原子轨道能量相同，$C^A$ 的两个 sp^2 杂化轨道能量亦相同，因此形成的两个 C—H 键能量也应相同。在这

两个轨道上将容纳两对 σ 电子。但是根据 Pauli 不相容原理，在一个分子中，同样能量的轨道上不允许有两个自旋方向相同的电子存在，因此，这两个轨道将裂分为能量略有不同的两个轨道 σ_1 和 σ_2，同样反键轨道也将裂分为 σ_1^* 和 σ_2^*。

分子中每个成键轨道上都占据了能量相同而自旋方向相反的两个电子，体系能量处于最低状态，称为基态。分子一旦吸收了光能，电子将从原来的轨道激发到另一个能量较高的轨道。由于电子激发是跃进式的、不连续的，因此称为电子跃迁。电子跃迁后的状态称为激发态。电子跃迁有四种类型：$\sigma \rightarrow \sigma^*$、$\pi \rightarrow \pi^*$、$n \rightarrow \sigma^*$ 和 $n \rightarrow \pi^*$。其中，$n \rightarrow \pi^*$（270～350nm）、$\pi \rightarrow \pi^*$（180nm）跃迁能量较小，是光化学中最重要的两种形式。

激发态的化合物在原子吸收和发射谱中呈现（2S＋1）条谱线，称为多重态。有机分子中大多数成键电子都是成对出现的，在基态时都处于单线态（$S=0$），记为 S_0。但也有少数例外，如氧分子在基态时为三电子键，电子不成对，形成基态三线态，记作 T_0。

电子受激进入能量较高的反键轨道。如果此时被激发的电子保持其自旋方向不变，则为激发单线态，按激发能级的高低，从低到高依次记为 S_1，S_2，S_3…如果被激发的电子在激发后自旋方向发生了改变，与未激发的电子自旋相同，则自旋量子数之和 $S=1$，表现出状态的多重性，即 $2S+1=3$，体系处于三线态，称为激发三线态，用符号 T 表示，按激发能级的高低，从低到高依次记为 T_1，T_2，T_3…由于 T_1 比 S_1 能量低，寿命长，并富有自由基性质，因此，在其他因素相同时，三线态分子比单线态分子更容易发生光化学反应。

（二）受激分子的能量转移

一个激发到较高能态的分子是不稳定的，它将竭力尽快采取不同的方式自动释放能量而回到基态。对多原子分子而言，其失去激发能的途径有以下几种。

1. 分子内跃迁

分子内跃迁包括电子状态间的非辐射转变，放出热能的内部转化；电子状态间的辐射转变，放出荧光或磷光等。电子跃迁和激发态的行为可用 Jablonsky 图线（图 4-5）来直观描述。

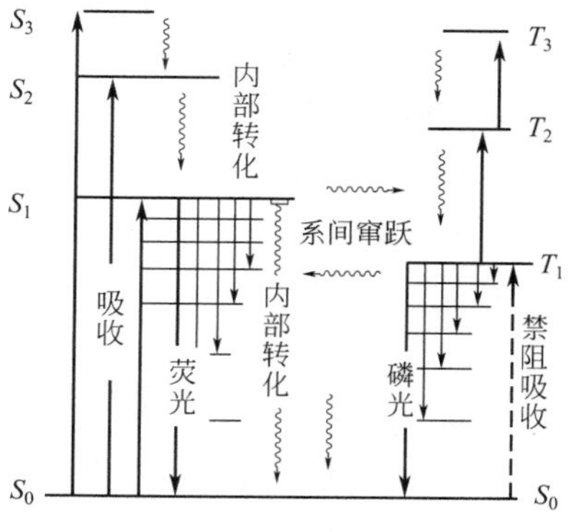

从 S_1 出发，激发电子可能有以下三种行为：

① 发出荧光回到基态 S_0（辐射）；

② 经由内部转化而失去振动能回到 S_0（非辐射）；

③ 通过系间窜跃实现 S_1 向 T_1 的转变。

在这三种行为中，系间窜跃是实现光化学反应的重要过程，由于改变电子的自旋方向，所以比内部转化过程缓慢，一般需要 10^{-6}s 左右。

从 T_1 出发，激发电子可能表现出以下两种行为：

① 发出磷光回到 S_0（辐射）；

② 通过内部转化返回 S_0（非辐射）。

图 4-5　电子激发跃迁的 Jablonsky 图

这两种过程都需要改变自旋方向，所以是慢过程。由于三线态寿命较长，因而与其他物质碰撞概率高。

2. 分子间传递

光照下电子除了在分子内部发生能级的变化外，还会发生分子间的跃迁，即分子间的能量传递。它是受激分子通过碰撞或较远距离的传递将能量转移给另一个分子，接受能量的分子便上升为激发态。当一个分子是电子给予体（D），而另一个分子是电子接受体（A）时，由于它们之间可以形成电荷转移络合物（CTC），因而特别容易发生分子间的能量传递。

分子间的电子跃迁有以下三种情况：

$$
\begin{array}{l}
① \ D \xrightarrow{h\nu} D^* \xrightarrow{A} D + A^* \\
② \ D + A \rightarrow D\cdots A \xrightarrow{h\nu} (D\cdots A)^* \\
③ \ D \xrightarrow{h\nu} D^* \xrightarrow{A} (D\cdots A)^* \ 或 \ A \xrightarrow{h\nu} A^* \xrightarrow{D} (D\cdots A)^*
\end{array}
\tag{4-20}
$$

第①种，电子给予体 D 受光激发，分子中的一个电子跃迁至反键轨道，在与电子受体发生碰撞时，处于高能级上的这个电子通过系间窜跃将能量转移到 A 的反键轨道上，D 则返回基态。这种电荷转移在激发单线态和三线态均可发生，激发单线态能量较高，电子转移在长距离即可发生，而三线态电子转移则必须在分子直接碰撞时才能发生。这样，原来不能直接接受光子进行光化学反应的感光性物质，可以通过另一种可以直接吸收光能的化合物将能量转移给前者，使之发生反应，这种现象称为敏化或增感。可以认为，在①中，A 被 D 增感或光敏化了，故称 D 为 A 的增感剂或光敏剂。而反过来，A 获取了 D* 的能量，使之回到基态，这种作用被称为猝灭，故 A 称为 D 的猝灭剂。由于增感需要时间，因此，增感剂引起的化学反应一般都在三线态进行。如用波长为 366nm 的光照射萘和二苯酮的溶液，可得到萘的磷光。但萘并不吸收该波长的光，二苯酮吸收。因此该过程是二苯酮在光照时被激发到其三线态后，通过长距离传递，把能量传递给萘，萘再于 T_1 状态下发射磷光。于是，二苯酮即为萘的增感剂，而萘则可以看成是二苯酮的猝灭剂。

作为增感剂，一般必须具备以下基本条件：第一，增感剂三线态能量必须比被增感物质的三线态能量高，一般至少要高 17kJ/mol，才能保证能量转移能顺利进行；第二，增感剂三线态必须有足够长的寿命，以完成能量的传递；第三，增感剂吸收的光谱应与被增感物质的吸收光谱一致，且范围更宽，即被增感的物质吸收的光波波长应在增感剂的吸收光谱范围内；第四，增感剂的量子收率应较大，增感剂受激后应不会以荧光或磷光的形式释放能量，而是通过系间窜跃在分子内和分子间转移能量。常用的增感剂有硝基芳香或芳香稠环类化合物、蒽醌及其衍生物、三苯基噻喃鎓盐及其衍生物、三苯基哑英鎓盐及其衍生物等。

例如，聚乙烯醇肉桂酸酯不能吸收 340nm 以上的长波长的光能，但加入 N-乙酰基-4-硝基-1-萘胺后，则可以吸收 500nm 附近的光，并使肉桂酸酯基团发生二聚反应。

第②种过程是，D 和 A 首先形成电荷转移络合物，这种络合物很容易受光激发，使电子跃迁至高能轨道，成为激发状态；其吸收光谱与 D 或 A 在单独存在时的吸收光谱不同。

第③种则是一种分子在进入激发态后，与另一种分子发生碰撞，受激电子在分子间传递，形成激发态的电荷转移络合物，但这两种分子在基态时不能形成电荷转移络合物。这种过程在吸收光谱上与单独一个分子的吸收光谱相同，而在发射谱上与任一分子的发射谱均不相同。激发态的电荷转移络合物既可以是单线态的，也可以是三线态的。激发态络合物返回基态过程中，电荷分离，形成离子自由基，继而引发自由基或离子型化学反应。

3. 化学反应

受激分子可以诱发化学反应。它也有两种形式。

（1）直接反应 有些分子在受光激发时，分子的构型会相应发生变化，把吸收的光能以化学能的形式储存起来。这种异构化过程包括顺反异构、氢转移异构、开环或闭环异构等。如降冰片二烯在光照下可以发生异构化反应生成四环烷。

（2）间接反应 受激分子电荷分离产生离子或自由基，从而进一步引发反应。如芳香重氮盐在受到光照时，不仅自身发生脱氮反应，而且可以产生芳香自由基和芳香离子，它们可以进一步与醇类作用，诱发自由基反应和离子反应。这种受激分子可以是单个分子，也可以是电荷转移络合物。

4. 感光分子的结构要求

由前述讨论可知，作为光敏分子，必须具有电子受光激发跃迁的能力。$\sigma \rightarrow \sigma^*$ 跃迁所需能量较大，如甲烷电子跃迁波长为 125nm，乙烷为 135nm，处于小于 200nm 的真空紫外区。而 $n \rightarrow \pi^*$ 和 $\pi \rightarrow \pi^*$ 的跃迁能量较小，分别为 $270 \sim 350nm$ 和 180nm 左右，落在近紫外光区，相对容易发生。因此如果分子中存在双键或同时存在孤对电子，则电子跃迁所需的能量将降低。

而为了提高感度，需要往可见光区域拓宽分子的光响应范围，此时，就需要增大体系的共轭程度。当体系中含有多个 π 键时，同样受到 Pauli 不相容原理制约，π 轨道将裂分成为两个能量不同但相近的轨道，导致最高占有分子轨道（HOMO）能量上升；而同时反键 π^* 轨道能量也将产生裂分，导致最低空轨道（LUMO）的能量下降。于是，从最高占有轨道跃迁至最低空轨道所需的能量（成为能隙）随之降低。共轭程度越大，裂分能级就越多，能隙就越小，电子跃迁所需的能量就越小，在紫外光甚至可见光的照射下也能发生电子跃迁。如果提高光源的能量，相应地，感光树脂则需减小其共轭程度，以满足电子跃迁的能量要求。

三、感光高分子体系的基本要求

感光高分子体系关键是光化学反应性，而对光刻胶而言，还有一些特别的要求。在受到光照时，光刻胶可以发生交联反应或分解反应，从而引起材料溶解度的变化，通过适当的溶剂洗涤后，就在衬底上留下一定的图样。因此，作为光刻胶用的高分子，应该具备下列性质：①敏感的光化学反应性；②良好的光成像性；③良好的涂层特性等。

（一）光化学反应特性

光化学反应性包括光固化反应、光聚合反应和光分解反应等，即在光照的条件下，高分子的物理化学性质会相应发生一定的变化。

光固化反应是感光性高分子体系（液态或可溶性的固体）经光照后成为固态（包括交联）的不溶性物质过程。

光聚合反应有自由基型和离子型两种。自由基型仅适于烯类单体，且受空气中氧气的阻聚；离子型近年来开发较多，尤其是阳离子型方面已做了大量的工作，使内酯、环醚、硫醚、缩酮等多种用自由基不能聚合的饱和杂环单体发生光开环聚合，扩大了单体选择范围。

与热引发过程相比，光固化与光聚合反应有以下几个特点：

（1）反应速率快，生产效率高，占地面积小；

（2）固化或聚合装置简单，耗能少，与热过程相比，能量利用率高，成本低；

（3）无溶剂的光固化涂层接近 100%转化成膜，污染小；

（4）室温聚合或固化，适于不宜烘烤的场合，如木制品、纸制品、塑料制品、食品、皮革、电子元件等。

光分解反应则是在光的作用下，原先不能溶解的高分子化合物溶解性增加（光增溶）或分子链断链分解（光降解）的过程。过去，为了使高分子材料有足够的耐用性，人们研制了各种各样的紫外线吸收剂来防止光降解。但由于高分子"白色污染"现象造成了环境污染，人们开始希望能反过来应用光降解特性，使塑料废弃物在光照作用下得以分解。而作为成像材料，人们也希望能利用这种特性进行阳晒阳的制造工艺，用作正性胶。

影响光化学反应的因素有内因和外因两个方面。

光化学反应无疑受聚合物的玻璃化温度的影响，玻璃化温度愈高，基团迁移率愈低，则反应速率愈低。聚合物的光活性与体系内的感光基团的浓度有关。一般光敏性随感光基团的浓度的增加而增加，但这种影响是次要的，浓度过大，可能会因为改变了聚合物本身的性质，使分子链运动能力下降而导致光敏性下降。

光固化反应还受空气中氧气的影响，由于氧气的阻聚作用，材料表面的固化速率往往低于本体相的固化速率，使光固化表层的性能受到严重的损害。因此，光固化反应需要用氮气保护，或在石蜡烃表层下进行。在工业上，则采用高功率光源、高活性感光组分，将氧气的影响降低到最小，或采用阳离子型的光反应工艺。

光化学反应所用的光源对光化学反应有很大的影响。要提高光源利用率，光源的主波长应接近于感光物质的感光波长，且在主波长附近其能谱分布应窄；反之，在感光性高分子设计时，感光波长应与发光主波长匹配，而材料中的其他组分对主波长的吸收应最小。

（二）成像特性

光成像性包括感度（含分光感度）、分辨力（解像力）、显影性、信噪比、耐用性等。

感度是以能引起某一基准量发生变化所必需的曝光量为基础的参数，它反映了高分子对光照射响应的灵敏程度。分光感度则是对某种单色光的感度。在银盐感光材料中，人们是用灰度尺来进行比较的；高分子的感度则可采用显影后的剩余膜重法进行相对测定。对于正性胶，剩余膜是未感光的部分，剩余膜重重，表明其感度愈低；而对负性胶而言，剩余膜对应的是体系中感光的部分，因此，剩余膜愈重，感度愈高。一般感光性高分子树脂的感度远比银盐感光材料要低，因此在实际应用时必须添加一定的增感剂，以大幅度提高感光树脂的感度。

分辨力是指两条以上等间隔排列的线，其线间的幅度能够在感光面上再现的最小线宽，或在单位长度上等间隔排列的最多线数。用普通紫外光成像，因受光的干涉、衍射影响，其分辨极限一般为波长的一半。为了提高紫外光刻胶的分辨力，通过 g 线（436nm）或 i 线（365nm）的重复缩小投影曝光装置，已可进行 4M（0.7~1μm）、16M（0.5~0.6μm）的蚀刻成像。采用稀有气体卤化物灯、准分子激光器以及步进式曝光机可以进行深紫外光刻，如用 KrF（248nm）、ArF（193nm）、F_2（157nm）等，分辨力大大提高，可进行 64M（0.3~0.4μm）、128M（0.18~0.2μm）甚至更高储存量的刻蚀成像。极紫外（EUV，13.5nm）光刻技术也逐渐走上历史舞台。浸没式光刻技术将透镜浸于高折射率液体中以获得更大的数值孔径，可以提高分辨率，双重图形曝光技术也可将分辨率提高一倍。目前运用浸没式光刻，结合高折射率浸没流体和双重曝光技术已可达到 22nm 和 16nm 分辨力。进一步提高分辨力的方法是采用更短波长的电磁波如电子束曝光，相应地，光刻胶则需采用电致抗蚀剂或电致诱蚀剂。新的刻蚀技术还包括高能粒子直接扫描成像，与三维加工的"几何特技"相结合，实现 2～3nm 的图像刻蚀。

高分子的感度和分辨力受高分子中感光基团浓度的影响，而且也与高分子的分子量及其分布、光刻胶的形态等因素有关。一般来说，树脂的分子量增加，感度增加，但分辨力有所下降；分子量分布变窄，则感度和分辨力有所提高；膜厚增加，高分子的感度和分辨力有所下降。

显影是用显影液处理感光后的膜，将可溶性部分溶解，从而显现图案的过程。聚乙烯醇肉桂酸酯（polyvinyl alcohol cinnamate，PVAC）系列一般用丁酮作显影剂（溶剂），也可以用环己酮与丙酮的混合液、甲苯、三氯乙烯等来显影。环化橡胶系列通常采用石油醚、醋酸戊酯、环己烷、甲苯、三氯乙烯等来显影。邻氮醌类正性胶一般采用稀碱溶液显影。使用单纯溶剂往往不及采用混合溶剂的效果好。显影性受显影液组成、温度、时间和方法等条件的影响，且与感光性高分子的感度、分辨力有关。它反映了显影条件的变化对高分子感度、分辨力的影响。显影时间过短，则会造成显影不足，容易在未感光区域中留下不易察觉的光刻胶膜，引起腐蚀氧化层时的不彻底；而显影时间过长则由于不溶部分也发生了过度溶胀而膨胀，显影液从衬底表面向图形边缘渗钻而发生钻溶，使图形边缘变坏，有时会出现浮胶现象，甚至溶解。由于负性胶是交联反应为主的体系，受光交联前后体系溶剂均可溶胀，因此，显影后的图形会受到溶胀影响而变形；一些正性胶设计成受光前后亲水亲油性变化，显影剂对光反应后的体系是溶剂，而对反应前的体系是非溶剂，因此，显影时不会造成未受光部分溶胀，因而具有较好的图形稳定性。显影条件变化对感度、分辨力等特性影响较小的材料显影性较好。

经显影后，感光部分的光刻胶虽未溶解，但被显影剂泡软，附着力下降，需要在较高的温度下烘烤 30min 左右，称之为"坚膜"。其作用是把膨胀后的胶图形中的显影液和水分赶走，使图形恢复原来的尺寸，并使光刻胶本身进一步交联（热交联），使其耐热性提高，也改善光刻胶与衬底的黏附性。坚膜温度和时间也必须适当，温度太低，时间过短，胶膜没有烘透，膜就不坚固，腐蚀时易脱胶；温度过高、时间过长，则胶膜会因热膨胀产生翘曲和剥落，腐蚀时也容易产生钻蚀和脱胶。坚膜温度高于 300℃，胶膜会发生分解，失去抗蚀能力，有时还使去胶发生困难。一般坚膜时间为 10min。

在坚膜之后，需对底材表面金属或 SiO_2 进行刻蚀，以便进一步电镀、印刷或掺杂，此时感光高分子必须保持最大限度的耐用性。在光刻工艺中，腐蚀是重要的工序。被腐蚀材料不同，所用的腐蚀液和腐蚀条件也不同。腐蚀时，要尽量避免侧向腐蚀和胶层损伤。采用上淋法，将腐蚀液垂直喷向抗蚀膜，在垂直方向可使之较快地进行腐蚀，但也不可避免会发生少量的侧壁腐蚀（如图 4-6 所示）。设腐蚀的深度为 d，侧壁腐蚀的

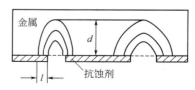

图 4-6　腐蚀

宽度为 l，定义腐蚀系数 $\delta = d/l$。若 δ 值大则表明腐蚀效果好，一般该值在 0.5～2.5 范围内，大于 1 时即可用于生产。抗蚀剂和基体间的黏合力愈大，则腐蚀系数也愈大，相对而言，耐用性就高。

刻蚀不同的基材需要用不同的腐蚀液。例如，硅的腐蚀液为硝酸和氢氟酸的混合液；二

氧化硅则采用氢氟酸：氟化铵：纯水＝3mL：6g：10mL 的混合液，氟化铵的作用是通过电离的氟离子来抑制氢氟酸的电离，同时与氢氟酸形成氟氢化铵络合物以降低氢氟酸的浓度，从而减缓氢氟酸对二氧化硅的腐蚀速率；铜的腐蚀液有三氯化铁系列、氯化铜系列和双氧水系列等，其中最为常用的是三氯化铁系列，其成本低、易控制、方便再生；氮化硅的腐蚀可以用气体等离子体，也可以用加热至 180℃ 的磷酸溶液来刻蚀；铝或铝合金往往采用 40℃ 左右的混合酸（80% 的磷酸、5% 的硝酸、5% 的醋酸和 10% 的水）来腐蚀，也可采用高锰酸钾进行刻蚀；铬的腐蚀一般采用酸性硫酸高铈、碱性高锰酸钾或碱性铁氰化钾等等。

（三）涂层特性

涂层特性包括聚合物在基底上的铺展成膜性、流平性、与基体的附着力、耐化学腐蚀性、光泽、涂膜机械性能及化学稳定性等。作为光刻胶应用时，体系在加工过程中必须具有良好的黏附性及耐腐蚀性能，而在加工之后剥膜时，必须具备可剥离性，在去除抗蚀剂时，所选择的剥膜剂不能侵蚀金属或半导体底材；而作为光敏涂料应用时，则更应考虑其黏结性能。这与感光体系及底材各自的化学组成、表面张力的匹配程度、底材表面的清洁程度等都有关系。

涂层与基材间的黏结力取决于二者间的相互作用程度，根据界面化学原理，只有在润湿的情况下，相互作用程度才最大。因此，涂层的表面张力应不大于底材的表面张力，且当二者的表面张力的各个分量均匹配时，界面张力最小，此时，涂层既可以在底材表面铺展润湿，黏附功又达到最大。当然，仅靠分子间作用力是不够的，为了增加黏结力，通常需引入一些可反应的基团与底材以比较牢固的化学键结合。如果底材具有一定的粗糙度，也可以使黏结力增加。对于需要将涂层剥离的光刻胶而言，增大黏结力只能依赖于增强分子间相互作用力。

涂层的流平性与表面张力、黏度等因素有关，表面张力越大，黏度越小的体系，流平时间越短。

涂膜的光泽取决于光线在涂层表面的反射性能，涂层表面越平整，组成越均匀，透明度越高等，光泽越强；反之，涂层表面越粗糙、组成越不均匀、透明度越低等，涂层越没有光泽。光敏涂料中，有时会加入一些研细的无机粉末状填料，这样可以通过增加涂料表面的光散射，达到亚光的效果。

涂膜机械性能包括硬度、机械强度、韧性等，主要取决于材料的化学组成、交联或支化程度、柔性组分的含量以及材料的聚集态结构等。

涂层的化学稳定性也与涂料的化学组成有关，不同的化学结构对化学品、热、光等具有不同的耐受程度，因而有不同的应用条件。

因此根据使用场合来选择或设计涂料的结构与组成就显得十分重要了。

在光刻过程中，经过腐蚀的基材表面残留的光刻胶必须去除干净，即去胶。去胶的方法有：氧化法去胶、等离子体去胶、紫外光分解去胶、去胶剂去胶等。如氧化法包括浓硫酸、浓硝酸、高温（450～530℃）氧化等，等离子体去胶则是将基片放入石英管内，抽真空通入氧气，低压氧气在高频电磁场作用下在辉光区电离成 O^-、O^+、O^{2-}、O^{2+}、原子氧、臭氧和电子等混合的等离子体，其中占 10%～20% 的原子氧具有很高的能量，在与光刻胶碰撞时，使共价键断裂，从而生成各种挥发性物质，达到去胶的目的。一般去胶时，在石英管内发生淡紫色的辉光，当胶膜去净时，辉光消失。合适的紫外线也可以使胶膜去除。而去胶剂则是生产光刻胶的厂家针对各种光刻胶而配制的专门的去胶试剂。它是各种表面活性剂与非极性溶剂（如卤代苯、卤代烃）或极性溶剂（如二甲基甲酰胺、苯甲醇等）配合而成的。

（四）其他特性

感光性高分子的组成必须均一，以提高感度和分辨力，在储存中必须具备稳定性，对水分和其他不纯物的含量也有严格的要求。此外，其气味、毒性要小，应具有安全、稳定、无污染等特性。

四、感光高分子体系

在光刻胶领域，按照光刻胶成像作用的不同，感光性高分子可分为负性胶和正性胶两种，其中负性胶主要是光固化体系，正性胶则主要是光增溶体系。为了加速高分子材料的降解，感光性高分子在光降解体系中得以应用。在光敏涂料领域，感光性高分子主要采用光聚合体系。根据感光物质与高分子基材间的结合关系，感光性高分子体系有复合型和本征型之分。

（一）光固化体系

1. 复合型

这类感光性体系是由感光性物质与高分子基体混合而成的。早期代表性的感光物质是银盐，非银盐感光体系中无机感光物质有重铬酸盐类、铁盐、汞盐、铬盐、铜盐、铅盐、镉盐和铊盐、铌酸锂、卤化钾等，有机感光试剂很多，一般含有双键和孤对电子的化合物应该都具有一定的感光性质，如各种芳香化合物、杂环化合物、羰基化合物、偶氮化合物、叠氮化合物等。常用的有机感光物质主要有肉桂酸酯、重氮化合物、叠氮化合物和有机卤化物等。

（1）银盐感光体系　银盐类感光乳剂层中的光敏物质是卤化银，其光化学反应为：

$$2AgX \xrightarrow{h\nu} 2Ag+X_2 \tag{4-21}$$

其中 X 为卤素。按照感光能力从高到低依次为溴化银、氯化银、碘化银。

带有感光中心（晶格缺陷）的卤化银晶体在曝光的瞬间激发出一些电子。这些电子被感光中心俘获，进而吸引周围的空隙银离子发生还原。随着光解反应的进行，还原得到的银原子不断增多，当感光中心处的银原子聚集到一定大小时，银微斑就成了显影中心。分布在各个卤化银晶体上的许多显影中心，就组成了人眼看不到的潜伏影像（潜影）。在显影过程中，银微斑是高效的催化剂，它使已曝光的卤化银颗粒迅速被显影剂还原成金属银。相比曝光阶段，显影结束后其中银原子的数目将增加 $10^{10}\sim10^{11}$ 倍。最后，经过定影洗去未曝光的卤化银颗粒就完成了整个成像过程。

感光体系通常配成乳剂，由卤化银晶体、明胶（或其他高分子）和各种添加剂（增感剂、成色剂、显影促进剂、抑制剂、稳定剂、坚膜剂和表面活性剂等）一起构成。基材包括聚酯片基或三醋酸纤维素片基，也可以是纸基、玻璃板、金属、陶瓷或织物。还需增加一些辅助层，如强化乳剂与底材间结合力的底层、防光晕层、防静电层、防止乳剂面损伤的保护层等，彩色感光材料中感红、感蓝和感绿层之间还要加隔离层和滤光层等。银盐型感光体系主要用于照相和印刷领域，高分子用作感光物质的分散介质。

（2）重铬酸盐体系　重铬酸盐体系是较早开发的光刻胶，其中感光剂是重铬酸铵，成膜剂一般是水溶性高分子，可以是明胶等天然高分子，也可以是 PVA 等合成高分子。重铬酸盐体系的光反应机制还不是很明确，研究表明可能是在供氢体的存在下，Cr^{6+} 在光照下向 Cr^{3+} 转换，供氢体放出氢气生成酮结构，而 Cr^{3+} 与酮基配位在高分子链间形成交联结构，导致高分子溶解性下降，如式（4-22）所示。

$$Cr^{6+} + -CH-CH_2- \xrightarrow{h\nu} \quad + H_2 \tag{4-22}$$

该体系中高分子选择面广，只要存在供氢体即可，一般亲水性高分子都可以与重铬酸盐配合构成光刻胶体系；感光范围较宽，在 370～530nm 范围内，感光速率较快；而且以水作溶剂，成本低，剥膜容易。但是该体系感光性受温度、湿度等环境因素影响较大，成膜强度低，不能长期稳定，使用寿命短，也不适宜精细加工，分辨力不高（$>10\mu m$），图文轮廓易出现锯齿形，而且由于铬离子的毒性和对环境的污染问题，目前已基本被淘汰。

（3）铁盐体系　此类光刻胶一般由柠檬酸铁铵（感光剂）与明胶或 PVA（成膜剂）、丙烯酰胺和 N,N'-亚甲基双丙烯酰胺（交联剂）及十二烷基磺酸钠（分散剂）构成。其光敏原理是三价铁盐在光照下产生与曝光量成比例关系的亚铁离子，这时将感光了的膜层浸入引发剂 H_2O_2 中，亚铁离子与双氧水作用产生羟基自由基：

$$Fe^{3+} \xrightarrow{h\nu} Fe^{2+}$$
$$Fe^{2+} + H_2O_2 \longrightarrow FeOH^{2+} + HO\cdot \tag{4-23}$$

羟基自由基引发丙烯酰胺聚合，如果不存在交联剂得到的是线形聚合物，不能获得优质图像，加入 N,N'-亚甲基双丙烯酰胺后，能与丙烯酰胺共聚而发生交联，提高了版模的耐抗性。在自由基引发的聚合中，还包括与明胶的接枝聚合。此胶性能稳定，便于制成已敏化干膜，由于硬化深度与曝光量成比例，适合于转移（即间接）版模。

（4）芳香重氮化合物体系　芳香重氮化合物与高分子供氢体组成的光刻胶体系，是利用芳香重氮化合物在光照下产生自由基，然后从供氢体上夺氢形成自由基，最后自由基间发生偶合反应，形成在溶剂中不溶的交联结构。如联苯重氮盐与 PVA 组成的感光性体系，其反应如下：

$$\tag{4-24}$$

（5）叠氮化合物体系　叠氮化合物受光可产生的单线态氮宾自由基或三线态氮宾自由基 $R-N:$，它具有强烈的夺氢能力，当将其与聚丁二烯或天然橡胶一起组成感光体系时，氮宾自由基可以与双键进行加成反应，也可以向 C—H 键中插入或夺氢，从而引起多种反应。

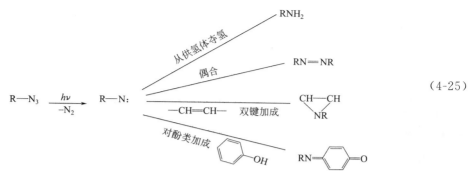

（4-25）

上述反应均可用于感光体系。夺氢使 C—H 键断裂产生自由基，自由基偶合可以形成交联体系；双叠氮分别向两条链上的 C—H 键中插入，可以直接引起交联；双叠氮与两条链的双键同时进行加成反应，也直接引起交联。因此，将双叠氮化合物与带有双键的高分子体系组成光刻胶，受光后可引发多重交联反应。常用的双叠氮化合物是对位叠氮苯甲醛和对烷基取代环己酮的缩合产物：

$$N_3\text{—}\bigcirc\text{—CHO} + R\text{—}\bigcirc\text{—O} \longrightarrow N_3\text{—}\bigcirc\text{—CH}\text{—}\bigcirc\text{—CH}\text{—}\bigcirc\text{—}N_3$$

（4-26）

20 世纪 50 年代开发的芳香双叠氮化合物与天然橡胶构成的感光体系由于在硅表面的黏附性好，感光快，抗湿法刻蚀能力强，成为电子工业中重要的光刻胶品种，其用量一度占电子工业中光刻胶的 90%。近年来随着加工线宽的降低，其应用量有所减少，但在半导体分立器件制作中仍有较多的应用。

（6）其他　有机卤化物对光有较高的灵敏性，对热有较好的稳定性，感光能力与第一卤原子的离解能有关，离解能愈小，感光性愈好，热稳定性就愈差。不同的卤原子感光顺序为：I＞Br＞Cl＞F，通常采用含有多个卤原子的芳香族卤化物与胺类高分子相配合构成感光体系。利用光敏卤化物提供桥式碳原子，通过缩合反应，把多个芳香胺环连接起来，形成交联。典型的感光剂分子是 CBr_4，高分子可采用二苯胺的聚合物或 N-乙烯基咔唑等胺类单体。其反应式为：

$$X\text{—}\underset{|}{\overset{|}{C}}\text{—}X \xrightarrow{h\nu} \cdot\underset{|}{\overset{|}{C}}\cdot + 2X\cdot$$

$$2R\text{—}\bigcirc\text{—NH—}\bigcirc + \cdot\underset{|}{\overset{|}{C}}\cdot \longrightarrow R\text{—}\bigcirc\text{—NH—}\bigcirc\text{—}\underset{|}{\overset{|}{C}}\text{—}\bigcirc\text{—NH—}\bigcirc\text{—}R$$

（4-27）

芳香双硝基化合物激发后，也可以向 C—H 键中插入，产生交联。蒽醌磺酸盐与不饱和树脂、芳杂稠环与橡胶类高分子体系等都可以组成感光体系。

2. 本征型

根据光化学反应的基本原理，感光基团应该是带有双键或具有孤对电子的原子团。因此感光基团可以是烯类、肉桂酰基、苯乙烯基吡啶基、马来酰亚氨基以及芳香叠氮或芳香重氮等基团。将这些基团接入高分子链中，即可得到带有感光基团的高分子光刻胶。

（1）二聚型感光高分子　肉桂酸（β-苯基丙烯酸）或肉桂酸酯的光化学反应早已被详细研究，其光化学反应如式（4-28）所示。

$$\text{HOOC} \underset{+}{\overset{}{\diagup}} \text{COOH} \xrightarrow{h\nu} \text{HOOC} \square \text{COOH} \qquad (4\text{-}28)$$

但在溶液中，由于分子间的距离过大，肉桂酸间不容易发生分子间的反应，只能进行顺反异构化反应。1954 年柯达公司 Minsk 等将肉桂酸与聚乙烯醇在吡啶溶液中进行酯化反应，得到了本征型感光树脂聚乙烯醇肉桂酸酯（PVCA，4-14），其光化学反应与式（4-28）相似，是树脂中肉桂酰基的光二聚化。

为了提高 PVCA 树脂的热稳定性，可以在其分子链中引入部分萘酸酯。若以呋喃环取代苯环得到聚乙烯醇呋喃丙烯酸酯，由于呋喃环上的氧具有强吸电子性，因此其感度很高。在肉桂酰基和乙烯基间引入乙烯氧基得到单体肉桂酸乙烯氧基乙酯，将其在低温下以 BF$_3$·OEt$_2$ 为催化剂，经阳离子聚合后可得到感光性聚合物（4-15）。以肉桂基亚丙二酸与聚乙烯醇进行缩合可得到交联感光聚合物（4-16）。这些都是利用光二聚反应实现固化的感光性树脂。

（化学结构式 4-14、4-15、4-16、4-17）

将肉桂酸与其他含羟基的高分子反应，还可以得到其他多种肉桂酸聚合物酯。可用的含羟基的聚合物包括环氧树脂、酚醛树脂、聚甲基丙烯酸羟乙酯或羟丙酯等。聚苯乙烯也可以直接与肉桂酸进行缩合得到对肉桂酰苯乙烯。将聚丙烯酸与肉桂酸乙二醇酯进行缩合反应得到聚丙烯酸肉桂酰氧乙酯。聚丙烯酸肉桂酸缩水甘油酯（4-17）也具有良好的感光特性。

（2）重氮盐型感光高分子　将重氮结构接在苯环上与甲醛缩合，形成重氮酚醛树脂（4-21）。利用重氮盐见光分解产生自由基或离子，通过偶合反应实现在高分子链间的交联，形成负性胶。

（化学反应式 4-29，含 NaNO$_2$/NaOH 及 ① NaBH ② NaNO$_2$, HCl 反应条件，以及 $h\nu$ 反应）

$$(4\text{-}29)$$

（3）叠氮型感光高分子　利用芳香叠氮化合物见光分解产生的亚氮自由基，通过偶合使高分子链间产生交联结构等。如：

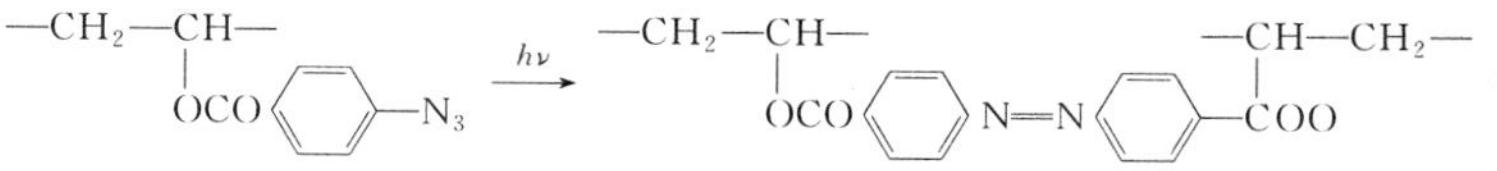

$$(4-30)$$

将 4-叠氮邻苯二甲酸酐与聚乙烯醇酯化，可以得到类似的产物。这类感光高分子具有较高的感度，分辨力也较高。

（二）光增溶体系

光增溶体系受光辐射经过光反应后，产物溶解能力增加的感光性高分子。

光增溶体系的一个实例是重氮醌化合物与酚醛树脂形成的感光体系。其光分解机理是：

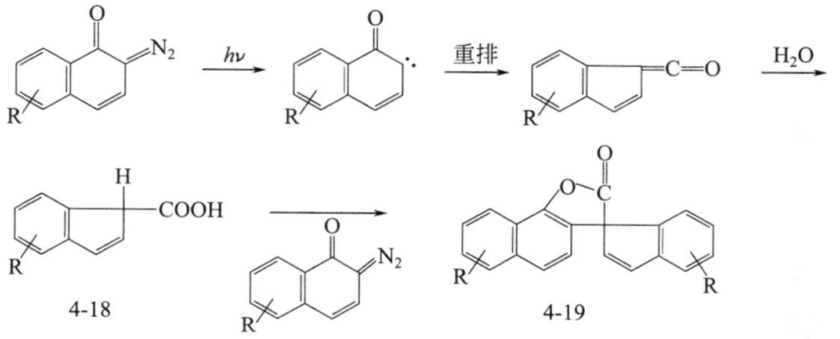

$$(4-31)$$

4-18　　　　　　　　　　　　　　4-19

其中 4-18 和 4-19 均可与酚醛树脂一起溶于碱性显影液中，而未曝光部分则与酚醛树脂在碱性条件下发生偶合反应生成 4-20，它不溶于显影液。

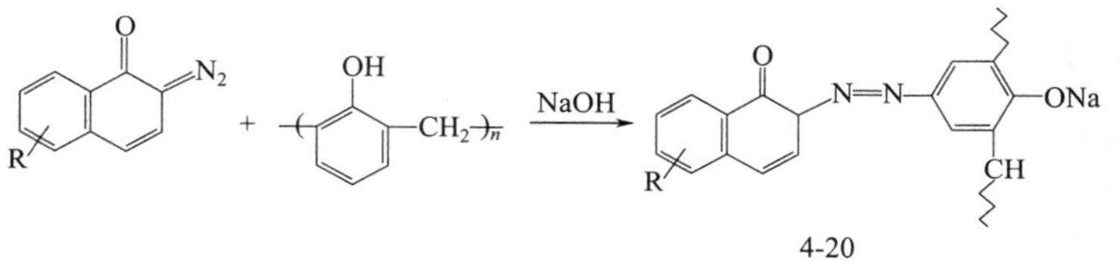

$$(4-32)$$

4-20

把重氮醌接在聚酰亚胺中，可形成正性胶。如 4-21 中，当"D"摩尔含量<15％时，曝光后的产物可溶于碱性介质；而当"D"的摩尔含量>32％时，曝光后则可以形成分子间内酯，导致交联而不溶，成为负性胶。

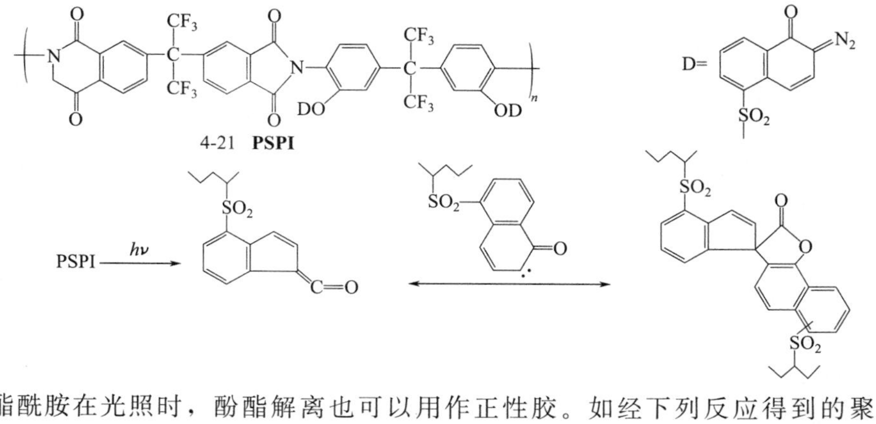

4-21　**PSPI**

$$(4-33)$$

聚酚酯酰胺在光照时，酚酯解离也可以用作正性胶。如经下列反应得到的聚酚酯酰胺（4-22）在碱中不溶，经曝光后，产物（4-23）可溶于 2％ KOH 中。但其感度差，3μm 厚的膜需在 500W Hg-Xe 灯下曝光 20min，才能彻底显影。

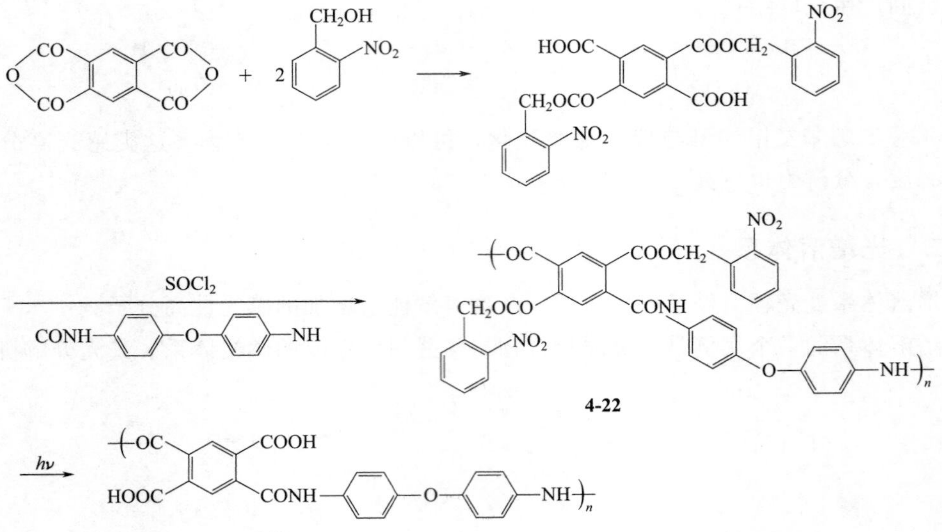

$$(4-34)$$

4-23

用于 ArF（193nm）光刻的负性胶分辨力可达到低于 100nm 的线宽，工业界广泛使用的 248nm 的光刻胶因为含有芳香基团，在 193nm 处不透明，就不能用了，此时采用的光刻胶通常含有环状脂肪族结构，如降冰片烯衍生物共聚物、乙烯基醚与马来酸酐的胶体共聚物等。用于 F₂（157nm）光刻的光刻胶需要在 157nm 处透明，一般含有 C-F 键的氟碳聚合物具有足够的透明性。

（三）光降解体系

光降解是高分子化合物在光照下发生分子量降低的现象。日光中，红外线的光能量远低于化学键的键能，对聚合物的降解影响不大；远紫外线的大部分被大气层中的臭氧层所吸收，所以到达地面上能引起光降解的主要是可见～近紫外部分。这部分的能量只能被含有孤对电子及双键的基团所吸收，引起高分子的光降解，而对无孤对电子、无双键的饱和聚烯烃而言，该光能不足以破坏化学键。

由于高分子材料在制备过程中难免带入引发剂、催化剂众多的杂质，以及在加工过程中由于热氧化等而产生少量的羰基、氢过氧化基团、不饱和键等，使得这些高分子仍会发生光降解现象。如聚氯乙烯由于热解产生少量的双键或羰基，在光的作用下会产生乙烯双键结构和氯化氢，材料变黄、变黑、变脆。过去，人们一直全力以赴地防止这种现象发生，并为此研制了紫外线吸收剂、光屏蔽剂、猝灭剂等各种各样的光稳定剂，以尽量避免材料受光而老化降解。

然而废弃高分子如何处理已引起人们的广泛关注。自高分子材料得以广泛应用以来，人们已经发现这种新型材料过于结实，光降解不完全，微生物对它也毫无兴趣，造成了越来越严重的"白色污染"。为此，在限制高分子材料滥用的同时，如何研制新型的可以光降解、可以生物分解的高分子材料已引起了高分子材料学家的高度重视。聚合物受光降解为解决废弃高分子的环境污染问题提供了另一种可选择的途径。

聚合物的光降解过程通常有以下三种机理，一种是光无规降解，一种是光解聚，还有一种是光氧化降解。其中，聚合物的光降解主要是光无规降解和光氧化降解，很少按光解聚机理进行。由于近紫外部分的能量较低，还不能使大多数聚合物的化学键破坏，只能使其处于激发状态，这时，如果有氧存在，则被激发的 C—H 键容易被氧所脱除，才使聚合物降解。

酮羰基具有最典型的光降解的特性，它在光照下会发生 Norrish 断链反应。断链反应有两种类型，一种是在和酮相邻的 C—C 键上断键，另一种是在与酮隔开一个碳的 C—C 键上发生断裂：

$$
\text{Norrish I 型：} \quad \underset{\text{O}}{\overset{\parallel}{\text{R—C—R'}}} \xrightarrow{h\nu} \underset{\text{O}}{\overset{\parallel}{\text{R—C·}}} + \text{R'·} \xrightarrow{-CO} \text{R·} + \text{R'·} \longrightarrow \text{R—R'} \tag{4-35}
$$

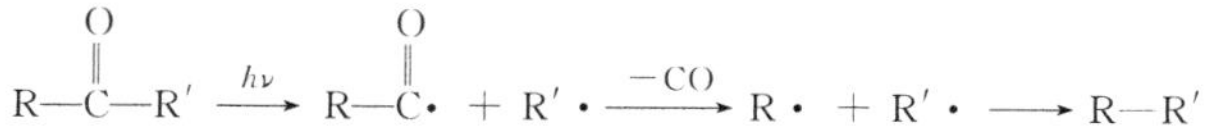

$$
\text{Norrish II 型：} \tag{4-36}
$$

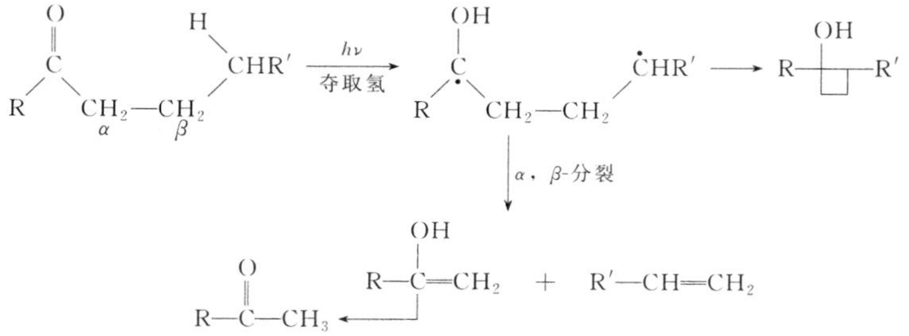

所以，目前最有效的方法就是将酮羰基结构引入高分子链中。例如聚乙烯，可以通过共聚合引进一部分甲基乙烯酮，按照 Norrish II 型进行反应时，就会发生主链的断裂而降解。其他产品如聚苯乙烯等也可同少量的甲基乙烯酮共聚，其产物可在室内长期使用，弃于户外时，在阳光下很快分解。调节乙烯酮的含量，可控制它在户外的分解时间，从数月到数星期，最后变成粉末。

聚砜、聚酰胺等也可发生类似的光降解反应，前者吸收 $320\sim340nm$ 的光，后者在 $370\sim380nm$ 的光波下发生降解。

为了加快光解速率，人们还在聚合物体系中加入一些光解促进剂。光解促进剂主要是有机过渡金属络合物，其中，有机配位体有二烷基二硫代氨基甲酸、硬脂酸、水杨醛、乙酰丙酮及二苯甲酮肟等，过渡金属盐有三价铁盐、二价锌盐、锰盐、镍盐、铈盐、钴盐等。将它们混在聚烯烃里，可以使其光氧化老化时间大幅度缩短。如将使用过的农用薄膜浸于卤代羰基化合物的丙酮溶液中，再加入少量的 $FeCl_3$，可以在光照下发生光氧化促进反应，效果十分明显。

（四）光聚合体系

光聚合体系通常用于印刷制版、复印材料、电子工业和以涂膜光固化为目的的紫外线固化油墨、涂料和黏结剂等。由于在聚合成膜过程中没有一般聚合体系固化时所伴随的大量的溶剂挥发，因此，对环境污染程度小，生产效率高。光聚合体系要求具备灵敏的光化学反应性和良好的涂层特性。

光聚合体系一般由下列物质组成：光聚合性单体、光聚合性预聚物、光聚合引发剂以及稀释剂、交联剂及其他助剂。

光聚合体系中含有光聚合单体，在光作用下它可以发生聚合反应和光交联反应而使体系物理性质发生变化。

光聚合预聚物具有一定的成膜性，将之与多功能单体配合使用可以提高光固化效率。预聚物通常是具有可反应基团的聚合物，主要有环氧树脂、不饱和聚酯、聚氨酯、聚乙烯醇等类型，如表 4-9 所示，其他含有可反应基团的聚酰胺、聚丙烯酸、硅酮树脂等都可以与不饱和单体反应，形成感光预聚体。

表 4-9　常用的光聚合预聚体

类　型	合成示例	性　质
环氧树脂型	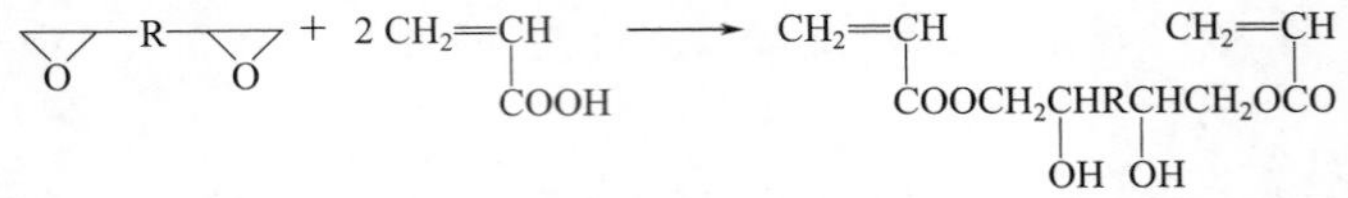 （环氧树脂）+ 2 CH₂=CH—COOH → CH₂=CH—COOCH₂CHRCHCH₂OCO—CH=CH₂（OH OH）	黏结力强、耐腐蚀、成膜性好
不饱和聚酯型	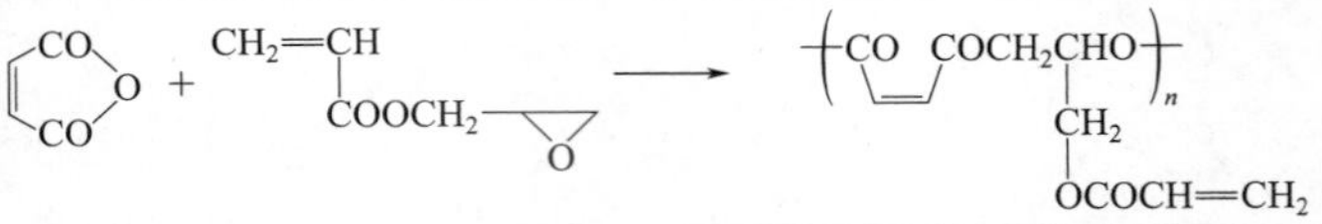 （马来酸酐）+ CH₂=CH—COOCH₂（环氧）→ (CO COCH₂CHO)ₙ（CH₂—OCOCH=CH₂）	硬度高、韧性好、耐溶剂性佳
聚氨酯型	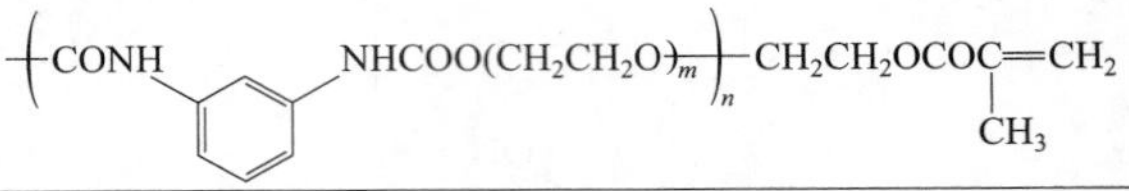 (CONH—NHCOO(CH₂CH₂O)ₘ)ₙ—CH₂CH₂OCOC=CH₂（CH₃）	黏结力强、弹性韧性好、耐磨
聚乙烯醇型	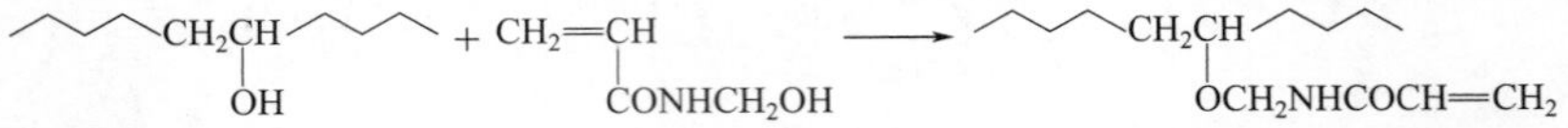 （聚乙烯醇 OH）+ CH₂=CH—CONHCH₂OH → —OCH₂NHCOCH=CH₂	黏结力好、水溶性

常用的多官能团单体有多元醇的丙烯酸酯、氨基甲酸酯型丙烯酸酯、N-取代丙烯酰胺及多元羧酸的不饱和酯等（表 4-10），通常其沸点大于 200℃，不易挥发，毒性相对较小；且由于是多官能团单体，因而固化反应较易进行。其中丙烯酰胺类多为水溶性的，使用十分方便，极易与含酰氨基的聚合物混合；多元醇的丙烯酸酯比较容易与其他化合物进行反应，且聚合物性能良好，所以用得最多，当它们与其他含不饱和基团的高分子混合使用时，能得到各种不同性能的固化膜。

表 4-10　常用的多官能团光聚合单体

类　别	结构示例	类　别	结构示例
多元醇的丙烯酸酯	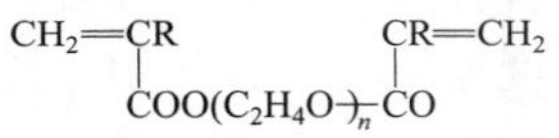 CH₂=CR—COO(C₂H₄O)ₙ—CO—CR=CH₂	多元羧酸的不饱和酯	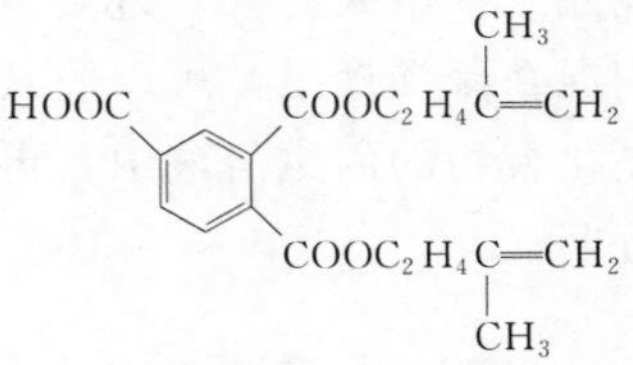 HOOC—(苯环)—COOC₂H₄C=CH₂（CH₃）, COOC₂H₄C=CH₂（CH₃）
氨基甲酸酯型丙烯酸酯	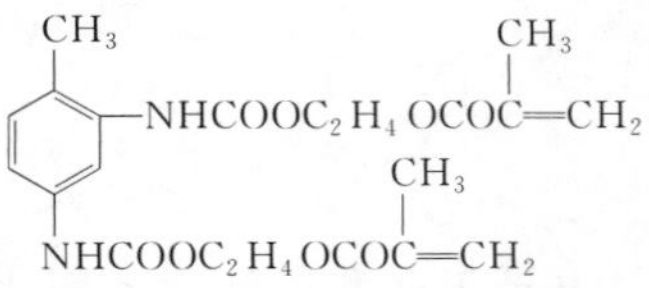 （苯环 CH₃）—NHCOOC₂H₄OCOC=CH₂（CH₃）, —NHCOOC₂H₄OCOC=CH₂（CH₃）		
酰亚胺型丙烯酸	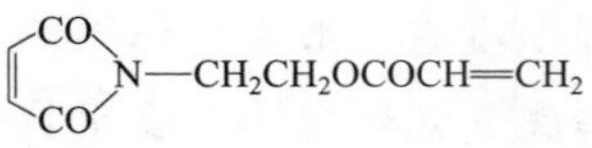 (CO CO)N—CH₂CH₂OCOCH=CH₂	炔类单体	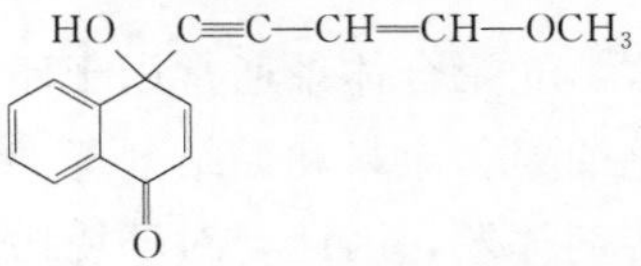 HO—C≡C—CH=CH—OCH₃（萘环结构）

为了加快光聚合速率，通常体系中还必须加入光引发剂。光聚合引发剂包括自由基型和离子型两种。

自由基型聚合光引发剂有两种过程，一种是由单分子中分子内化学键断裂而产生引发自由基，称为 PI_1 型，其中安息香及其衍生物（4-24）等芳香酮是最常用的单分子引发自由基的光引发剂；另一种是从氢给体上夺氢的双分子过程产生引发自由基，称为 PI_2 型，引发剂

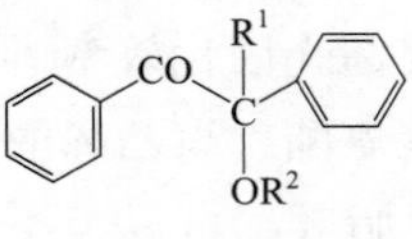

（C₆H₅CO—C(R¹)(OR²)—C₆H₅ 结构）

4-24　安息香衍生物

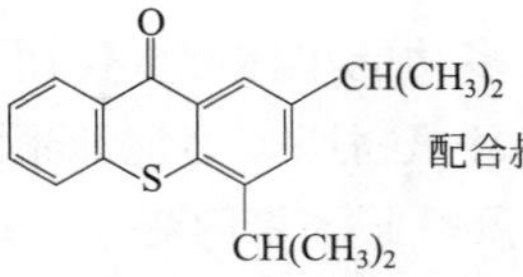

（DITX 结构，配合叔胺使用）

4-25　DITX(二异丙基噻吨酮)

有二苯甲酮与叔胺体系、噻吨酮（4-25）与叔胺配合体系等，以前应用较广的米蚩酮则将二苯甲酮与叔胺集于一体 $[(CH_3)_2NC_6H_4COC_6H_4N(CH_3)_2]$，它在 365nm 处的吸收是二苯甲酮的 400 倍，但由于其带有黄色，且安全性差，因而已很少使用。

离子型聚合光引发剂主要是一些芳香基锍盐，如 $Ar_4N^+X^-$、Ar_3SX^-、Ar_2IX^-（$X^-=BF_4^-$、PF_6^-、AsF_6^- 等）。聚合时，光引发剂的阳离子吸收光能，由阴离子控制聚合反应速率。

（五）提高感度的方法

为了提高光能的利用率，就有必要提高感光性体系的感度。那么如何提高体系的感度呢？通常我们可以采用以下方法：①改变感光性基团的化学结构，提高其本身的固有感度；②使用增感剂，以增加体系对光的敏感性；③采用化学增幅法，大幅度提升体系的感度。

1. 改变化学结构，提高固有感度

感光性基团对光的敏感性主要来自于共轭结构。当扩大共轭时，对于 $\pi \to \pi^*$ 跃迁而言，由于成键轨道和反键轨道裂分，导致价带顶即最高占有分子轨道（HOMO）能量上升，导带底即最低空轨道（LUMO）能量下降，使得能隙降低，体系吸收的光能将发生红移，即能够吸收更多的光能。引入含有孤对电子的原子（如 O、N、S 等原子）时，可以在体系中引入 $n \to \pi^*$ 跃迁而降低能隙，提高感度。与聚乙烯醇肉桂酸酯相比，ω-苯基多乙烯酸聚乙烯醇酯（4-18）、ω-苯基多乙烯酰聚苯乙烯（4-26）、聚乙烯基吡啶盐与芳香醛的缩合产物（β-聚N-乙烯基吡啶盐基）苯乙烯（4-27）等，由于引入了丰富的共轭结构，这些体系的感度都较高。例如，以 PVCA 的相对感度为 1 计，当 4-28 中的芳香醛为甲氧基苯甲醛时，相对感度为 1000；而若替换为糠醛时，其相对感度可达 15000。

4-26　　　　　4-27　　　　　4-28

2. 添加增感剂

添加增感剂并不直接引发感光性高分子发生光化学反应，而是起能量和电子转移作用，同时增加感光体系的光谱吸收范围。添加增感剂可以使感光性高分子体系的感度大大提高。如表 4-11 所示，在聚乙烯醇肉桂酸酯中添加不同的增感剂，都可以使感度增加，其中添加 4-甲基-1,4-二氮杂-1,9-苯并蒽醌后，PVCA 的感度比原先提高了 500 倍。

表 4-11　感光树脂及增感后的感度

树脂/增感剂	感度	树脂/增感剂	感度
聚乙烯醇肉桂酸酯	2.2	聚乙烯醇肉桂酸酯/对硝基苯胺	110
聚乙烯醇邻氯代肉桂酸酯	2.2	聚乙烯醇肉桂酸酯/对硝基联苯	180
聚乙烯醇间硝基肉桂酸酯	350	聚乙烯醇肉桂酸酯/5-硝基苊	184
聚乙烯醇叠氮苯甲酸酯	4400	聚乙烯醇肉桂酸酯/2-硝基芴	248
聚乙烯醇肉桂酸酯/蒽醌	14.8	聚乙烯醇肉桂酸酯/4-甲基-1,4-二氮杂-1,9-苯并蒽醌	1100

3. 化学增幅法

通过增加体系的共轭程度、设计含更多的孤对电子和 π 电子的体系来拓展其光响应范围，或者通过添加增感剂来促进体系对光的吸收，由于感光部分就是起化学反应的部分，因此感度提升空间有限，当达到极限时，再提高感度就显得十分困难。

银盐感光材料之所以有高感光灵敏度，是因为它在曝光过程产生的痕量银斑具有高效催化作用，它可以催化卤化银颗粒与显影剂间的氧化还原反应，使整个成像过程总的反应量子产率达到惊人的 $10^9 \sim 10^{10}$ 数量级。与此相似，基于光生催化剂概念的化学增幅型感光性高分子大大提高了体系的感度。化学增幅又称化学放大，是在光的作用下，通过光敏物质的化学反应产生催化剂，这种催化剂可以促进树脂发生交联、分解等溶解性转化反应，从而使体系具有优异的光成像性。由于仅需少量光生催化剂即可大大催化溶解性转化反应，因此光子转化效率得到大幅度提升。它将感光性体系中感光后直接成像反应转变为在光照作用下产生催化剂来引发其他化学反应成像，从而使光刻胶的感度提高有了革命性的进步。这种变化摆脱了由光能直接成像的束缚，开拓了由光能产生催化的新工艺，彻底变革了以往的感光思路。

例如，氨基甲酸酯（4-29）在 254nm 紫外线的照射下解离生成 1,6-己二胺（4-30）。它可以催化高分子 4-31 在适当的温度下发生脱羧反应生成 4-32，未曝光的部分基本没发生化学变化。经碱性水溶液冲洗，未曝光部分溶解而曝光部分不溶，就得到了对比清晰的负性图案。由于曝光前后体系极性发生了变化，因此，没有一般负性胶显影时出现溶胀的弊端。

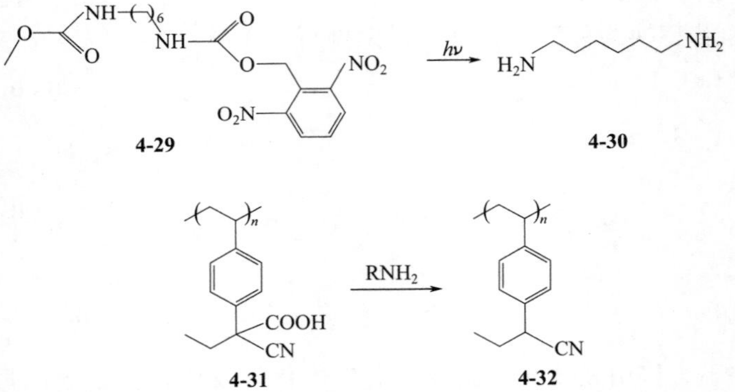

$$(4-37)$$

化学增幅当然也可以应用于光致其他催化剂，也可以应用于光增溶型的正性胶中。例如酚醛树脂具有碱溶性，如加入芳香族萘衍生物作为溶解抑制剂，其在碱水中的溶解能力便下降。据此可采用萘甲酸正丁酯、2-萘酚碳酸正丁酯、联苯正丁醚作为溶解抑制剂，与酚醛树脂、光致酸供给体组成化学增幅型感光性体系。

用邻重氮醌化合物作为光致酸供给体，与酚醛树脂和甲醇醚化的三聚氰胺混合组成感光体系，邻重氮醌化合物在光照下生成羧酸，酚醛树脂和三聚氰胺在酸催化下发生交联反应，如式（4-38）和式（4-39）所示。

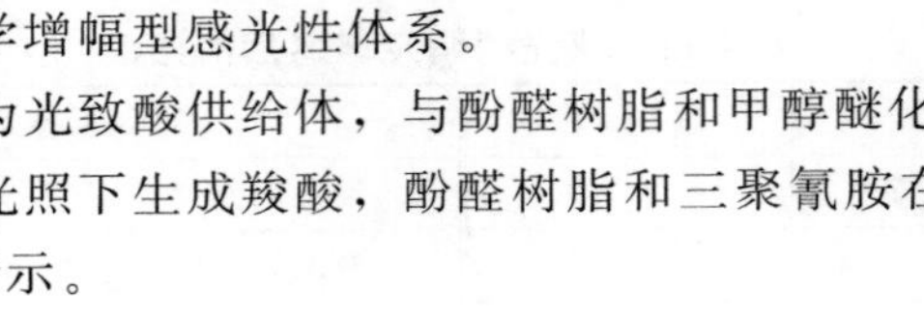

$$(4-38)$$

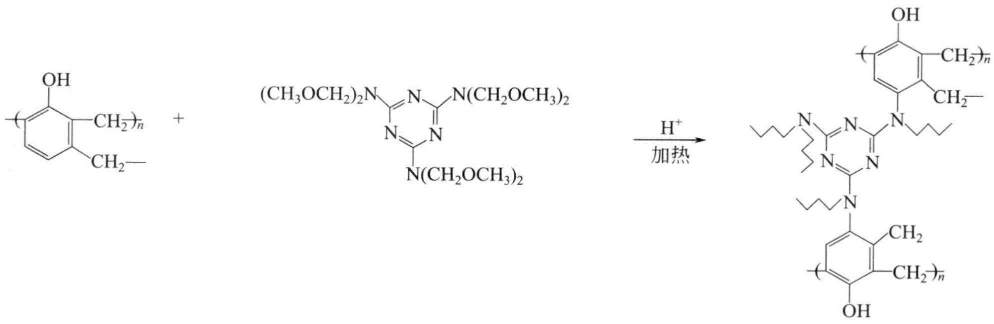

$$(4-39)$$

目前所用的化学增幅光刻胶主要由光致产酸剂（PGA）与酸催化反应树脂体系构成。1980 年 IBM 公司发现使用光致酸发生剂能使三种不同的聚合物体系形成光刻图像：①环氧树脂交联；②聚芳醛解聚；③叔丁基脱落。光致产酸剂包括非离子体系的磺酸酯（如 4-33 和 4-34）或其与碘鎓、脂环族硫鎓盐等组成的复合体系。环氧树脂侧挂环氧基在光致酸催化下引发开环聚合，使聚合物溶解性在曝光前后产生差异。聚苯二醛中重复的醚键在酸催化下容易断裂，断链反应所产生的酸又继续催化更多的醚键断裂，导致解聚反应加速。在三种不同的成像体系中，酸催化下的碳酸叔丁基酯的脱落机理最为人们所关注。

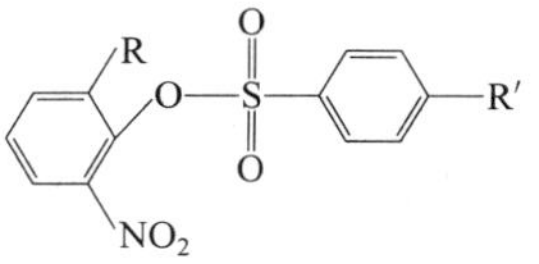

4-33

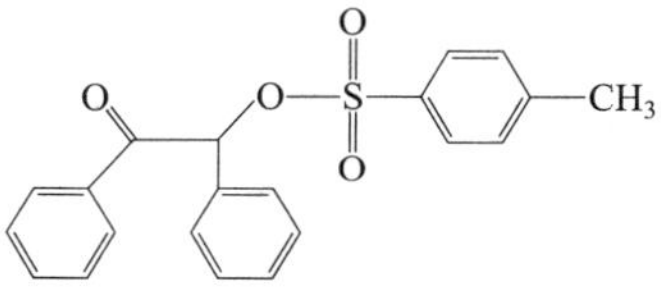

4-34

酯基在酸催化下可以水解成为酸和醇。利用这一原理，以酚酯或叔丁基氧（t-BOC）保护的酯为特性基团的高分子树脂成为 248nm 和 193nm 光刻胶的主要类型。树脂主链一般为聚苯乙烯或丙烯酸酯类聚合物或其共聚物。如聚苯乙烯酚酯、含保护基团的聚（甲基）丙烯酸酯、乙烯醚-马来酸酯共聚物（VEMA）、降冰片烯甲酸酯衍生物聚合物（NBP）及其与马来酸酐共聚物（NMP）（4-35）、有机硅接枝马来酸酯聚合物等。共聚物中带有部分羧基或羟基可以提供必要的附着力。酸敏基团除特丁基氧外，还有其他大体积的支化烷烃、大体积的脂环酯

4-35　NMP

等。由于含酸酐结构的体系相对容易水解，因此，必须控制胶中的水分以提高存放期。

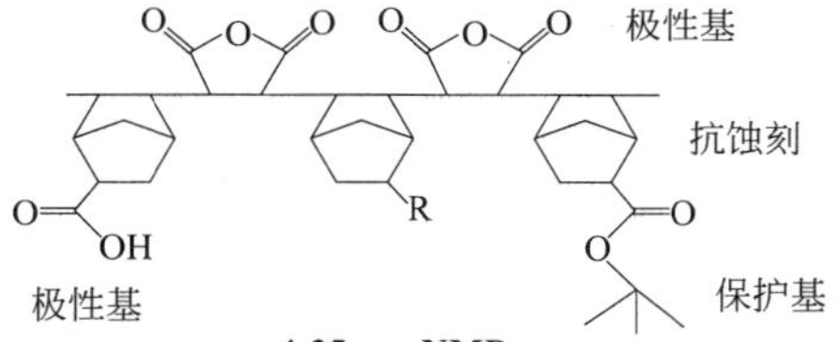

在酸催化下，聚合物侧链上的悬挂基团如 t-BOC 可以被分解为二氧化碳和特丁基阳离子，特丁基阳离子又继续经历 β-质子消除反应生成气态异丁烯。酸在反应中没有消耗，可继续催化脱保反应。脱保反应使亲油性聚合物转变为亲水性聚合物，通过选择不同的显影液可以分别得到阳图形或阴图形。例如聚苯乙烯酚酯正性胶在酸催化下脱保护形成可溶于碱性溶剂的聚苯乙烯酚，如式（4-40）所示。若体系能转化为聚合物羧酸而不是聚合物酚，则可以提高其在碱液中的溶解性。按工业标准，显影液为 0.26mol/L 四甲基氢氧化铵（TMAH）溶液。

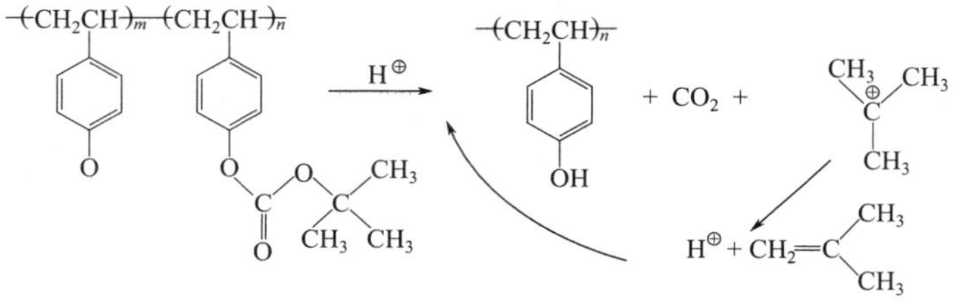

$$(4-40)$$

利用酚与醚胺在酸催化下反应，也可以将聚苯乙烯酚制成负性胶，见式(4-41)：

$$\text{R—N} \begin{array}{c} \text{CH}_2\text{OCH}_3 \\ \text{CH}_2\text{OCH}_3 \end{array} + \text{（CH}_2\text{CH）}_n\text{—OH} \xrightarrow[\text{CH}_3\text{OH}]{\text{H}^+} \text{R—N} \begin{array}{c} \text{CH}_2\text{O—（CH}_2\text{CH）}_n \\ \text{CH}_2\text{O—（CH}_2\text{CH）}_n \end{array} \qquad (4\text{-}41)$$

除主体树脂和 PAG 外，体系中还需要加入多种添加剂，以获得满意的综合性能。如加入一些大环酯或大环碳酸酯，曝光前起溶解抑制剂作用，曝光后在酸催化下脱酯而成极性化合物，起溶解促进剂作用，提高曝光区和非曝光区的溶解度差别，从而提高分辨率。

光致酸催化剂还可以催化 Claisen 反应（醚→酚）、片呐醇重排（二醇→酮）等，以用于正性胶或负性胶。

化学增幅效率取决于光照下光致催化剂的产生速率，也与酸的利用率及其催化效率有关。为了防止光致酸扩散进入非曝光区，导致分辨力下降，体系中还需添加极少量（总固体份质量的 0.03%～0.5%）的碱性添加剂，以捕捉痕量酸，且对胶的性能没有过多的影响。常用的碱性添加剂为多烷基胺、特烷基氢氧化铵，或其他高位阻有机碱等。若加入的是光可分解型碱，如三烷基硫鎓氢氧化物、二烷基碘鎓氢氧化物等，曝光后转变为中性化合物，对曝光区的酸没有影响或影响很小，则不会引起光敏性下降。利用特殊结构的氨基磺酸酯在曝光后可以产酸特性，则可以反过来提高体系的光敏性。

五、感光高分子的应用

感光高分子自应用于电子工业以来，已得到了迅猛的发展。在集成电路（IC）、大规模集成电路（LSIC）、超大规模集成电路（USIC）和特大规模集成电路（VLSIC）中，由紫外线进行刻蚀成像的光刻胶发展到用电子束、X 射线进行刻蚀的抗蚀剂，光刻技术发展得更加精密，其优点是，速度快，重量轻，图案清晰，是实现电子器件小型化、智能化的重要保证，是当代计算机的基石。水溶性的光致抗蚀剂还可应用于彩色电视机的彩显管及阴极射线管的荧光屏。

在金属板的表面处理、精密加工、唱片的刻录、玻璃与陶瓷等工艺品的精密刻蚀、钟表行业中精密零件的精加工等过程中，光致抗蚀剂、电子束抗蚀剂也可以一展身手。

在印刷工业中，感光高分子的应用是从照相制版开始的，无论是何种形式的印刷版（凸版、凹版、平版或丝网印刷）、彩色校样，都有感光树脂在应用。

1980 年，Philips 公司最先提出了用光聚合方法生产激光视盘。与传统的注塑成型和模压转印相比，用光聚合法无须高温高压，生产的光盘内应力小，大大提高了复制的精度及质量，光盘的保真度高，同时也避免了高温法对盘基和模板的热致损坏。用光聚合涂料对精密元器件施加的保护层具有良好的光学和机械性能。光聚合浮雕成型法还可用于刻录光盘。高分子感光树脂在光固化涂料、油墨和胶黏剂等方面都得到了广泛的应用。在医疗方面，感光高分子可以用来填补治疗龋齿、用作人造血管等，在生化、纺织、化学等工业中，光化学反应可以用于固定化酶的固定，纤维及其他高分子材料的接枝改性与表面处理等。

将低分子紫外光吸收剂、光氧化稳定剂等与聚合物链相连，可以得到高分子光稳定剂。如以下二苯酮和受阻胺类的高分子光稳定剂（4-36～4-39），可以与其他高分子树脂一起共混，用于各种材料的抗紫外线剂。它可以克服低分子助剂的易挥发、易渗出以及被溶剂萃取、被过滤等缺点，具有无毒、无味、无过敏性等优点。

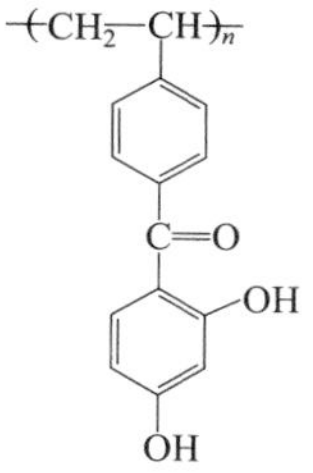

4-36 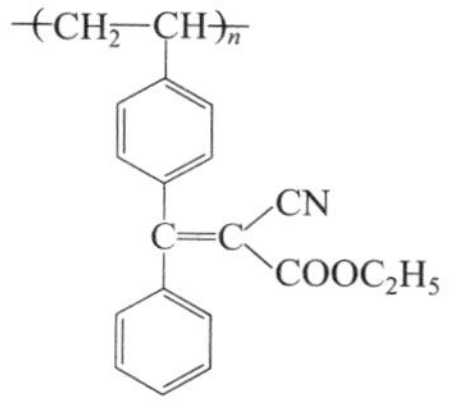　　　　　4-37 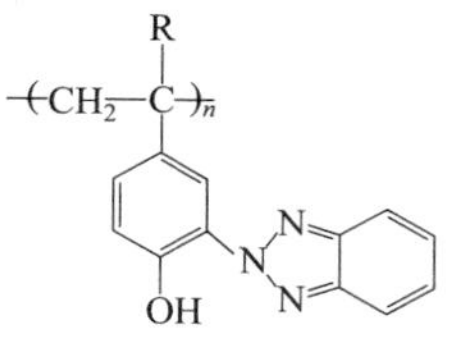　　　　　　4-38 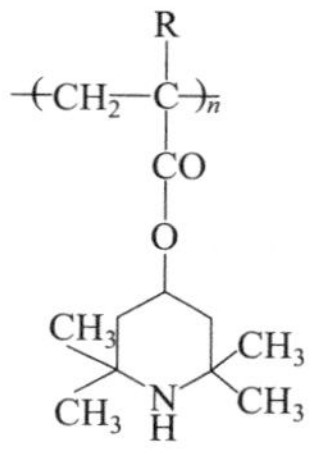　　　　　4-39

第四节　光致变色高分子

现代信息与生活记录离不开感光材料。在感光成像方面，根据感光机理可分为光致变色成像（光照导致材料结构变化引起颜色变化而成像）、自由基感光成像（光照导致材料分解生成的自由基能破坏或生成染料而成像）和酸敏变色成像（光照导致材料释放出酸性物质使酸碱指示剂改变颜色而成像）。这里我们主要介绍光致变色材料。

化合物在某些波长的光的照射下，其颜色会发生可逆的变化，这种现象就称为光色互变或光致变色现象。光致变色过程包括两个相反的步骤：①化合物在一定波长的光作用下显色或改变颜色的过程，即显色反应，是激活反应；②在受热或在另一波长的光的作用下，化合物恢复其原来颜色的过程，即消色反应。其中，前者为热消色，后者为光消色。通常，化合物原来所处状态为稳态，受光显色后为激发态，为亚稳态。

但有时其变色过程正好相反，即化合物原来所处的稳态是有色的，受光激发后的亚稳态是无色的。这种现象称为逆光色性。

光致变色现象有三个主要特点：①有色和无色亚稳态间的可逆变化可控；②是一种分子规模的变化过程；③亚稳态间的变化程度与作用光的强度成线性关系。

一、光致变色机理

光致变色材料有无机和有机化合物两种。无机光致变色材料有多钼酸盐、硅钨杂多酸盐等多金属氧酸盐，氧化钼、氧化钨、氧化钛、氧化钒、氧化铌或混合氧化物等过渡金属氧化物，碘化钙和碘化汞的混合晶体、氯化铜、氯化银、稀土掺杂氟化钙等金属卤化物，以及金属叠氮化物等。多金属氧酸盐的光致变色机理是处于低能级的 O2p 轨道上的电子向高能级的金属 d 轨道跃迁，并进一步发生价带间电荷转移（inter valence charge transfer，IVCT），引起多酸颜色的变化（杂多蓝或杂多棕）；金属氧化物、金属卤化物等无机材料的光致变色

特种高分子材料

性通常由杂质或晶格缺陷所造成。

有机光致变色材料品种很多，其结构中含有偶氮、席夫碱、苯萘酮、螺杂环、二芳基乙烯、俘精酸酐、肉桂酸酯、降冰片二烯、噻嗪、联吡啶等光色基团。将光色基团导入聚合物链中就制得了光致变色高分子材料。例如将有机荧光物质或磷光物质如二氢荧光素、异咯嗪等接到高分子侧链上，这类聚合物便具有光致发光功能。它们可以用作高分子荧光染料。

有机光致变色材料按其反应作用机制可分为单分子过程和多分子过程、环式反应模式和多光子模式等。就单分子过程而言，按基团变色机理可将光致变色过程分为异构化、氧化还原及分子跃迁至激发态三类。

（一）异构化

1. 顺反异构

异构化反应中最常见的是顺反异构。如侧链带有偶氮苯类基团的高聚物，在光的作用下，就可以发生顺反异构化反应：

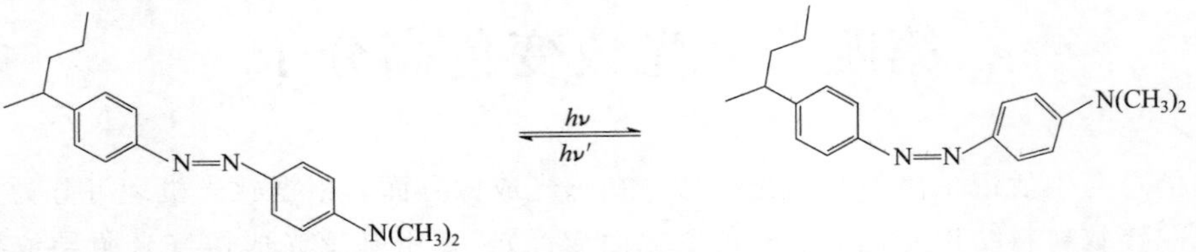

$$\xrightarrow[h\nu']{h\nu} \tag{4-42}$$

反式偶氮苯吸收光波后变为顺式偶氮苯，最大吸收波长从 350nm 紫移至 310nm，顺反异构体的吸收峰波长相差不大，说明顺反异构转变的活化能相差不大，约为 80kJ/mol，但摩尔消光系数相差很大，所以很容易检测其变化。但是，一般偶氮化合物的吸收波长较短，不能与目前的激光器相匹配，并且变色前后吸收光波长相差不大，且其热稳定性差，顺式异构体在暗处很快自动恢复为反式异构体，应用受到限制。如果能拉开偶氮染料的顺反异构体吸收峰的波长间的差距，则有可能用作光信息存储材料。将含偶氮苯结构的乙烯类单体通过均聚或与其他不饱和单体共聚可以获得相应的光致变色高分子，也可以通过缩聚方法把偶氮苯结构引入聚酰胺、聚氨酯等高分子主链中。也可以通过大分子改性方法将偶氮苯结构引入高分子侧链上制备光致变色高分子。

2. 氢转移异构

分子内和分子间的氢转移是另一类常见的异构化变色机理。如硫代缩胺基脲（—N≕N—CS—NH—NH—）衍生物（双硫腙，又称为硫代卡巴腙）与汞能形成有色络合物，是化学分析上应用的灵敏显色剂。在聚丙烯酸类高分子的侧链上引入这种硫代缩胺基脲金属汞基团，则在光照时，由于发生氢原子转移的互变异构，而产生变色现象。

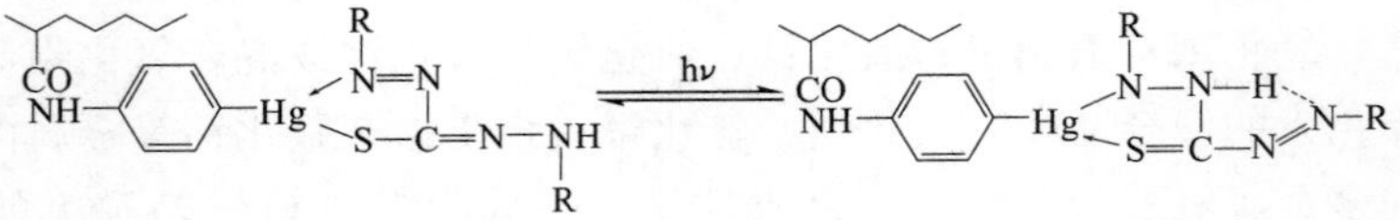

$$\xrightleftharpoons{h\nu} \tag{4-43}$$

由于光照前后，物质对可见光的吸收波长发生了变化，从而引起光致变色效应。不同的取代基对吸收波长的影响不同（见表 4-12）。

178

表 4-12　取代基对硫代缩胺基脲吸收峰的影响

取代基 R	吸收峰/nm	
	光照前	光照后
—Ar	475	583
p-C$_6$H$_4$—Br	480	610
p-C$_6$H$_4$—Cl	480	620
p-C$_6$H$_4$—CH$_3$	480	610
o-C$_6$H$_4$—CF$_3$	430	560
p-C$_6$H$_4$—OCH$_3$	500	630

水杨醛同芳香胺形成的各类席夫碱、苯萘酮、卟吩等，也会由于发生分子内的氢转移而具有光色性［式(4-44)～式(4-46)］。视网膜中的视色素在光照下，也是发生氢转移反应的，由深红色的视紫红质转变为黄绿色的视黄绿质。

$$(4-44)$$

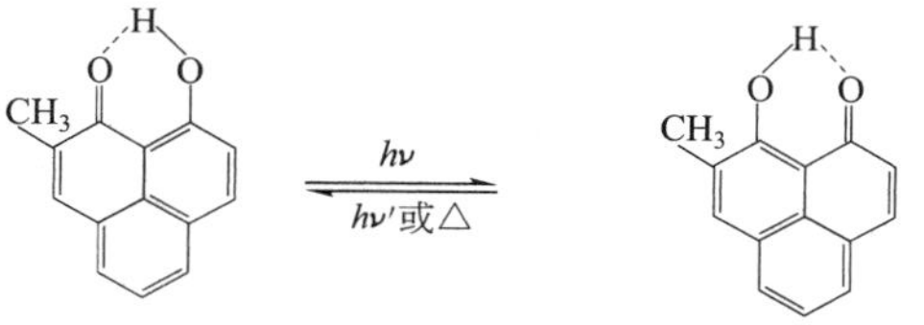

$$(4-45)$$

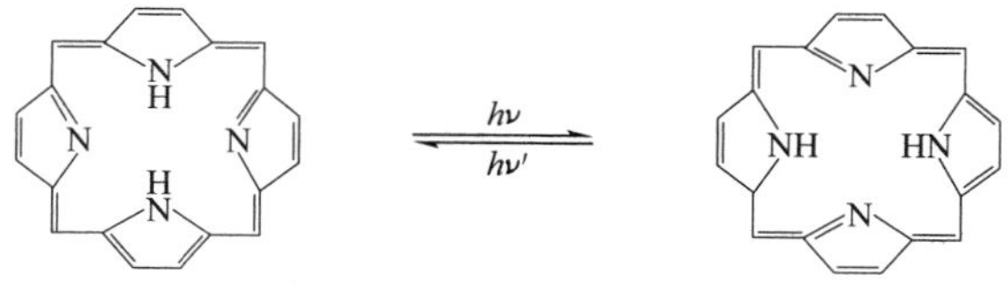

$$(4-46)$$

3. 开环异构

第三种异构化反应的机理是化学键断裂而造成的分子解离产生离子或自由基的过程。这一类化合物主要是螺吡喃（4-40）和螺噁嗪（4-41）等螺环化合物。其中 R^1 可以有多种取代基，如磺酸基、羧酸基等，以赋予其反应性或亲水性；R^4 多为苯、萘、吲哚啉等芳香稠环或取代稠环，以提高其感度；R^2 和 R^3 多为甲基，以提供异构体的稳定性；R^5 可以是 H，也可以是甲基。螺吡喃基团在光作用下发生可逆的开环异构化，其光色反应如下：

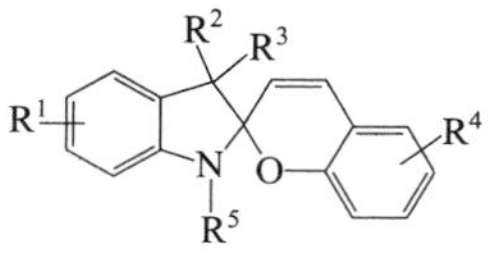

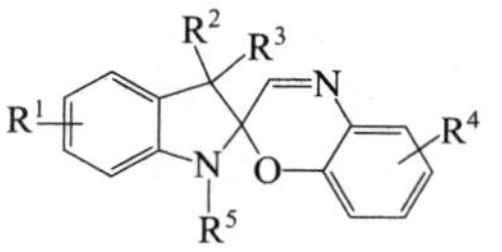

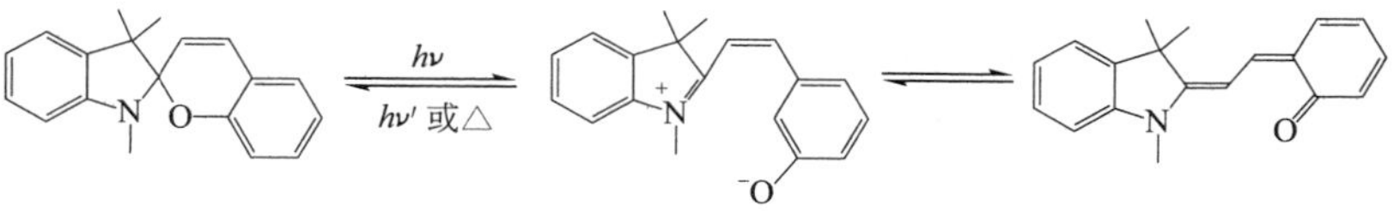

在紫外光照射下，无色闭环体分子中的 C—O 键发生异裂，分子的结构以及电子的组态发生异构化和重排，整个分子局部发生旋转并形成共平面的一个大共轭体系，反应后，吸收

波长发生红移。螺噁嗪变色机理与之类似，也是 C—O 键的异裂，如式（4-48）所示。反应后吸收光谱发生红移，在 $500\sim700\text{nm}$ 处出现最大吸收波长而显色。在可见光或热的作用下，逆向反应而恢复到无色。这两类化合物的 C—O 键断裂时间处于 ps 级，变色速率极快，但消色反应也很快，在室温下几小时之内即会转化为无色的螺环结构。

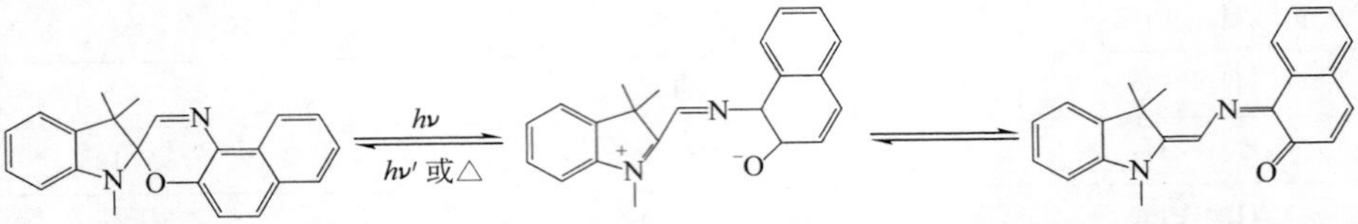

$$(4\text{-}48)$$

将螺吡喃、螺噁嗪、三苯甲烷等光色分子接入（甲基）丙烯酸酯类等高分子侧基中或主链中，即可得到高分子光色材料。含有螺吡喃结构的聚肽，如聚酪氨酸等衍生物也具有光色性。在高分子中，异构化转变速率取决于螺吡喃等结构的转动自由度。一般高分子螺吡喃的消色速率常数是螺吡喃小分子溶液的 $1/500\sim1/400$，因而有很好的稳定性。但为了使其显色速率加快，可以选择 T_g 较低的柔性高分子，如 4-42。类似的通过柔性桥键连接螺吡喃到柔性聚丙烯酸骨架的光致变色高分子的光色过程如式（4-49）所示。

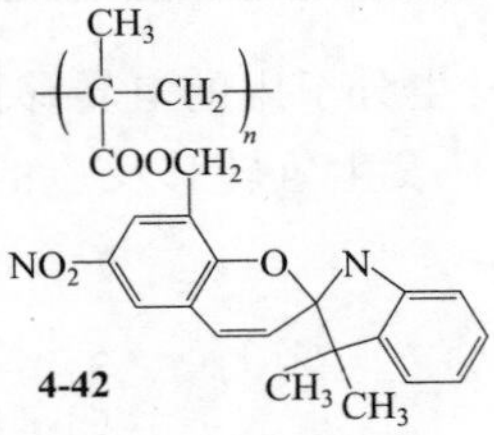

4-42

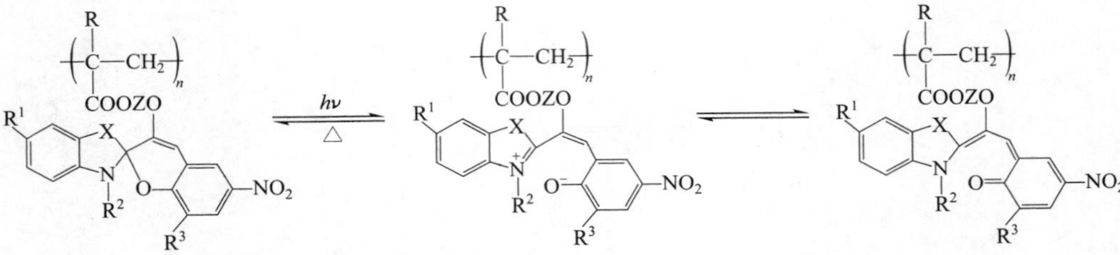

$$(4\text{-}49)$$

R=H，CH₃等；　Z=芳烃，脂肪烃，醚，胺等；　X=S，C(CH₃)₂等

这种光色聚合物有良好的储存寿命，温度依赖性小，可用作显示装置。螺吡喃分子实际上是由两个互相交叉的大 π 电子体系组成的，由于 π 电子可以与 N 型或 P 型半导体形成强烈相互作用，因此，它可以在 SiO_2、TiO_2 等半导体表面形成高度有序的定向排列，而最稳定的开环体呈平面状结构，因而，吸附在半导体表面的螺吡喃有色体的消色速率常数将很小。而且，外加电场无疑使 π 电子与半导体表面间的结合更加牢固。利用这个原理，现在已试制成高分辨力、能较长时间保留图像的记录材料。尤其是近年来，LB 膜技术的发展，为在半导体表面沉积高浓度的螺吡喃定向膜提供了可能。外加电场是一个方便而又切实可行的控制信息存储的方法。未来的高信息容量、高对比度和可控信息存储时间的光记录介质可能就是这种光致变色 LB 膜。

4．闭环异构

与螺吡喃的光开环相反，俘精酸酐（4-43）等桥环化合物的光致变色反应则是闭环反应。俘精酸酐是丁二酸酐的衍生物，可以通过 Stobbe 缩合反应合成。其光致变色机理是一种符合 Woodward-Hoffmann 规则的 $(4m+2)$ 型电环化过程。

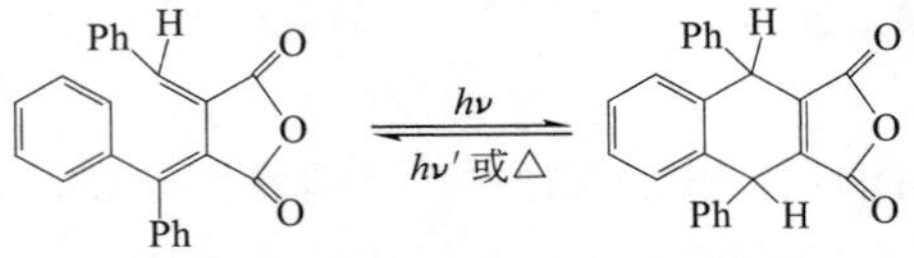

$$(4\text{-}50)$$

4-43　　　　4-44

在紫外光的照射下，俘精酸酐顺旋闭环生成显色的二氢萘衍生物（4-44），它在白色光照射或加热时，又会发生逆过程。为了防止氢迁移的副反应，可以用甲基来取代 8α-H，其显色体在 160℃ 以下不会发生甲基迁移或热对旋开环反应，只在可见光照射下发生顺旋开环，具有良好的抗疲劳性，室温下的光色循环次数可达 30000 次。

吡咯取代的俘精酸酐与四氰基对苯醌二甲烷（TCNQ）在基态可以形成电荷转移络合物（CTC），在 460nm 波长的光作用下，该络合物发生电子转移反应，形成自由基离子对，在 780～840nm 区域内有最大吸收，而在 840nm 光的照射下，又可形成俘精酸酐和 TCNQ，实现了循环过程。初步研究结果表明，用这种材料制成的光致变色盘片经 450 次写、擦循环后，写入态和擦除态的对比度仍保持在 40% 左右。

降冰片二烯在光照下，可以发生异构化反应生成四环烷。用三氟乙酸作催化剂，又可使之反向异构化生成降冰片二烯。将其作为高分子链的侧基，则形成高分子光致变色材料。由于降冰片二烯自身不能直接吸收可见光，因此，往往在体系中同时接入光敏剂，以拓宽其光谱吸收范围，从而有可能实现太阳能的储存与转换。光敏剂可以用含有咔唑基团的分子，接入同一高分子骨架上，使降冰片二烯基团能够将长波长的光转换成化学能：

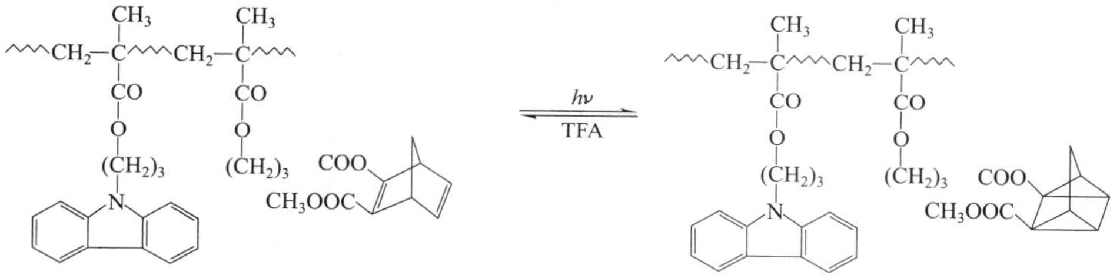

$$(4\text{-}51)$$

二芳基乙烯化合物具有热稳定性优良、响应灵敏、耐疲劳性好等优点，成为后来居上的一类重要的光致变色材料。三种典型的二芳基乙烯类结构见 4-45、4-46 和 4-47，其中 R^1、R^2 可以是甲基、氰基等，可以相同，也可以不同；Ar^1 和 Ar^2 代表芳杂环基，如苯、萘、噻吩等，二者可以相同，也可以不同；X 可以是 S、O

或 $(CH_2)_n$，其中 $n=1,2$，环上的 H 也可以全被 F 取代。其中 4-46 对绿光和蓝光敏感，可以用于高信息存储密度介质。其光致变色机理是在紫外光照射下发生旋转闭环反应，而闭环体在可见光照射下又能发生反向变化。例如 Irice 1988 年合成了 2,3-双（2,4,5-三甲基-3-噻吩）马来酸酐（TMTMA），其合成及光致变色反应如式（4-52）所示。TMTMA 经过 405nm 光照变成褐色的闭环状态（c），出现新的吸收峰（560nm），用大于 506nm 的可见光照射，化合物则回到初始的黄色状态（o），新的吸收峰消失。

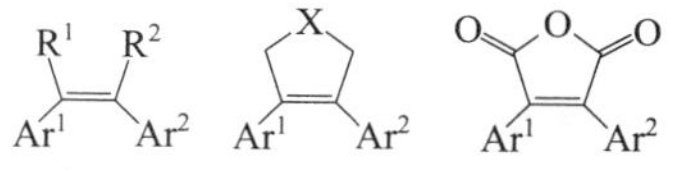

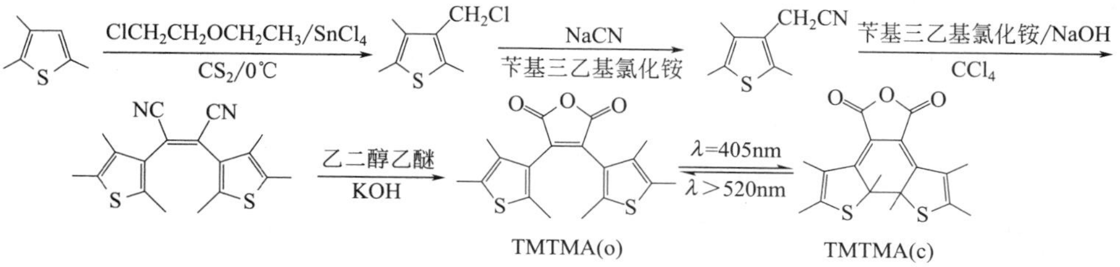

$$(4\text{-}52)$$

把 TMTMA 通过酸酐与氨基的反应接到聚丙烯酸氨基乙酯上即成为高分子光致变色材料，其光致变色性能对温度有明显的依赖性，从 10℃ 上升到 150℃，原本较低的转化率可以急剧增加 30～40 倍，这一特性可应用于无损读出的门控反应。例如用 405nm 强激光写入信息，闭环态的最大吸收峰出现在 376nm 和 521nm 处。利用开环态对 365nm 的光不敏感，可用微弱的 365nm 激光读出信息，且体系温度没有大幅度上升。当用可见光照射时，信息就会被删除。也可以将此类光致变色分子分散在 PS 等高分子基体中制备光致变色高分子材料。

在闭环异构类光致变色材料中，还有一种 DASAs（Donor-acceptor Stenhouse adducts）的光致变色基元，其变色过程如式(4-53)所示。

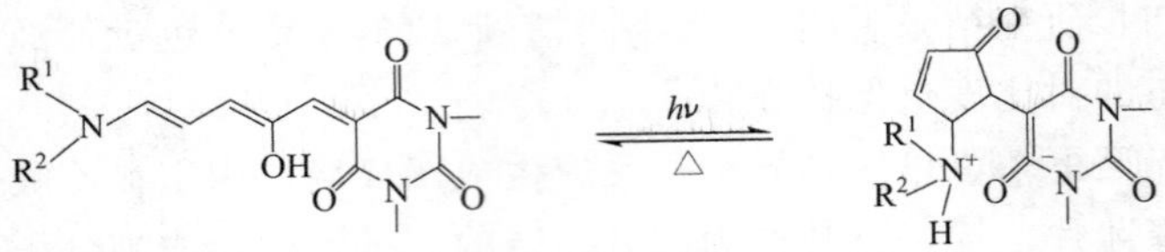

$$\text{(4-53)}$$

用可见光照射后，疏水性的伸展状态的共轭烯醇结构转变为亲水性的、收缩状态的环戊烯酮结构。该光色分子具有较高的抗疲劳强度。此类化合物一般通过环形 β-双羰基化合物（其中含有大量二级胺）活化呋喃甲醛衍生物开环得到。由于合成反应条件温和，收率高，合成过程中无须添加催化剂，不会对环境造成污染，因而受到了关注。光致变色过程受吸电子基团的类型、溶剂和温度等因素影响。

(二) 氧化还原型

含有噻嗪基的硫堇染料，如亚甲基蓝或劳氏紫体等，与还原剂（如亚铁离子等）一起可以组成光致变色体系。在光作用下，染料发生氧化还原反应，而使原先的颜色变浅或消失，俗称光漂白；而在氧化剂（如空气中的氧）的作用下，在暗处又可以显色，因此它具有逆光色性。通过选择还原剂，可以调节光色响应，其反应过程为：

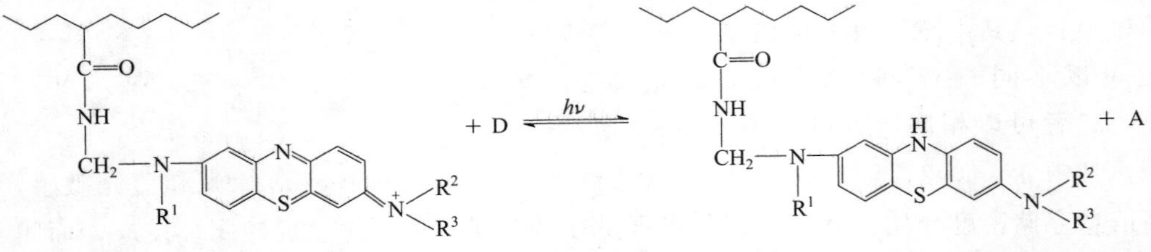

$$\text{(4-54)}$$

将硫堇染料接入高分子侧基可以得到高分子光致变色体系。由于硫堇染料极易产生激发单线态，其分子轨道能级较低，一般如聚乙烯醇、乙醇胺、木瓜朊酶等都可以作为电子给体，得到高光敏度的光致变色材料，因而现在一般在聚合物上同时引入电子给体和硫堇染料两个发色团，而无须添加 Fe^{2+} 等无机离子。通过提高乙醇胺的含量可以有效地提高光敏度。

具有联吡啶盐结构的紫罗精类发色团，在光作用下，通过氧化还原反应，可以形成阳离子自由基，使颜色加深：

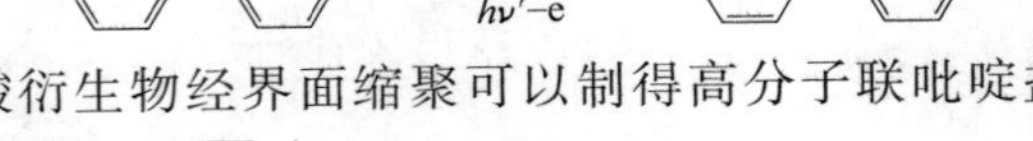

$$\text{(4-55)}$$

将这种结构与多元酸衍生物经界面缩聚可以制得高分子联吡啶盐。如：

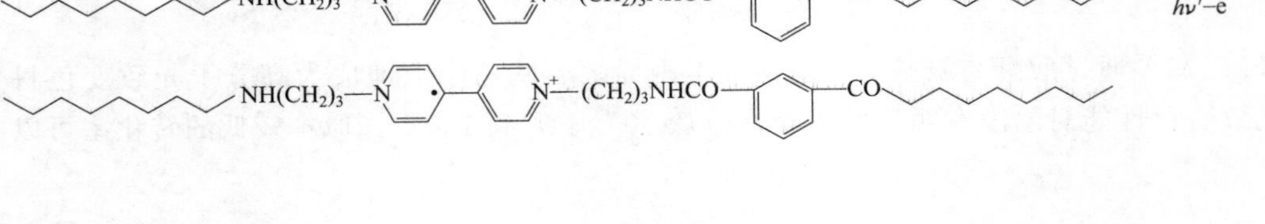

$$\text{(4-56)}$$

这种氧化还原树脂在电流作用下或光照后即由原来的淡黄色变成青绿色，在空气中放置8h后或在水中放置1min即可恢复原来的淡黄色。因此这种分子有时也用来作感湿剂（湿敏材料）。

（三）分子受激

属于这一类的物质有六苯并苯等多核化合物，它在光照后，可以激发至单线态或进一步过渡到三线态，从而产生光色互变现象。

（四）其他

随着科学研究的深入，人们发现，除了上述单分子的反应模式外，还存在着以下三种不同的方式。

（1）多组分反应方式　两个或两个以上的反应组分在光的作用下，产生一种或多种产物，这种反应也是可逆的。如将两种二噻吩乙烯类光色基团通过共聚反应制得双光致变色共聚物（4-48），这种浅黄色粉末在甲苯溶液中是无色的，经402nm光照变成砖褐色，再用521nm光照回到初始状态；经342nm光照变为蓝色，用580nm光照返回；如果同时暴露于342nm和402nm光照下，则变为紫色。双组分光致变色可应用于高密度光学信息存储。

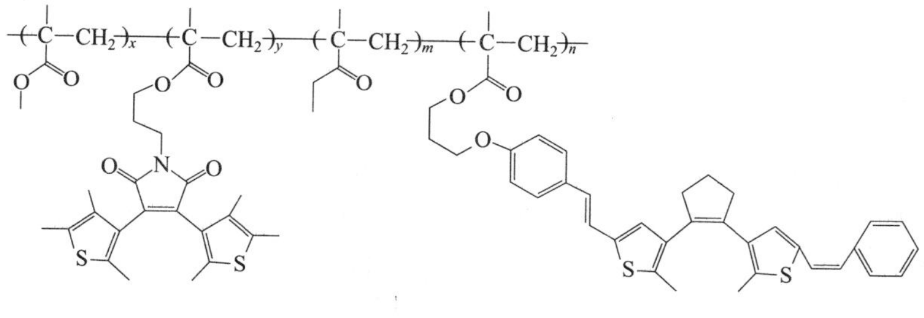

4-48

（2）环式反应多稳态方式　这类反应比前面所讨论的双稳态模式更有意义，如视觉过程就是多稳态之间变化的结果。在多稳态中可以通过化学或物理的方法令其中的某些特定态发生变化，从而研制不同的器件。

（3）多光子反应模式　有些物质在单光子作用下不发生光致变色反应，必须通过多光子激发才能实现，而有些光子由于能量上的原因不能引起反应。通过多光子连续激发，则可以实现光致变色反应。例如将芴的衍生物（4-49～4-52）作为电子给体，与作为电子受体的TMTMA混合，由于芴的衍生物都具有高荧光量子产率和强双光子横截面吸收，通过共振能量转移加快了光致变色反应速率，提高了双光子激发态下TMTMA的光致异构化效率，提高了其光致敏感性，使其可以应用在三维光学存储设备上。

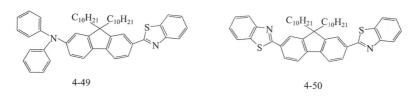

4-49　　　　4-50

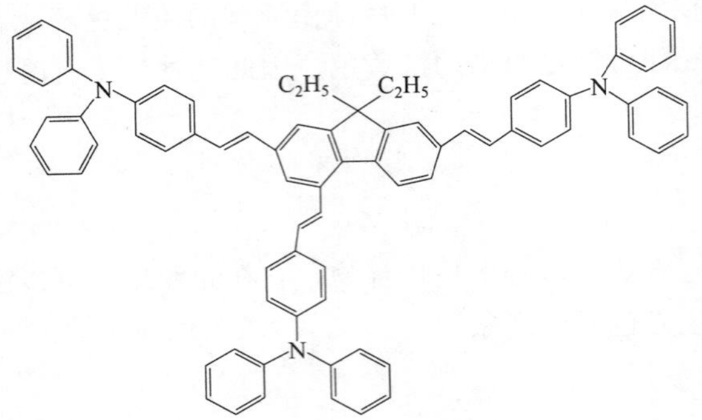

4-51

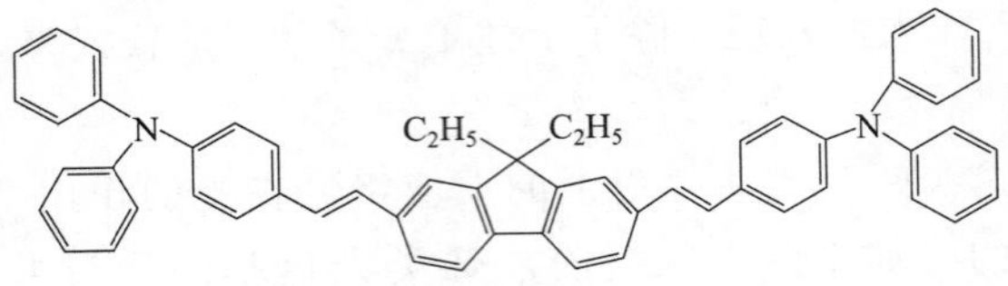

4-52

二、光致变色功能膜制备方法

由于高分子基体具有易加工特性，因此光致变色高分子材料也极易加工。这里以功能膜制备方法为例略加介绍。

(一) 溶液成膜法

将有机光致变色聚合物配成溶液，通过浸涂法、旋涂法或喷涂法在基片上形成均匀的薄膜，待溶剂挥发后，进一步干燥即可获得光致变色薄膜。例如，将 PMMA 和光致变色螺吡喃同时溶解分散于 THF 中，然后通过浸涂，或者通过甩胶机旋涂，或者通过喷涂机在石英、玻璃或聚酯薄膜等基片上形成薄薄的涂层，待溶剂挥发完，即可获得 PMMA-螺吡喃光致变色薄膜。

(二) L-B 膜法

L-B 膜 (Langmuir-Blodgett Film) 是单分子层状膜。L-B 膜技术是一种精确控制薄膜厚度和分子排列的单分子膜沉积技术，即在水-气界面上将不溶解的成膜材料分子加以紧密有序排列，形成单分子膜，然后再转移到固体载片上的制膜技术。用来制备 L-B 膜的化合物一般具有双亲性，即亲水亲油性。将这一技术应用于光致变色材料薄膜制备时，可以利用一个带有表面活性基团的螺吡喃化合物制成 L-B 膜。这种膜在 340nm 会转化成部花菁结构，由于聚集体的形成，部花菁的热稳定性显著增强。随着 L-B 膜技术发展，成膜材料不再限于双亲分子。用 L-B 拉膜设备就可以制备光致变色的有序分子膜。

(三) 分子自组装法

分子自组装 (self-assembly) 依靠不同的分子间具有的特殊的相互作用来自发结合形成特定的聚集状态，运用这一方法依靠分子间作用来使有机光致变色分子自发形成有序膜。例如将表面沉积金的玻璃浸入脱胺盐酸盐的水溶液中，用去离子水清洗后，将吸附有脱胺的金层在含有 EDC 和羧基螺噁嗪的乙醇溶液中反应，去离子水清洗、干燥得到了自组装在金表面的螺噁嗪单层膜（图 4-7）。进行层层自组装可以制备多层膜。利用静电引力、氢键、电荷转移络合物等相互作用，可以在基片上通过层层自组装制备多层带特定基团的螺噁嗪，如含螺噁嗪基团的季铵盐与带负电荷的聚苯乙烯磺酸钠交替形成多层膜等。

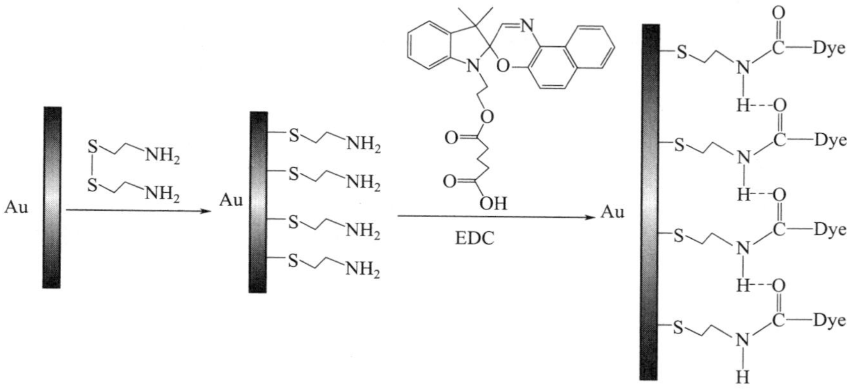

图 4-7　金表面螺噁嗪单层膜自组装过程

与浸涂、旋涂和喷涂法相比较，L-B 膜技术和自组装法在有效控制有机分子有序排列、可控形成单层或多层相同材料或不同材料的结构等方面有明显优势。自组装法相对于 L-B 膜法来说，还具有附着力强、制备过程简单等优点。但是自组装法需要使有机光致变色化合物带有特定的相互作用基团。

此外，有机光致变色材料还可以通过真空蒸镀、气相沉积法等方式成膜，需要有特殊的设备。

三、影响光致变色性能的因素

光色高分子的结构和外在条件是影响其光致变色功能的基本因素。

以顺反异构化反应为例，分子链的刚柔性、空间位阻效应、分子链间的相互作用等影响 T_g 大小的各种因素，都会对反应产生一定的影响。T_g 越高，链的运动能力就越差，光色响应就越弱。对于偶氮异构化反应而言，大分子构象对偶氮侧基的转变有明显影响。在高 pH 值时，大分子呈蜷曲状态，异构化速率相对较慢；而在较低 pH 值下，大分子链比较舒展，发色和消色速率加快。

在俘精酸酐的光致变色反应中，以甲基、乙基、芳基等取代 8α-H，可以大大提高其抗疲劳性和热稳定性，随着芳杂环取代基的给电子能力的增强及溶剂极性的增大，显色体的最大吸收将发生红移；而外界温度、湿度等也对光色响应有影响。就任一反应而言，温度升高有助于反应性基团的激活，因而可以加快反应速率；但是，由于消色反应常常受热与光的双重因素的影响，因此，温度的升高可能更利于热消色反应的进行。

四、光致变色材料的应用

光致变色现象最早是在生物体内发现的，距今已有一百多年的历史。随后，20 世纪 40

年代又发现了无机化合物和有机化合物的光致变色现象。无机材料的光发色与消色速率虽然都很慢，但优良的抗疲劳性使之在防护材料上得到了应用。光致变色眼镜和变色玻璃已是十分普通的商品。有机光致变色化合物在用作非银感光材料时，必须克服低感度和热褪色的两大难题。光致变色高聚物具有低褪色速率常数的优点，而且褪色速率可随化学组成、制备方法和成膜工艺的不同而改变。

光致变色化合物由于具有双稳态或多稳态的特征，因而可用作光存储材料。用于信息记录时，光致变色材料应满足以下条件：①在半导体激光波长范围具有吸收，如偶氮类对氩离子激光器（488nm）敏感、萘醌等与氦氖激光器（688nm）匹配、俘精酸酐等则对二极管激光器敏感；②非破坏性读出；③记录的热稳定性好；④反复写、擦的稳定性好，即具有良好的抗疲劳性。用光致变色材料记录信息，有操作简单、不用湿法显影和定影，分辨力非常高，成像后，可消除，能多次反复使用；响应速度快等优点。其缺点是灵敏度较低，像的保留时间还不长。

总结起来，光致变色材料的应用领域可归纳为以下几个方面。

（1）光的控制与调节　用这种材料制成的光色玻璃可以自动控制建筑物及汽车内的光线，做成防护眼镜可以防止各种射线和强光对人眼的伤害，还可以做成照相机自动曝光的滤光片等。目前在国际市场上，有机光致变色眼镜已占变色镜市场的90%以上。光致变色服装、纺织品、服饰、各种工艺品、玩具、光笔无尘黑板、变色塑料和薄膜等也在市场上开始流行。在军事上则可应用于军用机械的伪装，将太阳能作用下的暴露目标变为与环境类似的颜色。

（2）信号显示系统　在光致变色过程中，材料至少有一方在可见区具有吸收特性。这就使我们很容易看出材料的变化，可以用作光显示材料。正在研究的化合物很多，但还存在着耐久性、感应速率和稳定性等问题。光致变色材料用作宇航指挥控制的动态显示屏、计算机终端输出的大屏幕显示，有着广阔的前景，同时它还是军事指挥中心的一项重要设备。一系列聚双吡啶锡高分子材料已用于电子显示板的多彩显示。涂于氧化锡载体上的这种聚合物膜，从橙色到鲜红色有七种颜色变化，变化的次数可达 10^6 次。

（3）记录介质　例如 3M 公司制备了一系列含有氰基的高分子染料，用于光盘记录材料，其吸收波长可为 300～1000nm，适用于各种激光器，光盘的信噪比达 55dB。日本 TDK 公司也研究了一系列侧链带有碱性染料的有色聚合物，应用于激光记录材料，表现出优良的性能。它比无机光盘的信息容量大、成本低，制造容易，因而在这一领域的应用日益受到人们的重视。

（4）计算机记忆元件　光致变色材料的显色和消色的循环变换可用来建立计算机的随机记忆元件，能记录相当大量的信息，可用于分子电子学的光存储器上。光可逆反应并不局限于可见光的变色上，只要能进行光谱识别，就可用于信息记录。例如光异构化反应就可用于进行光化学烧孔（PHB），制作超高密度的存储器。

所谓光化学烧孔是指光反应性分子以分子状态分散在低温固体基质中，在激光诱导下发生具有位置选择性的光化学反应，从而引起吸收光谱带上有选择性地产生光谱孔的一种现象。随着激光技术的发展，利用连续波泵浦的可调谐染料激光器已能产生线宽小于 1MHz 的辐射，它可分辨出含 10^3 甚至 10^2 个分子组合的能量状态，而目前 1bit 所占空间大约有 10^6 个分子，故利用 PHB 技术在通常记录 1bit 信息的光斑内，又可增加一个频率维，存储容量大大提高，存储密度可达 10^{11}～10^{13} bit/cm^2，是超高密度频域光学存储。

　　光化学烧孔需要超低温（4K 左右）、可调谐激光和高分辨力的光谱等条件。例如，卟啉中央两个氢原子的位置在常温下是无法识别的，但在超低温基质（包括高聚物、极性有机溶剂等）中则可区分。由于光敏性分子周围的微环境呈现非均一性，故其吸收频率也不一样，构成一个非均匀吸收谱。当用一个具有窄带光谱特性的激光束 $h\nu_1$ 照射基质中的光敏物质时，与此频率相应的分子吸收光量子发生化学变化（如发生氢转移反应而变为其他的异构体），在所用激光频率处产生光吸收率的永久性降低，在相当于吸收光谱振动频率 ν_1 的位置上即可制成光谱的切口。以这种孔的有无，作为存储器的 1bit 来计算。若用不同频率的激光选择性地照射，则可在不同波长处获得不同的光谱孔。由于在极狭窄的光谱中能将许多孔用光可逆地写入、读出或消除，所以，也称为多波长光存储方式。

　　用于光化学烧孔的光敏分子必须具有较大的摩尔消光系数（通常要求 $lg\varepsilon>4$），且应具有高的光响应速度。这就要求激发态分子的构型不能有大的改变。

　　（5）辐射计量计　光色材料可用来测定电离辐射、紫外线、X 射线和 γ 射线的辐射剂量。

　　（6）感光材料　光致变色材料可用于贵重商品防伪识别技术，它既可以用于大众直观防伪识别，也可以在紫外可见光谱仪上进行仪器测试识别，可辨别真伪。作为感光材料已用于印刷工业方面，如制版等。不过光色材料感光度低，并且有些化合物只对紫外光敏感，所以这方面应用较少。

　　（7）生物材料　利用光色反应来模拟生物过程、生化反应是一种很好的途径。因为光感应性是在生物体的光合成系统或视觉系统中发现的，因而通过人工再现可模拟生物材料。

　　（8）太阳能存储材料　常温下使稳定的构型吸收阳光转换成高能构型，在添加催化剂后，可使之恢复而放热。例如，偶氮化合物的反式与顺式间的转化就可用于太阳能的存储与释放。

思　考　题

1. 三大光学材料是什么？各有什么特点？

2. 用作光学材料的基本要求是什么？

3. 与传统的玻璃眼镜相比，塑料镜片有何优缺点？

4. 哪些高分子可以用作塑料眼镜片的原料？

5. 如何提高光学塑料的基本光学特性？

6. 如何改善光学塑料的耐热性和耐磨性，降低吸湿性？

7. 光纤传光和传播信息的原理是什么？

8. 某光纤由 A、B 两种聚合物构成，其折射率分别是 $n_A=1.41$，$n_B=1.50$。试计算该光纤的全反射临界角。芯层是何种聚合物？光在光纤中的传播速率是多少？

9. 某塑料光纤芯材的折射率为 1.65，包层的折射率为 1.42，试计算其全反射临界角。

10. 塑料光纤与石英光纤各有什么特点？应用前景如何？

11. 阶跃型光纤和梯度型光纤的传光方式有何不同？

12. 光纤按全反射原理传播光信息，是否可以传播到无穷远？为什么？如何解决远距离通信？

13. 光纤通信所用的载波频率是否可以无限制提高？为什么？

14. 对塑料光纤的折射率有何要求？如何降低聚合物的折射率？

15. 降低塑料光纤损耗的方法有哪些？

16. 如何提高塑料光纤的耐热性、耐湿性？

17. 什么是非线性光学现象？试举例说明。

18. 什么是 SHG？什么是四波混频？

19. 试解释 Pöckels 效应和 Kerr 效应。

20. 有机非线性材料包括哪些类型？其特点是什么？列表加以简述。

21. 聚乙炔、聚双炔等共轭聚合物是否具有二次非线性光学效应？为什么？

22. 什么是电光效应？哪些聚合物具有电光效应？

23. 什么是光弹效应？哪些聚合物可能具有较高的光弹性系数？

24. 什么是光折变效应？简要说明光折变材料的结构特点，并举例分析聚合物光折变材料的结构特点。

25. 利用非线性光限幅效应可以实现激光防护功能，试查阅相关文献，了解材料结构及其光限幅机理。

26. 光化学反应主要有哪几种类型？各举一例说明。

27. 激发单线态和激发三线态各有什么特点？

28. 何谓敏化？何谓猝灭？何谓增感剂？

29. 光增感剂的增感过程一般在哪种激发态发生？为什么？

30. 什么是光刻胶？什么是正性胶？什么是负性胶？

31. 光刻胶的基本性能要求是什么？

32. 画出光刻胶光刻原理示意图。举例说明正性胶和负性胶的光化学反应。

33. 感光性基团的分子结构有何特点？在紫外～可见区域的电子跃迁形式有哪些类型？

34. 什么是感度？怎样计算光刻胶的感度？提高感度的途径有哪些？

35. 感光高分子材料（光刻胶）体系有哪些种类？其中高分子结构有何特点？

36. 如何通过吸收和发射光谱来判断一种化合物的光化学反应机制？

37. 聚乙烯、聚苯乙烯等很难降解，请设计制备可降解的高分子材料，简要说明思路。

38. 什么是光致变色材料？光致变色材料有哪些类型？

39. 联吡啶盐结构除了可以具有光致变色性能外，还可以有哪些特殊的功能？

40. 在有效利用太阳能方面，你认为光致变色材料可以有怎样的应用？

41. 已知某光致变色材料可以吸收 480nm 的光波而转化为吸收 610nm 光波的物质，其颜色有怎样的变化？

42. 光致变色有哪些应用？

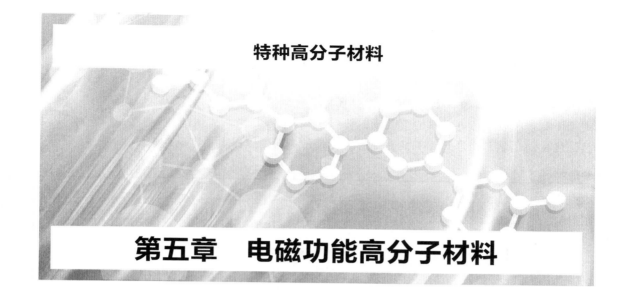

特种高分子材料

第五章 电磁功能高分子材料

材料的电性能可以用电导率来表征。根据欧姆定律，在一定的温度下，导线中的电流 I 与其两端的电压 U 成正比。

$$I = \frac{U}{R} \tag{5-1}$$

式中，R 是导线的电阻。R 的倒数 G 称为电导。实验表明，欧姆定律对金属导体比较准确，而在真空管、半导体等器件中，欧姆定律不再适用，此时，电流与电压间没有线性关系。

对于给定材料的导体，导线愈长、愈细，导体的电阻就愈大。若导体的横截面积为 S，长为 l，则其电阻为：

$$R = \rho \frac{l}{S} \tag{5-2}$$

式中，ρ 是该材料的电阻率，单位为欧姆·米，用 $\Omega \cdot m$ 表示。其倒数 σ 称为电导率，单位为西门子/米，用 S/m 表示。ρ 和 σ 均与材料的形态、尺寸无关，只取决于其本身的性质，因而是材料的本征参数。

材料的导电性是由于材料内部的带电粒子移动引起的。带电粒子可以是电子或空穴，也可以是正、负离子，它们统称为载流子。在外场作用下，载流子沿电场方向移动，就形成电流。假定在截面积为 S，长为 l 的导线中，载流子的浓度为 N，每个载流子的带电量为 q，在外加电场 E 的作用下，载流子沿电场方向的运动速率为 v，则单位时间流过导线的电流 I 为：

$$I = NqvS = Nq\mu ES \tag{5-3}$$

式中，μ 为载流子的迁移率，是单位场强下载流子的迁移速率，$m^2/(V \cdot s)$。

于是，电导率可以表示为：

$$\sigma = \frac{1}{\rho} = \frac{l}{SR} = \frac{lI}{SU} = \frac{lNq\mu E}{U} = Nq\mu \tag{5-4}$$

当材料中存在 n 种载流子时，电导率可表示为：

$$\sigma = \sum_{i=1}^{n} N_i q_i \mu_i \tag{5-5}$$

由此可见,载流子浓度和迁移率是表征材料导电性的微观物理量。

根据材料的电导率大小通常可把材料分为绝缘体、半导体、导体和超导体四大类,如表5-1所示。品种繁多的高聚物,在电学性质上有极为宽广的性能指标范围,其介电常数从略大于1到10^3以上,电导率的覆盖范围超过了20个数量级,耐压高达100万伏以上,加上其他优良的化学、物理和加工性能,为满足各种不同用途提供了广泛的选择余地。

表5-1 材料电导率范围

材料	$\sigma/(S/m)$	代表
绝缘体	$<10^{-10}$	石英、聚乙烯、聚苯乙烯、聚四氟乙烯
半导体	$10^{-10} \sim 10^2$	硅、锗、聚乙炔
导体	$10^2 \sim 10^8$	汞、银、铜、石墨、掺杂聚乙炔
超导体	$>10^8$	铌(9.2K)、钇钡铜氧系(32K)、聚氮硫(0.26K)、$Rb_2K@C60$(18K)

第一节　高分子绝缘材料

大多数高聚物的电阻率很高,为$10^{10} \sim 10^{18} \Omega \cdot m$,在本质上属于绝缘体。有人从理论上计算出高聚物绝缘体的电阻率高达$10^{23} \Omega \cdot m$,因而它是很好的绝缘材料。20世纪初,酚醛树脂一经问世,便在绝缘领域得到了广泛的应用。20世纪50年代以来,伴随着现代高分子化学与工业的发展,合成高分子在绝缘领域的应用越来越广,产生了一大批新型绝缘材料。到了20世纪60年代,由于航空航天技术的发展,耐高温聚合物的研究与制造出现了高潮。聚酰亚胺、聚芳酰胺、聚苯砜等相继问世,使绝缘材料的耐热等级大大提高。20世纪70年代以后,人们主要对现有材料进行改性,扩大材料的应用范围,同时发展新的绝缘制品。

用作绝缘材料的物质又称电介质。电介质在电场作用下所具有的电性能包括介电特性和绝缘特性两方面。介电特性是绝缘材料的内部结构对外加电场的响应特性,包括材料在电场作用下的极化、极化强度、介电常数、介电松弛与介电损耗等。绝缘特性是指材料阻止电流通过的特性,包括绝缘电阻(率)、绝缘强度(击穿强度)等绝缘参数。

一、高分子的介电特性

(一) 电介质的极化

电介质中,原子、分子或离子中的正负电荷以共价键或离子键的形式被相互强烈束缚着,通常称为束缚电荷。在电场作用下,它们只能在微观尺度上做相对位移而不能定向运动。由于正负电荷间的相对偏离,就在原子、分子或离子中产生感应偶极矩,称为分子的诱导极化。对于具有固有偶极矩的极性分子来说,偶极分子还从无规取向向电场方向发生偏转定向,即所谓取向极化,又称偶极极化。从电介质整体来看,便形成了感应宏观偶极矩。这种在外电场作用下在电介质内部感生偶极矩的现象称为电介质的极化。其极化程度用极化强度来表示：

$$\vec{P} = \lim_{\Delta V \to 0} \frac{\Sigma \vec{\mu}}{\Delta V} \tag{5-6}$$

式中，$\vec{\mu}$ 是极化粒子的感应偶极矩，它与电场强度成正比；ΔV 为体积元的体积。实验结果表明，在各向同性的线性电介质中，极化强度与电场强度成正比，且方向相同。

$$\vec{P} = \chi \varepsilon_0 \vec{E} = (\varepsilon_r - 1) \varepsilon_0 \vec{E} \tag{5-7}$$

式中，χ 是电介质的极化率；ε_0 是真空介电常数；ε_r 是相对介电常数。对于均匀介质，χ 是常数，非均匀介质中，χ 则是空间坐标的函数。电位移可表示为：

$$\vec{D} = \varepsilon_0 \vec{E} + \vec{P} \tag{5-8}$$

极化的结果在电介质表面和内部会感生表面和内部电荷，这两种电荷都是束缚电荷。感应偶极矩又作为场源，在电介质外部空间和内部建立了电场。这一感应电场与外电场方向相反，习惯上称为退极化电场，其场强按高斯定理可得：

$$\vec{E}_p = -\frac{N\vec{P}}{\varepsilon_0} \tag{5-9}$$

式中，N 为退极化因子，它与介质形状有关，通常 $N \leq 1$，如平板介质的 $N=1$，球形介质的 $N=1/3$ 等。于是，作用于电介质中半径为 a 的小球（a 远小于极板距离，而比分子间距离大得多）中心分子上的有效电场为：

$$\left. \begin{array}{l} \text{按洛伦兹模型：} \vec{E}_e = \vec{E} - \vec{E}_p = \dfrac{\varepsilon_r + 2}{3}\vec{E} \\[3mm] \text{或用昂沙格理论：} \vec{E}_e = g\vec{E} + \dfrac{f}{1 - \alpha_e f}\vec{\mu}_0 \end{array} \right\} \tag{5-10}$$

式中，$\vec{\mu}_0$ 是分子固有偶极矩；g 和 f 是常数；α_e 是电子位移极化率。

电介质极化的建立与消失都有一个响应过程，需要一定的时间。电子极化和离子极化建立速度极快，而偶极极化和界面极化的建立较慢，因此，是一个松弛过程。在变化的电场作用下，极化响应大致有以下三种情况：①如果电场的变化很慢，相对于极化建立的时间，像在静电场中那样，极化完全来得及响应，这时就无须考虑响应过程，可以按照与静电场类似的方法进行处理；②如果电场变化很快，以致极化完全来不及响应，则也没有极化发生；③如果电场的变化与极化建立的时间可以相比拟，则极化对电场的响应强烈地受极化建立过程的影响，产生比较复杂的介电现象，极化滞后于电场，同时产生介电损耗。

高聚物大致可以分为两类，一类是非极性的，如聚乙烯、聚四氟乙烯等，它们在外电场作用下只产生诱导偶极矩；另一类是极性高分子，如聚氯乙烯、聚苯乙烯等，在外电场作用下所产生的偶极矩是诱导偶极矩和取向偶极矩之和。极性大分子在交变电场作用下的极化，取决于电偶极在主链上还是在侧链上。主链上的取向极化必须通过主链的链段运动而发生构象变化，因而须在玻璃化温度以上才能进行。而侧基上的偶极取向极化既可以通过链段运动来实现，也可以通过侧基运动来实现，因而在玻璃化温度以上或以下都可能发生。

（二）电介质的介电常数

原子、原子团或分子的极化程度可以用极化率来度量。但是，要用实验的方法来测定极化率则很困难。

我们知道，相对介电常数是电容器充满电介质时的电容与其在真空下的电容之比，它反映了电介质电容器储电能力的大小。介质的极化率愈大，产生的感应电荷愈多，介电常数就愈大。因此介电常数可以相对表示介质极化的能力。可以这样认为，相对介电常数 ε_r 是电介质材料极化能力的宏观反映；分子极化率 α 则是反映分子极化特征的微观参数。它们之间的关系由 Clausius-Mosotti 公式给出：

$$\frac{\varepsilon-1}{\varepsilon+2}\times\frac{M}{\rho}=\frac{\widetilde{N}\alpha}{3\varepsilon_0} \tag{5-11}$$

式中，M 为分子量；ρ 是密度；$\widetilde{N}$ 是 Avogadro 常数。

介电常数的大小取决于分子的结构。极性分子既包含诱导极化，又包含取向极化，并且取向极化远大于诱导极化，因此聚合物的介电常数随分子极性的增强而增大。分子链的对称性愈高，介电常数就愈小。同时由于高分子结构的复杂性，在运动时出现多种运动单元，这些运动单元大小不同，极性不等，且极化又是一个松弛过程，因而对外电场的响应也各不相同。一般来说，在低频电场下，各种偶极取向能与外场同步，故介电常数与频率无关；但在高频场下，各种偶极的取向依赖于频率，故介电常数也就依赖于频率。这种介电常数随频率变化的现象称为介电色散。

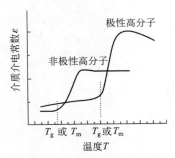

图 5-1　温度对介电常数的影响

温度对介电常数的影响随极化类型不同而异。温度升高时，由于介质密度减小会使感应电荷密度降低，导致介电常数略微减小；与此同时，电子极化增强，介电常数应有所增加，这两种效应相互抵消，使温度对非极性聚合物的介电常数影响很小；在 T_g 或 T_m 处有一个转折，受密度变化的影响而稍有变化。而对极性聚合物而言，温度升高，固有偶极容易发生取向极化，从而使介电常数增加，但温度过高，则又使解取向占优势，使介电常数下降，并受结晶完善程度的影响，如图 5-1 所示。

（三）介质损耗

一个理想的电容器在外电场作用下储存电能，当外电场移去时，所储存的能量又全部释放出来，没有能量的损失。但对一个充满电介质的电容器施加交变电场时，由于完成电介质偶极取向需要克服分子间相互作用，取向极化滞后于电场的变化，因而电容器在每一周期内所释放的能量不等于所储存的能量，需消耗一部分电能，以热能形式损耗掉，称介质损耗。例如，对介质施加一个交变电场 $\dot{E}=E\exp(i\omega t)$，极化响应则要落后一个相位角 δ，成为 $\dot{P}=P\exp(i\omega t-\delta)$，当加上电场的时间足够长时，极化的稳态解为：

$$P_r(\omega)=\frac{\varepsilon_0\chi_{re}}{1+i\omega\tau}E \tag{5-12}$$

式中，$\chi_{re}=\varepsilon_s-\varepsilon_\infty$ 即稳态介电常数与光频介电常数之差，为电介质弛豫极化率；τ 为弛豫时间。同时可以解得复介电常数 ε^* 为：

$$\varepsilon^*=\varepsilon-i\varepsilon''=\varepsilon_\infty+\frac{\varepsilon_s-\varepsilon_\infty}{1+i\omega\tau} \tag{5-13}$$

其中，
$$\begin{cases} \varepsilon' = \varepsilon = \varepsilon_\infty + \dfrac{(\varepsilon_s - \varepsilon_\infty)}{1 + \omega^2 \tau^2} \\[2mm] \varepsilon'' = (\varepsilon_s - \varepsilon_\infty)\dfrac{\omega\tau}{1 + \omega^2 \tau^2} \\[2mm] \tan\delta = \dfrac{\varepsilon''}{\varepsilon'} = \dfrac{(\varepsilon_s - \varepsilon_\infty)\omega\tau}{\varepsilon_s + \varepsilon_\infty \omega^2 \tau^2} \end{cases}$$

可见，在恒定的电压下，$\omega = 0$，各种极化都能充分发展，相对介电常数最大，$\varepsilon' = \varepsilon_s$；而在频率很高时，$\omega \to \infty$，缓慢的偶极极化已不能实现，$\varepsilon'$ 很低，$\varepsilon' = \varepsilon_\infty$，$\varepsilon_\infty$ 接近或等于折射率的平方。

损耗角正切的大小反映了电介质材料的绝缘性能。$\tan\delta$ 受温度和频率的影响，在温度、频率关系中，$\tan\delta$ 有多个峰，从高温至低温，依次标记为 α、β、γ、δ 等。其中，α 峰常出现在 T_g 以上温度，与大链段的取向极化松弛有关，称为偶极链段松弛峰；β 峰常与极性基团有关，称为偶极基团松弛峰。极性聚合物的介电常数较大，能储存较多的电能，因此常用来作电容器介质，但要求其 ε'' 在较宽的温度范围内不能高，否则会因损耗过大而发热导致材料变形或破坏。因此，应避开 $\tan\delta$ 的峰值温度和频率区间。如聚氯乙烯等极性高分子材料，在高频下 $\varepsilon' \tan\delta$ 较大，易发生热熔化，因而不宜在高频场下使用；而聚乙烯、聚苯乙烯等非极性或弱极性高聚物，介电常数只有 $2\sim3$，$\tan\delta = (1\sim8)\times10^{-4}$，因而特别适用于高频技术。反之，在需要进行高频焊接的场合，则可以利用介电损耗峰所对应的温度与频率进行热熔加工。一般而言，增大分子量、提高交联或结晶度、减少杂质、降低结构上的不均匀性等，有助于降低介电损耗。

聚合物受潮后，会使损耗在很宽的频率范围内普遍增大，因此，环境的湿度也不容忽视。而聚合物在加工、储存和使用中，受各种因素影响，其内部结构会发生一些变化，也将影响材料的性能。

二、高分子的绝缘特性

（一）漏导与绝缘电阻

理论上，理想电容器在直流电场作用下不应有电流通过；但实际上，任何电介质都不是理想的绝缘体。在电场作用下，电介质中总有一定的电流通过，这就是电介质的电导。不过这种电流很小，故常称漏导电流或漏导。漏导电流可以从材料本体内部流过，也可以从材料表面流过，因而材料所具有的电阻也分为体积电阻和表面电阻两部分。漏电流的种类和大小取决于材料的体积电阻和表面电阻的大小。

聚合物的漏导可以是离子电导，也可以是电子电导。离子主要来自于材料合成和加工过程中引入的各种杂质，如引发剂和催化剂、原料和填料中所含的杂质离子、水及含氢键聚合物中的 H^+ 等。金属电极也可以提供离子。杂质离子的存在会使材料的电阻大大降低，聚合物的介电常数越大，杂质越容易电离成为离子，电导率也就越大。

电子电导一般存在于共轭高分子及具有电荷转移络合物形式的复合体系中。用炭黑或金属掺杂的高分子材料也具有电子电导的倾向。

离子电导与电子电导的特征有明显的差别。电子电导随温度升高而下降，对各种辐照作用比较敏感。当围压力升高时，材料分子间距离缩短，使电子在分子间的跃迁或通过隧道效应导电的概率大大提高；而离子导电正相反，由于围压力增加，使分子间的自由体积缩小，不利于离子的迁移，因此，离子电导随围压增大而降低。温度升高则有利于离子的迁移，电导增大。

湿度对电导有很大影响。湿度越大，材料的电阻越小。而材料的表面电阻则更容易受到环境因素的影响。例如，用手指接触聚乙烯表面，可使其表面电阻降低 100 倍，而且不易清洗干净。在潮湿的环境下生长的霉对电导也有很大的影响，特别是那种肉眼看不到的密集网状的霉，可以使材料表面电阻严重降低，引起事故。尼龙几乎能阻止生长密集网状霉，因此，在高湿环境中其表面电阻仍可保持较高的数值。用防霉剂处理也可以有效地提高聚合物的防霉性。

（二）击穿与绝缘强度

在电场强度不高时，电介质的电导符合欧姆定律；当电场强度相当高时，其电导就不再服从欧姆定律了。此时，电导不再是常数，而与电场强度有关。通常电导率随电场强度的升高而迅速增加。这时，如电场再继续升高，则介质中的电导就将突然急剧增加，电介质的固有绝缘性能被破坏，几乎变成导体。这种由于电场的直接作用而导致的电介质破坏称为电击穿或介质击穿。发生击穿时的临界电压称为击穿电压，相应的临界电场强度称为击穿电场强度，简称击穿场强。

固体电介质的击穿强度一般大于液体介质的击穿强度。在强电场作用下，一般可分为短时击穿和长期老化击穿两种破坏形式。击穿机理有电击穿、热击穿、局部放电击穿和树枝化击穿等。

聚合物的电击穿主要由杂质引起。聚合物中的杂质在高压下发生电离产生离子和自由电子，这些离子和自由电子撞击聚合物使之也产生离子和自由电子，如此反复循环使化学键不断破坏，自由电子流动产生漏导，最后发生电击穿。电击穿主要取决于电场强度，与加压时间关系不大，与聚合物分子在电场下的极化无关。在高场强下长期工作的聚合物，其表面或细微孔隙处的空气被高电压所电离，产生臭氧和二氧化碳，这些气体将加速聚合物老化，最后导致电击穿。这种击穿与聚合物分子在电场下的极化也无关。

聚合物的热击穿受介电损耗影响。聚合物在交变电场下发生极化滞后现象而产生介电损耗，电能转化为热能。由于聚合物热导率都很小，热量的积聚使其局部温度上升，导致热熔、焦化、氧化和分解等现象，最后引起热击穿。由于热击穿纯粹由聚合物分子的极化及其损耗引起，故不仅与温度和外加电场频率有关，也与其结构有关，同时还与试样的厚度、加电压的时间有关。

材料内部结构的不均匀则会引起局部放电击穿和树枝化击穿。聚乙烯、聚酯等薄膜虽然有很高的击穿强度，但耐局部放电的性能很差。由于放电老化，介质首先普遍受到侵蚀，接着再局部集中放电招致该局部试样的穿孔速度加快，最后引起局部击穿。树枝化是另一种电物理现象。在电场的作用下，聚合物中由于结晶的不完善和其他类型的局部结构缺陷，导致在界面区会由于放电形成树枝状放电通道，在尖端电极附近出现的是灌木丛状树枝，在气隙或固体杂质周围出现的是蝶状树枝。由于树枝发展而最终引起树枝化击穿。

在大多数情况下，往往兼有各种因素的击穿过程。为了抑制局部放电引起的击穿及老化现象，必须改进绝缘结构和制造工艺，消除绝缘体中的电场集中点和气隙以尽量提高电场的均匀度。在聚合物中加入石英、金红石、煅烧陶土等无机填料，也可抑制局部放电和电老化现象。而抑制树枝化击穿现象则可以采取以下方法：①改善加工工艺，使结构均匀化，加入结晶成核剂，改善球晶间非晶区的结构；②提高聚合物的分子量；③添加电压稳定剂（芳烃及其衍生物），利用苯环俘获高能电子；④添加少量电解质能自动向电场集中区域扩散，降低局部电场强度。

三、应用特性

随着合成高分子材料的发展，为满足电气工业发展的要求，出现了一系列以合成树脂为基体的绝缘漆、绝缘薄膜和绝缘纸、复合箔、绝缘塑料和层压制品等。根据 IEC Publication 85 标准，绝缘材料的耐热等级如表 5-2 所示。

表 5-2　绝缘材料耐热等级对应

符　　号	耐热温度/℃	示　　　例
Y	90	油性树脂
A	105	聚乙烯醇缩醛
E	120	聚酯、醇酸、聚氨酯
B	130	聚酯、醇酸、环氧
F	155	聚芳酰胺、环氧
H	180	聚二苯醚、聚酰胺酰亚胺、聚酯亚胺、有机硅
200	200	聚酰胺酰亚胺、聚酰亚胺

注：220℃、250℃各设一个等级，250℃以上每隔 25℃ 为一个等级。没有字母符号。

（一）绝缘漆

绝缘漆包括浸渍漆、漆包线漆、粉末涂料和浇注漆等。

浸渍漆有溶剂型和无溶剂型两种。

在溶剂型浸渍漆中，醇酸漆用量最大，因为这类漆的价格低、储存稳定、浸渍性好，性能基本上能满足 E～B 级电机绝缘要求。在耐热浸渍漆中，有机硅漆用量较大，几十年来，有机硅漆一直是主要的 H 级绝缘漆。但是由于其高温黏结性差，机械强度低，烘焙温度高，烘焙时间长，在封闭电机中使用会加快碳刷磨损等诸多的缺点，因此，国内外进行了大量的改性研究工作，如引入聚酯、环氧等其他树脂通过牺牲耐热来改进高温黏结性，或者通过加入咪唑、硼胺络合物和氯铂酸等特别促进剂来改善干燥性，制成低温烘干漆。H 级溶剂型浸渍漆还有聚二苯醚、聚酰亚胺和聚酯亚胺等。

无溶剂漆具有导热性和防潮性好、浸漆次数少、烘焙时间短、避免污染等一系列优点，发展至今已有几十年的历史。其品种有不饱和聚酯、环氧、聚氨酯、聚丁二烯、聚酯亚胺、聚酰亚胺和有机硅等。不饱和聚酯漆通过调节酐和醇的成分、交联度，添加合适的固化促进剂等，通常可制成从柔性至刚性的 B～H 级沉浸型和滴浸型浸渍漆。无溶剂环氧漆由环氧树脂、固化剂和稀释剂等组成，选择不同的组分，可制成耐热 B～H 级的各种无溶剂环氧漆。由于环氧漆的综合性能好，因而广泛用于电气和电子工业中，从百万千瓦级高压大型电机到微小的微电子器件，都有其应用。无溶剂聚氨酯漆是由二异氰酸酯和多元醇在催化剂作用下生成的，抗冲强度和绝缘性能均较高，可用来浸渍变压器线圈和电机线圈，以及浇灌电缆头、电器接头和绝缘子等。聚酯亚胺漆是由含亚胺键的不饱和聚酯和苯乙烯组成的，耐热性一般可达 F～H 级，和常用的漆包线相容性好，价格适中，储存也较稳定，常用作 F 级电机的浸渍漆。无溶剂聚酰亚胺由双马来酰亚胺、单马来酰亚胺或其混合物和环氧树脂及其他稀释剂组成。它的耐热等级达 H 级，机械性能好，可用作耐高温电机和小型干式变压器的真空浸渍或滴浸漆以及灌注胶。无溶剂有机硅漆的耐热、耐辐照性好，可在 −60～260℃ 范围内使用，目前主要用于 H 级牵引电机、原子能电站冷却水循环泵用电动机、核反应堆控制棒的传感线圈和小型干式变压器的浸渍漆，以及作耐高温陶瓷的黏合剂。

漆包线漆的种类也很多，B 级以下的漆包线漆有聚酯、聚乙烯醇缩醛、聚氨酯和油性树脂四种。为满足 F～H 级电机发展的要求和提高 B 级电机的可靠性，耐热漆包线漆已占据主要地位。常用的耐热漆包线漆有聚酯亚胺、聚酰亚胺、聚酰胺酰亚胺、聚乙内酰脲以及它们的复合漆包线漆等。聚酯亚胺的漆包线漆应用最广，用量最多，可由对苯二甲酸二甲酯、三（α-羟乙基）三聚异氰酸酯和亚胺化合物聚合而成。聚酰亚胺漆包线漆是目前耐热性最好的 C 级漆包线，近来还开发了水溶性聚酰亚胺漆包线漆。聚酰胺酰亚胺和聚乙内酰脲漆包线漆均为 H 级漆包线漆。与聚酰亚胺相比，聚酰胺酰亚胺有较好的耐磨性、加工性和黏附性，成本较低，但耐热性略有降低。

粉末涂料用于电绝缘始于 20 世纪 60 年代初期，包括热塑性和热固性两大类。热塑性粉末涂料多用于电气装置或元件的保护涂层及耐温要求不高的场合下的绝缘；热固性粉末涂料多用作电气设备的绝缘，其中以环氧粉末涂料用得最多。静电喷涂或静电流化床用的粉末涂料除考虑流动性外，还要求粉末颗粒能接受、保持电荷及分布均匀。对于定子或电枢熔敷绝缘希望用高介电常数的粉末树脂，使涂层更均匀，提高覆盖性。但介电常数高的粉末涂料带电困难，熔敷时间要长些。粉末涂料的发展方向是耐热、耐燃、耐候以及超薄层。

除填料外，浇注胶的组分与无溶剂漆相似。电子工业的浇注胶、灌封胶和包封胶种类更多。在电气工业中，应用最多、最广的是环氧浇注胶。在大型浇注方面，为防止其开裂，通常选用可挠性好或环氧基含量低的环氧树脂、放热较小的酸酐固化剂、线膨胀系数小于环氧和固化剂的氟化镁等填料，添加聚丙二醇、邻苯二甲酸二辛酯、偏苯三酸三辛酯等增韧剂，以及采取尽可能低的固化温度、延长固化时间或分段固化。在用于户外时，为防止其受紫外线照射老化，浇注胶组分应选择不含苯环的环氧树脂和固化剂。

（二）绝缘薄膜与复合箔

电工用薄层绝缘膜有聚酯、聚丙烯、聚酰亚胺塑料薄片，聚芳酰胺纸，聚乙烯、聚丙烯、聚碳酸酯等纤维纸，以及各种薄膜复合材料。它们是用双轴拉伸法制备的。

聚酯薄膜由聚对苯二甲酸乙二醇酯经双向拉伸制成，其熔点约为 260℃，主要用作槽绝缘和层间绝缘，一般为 E 级或 B 级。在聚酯薄膜生产中，如果加入少量的聚苯乙烯，则可改进薄膜的介电性能。

聚丙烯薄膜是一种较为理想的电容器介质，普通型聚丙烯薄膜浸渍性较差，需和电容器纸组合使用，为了改进其浸渍性，可采用表面粗化技术，即利用聚丙烯在不同的冷却速率下，可以形成不同的晶型的特点，在拉伸时，控制薄膜两面的温度，阻滞晶型转变而使之发生结构收缩，即可形成微纹。

聚酰亚胺、聚酰胺酰亚胺、聚海因（双氨基乙酸乙酯和二异氰酸酯的缩聚物）薄膜、聚砜及聚芳砜等都是耐热性绝缘薄膜。聚芳酰胺纸由杜邦公司以间苯二甲酸和间苯二胺缩聚物的短纤维和黏合纤维抄制而成，商品名为 Nomax。其性能优异，可在 220℃下连续工作。其中 Nomax M 是由 Nomax 纤维和云母粉抄制成的，有较高的耐电晕性能，可用于高压绝缘。

电机电器的发展，单一的绝缘材料往往不能满足要求，20 世纪 70 年代以来发展了薄膜复合材料即复合箔。目前广泛采用的复合箔有如下几种。

① 青壳纸/聚酯薄膜/青壳纸复合箔，由聚酯薄膜两面粘贴青壳纸制成，耐热达 E 级，普遍用于电机绝缘。

② 聚酯毡/聚酯薄膜/聚酯毡复合箔，厚度为 0.2～0.3mm，耐热性一般定为 B 级。

③ 聚芳酰胺纸/聚酯薄膜/聚芳酰胺纸复合箔，美国称 NMN，日本称 NYN，耐热达 F 级。

④ 其他复合箔，如用聚四氟乙烯薄膜、聚酰亚胺薄膜、聚丙烯薄膜等与玻璃布、聚芳酰胺纸、电缆纸等形成复合箔，耐热可为 H 级。

（三）绝缘塑料与层压制品

电工用塑料主要包括酚醛树脂、氨基树脂、不饱和聚酯、聚酰亚胺及 Xylok 树脂等材料。

酚醛塑料是一种广泛使用的电工塑料，它是由酚类和醛类缩聚而成的。其绝缘电阻为 $10^9 \sim 10^{11} \Omega$。为了改善它的强度，通常采用玻璃纤维、酚醛纤维增强或用三聚氰胺与酚醛共聚的方法，成型件有较高的表面硬度和耐磨性。

氨基树脂包括脲醛树脂和三聚氰胺树脂，其着色性好、硬度大、耐电弧性高，但脲醛的耐水性和耐热性不如酚醛树脂，三聚氰胺因交联过快，韧性甚差，为克服这些缺点，国内外近年来对氨基树脂及其固化系统进行了改进。

聚酯塑料如聚邻苯二甲酸二丙烯酯和聚间苯二甲酸二丙烯酯，由于其流动成型性好，压制收缩率小，制件尺寸稳定，耐热性高，以及防霉、防潮、耐化学、耐候性好，特别适合于制造在温度交变和潮湿条件下使用的电气零部件。

聚酰亚胺是耐热树脂中应用最广泛的树脂，其特点是耐热等级高，在室温至 250℃范围内有良好的机电性能，通过改性可以改善其加工性能，因而有广泛的应用。

层压制品在绝缘材料中占有重要地位，其产量占全部固体绝缘材料的 40％左右，其中印刷电路用的复铜箔板需求量就很大。层压制品的性能取决于所用的黏合剂和底材的种类、组成及制造工艺。目前，黏合剂绝大多数是热固性树脂，主要是酚醛、环氧、不饱和聚酯、三聚氰胺等。其中，酚醛制品产量最大，其次是环氧。层压制品的底材包括纸、棉布、玻璃纸、石棉布、混纺布等。其中，纤维素纸多作为酚醛层压制品的底材，用在一般要求的日用电器和电子装置中；玻璃纤维布和无纺布一般作为环氧层压制品和其他耐热层压制品的底材，用于要求耐热和高冲击负荷的场合。

四、高分子高温绝缘材料

早期的高分子绝缘材料主要有环氧树脂、酚醛树脂等绝缘塑料，沥青、天然纤维素等制成的绝缘漆及各种薄膜材料。自美国杜邦公司在 1962 年制成聚酰亚胺漆包线以来，各种耐热树脂得以迅速开发并得到广泛应用。

（一）不饱和聚酯

不饱和聚酯漆通常是由顺酐、苯酐和二元醇缩合而成的不饱和聚酯与苯乙烯单体组成的体系。改变酐和醇的成分可制成从柔性至刚性的 B～H 级浸渍漆；通过调节交联度和添加合适的固化促进剂，可制成沉浸型和滴浸型无溶剂漆。通过在酸组分中以间苯二酸酐代替苯酐、在醇组分中以高沸点二元醇（芳二醇）来部分或全部代替低级醇、在聚酯分子中引入亚胺键，以及用氟树脂、三聚氰胺和有机硅树脂改性等途径成功地合成了一系列 F～H 级耐热无溶剂聚酯漆。

（二）聚酰亚胺

聚酰亚胺通常是由芳香四羧酸二酐与二元胺缩合形成聚酰胺酸，再经高温亚胺化后制得的。由于聚酰亚胺的溶解性较差，所以为了得到良好的薄膜，通常在亚胺化前先涂布形成涂层，再进行亚胺化。典型的聚酰亚胺是由均苯四甲酸二酐与 4,4'-二氨基二苯醚在二甲乙酰胺溶液中聚合而得。由于水和酸酐会使聚酰胺酸降解，因而在制备时应尽可能无水并使二胺稍微过量。而聚酰胺酸也应保存在无水、低温的条件下。

聚酰亚胺漆热性能优良，在 200℃时热形变仅有 0.5%，在 300℃时为 4.3%；400℃以下基本没有失重，直到 425℃以上才开始热氧化分解。它可在 200℃下长期工作，在 350℃下短期工作。聚酰亚胺的高温介电强度很好，即使在 300℃下，漆包铜线还能耐电压 2400V，而漆包镀银铜线可达 3600V；在 9kg 负荷、425℃下做热软化击穿试验时，导线已经变形，但漆膜尚未击穿。聚酰亚胺还具有极为优良的热冲击性能及优良的耐化学药品和耐辐射的性能，因而可用于高负荷、高温、高剂量辐射等环境。

聚酰亚胺绝缘材料是目前性能最全面的。为了降低其成本，改善其性能，已经开发出了水溶性的聚酰亚胺漆和无溶剂聚酰亚胺漆，开发了多种带有柔性基团的单体进行缩合或共聚，使之可以熔融加工。

聚酯酰亚胺是为了改善聚酰亚胺热加工性而研制的，通常由偏苯三酸酐与二胺制成带有两个羧基的预聚体，再与带有双羟基封端的聚酯进行缩聚而得。

聚酯酰亚胺具有优良的耐热和耐热冲击性，比聚酯漆好得多。生产过程可采用与聚酯相同的工艺，也无须特殊的储存条件，因而可大量取代聚酯漆。按亚胺含量的不同可分别用作 F 级和 H 级绝缘材料。但其耐热等级和抗辐射性能不如聚酰亚胺。

聚酰胺酰亚胺也是对聚酰亚胺的一种改进产品，它是用偏苯三酸酐取代或部分取代均苯四甲酸酐与二元胺反应而得的。其分子中既有酰胺结构，又有酰亚胺结构，前者赋予其良好的耐磨性，后者则使其具有优良的耐热性。它具有耐过负荷、耐氟里昂等特性，可作为 200℃或 220℃的耐高温绝缘材料。

（三）聚酰脲

聚酰脲中含有酰脲环，是由芳香二元胺与氯乙酸酯反应后再与芳香二异氰酸酯加成，并在高温下闭环而得的。合成反应如下：

$$H_2N-Ar-NH_2+ClCH_2COOC_2H_5 \xrightarrow{-HCl} H_5C_2OOCCH_2NH-Ar-NHCH_2COOC_2H_5$$

$$\xrightarrow[\text{加成}50\sim80℃]{ONC-Ar-NCO} \underset{\substack{H_5C_2OOCCH_2 \quad CH_2COOC_2H_5}}{(NHCO-N-Ar-N-CONH-Ar)_n} \xrightarrow[-C_2H_5OH]{80\sim150℃闭环} (N \overset{O}{\underset{O}{C}}CH_2 \overset{O}{\underset{O}{C}}-Ar-N N \overset{O}{\underset{O}{C}}H_2C \overset{O}{\underset{O}{C}}-Ar)_n \quad (5-14)$$

由聚酰脲漆制成的漆包线，热冲击性能很好，软化击穿温度高，具有优良的机械强度及缠绕性。漆包线按其本身直径绕卷，在280℃高温下仍不裂开，耐热等级为210℃，其耐溶剂性、耐化学药品性都较好，只是耐氟里昂-22性能较差，因而不适于冷冻机电机，适用于各种耐热电机、电器和需承受过负荷的电动工具、牵引电机等。

（四）其他

聚苯醚抗酸碱，耐多种溶剂，具有较好的电气性能。由二甲基苯醚氧化缩聚可得聚苯醚，它在250℃下经过3000h仍能保持其结构强度；在50℃、频率为1MHz时，介质损耗为0.0006。

有机硅聚合物吸湿性低，耐高温和耐低温，具有优良的介电性能，但由于机械强度差，附着力差，在使用时，需用其他高分子改性。一般来说，添加树脂的量<30%时，几乎不降低硅树脂的耐热性，相反可以改善其固化性能、光泽、硬度、韧性、附着力、耐磨性等。用于改性的树脂有醇酸、环氧、聚酯、聚丙烯酸酯类、酚醛和聚氨酯等树脂。

聚四氟乙烯既耐高温又耐低温，耐热等级为180℃，在-200℃也不变脆，其电气性能在所有的固体电介质中是最好的，耐潮性及耐化学药品性也是最好的。它的主要缺点是机械强度较差，附着力也差，因而已逐步被其他耐高温绝缘材料所代替。

此外，共轭大分子的π电子在分子链上非定域化，响应电场极化时，可以从分子的一端移向另一端，从而出现很强的极化强度。这种极化与一般的电子极化不同，称为超电子极化。由于这种聚合物的相对介电常数很大，是很有前途的电容器介质材料。如聚苊醌自由基的相对介电常数达$10^2\sim10^5$，但其电导率较高，处于半导体范围，介电损耗也较大，还有待于进一步研究和开发应用。

第二节　导电高分子材料

在高分子绝缘材料得到极为广泛的应用的同时，人们也注意到了有些高分子体系的导电特性。正如上一节所指出的，无论何种材料，在电场的作用下，或多或少总有一些载流子，从而引起电导。当载流子浓度及其迁移速率增加时，材料的电导率也相应提高。目前，经过大量的研究实验和开发，有机高分子材料的电导率已可以从极低的绝缘漏电导扩展到类金属的高电导，开创了电功能高分子材料的崭新局面。

有机高分子导电材料通常总指从半导体到超导体的广阔范围，而不再详细划分。按聚合物本身能否提供载流子，导电高分子材料可分为复合型导电高分子和结构型导电高分子两大类。

复合型导电高分子是以绝缘高分子作基体，与导电性填料通过共混、层压等复合手段而制得的材料，最早是在橡胶与炭黑混炼时偶然发现的，其电导率 σ 为 10^{-2} S/m。其中，高分子本身并无导电性，它是通过掺入的导电微粒或细丝提供载流子来实现导电的。这种导电性的复合材料在电子工业中可以作为电磁波屏蔽材料，至今仍被广泛采用。

结构型导电高分子则是指那些分子结构本身能提供载流子从而显示导电性的高分子材料。其载流子可以是电子、空穴，也可以是正、负离子。因此，结构型导电高分子可以分为三类：第一类是以正、负离子为载流子的离子型导电高分子；第二类是以自由电子（空穴）为载流子的电子导电高分子；第三类是以电子给体与电子受体组成的电荷转移络合物型（又称氧化还原型）导电高分子。本书将后两类合并，同归于电子导电型高分子材料类别中。

一般地说，大多高聚物都存在离子电导。例如带有可电离基团的高分子电解质，以及高分子与无机盐形成的复合物等，由于本征解离，可以产生导电离子。此外，在合成、加工和使用过程中，进入高分子材料的催化剂、各种添加剂、填料及其他杂质的解离，都可以提供导电离子。特别是在没有共轭双键的电导率很低的那些非极性高分子中，这种外来离子成了导电的主要载流子，因此，这些高聚物的主要导电机理是离子电导。

按量子力学的观点，具有电子电导的聚合物必须具备两个条件：①大分子的分子轨道能强烈地离域；②大分子的分子轨道间能相互重叠。20 世纪 70 年代成功合成的主链全共轭的聚乙炔 $[\text{---CH}\text{==}\text{CH---}]_n$ 薄膜，即能满足这两个条件，它可以从自身产生载流子，室温电导率为 $10^{-7}\sim10^{-3}$ S/m，而若进一步用电子给体或受体进行掺杂，更可以大幅度提高至 10^5 S/m，与金属电导率相当，是典型的具有电子电导的结构型导电高分子材料。对于非共轭链聚合物，若分子间 π 电子轨道能相互重叠，或者具有电子给体和电子受体的电荷转移途径时，也可以产生并输送载流子，从而显示本征导电性。如聚合物的电荷转移络合物（CTC）、聚合物的离子自由基盐络合物和金属有机聚合物等都具有较强的电子电导，使结构型导电高分子走上电功能材料的舞台。

一般来说，聚合物中离子电导和电子电导同时存在，只是程度不同而已，视温度、压力、光、电场等外界条件不同，其中的某一种处于支配地位。

至于高分子超导体，以聚氮化硫 $[(\text{SN})_n]$ 最为著名。这种无机聚合物在室温下可显示出与水银相匹敌的电导率，在 0.26K 低温时，是一种超导体。而有机超导体自 20 世纪 80 年代初被发现以来，至今已有近 50 种，超导转变温度也超过了 12K。其中大部分是由富瓦烯类电子给体与其他电子受体形成的 CTC。如将双（亚乙基二硫）-四硫富瓦烯（BEDT-TTF）分散于聚合物中形成薄膜，再经碘掺杂，就可以观察到超导现象。本章对此不做详细介绍。

一、复合型导电高分子材料

复合型导电高分子材料是在聚合物基料中混入导电填料而制得的。导电填料包括石墨、炭黑、碳纤维、碳纳米管等碳系导电填料、金属及金属合金、半导体、本征型导电聚合物等。

（一）导电机理

复合型导电高分子的基料通常是绝缘聚合物，因而导电载流子来自于导电填料。导电填料的浓度对电导率有很大的影响，其电导率随填料浓度增加，开始缓慢增加，到某一临界值

后，电导率急剧增大，之后又趋缓慢。其变化规律如图 5-2
所示。

1972 年，F. Buechew 为了解释该现象提出了无限网链理论。
该理论认为，含有导电颗粒的体系，当其颗粒浓度达到某一临界
值时，体系内的导电微粒便会"列队"形成一个无限网链，由这
个网链起导电作用。在此，电导率发生突变的导电填料的浓度称
为"渗滤阈值"（percolation threshold）。因此，这一理论又称为
"渗流理论"。

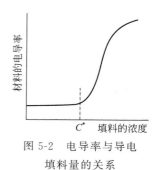

图 5-2 电导率与导电
填料量的关系

利用 Flory 体型缩聚凝胶化理论可以估算临界浓度时填料的
质量分数或体积分数。按此理论，若单体官能度为 f，每个单体的支化率（即反应程度）为
α，则每个单体有 αf 个官能团起反应时，体系发生凝胶化。微粒已经形成凝胶网络的质量
分数 W_g 为：

$$W_g = 1 - \frac{(1-\alpha)^2 y}{(1-y)^2 \alpha} \qquad (5-15)$$

$$\alpha(1-\alpha)^{f-2} = y(1-y)^{f-2} \qquad (5-16)$$

式中，y 是式(5-16) 的最小根值。对于每一个支化率 α，可从式(5-16) 中得到相应 y
值，再由式(5-15) 求得 W_g。

将导电微粒与体型缩聚反应的单体相对应，官能度对应于导电微粒可能的最大配位数，
并将体型缩聚反应中开始凝胶化的单体支化率 α 与聚合物中电导率急剧上升时的导电配位概
率相对应，这样，体型缩聚凝胶化就可和导电粒子形成的无限网链相对应。

对于刚性球形密堆积体系，每个球的周围可能堆积 12 个球，则 $f = 12$。为了简化，假
设聚合物和导电微粒都是球粒，导电微粒所形成的网链是试样中的类导体，并假设加入的导
电微粒全部列入无限网链，由实验得到电导率随填料充填量的关系为：

$$\sigma = \sigma_m \phi_m + \sigma_p \phi_p W_g \qquad (5-17)$$

式中，σ_m 是高分子基体的电导率；σ_p 是导电填料的电导率；ϕ_m 是高分子基体的体积分
数；ϕ_p 是导电填料的体积分数，$\phi_m + \phi_p = 1$；W_g 是凝胶网络（导电填料通路）的质量分
数。则

$$\frac{\sigma}{\sigma_m} = 1 - \phi_p + \frac{\phi_p W_g \sigma_p}{\sigma_m} \qquad (5-18)$$

对于一个给定的体系，若导电颗粒密堆积配位数 f 是一定的，σ_m、σ_p 及 ϕ_p 可以由实验
测定，则 α 可由 ϕ_p 估算出，于是从式(5-15) 和式(5-16) 可得到 W_g 值，再代入式(5-18)
可得 σ/σ_m。以此对 ϕ_p 作图，可得到一系列曲线，如图 5-3 所示。

从图 5-3 中可以看出，填料浓度在临界体积分数 V_c 处，电导率急剧上升，说明导电微
粒浓度达到一定数量时就能列队排成一个无限网链，形成导电通路。

临界浓度 ϕ_c 总是发生在 $\alpha = 1/(f-1)$ 的情况下，可见，f 值对 ϕ_c 有影响。假如在聚合
物中的导电微粒分散得不好，其浓度可能已经达到临界值，但网链却未形成，电导率也不会
增加很多。

Gurland 在大量研究的基础上，提出了用于估算渗滤阈值的一个公式。假定导电颗粒呈
球形，那么，一个导电颗粒与其他导电颗粒接触的平均数目 m 为：

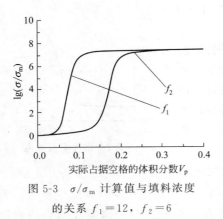

图 5-3 σ/σ_m 计算值与填料浓度
的关系 $f_1 = 12$，$f_2 = 6$

$$m = \frac{8}{\pi^2}\left(\frac{M_s}{N_s}\right)^2 \frac{N_{AB} + 2N_{BB}}{N_{BB}} \qquad (5\text{-}19)$$

式中，M_s 是单位面积中颗粒与颗粒的接触数；N_s 是单位面积中的颗粒数；N_{AB} 是任意单位长度的线段上颗粒与基质的接触数；N_{BB} 是上述单位长度上颗粒与颗粒的接触数。

实验结果表明，m 为 1.3~1.5 时，电阻发生突变；m 在 2 以上时，电阻保持恒定。从直观考虑，$m=2$ 是形成无限网链的条件，似乎应该 $m=2$ 时电阻发生突变，然而实际上 m 小于 2 时就发生突变。这表明，导电填料颗粒并不需要完全接触就能形成导电通道。这种现象可以用隧道效应理论和场致发射等理论来进行解释。粒子相互靠近到一定程度时，电子通过热振动可以在粒子间发生迁移，这种电流称为隧道电流 i_c，它随粒子间隙 w 变小而呈指数形式上升，$i_c \propto \exp(-w)$。而粒子间的基体也可能在粒子所产生的内部较强电场作用下产生场致发射电流 i_f，它随电场 E 的增加而增大，$i_f = AE^n \exp(-B/E)$。其中，A、n、B 都是材料的特性常数。如果粒子分散度增大，n 可以从 2 降至 1.25，B 可以从 50V/cm 降至 0.35V/cm，同时 A 增大。

（二）影响电导率的因素

1. 内因

填料特性是影响复合型导电高分子材料电导率的主要因素。填料的电导率越高，复合材料的电导率也越高。因为金属电导率＞碳系填料＞共轭聚合物，则添加此类导电填料的复合材料一般也有上述顺序的电导率。

在聚合物中添加金属粉末，可得到比含炭黑聚合物更好的导电性。掺入的金属电导率愈高，则聚合物的电导率愈高。掺入的金属含量越高，导电性能相对越好。选用合适的金属粉末和合适的用量，可使其电导率控制在 $10^{-3} \sim 10^6 \text{S/m}$。常用的金属填料包括金、银、铜、铝等。Al 等金属很容易被氧化，在表面易形成一层致密的氧化膜，因而即使掺入量很高，体系的电导率也很低。如掺银 77phr 的环氧树脂电导率为 $3 \times 10^5 \text{S/m}$，而掺铝 200phr 的环氧树脂电导率仅为 10^{-10}S/m。

金粉是利用化学反应由氯化金制得的，也可以由金箔粉碎而成。金粉的化学性质稳定，导电性好，且价格昂贵，应用有限。应用较广的银粉相对密度也较高，但具有优良的导电性和化学稳定性，在空气中氧化速度极慢，在聚合物中几乎不被氧化，即使已经氧化的银粉，仍具有较好的导电性。但银的最大缺点是在潮湿环境下易发生迁移。防止银迁移的方法是控制材料中的水分含量，或加入五氧化二钒、采用银/铜、银/镍、银/钯等混合导电颗粒来改善。铜粉、铝粉和镍粉都具有较好的导电性，且价格较低，但它们在空气中易被氧化，导电性能不稳定。用氢醌、叔胺和酚类化合物作防氧化处理后，可提高其稳定性。在可靠性要求较高的电气装置和电子元件中银应用最多，因价格因素金的应用远不如银粉广泛，主要用于厚膜集成电路的制作。铜等金属主要用作电磁波屏蔽材料和印刷线路板引线材料等。金属系中金、银、铜的相对密度较大，易沉淀，分散性受到一定的影响。

　　碳系填料种类对复合型导电高分子材料的导电性能有很大影响。根据制备方法的不同，可将导电炭黑分为导电槽黑、导电炉黑、超导炉黑、特导炉黑和乙炔炭黑等五种，导电性依次增大。其中导电槽黑已逐步被导电炉黑所取代，用于抗静电高分子材料的导电填料。乙炔炭黑是几种炭黑中结构最高的，因此导电性能极佳。石墨烯、碳纳米管、碳纤维等也可用作导电填料。

　　填料的含量对体系导电性能有很大的影响。当然，填料用量不同，所起的作用也不同。例如添加炭黑时，如果添加炭黑量很少，在 2% 左右时，起着色和吸收紫外线作用；用于消除静电时，用量为 5%～10%；用作补强时，炭黑的添加量约为 20%；而若要达到导电程度时，其含量可高达 50% 以上。在渗滤阈值前，体系的电导率随填料的增加而略有增大；在渗滤阈值附近，电导率迅速跨越数量级式地增大；在达到最大值后继续增加填料，电导率反而会下降。这是因为填料过多会造成填料分散困难，填料间容易产生团聚，而聚合物含量过少，会使导电颗粒间因没有足够的黏结而不能紧密接触。填料过多还会造成材料抗冲击性能下降，力学性能降低。

　　减小填料的尺寸，可以提高填料形成导电通路的效率，因此有助于减小渗滤阈值。导电填料的粒度越细，其表面积越大，密堆积性越好，电导率就越高。但粒度过细，也会增加接触电阻，使电导率降低。利用多种尺寸填料相互配合，更有利于形成导电网络。

　　填料形貌对电导率的影响为纤维状＞鳞片状＞微球状。实验表明，片状金属比球状金属配制的导电高分子电导率高。如果将球状与片状金属按适当的比例混合使用，则可得到更好的导电性。

　　采用中空玻璃微珠为核，在其表面镀金属可以充分利用表面金属的优良导电性，大幅度减少贵金属用量，提高电导率和降低成本。而采用以模板法制备的空心炭球、半导体微球、金属微球等导电材料为核进行表面镀贵金属，如在铝粉、铜粉等导电颗粒表面镀银或镀金，得到复合金属填料，内核金属不易氧化，电导率稳定性好，成本低。尤其是铜粉镀银颗粒，镀层十分稳定，不易剥落，是一类很有发展前途的导电填料，目前主要用于配制对导电性要求不高的导电黏合剂和导电涂料。

　　此外，聚合物与填料间的相容性对电导率也有较大的影响。相容性越好的体系，导电颗粒就越容易被聚合物所黏附包覆，导电颗粒间相互接触的概率就越小，导电性反而不好。而在相容性极差的体系中，导电颗粒有自发凝聚的倾向，不利于分散均匀，难以形成导电网络，电导率也不高。只有部分相容的体系导电性较好。例如，聚乙烯与银粉的相容性不及环氧树脂与银粉的相容性，在相同银粉含量时，前者的电导率比后者要高两个数量级左右。

　　基体结构是影响填料在基体中分布的重要因素。聚合物侧基大小、链规整度、柔顺性、聚合度、结晶性等对体系导电性均有不同程度影响。导电填料倾向于分布于无定形区域中，提高结晶度有助于无定形相中导电填料形成导电网络，降低聚合物链的运动能力有助于提高导电网络的稳定性，从而降低渗滤阈值。交联会使结晶度下降，使得非晶区联通受阻，阻碍了填料间的接触，使导电性下降。改变聚合物表面张力或改变聚合物基体的极性可以改变聚合物与填料间的相互作用，从而通过改变其相容性来提高体系的电导率。聚合度增大，聚合物价带和导带间的能隙减小，导电性提高。基体聚合物的热稳定性对复合材料的导电性能也有影响，一旦基体高分子链发生松弛现象，就会破坏复合材料内部的导电途径，导致导电性能明显下降。

　　对于由多种高分子共混形成的多相复合物体系，若存在结晶区或交联橡胶粒子相，导电填料在混炼或成型加工过程中很难进入复合体系中交联填充相中，导电填料主要的分布区有四种，即连续相、分散相、两相和界面层，不会进入结晶区。如 PMMA 与 PE 或 PS 的共混树脂，或 PE 与 PMO 的共混体系，采用炭黑填充时，炭黑倾向于分布于界面层；而 HDPE 与 PP、PS、EVA 或 PVDF 等共混时，炭黑则倾向于分布于 HDPE 相中，而混入炭黑的部分不能结晶。在不同的条件下，炭黑的分布区域也会发生转变。组分的表面张力、混合基体的黏度比、炭黑表面处理方式、聚合物的化学改性方法等，都会影响填料的分布状况。如 PMMA/PP 炭黑导电体系，当 PMMA 与 PP 黏度大致相当时，炭黑分散在 PMMA 相中；随着 PMMA 黏度增加，炭黑开始分散在两相界面中；继续增加 PMMA 的黏度，炭黑只分散在 PP 相内。又如在尼龙 6（PA6）、PP 和炭黑组成的复合基体中，极性较高的炭黑优先分布在 PA6 中，而调整好炭黑的极性可以控制炭黑在两相界面处分布。对于导电填料在连续相中分布的情况而言，由于聚合物分散相的存在，连续相的体积分数明显减小，导电填料只要在连续相中达到渗滤阈值即可在体系中形成导电通路，因此其渗滤阈值可以降低。若导电填料在两相中都能分散，或者仅分散于两相的界面处，则对于渗滤阈值影响不大，或者反而会增大渗滤阈值。

2. 外部条件

复合型导电高分子的导电性对外电场强度有强烈的依赖性。如对填充炭黑的聚乙烯的放电研究表明，在填料含量低于渗滤阈值的浓度时，低电场强度（$E < 10^4$ V/cm）下体系的放电电导率（简称 DC）符合欧姆定律；而在高电场强度下，体系的放电电导率符合幂定律，如图 5-4 所示。

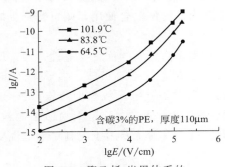

图 5-4　聚乙烯-炭黑体系的
等温电流对电场的特性曲线

研究发现，材料导电性对电场强度的这种依赖性规律，是由它们在不同外电场作用下不同的导电机理所决定的。在低电场强度下，含炭黑聚合物的导电主要是由界面极化引起的离子导电。这种界面极化发生在炭黑颗粒与聚合物之间的界面上，同时也发生在聚合物晶粒与非晶区之间的界面上。这种极化导电的载流子数目极少，故电导率较低，并随温度的升高而增加。而在高电场强度下，炭黑中的载流子（自由电子）获得了足够的能量，能够穿过炭黑颗粒间的聚合物隔离层而使材料导电，隧道效应起了主要作用，此时离子电导已处于弱势。因此，含炭黑的聚合物在高电场强度下的导电本质上是电子导电，电导率较高，并随温度的升高而下降。但若填料间达到密切接触，无须隧道效应即可实现电子导电通路时，则即便是在低电场，也主要是电子导电的机制。

复合型导电高分子材料的导电性能与材料的加工方法和加工条件有很大的关系。如混炼时间、成型温度、搅拌速率等都对导电性有影响。

3. 降低渗滤阈值的方法

由于导电填料添加量过大不仅提高了成本，也会对材料的力学性能产生严重影响，同时使加工性能变差，因此，降低渗滤阈值是近年来的研究热点。不同的导电填料具有不同的渗滤阈值，因此，选择具有低渗滤阈值的导电填料是常用的方法。例如，以膨胀石墨为导电填料就比普通石墨的渗滤阈值小得多。有报道采用 280 目普通石墨与环氧树脂复合的渗滤阈值高达 58%（质量分数），而改用膨胀石墨代替普通石墨就可以使渗滤阈值降低至 5.6%（质量分数）。可见导电粒子的性质对导电网络的形成有很大的影响。其他改进的方法还有：

（1）原位聚合。将导电粒子加入到单体中进行原位聚合，可以强化导电粒子的分散性，并增强导电粒子和基体树脂的相互作用，据报道用原位聚合法制备的 PMMA/炭黑（CB）体系的导电渗滤阈值可以降至 2%，PAN/碳纳米管（CNT）、PBT/单壁碳纳米管（SWCNTs）等渗滤阈值都可以降低至 0.2%。

（2）添加不相容相。这种方法又称双重渗滤。通过添加不相容的高分子做第二组分，导电粒子或者分布于体积分数变小的连续相中，或分布于界面上，都可以显著降低渗滤阈值。如 i-PP/PMMA/气相生成的碳纤维（VGCF）复合体系中，PMMA 分散相的存在降低了 PP 连续相的体积分数，而碳纤维更倾向于分布于 i-PP 连续相中，渗滤阈值显著降低。

在制备 PE/PS/CB 导电高分子材料时，先将 CB 与 PS 熔融共混，再与 PE 混合，则因为 CB 与 PE 结合力更强而逐渐向 PE 相迁移，通过控制加工时间使 CB 选择性地分布于界面区，可以使导电阈值降至 0.2%。一般导电颗粒倾向于分布在界面张力较小且黏度较低的一相或界面处。

（3）体积排斥。由于高黏度微粒对导电粒子有排斥作用，导电粒子将分布于高黏度微粒之间，从而形成独特的导电网络，极大地降低了体系导电渗滤阈值。例如将 CB 粉末和超高分子量聚乙烯（UHMWPE）粉末在高温下热压成型，导电渗滤阈值可降至 1%左右。将导电填料与高分子乳液混合，用浇铸的方法成型，导电微粒分散于乳胶粒子间也可以形成特殊的导电网络。如将 CNTs 粉末分散于 PVAc 乳液中，浇铸成型后得到复合导电材料，渗滤阈值可以低至 0.1%以下。

（4）提高导电颗粒长径比。这是最常用的方法之一。通常导电填料的长径比越高，复合体系的导电渗滤阈值就越低。有报道将长径比为 50~500 的多壁碳纳米管填充到 UHMWPE 中时，导电渗滤阈值可低至不可思议的 0.04%~0.07%。不过高长径比的导电填料成本较高，对复合材料的加工性能也有很大的影响。

（5）导电填料自组装。利用导电填料与基体间的不相容性在基体树脂熔点以上进行处理，导电填料在熔体中自发形成导电网络。有时这种自组装过程需要添加第三组分以促进其产生相分离，形成导电网络时的渗滤阈值就会显著降低。

（三）分类与制备

1. 分类

复合型导电高分子材料是在聚合物基料中混入导电填料而制得的。根据材料应用形态不同可分为导电塑料、导电橡胶、导电纤维、导电薄膜、导电涂料、导电胶黏剂等；根据电阻值的不同，可将其分为半导材料、导电材料、超导材料；绝缘性高分子基体与导电高分子填料的复合体系又称为共混复合型导电高分子材料，非高分子类的导电填料与高分子基体的复合体系称为填充复合型导电高分子材料。

根据导电填料的不同，非高分子类的导电填料可划分为碳系（炭黑、石墨、石墨烯、碳纤维、碳纳米管等）、金属系（各种粉末状、薄片状、晶须或纤维状金属及金属合金）、半导体（ZnO 等 ⅡB-ⅥA 族、GaAs 等 ⅢA-ⅤA 族半导体，以及铁氧体等磁性半导体等）、本征型导电高分子则包括了共轭聚合物如聚乙炔、聚苯胺、聚噻吩、聚吡咯等及其掺杂体系，高分子电子转移络合物和金属有机聚合物等。

2. 制备

复合导电高分子材料的制备方法主要有干法混合和湿法混合等。

干法混合又称熔融混合法，是在捏合机、塑炼机、双螺杆挤出机或注塑机等机械设备中，通过加热达到基体树脂熔点或黏流温度以上，在黏流状态下混合均匀而制备的方法。其优点是可以实现规模化工业生产，制得的产品不仅具有稳定性的电导率，也保持了基体树脂的力学性能。大多数导电塑料、导电橡胶采用的就是这种方法。

为保证各组分充分混合和分散，必须进行混炼。但混炼过度又会破坏填料的组织结构，从而影响导电性能。一般来说，模压工艺最有利于导电结构的形成，其次是挤出，注塑影响最大。如果分散不好，导电性和机械性能都受影响。但分散过于均匀，填料被基体完全分开，超过了场发射电流的间隙要求，导电性也不好。混合与分散的程序以及工艺条件对材料的整体性能的优化非常重要。如捏合工艺中，投料顺序、捏合终点温度的控制等都会影响材料的导电性能、外观及力学性能。尤其是在添加增塑剂的情况下，需要保证增塑剂基本被树脂吸收后，再加入填料。否则，具有很高比表面积的高结构性导电填料，会优先吸收增塑剂。这样，一是不利于增塑作用的发挥，基体黏流温度较高，黏度较大，造成填料不易分散；二是导电填料易形成团聚体造成分散更为困难。在捏合终点的控制上，当采用较高的终点温度时，树脂分子链热运动加强，不仅使增塑剂在树脂颗粒内部得到了有效的扩散混合，而且使其他的助剂如金属皂类稳定剂、润滑剂等可熔固体助剂在混合过程中得到充分熔融、扩散，达到混合均匀，更有利于后续的塑化加工，使制品各项性能达到较佳状态。

对于多元基体体系而言，先制备何种母粒对性能也有重要的影响。例如炭黑填充聚苯乙烯（PS）/丁苯胶（SBR）（质量比 75/25）时，将炭黑首先制成 SBR 母料，再与 PS 混炼，要比将炭黑先制成 PS 母料后与 SBR 混炼，或直接将炭黑、SBR、PS 一步法混炼，其导电性要好得多。

复合型导电材料往往需要添加的导电填料比例很高。一般导电填料都具有较高的比表面积，大量添加后会导致混炼分散与加工流动性下降，给成型加工带来困难。因此，需要加入较大量的加工助剂来改善加工条件，降低剪切力。如在炭黑填充型体系中，就需要添加炭黑分散剂、石蜡、硬脂酸锌、氧化聚乙烯蜡、EVA 蜡、蒙旦蜡、EBS、Armo-wax W 2440 等。在无加工助剂或加工助剂较少时，炭黑得不到有效的浸润，混炼分散与成型加工性差，表现为制品表面毛糙或不光滑，挤出物表面有针孔等瑕疵；但加工助剂添加量过多，则会使体系熔体黏度过低，不能有效地传递剪切应力，从而也不利于填料的均匀分散，并降低物理力学性能，甚至会出现加工助剂的析出现象。陶土、滑石粉等无机粉末也会充当分散助剂。

成型加工条件控制对材料导电性有至关重要的影响，尤其是对填料用量与电阻率处于逾渗区间时，材料的工艺敏感性很强。在熔料剪切流动过程中，剪切应力过高会破坏导电网络，导电性下降，因此，在注射成型中，提高注射速率、增大注射压力会使材料的导电性变差，而以较大的射口和浇道，较低的螺杆转速和背压，则有利于改善导电性。同理，在挤出成型中，应避免使用带有混炼元件、屏障螺杆、高压缩比、熔体泵的挤出成型机。塑料熔体在流道中做层流流动时，流道壁面处的剪切应力最大。尤其是模温较低的情况下，壁面处较高的剪切应力同样会引起近壁处导电链的断开，使制品表面层的导电性下降。所以，无论是挤出或注射成型，提高模具温度都可以降低制品表面电阻率。挤出成型中若采用真空定型，则过强的真空作用会在制品表面形成富树脂层，材料表面的导电性也会下降。

湿法混合包括溶液法、乳液法，也可以采用原位合成等手段。导电涂料、导电胶等液态导电高分子材料常采用这种方法。导电纤维可以采用熔体纺丝技术，也可以采用溶液纺丝方法。这种方法与熔融混合法相比，由于对导电填料结构破坏性小，因此具有较高的导电能力，渗滤阈值也比熔融混合法的低。这种方法特别适合实验室研究，所以也是实验室常用方法。

溶液法包括两种类型，一种是导电填料和高分子基体都能在某种溶剂中溶解而实现的互溶性混合。在各种导电填料中，只有导电聚合物有可能和其他高分子基体共溶于溶剂体系中形成共溶液，因此，能用这种方法实现混合的范围有限。大多数体系是先将高分子基体溶解，然后将导电填料悬浮分散在其中，借助液体的低黏度特性将两者混合均匀。这种高分子基体先形成溶液的方法，也常被称为溶液法。

乳液法是将导电填料运用乳化方法分散在水等介质中，然后将在分散的导电填料表面将单体通过原位分散聚合、原位乳液聚合等手段直接聚合形成导电高分子材料复合体系的方法，单体聚合过程可以在悬浮状态下进行，也可以在乳液或微乳液中进行，引发方法除了常规的自由基引发外，还可以采用高能辐射如 γ 射线、电子束、微波、超声波等辐射源引发。

（四）复合型导电高分子的应用

1. 抗静电材料

抗静电是复合型高分子导电材料应用最多和最广的领域。由于高分子材料的电气绝缘性能优良，一旦受到摩擦和挤压作用就很容易产生和积累静电。当静电积累到一定程度时就会产生静电放电现象。这样在具有易燃易爆物质的场所以及超净化环境中使用高分子材料显然不合适。复合导电材料就能规避这个问题，可以用作易燃易爆液体的传输管，通信设备、仪器仪表及计算机的外壳，医院手术室的地板，等等。例如，防静电有机玻璃板可用于无尘室观察窗、设备罩、电子测试治具和夹具等；防静电 PVC 板广泛应用于半导体工业、LCD、通信制造、精密仪器、光学制造、医药工业等行业；防静电 PET 板可用于电器绝缘材料如电容器、电缆绝缘等加工制造，用作抗静电电影胶片、X 光片等片基和胶带，真空镀铝制成金属化薄膜用于金银线、微型电容器薄膜等，以及用于包装的聚酯拉伸瓶等吹塑制品。防静电尼龙板用于轴承中的滚子、滑轮、精密测量装置的零部件及低频电磁波贴纸等。

2. 自控温加热材料

复合型导电高分子材料往往具有正电阻温度系数（PTC）特性，即温度升高时，材料的电阻会增大。利用此特性可将复合型导电高分子材料用于发热体的自控温加热带和加热电缆制造。其制作方法和工作原理是，以两根平行的铜绞线为电源母线，中间均匀挤满导电高分子材料为发热芯料。当母线接通电源时，电流横向流过两母线之间的发热芯料，使芯料升温，其电阻随之自动增加。当芯料温度升到一定值时，电阻已大到几乎阻断电流的程度，芯料温度不再上升。与此同时，芯料通过护套向被加热体系传热，温度下降，电阻逐渐减小，芯料发热量加大，温度再次上升。如此循环往复，便可维持被伴热体恒定温度。加热带和加热电缆除兼有电热、自调功率、自动限温三项功能外，还具有加热速度快、节省能源、使用方便、控温保温效果好、性能稳定且使用寿命长等优点，广泛用于气液输送管道、仪表管线、罐体等的防冻保温，用于维持工艺温度，也可以用于各类融雪装置，如加热公路、坡道、人行横道、屋檐及地板等。在电子领域，这种材料主要用于温度补偿和测量、过热以及过电流保护元件等。在民用方面，PTC 材料也得到了越来越广泛的开发和应用，例如用作电热地毯、电热坐垫、电热护肩等保暖治疗产品以及各种日常生活用品、多种家电产品的发热材料等。

3. 压敏导电材料

压敏导电材料的电阻会随外加压力的改变而变化，当无外力作用时，其电阻值较高；受压后填充在内部的导电材料聚集在一起，电阻值明显降低，显示导电的性质，因此，此类导电材料又称为各向异性导电材料。它分为两种：一种是压力小于某一确定值时材料呈绝缘态，大于该值时呈导电态，能作通-断动作；另一种是电阻值随外加压力而连续变化的可变电阻导电胶。用这种压敏导电材料可制成各种传感器，以判别车辆的轴信息、溶剂浓度、电子琴键打击力、形变大小等；也可制成触摸控制开关，如报警用传感器、游泳池接触板、平面传感元件及各种图形输入板等。

4. 电磁波屏蔽材料和雷达隐身材料

电磁波屏蔽材料的作用是限制电磁波的能量由材料的一面向另一面传递，雷达隐身材料则是防止电磁波反射的材料。如果材料具有吸收电磁波能量的特性，就既能起到电磁波屏蔽作用，也能起到雷达隐身的作用，这就是吸波材料。它可以通过材料的介质损耗使其电磁能转换成热能或其他能量形式，最终使入射波能量衰减。

电磁屏蔽的效果用屏蔽效能（或称屏蔽系数）SE 值来衡量，其定义为：

$$SE(\text{dB}) = 20\lg\frac{P_0}{P} \tag{5-20}$$

式中，P_0 是未屏蔽时某点电磁波的功率密度（或电场强度，或磁场强度）；P 是屏蔽后在同一点电磁波的功率密度（或电场强度，或磁场强度）。根据 SE 值大小可将电磁波屏蔽材料分为 6 个等级，如表 5-3 所示。

表 5-3　电磁波屏蔽材料的分级

材料级别	0 级	差	较差	中	良	优
反射率/%	100	<90	60~90	30~60	10~30	<10
SE/dB	0	<0.4	0.4~2.2	2.2~5.2	5.2~10	>10
用途	—	—	—	一般工业或商用电子品	航空航天及军用仪器设备	高精度、高敏感度要求的产品

屏蔽材料主要依靠材料对电磁波的反射作用、吸收作用及电磁波在屏蔽材料内部多次反射衰减而实现电磁波的有效屏蔽。导体材料对电磁波具有反射和引导作用，在导体材料内部产生与源电磁场相反的电流和磁极化，从而减弱源电磁场的辐射效果。

传统的电磁波屏蔽材料是在高分子基体中填加金属制成的，具有较好的屏蔽性能，如导电布胶带电磁波屏蔽材料是在聚酯纤维上，先电镀上金属镍，在镍上再镀上高导电性的铜层，在铜层上再电镀上防氧化、防腐蚀的镍金属，铜和镍结合提供了极佳的导电性和良好的电磁屏蔽效果，适用于电脑、手机、电线、电缆等各类电子电器产品。碳纳米管、石墨烯、共轭型高分子等作为新型的电磁波屏蔽材料填料，具有密度小、电磁参数可调等优点，也广泛应用于抗电磁干扰、电磁波屏蔽材料等方面，详见第七节。

5. 导电材料

导电高分子材料与金属相比，具有重量轻、易成型、电阻率可调节等诸多优点，早已引起人们的普遍关注。研究导电高分子的目标之一是希望它们能够代替 Cu、Au、Al 等金属材料以节省资源和能源。

根据应用形态，复合型导电高分子材料可分为导电塑料、导电橡胶、导电纤维、导电涂料和导电胶等，可用于电位器的导电轨、碳刷，导电黏合剂及导电纤维等。导电泡棉是导电塑料中的一种，它是在阻燃海绵中掺入导电填料而形成的。按材质可以分为铝箔布泡棉、导电纤维布泡棉、镀金布泡棉、镀炭布泡棉等，广泛应用于 PDP 电视、LCD 显示器、液晶电视、手机、笔记本计算机、MP3、通信机柜、医疗仪器等电子产品以及军工、航天领域。

导电涂料是具有导电特性的涂料，可用于混合式集成电路、印刷线路板、键盘开关、冬季取暖和汽车玻璃防霜的加热漆、船舶防污涂料等。导电涂料通常还具有辐射屏蔽功能，因此可用于无线电波等电磁波屏蔽、抗静电涂料、电致变色涂层和光电导涂层等。碳纳米管具有极大的长径比和优良的电性能，把它作为增强相加入聚合物中制成导电涂料，由于碳纳米管与成膜聚合物间无明显的界面，能极大地改善聚合物的力学性能、光电性能和导电性能，其防腐性能比一般的防腐材料性能要好。

导电胶是一种既能有效地胶接各种材料，又具有导电性能的胶黏剂。导电胶黏剂用于微电子装配，包括细导线与印刷线路、电镀底板、陶瓷被粘物的金属层、金属底盘连接，粘接导线与管座，粘接元件与穿过印刷线路的平面孔，粘接波导调谐以及孔修补等。按固化工艺特点，可将导电胶分为固化反应型、热熔型、高温烧结型、溶剂型和压敏型导电胶。按导电胶中导电粒子的种类不同，可将导电胶分为银系导电胶、金系导电胶、铜系导电胶和炭系导电胶，其中应用最为广泛的是银系导电胶。

6. 导热材料

导热材料广泛地应用于日常生活中的各个领域，其中又以换热、散热、电子电器行业为主。热量的传递方式有热对流、热辐射和热传导。在实际的热量传递中，这三种方式并非独立发生起作用，而是一种方式伴随着另一种方式同时进行，或者是三种方式同时进行，共同作用。对于固体导热材料来说，热量的传递主要为热传导。热传导传递的载体有电子、声子及光子，这些微观粒子间的相互作用和碰撞，就是物质导热的原因。

传统的导热材料包括电子传导的金属材料（Al、Ag、Fe、Cu 等）和碳系材料（如石墨、碳纤维、碳纳米管等），陶瓷（SiC、AlN、BN）材料则以声子传导为主。高分子材料是热的不良导体，其热导率一般都低于 $0.5W/(m\cdot K)$。制备导热高分子材料的方法有两种：一是合成具有高共轭度、高结晶度或高取向度的高分子材料，其中高共轭度的材料可以形成电子导热通路，而高结晶性的材料可以通过声子导热；二是通过向高分子材料中添加具有高导热性的填料以制备填充型导热高分子复合材料。

高导热填料包括导热绝缘填料和导热非绝缘填料两类，如表 5-4 所示。其中非绝缘型金属、碳系材料也是导电填料。用这些填料填充形成的复合型高分子材料既可以导电也可以导热。但若需要制作绝缘型导热高分子材料时，就必须使用导热绝缘填料。

表 5-4　常用导热填料的热导率

填料	$\lambda/[W/(m\cdot K)]$	填料	$\lambda/[W/(m\cdot K)]$	填料	$\lambda/[W/(m\cdot K)]$	填料	$\lambda/[W/(m\cdot K)]$
Au	315	石墨	110～190	MgO	8～32	ZnO	30
Ag	417	碳纤维	9～100	Al_2O_3	20.5～29.3	AlN	300
Al	190	沥青基碳纤维	25～1000	CaO	15	BN	250～300
Cu	398	碳纳米管	3000～6600	NiO	12	SiC	20～80
Ca	380	金刚石	900～2600	BeO	219	Si_3N_4	180
Mg	103	石墨烯	4400～5800	BiO	250		
Fe	63						

导热填料的添加量一般认为需要超过渗滤阈值，此时才能在体系中形成导热通路，但热导率随填料浓度的变化则渗滤现象不明显，存在逐渐变化的现象。

随着温度升高，高分子材料导热性增加，但到达 T_g 附近时就会下降；结晶聚合物热导率远大于非晶态聚合物，热导率也随分子量与交联度、取向度的增加而增加。

二、离子导电型高分子

导电载流子是正、负离子的体系即为离子导电型体系。离子导电是在电场的作用下，通过离子定向移动实现的。由于离子的体积比电子大得多，其移动相对比较困难，因此，以往所用的大部分离子导体是溶液或熔体，以增加离子的解离能力和扩散运动能力。然而液体难以加工出各种所需的形状来满足不同场合的应用，在使用过程中容易发生泄漏、挥发等事故，不仅缩短使用寿命，而且有可能腐蚀其他元器件和造成安全隐患。因此，有必要研制固体电解质，离子型导电高分子材料应运而生。

(一) 分类与制备

1. 复合型电解质

液态电解质存在着溶剂易挥发、封装难、易泄漏及长期稳定性差等问题，使其很难广泛应用和商业化。准固态和固态电解质是解决液态电解质密封和稳定性等问题的有效途径之一。准固态电解质是一种介于液态和固态电解质之间的凝胶态电解质。通过聚合物高黏度特性，使液态电解质的流动性大大降低。将离子型导电小分子与高分子基体相混合，即得到复合型电解质。

复合型高分子基体树脂通常是极性高分子，如聚丙烯腈、聚甲基丙烯酸甲酯、聚丙烯酰胺、聚酰胺、聚酯、聚丙烯酸、聚氧乙烯、聚氧丙烯、聚乙烯醇、聚偏氟乙烯等；小分子电解质主要是磷酸、硫酸和它们的铵盐。例如在聚丙烯酰胺体系中加入磷酸或硫酸，其室温电导率可达 1S/m；温度升至 100℃，电导率可提高至 10S/m。电导率与酸的浓度及含水量有关。在这种体系中，聚合物溶液形成高黏度溶液，对电解质起支撑作用。在该体系中，也可以用极性有机化合物替代水来促进盐类溶解，形成固体电解质。如在聚合物-碱金属盐混合体系中加入碳酸丙烯酯（PC）、碳酸乙烯酯（EC）、邻苯二甲酸酯等极性小分子增塑剂，形成的凝胶电解质体系离子电导率可从 $10^{-5}\,\mathrm{S/m}$ 提高到 $10^{-1}\,\mathrm{S/m}$。

2. 高分子电解质

本征型离子导电高分子首先是高分子电解质，它以高分子离子的对应反离子作为载流子而显示离子传导性。高分子电解质的种类很多，包括阴离子聚合物（如聚丙烯酸及其盐类、聚磺酸盐类、聚磷酸盐类等）、阳离子聚合物（如各种聚季铵盐、聚锍盐、聚磷盐等）和两性离子型聚合物。此外，载流子还包括单体中含有的离子性不纯物、聚合催化剂残留物、聚合物链热分解等过程热解离所生成的小分子离子及其他各种杂质离子等。一些含有氢键的聚合物具有离子导电性可能是由分子解离，质子在基团间传递造成的。如：

$$\tag{5-21}$$

在纯粹的高分子电解质固体中，由于离子的数目和迁移率都比较小，因此导电性不大，通常电导率为 $10^{-10}\sim10^{-7}\,\mathrm{S/m}$，一些特殊设计的含 F 长链磺酸锂（5-1）可达 $10^{-5}\,\mathrm{S/m}$。环境湿度对高分子电解质的导电性影响很大。随着相对湿度的增加，材料的导电性也随之增加。聚乙烯醇、聚氧乙烯类非离子型聚合物有很大的亲水性，在一定的湿度下也显示离子导电性。

5-1　含氟磺酸锂聚合物结构

3. 高分子快离子导体

无机电解质在液态或水溶液中可以解离成正负离子而导电。如果一种介质能像水一样起到解离盐的作用，使之成为自由离子，这样的体系应该也具有导电能力。

1973 年，英国的 Wright 首先发现聚氧乙烯与某些碱金属盐，如 CsSCN、NaI、LiClO$_4$ 等能形成复合物，并具有离子导电性。这类高分子复合物的电导率远比一般的高分子电解质的高，为 $10^{-2}\sim10^{-5}\,\mathrm{S/m}$，表明其载流子数目较多，且载流子迁移速率较快，因此被称为"快离子导体""超离子导体"或"高离子导体"。

根据快离子结构特点及其导电机制，高分子快离子导体主要包括两部分，一部分是易于解离的盐类，如碱金属盐；另一部分是极性的柔性高分子，对盐的解离起促进作用。如聚氧乙烯，其本身电导率较高，可达 $10^{-7}\,\mathrm{S/m}$（一般饱和高分子为 $10^{-16}\,\mathrm{S/m}$），同时也是极性的柔性高分子，它与无机盐的复合能力较强，可以促进无机盐的解离。因此类似的高分子也可以用于快离子导体，如柔性聚醚、柔性聚酮、柔性聚酯或柔性聚酰胺等。

快离子导体中阴阳离子都是小离子，因此可以同时迁移。在充放电过程中，由于阴离子会聚集在电极/电解质界面，发生浓差极化现象，阻碍碱金属离子的迁移，因此降低了碱金属离子的迁移数及电池的能量效率和使用寿命。解决聚合物电解质内部极化问题的有效途径是制备单离子导体，即把阴离子以共价键方式键合到大分子主链上，使阴离子固定不动，从而获得只有阳离子可动的单离子导体，这就回归到大分子电解质结构了，但体系中还混合了具有促进盐解离的聚合物。

(二) 导电机理

小分子物质由于热激发而离子化时，同时生成正负离子，其浓度相等，可表示为：

$$n_+ = n_- = n_0 \exp\left(-\frac{\Delta E}{2kT}\right) = n_0 \exp\left(-\frac{W}{2\varepsilon kT}\right) \tag{5-22}$$

式中，ΔE 是分子电离为离子时所需的能量；W 为解离功；n_0 为常数；ε 为介电常数，可见，ε 越大，离子浓度就越大。

被吸附于晶体表面及晶粒界面的离子在受热时，会释放而成单极性载流子，其浓度为：

$$n = n_0 \exp\left(-\frac{\Delta E_i}{kT}\right) \tag{5-23}$$

比较两式可以看出，载流子产生机制不同，解离能也不同。

对小分子固体电解质的导电机理，人们提出了晶体裂缝理论。在晶体内，离子会从晶格点阵跃迁至点阵的间隙，形成 Frenkel 缺陷；离子也可以从晶格点阵跃出产生空穴，形成 Shottky 缺陷。这两种缺陷的形成使离子可以在电场的作用下实现定向迁移而形成电导。高分子电解质通常也可以有晶体结构，但是，其中缺陷更多，因而聚离子的反离子更易于通过缺陷进行迁移。高分子聚集态结构中更多的是非晶区结构，对高分子电解质的离子传输起更为重要的作用。一般认为，高分子电解质的导电机理属于非晶区扩散传导。因为离子电导是离子载流子的扩散过程引起的，因而聚合物中空隙的大小和数量对离子迁移有很大的影响。根据自由体积理论，高分子在 T_g 以下，自由体积很小，并不随温度的改变而变化，高分子链段的运动被束缚；而 T_g 温度以上，自由体积随温度升高而增加，高分子链段的运动能力也大大增加，在聚合物中存在的一些小离子运动空间也相应增大。在电场作用下，离子可以通过聚合物中的自由体积定向扩散，使之具有导电性。温度越高，其导电性越好。而围压力越大，电导率则越低。一般认为，在玻璃化温度以下，离子单独跳跃迁移；而在橡胶态或黏流态，离子以形成离子团的形式运动。

β-Al_2O_3、AgI、RbI 等无机快离子导体中的离子是沿着晶体中的特殊通道进行迁移的。

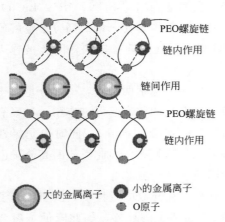

图 5-5 聚氧乙烯-碱金属离子的作用

PEO螺旋链
链内作用
链间作用
PEO螺旋链
链内作用
大的金属离子   小的金属离子   O原子

对于快离子导体型的导电高分子材料，人们也设想有一个离子传输的特殊通道，提出了无序亚晶格离子传输机理。聚合物与碱金属盐间可以形成强烈的相互作用对，一方面促进了盐在聚合物中的溶解，达到解离的目的；另一方面，聚合物与碱金属中的阳离子相互作用形成特定的螺旋构象，阳离子贯穿于螺旋体的中心，可以互换位置而不破坏螺旋构象和晶体结构（图 5-5）。在电场的作用下，中心的阳离子仿佛一根导线，络合键的破坏与再生交替发生，离子定向迁移而传送电流。当碱金属离子较小时，离子的确可以处于螺旋链的中心，离子通过特殊通道进行传导是有可能的。对于这种情形，电导率随温度的关系符合 Arrhenius 方程。它分为两段，在晶区熔点以下的低温区（<60℃），离子的活化能较高，电导率为 10^{-5} S/m；而在熔融温度以上的高温区（≥60℃），离子迁移活化能很低，此时载流子浓度增加，尤其是迁移速率加快，电导率达 $10^{-3} \sim 10^{-2}$ S/m，成为快离子导体。

一些尺寸较大的阳离子，如 Rb、Cs 等，并不能进入螺旋链的中央，但这些复合物也同样具有很高的电导率。因此，有模型认为，这些大的金属离子可以在螺旋链间形成离子导线的导电通道（图 5-5）。

但是，实验结果也表明，即使是完全非晶态的聚合物也可以产生很强的离子导电能力，而且比晶态聚合物的电导率更高。因此人们对快离子导体也提出了非晶区离子扩散机理。按照这一机理，离子的电导率应受高分子自由体积的影响。在 T_g 以下，自由体积被束缚，离子运动能力也被束缚，电导率不高。此时电导率与温度的关系应满足 Arrhenius 方程；当温度升高至 T_g 附近时，体系黏度大大降低，电导率与温度的关系应符合自由体积理论中的 WLF 方程。在玻璃化温度以上，链段的运动被解冻。在晶区与非晶区共存的体系中，非晶区聚合物的链运动能力较强，因此非晶区的离子传导起主导作用，因此，晶区尺寸越小，电导率越高。由于聚合物分子链带有一定的极性，在外电场作用下而产生取向极化，偶极的取向也可以促使链段运动，这种运动的结果又促进了离子的定向迁移，使电导率大大增加。实验结果部分支持了这种观点。

（三）影响电导率的因素

盐的浓度、聚合物的聚集状态、温度等内外因均对复合物的导电性有很大的影响。在含有多种载流子的体系中，电导率 σ 满足式(5-5)：

$$\sigma = \sum_{i=1}^{n} N_i q_i \mu_i \tag{5-5}$$

式中，N_i 为第 i 种载流子的浓度；q_i 为每个第 i 种载流子所带的电荷量；μ_i 为第 i 种载流子的迁移率。因此可以通过提高载流子的浓度、每个载流子的电荷量和载流子的迁移率来提高电导率。

1. 可电离基团的含量

可电离基团含量增加，可以使离解产生的自由离子浓度相应增高。对聚电解质而言，由于聚电解质中可迁移的离子主要是小离子，大分子离子往往因为体积庞大而难以迁移，因此自由离子的浓度主要是指反离子即小分子离子的浓度。

对快离子导体而言，提高盐浓度即可提高可电离基团的含量。按照式(5-22)，盐中的离子对离解成为自由离子的数目与盐的浓度成正比。在这类复合物中，往往只要加入很少量的盐（约 1%）就可使电导率提高好几个数量级。但盐浓度增加的同时也会导致高分子侧链僵硬，运动的空隙减少，给离子传输带来不利影响；同时盐浓度过高会形成较大的离子缔合体而减慢运动。因此存在着最佳盐浓度。有实验指出，当聚合物中的氧与金属的比约为 4:1 时电导率有最大值。也有实验给出不同的最佳比例，大多为 (1~8):1。

有趣的是，盐浓度进一步提高，如聚合物中的氧与金属比约为 4:1 时，会使体系从"盐在聚合物中"转变为"聚合物在盐中"，体系电导率随盐浓度增加而重新增大（图 5-6），可达 10^{-1} S/m，体系中的阴离子与阳离子形成聚集体或三线态，构成连续的离子传流通道。

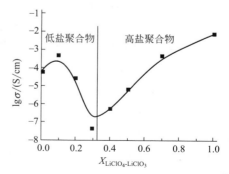

图 5-6　有机-无机电解质离子电导率
与盐浓度的关系（$T = 40℃$）

2. 离子对的离解能

因为体系中离子对处于束缚状态，是否能够离解成自由离子主要取决于离子本身的热运动动能是否可以克服离子对间的相互作用能，即离解能所带来的位垒。离解能越低的体系，处于自由状态的离子数将越多。离解能大小与阴阳离子或离子基团的电负性有关，阳离子基团的电负性越小，阴离子基团的电负性越强，离解能就越低；离解能还与阴阳离子基团的半径和有关。离子导体中离子传导性源于离子的定向跃迁，如果在离子跃迁过程中阴阳离子间可以继续形成离子作用对，则离子作用对的分离能 ΔE 可用式(5-24)表示。

$$\Delta E = \frac{Z_+ Z_- e^2}{4\pi\varepsilon_0\varepsilon(r_+ + r_-)} \tag{5-24}$$

式中，ε_0 为真空介电常数；ε 为体系的相对介电常数；e 为单位电荷电量；Z_+、Z_- 分别为正负离子价数；r_+、r_- 分别为正负离子半径。可见，$(r_+ + r_-)$ 值越大，离子解离能越低，离子跃迁越容易。对于快离子导体，盐中的阴离子取代基吸电子性越强，阴离子越稳定，则其离解能越低，体系电导率越高。体积大且结构对称或柔顺性好的阴离子可起增塑作用，它可以破坏高分子链的结晶部分，使载流子迁移容易，因此也具有较高的电导率。

3. 运动离子的价态

从带电量上看，提高离子的价态是有利的。迁移一个高价离子的作用相当于数个1价离子。但它也可能带来一些副作用，由式(5-24)可以看出，阴阳离子的价态越高，离子间相互作用越大，这样既影响离子对的离解，也影响离子的跃迁。所以一般离子的价态也并非越高越好。

4. 运动离子的体积

离子的迁移率取决于可迁移的小离子体积大小。离子越小，其运动能力越强。若半径过大，它在体系中不易迁移，这样反而会降低离子导体的电导率。因此，聚电解质离子半径尽量大，而反离子半径尽量小一些有利于提高电导率；对于快离子导体，由于运动的离子以阳离子为主，则希望负离子半径尽量大而阳离子体积尽量小。

5. 聚合物与盐间的相互作用

快离子导体中碱金属盐与聚合物间存在着偶极-离子相互作用对，在电场作用下这种作用对不断被破坏，又不断再生，两个过程交替发生而引起电导。因为碱金属盐离子是在聚合物链的作用下从束缚状态离解的，其离解的程度除主要取决于离子本身的热运动和其离解能外，聚合物链对盐的溶剂化作用是很重要的方面。聚合物链对碱金属作用较强的体系，无疑可以促进碱金属盐的离解。但是聚合物链与碱金属离子间的作用过强，会妨碍碱金属离子的定向迁移速率。因此其溶剂化效应不宜过强。显然，阳离子的价态越高，与它发生作用的强电负性原子的数目越多，相互作用越强，迁移也越困难，电导率也就越低。

6. 聚合物链的柔性

离子的迁移能力除了和离子本身的特性有关外，还取决于体系中自由空间的大小，它受高分子自由体积的影响。自由体积越大，离子的活动空间就越大，则迁移率也越高。因此聚合物应该是具有柔性结构的分子。受离子基团的影响，聚电解质一般都具有较高的玻璃化转变温度，因而显得较为刚性。为了增加体系的自由体积，可以将离子型基团设计成远离聚合物主链的侧基或接在侧链上，而主链则具有较好的柔性，这样可以保持聚合物柔性主链的相对独立。聚氧乙烯链柔性比聚乙烯高，其 T_g 比聚乙烯的还低，因此是非常柔性的一种聚合物。但是，由于其具有很高的结晶能力，妨碍了其固有的柔顺性，因此在应用时，需要对其晶体结构进行破坏，如采用具有较大阴离子体积的碱金属盐进行增塑、外加增塑剂、共聚、共混、支化或超支化，甚至通过交联破坏其规整性来降低结晶度等，以恢复其固有的柔顺性。

7. 外部因素

离子在水的作用下很容易离解成为自由离子。因此在水气存在下，聚电解质中载流子的浓度可以大大增加，电导率也随之大大增加。含水量越高，电导率也越高，由于不同的体系中含水量不同，因此在没有绝对无水的环境下对聚电解质的导电特性进行研究时，将产生较大的误差，各种体系间也难以进行相互比较。这种影响在研究中需要消除。

由于聚电解质的导电载流子主要是离子，因此温度升高，可以提高其电导率。因为温度升高时，不仅离子本身的运动能增加，同时体系的自由体积也将增加，从而使离子的迁移速率增大，体系的电导率随之增加。就 PEO 体系而言，升高温度还有助于晶体的熔融（熔点~60℃），熔融后体系黏度大幅度下降，PEO 链段的运动能力迅速增强。一般地说，温度从 25℃ 上升到 100℃，其电导率可由晶态下的 10^{-5} S/m 提高约四个数量级，至 10^{-1} S/m。

在存在围压的某些特殊场合，受体积压缩效应的影响，体系的自由体积减小，离子的运动能力受到阻碍，离子迁移率降低，则电导率下降。

在体系中添加无机粉末可以降低聚合物的结晶度，改善聚合物与电极间的界面稳定性，从而提高快离子导体的导电性能和力学性能。作为添加剂的无机粉末有纳米 TiO_2、Al_2O_3、MAg_4I_5（M=Li、K、Rb）、$ZnAl_2O_4$、$BaTiO_3$、蒙脱土等。

（四）离子型导电高分子的应用

工业上，高分子电解质主要用作纸张、纤维、塑料、橡胶、录音录像带、仪表壳体等的抗静电剂。例如，在涤纶、丙纶中混入少量的聚氧乙烯（0.1%~1%）后，进行纺丝，可制得抗静电纤维。在塑料中加入高分子电解质制成的抗静电塑料，抗静电剂不易迁移，耐久性好。

固体聚合物电解质 SPE 主要应用于电子、电致变色器件、传感器、锂二次电池和其他二次电池，在全固体锂离子电池和锂离子电池电解质方面，具有很强的发展前景。它也可用作固体电池的电解质隔膜，可反复充电。使用高分子固体电解质，解决了传统电池漏液和安全性不好的问题。固态聚合物电解质用于组装的染料敏化太阳能电池的光电转换效率可达 7% 以上，十分接近于液态电解质，并有进一步提高转换效率和离子电导率的空间。因此，准固态聚合物电解质显示出极大的发展潜力。目前，美国、日本、英国、爱尔兰和加拿大等国的公司纷纷上了生产线，而且具有了相当的生产规模。电池中可以应用的聚合物电解质主要有两种情况：一是在较高温度条件下（70~100℃），二是在常温下添加增塑剂，以提高其电导率。增塑剂可分为有机和无机两类，无机增塑剂主要是水，有机增塑剂较多，有聚乙二醇、聚乙二醇二甲醚、碳酸乙烯酯和钛酸二丁酯。为了应用在实际电池中，还需要加入增强剂如纳米氧化硅等以提高其力学性能。

三、共轭型导电高分子

电子导电型聚合物的典型代表是共轭体系高分子。受石墨结构及其导电性的启发，人们合成了一系列具有共轭结构的聚合物分子，分子主链可以是碳-碳键的共轭结构，也可以是碳-氮、碳-硫、氮-硫等共轭体系。如聚乙炔、聚对亚苯、聚（2,5-吡啶）、聚苯胺、聚吡咯、聚（2,5-噻吩）、聚亚苯基硫、聚氮化硫等。

（一）导电机理

对于共轭体系，电子的离域程度取决于共轭链中 π 电子数及电子的活化能。以聚乙炔为例，假定所有的 C—C 键长相等，键序为 1.5（即一个 σ 键和一个半充满的 π 键），π 电子可以在整条链上离域而无能垒，那么聚乙炔分子链应是能隙为零的导体，与金属类似。

然而，这种半填满的状态是不稳定的。根据分子轨道理论，一个分子轨道中只有填充两个自旋方向相反的电子才能处于稳定态。而每个 CH 结构单元上 p 电子轨道中，只有一个电子，是一个半充满的能带，因而属于非稳态。它趋向于组成双原子对，使电子成对占据其中的一个分子轨道，而另一个成为空轨道。由于空轨道和占有轨道的能级不同，使原有 p 电子的能带裂分为两个亚带，一个为全充满的 π 分子轨道，对应于价带；另一个为空的 π* 轨道，对应于导带。π→π* 跃迁能量对应于能隙 E_g。相邻的 CH 基团彼此相向移动，形成了长短键交替排列的结构。这一现象称为 Peierls 畸变。

对于 π 键而言，当体系存在共轭时，4 个参与共轭的 C 原子组成了两对 π 轨道和 π* 轨道，其中 4 个 C 原子的 4 个 p 电子组成了两个 π 键。根据 Pauli 不相容原理，电子不能具有完全相同的量子数，因此，这两个 π 轨道的电子量子数不能完全相同。于是两个 π 轨道的能级不能完全相同，它将裂分为两个不同能量的 π 轨道，一个比非共轭的单 π 键轨道能量稍高，一个比非共轭的单 π 键轨道能量稍低。同样的道理，两个反键 π* 轨道也将裂分为两个不同能量的 π* 轨道，一个略微提高，一个略微降低。于是，从最高占有的 π 轨道向最低空的 π* 轨道跃迁所需的能量 ΔE 就变小了。图 5-7 是 π 键从一个向两个、4 个到 n 个过渡时，能级的变化和能隙（禁带宽度）的变化。

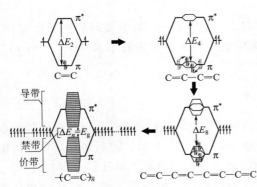

图 5-7　共轭程度增大，能级向能带过渡
电子跃迁能降低，禁带宽度变窄

可见，共轭程度越大，成键轨道和反键轨道的裂分就越多，成键轨道间的能级差也越来越小，逐渐变得连续而形成一个能量带，称为价电子能带（价带）；而反键轨道能级间的差距也随共轭程度增大而减小，能级也逐渐变得连续，形成空轨道能带（导带）。显然，从价带顶到导带底所需的能量即禁带宽度随共轭程度的增大而减小，也即电子从价带跃迁至导电所需能量随共轭程度增加而减小。例如，线性聚乙炔禁带宽度 E_g 与参与共轭的 C 原子数 n（共轭长度）间的关系为：

$$E_g = 4.75 \frac{2n+1}{n^2} (eV) \tag{5-25}$$

因此，要想在室温下通过热激发产生载流子只要满足 $E_g = kT = 0.025eV$，即 $n \approx 370$ 即可使价带上的电子跃迁到导带而具有导电性。不过，要合成具有这样长、没有缺陷的完整共轭链是极为困难的。

共轭高分子的导电机理曾用一维自由电子模型来说明，即把各个碳原子上的 π 电子看成是只能在一维链上自由移动的自由电子。用这种模型对聚乙炔进行处理，得到的 Schrödinger 方程的解为：

$$\Delta E = \frac{h^2}{8mL^2}(2k+1) \tag{5-26}$$

式中，ΔE 为激发一个电子从 HOMO（$n=k$）到 LUMO（$n=k+1$）的 $\pi \rightarrow \pi^*$ 跃迁所必需的能量；h 为 Planck 常数；m 为电子的质量；L 为势场长度，与共轭体系长度相一致。

无限长的共轭聚乙炔 $\pi \rightarrow \pi^*$ 跃迁能量应等于零。用 Hückel 分子轨道法进行处理，得到的解与之相似，ΔE 也随着共轭的增长而减小，无限长时，ΔE 为零。

但与实验结果比较，该计算值随共轭数的增加而越来越差。实验结果表明，随着共轭长度的增加，ΔE 值会早早地收敛于某一个值。由此可推测，即使无限长的聚乙炔，也不会成为导体。如反式聚乙炔的这一能隙为 1.4eV，聚亚苯为 4.9eV，其他大部分共轭聚合物都在此范围内。为此，人们提出了孤子理论。

如图 5-8 所示，反式聚乙炔基态存在着两种 Peierls 畸变形式，一种基态（A 相）的双键为"撇"形连接，另一种基态（B 相）为"捺"形连接。显然，这两种基态具有相同的能量，但 π 电子相位不同，属于简并态，因此两种基态在链中出现的概率相等，并呈无规分布。它们之间的畴壁将出现一个未成键的自由基，处于非键轨道上，其能量位于禁带的中央，称为孤子。由于 Peierls 畸变，聚乙炔以单

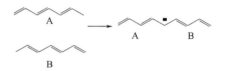

图 5-8 聚乙炔的简并态
及 Peierls 畸变

双键交替方式最稳定，因而孤子不可能延展于整个链上。根据一维体系的量子力学 Su-Schrieffer-Heeger 提出的 SSH 模型可以导出，孤子也不是局域在一个碳原子上，而是分布在大约 15 个共轭碳原子上，其有效质量比一个自由电子大，但也仅为电子的 6 倍。中性孤子电荷为零，自旋为 1/2。孤子态将是比电子、空穴对更容易产生的激发态。其生成能约为 0.4eV。在碳链上，A 相和 B 相可以扩展或收缩，所以孤子的位置也在移动。当孤子在链上运动时，其形状不会改变（若要改变它的形状，需要能量）。因此它像一个形状稳定的孤立波在链上传播。孤子运动的活化能很小，仅 0.002eV，小于室温动能 kT，说明它在键上是易于运动的。因此，共轭体系的导电能力取决于共轭链上孤子的数目。如果孤子数目足够多，孤子离域范围间能发生重叠，则共轭链具有金属导电性。

然而靠共轭链随机产生孤子不仅数目少，而且相互间重叠的概率也很小。在聚乙炔中，经顺磁共振谱测定，孤子的密度约为平均链原子数的 1/3000，这样低的孤子数导致其电导率不高，不能形成金属的导电性。

通过向共轭链注入电子或注入空穴可以使孤子数目增加，这种方法称为掺杂。

孤子的自由自旋很容易离子化，用氧化剂可以将其除去，而在链上留下一个正电荷，形成一个位于 $\pi \rightarrow \pi^*$ 能隙中间的"正孤子"；也可以用钠等碱金属对之进行掺杂，使之形成一个稳定的碳负离子，产生一个"负孤子"。一个正孤子或一个负孤子所带电荷为 $\pm e$，自旋为零。其电荷将和孤子一样，对称分布在它两边约 15 个 CH 单元上，即非键的能隙中间态离域于多个键长上，在此范围内，C-C 键长几乎相等。据此我们可以计算出掺杂剂的用量为 $1/15 = 6.67\%$。因此，当聚乙炔均匀地掺杂到 6.67% 时，所有链上的孤子间正好可以相互接触或交叠。此时，共轭体系能隙消失，呈现金属所具有的电、磁性质。

不过，即使聚合物分子是高导电的，并不意味着宏观材料也呈现高导电性。某个聚合物

链并不会从宏观材料的一端一直延伸到另一端，除非电子或空穴从一个聚合物分子到另一个分子的传导活化能很小或为零，否则，体系电导率仍将是绝缘体或半导体。同时由于π共轭链分子轨道上不可避免地存在着缺陷，共轭链发生扭曲、折叠等现象，使π电子离域受到各种限制，因而电导率比理论值低得多。分子内电导率极限是石墨基平面方向的电导率（$10^7\,S/m$）。

（二）影响电导率的因素

具有共轭链的聚合物不一定都有导电性，共轭链结构受阻程度对导电性有很大的影响。根据共轭链的受阻情况不同可将这类聚合物分为无阻共轭和受阻共轭两种。

无阻共轭链的分子轨道上不存在缺陷，整个共轭链的π电子离域不受限制（或称不中断），因而是较理想的导电聚合物。如反式聚乙炔、聚亚苯基、聚并苯、聚苯炔等π电子离域所受阻碍较小，是较好的导电材料或半导体材料，其电导率在$10^{-2}\,S/m$以上。顺式聚乙炔有两种异构体，一种是反顺式，一种是顺反式。这两种结构能量不同，为非简并态异构形式，因此，孤子的生成能提高，运动活化能也较高，导致顺式聚乙炔的电导率比反式聚乙炔低。聚对苯、聚并苯等共轭聚合物，尽管共轭链上没有取代基，属无阻共轭链，且其共轭程度比聚乙炔高，但也因其 Peierls 畸变产生的几种异构态为非简并态，导致其电导率并未比反式聚乙炔高。

受阻共轭指共轭链的分子轨道上存在"缺陷"，这种缺陷使整个共轭链的π电子离域受到阻碍，π电子离域受阻程度越大，则分子链的导电性就越差。例如，各种聚取代乙炔，如聚烷基乙炔和脱氯化氢聚氯乙烯等，其π电子离域受到很大的限制，取代基破坏了聚乙炔链上双键的共平面性，而吸电子取代基还会使共轭链上的电子流动性变差，因而它们的电导率低于$10^{-8}\,S/m$，仍然接近于绝缘体（如表5-5所示）。不过，聚取代乙炔基本上都是可溶的，稳定性也比聚乙炔好。

表 5-5　某些导电高分子材料的结构与电导率

名　称	结构式	电导率/(S/m)
聚乙炔（顺式）	 顺反式 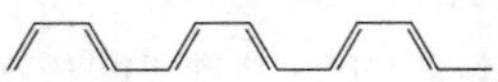　反顺式	10^{-5}
聚乙炔（反式）		10^{-1}
聚对苯	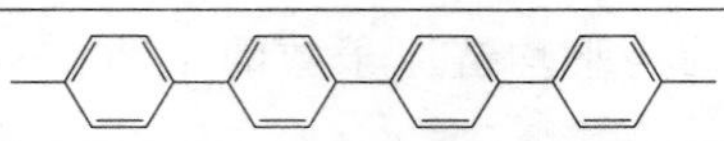	10^{-1}
聚并苯	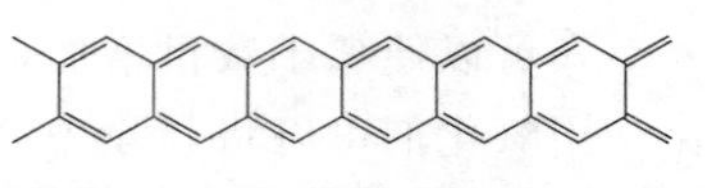	10^{-2}
聚多省醌	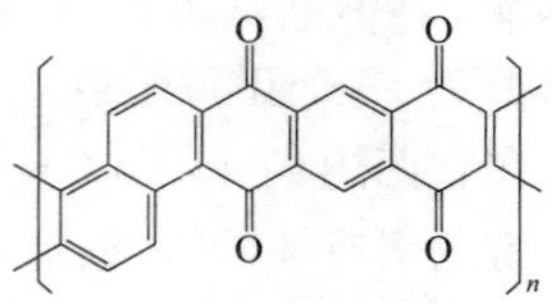	1
热解聚丙烯腈	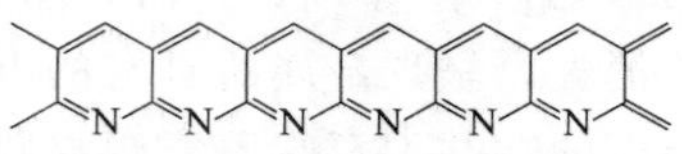	10

续表

名　称	结构式	电导率/(S/m)
聚烷基乙炔	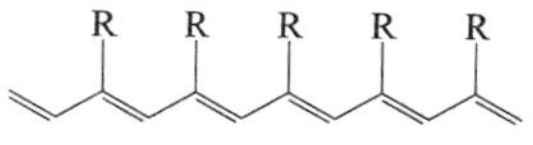	$10^{-13} \sim 10^{-8}$
脱氯化氢聚氯乙烯	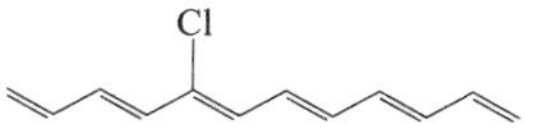	$10^{-10} \sim 10^{-7}$
聚苯乙炔	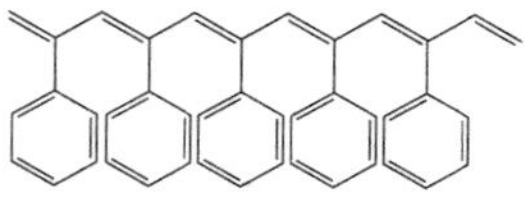	10^{-8}

共轭聚合物 $\pi \rightarrow \pi^*$ 的能隙很小，电子亲和力很大，通过掺杂可以使孤子数目增加。掺杂的方法可以是共轭聚合物与适当的电子受体或电子给体发生电荷转移，形成带电的孤子，也可以是直接通过电极向聚合物链注入电子或空穴。经过掺杂处理后，共轭聚合物中形成正或负孤子的概率增加，电导率会显著增加。例如，在聚乙炔中添加碘或五氟化砷等电子受体，由于聚乙炔的 π 电子向受体转移，形成正孤子，电导率可增至 10^6 S/m，达到金属导电的水平。如果掺杂剂是碱金属，则聚乙炔可以从碱金属中接受电子，形成负孤子而使电导率上升。从拉曼光谱和其他实验事实可以证明，碘在掺杂时是以 I_3^- 和 I_5^- 离子形式存在的，说明其与高分子链发生了电子转移反应。

掺杂剂包括各种电子受体和电子给体，也包括利用电化学方法的氧化还原过程进行掺杂。电子受体类掺杂剂包括卤素（Cl_2、Br_2、I_2、ICl、ICl_3、IF_5 等）、路易斯酸（PF_5、BF_3、AsF_5 等）、质子酸（HF、HNO_3、FSO_3H 等）、过渡金属化合物 [TaF_5、WF_5、$TiCl_4$、$ZrCl_4$、$AgClO_3$、$Ce(NO_3)_3$ 等]，以及有机化合物 [四氰基乙烯（TCNE）、四氰代二次甲基苯醌（TCNQ）、四氯对苯醌、二氯二氰代苯醌（DDQ）等]；电子给体类掺杂剂包括碱金属（Li、Na、K、Rb、Cs 等）及季铵盐（R_4N^+）、有机磷盐（R_4P^+）等。

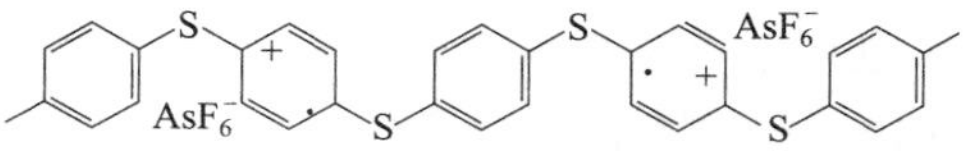

(a) 掺杂剂量较小

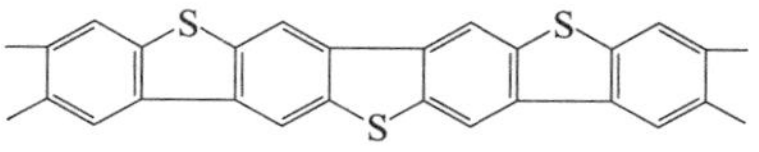

(b) 掺杂剂量较大

图 5-9　掺杂剂用量的影响

掺杂剂不同，对电导率影响也不同。如反式聚乙炔用硫酸掺杂时，电导率可提高至 10^5 S/m，用 I_2 掺杂后，电导率为 1.6×10^4 S/m，而用 Br_2 掺杂时电导率仅为 50S/m。

掺杂剂的作用有时并不局限于电荷转移。非共轭的聚合物经掺杂可转变为共轭结构，如用五氟化砷对聚对苯硫醚进行掺杂，研究发现，当掺杂剂浓度较低时，可形成简单的电荷转移络合物；而当掺杂程度提高时，则可形成共轭结构的聚苯并噻吩（如图 5-9）。显然，这两种结构都是有利于导电的。但用氯和溴等卤素进行掺杂时，要防止掺杂浓度较高时发生取代反应和亲电加成等不可逆反应，这类副反应引起共轭程度下降和共轭受阻，电导率下降。

（三）主要品种与制备

从聚合反应的角度讲，加成聚合和缩合聚合都可以制备共轭聚合物。缩聚反应包括偶联反应、脱水缩合、成烯缩聚等方法。根据反应方式和步序，又可分为直接法（一步合成）和间接法（二步合成）。间接法得到的预聚物需通过消除、加成、异构化等方法转变为共轭结构的聚合物。

聚乙炔（PAc）可以从单体直接聚合得到，也可以从适当的高分子转变得到。用 Ziegler-Natta 催化剂在 $-100 \sim 80℃$ 下，可以将乙炔转变为聚合物。当催化剂浓度较低时，聚乙炔呈凝胶或粉末状，用高浓度的催化剂可以得到聚乙炔膜。聚合温度为 $-78℃$ 时，得到的聚乙炔为顺式结构。$150℃$ 下聚合则得到反式结构。顺式结构的聚乙炔经高温处理也可转化为反式结构。

聚乙炔对空气中的氧很敏感，易自动氧化。采用稀土催化剂可以提高聚乙炔的稳定性。

通常，聚乙炔的导电性与其取向程度有关。高度取向的聚乙炔经掺杂后，电导率可提高至 $10^7 S/m$。为了改善聚乙炔的加工性能，可以在聚乙炔链上引入取代基，以牺牲电导率为代价换取加工性。

聚对亚苯（PPP）通常可以采用氧化偶联法来制备。在苯溶剂中，以 $AlCl_3/CuCl_2$ 为催化剂实施苯的偶联聚合：

$$n \, \bigcirc \xrightarrow[\text{苯, } 35℃]{AlCl_3/CuCl_2} \left(\bigcirc \right)_n \tag{5-27}$$

也可以采用 1,3-环己二烯为单体，在 $Al(i\text{-}Bu)_3/TiCl_4$ 催化下先生成聚环己二烯，然后催化脱氢，制得聚对亚苯。

如果聚合发生在苯的间位，则生成聚间苯，它可以溶解，但电导率远低于聚对苯。

聚苯硫醚（PPS）是一种用途广泛的耐高温聚合物，工业上是以 N-甲基吡咯烷酮为溶剂，将硫化钠与二卤代苯进行偶联缩合来制备的。纯净的 PPS 电导率为 $10^{-14} S/m$，是优良的绝缘体。它可以溶于高沸点溶剂，可进行模塑加工，可制成纤维和薄膜。它用 AsF_5 掺杂后，电导率可达 $10^2 \sim 10^3 S/m$。掺杂后，PPS 对水分十分敏感，电导率会迅速降低，同时使 PPS 薄膜从韧性变为脆性。

聚噻吩（PTh）采用 2,5-二溴噻吩制成格氏试剂后在 $NiCl_2$ 作用下进行缩聚制得。

$$Br \, \overset{S}{\bigcirc} \, Br \xrightarrow{Mg, \ NiCl_2} \left(\overset{S}{\bigcirc} \right)_n \tag{5-28}$$

PTh 是一种很稳定的聚合物。利用其噻吩杂环上 3 位的取代反应，可以制成一系列聚取代噻吩，得到一系列具有不同溶解特性的导电材料。

聚噻吩更为常见的聚合方法是氧化聚合法。在 Fe^{3+} 或 Cu^{2+} 催化下，噻吩单体可以被过硫酸盐或双氧水氧化形成聚噻吩。聚合实施方法可采用溶液法聚合，也可以用悬浮法、乳液法或沉淀聚合等方法。

用电化学方法可以在电极上直接制备聚噻吩、聚苯胺和聚吡咯等共轭聚合物膜。如聚吡咯（PPy）的合成和掺杂就可以通过电化学过程同时进行，以含有 0.06mol/L 吡咯、0.1mol/L Et_4NBF_4、0.1％的水的乙腈作为电解液，以 $0.5 \sim 1.5mA/cm^2$ 的电流通过时，电极上就可以沉积出蓝黑色的不溶性聚合物 PPy。

$$\underset{R}{\overset{}{\bigcirc}} \xrightarrow[e]{\text{阳极氧化}} \underset{R}{\overset{+}{\bigcirc}} \xrightarrow[\text{脱氢，链增长}]{\text{自由基偶合}} \left(\cdots \right) \xrightarrow[\text{掺杂}]{ClO_4^-} \left(\cdots \right)^+ ClO_4^- \tag{5-29}$$

PPy 也很稳定，R 取代基不同、掺杂剂不同，产物电导率也不相同。对聚 N-烷基取代吡咯，其电导率的顺序为：$H > CH_3 > C_2H_5 > C_3H_7 > C_4H_9$。

PPy 的缺点是强度较差，通过改进工艺条件，可以获得密度高、强度好的聚吡咯膜。

聚苯胺（PAn）可以通过化学氧化或电化学氧化两种方法来制备。所用的聚合方法、反应条件及反应介质不同，得到的聚合物在结构、形态和性能等方面有很大的差异。苯胺单体只有按"头-尾"方式键接才具有导电性。聚苯胺在空气中很稳定，甚至加热到 300℃ 以上也不变化，是一种很有前途的导电高分子，用它制成的锂-聚苯胺二次电池已经商品化。

制备导电聚合物的电化学方法，一般认为属于氧化偶合反应。溶剂、电解质、反应温度和压力以及电极材料等反应条件对聚合有重要影响。水、乙腈和二甲基甲酰胺等常用作电化学聚合的首选溶剂；一些季胺的高氯酸、六氟化磷和四氟化硼盐为常用电解质，工作电压应稍高于单体氧化电位。

此外，还有一些共轭聚合物是通过高分子前驱体经过大分子反应而得到的。如聚对苯乙炔（PPV）用通常聚合方法如 Wittig 反应，合成得到粉末状低聚物。由可溶性高分子量前驱体转化则可以获得高分子量 PPV 及其衍生物。反应路线为：

$$\left[\!\!\left[\!\!-\!\!\bigcirc\!\!-\!\!CH\!\!-\!\!CH_2\right]\!\!\right]_n \xrightarrow[\text{3h, N}_2]{200℃} \left[\!\!\left[\!\!-\!\!\bigcirc\!\!-\!\!CH\!\!=\!\!CH\right]\!\!\right]_n \quad (5\text{-}30)$$

热裂解也是一种制备共轭聚合物的方法，如聚丙烯腈在 200℃ 下可以进行热环化，在 400～600℃ 下脱氢得到黑色梯形共轭结构，称为奥纶，如果发生分子链间的交联，还可生成共轭网状分子。它进一步热处理就可得高抗张的碳纤维。

由萘嵌苯四酸二酐在 530℃ 高温下脱羧可得聚萘嵌苯，它进一步在 600～1200℃ 的高温下脱氢可以获得类石墨结构的聚萘。

四、高分子电荷转移络合物

（一）导电机理

小分子电荷转移络合物具有良好的导电性。它是由电子给体 D 和电子接受体 A 形成的复合物。电子从电子给体的 HOMO 向电子接受体的 LUMO 移动，产生 CTC 络合物：

$$D+A \Longrightarrow D^{\delta+}\cdots A^{\delta-} \Longrightarrow D^+\cdots A^- \quad (5\text{-}31)$$

电子的非定域化使电子更容易沿着结晶中的 D-A 叠层移动，$A^{\delta-}$ 的孤对电子在 A 分子间跃迁传导，加之在 CTC 中由于 A-D 键长的动态变化（扬-特尔效应）促进了电子的跃迁。根据电荷转移量 δ 的大小，不同的 D-A 组合，可以得到从电荷转移比较小的非离子型络合物（$D^{\delta+}\cdots A^{\delta-}$）到完全电荷转移的离子型络合物（$D^+\cdots A^-$）。电荷转移量的大小取决于电子给体的离子化电位 I_P 与电子受体的电子亲和力 E_A 之差。

（二）分类与制备

电子给体与电子受体见表 5-6。最有代表性的电子受体是四氰代二次甲基苯醌（TCNQ），电子给体则是四硫富瓦烯（TTF）。TCNQ 是美国杜邦公司于 1960 年合成的，它的分子中 12 个碳原子和四个氮原子都处于同一平面上，构成一个大 π 体系。TCNQ 很容易接受一个电子变成自由基阴离子。

表 5-6 具有代表性的电子受体与电子给体

电子受体	电子给体
四氰代二次甲基苯醌 （TCNQ） 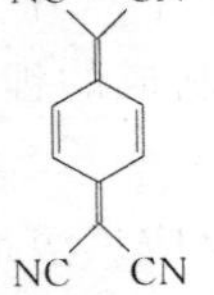 NC CN / NC CN 结构	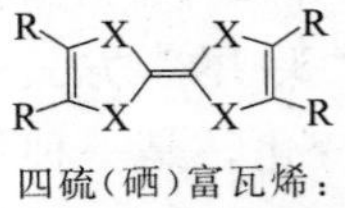 R X X R / R X X R 结构 四硫(硒)富瓦烯： X＝S，R＝H：TTF；X＝S，R＝CH₃：TMTTF X＝Se，R＝H：TSF；X＝Se，R＝CH₃：TMTSF
四氰代二次甲基萘醌 （TNAP） 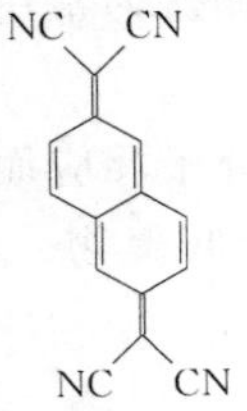 NC CN / NC CN 结构	N-甲砜基吩噻嗪（NMP） 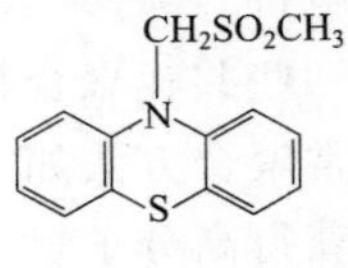 CH₂SO₂CH₃ 结构
I_2、Br_2、PF_6^-、ClO_5^- 等	喹啉（Q） 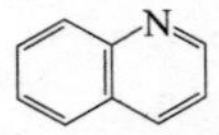

从能量角度看，双阴离子不稳定，而自由基阴离子则比较稳定。因此，TCNQ 易与强电子给体形成离子自由基盐型络合物。采用不同的 TCNQ 结构可以得到三种络合物：将 TCNQ 中性分子与 π 电子体系交叠则形成 π 电子体系络合物（如与 N,N'-四甲基对二苯胺组成的络合物），将 TCNQ 自由基阴离子与阳离子化合物交叠则形成自由基离子单盐（如与甲基吩嗪阳离子构成络合物时形成自由基阴离子），而由中性 TCNQ、自由基阴离子 TCNQ· 和金属阳离子三元体系交叠则构成自由基离子复盐（为柱形导电体系）。

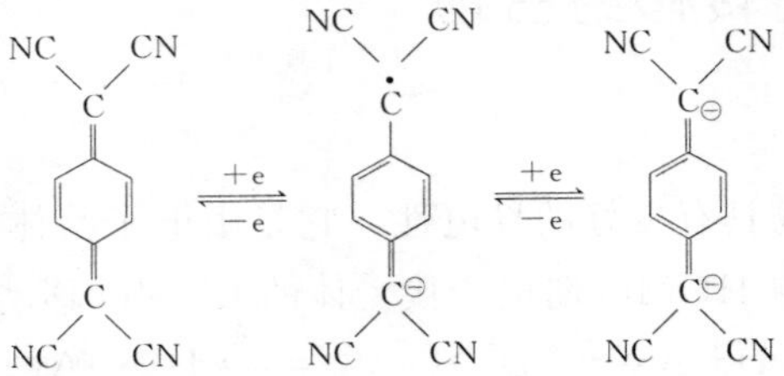

$$(5-32)$$

中性分子　　　自由基阴离子　　　双阴离子

如果将小分子电荷转移络合物引入高分子链，就得到电荷转移型聚合物。它既保留了小分子电荷转移络合物的导电性，又具有良好的加工性，因此，多年来，一直受到人们的关注。从理论上讲，电荷转移型聚合物可有四种形式：高分子给体/低分子接受体；低分子给体/高分子接受体；高分子给体/高分子接受体；给体/接受体共聚物。目前较为成功的是高分子给体/低分子接受体络合物。根据主链结构的不同，它可分为 π 体系聚合物和自由基离子盐聚合物两类。

1. π 体系聚合物

含有 π 电子体系的给予型聚合物与低分子电子接受体所组成的非离子型或离子型电荷转移络合物简称 π 体系聚合物。聚合物通常是带有芳香性侧基的聚烯烃，如聚苯乙烯/AgClO₄、聚蒽乙烯/1,3,5-三氰基苯（TCNB）、聚乙烯基吡啶/四氰基乙烯（TCNE）等。

这类聚合物的电导率通常都低于 10^{-2}S/m，而且比相应的小分子络合物的导电性差，这可能是由于 π 体系聚合物中的电子给体取代基的间距较小，不利于络合物的形成，或电子给体取代基与电子接受体形成交替分子柱，不利于载流子的迁移而造成的。

2. 自由基离子盐聚合物

主链或侧链含有自由基阴离子或阳离子的聚合物与低分子电子受体所组成的电荷转移络合物简称自由基离子盐聚合物。这是电荷转移型聚合物中具有较好导电性的一类。它有两种类型，一种是电子给体聚合物与卤素或路易斯酸等小分子电子接受体之间发生电荷转移而形成自由基正离子盐聚合物，如聚蒽乙烯/I_2、聚乙烯咔唑/I_2 及聚乙烯吡啶/I_2 等，通常电导率为 $10^{-5}\sim10^{-2}\text{S/m}$；另一种是阳离子型聚合物与 TCNQ 等小分子电子接受体的自由基负离子所形成的自由基负离子盐聚合物。它们通常是用季铵盐聚合物与 $Li^+\ TCNQ^-$ 进行交换反应制备的。所得的自由基负离子盐不含中性 TCNQ 时称为单盐，含中性 TCNQ 时称为复盐，也具有较高的电导率。如：

5-2　$\sigma=10^{-6}\text{S/m}$　　5-3　$\sigma=10^{-2}\text{S/m}$　　5-4　$\sigma=1.3\text{S/m}$

当中性 TCNQ 与自由基阴离子 $TCNQ^-$ 的比例为 1∶1 时，电导率最大。

五、金属有机聚合物

金属有机聚合物的导电性很早就受到人们的注意和研究，现在已成为很有特色的一大类导电高分子。

(一) 导电机理

金属有机聚合物导电机理可能是金属原子 d 轨道与有机结构中的 π 电子轨道重叠，从而延伸了分子内的电子通道。另外，具有共轭体系结构的金属有机聚合物有助于电子沿共轭主链的一端流向另一端。这种情形既与复合型相似，又结合了共轭链结构电子电导和金属盐离子电导的双重特征，其导电机理显得更加复杂。

(二) 分类与制备

根据其结构形式和导电机理，可分为三种类型，即主链型高分子金属络合物、二茂铁型金属有机聚合物、金属酞菁聚合物。

含有共轭体系的高分子配位体与金属构成的主链型络合物，是金属有机聚合物中导电性较好的一类，它们是通过金属自由电子的传导性导致高分子链本身导电的，因此也是本征型导电高分子。如芳香席夫碱-Cu 络合物（5-4），电导率为 10^{-3}S/m。金属的种类与含量、螯合环的含量及共轭程度都对电导率有影响。

5-5

主链型高分子金属络合物都是梯形结构，分子链十分僵硬，因此成型加工十分困难，因而发展比较缓慢。

二茂铁是环戊二烯与亚铁的络合物，把它引入各种聚合物链中，就得到一系列二茂铁型金属有机聚合物。虽然其导电性并不高，电导率仅为 $10^{-8} \sim 10^{-12}$ S/m，但若用 Ag^+、苯醌、HBF_4、二氯二氰基对苯醌（DDQ）等温和的氧化剂部分氧化后，电子由一个二茂铁基转移到另一个二茂铁基上，形成在聚合物结构中同时存在二茂铁基和正铁离子的混合价聚合物，这样，电子可直接在不同氧化态的金属原子间传递，电导率可增加 $5 \sim 7$ 个数量级。如聚乙炔基二茂铁的电导率为 10^{-8} S/m，经部分氧化后，可上升至 10^{-3} S/m。通常氧化程度为 70% 时电导率达到最高。主链的共轭可以使电导率大大增加，如聚乙烯基二茂铁电导率仅为 10^{-12} S/m，部分氧化的聚乙烯基二茂铁电导率为 10^{-6} S/m，低于聚乙炔基二茂铁。

$$+(CH=C-C=CH)_n \xrightarrow{DDQ} +(CH=C-C=CH)_n \qquad (5-33)$$
$$\quad\ Fc\ \ Fc \qquad\qquad\qquad\quad Fc^+\ \ Fc$$

式中，Fc 表示二茂铁基。

金属酞菁聚合物的导电性是 1958 年 Woft 等发现的。其分子中含有庞大的酞菁基团，具有平面状 π 体系结构，它与中心金属的 d 轨道相互重叠，使整个体系形成一个大共轭系统。这种大共轭体系的相互重叠导致了电子的流通，因而具有较高的导电性。如四氰基苯酞菁聚合物（$M = 0.5$ 万 ~ 1.0 万）的电导率可达 $0.1 \sim 10$ S/m。

金属酞菁聚合物由于基团庞大，柔性很小，故溶解性和加工性都很差。将芳香基和烷基引入聚合物中后，可以制得柔性与溶解性均较好的聚合物，有可能发展成为具有实用价值的导电聚合物材料。

金属酞菁聚合物的另一种形式是面对面型，金属离子处于轴心。经卤素等电子受体部分氧化后，可以使其电导率提高 $4 \sim 5$ 个数量级，可熔融，易加工。

金属酞菁聚合物的制备方法在第二章中已有介绍，这里不再赘述。

六、电子导电型高分子的应用

BASF 公司报道其研制的聚吡咯导电膜在 $0 \sim 1000$ MHz 范围内电磁屏蔽效率高达 40dB。而以导电聚合物替代炭黑作乙烯共聚物的导电填充物在诸多领域都有应用。

聚乙炔是最早用来制造聚合物电池的导电高分子，用它与其他电极和电解质一起作蓄电池材料，具有重量轻、体积小、容量大、能量密度高，以及不需维修、加工简便等优点，比传统的铅蓄电池轻便，放电速率快，最大功率密度为铅蓄电池的 $10 \sim 30$ 倍，可用于汽车、航天等交通工具。几种有机材料的蓄电池的特性见表 5-7。

表 5-7 有机蓄电池与铅蓄电池比较

电极构成	电池电压/V	能量密度/(W·h/kg)	最大功率密度/(W/kg)
$PbO_2/Pb[H_2SO_4/H_2O]$	2.1	175	1200
$p\text{-}(CH)_x/n\text{-}(CH)_x[LiClO_4/PC]$	2.5	约150	17000
$p\text{-}(CH)_x/Li[LiClO_4/PC]$	3.7	约290	36000
$p\text{-}(CH)_x/Li[LiPF_6]$	4.4	约320	40000
$PPP/Li[LiPF_6]$	3.5		
$PAn/Zn[ZnCl_2/NH_4Cl/NaBF_4]$	3.8	约320	

日本精工电子工业公司、桥石公司制作的聚苯胺钮扣电池（3V）已在市场上销售；BASF 公司研制了聚吡咯二次电池。日本关西电子和住友电气工业合作试制的锂/聚苯胺（$LiBF_4$/硫酸丙烯酸酯）输出功率为 106.9W，电容量为 855.2W·h。

在此基础上，如果采用高分子快离子导体作电解质，则可以制成全塑料电池，如 p-$(CH)_x$/[PEO-NaI]/n-$(CH)_x$，能量密度为 20W·h/kg，功率密度为 250W/kg。虽然电解质的电导率还不够高，在室温下仅为 10^{-3}S/m，必须加热至 85℃ 以上才能达到 10^{-1}S/m，内阻仍较大，但这是很有前途的一个方向。

聚吡咯、聚噻吩等共轭型导电聚合物还可以应用于太阳能电池。它们可用来修饰光电极以防止光腐蚀，或用其包覆一些氧化还原的催化剂沉积在光电极上，以促进氧化还原反应的进行，提高量子效率；而聚乙炔本身也是较理想的光电材料，其能隙为 1.5eV，与太阳光谱有极好的匹配，它与 Si 等半导体组合，可形成光电化学池。

根据导电高聚物电导率受温度、气体种类与压力，以及各种杂质的影响可以做成各种温敏器、气敏器和化学敏感器。

某些导电高聚物在电化学掺杂时有颜色变化，可用于电致变色器和节能窗，用于军事伪装隐身、节能玻璃窗的涂层及电显示装置等。几种聚合物在不同氧化还原态时的颜色变化见表 5-8。

表 5-8　几种聚合物在不同氧化还原态时的颜色变化

聚合物	颜色变化	
	中性态	氧化态
聚噻吩	红色	蓝色
聚吡咯	黄褐色	蓝色
聚苯胺	淡黄色	深蓝色
聚异硫茚	蓝色	淡绿色

此外，由于导电聚合物的掺杂与脱掺杂是一个对阴离子或阳离子的嵌入和解离的过程，在医学上，可以利用这种过程，通过电化学驱动，来控制某些药物离子的释放。

第三节　电致发光聚合物

有机材料电致发光，特别是聚合物薄膜的电致发光性能，近年来取得了令人瞩目的成就。1990 年，英国剑桥大学 Cavendish 实验室的 J. H. Burroughes 等及 Friend 小组分别报道了用聚对苯乙炔（PPV）制备的聚合物薄膜电致发光器件，得到了直流偏压小于 14V 的蓝绿光输出，其量子效率为 0.05%，说明这种聚合物可作为发光部件。

之后，人们又发现聚对亚苯（PPP）可以发蓝光，二极管结构为 ITO 导电玻璃/PPP/金属三明治形式。美国 Uniax 公司制作了全塑发光二极管以 PET/PAn 为正电极，发光薄膜为 MEH-PPV，负电极采用钙膜，它具有柔韧可弯曲性，在 2~3V 电压下，可发出橘黄色光。1992 年美国加州大学的 D. Braum 和 A. J. Heerger 用 PPV 及其衍生物制备的发光二极管，其启辉电压为 3V，得到了有效的绿色和橙黄色两种颜色的发光。用氰基及烷氧基团取代后的聚对苯乙炔制备单层或与 PPV 一起形成双层结构的发光二极管，其量子效率可大幅度提高。其他导电高分子也具有一定的电致发光性能。

一、发光原理

聚合物由大量的重复单元组成，每个单元可看成一个分立的"分子"，该分子的电子状态可以用分子的分子轨道来描述。聚合物中各单元的分子轨道间发生简并，形成能带，其成键轨道和反键轨道分别与聚合物的价带和导带相对应。从聚合物的能带图（图 5-10）上可以看出，聚合物价带顶（即最高占有轨道 HOMO）能量与其电离势 I_P 及氧化电位 $(E_0)_{ox}$ 相对应；导带底（即最低空轨道 LUMO）能量与电子亲和势 E_A 及还原电位 $(E_0)_{re}$ 相对应。带隙（能隙）是导带底与价带顶能量之差，它可以用吸收光谱法（OPR）、电化学方法（ECPS）及量子化学法（QC）测出或计算得到。一些共轭聚合物的带隙如表 5-9 所示。

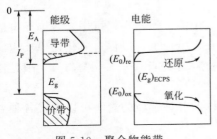

图 5-10　聚合物能带

表 5-9　某些共轭聚合物的带隙 E_g　　　　　　单位：eV

聚　合　物	光谱法（OPT）	电化学法（ECPS）	量子法（QC）
聚对亚苯基（PPP）	2.8	2.84	2.90
聚对苯乙炔（PPV）	2.4	2.40	2.21
聚 2,5-二甲氧基对苯乙炔（DMOPV）	2.00	2.11	2.27
聚噻吩（PTh）	2.00	—	2.24
聚 2,5-噻吩乙炔（PTV）	1.64	—	1.61
聚 3-甲基噻吩乙炔（P3MTV）	—	—	1.62
聚 3-甲氧基噻吩乙炔（P3MOTV）	1.67	—	1.69
聚 3-乙氧基噻吩乙炔（P3EOTV）	1.48	—	1.31
聚乙炔（PAc）	—	1.36	—
聚烷基噻吩（PATh）	2.00	—	—
聚 9,9-二烷基芴（PDAF）	2.90	—	—
聚 8-氰基苯乙炔（P8CPPV）	—	—	2.17
聚 2-氰基苯乙炔（P2CPPV）	—	—	2.24
聚 2,5-二甲氧基-8-氰基苯乙炔（PDMOCPPV）	—	—	1.97
聚乙烯基咔唑（PVK）	3.30	—	—

光致发光过程中，光从分子的最高占有轨道（HOMO）激发一个电子到最低空轨道（LUMO），产生一个单激子，它可通过辐射衰减，放出比吸收光波长较长的光（发射波长与吸收光波长不同的现象即 Stokes 位移）。

电致发光则不同，在加电压后，电子和空穴分别在两极注入 LUMO 和 HOMO，分别产生负极化子和正极化子。在所加电场的作用下，双极化子相互迁移并在聚合物链段上复合，就像光致发光那样，形成相同的单个激子而发出光。实验发现，这种光也出现 Stokes 位移。例如，PPV 二极管的电致发光和光致发光的光谱非常一致，说明两种过程所产生的激子是相同的。

通常，聚合物发光器件是电极/发光层/电极的夹层式结构，它不仅要求聚合物具有较高的荧光效率及合适的载流子迁移率，同时要求其导带能量和价带能量要与上下电极金属的费米（Fermi）能级相匹配，以利于载流子的注入。

为了使载流子能够有效地注入，阴极要选择功函数小的金属，阳极则要选择功函数大的金属。钙的功函数很低，仅 2.7eV 左右，因此最早采用的阴极膜就是钙膜。但它不稳定，因此目前常用铝来代替。铝的功函数为 4.1～4.4eV，比钙高，这样，聚合物的导带能量必须相应降低，以与铝的 Fermi 能级相匹配，实现电子的有效注入。

当聚合物的能带与电极金属的能级失配而不利于载流子的注入时，则可以考虑通过化学修饰的手段来调节聚合物的能带结构使之与电极相匹配，也可以在不改变聚合物的发光波段的前提下，考虑在聚合物发光层与上下电极间引入空穴限制层或电子限制层，制成双层、三层或多层器件，通过不同材料间的能带匹配，如形成量子阱结构等，将大多数载流子限制在发光层中。同时增加少数载流子的注入，以提高两种载流子在发光层中结合成激子概率，进而降低发光器件的启辉电压，以提高起量子效率。例如氰基取代的 PPV，其 LUMO 的能量比 PPV 低 0.9eV，HOMO 的能量比 PPV 低 0.6eV，因此，将其穿插在铝电极与 PPV 间，可以形成空穴限制层，从两极注入的电子和空穴就被限制在了氰基取代的 PPV 和 PPV 之间的界面上，在界面处形成一个电场，该电场增加了空穴向氰基取代的 PPV 层的迁移，从而增加了电子与空穴的复合概率。采用叔丁基联苯基苯基噁二唑（PBD）作为电子传输层代替空穴限制层也可达到相同的目的。

二、电致发光聚合物类型

（一）聚对苯乙炔及其衍生物

PPV 是目前研究得最多的用于电致发光的共轭聚合物。PPV 有很强的电致发光功能，PPV 的衍生物也具有同样的电致发光特性（表 5-10）。

表 5-10　用作电致发光材料的 PPV 及器件

器件结构	聚合物结构	发　光
ITO/PPV/Al	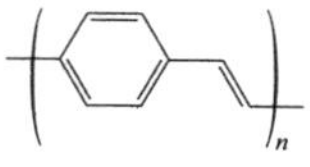 PPV	黄绿光
ITO/MEH-CN-PPV/Al	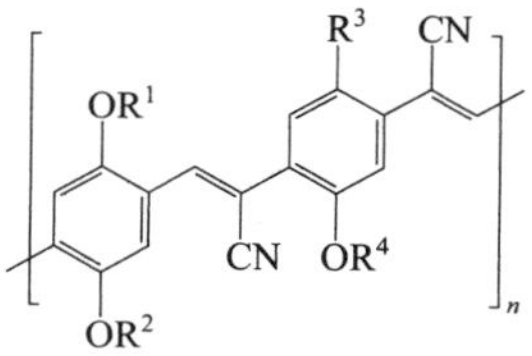 MEH-CN-PPV	橘黄光

器件结构	聚合物结构	发　光
ITO/PPV-co-DOOPV/ PPV/Al	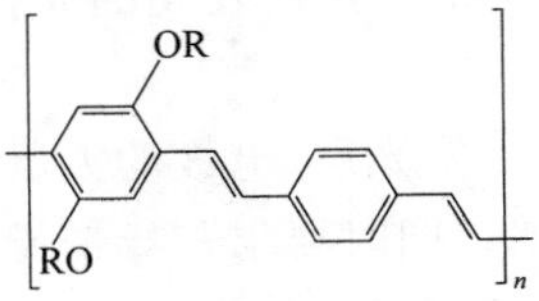 $R = C_{10}H_{21}$ PPV-co-DOOPV	绿光

烷氧基取代 PPV 中，烷氧基的链长对电致发光强度有影响，10 个碳的正烷氧基取代 PPV 具有最大的电致发光强度，过长或过短都会使之降低。

PPV 不仅可以作为发光层材料，而且可以作为多层结构的载流子传输层。由于氰基取代的 PPV 具有高电子亲和势，因此用氰基取代的 PPV 为发光层，可以相应降低聚合物导带的能量，做成的发光二极管的发光量子效率比 PPV 高 10 倍。而用 PPV 为空穴传输层，以氰基取代的 PPV 为发光层制成双层结构的 LED 时，启辉电压低，量子效率最高可达 4%。尺寸小于 10nm 的 CN-PPV 作为聚合物量子点由于具有较高的荧光亮度和荧光闪烁特性，可用于高密度亚细胞结构标记和超分辨成像。

（二）聚噻吩及其衍生物

聚噻吩及其衍生物是一类良好的导电高分子。近年来，它开始作为聚合物发光二极管材料使用。这类材料如表 5-11 所示。

表 5-11　用作电致发光材料的聚噻吩及器件

器件结构	聚合物结构	发　光
ITO/PTOPT/PBD/Al	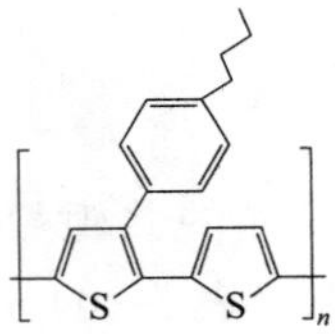 　PTOPT	橙色
POPT	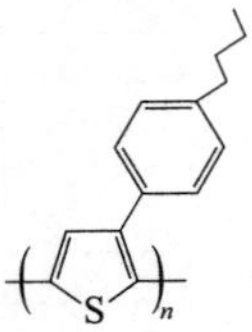 　POPT	红色
PEDOT	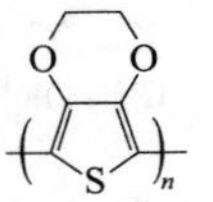 　PEDOT	

器件结构	聚合物结构	发　光
ITO/PCHMT/Ca/Al	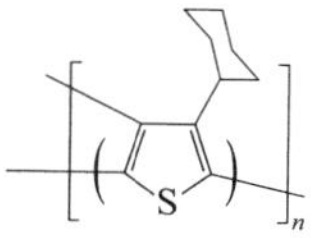 PCHMT	蓝色
Ca-Al/MEH-CN-PPV/ PPV-T6/ITO	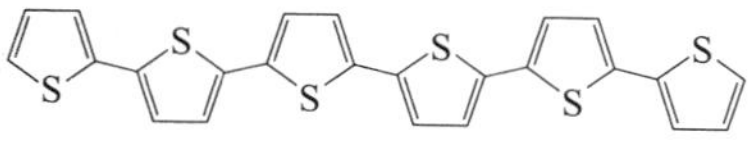 T6	

（三）其他

噁二唑具有优良的电子传输性能，将其接入高分子主链或侧基，也可以制成聚合物发光二极管，而且由于噁二唑的刚性，使聚合物的 T_g 较高，具有良好的耐热性。此外，聚乙烯基咔唑、聚苯胺等也可以制成聚合物发光二极管，如表 5-12 所示。

表 5-12　其他用于发光二极管的聚合物及器件

器件结构	聚合物结构	发　光
ITO/PPV/PDOZ/Al	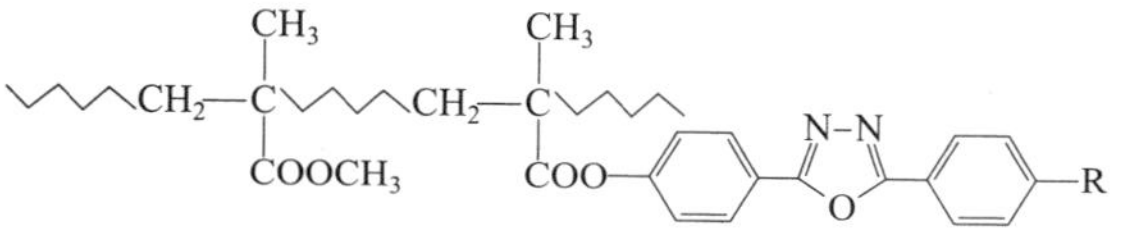 PDOZ	
ITO/PPV/P/Al； ITO/PPV/P/Ca	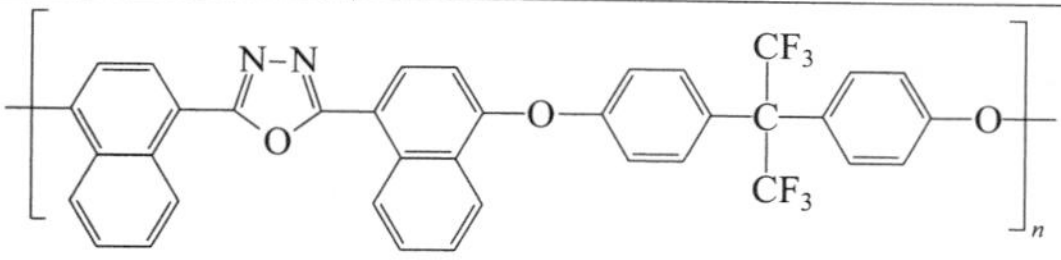 P	
Ag/Mg/PVK+香豆素/ITO	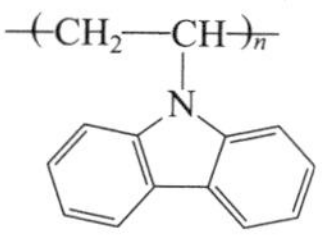 PVK	蓝光
Al/PT-PK/ITO	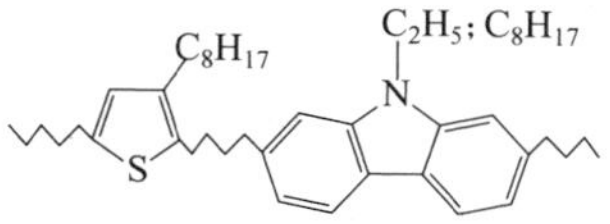 PT-PK	蓝光
ITO/TPD/Ca/Al	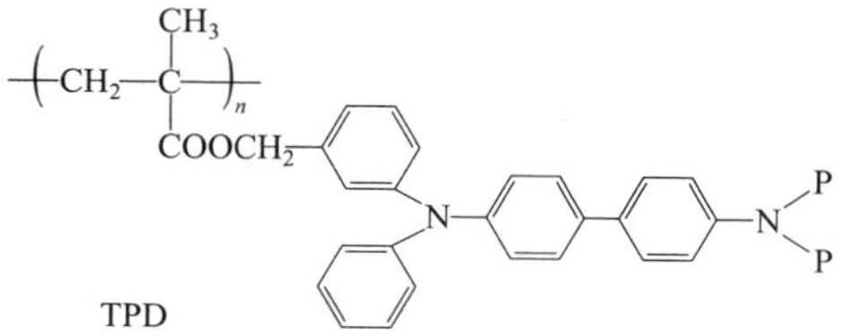 TPD	蓝光

器件结构	聚合物结构	发 光
ITO/*m*-LPPP/Al	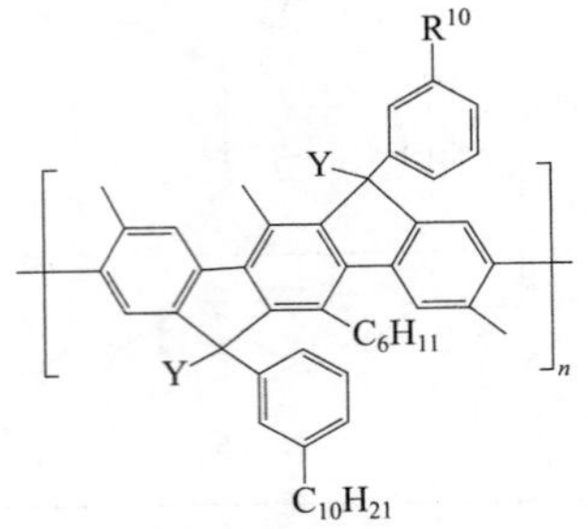 *m*-LPPP	蓝绿
ITO/PPQ/Al	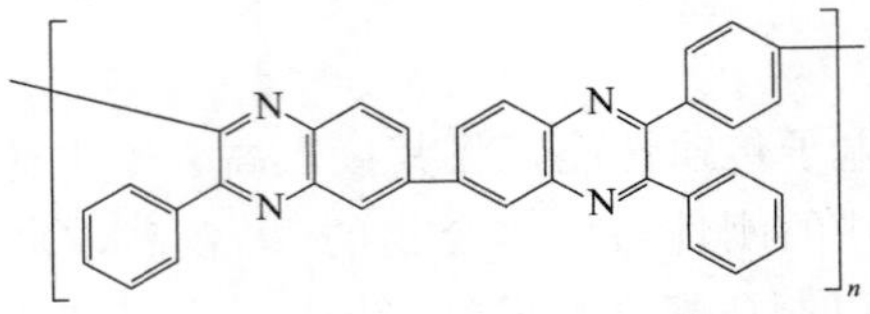 PPQ	橘红

聚对苯（5-6）、聚对苯乙炔酰亚胺（5-7）等共轭杂环结构也有电致发光性能。

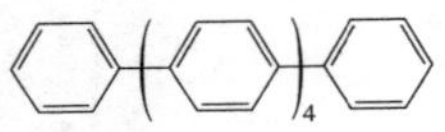

5-6

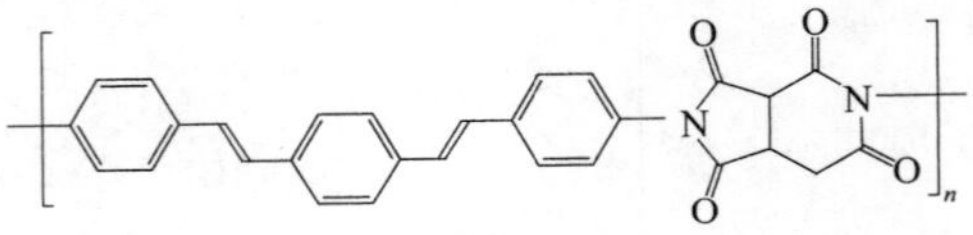

5-7

（四）掺杂型聚合物

掺杂型电致发光材料可以是聚合物与小分子间的混合，也可以是聚合物与聚合物间的混合。例如，用 PPV 和 PVK 的混合物作发光层，随着其比例不同，器件发出从淡蓝色到淡紫色的光。不过，由于共轭聚合物一般刚性较大，成膜性较差，因而用柔性高分子为基体，将小分子发光材料掺杂到不易结晶且成膜性良好的聚合物中，不失为一种简便可行的方法。

三、器件设计与制备

近年来，聚合物发光二极管（LED）以其工艺简单、成本低廉，以及能够实现多色和大面积显示等优点，成为国际上竞争激烈的研究热点。典型的聚合物电致发光器件结构如图 5-11 所示。

聚合物可以用溶液浇注成膜，即先将聚合物溶解于适当的溶剂中，在惰性气体的保护下，滴于导电玻璃等衬底上，旋转甩膜，典型的厚度为 100～200nm。由于 ITO 基材脆性大、易碎、不能弯曲，因此，采用导电高分子作衬底已有了许多尝试。

电致发光是属于注入式的激子发光，它将电能直接转换为光能。其原理是在电场作用下，分别从正极注入的空穴和从负极注入的电子在发光层中由于库仑引力而形成激子，激子复合而发光。聚合物结构不同，可以得到不同的发光颜色。例如，PPV 和二甲氧基取代

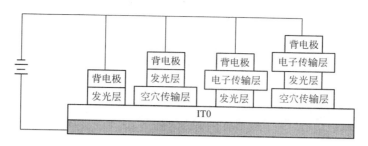

图 5-11　聚合物电致发光器件四种典型结构

PPV 的共聚物既可发红光，也可发蓝光，取决于两个组分的相对含量。共轭链中，共轭段越短，发光的颜色越向蓝移。所加电压不同，器件发光颜色也会有所改变。

目前虽然聚合物 LED 已实现了红、黄、蓝、绿等发光颜色，但总的来说，有机和聚合物电致发光器件离实用化还有一段距离。主要问题是器件的稳定性不够，器件寿命太短，发光亮度和发光效率较低，大部分电能转换成了热能而损失，同时也加速了聚合物的老化。在理论方面，其发光机理尚不完全清楚。就导电聚合物而言，一般来说，电导率高的聚合物处于绝缘状态时可能产生电致发光，但是处于导电状态时，则不能产生电致发光。其电导率的最佳值为多少才能产生强烈的电致发光性能也还未知晓。

因此，如何提高器件的效率和寿命、提高蓝光二极管的性能、发展白光二极管用于照明和彩色显示等将是今后努力的方向。

四、聚合物发光电池

由于聚合物发光二极管工作时要求阴极必须使用低功函的活泼金属，因而存在着工作寿命短、稳定性差等缺点。此外，发光二极管中共轭聚合物的导电率很低，因而其工作电压较高。这些因素都制约了聚合物发光二极管的实用化进程。裴启兵等发明了共轭聚合物的固体发光电池（LEC），在一定程度上克服了上述缺点，为高性能聚合物发光器件的研制开辟了一条新路。

LEC 所用的聚合物的发光层与聚合物 LED 相同，但在聚合物膜中掺入了高分子快离子导体，形成复合膜。当把复合膜置于电场中时，共轭聚合物在阳极被氧化，失去电子而成为 p 型掺杂；在阴极，共轭聚合物被还原，得到电子而成为 n 型掺杂。这样在两极附近就产生了两种类型的载流子，在外电场的作用下，相对迁移，复合发光。由于载流子是通过电极上的氧化还原反应而产生的，因而电极材料不必使用活泼金属；同时，由于共轭聚合物掺杂后呈导电状态，因此，发光电池的启辉电压低于 LED 的启辉电压。

复合膜材料可以是 PPV 与聚氧乙烯-锂盐（如 $LiCF_3SO_3$ 等）的复合物，也可以是其他发光聚合物与聚氧乙烯-锂的复合物。制备时，在导电玻璃上旋涂一层含有发光复合物的溶液，待溶剂去除后，再在膜上真空镀铝，即可形成聚合物固体发光电池。LEC 发光的颜色取决于复合膜中发光聚合物的能隙，其机理与 LED 相同。由于电子和空穴注入和传输的不对称性，LEC 中的 p-n 结并不是位于复合膜的正中央，而是靠近阳极侧。如果采用多层发光膜，则在施加正向和反向电压时，会得到不同颜色的光。

第四节　光电导高分子材料

一、光电导高分子分类

光电导是指在光激发时，电子电导载流子数目比热平衡状态时多的现象。在外电场的作用下，载流子定向移动而形成电流。这种由于光激发而产生的电流称为光电流，在光照射下导电性增加的材料称为光电导材料。所有的绝缘体和半导体或多或少都具有一定的光电导性，但一般来说，光电流与暗电流的比值很大，也就是说光生载流子的量子效率高、寿命长、载流子迁移率大的材料才称为光电导材料。

光电导高分子有两大类别，一类是本征型的，如表 5-13 所示，主要有以下几种：①高分子主链中具有共轭结构，如聚乙炔等线型 π 共轭高分子、聚酞菁等平面型 π 共轭高分子；②侧链或主链含多环芳烃或杂环基团的高分子，如聚乙烯基咔唑等；③高分子电荷转移络合物等。另一类是复合型的，它是用带有芳香环或杂环的高分子如聚碳酸酯等为复合载体，加入小分子有机光电导体如酞菁染料、双偶氮类染料等组合而成的。

表 5-13　几种本征型光电导高分子的结构

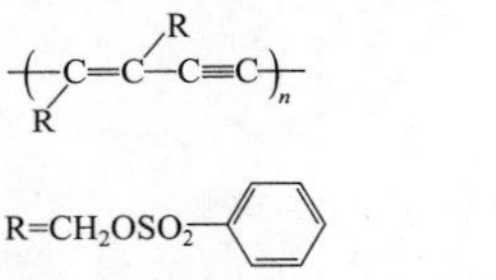

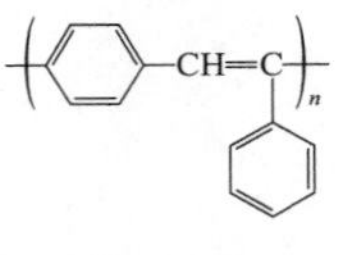

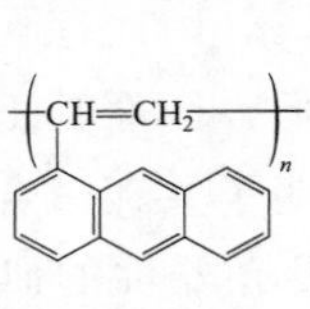

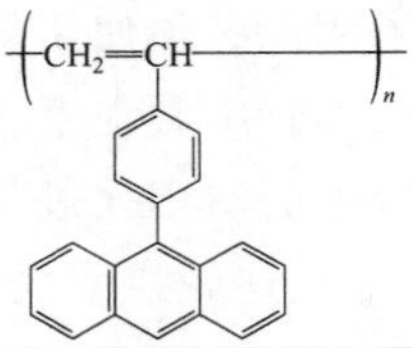

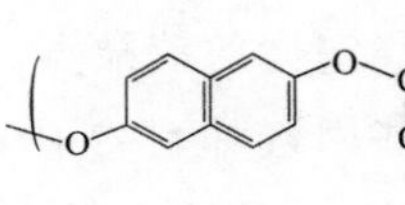

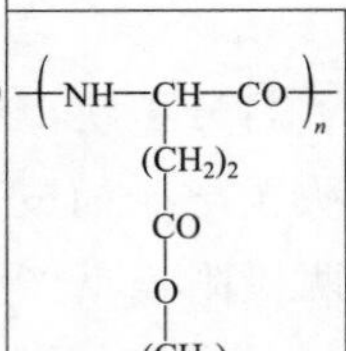

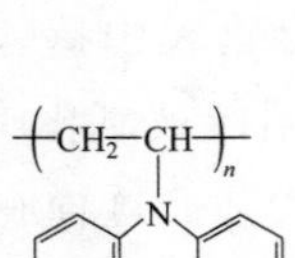

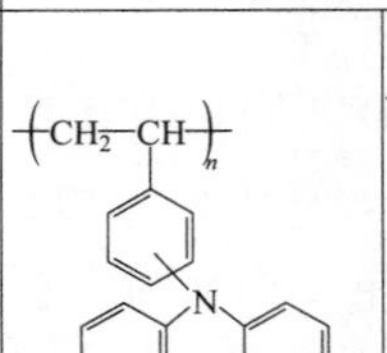

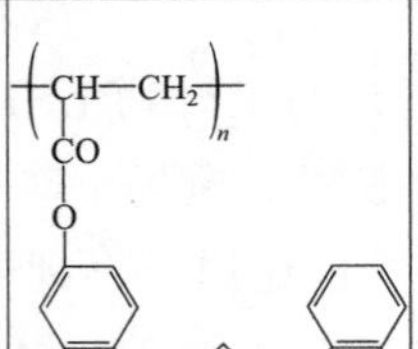

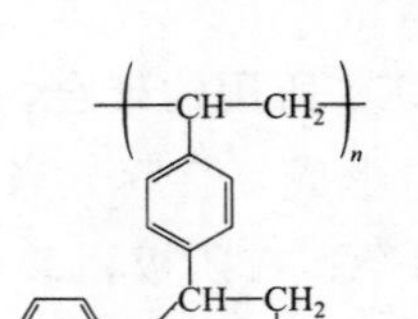

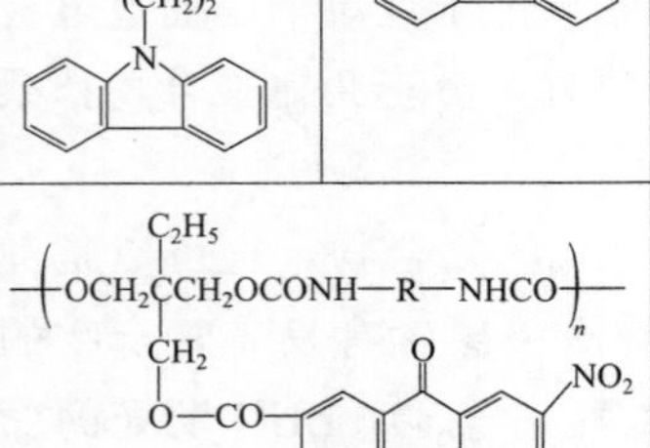

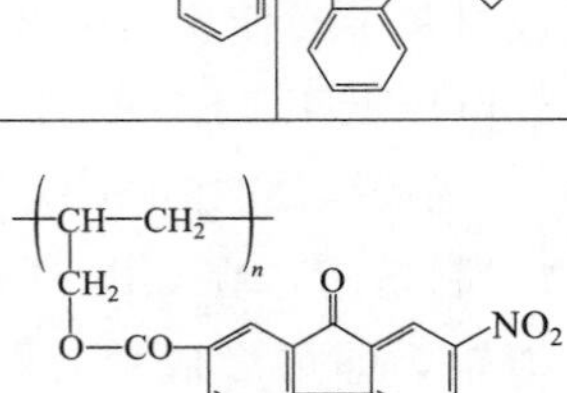

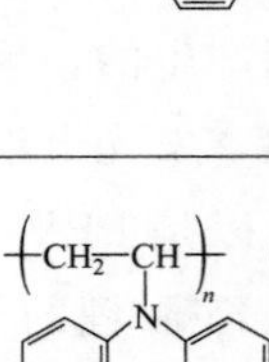

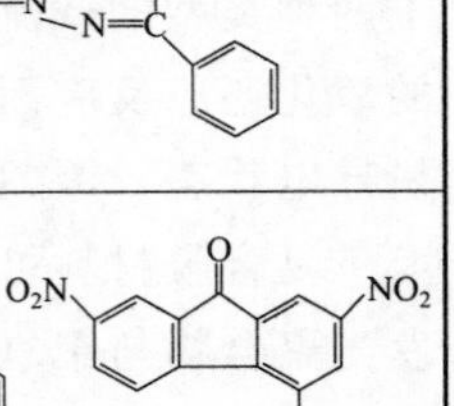

与无机光电导体相比，有机高分子光电导体的灵敏度、耐光性还较差，但它有下列一些

优点：①分子结构容易改变，因此性能上也可以相应改变；②加工方便，可以成膜，挠曲性好；③可以通过增感的方法来随意选择光谱响应区；④废感光材料容易处理等。

光电导物质是一种重要的信息功能材料，已在复印技术、印刷制版以及计算机中激光打印等方面作为感光材料而得到应用，它也是太阳能电池的重要材料。

二、光电导机理

（一）载流子的生成

光电导包括光激发、载流子生成和载流子迁移三个基本过程。光电导高分子吸收了光能，生色团中的电子跃迁到激发态。受激分子可以通过多种途径（如发射荧光、磷光，或通过无辐射迁移，以及向另一分子进行能量的转移、引起化学反应等）失去激发能而回到基态。也就是说，激发能既可以在分子内迁移，也可以在分子间转移。一般来说，如果体系中受激分子或受激生色团与基态分子或生色团间具有较强的相互作用，可以形成所谓的激基复合物（excimer），则受激分子容易发生分子间的能量转移，并进一步发生电子转移，形成离子对载流子。

受光照射而产生的光电流密度 J 与载流子生成的量子效率 η、载流子的寿命 τ、载流子的迁移率 μ 以及电场强度 E 有关，稳态时光电流密度可表示为：

$$J = \frac{1}{l} I_0 (1 - e^{-\alpha l}) \eta \tau e \mu E \tag{5-34}$$

式中，I_0 为入射光强度，光子/$(cm^2 \cdot s)$；l 为样品的厚度，cm；α 是样品的光吸收系数，cm^{-1}。

Onsager 理论认为，载流子生成过程有两个阶段，即在光照下，首先形成距离为 r_0 的电子-空穴对（离子对），接着，这个离子对在电场的作用下热解离生成载流子，避免了再复合形成单分子。这样形成载流子的量子效率取决于距离为 r_0 离子对热解离成载流子的概率，它与电场强度有关。于是，载流子生成的量子效率 η 可表示为：

$$\eta(E) = \phi_0 \int g(r, \theta) f(r, \theta, E) d\tau \tag{5-35}$$

式中，ϕ_0 是形成离子对的量子效率；$g(r, \theta)$ 是离子对在电场中的分布函数；$f(r, \theta, E)$ 是处于热松弛状态的离子对解离成载流子的概率函数。假定热松弛状态的离子对距离都是 r_0，而且在电场中的分布是各向同性的，则 $g(r, \theta)$ 可表示为 δ 的函数式：

$$g(r, \theta) = \frac{1}{4\pi r_0^2} \delta(r - r_0) \tag{5-36}$$

根据 Onsager 理论，$f(r, \theta, E)$ 可以用下式表示：

$$f(r, \theta, E) = \exp(-A) \exp(-B) \sum_{m=0}^{\infty} \sum_{n=0}^{\infty} \frac{A^m}{m!} \frac{B^{(m+n)}}{(m+n)!} \tag{5-37}$$

式（5-37）中，$A = \frac{2q}{r}$，$B = \beta r(1 + \cos\theta)$，$q = \frac{e^2}{2DkT}$，$\beta = \frac{eE}{2kT}$。

用场强依赖关系的实验结果与在各种 r_0 值下所求出的理论关系曲线相比较，根据两者的对应关系可求出离子对的距离 r_0 和 ϕ_0 值。

对聚 N-乙烯基咔唑（PVK）、PVK/2,4,7-三硝基芴酮（TNF）、PVK/邻苯二甲酸二甲酯及高分子/小分子光导体复合物等体系进行研究，结果表明，由 Onsager 模型求出的 r_0 和 ϕ_0 值都是不同的。r_0 值与照射光能量有关，而 ϕ_0 值则不依赖于照射光强度。对于复合体系而言，ϕ_0 值还与光导体的浓度有关。例如 PVK 的 $\phi_0=0.14$，$r_0=2.25\sim3.0\text{nm}$（$\lambda=260\text{nm}$）；PVK/TNF 体系的 $\phi_0=0.23$，$r_0=2.2\text{nm}$；对聚碳酸酯/三苯胺的复合体系，$\phi_0\approx10^{-2}$，$r_0=2.2\sim2.7\text{nm}$；而聚碳酸酯/N-异丙基咔唑的复合体系，$\phi_0\approx10^{-2}\sim10^{-1}$，$r_0=1.8\sim2.0\text{nm}$。

　　Onsager 模型仅考虑了分子从受光后的高能激发态自动离子化的机制。在这种情况下，光照的能量是很高的，它存在一个阈值，如对蒽、芘等小分子晶体而言，照射光能量的阈值分别为 4.0eV 和 3.0eV。然而，在另一些情况下，处于高能激发态的分子还可能向最低激发态（包括激发单线态和激发三线态）转移，它可以与附近的杂质发生电子转移而产生载流子。一般在电子给体型杂质中以空穴载流子为主，而在电子受体型杂质中则是电子载流子。酞菁类染料、PVK 类聚合物中所观察到的光电导现象大多属于这种机制，称为外因过程。

　　在分析载流子生成过程时，采用了观察因电场使荧光猝灭的方法。电场会使荧光猝灭，表明载流子是在电场作用下生成的。在 PVK/电子受体体系中发现，激基复合物在电场的作用下，荧光消失，说明离子对没有复合成荧光性单分子，因此可以将由电场引起的荧光猝灭部分看作是解离成了载流子。

　　对酞菁来说，在载流子生成中起重要作用的微量杂质是吸附的氧，它起到电子受体的作用。聚乙烯基咔唑（PVK）是在侧基上带有大 π 电子共轭基团的高分子，成膜时，相邻的苯环互相靠近可以生成电荷转移络合物，通过光激发，电子能够自由地迁移。在此过程中，PVK 首先吸收紫外光处于激发态，当其能量足够高时，它可以发生离子化，产生正离子自由基 $\text{PVK}^{\dot+}$ 和电子，在电场作用下电荷分离产生载流子。而在低能激发下，离子化不能自发进行，这样，向杂质转移就显得十分必要了。在 PVK 中掺杂电子受体如邻苯二甲酸二甲酯（DMTP）后，可以发现其光电流增加，这表明基态的电子受体 DMTP 和处于最低激发态的 PVK 的咔唑环之间形成了激基复合物，从而促进了离子对的生成。PVK 的光氧化产物也可以起到电子受体的作用。PVK 的光电性主要在紫外区，通过掺杂，还可以使其光电性扩展到可见区域，因此，掺杂的电子受体又称为增感剂。常用来掺杂的电子受体有卤素、SbCl_5、三硝基芴酮（TNF）、TCNQ、TCNE、四氯苯醌及邻苯二甲酸二甲酯等。

　　Tincent 指出，光电导性高的电荷转移络合物在结构上必须满足下列条件：①相邻的电子给体与电子受体分子的 π 轨道必须相互重叠以便离子对有效地分离，载流子能自由地移动；②电子给体与电子受体分子相对取向时，轨道的叠盖应是微弱的，这可减弱从电荷转移激发态向基态的衰减。

　　电子受体 TCNQ 的电子亲和力很大，能满足上述两个条件。因此，在 PVK-TCNQ 电荷转移络合物中，TCNQ 的含量仅百分之几就使电荷转移络合物具有全色光电性。在 PVK-TCNQ 的电荷转移络合物中，光生载流子的形成机理与激发子的热解离及激发子与陷阱电荷的相互作用相关。

　　电荷转移络合物可以在高分子链与小分子之间形成，也可以在高分子电子给体与电子受体之间形成。当同一高分子链中同时存在电子给体与电子受体的链节时，光电导性更为显著。如部分硝化的 PVK 的光电导性比 PVK 好，就是因为部分硝化的 PVK 是电子受体，与充当电子给体的 PVK 间易发生电荷转移，从而增加了光电导性。

（二）载流子的迁移

载流子的迁移模型有能带模型和跳跃模型。能带模型是电子、空穴载流子分别在导带和价带中在与晶格振动碰撞的同时自由运动，迁移率大 $[\mu \gg 1\,\text{cm}^2/(\text{V}\cdot\text{s})]$，且随温度升高而降低。在分子晶体中，载流子的迁移率较小 $[\mu = 10^{-2} \sim 1\,\text{cm}^2/(\text{V}\cdot\text{s})]$，且对温度的依赖性小。对于聚合物等非晶态固体，其载流子是局域的，一般认为它是由伴随着热活化的跳跃机制而迁移的，由于存在浅陷阱能级，使载流子的迁移速率被俘获-释放过程所控制，因而其迁移率很小 $[\mu = 10^{-5} \sim 10^{-9}\,\text{cm}^2/(\text{V}\cdot\text{s})]$，且依赖于温度、电场强度等因素。

在存在浅陷阱能级的情况下，当自由载流子与被俘获载流子之间达到热平衡分布时，载流子的迁移率为：

$$\mu = \mu_0 \left[1 + \left(\frac{N_t}{N_c} \right) \exp\left(\frac{\Delta\varepsilon}{kT} \right) \right]^{-1} \approx \mu_0 \left(\frac{N_c}{N_t} \right) \exp\left(-\frac{\Delta\varepsilon}{kT} \right) \tag{5-38}$$

式中，μ_0 是在无陷阱时的载流子迁移率；N_c 和 N_t 分别是导带的态密度和陷阱能级密度；$\Delta\varepsilon$ 是陷阱能级的能量（陷阱深度）。对 PVK 来说，$\mu_0 = 10^{-3}\,\text{cm}^2/(\text{V}\cdot\text{s})$，由陷阱限制的空穴迁移率一般为 $\mu = 10^{-6} \sim 10^{-7}\,\text{cm}^2/(\text{V}\cdot\text{s})$。

样品中存在的晶格缺陷、杂质、不同的化学结构单元等都起到载流子陷阱的作用。在浅陷阱能级时，被俘获的载流子被再次激发，可对迁移率有贡献，但在深陷阱时就没有贡献了。一般来说，在 PVK 等有机光导体中深陷阱浓度较低。例如，在 N-异丙基咔唑/聚碳酸酯复合体系（NIPC）中加入三苯胺（TPA），由于在 NIPC 中迁移的空穴被 TPA 所俘获，迁移率降低；相反，当 TPA 含量增加时，空穴变成可以在 TPA 中迁移，μ 值又逐渐增大。

从聚合物的结构角度来说，分子量及其分布、立体规整性、结晶度等都对光电导特性有影响。

高分子侧基上 π 电子云重叠的程度对载流子的迁移有重要的影响。如表 5-14 所示几种取代聚乙烯基咔唑，用 ^{1}H NMR 谱测定咔唑环质子的高场化学位移（反映侧链咔唑环的重叠程度），其数值大小与迁移率大小有对应关系。当 N-乙烯基咔唑与其他单体共聚时，如果加入的单体使其离子化电位升高，如 N-乙烯基咔唑-二甲腈乙烯的交替共聚物的离子化电位比 PVK 高出 0.3eV，则生成离子对的量子效率下降。

表 5-14　聚合物侧基共轭结构对载流子迁移率的影响

聚合物结构	PVK	PNE2VK	PNE3VK
迁移率 μ/$[\times 10^{-7}\,\text{cm}^2/(\text{V}\cdot\text{s})]$	1.4	14	0.24

线性 π 共轭体系的载流子迁移率比侧基大 π 体系型聚合物大很多，如表 5-15 所示。

表 5-15　聚合物主链共轭程度对载流子迁移率的影响

聚合物	聚 2,5-己二烯-1,6-双（对苯二甲酸酯）	聚 1,6-双（N-咔唑基）-2,5-己二烯	聚对苯硫醚
迁移率 μ/$[\text{cm}^2/(\text{V}\cdot\text{s})]$	2.8	2800	约 10^{-6}

三、光电导材料的应用

(一) 电子照相

光电导型材料可以用于电子照相或静电复印。静电复印法（xerography）是在普通纸上的拷贝法（plain paper copier），即把在感光材料上形成的调色像（toner imagine）转印到普通纸上的过程。电子照相法（electrofax）则是涂层纸拷贝法（coated paper copier），即在纸上预先涂有感光材料，可用于制作印刷的胶印版。

静电复印的原理是将光电导材料涂覆于金属导电支持层上，由电晕在暗处放电使其带上负电，然后将要复印的物体放在光电导材料的上面，经过曝光，使光照部分放电而得到静电潜像，再喷洒带正电的炭粉，最后转移到带负电的纸上，光通过部分电阻下降而没有炭粉吸附，因而得以成像或复制。

电子照相用的光电导材料应具备以下基本特性：①在黑暗时有接受静电荷和保持电荷的能力；②光响应快，光电导性大；③剩余电荷小；④对可见光有响应；⑤耐光，耐用。另外，感光材料除了满足这些基本特性外，还必须价廉、容易加工、无毒无害等。

为了使感光材料的光谱响应扩大到可见光区，必须采用增感的方法。增感的方法有：①掺杂重金属的物理增感；②加入染料的染料增感；③加入电子受体或给体，形成电荷转移络合物的增感等。也可以向光刻胶增感采用化学增幅的方法学习，将光化学直接成像转变成光致催化剂催化化学反应成像，可以大幅度提高感度。

最早得到实际应用的有机光电导体是 PVK，如松下电器公司开发应用的 PVK/吡喃鎓盐类染料，已用于制造幻灯片；IBM 公司开发的 PVK/TNF 感光材料已广泛用于复印机。柯达公司开发的 3-对 N,N-二甲氨基苯基-2,5-二苯基噻喃鎓盐（5-8）/聚碳酸酯（5-9）/二甲氨基取代三苯甲烷（5-10）的三组分复合感光体系，性能更好，感度高，在高速反复使用中电性能稳定，已作为高速复印机的感光材料。

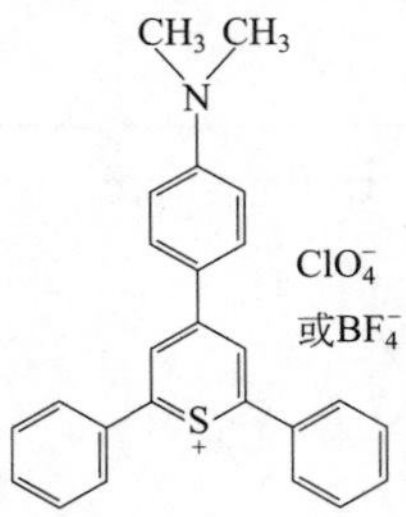

5-8 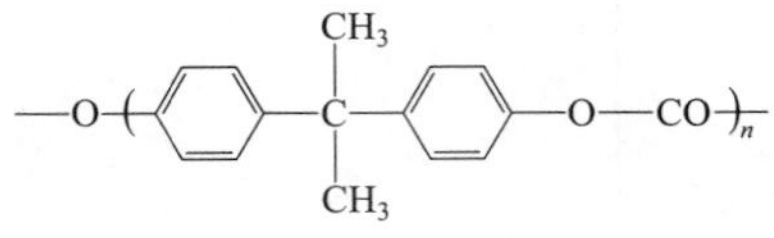 5-9 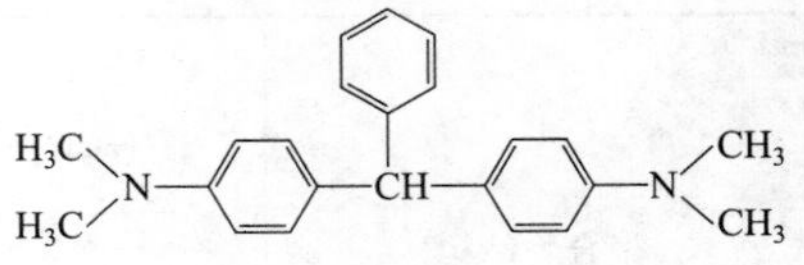 5-10

除了单层型感光材料外，人们又设计了多层型感光材料，即把载流子的生成和载流子的输运等功能分离在不同的层面上，这样选择材料的范围扩大了，可以更加优化性能。

电子照相技术在制作印刷版中有实际应用，如 Kalle 公司的激光制版材料 Elfasol 用的就是有机光电导体。这种技术在电子计算机的高速感光打印机上也得以应用，具有高速记录、高分辨力、可记录任意文字、低噪声及可用普通纸等特点。早期生产的激光打印机多采用氦-氖（He-Ne）气体激光器，其波长为 632.8nm，其特点是输出功率较高、寿命长、性能可靠、噪声低，输出功率大。但是因为体积太大，基本已被淘汰。目前激光打印机都采用半导体激光器，常见的是镓砷-镓铝砷（GaAs-GaAlAs）系列，所发射出的激光束波长一般为近红外光（$\lambda = 780\text{nm}$），可与感光硒鼓的波长灵敏度特性相匹配。半导体激光器体积小、成本低，可直接进行内部调制，是轻便型台式激光打印机的光源。感光鼓是激光打印机的核心部件。它是一个光敏器件，主要用光导材料制成。感光鼓常用的光导材料有硫化镉（CdS）、硒-砷（Se-As）、有机光导材料等几种。感光鼓一般为三层结构，第一层是导电层，第二层是光导层，第三层是绝缘层。有的感光鼓为了更好地释放电荷，在光导层与导电层之间，加镀一层超导材料，以使电荷更迅速地释放。

（二）太阳能电池

太阳能电池的工作过程是：①形成电位梯度，如在 P 型和 N 型半导体的接触界面上，或者在半导体与金属、半导体与含有氧化还原剂的电介质溶液的接触面上，电子从费米能级高的一侧通过界面向费米能级低的一侧移动，两相间发生电子授受而产生空间电荷层，达到平衡时，两侧的费米能级相等，从而产生电位梯度；②空间电荷层及其附近吸收光而产生载流子（产生光生电动势），在空间电荷层及其附近吸收光，电子就从价带向导带迁移，其结果在导带和价带产生电子-空穴对，与内电场导致的复合相竞争而分离形成载流子，在光照下，电子与空穴的生成把平衡状态的电荷分布搅乱，产生光生电动势；③在外回路上有电流通过。

为了制得转换效率高的有机太阳能电池，就要求半导体材料具有如下特性：①吸收太阳光的效率高；②吸收光后生成载流子的效率高；③载流子的寿命长、迁移率大；④体电阻值小。有机高分子光电导体有器件制造简单并可大面积化、大批量生产、价廉、易加工、能选择地吸收太阳光等特点，因而有希望成为太阳能电池的材料。早期用叶绿素 a、PVK/TNF 复合物的有机太阳能电池的转换效率仅为 $10^{-3}\% \sim 10^{-2}\%$。改用 Al/部花菁染料/Ag 太阳能电池的转换效率达到了 1%；SnO_2 等/PVK-无金属酞菁/In 太阳能电池的转换效率达到了 3%；而基于聚乙炔膜的太阳能电池光转换效率可能会更高。

第五节　高分子压电材料

一、压电性

（一）压电现象

我们知道，电介质在电场作用下会发生电极化，极化强度与外加电场强度成正比：

$$\vec{P} = \chi \varepsilon_0 \vec{E}$$

电位移为：

$$\vec{D} = \varepsilon_0 \vec{E} + \vec{P}$$

但在某些电介质晶体中，施加一定的应力，电介质也产生相应的极化，如图 5-12 所示，感生电荷密度与外力成正比；反之，在电场作用下，这些电介质则会产生应变，这种性能称为压电性。前者为正压电效应，后者称逆压电效应。

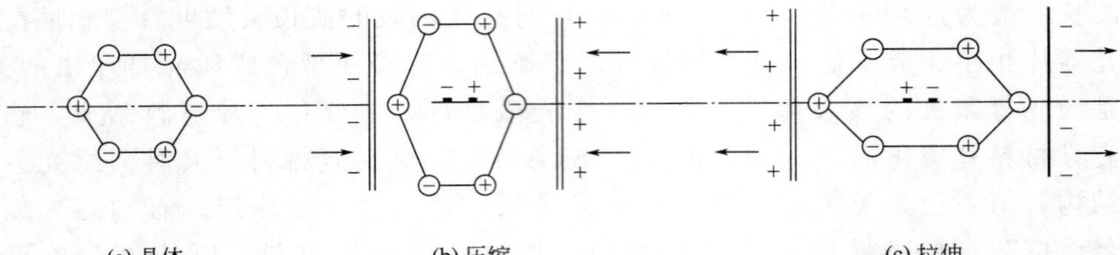

(a) 晶体
正负电荷重心重合
(b) 压缩
正负电荷重心不重合
(c) 拉伸
正负电荷重心不重合

图 5-12 压电效应示意图

从图 5-12 可以看出，晶体具有压电性的条件是必须有极轴，即具有不能通过对称操作而相互重合的方向轴线。在晶体的 32 种点群中，具有对称中心的 11 个点群不会有压电效应。在 21 种不存在对称中心的点群中，除了 432 点群因为对称性很高，压电效应退化外，其余 20 种点群都有可能具有压电性。同时，晶体内质点必须带电，或者具有一定的偶极矩。非极性分子基本不呈现压电性。

(二) 压电方程组及压电性表征

晶体的电行为可以用电场强度（V/m）和电位移（C/m^2）来表示，它们分别有三个分量，在很小时，两者成线性关系：

$$\begin{pmatrix} D_1 \\ D_2 \\ D_3 \end{pmatrix} = \begin{pmatrix} \varepsilon_{11} & \varepsilon_{12} & \varepsilon_{13} \\ \varepsilon_{21} & \varepsilon_{22} & \varepsilon_{23} \\ \varepsilon_{31} & \varepsilon_{32} & \varepsilon_{33} \end{pmatrix} \begin{pmatrix} E_1 \\ E_2 \\ E_3 \end{pmatrix} \tag{5-39}$$

式中，ε 为介电常数，F/m。它是二阶对称张量，有 9 个分量，其中独立分量有 6 个。式(5-39) 也可写成：

$$D_m = \sum_{n=1}^{9} \varepsilon_{mn} E_n \quad (m=1,2,3) \tag{5-40}$$

Z X3 x3
X5 x5
X4 x4
X X1 x1
Y X2 x2
X6 x6
33
11
22

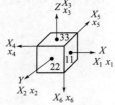

图 5-13 晶体弹性分量示意图

晶体的弹性行为可以用应力 X 与应变 x（均有 9 个分量，其中 6 个独立分量，分别是三个法向和三个切向分量）间的关系来描述。这 6 个独立变量常写成 X_k 和 x_k（$k=1\sim6$）。如图 5-13 所示，三个法向应力为 X_1、X_2 和 X_3，三个切向应力为 X_4、X_5 和 X_6；三个法向应变为 x_1、x_2 和 x_3，三个切向应变为 x_4、x_5 和 x_6。因此，两者间的关系可以表示为：

$$\begin{pmatrix} x_1 \\ x_2 \\ x_3 \\ x_4 \\ x_5 \\ x_6 \end{pmatrix} = \begin{pmatrix} C_{11} & C_{12} & C_{13} & C_{14} & C_{15} & C_{16} \\ C_{21} & C_{22} & C_{23} & C_{24} & C_{25} & C_{26} \\ C_{31} & C_{32} & C_{33} & C_{34} & C_{35} & C_{36} \\ C_{41} & C_{42} & C_{43} & C_{44} & C_{45} & C_{46} \\ C_{51} & C_{52} & C_{53} & C_{54} & C_{55} & C_{56} \\ C_{61} & C_{62} & C_{63} & C_{64} & C_{65} & C_{66} \end{pmatrix} \begin{pmatrix} X_1 \\ X_2 \\ X_3 \\ X_4 \\ X_5 \\ X_6 \end{pmatrix} \tag{5-41}$$

即

$$x_i = \sum_{j=1}^{6} C_{ij} X_j \quad (i=1\sim 6) \tag{5-42}$$

或

$$X_i = \sum_{j=1}^{6} m_{ij} x_j \quad (i=1\sim 6) \tag{5-43}$$

式中，C 是弹性柔量；m 是弹性模量。

压电性是电介质的力学性质与电学性质的耦合，因此压电方程可以用应力和场强作自变量来描述：

$$\text{(a)} \quad \begin{cases} x_\lambda = \sum_{j=1}^{3} d_{j\lambda} E_j + \sum_{i=1}^{6} C_{\lambda i}^E X_i \\[2mm] D_\mu = \sum_{j=1}^{3} \varepsilon_{j\lambda}^X E_j + \sum_{i=1}^{6} d_{\mu i} X_i \quad (\lambda=1\sim 6, \mu=1\sim 3) \end{cases} \tag{5-44}$$

另外，还可以用其他参数作自变量写出以下三组方程：

$$\text{(b)} \quad \begin{cases} D_\mu = \sum_{j=1}^{3} \varepsilon_{\mu j}^x E_j + \sum_{i=1}^{6} e_{\mu i} x_i \\[2mm] X_\lambda = -\sum_{j=1}^{3} e_{j\lambda} E_j + \sum_{i=1}^{6} m_{\lambda i}^E x_i \quad (\lambda=1\sim 6, \mu=1\sim 3) \end{cases} \tag{5-45}$$

或

$$\text{(c)} \quad \begin{cases} E_\mu = \sum_{j=1}^{3} \beta_{\mu j}^X D_j - \sum_{i=1}^{6} g_{\mu i} X_i \\[2mm] x_\lambda = \sum_{j=1}^{3} g_{j\lambda} D_j + \sum_{i=1}^{6} C_{\lambda i}^D X_i \quad (\lambda=1\sim 6, \mu=1\sim 3) \end{cases} \tag{5-46}$$

或

$$\text{(d)} \quad \begin{cases} E_\mu = \sum_{j=1}^{3} \beta_{\mu j}^x D_j - \sum_{i=1}^{6} h_{\mu i} x_i \\[2mm] X_\lambda = -\sum_{j=1}^{3} h_{j\lambda} D_j + \sum_{i=1}^{6} m_{\lambda i}^D x_i \quad (\lambda=1\sim 6, \mu=1\sim 3) \end{cases} \tag{5-47}$$

式中，C^E、C^D 分别表示在恒定电场和恒电位移下的弹性柔量（分别称为短路弹性柔顺系数和开路弹性柔顺系数）；m^E、m^D 分别表示在恒定电场和恒电位移下的弹性模量（分别称为短路弹性劲度系数和开路弹性劲度系数）；ε^X、ε^x 分别表示恒定应力和恒定应变下的介电常数（分别称为自由介电常数和夹持介电常数）；β^X、β^x 分别表示恒定应力和恒定应变下的介电隔离系数（又称为自由介电隔离系数和夹持介电隔离系数）。

于是，压电效应可以用四种压电常数来表征，分别是压电应变常数 d、压电应力常数 e、压电电压常数 g 及压电劲度常数 h。其物理意义及边界条件可由对压电方程组左端的应变量求全微分得到：

$$\left. \begin{aligned} d = \left(\frac{\partial D}{\partial X}\right)_E = \left(\frac{\partial x}{\partial E}\right)_X && e = \left(\frac{\partial D}{\partial x}\right)_E = -\left(\frac{\partial X}{\partial E}\right)_x \\[3mm] g = -\left(\frac{\partial E}{\partial X}\right)_D = \left(\frac{\partial x}{\partial D}\right)_X && h = -\left(\frac{\partial E}{\partial x}\right)_D = -\left(\frac{\partial X}{\partial D}\right)_x \end{aligned} \right\} \tag{5-48}$$

在式(5-48)所描述的关系中，第一个偏微分代表了正压电效应，第二个偏微分则反映了逆压电效应。

表征压电性的重要参数还有电学品质因数、机械品质因数和机电耦合系数。

由于电介质的极化是一个弛豫过程，极化滞后及介质漏电都将引起介质损耗，其倒数称电学品质因数，用 Q_e 表示。

$$Q_e = \frac{1}{\tan\delta} = \frac{非耗能部分的电流}{耗能部分的电流} \tag{5-49}$$

当对一个压电晶片输入电信号时，如果信号频率与晶片的机械谐振频率一致，就会使晶片由于逆压电效应而产生机械谐振，此机械谐振又可以由于正压电效应而输出电信号。这种晶片常称为压电振子。压电振子谐振时要克服内摩擦而消耗能量造成机械损耗，它可以用机械品质因数 Q_m 来表征。

$$Q_m = 2\pi \frac{谐振时振子储存的机械能量}{谐振每周振子机械损耗的能量} \tag{5-50}$$

机电耦合系数 k 是衡量压电材料在电能与机械能之间相互耦合及转换能力的一个重要参数，其定义是

$$k^2 = \frac{通过压电效应转换的电能}{储入的机械能的总量} = \frac{通过逆压电效应转换的机械能}{储入的电能总量} \tag{5-51}$$

应该指出，不能把 k^2 看成是能量转换的效率。这是因为在压电体中未被转换的那部分能量是以电能或弹性能的形式可逆地存储在压电体内，它只是表示能量转换的有效程度。因此，一个 $k^2 = 0.5$ 的压电振子，谐振式能量转换效率可以高达 90% 以上。当然如果在失谐情况下工作，或者匹配不好，能量转换效率便大大降低。

二、热释电性和铁电性

在晶体结构中，具有压电性的有 20 种点群，其中有 10 种点群的晶体同时具有热释电效应，铁电性是热释电晶体中的一个亚类。

(一) 热释电效应

电介质由温度的变化而产生电极化的现象称为热释电效应。如电气石加热时，晶体对称轴两端产生数量相等、符号相反的电荷。其原因是晶体本身结构在某方向上正负电荷重心不重合，存在着自发极化，自极化矢量由负电重心指向正电重心，但这种自极化所产生的表面束缚电荷被来自于空气中、附集在晶体外表面上的自由电荷和晶体内部的自由电荷所屏蔽，电矩不能显现出来。当温度发生变化时，引起正负电荷重心相对位移，使自发极化发生改变，引起电矩改变并无法得到补偿时，晶体两端产生的电荷才能表现出来。显然，应力也会改变正负电荷间的距离和夹角，使自发极化强度发生变化，因此，热释电晶体总是具有压电性。有中心对称的晶体不可能有压电性，也不可能有热释电性。但有压电效应不一定有热释电性。因为机械力作用可沿着某一方向使重心位移不均，但受热时，体积膨胀，正负电荷重心的位移仍可能相等。所以，晶体中存在与其他极轴都不相同的唯一极轴时，才有可能由热膨胀引起晶体总电矩的改变。

如果在整个晶体中温度均匀地发生微小的变化（dT），则自发极化矢量 $\vec{P}_s$ 的变化为

$$d\vec{P}_s = \vec{p}\,dT \tag{5-52}$$

式中，$\vec{P}$ 称为热释电系数，C/(m² · K)。它把自发极化强度矢量与温度标量联系起来，因此它是一个矢量，有三个分量。根据压电晶体的 IRE 标准规定，晶体在张应力作用下产生正电荷的一端为压电轴的正端。如果晶体在加热时压电轴的正端产生正电荷，则规定该晶体沿着这一轴向的热释电常数为正。大多数晶体的自极化随着温度的增加下降，因而热释电常数为负值。

热释电效应可以像压电效应一样列出晶体的热释电方程。它实际上是一种热-电耦合效应。在电学参量（电场强度 E 和电位移 D）和热学参量（温度 T 和熵 S）中各取一个量为自变量，可以列出四类热释电方程组。我们可以按照热-电线性耦合关系从物理概念出发直接写出：

$$\left.\begin{aligned} D_i &= \varepsilon_{ij}^T E_j + p_i \Delta T \\ \Delta S &= \eta_i E_i + \left(\frac{C_E}{T}\right)\Delta T \end{aligned}\right\} \tag{5-53}$$

其中第一个式子右边第一项为电场所产生的直接极化效应，ε_{ij}^T 为等温条件下的介电常数；第二项为热与电之间的线性耦合效应，温度改变所产生的电位移改变，即热释电效应，p_i 为热释电系数。

第二个方程右边第一项为逆热释电效应，或称电卡效应，即在恒温条件下电场所引起的熵变。恒温条件下发生熵变意味着介质与周围环境间有热量交换，其值 $\Delta Q = \Delta S/T$，这也是电卡效应这一名称的由来。根据晶体热力学中的麦克斯韦关系可以证明，逆热释电常数或电卡常数 η_i 就等于热释电常数。第二项是温度变化所产生的直接热效应，其中 C^E 为恒电场下的热容。因此，$C^E \Delta T$ 为晶体温度增加 ΔT 所需要的热量。

如果介质是在机械夹持状态下加热的，即其体积和外形被强制地保持不变，这时所观察到的热释电效应称为第一类热释电效应。如果介质在机械自由状态下加热，那么，它将因受热膨胀而产生应变。这种应变将通过压电效应产生电位移而叠加在第一类效应上，这种由于热膨胀而产生的附加热释电效应称为第二类热释电效应。自由状态下的介质受热产生的热释电效应应是两类热释电效应之和。

（二）铁电性

热释电体是具有自发极化的晶体，自发极化强度很高，晶体已经处于高度的极化状态下。在普通的线性电介质中，即使加上接近介质击穿的外电场也很难达到这种高度的极化状态。因此，外电场很难使热释电体的自发极化沿着空间的任意方向定向。但有少数热释电体的自发极化强度矢量却能在外电场的作用下沿着某几个特定的晶向重新定向。这种自发极化能在外场作用下再行定向的热释电体就是铁电体。由于铁电体是热释电体的一个亚族，因而铁电体从本质上来看总是具有压电性和热释电性的。通常铁电体并不是在一个方向上单一地产生自发极化，而是有类似于许多孪晶的区域，这些区域称为铁电畴，畴内的自极化方向是一致的，两畴间的界壁称为畴壁。铁电体的自发极化在外电场作用下反转时，晶体的畴结构也要发生相应的改变，这一过程称为电畴运动。铁电体的自发极化能被外电场再行定向，表明分隔极化取向不同的两种状态间的势垒相当低，或者说，铁电体的极化反转所涉及的结构变化是不大的。

铁电体的自发极化在外电场作用下的再行定向并不是连续发生的，而是在外电场超过某一临界场强时发生的，这就使极化强度的变化滞后于外加电场。当电场发生周期性变化时，

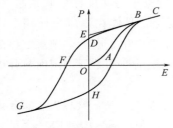

图 5-14　铁电体的电滞回线

极化强度 P 和场强 E 间便形成电滞回线。这是铁电性一个最重要的标志。如图 5-14 所示，假定铁电体在外电场为零时，晶体中的各电畴互相补偿，晶体对外的宏观极化强度为零，晶体的状态处于 O 点。如果沿着晶体某一可能产生自发极化的方向加上电场，当电场超过电畴反转的临界电场时（A 点），与外场方向不一致的畴开始运动，转向外电场方向，至整个晶体变成一个单一的极化畴（B 点）。此后，电场再增加，极化强度已不可能由于畴的转向而大幅度增加，只能像普通电介质一样，通过电子和离子的线性位移极化沿着直线 BC 稍稍增加。减少外电场时，极化强度沿 CB 缓缓下降，当外电场下降到零时，极化强度仍保持着在强电场下的状态，仅降至 D 点，这时的极化强度称为剩余极化强度 P_r，它比自发极化强度 P_s（E 点）小，因为分裂出来的少量反向畴使整个晶体对外呈现的宏观平均极化强度降低了。要把晶体的剩余极化消除，需要加上反向电场，把剩余极化全部去除所需的反向电场强度称为矫顽电场强度 E_c（F 点）。矫顽场强与温度、频率有关，通常温度增加，矫顽场强下降；频率增加，矫顽场强增大。

当温度升高时，晶体中离子的热运动增强，当达到某个临界温度时，电矩的有序排列被破坏，自发极化便消失了，晶体由低温的铁电相转变为非铁电相（顺电相），这一临界温度称为居里温度（T_c）。在含有多个铁电相时，温度最高的顺铁相变点称为居里点，其他的为过渡温度或相变温度。铁电相变可分为一级相变和二级相变。在发生相变时，晶体的介电性质、弹性、压电性、热学性质和光学性质等都会发生强烈的变化，称为临界现象。其中最引人注目的是材料的介电性能。介电常数很大，可达 $10^4 \sim 10^5$，在 $T > T_c$ 时，服从 Curie-Weiss 定律：

$$\varepsilon = \frac{c}{T - T_0} \tag{5-54}$$

式中，c 为居里常数；T_0 称为特征温度。对于一级相变铁电体，$T_0 < T_c$，对于二级相变铁电体，$T_0 = T_c$。

如果结构中有两种子晶格，其电矩的方向是反平行的，这种介质则是反铁电体。它与铁电体不同，没有自发极化，但有相转变的临界温度（反铁电居里温度），当温度升高时，要产生由反铁电体相向顺电相结构转变。在此温度附近，也具有介电反常特性，也服从 Curie-Weiss 定律。对于反极性晶体，当反向排列的偶极之间相互作用较弱时，在外电场作用下，偶极子可能被外场转变为平行排列，并同时发生结构上的变化，存在反铁电-铁电相转变，极化强度和电场强度呈"双电滞回线"（图 5-15）。

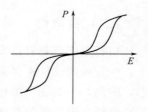

图 5-15　反铁电体的双电滞回线

三、压电高分子的类型

最早发现的压电高分子是诸如木材、羊毛和骨头等的生物物质，此后又在一些合成聚合物中发现了压电性。许多具有压电性的高分子材料也具有热电、铁电性。如聚偏氟乙烯就同时具有三种效应。具有代表性的压电高分子有以下几类：①生物高聚物，如蛋白质、核酸、各种多糖等；②光活性高分子，如多种合成聚氨基酸、旋光性聚酯、旋光性聚酰胺及液晶聚合物等；③聚合物驻极体；④复合型压电材料，这是以聚合物作为载体，与具有压电性的无机晶体进行复合组成的复合体系材料。一些高分子的压电常数列于表 5-16。

表 5-16 一些材料的压电应变常数

材料	$d_{25}/(10^{-12}C/N)$	材料	$d_{25}/(10^{-12}C/N)$	材料	$d_{25}/(10^{-12}C/N)$
抽提肌球朊薄膜	0.01	肠	0.007	筋肉	0.07
抽提肌动朊薄膜	0.05	主动脉	0.02	骨	0.2
三醋纤维素薄膜	0.27	壳质	0.06	纤维朊	0.2
二醋纤维素薄膜	0.53	木材	0.10	韧带	0.27
氰乙基纤维素薄膜	0.83	青麻	0.27	肌肉	0.4
纤维素	1.0	甲壳	0.7	丝纤维	1.0
小牛胸腺 DNA	0.002			角	1.83
鲑精子 DNA	0.01	水晶 d_{11}	2.17	腱	2.33

（一）生物高分子

一些天然高分子材料的压电常数见表 5-16 和表 5-17。从表 5-16 和表 5-17 中我们可以看出，生物高分子具有一定的压电性，对生物体压电性进行研究，可以更好地探索生物生长的奥秘，促进生物医学的发展。例如可以利用骨头的压电性，以电来刺激骨头的生长，治疗骨折；利用压电性来控制生长，进行外科整形修复等。

表 5-17 一些天然高分子的压电应变常数

材料	压电常数 $d/(10^{-12}C/N)$			
	d_{14}	d_{15}	d_{33}	d_{31}
马腱	−1.9	0.53	0.07	0.01
马大腿骨	−0.23	0.04	0.003	0.003
牛腱	−0.26	1.4	0.07	0.09
纤维素	−1.1	0.23	0.02	0.02
羊毛	−0.07	0.07	0.003	0.01
木材	−0.1	—	—	—
青麻纤维	−0.17	—	—	—

由于生物聚合物不仅具有构型上的不对称性，而且由于主链中的偶极肽键与轴同向排列，可以形成单向螺旋，因而具有较高的旋光性能；螺旋分子中存在着大量的可极化基团，具有一定的自发极化能力，因而从结构上讲，生物高分子具有一定的铁电性。生物高分子广泛存在于自然界中，因而对它们进行进一步研究是十分必要的。但此类高分子由于要在外电场的作用下才能产生自发极化现象，且自发极化率较小，所以对它们铁电性的应用研究不多。而其压电和热电性能非常明显，而且得到了应用，如可用作生物传感器等。

（二）旋光性高分子

由 α-氨基酸聚合得到的合成多肽，可以是结晶的，也可以是非晶态的无规线团，后者由于有对称中心，不会有压电性；而具有高度结晶和高度取向结构的多肽，则具有压电性。结晶多肽有螺旋结构的 α-型（通常聚 L-氨基酸为右螺旋，聚 D-氨基酸为左螺旋）和平面锯齿结构的 β-型。其压电常数如表 5-18 所示。

表 5-18 在室温下合成多肽的压电应变常数

聚合物	分子结构	取向方法	拉伸比	$d_{25}/(10^{-12}C/N)$
聚 L-丙氨酸	α	滚压	1.5	1
聚 γ-甲基-L-谷氨酸盐	α	拉伸	2	2
聚 γ-甲基-L-谷氨酸盐	β	滚压	2	0.5
聚 γ-甲基-D-谷氨酸盐	α	拉伸	2	-1.3
聚 γ-甲基-L-谷氨酸盐	α	磁场		4
聚 β-苄基-L-天冬氨酸盐	α	滚压	2	0.3
聚 β-苄基-L-天冬氨酸盐	ω	滚压	2	0.3
聚 γ-乙基-D-谷氨酸盐	α	滚压	2	-0.6
脱氧核糖核酸				0.03
聚 D-环氧丙烷（$X_c=40\%$）		拉伸	1.5	$(d_{14})-0.06$

液晶聚合物的分子结构中若含有不对称碳原子或结构中含有不对称因素，则它在一定条件下可以显示手性近晶相，产生自发极化而具有铁电性。这类液晶聚合物称为铁电液晶聚合物（FLCP）。与铁电生物高分子不同的是，它无须外电场的作用便能发生自发极化现象，且其自发极化强度（P_s）较大，因而在应用方面有更为广泛的天地。FLCP 按其液晶元位置可分为侧链型、主链型、主侧链混合型等，侧链型中其主链化学结构可以是聚硅氧烷、聚（甲基）丙烯酸酯、聚酰胺、聚醚等。

如将手性基团—$C^*H(CH_3)C_2H_5$ 接在聚硅氧烷链上形成侧链 FLCP，其结构如下：

5-11

在 43℃时其自发极化强度为 $30nC/cm^2$，响应时间 τ 为 33ms。为了提高 P_s 值，缩短 τ 值，可以在侧链引进两个非对称遥距手性中心，如 5-12 所示，其 P_s 高达 $330nC/cm^2$，但其手性近晶相 S_c 的范围缩小，由 100K 缩小到 35K。

5-12

将环氧环引入高分子，形成相互连接的双手性中心；将—NO_2 基团引入与手性中心直接相连的苯环上，不仅使自发极化率和响应时间均得到改善，而且 S_c 范围也有扩大。还可以引入间隔基或通过共聚高分子引入柔性单元，使手性中心易于运动且不相互影响，从而缩短响应时间。

聚丙烯酸酯型侧链液晶（5-13）的铁电性最初被 Shibaev 等所报道，其性能如表 5-19 所示。其中 R^1、R^2 为液晶基元，R^* 为手性基团。

$$+CH_2-\overset{\overset{\displaystyle R^3}{|}}{\underset{\displaystyle COO(CH_2)_mCOOR^1OCOR^2COOR^*}{C}}+_n$$

5-13

表 5-19　聚丙烯酸酯液晶的铁电特性参数

R^*	M	转变温度/℃ [①]	液晶倾角/(°)
$-CH_2CH(CH_3)C_2H_5$	48000	g　45　S_{c^*}　73　S_A　85　I	24
$-CH_2CH(Cl)CH_2CH(CH_3)_2$	31000	g　50　S_{c^*}　71　(S_A)　85　I	34

① g，玻璃态；S_{c^*}，手性近晶相；S_A，近晶相；I，各向同性的熔体状态。

将—CF_3 基团引入手性中心，可以使 P_s 和 τ 均得到改善。而将相邻不对称中心同时引入侧链中，也可使自发极化率提高，达 $1.5mC/cm^2$，且在 $20℃$ 下响应时间降为 $10ms$，其分子式如下：

$$+CH_2-CH+_n$$

5-14

同样当在侧链中引进环氧并形成相连手性中心时，则可测温度范围变大。其主要影响因素有主链形态、间隔基长度、手性中心的位置及其相互间的关系等。一般而言，间隔基长度为 6～12 个亚甲基基团才能形成 S_{c^*} 相，如在聚硅氧烷中至少需要 6 个亚甲基基团，聚甲基丙烯酸酯中至少需要 11 个，但对聚丙烯酸酯而言，间隔基为 2 个或 10～11 个亚甲基基团均能形成 S_{c^*} 相，而 4～8 个则不能。当手性中心位于主链时，可以提高其自发极化率。

总而言之，人们对 FLCP 进行了许多研究，其响应时间达到了微秒级，可与小分子液晶相比。但高分子体系也存在着一些问题，如黏度较高，导电性较差等，需要进一步研究解决。

（三）聚合物驻极体

所有的聚合物薄膜都或多或少显示一定的压电性，但一般其固有压电性数值很小。为了增加其极化程度，往往可以采用驻极体的方法。

在较高温度下，将处于软化或熔融状态的绝缘体（通常是一些极性高分子）置于高直流电压下，使其极化，并在冷却之后才撤去电场，则其极化状态在极化条件消失后，仍能半永久性地保留。具有这种性质的高分子材料称为高分子驻极体。高分子驻极体内保持的电荷包括真实电荷（表面电荷和体电荷）与介质极化电荷。真实电荷是指被俘获在体内或体表的正负电荷，来自电极的注入，因此，表面电荷与电极的电性相同，称为同号电荷；极化电荷是指定向排列的偶极子，极化电荷的表面电荷与电极电性相反，称为异号电荷。形成驻极体后，其压电性能可以大大增强，如表 5-20 所示。

高分子驻极体材料主要有两类：一类是高绝缘性材料，如聚四氟乙烯和氟乙烯与丙烯的共聚物，它的高绝缘性保证了良好的电荷储存性能；另一类是强极性物质，如聚偏氟乙烯及其共聚物、奇碳尼龙、聚碳酸酯、聚丙烯腈等，这一类物质具有较大的偶极矩。

表 5-20 室温下高分子驻极体的压电常数

聚合物	压电常数 d_{31} /(10^{-12}C/N)	热电常数 /[10^{-6}C/($m^2 \cdot K$)]	共聚物/ 共混物	压电常数 d_{31} /(10^{-12}C/N)	热电常数 /[10^{-6}C/($m^2 \cdot K$)]
PVDF	30~40	40	P(VDF-TrFE)	49	50
PVF	1~7	10	P(VDF-TFE)	20.0	25
PVC	0.5~10	1	P(VDF-VF)	6.0	—
PVF$_3$	—	0.4	PVDF/PMMA (90/10)	10	7
PTFE	—	0.4			
尼龙 11	0.5~5	5	PVF/PVC (88/12)	—	15
尼龙 5,7	—	1			
PAN	1	1	P(VDCN-VAC)	7.0	3.1
PC	0.5	—	P(VDCN-MMA)	0.3	—
PMMA	0.43	—	P(VDF-VClF$_3$)	20.0	—
PAAm	—	1	P(AN-VDCN)	—	40
PET	—	0.004			

在所有压电高分子材料中，PVDF 有特殊的地位，它不仅具有优良的压电性、热电性，而且还具有优良的力学性能。与压电陶瓷相比，PVDF 密度小、柔韧性好、加工方便，既可以加工成几微米厚的薄膜，也可以弯曲成各种形状，适用于弯曲的表面，易于加工成大面积或复杂的形状，也利于器件的小型化。而且，其声阻大，可与液体很好地匹配。室温下 PVDF 与无机压电材料的性能对比列于表 5-21。

表 5-21 室温下 PVDF 与无机压电材料的性能对比

性　能	PVDF	PZT	BaTiO$_3$
密度/(g/cm^3)	1.78	7.5	5.7
相对介电常数	12	1300	1700
压电系数 d_{31}/($\times 10^{-12}$C/N)	20~30	100~300	80
热电系数/[$\times 10^{-6}$C/($m^2 \cdot K$)]	40	50~300	200
弹性模量/($\times 10^9$Pa)	1~3	80	110
声速/(km/s)	2.2	4.6	—
声阻抗/[$\times 10^9$g/($m^2 \cdot s$)]	3~4	20~40	20~30
硬度系数/($\times 10^9$N/m^2)	10	150	—
机电耦合系数/%	11	30	21

一般认为，聚偏氟乙烯有四种晶型，分别为 α 相、α_p 相、β 相和 γ 相。其中，α 相晶体为偶极子反向平行排列，晶区不显示极化电荷，没有压电和热电性质。当 PVDF 挤压出来时，主要成分即为非极性的 α 相。经过极化处理得到的 α_p 相具有极化电荷，显示压电和热电特性。而经过单向拉伸得到的 β 相晶区，分子呈反式构型，是平面锯齿型结构，晶胞中偶极同向排列，形成极性晶体，表现出很强的压电效应，其压电和热电常数最大，约为 α_p 相的 2 倍。

聚偏氟乙烯已经有多种解释模型，主要以材料中存在着偶极子的结晶区被非晶区包围这种假设为基础。分子偶极矩相互平行，这样极化电荷被集中到晶区与非晶区的界面，每个晶区都成为大的偶极子。再进一步假设材料的晶区和非晶区的热膨胀系数不同，并且材料本身是可压缩的，这样当材料受到外力而发生变形时，带电晶区的位置和指向将由于形变而发生变化，使整个材料总的带电状态发生变化，构成压电现象。同样，当温度发生变化时，材料晶区和非晶区也会发生不规则形变，从而产生热电现象。

　　驻极体的形成主要是在材料中产生极化电荷，或者局部注入电荷，构成半永久性极化材料。最常见的高分子驻极体形成方法包括热极化、电晕极化、液体接触极化、电子束注入和光电极化法等。

　　所谓热极化法是在升高聚合物温度的同时，施加高电场，使材料内的偶极子定向排列，在保持电场强度的同时，降低材料的温度，使偶极子的指向性在较低的温度下得以保持，得到高分子驻极体。热极化过程一般是一个多极化过程。制备时的温度应达到该聚合物的玻璃化温度以上，熔点以下。对聚偏氟乙烯，温度应保持在 $80\sim120^{\circ}\text{C}$，对聚四氟乙烯，温度应在 $150\sim200^{\circ}\text{C}$。根据需要，温度和极化电场应保持数分钟到数小时。热极化方法的优点是所得极化取向和电荷积累可以保持较长时间。

　　电晕放电极化法是依靠放电现象在绝缘聚合物表面注入电荷，方法是在两电极（其中一个电极做成针形）之间施加数千伏的电压，发生电晕放电。为了使电流分布均匀和控制电子注入强度，需要在针状电极与极化材料之间放置金属网，并加数百伏正偏压。其优点是方法简便，不需要控制温度。缺点是稳定性不如热极化法。此外还有火花放电法、Townsend 放电法等，可以在聚合物表面积累较大密度的电荷。

　　液体接触极化法是通过一个软湿电极将电荷传导到聚合物表面的方法。具体方法是在电极表面包裹一层由某种液体润湿的软布，聚合物背面制作一层金属层，在电极与金属层之间施加电压，使电荷通过润湿的包裹层传到聚合物表面。电荷传输需要克服液体和聚合物界面的双电层，润湿液体多为水和乙醇。使用这种方法，通过湿电极在聚合物表面的移动，可以在较大面积上注入电荷。当导电液体挥发，移开电极之后，电荷被保持在聚合物表面。这种方法的优点是方法简单、控制容易、电荷分布均匀。

　　电子束注入法是通过电子束发射源将适当能量的电子直接注入合适厚度的聚合物中，这种方法已被用来给厚板型聚合物和薄膜型材料注入电荷。采用这种方法需要防止电子能量过高而穿过聚合物膜。聚合物厚度与穿透电子的能量有一定的关系，例如厚度为 $25\mu\text{m}$ 的聚四氟乙烯，需要使用能量在 $50\times10^3\text{eV}$ 以下的电子束，小型电子加速器或电子显微镜即可满足这样的能量条件。为了使电子束分布均匀，需要在电子束运行途中加入扫描或者散焦装置。

　　使用电子束注入法除了可以直接在聚合物中注入电子外，如果聚合物材料的背面被金属化或者接地，电子束轰击材料表面可以释放出二次电子，在聚合物材料表面产生正电荷。这种二次电子发射可以产生比原来高几个数量级的电导值。使用电子束注入法可以控制电荷的注入深度和密度，在工业生产上具有较大的意义。

　　使用光作为激发源产生驻极体的方法常用于无机和有机光导体的电荷注入过程，其中最重要的高分子光导体是聚乙烯基咔唑与芴酮共聚物。如果在电场存在下，使用可见光或者紫外光照射这种材料，会产生永久性极化。这种效应是光照射产生的载流子被电场分离的、符号相反的双电荷分布区，也可以是分布于材料内部的单电荷分布区，这种光驻极体往往有许多特殊的性质。

聚偏氟乙烯还表现出类似铁电性质，在室温时，PVDF 的极化方向也可因电场而反转。实验发现偶极子在电场下的转向发生在片晶之中。与 PVDF 同类的聚合物还有偏氟乙烯/三氟乙烯共聚物（PVDF/TrFE）、聚氟乙烯（PVF）、聚二氰基乙烯共聚物 P（VDCN-VAC）及聚氯乙烯（PVC）等。

某些尼龙也具有铁电特性。聚酰胺中的极性键只有酰胺键，所以随着脂肪酸中的碳原子数目的增加，极性基团的分布密度相应下降，剩余极化强度会相应减小。当分子链采取全反式结构，且链中的酰胺键平行排列时，这样的链可以被分子内的氢键所固定。在晶体中形成氢键片层时，聚合物有自发极化性能，因此具有铁电性。

（四）复合压电材料

高分子压电材料具有可挠性，但其压电常数小，使用时有局限性。为此，可以将具有较强压电性的无机粉末加入高分子压电材料中，所用的压电材料一般是 $BaTiO_3$、PZT 陶瓷等无机微细粉末，用量在 70% 以上；高分子材料则用尼龙、聚甲基丙烯酸甲酯或聚偏二氟乙烯等的粉末或颗粒。经过混轧或流延法复合，形成片状或膜状，再经极化处理使之具有压电性。用这样的方法可以使之兼具压电陶瓷较高的压电系数和合成高分子压电材料较强的柔韧性等优点，因此，具有很高的实用价值。一些高分子复合材料的压电常数见表 5-22。

表 5-22　高分子复合材料的压电常数

基材名称	介电常数		压电系数 $d_{31}/(10^{-12}C/N)$	
	基材	复合材料	基材	复合材料
PVDF	10	55	5.5	20
尼龙 11	3.7	25	1.01	8
尼龙 12	3.6	25	0.32	8
PVC	3.3	23	0.32	0.8
PMMA	3.3	23	—	0.2
PP	2.2	18	0.13	0.1

四、压电高分子的应用

（一）换能器件

驻极体的压电和热电特性使其最适合制作换能器件。麦克风是最常见的换能元件之一，能够将声音引起的声波振动转换成电信号。使用驻极体制作麦克风始于 1928 年，但是那时生产的这种麦克风机械稳定性不好，没有得到广泛的应用。直到高分子薄膜驻极体出现以后，驻极体型麦克风才被广泛接受。这种麦克风使用丙烯腈-丁二烯-二乙烯苯共聚物作为后极板，极化的聚四氟乙烯驻极体覆在后极板上作为换能膜。声波引起的膜振动，在后极板和膜之间产生交流信号，这种麦克风已经用于电话等装置。驻极体麦克风的特点是对机械振动、冲击和电磁场的干扰不敏感，具有电容式麦克风的全部优点，但是结构却简单得多，因此造价较低。这类麦克风还适合用于卡式录音机、助听器、声级表、摄像机等装置中。

PVDF 压电薄膜与水的声阻抗相近，柔韧性好，能制成大面积的薄膜和为数众多的阵列传感点，且成本低，所以是制造水声器的理想材料，可用于监测潜艇、鱼群或水下地球物理探测，也可用于液体或固体中超声波的接收和发射。

此外，高分子驻极体还可以制成血压计、水下声呐等声能-电能转换部件，特别是由于高分子驻极体能与生物音响阻抗匹配，制成的超声波探头比 PZT 型探头在灵敏度和精度上均有较大的提高。

（二）位移控制和热敏器件

将两片压电薄膜贴合在一起，分别施加相反偏压，利用压电效应，一片伸长，另一片则收缩，使薄膜发生弯曲，因此可以制作电控位移元件。与电磁位移元件相比，能耗低、可靠性好、结构简单。用 PVDF 制成的双压电晶片比无机双压电晶片产生大得多的位移量。它可以制作无接点开关、光学纤维开关、振动传感器、压力检测计、磁头对准器、显示器件等。

热电高分子可以制作热敏器件。以聚偏氟乙烯为例，其居里温度相当高，热扩散小，化学惰性强，因此很适合做二次情报的处理，热画像清晰，可用作热光导射像管、红外辐射光探测器。更由于它对温度变化相当敏感，温度变化 1℃，便能产生约 10V 的电压信号，因此，作为测温器件的灵敏度非常高，甚至可以测出百万分之一摄氏度的温度微弱变化。利用这一原理，可以制作红外传感器、火灾报警器、非接触式高精度温度计等。

PVDF 的声阻抗与人体匹配得很好，可用来测量人体的心声、心动、心率、脉搏、体温、pH 值、血压、电流、呼吸等一系列数据。目前还用来模拟人体皮肤。利用上述极化方法，在聚合物表面注入负离子，可以提高生物相容性，增大医用高分子材料的抗凝血能力。

除了上面介绍的应用领域外，高分子驻极体在静电复印中的显色材料和记录材料制备方面也有应用，还可用于机械干扰装置、各种振动和撞击的监测、大气污染监测、信息传感器以及计算机和通信系统的延迟线等方面。压电材料在机器人致动器件方面的应用详见第六章致动材料。

铁电高分子应用主要有以下几个方面：

（1）高速光功能器件 研制光开关，光存储器，实现快速和双稳态是最大的研究课题。研究表明，带有螺旋结构均相取向的样品，可通过改变外电场方向造成分子取向在不同的两个稳态间切换。切换时间通常定义为：在两个相互垂直的二偏振层之间，表面稳定的样品的透光率从 10% 到 90% 变化所用的时间。切变时间与黏度成正比，而与外电场强度成反比。

（2）非线性光功能器件 利用铁电液晶的倍频效应将激光变为高谐波，也可将铁电液晶与色素混合产生二阶非线性光学效应。

（3）利用铁电高分子有较大的介电常数，研制大容量小型电容器、放大器和调制器等。

（4）利用铁电高分子的快速响应和双稳态存储特性，实现简单多路驱动的大容量、高品位的液晶显示。铁电液晶显示具有如下特点：①快速响应特性，其响应速度可达微秒级；②存储性能好。FLCP 的存储特性即光学双稳态，像标准芯片一样具有记忆功能，它会自动保留最后一位图像；③良好的对比度与视角特性，其对比度与视角的依赖性很小。

另外，铁电高分子材料也可作为空间光调制器的工作介质。旋光性高分子的铁电体可以在光电、微电子材料中加以应用。由于铁电液晶有较大的介电常数，因而可作大容量小型电容器。利用介电常数的电压依赖性，可设计放大器、调制器等。利用铁电体的特殊性质可以发展一系列电光器件。但在实际应用中需要解决材料的稳定性和响应速度问题。虽然在此方面的研究已取得了一定的进展，但是仍需要进一步努力，设计合成性能更加优异，功能多样的新型高分子铁电液晶，期待着改善对分子取向的控制及取向稳定性、持久性，研制不用液晶盒支持的高分子液晶膜。

第六节　高分子磁性材料

物质的磁性可分为三类，即顺磁性、抗磁性和铁磁性。其磁性可用物质在磁场中的磁感应强度来表示：

$$B=\mu_0(H+J) \tag{5-55}$$

式中，B 是材料的磁感应强度，T；H 是磁场强度，A/m；J 是材料的磁化强度，即单位体积中的磁矩，A/m；μ_0 是真空磁导率，数值是 $4\pi\times10^{-7}\,T\cdot m/A$。定义磁化率 $\chi=J/H$，磁导率 $\mu=B/(\mu_0\cdot H)=B/B_0$，单位为 H/m，$B_0$ 是磁场在真空中的磁感应强度。因此，磁导率 $\mu=1+\chi$。

如果某一材料的 χ 为 -10^{-5}，则该材料是抗磁体；若 χ 是较小的正数，则该物体为顺磁体；χ 为特别大的正数时，则是铁磁体。

通常所说的磁性材料是指在常温下为铁磁性或亚铁磁性的强磁性物质。其磁性来源于电子自旋磁矩、原子轨道磁矩、原子核自旋磁矩和分子转动磁矩等，通常以电子自旋磁矩为主。铁磁性在现代科学中起着非常重要的作用。长期以来，磁性材料领域一直为铁系元素、稀土元素及铁氧体等无机材料所独占，但它们相对密度大、质地硬而脆，加工性差，无法制成复杂、精细形状，因此应用上受到限制。磁性高分子的发现给人们带来了新的希望。

高分子磁性材料可分为复合型和结构型两大类。所谓复合型是指在合成树脂或橡胶等高分子材料中添加磁性物质的一种复合材料，而结构型则是指在不加无机类磁粉时高分子本身就具有强磁性的材料。

一、结构型磁性材料

磁性材料的磁性主要来自于电子的自旋。但在有机分子中，电子往往成对出现，每对电子自旋方向相反，因而不显示静磁性，表现为抗磁效应。要制备分子的有机磁性体，首先要得到具有不成对电子的分子。通常情况下，其活性较高，难以长期存在。同时还要使制得的大分子中所有的不成对电子的自旋方向都相同，才能获得具有磁性的材料。

氮氧自由基（N—O）以异核双原子三电子键 N∴O 的结构形式存在，因而具有特殊的稳定性。但在未成键状态下，两个氮氧自由基的奇数电子自旋相互抵消，没有铁磁性。然而，氮氧自由基仍是有机化合物中一类重要的自旋来源。像其他自由基一样，氮氧自由基有着其固有的不稳定性。如果在氮氧自由基的周围接上位阻较大的有机取代基团，受位阻影响，可以增加其动力学稳定性。但同时由于含有稳定自由基的有机分子间的距离增大，导致自旋之间的相互作用减弱。研究表明，要使这类分子间的自旋产生铁磁性相互作用，必须满足以下条件：①分子内具有较大的自旋极化效应；②分子间的自旋占据轨道（SOMO）之间重叠较小，而SOMO与次高占有轨道（NHOMO）或次低空轨道（NLUMO）重叠较大。

氮氧自由基二炔烃类衍生物是一类可能形成强磁性的聚合物。例如，聚 1,5-双(2,2,6,6-四甲基-5-羟基-1-氧自由基哌啶)丁二炔（BIPO）。其单体构成如下：

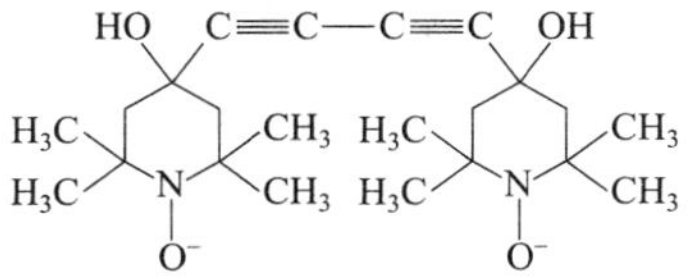

5-15

在紫外光辐照或在 100℃下聚合形成聚合物时，由于具有共轭结构，则共轭的 π 键可以对引入的任何未成对电子进行自旋调整，使之自旋相同，产生强磁性。这种材料在未经磁分离时，粗制品的饱和磁化强度 M_s 为 2.0×10^{-6} T/g，经磁分离精制，饱和磁化强度为 2.1×10^{-4} T/g，居里温度 T_c 超过分解温度，磁性可保持到 $250 \sim 300$℃。改变聚合条件可在广泛范围内改变磁性，可以从超顺磁性至铁磁性。但产率很低，仅为 1%，性能尚不稳定。

其他氮氧自由基二炔烃类衍生物如下：

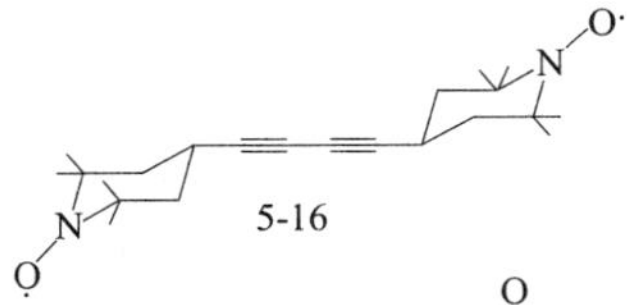

5-16 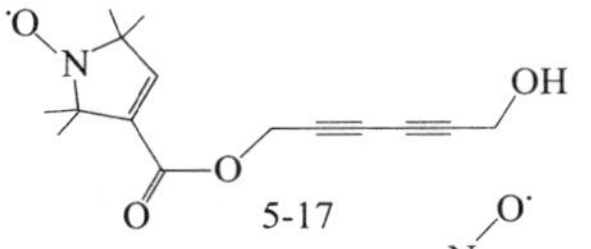　5-17 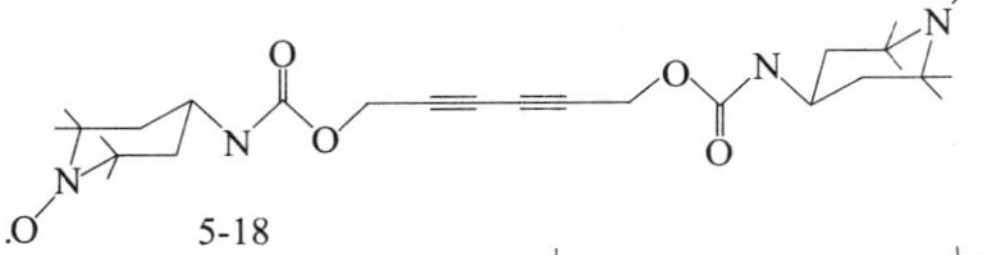　5-18 　5-19 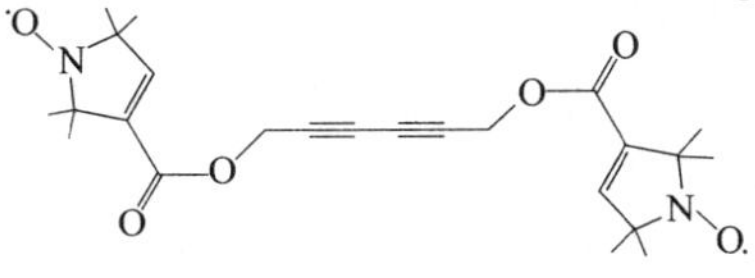　5-20 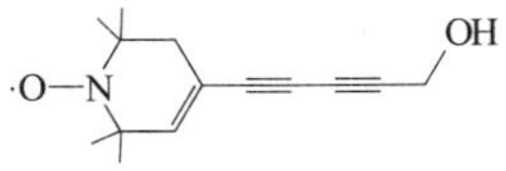　5-21

在 $900 \sim 1100$℃下热解聚丙烯腈，所得产物为黑色粉末，含有结晶相和无定形相，具有中等饱和磁化强度，M_s 为 1.5×10^{-3} T/g。其中结晶相起磁性作用，其 M_s 可达 $1.5 \times 10^{-2} \sim 2.0 \times 10^{-2}$ T/g，剩磁 M_r 为 $1.5 \times 10^{-3} \sim 2.0 \times 10^{-3}$ T/g，矫顽力 H_c 为 $636 \sim 795$ A/m。

三氨基苯与碘反应，生成一种难溶物，由于碘反应产生的不成对电子使这种化合物极其活泼，因而要得到具有铁磁性的反应条件是很苛刻的，产率很低，最高只能达到 2%，有时甚至接近于零。该材料在高温下也具有铁磁性，一直可以保持到接近 400℃分解为止。

另外，一些电荷转移络合物在一定条件下，也具有铁磁性。如 2,3,6,7,10,11-六甲氧基均三联苯（HMT）和 $TCNQF_4$ 可以生成电荷转移络合物，加入 AsF_5、AsF_6^- 等掺杂剂后，就具有高自旋密度。由十甲基二茂铁阳离子和四氰基乙烯阴离子组成电荷转移络合物，在阳离子和阴离子上都有一个不成对电子，因而也具有磁性。

金属有机聚合物，特别是含有铁原子的有机聚合物可以有很好的磁性。将 2,6-二甲醛吡啶的醇溶液和己二胺的醇溶液混合，加热至 70℃左右，就可以发生脱水聚合反应，生成具有席夫碱结构的聚双-2,6-吡啶基庚二腈（PPH），将它与硫酸亚铁水溶液混合，就得到（PPH-FeSO$_4$）磁性聚合物。

$$\text{OHC} \underset{N}{\bigcirc} \text{CHO} + H_2N-(CH_2)_6-NH_2 \longrightarrow \left[N=CH \underset{N}{\bigcirc} CH=N-(CH_2)_6 \right]_n \qquad (5\text{-}56)$$

$$\text{FeSO}_4 \cdot 7\,\text{H}_2\text{O}$$

这是一种黑色固体磁性物质，质量轻，耐热性好，在空气中 300℃ 不会分解，也不溶于有机溶剂。其剩磁极少，仅为普通磁铁矿石的 1/500，矫顽力为 795.77A/m（27.3℃）至 37401A/m（266.4℃），是非常好的磁性记录材料。

二、复合型磁性材料

在合成高分子中加入铁氧体或稀土类磁粉即可制成复合型高分子磁性材料，其成型性良好，可以获得各种所需的形状。与烧结磁体相比，质量轻、柔韧性好，不易残缺脆裂，成本低、耗能小，运输方便，再生性好。但其磁性不及烧结磁体，且耐热性差。可以采用一些方法加以改进，如采用金属粉的高填充混炼技术，通过使用硅烷和钛酸酯等偶联剂，使之填充量接近于 90%，其磁力已可与烧结磁体相匹敌。铁氧体塑料磁体的磁性一般较小，主要用于一些要求磁性能不太高的小型磁性元件，如在电冰箱、冷藏库等家用电器中用作密封件，在电机、电子仪器仪表、音响器械及磁疗等领域中作为磁性元件等；稀土类合金具有优异的结晶磁性异向常数，由此制作的塑料磁体也具有较高的磁性能，可应用于精细仪器仪表、通信及办公设备中，如小型精密机电、自动控制用的步进电机、通信设备的传感器以及微型扬声器、耳机、流量计、行程开关、微型电机等。一些磁性高分子材料的磁性能列于表 5-23 中。

表 5-23 各种塑料磁体的磁性能

类型	种类	剩磁强度 B_r /($\times 10^{-4}$T)	矫顽力 H_c /($\times 10^4$A/m)	最大磁能积 /($\times 10^{-6}$T·A/m)	密度 ρ /(g/cm³)
铁氧体类	橡胶（各向同性）	0.14	8	32	3.6
	橡胶（各向异性）	0.23	17.6	1.1	3.5
	塑料（各向同性）	0.15	8.8	3.9	3.5
	塑料（各向异性）	0.26	19.2	13.5	3.5
稀土类	热固性塑料 压缩（1 对 5 型）	0.55	36	56	5.1
	成型（2 对 17 型）	0.89	56	135	7.2
	热塑性塑料 注射（1 对 5 型）	0.59	33.6	57	5.7
	挤出（2 对 17 型）	0.53	5.2	49	6.0

第七节 高分子吸波材料

吸波材料是指通过材料的介质损耗，能够使入射波转换成热能等其他能量形式，使入射波能量耗散，或者使反射波衰减的一类功能材料。根据入射波频率的不同，可以将吸波材料分为机械波与声波吸收材料、电磁波吸收材料、紫外线吸收剂和抗辐射材料等（表5-24）。其中，雷达波吸波材料、红外线吸波材料、激光吸波材料等又称为电磁波吸收材料。尽管机械波（含声波）与电磁波都是波的形式，但两者产生机理不同，介质对两者的传播速度的影响也不同。机械波由机械振动产生，而电磁波由电磁振荡引起，视产生源不同而有不同的类型；机械波不能在真空中传播，其传播速率由介质决定，与频率无关，而电磁波在真空中传播速度相同（3×10^8 m/s），在同种介质中不同频率的电磁波传播速度不同等。正因为有这些不同之处，因此针对机械波和电磁波的吸收材料，其设计原理不尽相同。对于机械波的吸收，可以通过设计真空或空气夹层、泡沫隔板等手段来隔绝其传导路径，但这些方法对电磁波则无效。通常我们把电磁波吸收材料称为吸波材料，而把机械波吸收材料称为阻尼材料或吸音材料。

表 5-24 各种波的波长范围与频率范围

电磁波类型	波长范围	频率范围/Hz	特种频段范围	小类及其应用
机械波	15Mm～15km	20～20k		次声波(＞15Mm)：自然现象研究与自然灾害预测 声波(15Mm～15km)：语言与音乐,声波钻进;噪声 超声波(15～3km)：超声探测
无线电波	10km～0.3mm	30k～1T	$P=0.23\sim1$GHz $L=1\sim2$GHz $S=2\sim4$GHz $C=4\sim8$GHz $X=8.0\sim12.5$GHz $Ku=12.5\sim18.0$GHz $K=18.0\sim26.5$GHz $Ka=26.5\sim40.0$GHz $U=40\sim60$GHz $E=60\sim90$GHz $F=90\sim140$GHz $G=140\sim220$GHz $R=220\sim325$GHz	极低频：潜艇指令信号 超低频：潜艇通信,电磁导入治疗,电化学仪器部件 甚低频：低音炮,潜艇通信、(超)远距离通信与导航 地球物理研究、生命和财产的搜索 特低频：矿场内使用,也可以作勘探地质和地震用 低频LH：声呐系统 中频1km～100m：广播 高频100～10m：短波,超远距离通信 特高频10～1m：雷达,电视传真 甚高频1m～1dm：雷达,手机 超高频1dm～1cm：雷达 极高频1cm～1mm：卫星通信
红外线	0.3mm～0.8μm	1～375T		超远红外1～0.1mm：高分辨成像;高速通信 远红外0.3mm～6μm：探测成像,遥控,医疗保健 中红外6μm～3μm：探测成像,通信 近红3～0.8μm：遥控,热成像,制导,通信
可见光	0.8～0.4μm	375～750T		颜色成像;激光

电磁波类型	波长范围	频率范围/Hz	特种频段范围	小类及其应用
紫外光	$0.4\mu m \sim 10nm$	$750T \sim 30P$	近紫外 $200 \sim 400nm$ 深紫外 $200 \sim 350nm$ 远紫外（真空紫外）$10 \sim 200nm$ 极紫外 EUV（软 X 射线）$10 \sim 20nm$	杀菌消毒,成像,印刷,集成电路,结构分析
X 射线	$10 \sim 0.01nm$	$30P \sim 30E$		CT 照相
γ 射线	$0.1nm \sim 1pm$	$3 \sim 300E$		开刀治疗

注：$f=10^{-15}$，$p=10^{-12}$，$n=10^{-9}$，$\mu=10^{-6}$，$m=10^{-3}$，$k=10^{3}$，$M=10^{6}$，$G=10^{9}$，$T=10^{12}$，$P=10^{15}$，$E=10^{18}$。

一、概述

(一) 吸波材料要求

雷达是利用电磁波对目标进行探测与定位的重要电子设备，发射电磁波对目标进行照射并接收其回波，可以获得目标至电磁波发射点的距离、距离变化率（径向速度）、方位、高度等信息，成为军事上必不可少的电子装备，同时也广泛应用于气象预报、环境监测、自然灾害监测、森林资源清查、地质调查、天体研究、大气物理、电离层结构研究等社会经济发展和科学研究等各个方面。与此相对，隐形技术则成为各国军事研究的热点。将吸波材料应用于被探测的对象，从而使其大大减小自身的信号特征，是实现隐形目的的最直接方式。由于战场中雷达与红外探测器最为常见，使得红外辐射与雷达波成为吸波材料最主要的吸收对象，通常我们所说的吸波材料所吸收的波长范围就是这一范围。

而随着信息技术与电子技术的发展，各种数字化、高频化的电子设备造成的电磁辐射污染已成为继废气、废水、固体废物、噪声污染后的又一新型污染源，对于吸波材料的开发与研究不仅仅局限于军事应用方面，未来也将被更多地投入到日常生活中。

理想的吸波材料应具有质量轻、厚度薄、吸收频带宽和吸波能力强的特点，即所谓"轻、薄、宽、强"四字要点。

(1) 厚度薄，质量轻　涂层轻薄可以减轻设备负担，降低能耗和成本，提高飞行器的气动特性，降低涂覆工艺的难度等。

(2) 频带宽，反射率低　雷达工作频带很宽，在 $1 \sim 140GHz$ 范围内，且还在拓宽。对隐形飞行器，吸波涂料的主要覆盖频段为 $1 \sim 18GHz$，坦克车辆主要在 $26.5 \sim 40.0GHz$ 和 $90 \sim 140GHz$ 范围内，太赫兹的频率范围在 $300 \sim 3000GHz$，属于远红外区，主要用于地雷以及人体探测。

(3) 功能强　吸波材料对入射波强度反射率的高低可大致分为 6 个级别，如表 5-3 所示。吸波材料研发的目标就是在衰减量 $\leqslant 10dB$ 的情况下追求尽可能宽的频带。吸波材料在具有吸波功能的同时，还需要有良好的力学性能、环境适应性和化学稳定性，以及加工与使用方便等优良的综合性能。

在各种吸波材料中，高分子材料具有密度小、电磁参数可调、兼容性好、易于加工成型和实现工业化生产的优点，在涂覆型吸波涂层和结构型吸波材料中用作吸波填料的基体材料。而后者与外形设计相配合，通过多层、夹芯、蜂窝形等结构设计，可以充分发挥吸波填料与结构特色双重吸波效能，已广泛应用于各种隐形部件，如机翼、尾翼、进气道等，成为当代吸波材料的主要发展方向。如 F-117A 隐形攻击机、B-2 轰炸机以及 F/A-22 先进战术隐形战斗机，均在不同部位大量使用了结构型吸波复合材料技术。20 世纪 90 年代以来，结构型吸波复合材料的技术研究取得了丰硕的成果，各国研制出了多种高性能雷达吸波结构，并成功应用于第四代战机的研制，而相关雷达吸波结构材料的研制已经达到了批量化生产状态。

（二）吸波原理

吸波材料的基本物理原理是材料对入射电磁波实现有效吸收，将电磁波能量转换为热能或其他形式的能量而耗散掉。该材料应具备两个特性即波阻抗匹配特性和衰减特性。

当频率为 f 的均匀平面电磁波垂直入射到底层为金属板的单层吸波涂层时，涂层对电磁波功率的反射系数 ρ 为：

$$\rho = \sqrt{P/P_0} \tag{5-57}$$

式中，P 为反射的电磁波功率；P_0 为入射的电磁波功率。反射衰减 R 定义为：

$$R = 20\lg\left|\frac{Z-Z_0}{Z+Z_0}\right| \tag{5-58}$$

式（5-58）中，Z_0 为空气阻抗，$Z_0 = \sqrt{\mu_0/\varepsilon_0} = 120\pi \approx 377\Omega$；$Z$ 是材料的输入阻抗。

对于有限厚度的单层吸波介质，输入阻抗 Z 与材料的特征阻抗 Z_c 有关：

$$Z = Z_c \tanh(\gamma d) = Z_0\sqrt{\frac{\mu_r}{\varepsilon_r}}\tanh\left(i2\pi f\sqrt{\mu_0\varepsilon_0\mu_r\varepsilon_r}\,d\right) \tag{5-59}$$

式（5-59）中，特征阻抗 $Z_c = Z_0\sqrt{\mu_r/\varepsilon_r}$；$\gamma$ 是电磁波传播常数；d 是材料厚度。相对磁导率 $\mu_r = \mu'_r - i\mu''_r$，相对介电常数 $\varepsilon_r = \varepsilon'_r - i\varepsilon''_r$。电磁波屏蔽系数 SE 则是反射衰减的相反数，即 $SE = -R$，定义为：

$$SE = -20\lg\rho \tag{5-60}$$

阻抗匹配可以使电磁波进入涂层而不被反射，它要求涂层的相对磁导率和相对介电常数尽可能相等；衰减特性则使进入材料内部的电磁波因损耗而迅速地被吸收。按照电磁波损耗形式不同，可将吸波材料分为电阻损耗型、介电损耗型和磁损耗型。电阻损耗型的电磁波能量衰减在电阻上，介电损耗型因反复极化引起电磁波能量损耗，磁损耗则是反复磁化引起能量衰减。从介电损耗和磁损耗方面看，要提高介质吸波效能，必须提高复介电常数的虚部 ε'' 和复磁导率的虚部 μ''，即增加体系极化或磁化过程中分子内或分子间的内摩擦。

（三）吸波材料分类

传统的吸波材料根据吸波机制的不同可分为以下几种类型。

1. 电阻损耗型

吸波机制与材料电导率有关。电导率越大，载流子引起的宏观电流越大，包括电场变化引起的电流和磁场变化引起的涡流，从而有利于将电磁能转化为热能。主要有石墨、导电炭黑、碳纤维、碳纳米管和碳化硅纤维等无机材料，以及导电高分子材料等。

2. 介电损耗型

吸波机制与介电损耗有关。通过介质在电磁波作用下频繁极化产生的内摩擦作用将电磁能转化成热能。主要有铁氧体、钛酸钡等无机材料；也包括有机高分子材料等。

3. 磁损耗型

吸波机制与动态磁化过程有关。通过介质在电磁波作用下的反复磁化产生共振吸收，将电磁能转化为热能。主要包括铁氧体、金属或金属络合物，以及高分子磁性材料、高分子金属络合物等。铁氧体是发展较早的吸波材料，具有吸收率高、频带宽等特点。它对电磁波的损耗同时包括介电损耗和磁损耗，其中最主要的损耗机制是铁磁自然共振吸收。按晶体结构不同，铁氧体分为立方晶系尖晶石型（AFe_2O_4，A 为 Zn、Cu、Mg、Mn、Co 和 Ni 等）、六角晶系的磁铅石型（$AFe_{12}O_{19}$，A 为 Ba、Sr、Ca 等，$Ba_2Fe_8O_{14}$，$Ba_3Zn_2Fe_{24}O_{11}$ 等）及稀土石榴石型（$Ln_3Fe_5O_{12}$，Ln 代表 Y、Sm、Eu、Gd、Tb、Dy、Ho、Er、Tm、Lu 等）；金属或金属络合物主要有羰基铁，各种磁性金属与金属合金等。

4. 等离子体吸波材料

等离子体吸波材料是利用等离子体回避探测系统的技术。产生等离子体的方法主要有两种：一种是在物体的特定部位（如强散射区）涂一层放射性同位素，如 ^{210}Po、^{90}Sr 等，在高速飞行状态下，使飞行器表面在空气层电离，形成一层等离子来吸收微波、红外线等；另一种是在低温下，通过电源以高频和高压提供高能量产生间隙放电、沿面放电等形式，将气体介质激活电离形成等离子体。

就导电高分子材料而言，其电磁波衰减特性与电导率有关。研究指出，当电导率 $\sigma < 10^{-2}$ S/m 时，导电高分子无明显微波吸收特性；当 10^{-2} S/m $< \sigma < 10^1$ S/m 时，导电高分子呈半导体特性，有较好的微波吸收特性，且微波衰减强度随材料电导率增加而增大（图 5-16）；当 $\sigma > 10^1$ S/m 时，它对微波几乎全反射。而大多经过掺杂的共轭聚合物的电导率可以在近绝缘至导体甚至超导体范围内调节，因而具有可调的吸波特性。

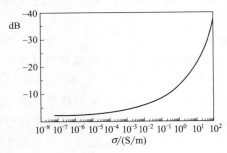

图 5-16　高分子电导率对
电磁波衰减的影响

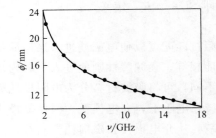

图 5-17　发生共振吸收的颗粒直径与
微波频率的对应关系

纳米微粒比表面积大，表面原子比例高，悬挂键多，因此界面极化和多重散射成为重要的附加吸波机制；同时量子尺寸效应又使纳米粒子的电子能级发生分裂，分裂的能级间隔正处于微波能量范围内，从而导致新的吸波通道。例如，发生共振吸收的纳米铁微粒直径与微波频率的关系如图 5-17 所示。与大尺度的材料相比，纳米微粒具有吸波性能好、频带宽等优点，因而在电子对抗中有着广阔的应用前景。

此外，手性材料中构型或者构象的不对称结构，可以导致电磁波发生旋转，电场引起的磁偶极矩以及磁场变化使手性介质中产生电偶极矩，从而导致电磁波在手性介质中能量衰减。理论认为，手性材料可以通过调节手性参数来调节吸波材料的电磁波传输特性，易于实现阻抗匹配，满足无反射要求，且手性材料的频率敏感性比电磁参数小，可达到宽频吸收的效果。

二、高分子吸波材料与制备

（一）结构型吸波材料

这里所说的结构是指外形支撑结构，而非化学结构。高分子复合材料用于吸波材料的赋形和透波。透波材料的介电常数和介电损耗通常都比较低。复合材料的优点是良好的可设计性，因此在结构设计中可以根据需要调节材料的电性能。利用计算机辅助设计每一层的介电性能，采用自动铺层、数控缠绕、编织等新技术，把复合材料制成多层结构和多层夹芯结构，不仅具有很好的吸波性能，同时大大减轻结构质量，特别适宜制造隐形飞机蒙皮。将热塑性树脂如 PEEK、PEK、PPS、PEKK、PET、PBT、LCP 等纺成单丝或复丝，与吸波纤维（如碳纤维、玻璃纤维、石英纤维、芳酰胺纤维、陶瓷纤维等）按一定比例交替混杂成纱束，再用混杂纱编织成各种织物、轻质夹芯或粗网格布，最后将混杂织物与同类的树脂复合制成复合材料，它既具有优良的透波性能，又兼具复合材料质量轻、比强度高、韧性好等特点。用它来制造隐形飞机机身、机翼、导弹壳体等部件，能大大减小隐形飞行器雷达散射截面（RCS）。另外，采用异型碳纤维和 PEEK 等树脂的单丝或复丝混杂织物制成的复合材料，对雷达波的吸收也非常有效，能使频率为 0.1～50GHz 的脉冲大幅度衰减，可用于隐形飞行器的机身和机翼。例如，K-RAM 由含损耗填料的芳纶组成，并衬有碳纤维反射层，可在 2～40GHz 内响应 2～3 个频段，是可承受高应力的宽频结构型雷达吸收材料，其主要性能特点是力学强度高。APC-2 型隐形飞机使用的是 Nomex 蜂窝结构吸波材料。T800/3900 碳纤维和经韧化改性的环氧复合或与经韧化的双马来酰亚胺树脂复合制造的蜂窝结构型吸波复合材料、150 层碳纤维整体式结构型吸波复合材料等也有应用。

在飞行器某些特殊部位，如头锥、发动机、喷嘴等，需要耐高温和耐高速热气流的冲击，必须使用陶瓷纤维、SiC 纤维、Al_2O_3 纤维、Si_3N_4 纤维和硼硅酸铝纤维等耐高温纤维复合材料。其中陶瓷纤维复合材料具有高比强度、高比模量、抗烧蚀、耐氧化等优点，并且基体和增强相的介电性能可调，容易实现介电性能匹配，具有较强的可设计性。SiC 纤维特别耐高温，可在 1200℃下长期工作，其突出优点是强度大、韧性好和热膨胀率低，密度与硼相当，并具有吸波特性，是发展最快和最成熟的吸波材料。采用其与 PEEK 混杂增强的结构材料，已用于制造隐形巡航导弹的头锥、火箭发动机壳体等部件。含钛的 SiC 纤维具有更突出的耐氧化性能，与铝复合后，具有选择吸收和透过一定雷达波的特性。C/C 材料也是一种优良的耐高温结构型吸波复合材料，它具有稳定的化学键，抗高温烧蚀性能好，强度高，韧性大，还具有优良的吸波性能，能很好地减少红外信号和雷达信号，已用于远程导弹、火箭喷管及头锥和航天飞机机翼前缘。用 C/C 材料制造人造卫星可使卫星免遭激光攻击。

（二）本征型高分子吸波材料

本征型高分子吸波材料是指本身具有吸波能力的高分子，它通常应具有导电或导磁特性。具有导电特性的高分子主要包括共轭高分子、金属有机高分子和高分子电荷转移络合物三种类型；导磁功能高分子多为高分子金属络合物和含 N-O 自由基的聚合物。这些材料具有吸收率高、频带宽、密度小、耐高温及化学结构稳定等特点。通过分子设计及掺杂调控，其电导率可以在绝缘体、半导体和导体甚至超导的宽广范围内调节。

极性在反复极化时会产生介电损耗，同时材料中产生感应电流也会产生焦耳热导致电磁波能量耗散。通过掺杂、与金属络合、改变微观形貌结构以及与其他吸波剂通过二元、三元甚至更多元的复合，可以提高共轭聚合物的电损耗特性，改善其吸波性能。

聚乙炔（PAc）、聚苯胺（PAn）、聚吡咯（PPy）、聚噻吩（PTh）、聚苯乙炔（PPV）等共轭高分子都有一定的吸波性能。聚合物分子量、共轭程度、掺杂状态、尺寸与形貌，以及与其他物质进行复合时，由于聚合物的物理化学结构会相应发生改变，电子跃迁性能也随之发生变化，从而会影响其电磁波衰减特性。

例如用十二烷基苯磺酸钠（DBSA）掺杂的 PAn 包覆透明 PET 薄膜，发现其对电磁屏蔽为 15%～53%，透光率为 58%～78%，且随着薄膜厚度的增加，电磁屏蔽增大而透光率则下降。将 DBSA 掺杂的 PAn 与 PU 共混，含 15% PAn-DBSA 的共混体系可以衰减 48% 的电磁辐射，在 12GHz 附近有较好的吸收。

PPy 在 1～4GHz 波段有高介电常数和高介电损耗。将其与涂料或橡胶混合，其反射损耗强烈依赖于厚度和材料的复介电常数。含 2%PPy 粉末、厚度为 2.5mm 的涂层在 12～18GHz 时反射衰减可以达到有效的 -10dB。

视黄醛基席夫碱具有良好的吸波特性。用金属对其进行掺杂，可以改变其最大吸波频率范围和吸波强度。

PPV 的衍生物聚 4,4'-二亚苯基二苯基乙炔（PDPV）的分子量增加对材料的电磁损耗性能影响不大，当分子量为 1600 时，吸波性能最好。当材料厚度较低（<5mm）时表现出较为宽泛的吸收，而当厚度大于 10mm 时，吸收频宽变窄，强度则明显增加。

PAc 与聚亚苯苯并双噻吩经掺杂后，制得的高分子吸波频带很宽，单层的吸收频带宽约为 3GHz，反射衰减约为 -15dB。将 PA 用作吸收剂制成的 2mm 厚的薄膜对 35GHz 的微波吸收达 90%。

（三）高分子金属络合物

金属有机配位聚合物由于整合了金属中心的导电、荧光、氧化还原和催化特性和聚合物的溶解性能、柔性和成型加工等诸多优点而在清洁能源、智能响应材料、高性能器件制备方面具有广泛的应用潜力。含杂原子的共轭高分子如聚噻吩、聚吡咯、聚苯胺等可以与金属离子配位形成共轭高分子金属络合物，已广泛应用于光电响应材料中。

高分子金属络合物中高分子配体和金属离子间的结合是配位结合，具有一定的极化和电子转移特性，金属离子中的单电子自旋又可以产生磁损耗效应，因此也具有一定的吸波效能。

例如，大分子视磺基席夫碱三价铁配合物（5-22）吸波剂，反射衰减在 -11dB 以下的吸收频段为 9.0～12.1GHz。其主链由酰胺键与两个芳香族大 π 键交替连接而成，使得更多的 π 电子参与共轭，并生成了较为理想的共平面金属络合物，使得正负电荷更容易通过双键重组沿着分子共轭链移动，改变其介电常数与复磁导率，进而改变吸波性能。将皮胶原纤维与水杨醛反应，获得含有席夫碱结构的胶原纤维，再对其进行不同的金属离子掺杂，随着金

属离子的引入，电导率提高了 5 个数量级；经
三价铁掺杂后，雷达波反射衰减在 8.11GHz
处最大为－14.68dB，并且随着掺杂量的变化，
最大吸收与最大反射衰减处的频率均发生变
化，该种复合吸波材料为电损耗型。

用 D-樟脑磺酸（D-CSA）与 Ni^{2+} 共同掺
杂的 PAn，室温下可表现出亚铁磁性，其饱和

5-22

磁化强度比不含金属离子的 PAn/CSA 要低；当 Ni^{2+} 与苯胺等摩尔比时，产物电磁波衰减
效果最好，在 3.8GHz 处最大电磁波衰减达到－24.1dB。

用 $CuCl_2$ 掺杂 PAn 时，金属离子与 PAn 间存在着络合作用，分析复合材料的电导率与
磁导率可以得出，当 $CuCl_2$ 质量分数达 2% 时，在 8.2～12.4GHz 范围内，反射衰减均为低
于－10dB 的有效吸收，具有优异的吸波性能。

其中R=

M=Fe, Cr, Mn

5-23

以二茂铁为原料合成的 $1,1'$-二甲酰二茂铁萘二胺
缩聚物与 $1,1'$-二甲酰二茂铁对苯二胺两种缩聚物，采
用不同的金属离子 M（Fe^{3+}、Cr^{3+}、Mn^{2+}）与之配
位，可以得到既含"磁性"基元的金属原子离域结构，
又有"导电"基元的茂环和共轭取代基的大共轭体系
（5-23），其中含 Mn 的配位体较含 Fe 的配位体有更大的
电磁损耗，最大损耗在 6.9GHz 处为－15.2dB，低于
－10dB 的有效吸收频宽约为 4.2GHz。同时，共轭程度
增加时，配聚物参与共轭的 π 电子增多，电子离域增

大，其能展宽吸波频带且移向低频段吸收。

（四）高分子微观结构设计

研究发现，纳米尺寸、手性结构可以附加吸波通道，由此引发了借助分散聚合、乳液或
微乳液聚合、模板聚合、静电纺丝、手性诱导试剂等多种技术来制备带有特殊微观形貌的高
分子材料的研究。

例如，直径 4～5nm 的类似球形结构、部分结晶的并经二次掺杂的 PAn，具有优异的电
磁性能与热稳定性，体积电阻率可达 $5.18 \times 10^{-3} \Omega \cdot m$。当厚度为 2mm 时，样品在
16.4GHz 时最大反射损耗为－14.9dB，低于－10dB 的有效吸收频段为 10～13GHz，有效吸
波频段随厚度的增加会向低频移动。

式（5-61）是具有超支化结构共轭聚合物的合成方法。这种具有电活性的超支化 PAn 材
料不仅具有特低黏度、低结晶性及良好的溶解性，在脱掺杂状态下的低频介电常数为 4.8，
高频介电常数为 3.1；而将超支化聚合物用 1.0mol/L 盐酸进行二次掺杂时，其低频介电常
数达 339.6，高频时为 8.4。可见通过掺杂可以调节聚合物的介电常数，可以用于电磁波屏
蔽和吸波材料。

$$(5\text{-}61)$$

通过吸波材料与空心微珠进行包覆，可以在原有吸波特性的基础上，通过颗粒表面对电磁波的散射作用损耗部分电磁波能量，从而达到提高损耗的目的。

传统的掺杂 PAn 和 PPy 薄膜或微球在微波频率范围仅表现介电损耗，但制备成微纳管结构则表现出优异的电损耗和磁损耗。有研究表明，在 1～18GHz 内管状形貌 PAn 具有较强的磁损耗。这可能是链的取向加强或荷电的极化子部分取向造成的。纤维形貌的掺杂 PAn 比粒状的 PAn 亦具有更好的电磁波吸收性能。

在氮掺杂石墨烯表面原位聚合生长得到纳米棒阵列分层结构的 PAn 复合材料，其中，PAn 纳米棒的直径约为 30nm，长度为 80nm。这种特殊的阵列结构使复合材料表现优异的吸波性能，当厚度为 3mm 时，最大吸收衰减出现在 7.3GHz 处，达到 -38.8dB，低于 -10dB 的有效吸收频宽为 2.3GHz，优于单纯的氮掺杂石墨烯。

手性材料由于在常规的介电常数和磁导率外，能减少入射波的反射，其旋光色散可以吸收电磁波能量，因此附加了手性通道造成的损耗特性。同时通过调整其手性参数，可以改变其电磁波吸收性能。手性参数的频率敏感性比介电参数和磁导率小，因此易于设计宽频微波吸收材料。

例如通过化学气相沉积法，以乙炔为碳源，镍作催化剂，磷化合物为添加剂，制备得到手性碳纳米线微波吸收材料，尺寸 80～100nm，长度 5～50μm，与较大的碳微米线相比，这种手性碳纳米线具有超强的微波吸收性能。以此充填的 Nomex 蜂窝夹层结构复合物在 2～18GHz 范围内，反射损耗在 -10dB 以下部分跨越了 8.9～18GHz 区间，最大反射衰减在 12GHz 处达 -32.23dB。

采用具有手性的樟脑磺酸（CSA）掺杂 PAn 所得手性 PAn 的有效吸收宽度要优于采用 HCl 掺杂的 PAn 与本征态 PAn，并且随着涂层厚度的增加，涂层的最大吸收频率向低频移动，强度减弱，有效吸收频宽也随之变窄。用 CSA 作为掺杂剂通过原位聚合制备的手性掺杂 PAn/钡铁氧体（BF），样品厚仅 0.9mm 时，其最大反射损耗在 33.25GHz 处为 -30.5dB，反射损耗在 -10dB 以下的频带宽从 26.5～39.3GHz，几乎跨越了整个 Ka 频带（26.5～40GHz），吸波性能主要源于 PAn 的螺旋结构，以及在 BF 粒子和手性 PAn 阻抗有良好的匹配。

（五）多元复合体系

此外，将导电高分子与其他具有不同损耗机理的物质如铁氧体、羰基铁、碳纳米管或其他导电高分子进行复合，以期加强电磁波衰减性能也是常见的手段。

如 Fe_3O_4/聚（3,4-乙烯基二氧噻吩）复合吸波材料、[$Pb(Zr_{0.52}Ti_{0.48})O_3$]/DBSA 掺杂 PAn 纳米复合物-环氧树脂复合体系、铁氧体（$Mn_{0.5}Zn_{0.5}Fe_2O_4$）与盐酸掺杂 PAn 形成的纳米复合物、$BaFe_{10}Al_2O_{19}$/聚间甲苯胺或聚邻甲苯胺复合物等，都表现出良好的吸波性能。

在此基础上，将传统的电损耗、磁损耗吸波物质与共轭聚合物复合形成三元或三元以上的复合体系来增强吸波性能也日趋增多。尤其是碳纳米管（CNT）、石墨烯、膨胀石墨等纳米碳材料，因其具有特殊的电磁效应，表现出较强的宽带吸收性能，与导电高分子具有更好的相容性和协同效应，因此，其复合体系具有较强的吸波能力。如在碳纳米管（CNT）表面原位聚合苯胺形成核壳型聚苯胺/碳纳米管二元复合材料、单壁碳纳米管（SWNTs）与聚苯胺、聚（三亚甲基对苯二甲酸）/多壁碳纳米管（MWCNT）等二元复合材料，CNTs/PAn/Fe_3O_4 异质结构、γ-Fe_2O_3 纳米微粒/多壁碳纳米管/聚对亚苯基苯并双噁唑、$Co_{0.6}Cu_{0.16}Ni_{0.24}Fe_2O_4$/多壁碳纳米管/聚吡咯（PPy）复合材料、聚吡咯/碳纳米管/Fe_3O_4、Fe_3O_4/MWCNTs/PPy、Ni_8Co_2/CNTs/PPy、聚苯胺/多壁碳纳米管/钴复合物等三元复合体系，聚苯胺、羟基磷灰石（HA）、TiO_2 与碳纳米管复合形成的 PAn/HA/TiO_2/CNTs 四元体系等，均表现出很好的吸波性能。引入空心玻璃微珠也有一定的增强吸波性能的效果。如空心玻璃微珠/Fe_3O_4/PPy 复合吸波材料，与其他有机-无机复合材料（一般电导率为 $10^{-1}\sim10S/m$）相比，多层结构具有较高的电导率（$>10S/m$），添加量很低时（0.5%，质量分数），复合材料便能表现出很强的吸波性能，低于-10dB 的有效吸收频宽范围为 12.4~16.8GHz。

还原氧化石墨烯（RGO）、聚吡咯（PPy）和 Co_3O_4 纳米微粒组成的复合体系厚度为 2.5mm 时最大反射损耗在 15.8GHz 处为-33.5dB，2~4mm 厚的材料-10dB 以下频带宽度达 11.4GHz（6.6~18.0GHz）。作为比较，用聚苯胺和聚 3,4-亚乙基二氧基噻吩代替聚吡咯时，三元复合型吸波材料的最大反射损耗分别达到了-44.5dB 和-46.5dB，-10dB 以下的吸收带宽也分别达到了 4.3GHz 和 2.1GHz。这种三元体系优良的吸波性能可能源自 Co_3O_4 纳米微粒的偶极极化、电子自旋和电荷极化，RGO-CPs 和 Co_3O_4 纳米微粒间的有效互补以及 RGO 和 CPs 形成的固态电荷转移络合物。

膨胀石墨（EG）可引起介电损耗，它也常作为辅助填料添加于吸波材料中。当 EG 与铁氧体能产生介电损耗与磁损耗的协同效应时，复合物可以具有更好的吸波性能。如聚（邻氨基苯乙醚）/$NiCoFe_2O_4$/EG 包覆结构吸波材料，反射衰减可达-32dB。钛酸锶钡（BST）/EG/PAn 中，BST 含量高的体系在 Ku 频段（12.4~18GHz）具有最低损耗（$\leqslant1dB$），吸收超过 50dB，因此显示出良好的屏蔽效率；而 EG 含量高的体系则显示总屏蔽效率超过 81dB，反射损耗为 10dB。

三、吸波体系的结构设计

雷达隐形技术的核心是降低雷达的散射截面（RCS），其技术途径主要包括外形技术和雷达吸波材料（RAM）技术。RAM 技术利用吸波材料吸收入射的电磁波，并将其电磁波转换成热能而耗散掉，具有成本低、吸收性能好等优点，几乎所有的隐形武器系统都使用了涂覆型 RAM，满足对 RAM 涂层"轻、薄、宽、强"性能的要求，但是，因为单层 RAM 很难兼顾对吸波体的两个基本要求，即入射波尽可能多地进入涂层，并使其能量尽可能多地转化为热能。而多层吸波材料比单层吸波材料可设计自由度大，相对容易实现这两个基本要求。因此，双层或多层 RAM 是当前雷达吸波涂层设计的热点。在进行多层复合设计时，用的多层吸波涂层的模型为：①吸收匹配型，增大吸收和透射，减少表面反射；②电磁损耗型，最大限度地增大电磁损耗；③三层复合结构，面层为阻抗变换层，增大吸收和透射，减少表面反射；中间层为电磁损耗层，采用电磁损耗大的吸收剂，最大限度地增加电磁损耗；底层则增大电磁损耗，与上面两层构成阻抗渐变型多层结构，增大对电磁波的吸收。随着对雷达吸波涂层吸波性能要求的提高，多层复合设计逐渐被人们所重视，并显示出较大的优势。

如采用原子层沉积技术（ALD）在磁性的铁氧体或 Ni 表面沉积碳纳米线，具有同轴多层纳米结构，吸波性能比单纯碳纳米线明显增强。再如，以纳米铁酸镍钴铁氧体复合 Co 粉、羰基铁粉等为吸收剂，采用化学镀层进行多层复合，其吸波性能较单层涂层在低频段有较大的提高，三层复合涂层的吸波性能优于单层和两层复合涂层，三层复合涂层反射率小于$-5dB$的频宽为 $4.5\sim18GHz$，较双层涂层提高 $5.4GHz$。其中镀镍层对提高吸波性能作用明显。

双层吸波材料通常由表面匹配层与底面吸收层两部分组成，通过吸收层和匹配层之间的耦合作用增强其吸波性能。例如以 PAn 与 PAn/Fe_3O_4 复合物构成的双层复合吸波材料（总厚度 1mm），在 $26\sim40GHz$ 范围内表现出优异的吸波性能。当以 PAn 为吸收层（厚度 0.4mm），PAn/Fe_3O_4 为匹配层（厚度 0.6mm）时，低于 $-10dB$ 的有效吸收频宽达 $11.8GHz$，最大衰减为 $-42dB$，出现在 $29.27GHz$ 处；而当 PAn/Fe_3O_4 为吸收层，PAn 为匹配层（厚度均为 0.5mm）时，最大衰减为 $-54dB$，出现在 $33.72GHz$ 处，有效吸收频宽为 $11.28GHz$，均优于单层吸波材料。

采用阻抗匹配技术和四端网络理论相结合的方法可以进行优化设计。

四、高分子吸波材料的发展方向

超材料（metamaterial）是 21 世纪物理学领域出现的一个新的学术词汇，指一些具有天然材料所不具备的超常物理性质的人工复合结构或复合材料，包括"左手材料"、光子晶体、"超磁性材料"等。通过合理的结构设计，超材料能够针对性改变其自身的电磁参数，使得其在吸波方面的应用成为可能。2008 年，Landy 等首先提出了利用电磁超材料实现电磁波完美吸波的新概念。利用电谐振器、电介质基板和金属微带线的强谐振损耗特性，通过合理的结构设计，改变材料的电磁参数，使其波阻抗与空气匹配，从而实现 100% 的完美吸收。这一设想使人们对于通过超材料的结构设计获得优异的吸波材料产生了极大的兴趣。将传统吸波材料碳纤维布/羰基铁/环氧树脂结构与金属短线网络结构的超材料进行复合，发现通过对超材料的结构设计从而调节复合结构的电磁参数，在 $2\sim18GHz$ 范围内，可使低于 $-10dB$ 的有效吸收频宽从 $3GHz$ 拓宽至 $12.4GHz$。若将超材料的结构设计理念应用于导电高分子吸波材料结构设计中，结合导电高分子原有的可调电磁参数性质，可以提高其材料吸波性能，或许能够成为导电高分子在吸波应用方面发展的新思路。

当然，复合体系的吸波性能并非各组分吸波性能的简单叠加，组分间的相互作用与吸波性能的关系需进一步深入探讨。新型的手性结构材料对吸波性能的影响、可否将共轭聚合物运用在超材料结构设计中等问题也值得我们进一步研究。人们对导电聚合物往往更多地关注于共轭聚合物，实际上，聚合物电荷转移络合物和金属有机聚合物等多种导电聚合物材料，其电导率也随结构改变而改变，聚合物电荷转移络合物甚至可以达到超导程度，一些金属有机聚合物还具有磁导特性，其电磁参数的可调性更为广泛，因此导电聚合物吸波材料类型还可以拓宽。利用已有数据库资料进行材料化学结构与物理结构、微观结构与宏观结构设计，是材料基因工程在吸波领域应用的新课题。

随着电子科学技术的进步和各种应用需求的不断发展，在提高吸波材料吸波性能的同时，吸波材料还在向多功能复合的方向发展。例如，应对反隐形技术发展的更高要求，开发具有同时吸收雷达波与红外辐射及其他多波段电磁波的多频谱吸收材料成为当前吸波材料研发的重要课题；为适应多气候环境条件而研制既可吸波又能兼顾防腐蚀、自清洁、抗冰雪等多功能材料；运用微波化学的有关原理，将吸波材料与催化反应功能结合以更为有效地利用微波能量来引发所需的化学反应，实现电磁波能与化学能的转化等，一系列具有双功能甚至多功能的吸波材料时代渐渐开启，成为未来吸波材料研究的重要方向。

可以感知和分析电磁波特性，并作出最佳响应的智能吸波材料将是吸波材料未来的重要研究内容。它集传感、驱动和控制等机构于一身，可以最大程度地发挥吸波材料的优势。但目前的智能型吸波体系还是器件与线路的集成，未来材料本身也将具有智能感知与智能响应特性，利用温敏材料对吸波生热的感知和响应，结合材料的记忆功能、自组装特性等特殊功能，可以开发对微波的智能响应材料以及被损坏后有自感与自修复能力的智能修复吸波材料等，这将更具有学术研究价值与实际应用前景。

吸波材料的理论设计是吸波材料研究的重要环节。吸波材料设计的理论方法包括等效电路法、递推公式法、传输线法、遗传算法和粒子群优化算法等。合理的理论设计能有效提高实验工作的效率，缩短生产周期。针对吸波材料的设计方案，从等效电磁参数拟合、多层材料计算以及优化设计三个层次对当前吸波材料理论设计的进展进行了介绍和评述。随着纳米吸波材料的兴起，吸波设计理论需要进一步发展才能满足实际应用的需要。

思 考 题

1. 为什么绝大多数高分子材料都是绝缘体？漏电流是怎样产生的？

2. 如何表征电介质材料的电性能？

3. 什么是极化？它与介电常数有什么关系？温度对极化性能有何影响？

4. 高介电常数与低介电常数各有什么应用？

5. 高分子绝缘材料的耐热等级与分子结构有何关系？

6. 导电高分子材料有哪些种类？其导电载流子是什么？

7. 如何判别材料中的主要载流子？

8. 写出电导率的表达式。由此你可以分析影响物质电导率的主要因素吗？

9. 复合型导电材料的导电载流子有哪些？来源于何？

10. 复合型导电高分子材料中存在哪些等效电子元件？

11. 导电材料的种类对电导率有何影响？

12. 铝和银都是良导体，但为什么在高分子基体中掺入同量的铝粉或银粉，电导率却差别很大？

13. 复合型导电高分子的电导率与导电填料浓度有何关系？

14. 填料浓度达渗滤阈值时，复合材料具有怎样的结构特点？

15. 相容性对复合型导电高分子的电导率有何影响？

16. 高场与低场对电导率的影响有何区别？为什么？

17. 你认为柔性高分子和刚性高分子何者作基体好？极性与非极性高分子呢？

18. 如何设计复合型导电高分子材料，使之既具有高电导，又具有低成本？

19. 如何运用高分子分子运动的有关理论，运用实验来证明链段运动对电导率的影响？

20. 请您设计一种能防静电的高分子材料作为电器外壳塑料时，您准备如何着手？

21. 离子型导电高分子的种类有哪些？其导电载流子是什么？各有什么特点？

22. 高分子电解质电导机理是怎样的？

23. 影响高分子电解质电导率大小的因素有哪些？

24. 什么是快离子导体？其电导率较高的原因是什么？

25. 快离子导体中的载流子与高分子电解质中的载流子有何异同？

26. 为什么聚氧乙烯可以用作快离子导体的聚合物基体材料？快离子导体中对聚合物结构有何要求？

27. 为什么快离子导体中的无机盐总是以碱金属盐为主？

28. 影响快离子导体电导率的因素有哪些？怎样才能提高快离子导体的电导率？

29. 为什么增加共轭链的长度可以提高导电性？

30. 试由式(5-25)计算含 300 个 C 的共轭链的能隙。若使这些电子通过热激发而产生载流子，则需要多高的温度？

31. 300K 时，通过热激发而产生载流子时，全反式聚乙炔链 n 的近似值为多少？

32. 什么是孤子？其离域范围约有多长？室温下，反式聚乙炔中孤子的含量大约为多少？

33. 孤子在共轭型聚合物导电过程中起什么作用？如何增加其电导率？

34. 反式聚乙炔、顺式聚乙炔和等规聚苯乙烯的电导率顺序如何？

35. 聚并苯共轭程度比反式聚乙炔高，但实测电导率却比反式聚乙炔低，你认为可能的原因是什么？

36. 怎样设计共轭聚合物的结构，以提高其电导率？

37. 如何提高孤子的含量？

38. 掺杂剂的种类有哪些？试画出掺杂剂含量与电导率的关系曲线。与复合型导电高分子的电导率与炭黑浓度的关系相比，两种曲线有何异同？

39. 共轭高分子的电导率与温度有什么关系？

40. 写出 PA 为电极、$LiClO_4$ 为电解质的可充电电池的充放电过程的电极反应。

41. 什么是 CTC？CTC 体系可能的导电机理是什么？

42. CTC 型导体中电子给体与电子受体间应有怎样的空间结构？

43. CTC 型导电聚合物体系有哪些基本的类型？

44. 共轭高分子与 I_2 组成的导电体系是否是 CTC 体系？为什么？

45. 金属有机聚合物导体有哪些类型？如何提高其电导率？

46. 电荷转移络合物与金属有机聚合物导电体系中，为什么氧化态与中性态并存时电导率最高？

47. 电致发光聚合物有哪些基本类型？电致发光聚合物的结构有什么特点？

48. 电致发光材料的发光原理是什么？它与光致发光机理有何不同？

49. 电致发光器件有怎样的结构？

50. 光电导的基本过程是什么？如何提高 PVK 的光电导性？

51. 简述压电性、热电性和铁电性的概念。并各举一例。

52. 如何制备高分子驻极体？高分子驻极体有哪些应用？

53. 怎样才能使材料具备磁性？高分子磁性材料有哪些种类？

54. 吸波材料有哪些类型？高分子吸波材料的主要类型是什么？

55. 试对具有高效吸波能力的体系加以总结。

特种高分子材料

第六章 高分子致动材料

致动材料是在外场作用下将化学能、电能或其他形式的能量转化为机械能的一类功能材料。2005 年 3 月由国际光学工程学会（SPIE）主办，在美国圣地亚哥举行的"由 EAP（电活性聚合物）驱动的机器手臂与人的腕力比赛"作为一个标志性事件，引发了广泛的关注。上一章所讲的压电材料在电场作用下，材料可以产生尺寸变化，从而将电能转化为机械能，就是一种致动材料。致动材料的力学响应的形变形式有弯曲、伸缩，可以实现驱动、紧固、传感等功能，因而在许多特殊的领域有着广泛的应用前景，如在机器人、微机械、医疗、仿生机械、航天、军事、玩具等方面都有应用潜力。

动物肌肉是致动材料的典范，其主要作用是使身体做出各种动作。成对的肌肉组交替进行收缩和伸长，牵引着它们所附着的骨骼产生运动。肌肉必须能够自由地对来自神经系统的激励做出响应，这种激励是以脉冲的形式直接传导到肌肉的。随着一组肌肉收缩，牵动骨骼向某一特定方向运动，就引起了另一肌肉群的伸展而做伴随运动。要使骨骼向相反方向运动，上述顺序就要反过来，神经系统向原来伸展的肌肉发送收缩的信号。这样，肌肉的收缩和伸长，就使得骨骼不断运动。天然肌肉在生物电的控制下可以将化学能高效直接地转换为机械能，其高效的转化特性、无噪声、无污染等特点，以及其特殊的柔性材料结构、驱动与伺服机制都令人叹为观止。仿造天然肌肉上述特性，实现高效快速响应的致动功能材料是近年来人们一直努力追求的目标，因此，致动材料又称"人工肌肉"或"人造肌肉"（artificial muscles，AM）。

基于人工肌肉的机器人是采用具有类似于生物骨骼肌的生物力学特性的材料或装置来驱动的，这些材料或装置都被称为人工肌肉。根据材料结构和能量来源分，人工肌肉可分为外在伸缩式 AM 和内在伸缩式 AM。

外在伸缩式 AM 是通过伸缩机构设计产生机械力的人工肌肉，包括气动型人工肌肉（pneumatic muscle actuator，PMA）、液动型人工肌肉（hydraulic muscle，HM）和磁动型人工肌肉（magnetic elastomer，ME）等。在此类机构中，高分子在外场作用下，需要具备与伸缩过程相适应的高弹性、高强度和耐疲劳性能。

内在伸缩式 AM 是对环境刺激有物理化学响应并产生伸缩变化的功能材料，又称智能材料，是本征型人工肌肉。按所处环境不同，它可分为干态材料和湿态材料两种，其中湿态材料为水凝胶或溶剂凝胶，又称智能凝胶。按致动机理，内在伸缩式 AM 可分为电子伸缩型和离子伸缩型两大类。电子伸缩型是在电场及静电力驱动下，高分子链通过电子的迁移或极化作用产生基团的定向排列，从而实现宏观尺寸变化的人工肌肉。为便于电子的转移，此类材料大多为干态材料，甚至是晶体材料，主要包括高分子压电材料（含铁电材料）、磁致伸缩材料、电介质弹性体及液晶弹性体等。离子伸缩型则是在外场（如化学试剂、电、磁、光、热等）作用下，体系通过离子的迁移、静电作用或离子分布变化导致体系中相互作用改变，从而产生尺寸变化的人工肌肉，为便于离子的解离和离子的迁移，此类材料大多为凝胶状态（湿态）。固体电解质的出现，使这一限制被打破。根据外加刺激场的不同，内在伸缩式 AM 可分为化学试剂响应型（含分子识别响应型）、电响应型、光响应型、磁响应型、热响应型等。

20 世纪 40 年代末，Kuhn、Katchalsky 等对高分子电解质在不同 pH 值的溶液中的伸缩变形行为进行研究，一般被认为是 AM 研究的开端。20 世纪 50 年代初至 20 世纪 80 年代中期，AM 的研究主要集中于探索将化学能直接转换为机械能的材料、机理及实验模型、装置，即 mechano-chemical 或 chemo-mechanical conversion，简称 MC 型或 CM 型人工肌肉。之后，AMP 研究开始与电场电流刺激联系，出现了电化学机械型（electrical chemical mechanical 或 electro-mechano-chemical muscle，简称 EMC 型或 ECM 型）人工肌肉、光响应型（photo-chemical-mechanical，PCM）、温敏型（thermo-chemical-mechanical，TCM）等人工肌肉，对材料的合成、致动机理开展了广泛深入的研究，成为智能材料的主要内容，其应用也扩展到了药物智能释放、智能开关等领域。

由于该领域是新兴的研究领域，各种响应型材料在不同的文献中有不同的名称，归类也五花八门。有些致动材料的致动机理并不绝对地属于电子型或离子型，既可在干态运用也可在湿态下运用，很难准确地分类。例如铁电晶体在电、热、磁的作用下都可以产生伸缩响应行为，但其机理基本相同，本书将其归于电响应型中。而文献中的化学机械型和电化学机械型尽管所用材料是一样的，但由于致动机制不同，本书便将它们分别归于不同的类型中，分别加以介绍。电子型材料尽管多属于电场响应型人工肌肉，但多为干态材料，与其他以凝胶状态为主的响应型材料的机理不同，因而将其单独设为一节。其他类型的人工肌肉则按刺激源响应进行分类。

第一节　天然肌肉概述

一、肌肉的组成与形貌

肌原纤维是天然肌肉中直接担负变形功能的基本单元，外形类似一直径约 $1\mu m$ 的圆柱体（图 6-1）。肌原纤维是由粗细不同的两组纤维肌丝——粗肌丝和细肌丝以高度规则的方式排列而成的。按折光系数的不同，沿长轴可将肌原纤维划分为规则排列的 A 带、I 带、H 带及 Z 线，在大部分骨骼肌的肌原纤维中，A 带的中央还可看到一条称为 M 线的细线；在蟾蜍和母鸡等动物的骨骼肌的肌原纤维中，I 带中 Z 线的两侧，据有关报告还可看到两条更细的窄带，一般称为 N 线。两相邻 Z 线之间的部分称为肌小节，肌原纤维即许多肌小节规则排列接续而成。粗肌丝位于 A 带，长度与 A 带带宽相等，而细肌丝由 I 带插入 A 带直至 H 带边缘。兔腰大肌处粗细肌丝的长度和直径分别为 1.5μm 和 1μm 以及 10nm 和 5nm。在横截面上粗肌丝按三角或六角阵列的方式排列，粗肌丝间中心距大约为 40nm。H 带的横截面上只有粗肌丝，而 Z 线横截面上只有细肌丝，在粗细肌丝重叠部分的横截面上，细肌丝总是位于相邻的三根粗肌丝之间的中央部位。

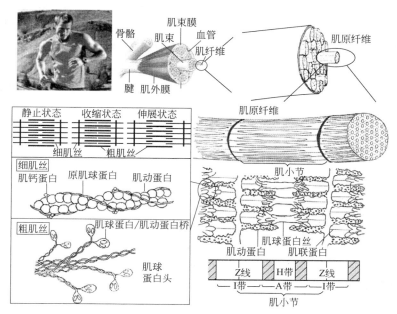

图 6-1 肌肉组织

粗肌丝由肌球蛋白组成。肌球蛋白分子大体上像一个一端带有两个球状结构的长约 150nm、粗约 4nm 的棒状物，它由两根分子量均约为 20 万的多肽链组成，两根多肽链的大部分绞合在一起成麻花形结构，每根多肽链在其一头都有一个球状区域，两个球状区域都位于分子的同一侧。一个肌球蛋白分子含一分子的重酶解肌球蛋白（HMM）和两分子的轻酶解肌球蛋白（LMM），其中 HMM 的 S-1 部分具有 ATP 酶活性，而 S-2 部分在适当条件下易与细肌丝上的肌动蛋白结合成具有伸缩弹性的肌动球蛋白复合物，因此肌球蛋白分子的 S-2 部分又称横桥，粗细肌丝之间就是通过横桥相互作用的。

细肌丝由肌动蛋白组成，细肌丝中的肌动蛋白主要是 G-肌动蛋白（肌动蛋白的单体分子）的纤维状线性高分子——F-肌动蛋白，两条 F-肌动蛋白丝绞合成双股螺旋，其中的凹槽内躺卧有原肌球蛋白和肌钙蛋白组（又称原宁蛋白组），形成细肌丝的基本骨架。肌肉静息时，肌钙蛋白组具有阻止肌球蛋白中 HMM 的 S-2 部分与肌动蛋白结合的作用。

二、天然肌肉的致动机制

肌肉收缩的肌丝滑行学说认为：神经冲动出现后，Ca^{2+} 注入细肌丝，与其中的肌钙蛋白组中的 TnC 蛋白结合形成 Ca^{2+}-肌动蛋白复合体，肌钙蛋白组对肌球蛋白与肌动蛋白结合的阻止作用消失，粗肌丝上横桥与细肌丝搭接，释放 ATP 酶，促使 ATP 水解而释放出能量；在粗肌丝通过横桥的牵动下，细肌丝深入 H 区，粗细肌丝重叠部分增加，肌节缩短，整条肌纤维收缩。力发生于粗细肌丝的重叠部分。肌丝滑行学说因获得大量实验结果支持而获得公认。值得注意的是，根据肌丝滑行学说，当肌肉长度发生改变时（无论这个改变是主动或是被动），粗细两组肌丝各自长度都不变，蛋白质的构象也不发生改变，只是粗细肌丝相互重叠部分增加或减少。

人体骨骼肌能直接把化学能转化为机械能，其能量利用率高达 50%～70%，且能量密度高；能直接驱动骨骼运动，不需要减速装置和传动元件；属于单向力装置，运动形式是直线往复式，肌肉总是处于部分收缩状态以具有一定的承载能力，有利于从"松弛"状态向"收缩"状态转化；关节完成某一运动时通常是几块肌肉配合完成的，包括原动肌、协同肌、拮抗肌和固定肌，其中原动肌起主动作用，协同肌可协助原动肌群工作，拮抗肌以自身的拉力阻挠运动，完成退让，固定肌为其他肌肉的驱动建立支撑条件。大多数骨骼肌都以"拮抗肌"的形式成对排列。

三、评价指标

常采用质量、体积、疲劳寿命、负载做功能力、动作潜伏期（或响应时间）、收缩速率、收缩率、最大压力和效率等指标评价人工肌肉的性能。在人工肌肉研究方面，需要缩短动作潜伏期、提高收缩速率、改善收缩率和提高工作效率，这些都是今后研究中需要解决的关键问题，它涉及材料设计与制作工艺、能量转换与控制的原理与应用等。

（一）潜伏期

天然肌肉的肌细胞受到刺激时，要过一段时间才能产生张力开始收缩，即肌肉兴奋到动作开始发生有一段时间，这段时间称为潜伏期。动作开始发生到收缩幅度最大点是收缩期，之后到恢复常态是舒张期。天然肌肉的潜伏期随生物肌肉种类不同而不同。表 6-1 是几种动物肌肉收缩的潜伏期。与天然肌肉类似，人工肌肉在致变因素（离子浓度变化等）出现以后要经过一段时间才能产生可以观测到的变形，这段时间称作变形时间，也叫潜伏期。不同类型的人工肌肉，其潜伏期差别也很大。大多人工肌肉依赖于电子、离子或分子在体系中的扩散运动，因此其潜伏期与扩散速率有关。设 a 为单丝直径或薄膜厚度，D 为扩散系数（约为 $10^{-5}\,cm^2/s$），则扩散时间 t 为：

$$t=a^2/2D \tag{6-1}$$

当 a 为 0.01mm 时，t 约为 0.5s，与天然肌肉大致相仿。潜伏期的长短反映了肌肉响应速度的快慢。

表 6-1 几种动物肌肉收缩的潜伏期

动物	肌肉	温度/℃	潜伏期/ms
青蛙	缝匠肌	0	16
蟾蜍	缝匠肌	0	20
甲鱼(夏)		0	90～100
甲鱼(冬)		0	50～70
猫		37	1.0
鼠	膈肌	37	1.5

（二）收缩速率

肌肉在单位时间内的收缩量称为收缩速率。不同类型的肌肉在不同条件下的收缩速率差别很大（表 6-2）。

表 6-2 几种动物肌肉的最大收缩速率

动物	肌肉	温度/℃	速度/（cm/s）
青蛙	半腱肌	0	2.0
青蛙	缝匠肌	0	4.2
鼠	膈肌	37	20.0
兔	子宫	37	0.5
贻贝	足丝肌	14	0.06～0.09
蜗牛		14	0.17

天然肌肉的收缩速率与载荷以及肌肉初始长度有如下关系：

$$(P+a)(V+b)=(P_0+a)b \tag{6-2}$$

式中，a、b 为常数；P_0 为与肌肉初始长度有关的一个参量；P、V 分别为收缩力和收缩速率。

一些实验表明，人工肌肉的收缩速率与材料的厚度或直径大致成平方倒数关系（图 6-2），当材料的尺度足够小时，人工肌肉的变形速率与天然肌肉相仿。

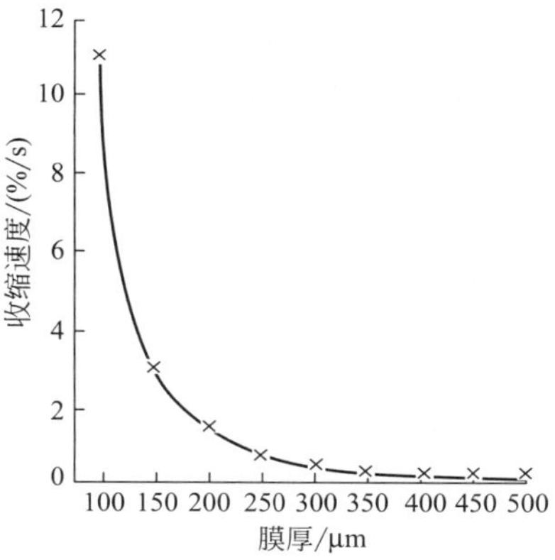

丙酮-水与 PVA-PAA 凝胶作用所形成的物理型人工肌肉的收缩力和收缩速率就基本满足上述关系。天然肌肉的收缩速率为 100%/s，不同类型的人工肌肉收缩速率相差很大，pH 响应型细丝在酸中的收缩速率超过 40%/s，而导电高分子的收缩速率仅为（3%～4%）/s。

图 6-2 变形速度与材料厚度的关系

（三）相对收缩量

相对收缩量定义为收缩后长度与原长度之比。天然肌肉的相对收缩量最大可达 0.6 左右，pH 型人工肌肉的相对收缩量与之相近，电解质响应型人工肌肉的相对收缩量可达 0.3～0.5。有研究认为，人工肌肉的相对收缩量控制在 0.8～1.0 范围内可能较为合适，在此范围内时肌肉的其他性能（如收缩速率、收缩力等）会较好。

（四）能量转化效率

天然肌肉的化学能转化效率在 50% 以上。人工肌肉效率则因类型而异，一些 pH 型人工肌肉的效率可与天然肌肉的效率相当，但多数人工肌肉效率仍相当低。

（五）负载做功能力

负载做功能力以单位质量肌肉所能做的功及其承载能力作为标准，它与其自身总重成反比（表 6-3）。天然肌肉的功率密度在 40～1000mW/g 范围内，承载能力为 0.2～0.4MPa。

有些人工肌肉承载能力约为 0.3MPa，举重与自重比可达 40～60，但功率密度仅为 6mW/g。

表 6-3 肌肉的做功和承载能力

动物	体重/g	体重与举重比
金龟岬	0.44	1∶14.3
步行虫	0.7	1∶12.4
人	75k	1∶0.86
马	300k	1∶(0.5～0.83)

（六）重复精度

重复精度是指在反复变形过程中，人工肌肉保持一定的位置和尺寸精度的能力。对于人工肌肉，厚度、介质等因素对材料的响应性影响较大。如 PVA 与 PAA 的交联高分子 PVA-PAA 在水-丙酮交替作用下反复变形经约 300 次循环后重复精度仍保持在 1% 左右。

（七）疲劳寿命

在规定条件下人工肌肉反复工作的耐疲劳性，一般以工作循环次数表示。部分人工肌肉的工作循环次数可达 2000 次以上。而采用主客体型的人工肌肉、温敏性的人工肌肉等，其循环次数可达万次以上。

根据天然肌肉的特点，人工肌肉应具有如下特性：①具有一维收缩响应以获得机械力，输出功率大；②具有高速响应能力、高效转化能力、负载做功能力，重复精度高、疲劳寿命长；③具有良好的柔顺性，不会损害操作对象，能有效地吸收冲击能量；④结构简单、重量轻，易于小型化；⑤应变、强度和能量密度与哺乳动物骨骼肌相似；⑥操作过程中产生的热量小、噪声小，容易控制。

经过大量的研究和努力，目前人工肌肉高分子材料已得到了很大的发展，其类型繁多，机理多样，形变也不局限于一维伸缩，已实现弯曲动作。这些特性使之在机器人驱动、智能药物释放、肢体修复控制等领域都具有广阔的应用前景，具有电机、液压、气动等装置难以企及的优势。

第二节　外在伸缩式人工肌肉

外在伸缩式人工肌肉是依靠外部动力产生伸缩运动，用于机器人的一种致动材料，包括气动人工肌肉（pneumatic muscle actuator 或 pneumatic artificial muscle）、液动人工肌肉（hydraulic artificial muscle）和磁动人工肌肉（magnetic artificial muscle）。

一、气动型人工肌肉

（一）类型

气动型人工肌肉是较早设计制作的一种人工肌肉，由气态流体驱动。其类型很多，按结构形式分，主要有编织式、网孔式、嵌入式和特种肌肉等（如图6-3所示）。

1953年，Morin设计了一种气动人工装置，属于嵌入式人工肌肉；而编织式结构最早是Haven设计的抗冲击的强化装置，经美国医生Mckibben改良，并应用于临床康复理疗而成为Mckibben编织式人工肌肉，获得了广泛的应用。它由内部弹性橡胶筒套或球囊和外部高强度纤维编织网而组成。当对橡胶筒套充气时，橡胶筒套因弹性膨胀压迫外部编织网，导致其径向变形，直径变大，长度缩短，如图6-4所示。此时，如果将气动人工肌肉与负载相联，就会产生收缩力；反之，当放气时气动人工肌肉弹性回缩，直径变细，长度增加，收缩力减小。图6-4(c)是气动人工肌肉驱动手指

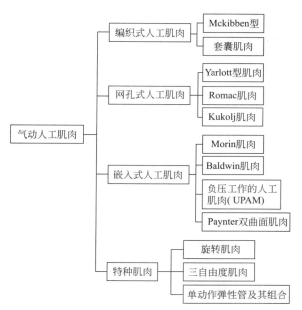

图6-3 气动人工肌肉的类型

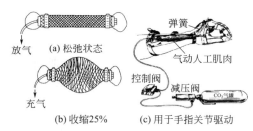

图6-4 气动人工肌肉工作原理及其用于手指关节驱动

关节运动的示意图，通过气动人工肌肉驱动屈铰夹板使手指获得捏力，其大小与气罐中释放的CO_2气体压力有关，手指松弛动作由弹簧提供。这种人工肌肉为单向收缩式运动，因此常成对使用，以产生双向的力或运动。

网孔式人工肌肉与编织式人工肌肉的区别在于编织套的疏密程度不同。编织式肌肉的编织套比较密，而网孔式肌肉的网孔比较大，纤维比较稀疏，网是系结而成的，因此这种肌肉只能在较低的压力下工作。

嵌入式人工肌肉中承受负载的构件（丝、纤维）被嵌入到弹性薄膜里，使用的纤维强度较高。

这三种人工肌肉中所用纤维原先为棉线、人造丝、玻璃丝、石棉或钢丝等，目前则使用尼龙、涤纶或碳纤维、Kevlar纤维等高分子轻质高强纤维。纤维丝可以沿轴向布置，也可以左右旋双向螺旋编织缠绕；由增强橡胶材料制成的弹性管两端固定在两端的附件上，两端附件起密封及承载作用。

负压型人工肌肉结构与气动人工肌肉相似，只是工作时弹性管内的空气从气孔吸出，管内产生负压，在大气压的作用下弹性管径向收缩，从而引起轴向收缩。

除此之外，还有特种肌肉，具有与动物肌肉相似的轴向伸缩，也有与动物肌肉不同的弯曲和旋转动作，主要有旋转肌肉、三自由度肌肉和单动作弹性管及其组合等。

（二）原理

Mckibben型气动人工肌肉与普通汽缸一样都是一种气压驱动器，但由于结构不同，其

驱动原理也与普通汽缸不同，它不止具有气压驱动器的一些本质特征，而且还具有自己独特的力输出特性。由于普通汽缸的有效截面保持恒定，输出力就由输入汽缸的气体压力唯一确定，而 Mckibben 型气动人工肌肉的输出力却有两个主要决定因素：有效收缩长度（或外层纤维编织角）与气体压力。因此对 Mckibben 型气动人工肌肉驱动特性的研究其实就是要建立其输出力、充气压力以及长度三者之间的数学模型，而且深入了解 Mckibben 型气动人工肌肉的工作特点与其结构参数之间的关系，对基于气动人工肌肉机器人手臂的设计和控制具有决定性作用。Chou 和 Hannaford 根据能量守恒原理对气动人工肌肉进行了建模，如式（6-3）所示。

$$F = \frac{\pi D_0^2 (p - p_0)}{4} (3\cos^2 \theta - 1) \tag{6-3}$$

式中，D_0 为加压前的气动人工肌肉直径；p 为气动人工肌肉容腔内绝对压力；p_0 为外部大气压力；θ 为气动人工肌肉外部纤维编织网的编织角；F 为轴向收缩力。

由于 C. P. Chou 根据能量守恒原理建立的气动人工肌肉理想数学模型无法准确描述气动人工肌肉的静态力学特性，与实际存在较大差别，一些改进模型相继被提出。考虑到橡胶弹性和内部摩擦得出的较为精确的静态数学模型是：

$$F = (p - p_0) \frac{3\pi D_0^2 (1 - \varepsilon)^2}{4\tan^2 \theta_0} - \frac{\pi D_0^2}{4\sin^2 \theta_0} \tag{6-4}$$

式中，θ_0 为气动人工肌肉外部纤维编织网的初始编织角。

（三）应用

气动人工肌肉也被称作"橡胶驱动器""编织带人工肌肉""气动肌腱""空气肌肉""橡胶肌肉"等。它是一种拉伸型气动执行元件，是现代气动技术与仿生学等学科相结合的产物。气动人工肌肉具有重量轻、输出力/缸径比大、柔顺性好、使用安全方便等优点，并且其伸缩范围、响应时间及力、长度等特性与生物肌肉都有着很大程度的相似性（表 6-4）。

表 6-4　Mckibben 气动肌肉与生物肌肉的比较

项　　目	生物肌肉	Mckibben 气动肌肉
力/(N/cm²)	20~40	100~500
功率/质量/(W/kg)	40~250	500~1000
效率/%	45~50	32~50
收缩速率/s⁻¹	0.25~20	0.35~7
控制性能	好	很好
水下操作	可以	可以
适应温度范围/℃	0~40	-30~80
鲁棒性(系统健壮性)	非常好	很好
自修复性	有	无
对抗操作	可以	可以
刚性控制	可以	可以
能量来源	化学能	气动能
对环境影响	产生 CO_2	无不良影响

但气动人工肌肉也存在着一些问题，例如动力源问题，这种装置离不开供气管道，这不仅限制了机器人的移动范围，而且过长的供气管道会增大阻力损失和降低控制精度。与柔性执行器相适应的小型、轻量、能够携带的空压机的开发成为关键课题。

作为一种新型的驱动器，气动人工肌肉主要用于仿生机器人关节，包括两足自主行走机器人、机器人仿生手臂、膝关节、肘关节、腰部关节、多指灵巧手指的关节、带动脸部表情的表面肌肉等。也有研究者将气动人工肌肉和神经网络算法联合应用研发出机器人上肢，能调整人工肌肉的基础结构以最佳地适应外界负荷状态的变化，具有很好的仿生性能。随着科研工作者对气动人工肌肉基本特性认识的不断提高，将对仿生机器人学和仿生人工关节及假体的发展起到巨大的推动作用。用气动人工肌肉替代人体残缺的或失去功能的肢体，可实现良好的经济和社会效益，因此发展前景广阔。

二、液压型人工肌肉

液压型人工肌肉是在气动型人工肌肉的基础上发展起来的用液压驱动的人工肌肉。通常情况下，液压系统的工作压力比相应的气动系统高许多倍，而且液压介质流经阀口时的噪声较小，并具有不可压缩性，因而液压型较气动型具有输出力大、工作噪声小、传动精度和重复度高等优势。按驱动介质的不同，液压人工肌肉分为油压人工肌肉和水压人工肌肉两种。

液压人工肌肉的结构由内部带有螺旋钢丝的乳胶管及其连接接头、连接定位圆盘、球头杆端关节轴承和连杆等组成，其结构如图 6-5 所示。

将带有螺旋钢丝的乳胶管的两端通过软管卡箍固定于外牙软管接头上，8 根乳胶管按圆周均布形式分别固定在两个连接定位圆盘上。乳胶管一端的外牙软管接头用内牙堵头将其密封，另一端与内牙软管接头相连，内牙软管接头再与周围的液压回路系统的液压管道相连接。球头杆端关节轴承的两连接端分别与两个连杆相连，连杆上带有螺纹，通过螺母与圆盘固定。

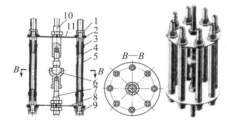

图 6-5　液压人工肌肉的结构示意图
1—内牙软管接头；2—外牙软管接头；3—软管卡箍；4—乳胶管；5—螺旋钢丝；6—球头杆端关节轴承；7,10—关节连杆；8,11—连接定位圆盘；9—内牙堵头

其工作原理是：压缩液体从上端管接头通入乳胶管的内腔，由于内部螺旋钢丝的约束曲关节中心摆过一定的角度，释放乳胶管内腔的压缩液体，在乳胶管的弹性力和螺旋钢丝的收缩力作用下，乳胶管恢复到初始状态，拉动圆盘，使关节连杆也摆回到原来的位置。当 8 根乳胶管处于不同的充液与排液状态，或者通入的液体压力不同时，它们产生的轴向伸长量和轴向力的大小也不相同，从而使关节连杆的摆动方向不同，实现弯曲关节向不同方向的弯曲，增大了关节的灵活度。乳胶的高弹性及良好的阻尼性，提高了关节的可控性和方向变化的连续性。

采用纯水液压的人工肌肉，称为 WHM（water hydraulic muscle），如图 6-6（a）所示。WHM 的核心在于 AM 由纯水液压驱动。WHM 突破了液压缸必须由流体推动活塞来产生执行动作这一传统概念，它没有活塞杆，甚至也没有活塞，仅由外包钢丝编织网的橡胶筒和两端接头组成，充水后能像强健的肌肉那样产生强大收缩力而产生执行动作。纯水液压介质

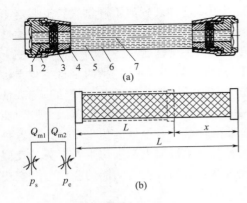

图 6-6 纯水液压人工肌肉（WHM）结构
与充放液简化过程

1—法兰；2—接管螺母；3—密封圈；4—盘形弹簧；
5—内部圆锥；6—隔膜软管；7—纯水液压介质

流动噪声较小、无排放、不可压缩及纯水液压系统压力高，因而 WHM 较 PM 具有工作噪声小、输出力大、传动精度和重复度高等优势。WHM 工作时的结构变化如图 6-6（b）所示，可将其视为变截面积的液压缸。WHM 充入纯水液压介质时，压缩液体的压力能一部分对外负载做功，一部分作为弹性能储存在橡胶中。放液时，橡胶弹性能释放，对外做功，实现 WHM 的伸长。与普通液压不同的是 WHM 仅有一个单一的工作容腔，在一个工作阶段中只有充液或排液一种工况；而液压缸有左右两个工作容腔，在一个工作阶段当左腔充入液体时则右腔排出液体；WHM 在充入液体时，其长度缩短，在排出液体时，其长度伸长，从而输出位移；WHM 轴向长度收缩或伸长时，其径向直径增大或减小，等效作用面积是变化的。

液压人工肌肉主要应用于超级机器人，如驱动处理核废料的机械手、自动生产线中用于驱动夹紧和定位装置，以及食品、汽车等生产线中用于驱动各种操作器的装置等；在康复工程中，目前也有液压驱动的助行器。

第三节 化学响应型人工肌肉

化学响应型人工肌肉是通过对化学试剂的刺激进行响应，实现材料伸缩行为的人工肌肉。凡是在化学试剂刺激下，体系能发生化学反应或引起相互作用发生变化，导致材料体积或尺寸发生变化的过程，理论上都可以用于人工肌肉。通过化学反应实现伸缩行为的人工肌肉又称为化学机械型人工肌肉（chemical mechanical muscle），最早发现于酸碱离子的中和反应体系，因此也称为离子型人工肌肉。目前，化学机械型人工肌肉已不局限于离子间的反应。高分子的异构化反应、氧化还原反应、与金属离子的络合反应、电荷转移络合物（CTC）的形成与解离等过程都有可能伴随尺寸变化，因此，同样可以用于人工肌肉。而在环境介质变化、主客体识别等非化学反应过程中，材料能产生应变响应的，也归于此类人工肌肉。

一、离子交换型人工肌肉

（一）酸碱型人工肌肉

这类人工肌肉是研究最早、也是研究最多的体系。酸碱型人工肌肉，文献中常称为 pH 型人工肌肉，其实质是 H^+ 或 OH^- 型人工肌肉。图 6-7 及式（6-5）、式（6-6）可以说明其基本原理。

$$R(COOH)_n + nNaOH \longrightarrow R(COO^-Na^+)_n + nH_2O \qquad (6\text{-}5)$$

$$R(COO^-Na^+)_n + nHCl \longrightarrow R(COOH)_n + nNaCl \qquad (6\text{-}6)$$

在碱性溶液中，带有羧基的高分子链将完全电离，使电中性的羧酸基团变成 COO^-，高分子链因此带上负电荷，静电斥力使高分子链伸展，同时增大了的渗透压使凝胶体溶胀；反之，将带有羧酸根离子的高分子链置于酸性体系中时，H^+ 与羧酸根离子结合，使高分子链的带电量下降，斥力减小，高分子链则重新蜷缩。而—COOH 之间的氢键也有助于链的收缩和链构象的保持。带有可以完全电离的磺酸基、硫酸基的高分子链在稀溶液中伸展充分，而在浓溶液中因周围存在高浓度反离子，削弱了链上的静电斥力，高分子链自然蜷曲产生收缩力；在溶液中添加高浓度电解质时，高分子链因链间静电斥力减小而发生蜷缩。

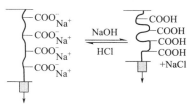

图 6-7　pH 型人工肌肉

带有氨基的高分子在酸性溶液中会带上正电荷，高分子链也因静电斥力而伸展；反过来带电高分子链置于碱性溶液中时，则会因电性中和而使带电量减少，链发生蜷曲。往带电高分子链体系中加入浓电解质也可以抑制静电斥力使链重新蜷曲。

带有酸性基团的高分子主要有聚（甲基）丙烯酸及其共聚物、碱处理的聚丙烯酰胺、聚苯乙烯磺酸等。带有碱性基团的高分子则通常含有伯胺、仲胺、叔胺或季铵离子基团。

pH 响应型人工肌肉长度变化根据所用材料种类不同为 $80\% \sim 160\%$，收缩响应时间约 2s，但伸长响应时间较长。

例如，将干重为 6mg 的 PVA-PAA 单丝用作 pH 型人工肌肉，用 0.01mol/L 的 NaCl 水溶液浸渍，充分溶胀后系吊 360mg 重物，顺序添加 0.02mol/L 的 NaOH、0.02mol/L 的 HCl 使单丝发生伸展和收缩变形，在收缩过程中举升重物做功。实验中，干重 50mg、长 30cm 的单丝曾将 2g 的重物提升 20cm 达 2000 次以上，相当于约 8J 的功。提升重量与单丝干重之比为 $40 \sim 60$，响应时间小于 1min，相对变形量 66%，疲劳寿命大于 2000 次循环。

将聚丙烯腈纤维用 1mol/L 的 NaOH 水溶液处理得到离子化聚丙烯酸纤维，产生应力为 $1 \sim 2$MPa，响应时间约 2s。将聚丙烯腈先在拉伸状态下进行热处理，可以使之产生分子内和分子间的交联，再用碱浸渍使之部分水解可以得到强度较高、响应较快的聚丙烯酸衍生物人工肌肉。

（二）螯合型人工肌肉

配位高分子与金属离子间通过螯合与解螯合作用使高分子链构象发生变化，从而产生伸缩效应的体系称为螯合型人工肌肉，也是高分子中离子交换产生的结果。

例如 PVA 与铜的络合物、聚乙烯基胺-Ni^{2+} 络合物等即为螯合型人工肌肉。将热处理后不溶于水的 PVA 置于水溶液中，显著溶胀后加入 Cu^{2+}，溶胀的 PVA 单丝与 Cu^{2+} 发生络合反应生成 PVA-Cu^{2+} 螯合物，单丝收缩做功；改变溶液的 pH 值，或添加金属离子的络合试剂如 EDTA 等，则 PVA-Cu^{2+} 螯合物发生解络合，PVA 薄膜重新伸长。

利用金属离子氧化还原反应前后络合能力差别，也能实现试样的伸长与收缩。例如，将 PVA-Cu^{2+} 人工肌肉模型浸渍于 pH 值为 5.9 的缓冲溶液中，PVA 纤维与 Cu^{2+} 形成络合物，PVA 纤维收缩。再在 Pt 存在条件下通入氢气，薄膜上的 Cu^{2+} 还原为 Cu^+，络合物迅速被破坏，纤维随之伸长；然后再在 Pt 存在条件下通入氧气，Cu^+ 又被氧化为 Cu^{2+}，PVA 与 Cu^{2+} 重新形成络合物，纤维随之收缩。不过，这种利用氧化还原反应的人工肌肉对反应条件和催化剂要求较高，动力性能也较 pH 型人工肌肉差，研究进行得不多。

（三）离子交换型人工肌肉

高分子链上结合的金属离子与溶液中的金属离子发生交换时，由于不同离子价的键合常数有差别，因而凝胶的渗透压、交联程度以及溶解度等多项性能发生变化，使高分子凝胶发生变形。例如 PMAA 与 PVA 的交联高分子在 NaOH 溶液中发生溶胀，但在 $Ba(OH)_2$ 水溶液中溶胀时，若 Ba^{2+} 含量在 80% 以上、中和度为 0.9 左右时，PMAA-PVA 凝胶反而急剧收缩。这是因为 Ba^{2+} 比较少的时候，以酸碱中和为主，高分子链电性被中和，高分子链膨胀；但当 Ba^{2+} 浓度很高时，Ba^{2+} 在高分子链间形成交联，从而导致高分子链收缩。

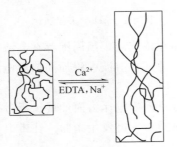

图 6-8　离子交换型人工肌肉原理

用 PVA-PAA 的交联高分子分别与 Na^+、Ca^{2+}、Cu^{2+}、Mg^{2+} 等金属离子以及乙二胺四乙酸（EDTA）交替作用，可以因金属离子在高分子链上的结合与解离而产生伸缩，从而可以用作人工肌肉（图 6-8）。

二、介质响应型人工肌肉

高分子在某些溶剂中可以溶胀，而在非溶剂中则会收缩。这种特性产生的伸缩行为即溶剂响应型人工肌肉。如 PVA 与 PAA 的交联高分子纤维，在水中发生溶胀，而将溶胀体置于丙酮中时，凝胶发生收缩。此类变形涉及凝胶在溶剂中的相分离过程，也称相变型人工肌肉，具有相应速率快的特点。该体系可以产生的应力约 0.3MPa，变形速度约 10%/s，响应时间约 3s，且具有较好的耐疲劳性。聚丙烯酰胺与聚甲基丙烯酸的交联高分子 PAAm-PMAA 纤维，也有类似的特性。单用 PVA 交联纤维与水和丙酮交替作用，也可以产生溶胀和收缩变形。

一些聚合物在环境介质发生改变时具有在晶态与非晶态之间发生可逆相变的能力。例如在多肽水溶液体系中添加某些电解质时，维持蛋白质分子二级与三级结构的氢键作用和范德华力会被破坏，蛋白质结构塌陷，晶体结构被破坏而产生收缩。当电解质溶液稀释后，链间的氢键与范德华力重新架构，多肽又恢复其二级与三级结构，重新产生晶体结构而伸展。这种对电解质有敏感性的人工肌肉被称为电解质响应型人工肌肉。

电解质响应型人工肌肉常用的高分子材料有天然高分子，如多肽、多糖等，如骨胶原纤维、羊毛纤维（角蛋白纤维）等。骨胶原纤维、羊毛纤维等在 LiBr、KCNS 浓溶液中可以产生化学熔融现象而收缩，但置于 LiBr 的丙酮溶液（二者的摩尔比为 0.004～0.005）中时，纤维并不发生变形，而当此溶液含有一定摩尔比的水时，纤维则急剧收缩，最多可缩至原长的 30%。图 6-9 及图 6-10 中的实验都采用了一系列不同含水量及不同摩尔比的 LiBr 的丙酮溶液。其中图 6-9 中的数据是用多根纤维分别浸入，图 6-10 中的数据是用同一根纤维依次浸入上述不同浓度的 LiBr 的丙酮溶液中而得到的。体系不含水时，LiBr 电离程度非常低，多肽链不与 Li 相互作用，长度较长；含水量增加时，溶液中的 Li^+ 开始与肽链上的氨基或羧基产生作用，引起螺旋形肽链的扭曲变形甚至坍缩，试样长度变短；含水量继续增大，Li^+ 充分发生水合作用，造成 Li^+ 轨道填满，不再与肽链上的氨基和羧基相互作用，因此，多肽链重新恢复原有构象而伸长。

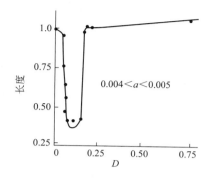

图 6-9　电解质敏感型人工肌肉变形对比
a—LiBr 与丙酮的摩尔比；
D—水与丙酮的摩尔比

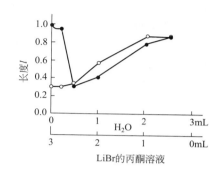

图 6-10　相变型人工肌肉的伸缩与含水量的关系
●—LiBr-丙酮溶液含水量增加时纤维长度变化；
○—LiBr-丙酮溶液含水量减少时纤维长度变化

与 pH 型、螯合型人工肌肉相比，电解质响应型人工肌肉变形迅速有力，再现性和耐疲劳性好。适当处理后的羊毛纤维可在数分之一秒内收缩为原长的一半，并发出约 10 倍于同等截面积的天然肌肉纤维所能发出的力。通过调节溶液中水的浓度，可以形成纤维伸缩变形循环（图 6-10）对外做功。Katchalsky 等利用骨胶原纤维实验制作了可将化学能自动连续地转换为机械能的卧式和立式轮机模型并取得了成功。

三、分子识别型人造肌肉

分子识别型人造肌肉大致有三类。

第一类是酶识别。体系中存在可以和固定化酶发生反应并生成特定化合物的分子，在与酶反应后，高分子链周围微环境的改变，使化学响应型人工肌肉发挥作用。例如与酶反应产生酸或产生碱时，则当固定酶的高分子链是聚酸或聚碱时，就会触发 pH 型人工肌肉的伸缩功能。高分子酸在酸性条件下，发生收缩，产生应力；而在未反应时，溶液呈中性，则高分子聚酸或聚碱因高分子链上同性电荷间的斥力而伸展。能够反应生成酸性产物的分子与其相应的酶都能用于该系统，如葡萄糖和葡萄糖氧化酶、乙酰胆碱和乙酰胆碱酯酶、谷氨酸酯和谷氨酸酯酶、天门冬素和天门冬素酶等。以 PAA 链固定化葡萄糖氧化酶为例，在没有葡萄糖存在时，溶液环境呈中性，此时 PAA 接枝链呈伸展状态；而当存在葡萄糖时，葡萄糖与固定的葡萄糖氧化酶反应生成葡萄糖酸，溶液 pH 值下降，此时 PAA 链发生收缩。葡萄糖浓度很高时，溶液的 pH 值下降明显，高分子链则明显收缩。这种体系也可用于药物控制释放体系，当葡萄糖过多时，PAA 接枝的固定化酶与大量葡萄糖反应产生的酸性导致链收缩而打开药物释放之门，释放出胰岛素来治疗糖尿病。

第二类是氧化还原敏感性系统。如带有联吡啶、二茂铁等结构的聚合物，利用其在氧化态和还原态在水中的溶解性不同而产生伸缩性。

第三类是主-客体识别体系。冠醚、环糊精、葫芦脲、杯芳烃和卟啉等大环主体化合物对离子或分子具有识别能力，在结合客体分子或释放客体分子的过程中产生伸缩变化。例如，利用温度响应高分子 PNIPAM 作为执行器，以 18-冠醚-6 作为分子识别的主体分子。当冠醚的大环与特殊的离子形成配合物时，PNIPAM 的 LCST 会向较高的温度迁移。加入不同的金属离子，PNIPAM 链的 LCST 迁移程度也不同，包结配合常数越大，LCST 迁移程度也越大，如 $Ba^{2+} > Sr^{2+} > K^+ > Li^+ \approx Na^+ \approx Ca^{2+}$。当外界的温度恰好在这两个 LCST 之间时，高分子链在没有特殊离子存在时呈收缩状态；加入特殊离子后，由于开关膜的 LCST 升高，高分子链由收缩变为膨胀状态。再如，环糊精的空腔可以容纳一个苯环或金刚烷，因此对含苯环或金刚烷的分子具有主客体识别功能。利用其对含苯环或含金刚烷分子的自组装和解离可逆过程，可实现分子体系的伸缩变化。葫芦脲、杯芳烃、卟啉等也有类似的功效。

第四节　电子型人工肌肉的电场响应

电子型人工肌肉又称电活性材料，是在外场作用下，通过电子的传递或跃迁、材料极化和取向等过程，造成体系内部结构发生变化并导致宏观尺寸发生改变的致动材料，主要包括电场响应的高分子压电材料（含铁电材料）、电致伸缩材料、电介质弹性体、液晶弹性体，以及磁场响应的高分子磁致伸缩复合材料等。

一、致动机制

在电场作用下的电机械转化是一种物理过程，包括逆压电效应、电致伸缩效应和 Maxwell 应力效应等机制。

逆压电效应是压电效应的逆过程，主要是由晶体结构改变而导致的应变，其应变与电场强度成正比：

$$d = \left(\frac{\partial \varepsilon}{\partial E}\right)_\sigma \tag{6-7}$$

式中，d 为压电应变常数；ε 为逆压电应变；E 是电场强度。压电效应的相关方程可参见式(5-40)～式(5-51)。

电致伸缩效应是材料介电性质改变而引起的应变，应变与电场强度的关系为：

$$\varepsilon_\perp = -Q\varepsilon_0^2(\varepsilon_r - 1)^2 E^2 \tag{6-8}$$

式中，$\varepsilon_\perp$ 为电致伸缩所导致的纵向应变，即在膜厚方向的应变；Q 是电致伸缩系数；ε_0 是真空介电常数；ε_r 是相对介电常数；E 是电场强度。发生电致伸缩现象的材料结构中通常含有结晶区域。在电场作用下，如果材料的介电常数增大则预示其可能具有电致伸缩效应。而在电场作用下，如果高分子偶极子方向随电场方向改变的同时能引起体积变化，则为铁电效应。

Maxwell 应力效应是电场在电介质中分布发生变化导致的应变。应变与电场强度间的关系为：

$$\varepsilon_\perp = -J\varepsilon_0\varepsilon_r E^2/2 \tag{6-9}$$

式中，$\varepsilon_\perp$ 是膜厚方向上的应变；J 是弹性柔量。可见应变也与介电常数有关。这种机理在低模量材料（比如具有高应变的电介质弹性体）中起主要作用。如丙烯酸类弹性体的场致应变可能主要来自于 Maxwell 效应，其试验数据基本满足式(6-7)。

　　电致伸缩效应和 Maxwell 效应这两种机制所产生的应力或应变都与电场的平方成正比。一般而言，驱动器所产生的应变可能是一种机制所产生，如电介质弹性体；也可能是两种机制同时作用，如聚氨酯和其接枝弹性体等。

二、电子型人工肌肉类型

（一）压电（铁电）高分子

　　逆压电效应是压电材料具有电-机械转化特性的原理，是电子型人工肌肉的基础。在压电体中，外电场引起的应变与场强成线性关系，施加电场则发生应变；反之，挤压材料则产生电压。与无机压电材料在电场的作用下仅有不足 1% 的形变量相比，高分子材料可产生高达 10% 的形变，其模量也可高达 1GPa，输出应力可达 15MPa，且可以在空气、真空以及水下作为驱动器使用。铁电材料具有显著的电滞效应［见图 6-11（b）］，材料极化后必须施加足够大的反向电场才能使极化反向，导致该过程需要消耗大量能量而不产生任何机械功。因此，对于铁电材料而言，需要减小电滞现象。

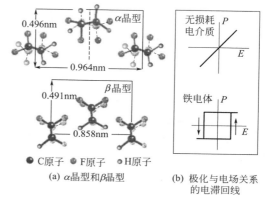

图 6-11　PVDF 的 α 晶型和 β 晶型
以及极化与电场关系的电滞回线

　　PVDF 和它的共聚物是最常用的压电高分子。当对 PVDF 施加电场时，PVDF 可从无极性的 α 相态转变为极性 β 相态［见图 6-11（a）、（b）］，因此，在极化方向上产生收缩而在链方向上伸长。通过引入共聚单体、通过辐射交联引入缺陷等，可以获得有较高响应速度、较大应变的高分子材料。例如，聚偏氟乙烯-三氟乙烯共聚物（PVDF-TrFE）铁电材料应变可达 5%、杨氏模量达 1GPa。上述组分与氯氟乙烯（CFE）的三元共聚物 PVDF-TrFE-CFE 伸缩应变大于 7%，模量大于 0.3GPa，能量密度达 1.0J/cm³。通过辐射交联和引入 CFE，相当于在二元共聚物中引入缺陷，打断了二元共聚物的长程有序结构，在增大应变和能量密度的同时明显降低了磁滞效应。通过改变组分含量，可以得到在室温下的相对介电常数高于 50 的高分子，这种高分子的逆压电应变在 20～80℃ 的范围内几乎为定值，电场击穿强度高达 400MV/m，在高电场下具有 10J/cm³ 的电能储存密度。对于偏二氟乙烯与三氟氯乙烯的二元共聚物 P（VDF-CTFE），当其组成比为 91：9（摩尔比）时，其能量密度在 575MV/m 时达 17J/cm³，远高于一般高分子，而且共聚物 L-B 膜的击穿电场高达 1GV/m。

（二）电致伸缩高分子

　　通常我们把应变与电压成线性关系的效应称为压电效应，而把应变与电场二次项相关的非线性现象称为电致伸缩效应。它所产生的形变与外电场的方向无关。电致伸缩效应在所有的电介质中都具有，不论是非压电晶体还是压电晶体。只是大多数材料的电致伸缩率都很小，往往可以忽略不计。然而，对于一些高介电性的压电材料以及温度略高于居里温度的铁电材料而言，电致伸缩效应较为明显。我们通常把具有明显的电致伸缩效应特性的材料称为电致伸缩材料（electrostrictive materials）。

电致伸缩材料可以分为陶瓷电致伸缩材料和高分子电致伸缩材料两种。陶瓷电致伸缩材料电致伸缩系数通常为 10^{-6} 量级，在较低的驱动场强下，即可以获得较大的形变量，但其击穿场强仅为 10MV/m，因此施加的场强有限，其最大应变需限制在 10^{-2} 量级，驱动压力非常有限。高分子电致伸缩材料能够显示出很高的电场诱导应变响应，表现出很大的应变和驱动压力。某些经电子束辐照的结晶高分子具有很强的电致伸缩应变，其电致伸缩系数虽然很小，但其击穿场强可以超过 1000MV/m，工作场强可达 10MV/m，因此，可以在很高场强下获得很大的应变，最大应变可达 30%，使电致伸缩材料适用性得到大大扩展。同时它们还具有声阻抗低、柔韧性较好、加工方便、成本较低等优点，适合制造大面积微型致动器。

基于电致伸缩材料的微致动器具有以下特性：①应变与驱动电压成二次方非线性关系，同时其驱动力也是非线性的；②加载的电场强度≥1MV/m 时才能产生大的应力（≥10MPa）和应变（约为 10^{-3}），驱动电场强度高，应力和应变大；③具有高分辨率（校正分辨率可达 0.001μm），分辨率可达 0.02pm。同时它还具有变形量大，受温度影响较小，价格低廉等优点；④响应速度快，响应时间约为 25μs，无机械吻合间隙，可实现电压随动式位移控制；⑤有较大的力输出，其弹性系数可达 8kN/cm；⑥功耗低，比电磁马达式的微位移器低一个数量级，而且当物体保持一定位置时，器件几乎无功耗；⑦电致伸缩材料微致动器是一种同体器件，易与电源、测位传感器、微机等实现闭环自控，且比磁控合金和温控形状记忆合金等其他微位移器的体积要小得多；⑧由于电致伸缩材料微致动器的动态曲线为抛物线状，如要实现线性变化需要采用偏压方式；⑨具有较小的迟滞和蠕变的特点。

总之，基于电致伸缩高分子材料的微致动器具有驱动力大、应变大、响应速度快、功耗低、体积小、分辨率高等优点。

通常，电致伸缩高分子的基体树脂可以是聚氨酯，也可以是其共聚物或共混物。在已研究的电致伸缩共聚物中，共聚物含有两种组分，柔性的高分子骨架及接枝的可结晶的极性基团。柔性的骨架结构提供三维空间网络结构，接枝的结晶区域使网络产生物理交联，同时能对电场做出响应而产生形状改变，显示电机械特性。柔性骨架通常为三氟氯乙烯和三氟乙烯的共聚物，而接枝的极性结晶高分子为偏氟乙烯和三氟乙烯的共聚物。

电子型人工肌肉的优点在于其可以在室内环境下长时间地驱动，响应速度快，响应时间为微秒级；可以在电场下长时间保持应变状态，能够产生相对较大的驱动力；缺点是需要很高的驱动电场，一般要达到 150MV/m，电压至少在 1kV 以上，应力和应变相互妥协，应变大则所产生应力小，应力大则应变小。由于玻璃化转变温度的影响，电子型人工肌肉不适合在低温下工作。铁电高分子材料由于居里温度的限制，不适合高温环境工作。

（三）电介质弹性体

电介质弹性体是化学交联的软弹性体，可以提供很大的场致应变（10%～100%），而一般哺乳动物的应变为 20% 左右。电介质弹性体是目前研究人员最为关注的高分子致动材料，具有质轻、价廉、噪声小及柔软可塑性强等特点。这类材料通过 Maxwell 应力产生应变。电介质弹性体驱动器从原理上讲是一个平行板电容器，弹性体膜介于两个平行金属电极之间，类似三明治结构。当在两金属电极上施加上千伏的高压直流电压时，两电极之间产生的静电引力在膜厚方向上挤压弹性体膜，使之在水平方向上扩张，关闭电压，弹性体薄膜恢复原来的形状（见图6-12）。

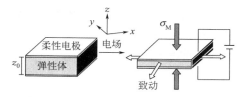

图6-12 电介质弹性体驱动原理示意图

电介质弹性体通过两种方式将电能转化为机械能。①当电极面积扩大而相互靠近时，由于两电极上的反电荷靠近使金属电极间的电势能降低，根据能量守恒定律，降低的电势能转化为机械能；②金属电极面积扩大，电极上分布的同种电荷距离增大，同样电荷间电势能降低，电能也转化为机械能。电介质弹性体在驱动时体积保持不变，因此平行的电极板将两种转换方式很好地结合，使之能同时发挥最大作用。驱动应力可定义如下：

$$P = \varepsilon_0\varepsilon_r E^2 = \varepsilon_0\varepsilon_r (V/D)^2 \tag{6-10}$$

式中，P 为驱动应力；V 为电压；D 为膜厚。应力和场强的平方及介电常数成正比。场强越大，其承载的应力越大，驱动的功效也就越大。因此，要想得到有效的驱动就需要很高的电场，即需要很高的电压。但是，驱动电压过高会限制其在很多方面的应用。在膜比较薄的情况下，高电场可以由低电压得到；但是当膜非常薄时，很难得到大面积的均匀膜。一般膜的厚度为微米级别，需要几千伏的驱动电压。预应变及使用导电纤维作为支架可以制备更薄的膜，从而保持较高的驱动应力而电压尽可能低。预应变过程降低了介电常数，但同时提高了击穿场强，其净效应是驱动应力的增加。

常用的电介质弹性体为硅树脂和丙烯酸树脂橡胶，这两种弹性体表现出的性能十分接近生物肌肉。两种橡胶都是不含结晶态的无定形态，电机械响应主要是由于 Maxwell 应力。CF 1921.86 硅树脂及 VHB 4910 丙烯酸树脂的驱动应变分别达到117%和215%；两种材料的驱动应力都能达到8MPa，能量密度为 3.0J/cm³，最高可达 3.4J/cm³。材料的低模量和高击穿场强，使得丙烯酸树脂在高电场下的最大应变可以达到380%。将多层驱动器重叠起来制成柱形弹簧卷驱动器，可产生约8MPa的应力，相当于真人肌肉的30倍。驱动器大小与一个手指头相似，可侧向弯曲，形变时能举起1kg重的物体，用于六腿机器人 FLEX2 可以实现具有类生物的行进步态，行走速度可达 3.5cm/s。将此柱形弹簧卷用于机器人手臂，该机器人参加了 2005 年第一次举行的人机手臂角力比赛。

电介质弹性体驱动材料的响应速度较快，目前丙烯酸树脂的驱动频率可以达到100Hz，硅树脂可达到1kHz。丙烯酸树脂的机电耦合通常为60%～80%，硅树脂的可以到达90%，远远高于其他电活性高分子。以上种种优异的性能使它们成为研究最多、应用最广的高分子人工肌肉材料。

总而言之，三种电致伸缩类型的人工肌肉的优点是形变大，但是通常需要很高的电场强度（150MV/m），因此其驱动电压一般高于1kV。但是由于电流很低，因此其电能消耗并不高。

三、磁致伸缩高分子材料

（一）概述

在外磁场作用下，材料尺寸发生变化的现象称为磁致伸缩效应。其原因主要有：①自发形变，磁场作用下晶体自发磁化导致晶体形状改变，引起尺寸变化；②场致形变，磁场作用下，由于轨道耦合和自旋耦合叠加作用，造成尺寸变化；③形状效应，单磁畴样品为降低退磁能而产生的体积改变。

磁致伸缩材料主要有三大类：①磁致伸缩金属与合金；②铁氧体磁致伸缩材料（压电陶瓷）；③稀土金属间化合物磁致伸缩材料，又称为稀土超磁致伸缩材料。稀土超磁致伸缩材料的磁致伸缩应变远大于前两种材料，且磁致伸缩应变时产生的推力很大，例如直径约 10mm 的 Tb-Dy-Fe 的棒材，磁致伸缩可产生约 200kg 的推力；能量转换效率（用机电耦合系数 K_{33} 表示）高达 70%，而 Ni 基合金仅有 16%，铁氧体材料仅有 40%～60%；弹性模量随磁场而变化，可调控；响应时间（从施加磁场到产生相应的应变所需的时间）仅百万分之一秒；频率特性好，可在低频率（几十赫兹至 1000 赫兹）下工作，工作频带宽；稳定性好，可靠性高，其磁致伸缩性能不随时间而变化，无疲劳，无过热失效问题。因而稀土超磁致伸缩材料在水声换能器技术、电声换能器技术、海洋探测与开发技术、微位移驱动、减振与防振、减噪与防噪系统、智能机翼、机器人、自动化技术、燃油喷射技术、阀门、泵、波动采油等高技术领域有广泛的应用前景。

但是，在外加高频交变磁场作用下，磁致伸缩材料内部将产生巨大的涡流效应，严重阻碍了其功能发挥。同时，无机材料密度大，不易加工成型，难以满足更多的需要。

（二）磁致伸缩高分子材料

高分子由成对的共价键所组成，因此呈现抗磁性。要得到本征型磁致伸缩高分子材料，必须首先赋予高分子强磁性。上一章我们介绍了通过引入金属离子、运用 O-N 自由基等方法实现本征磁性高分子材料的合成，但从目前研究现状看，磁性高分子体系还远远不能满足需要。不仅磁性高分子合成条件苛刻、产率低，可重复性差，而且它属于软磁性，比磁化强度低，其磁性远小于铁磁性材料，因此目前市场上更多地采用复合型磁致伸缩高分子材料。

各种热塑性和热固性树脂都可以用作复合材料的基体树脂，如环氧树脂、酚醛树脂、尼龙、聚酰亚胺、聚氨酯、含氟高分子等。磁致伸缩材料的基体材料也可以是橡胶。高分子作为基体树脂，其种类、黏度、含量是影响复合材料磁致伸缩系数、极限频率、机电耦合系数、弹性模量以及机械强度的重要因素。树脂黏度系数越小，复合材料容易混合均匀，其磁致伸缩性能也越好，机电耦合系数越小。树脂含量对材料性能的影响比较复杂，随着树脂含量的增加，复合材料的极限频率和抗拉强度提高，但对磁致伸缩系数以及机电耦合系数的影响规律尚不清楚。

磁性人工肌肉主要由激磁线圈、磁性基体、铁芯和微型热管组成。其原理是通电后磁芯间的相互吸引产生位移，导致磁性高分子材料变形，带动人工肌腱驱动关节。断电后，电磁力消失，磁性基体恢复原状。

图 6-13 铁磁橡胶微型机器人

磁性材料既有高分子材料的力学性能，又有软磁材料的磁性，构成柔性磁路，起导磁、磁屏蔽和改善磁路的作用。根据仿生学研制的磁性橡胶人工肌肉不需要减速装置和传动机构，可以像生物肌肉那样以"拮抗肌"的形式通过伸缩直接驱动，改善了驱动力的特性，并采用热管有效地强化散热，因而此种人工肌肉结构简单，动作灵活，易于控制，功率重量比大，能量转换率高。图 6-13 是一种微型游泳机器人（15mm× 10mm×3mm），其微执行器就是铁磁橡胶材料制作的，只需反复提供交变脉冲磁场，机器人便可在水中前进。

　　磁性填料的形状和尺寸对复合材料的磁致伸缩系数、极限频率有着明显的影响。在一定的颗粒尺寸范围内，随着颗粒尺寸的增大，复合材料的磁致伸缩性能提高，材料总的损耗减小，极限频率提高。但是，复合材料的抗张强度随着颗粒尺寸的增大会逐渐降低。

　　磁致伸缩复合材料的制备方法和工艺过程对材料的性能也有着重要的影响。压制成型中，如果内部气孔未能排净，则会降低材料的磁致伸缩性能。采用注射成型可以改善压制成型过程的空隙率高的问题。在成型过程中，利用外加机械作用力和外加磁场作用，使无机粒子进行取向，有利于改善磁致伸缩复合材料的性能。

（三）磁致伸缩材料的应用

　　磁致伸缩材料在电磁场的作用下可以产生微变形或声能。其主要用途是：

　　（1）电器、家电、通信器材、电脑等生产领域　在这些领域磁致伸缩材料逐渐取代了传统的电致伸缩材料，使产品升级和更新换代更加容易。

　　（2）精密控制系统　可广泛应用于精密控制系统，如油料控制、伺服仪、导弹发射控制装置等。

　　（3）声光发射与探测系统　磁致伸缩材料可应用于信号处理、声呐扫描、超声、水声等方面。可以将其应用于舰艇水下声呐探测系统以及导弹发射控制装置等。利用大功率岩体声波探测器，应用于水利工程和地球物理勘探等。

　　（4）换能器、驱动器等　换能器可以将机械能或声能转化为电磁能，也可以将电磁场的能量转化为机械能或声能。用作人造肌肉的磁驱动，可以实现无接触激励，且具有磁致伸缩系数大，机械响应速度快和功率密度高等特点，在国防、航空航天和高技术领域应用极为广泛。

第五节　离子型人工肌肉的电场响应

　　在电场作用下，通过材料内部电子或离子的迁移、极化等作用导致材料尺寸变化，从而产生伸缩或弯曲行为的人工肌肉被称为电场响应型人工肌肉，一般可分为电子型和离子型两大类。电子型一般在干态下使用，已在第三节中介绍，这里主要介绍的是离子型人工肌肉对电场的响应性。

一、分类

　　离子型人工肌肉的驱动方式是体系中离子的移动。在电场的作用下，不同的离子在高分子区域内外相对运动，或引发离子间的化学反应，导致体系中的离子浓度和离子的分布发生变化，使高分子体系产生体积变化而伸缩。固体电解质的出现使离子型人工肌肉必须在液体环境下工作这一限制已被打破。这里仅涉及凝胶状态的离子型人工肌肉，对于固体电解质类型的人工肌肉，其原理基本一致，不复赘述。离子型人工肌肉包括直接与电极接触的离子聚合物-金属复合材料，也包括与电极材料不接触的各种凝胶，这两种情形下的致动机理略有差别。

（一）离子聚合物-金属复合材料

离子聚合物-金属复合材料（IPMC）由薄的离子聚合物膜和镀在两表面的贵金属电极组成，致动材料与电极紧密接触，所以是接触电极式人工肌肉，它在较低的驱动电压下就可以产生较大的应变。

离子聚合物膜中，在聚合物骨架所键合的大离子周围是可以运动的小的反离子。早期比较普遍采用的是杜邦公司的全氟离子聚合物 Nafion 膜（6-1）和日本旭硝子公司的 Flemion 膜（6-2），其中 Nafion 膜的离子化侧链基团为磺酸基，它是四氟乙烯和全氟-3,6-二环氧-4-甲基-7-癸烯-硫酸的共聚物；Flemion 膜的离子化侧链基团为羧酸基。与大部分含氟聚合物一样，这两种材料具有极强的抗化学侵蚀性。但因为含有磺酸基或羧酸基，可以用作酸催化剂，也可作为离子交换树脂使用；在气相或液相状态下能快速吸水。尤其是每个磺酸基可以吸收高达 13 个水分子。磺酸基或羧酸基在大量疏水性聚合物中形成离子通道，水可以很快通过通道被运送。

$$-(CF_2CF)_m-(CF_2CF_2)_n- \atop \underset{\underset{CF_3}{|}}{OCF_2CFOCF_2CF_2SO_3^-}$$

6-1

$$-(CF_2CF)_m-(CF_2CF_2)_n- \atop OCF_2CF_2CF_2COO^-$$

6-2

金属电极通常是铂和一层加强导电性的金或者单纯是金。阳离子包括碱金属离子（Li^+、Na^+、K^+、Rb^+ 和 Cs^+），或者四甲基铵和四丁基铵等季铵离子。

在高分子阴离子网络中，带正电的小离子在网络空隙中移动。施加外电场时，离子在膜内向带有相反电荷的电极迁移。由于大分子离子迁移困难，因此，离子的重新分布是由反离子引起的。对于阴离子膜而言，体系中的阳离子将在电场作用下向负极迁移。原本离子分布均匀的体系被打破，靠近正极侧唯余大分子阴离子，而靠近负极侧，一部分阳离子与大分子阴离子中和，另有一部分迁移过来的阳离子。受渗透压作用影响，离子浓度较高的一侧将吸引更多的水分子，使之发生局部膨胀，而另一侧膨胀程度则较低，于是层状结构材料便产生弯曲 [图 6-14(a)～图 6-14(c)]。其响应速度较高，响应时间可达 0.02s。

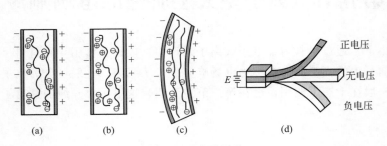

图 6-14　离子迁移

（a）刚施电场时；（b）电场作用下凝胶中可迁移离子的迁移；
（c）凝胶在电场下弯曲；（d）端部电场下弯曲

一个有趣的现象是，实验发现，对 Nafion 样条施加电场时，样条首先较快地朝着正极方向深度弯曲 [图 6-14(c)]，然后又缓慢放松，弯曲程度逐渐降低。如果此时两金属电极短路，则样条会快速朝负极方向弯曲，然后缓慢地放松，最终弯曲方向朝着负极方向，很难达到起始状态。但如果样条中含有体积较大的季铵离子，则施加电压后只会逐步地向着正极方向弯曲。Flemion 基材料有着不同的驱动行为，含碱金属阳离子的 Flemion 样条在水中溶胀平衡后，对其施加直流电场，它将迅速地向正极方向弯曲，然后继续向着正极方向弯曲，只是速度明显降低。如果两侧的电极短路，则样条快速地弯向负极，然后降低速度继续向负极方向弯曲。在初始的极短时间内，弯曲程度就可以达到整个过程全部位移的 77%。

通过设计电极结构，可以获得复杂的弯曲形变形式，将弯曲运动转换成线形运动输出。如端部施加电场，则出现部分弯曲［图 6-14(d)］。IPMC 可用于玩具机器鱼、机器钳子和制作机器昆虫的翅膀，也可像压电材料一样，被用作能量转换装置将机械能转化为电能储存起来。由 Nafion 膜、铂-铜电极、固体电解质和游离的二价铜离子组成的 IPMC 体系，可以直接在空气中使用，在小于 1V 的低电压下就可以产生较大的弯曲形变。这种固体电解质体系极大地拓展了 IPMC 驱动的应用空间。

IPMC 的电机械响应速度依赖于高分子离子种类、反离子种类、溶剂的性质以及体系中溶剂含量。不同的碱金属或碱铵盐离子，以及不同的溶剂都会产生不同的响应速度和偏转程度。

（二）聚电解质凝胶

离子聚合物也是聚电解质。聚电解质凝胶为交联聚电解质的溶胀体。与离子聚合物-金属复合材料类似，当电极与交联的离子聚合物不接触、聚电解质凝胶的周围为溶剂介质时，即成为聚电解质凝胶型人工肌肉。它可以随着环境（如温度、溶剂组成、离子强度、pH 值及电场）的改变而发生溶胀或收缩。

聚电解质凝胶最早是在 pH 型人工肌肉研究的基础上，用电场改变溶液 pH 值或离子分布的驱动材料，又称电化学机械型人工肌肉（EMC）。除了高分子酸或高分子碱等 pH 型体系外，聚电解质凝胶还包括两性离子和亲水性非离子型体系。

凝胶变形可以是交联网络对水或其他溶剂的吸收和排出，也可以是水或溶剂在凝胶体中分布的改变。例如对聚丙烯酸钠凝胶施加电压时，环境中的 H^+ 将从凝胶靠近正极的一侧进入凝胶，而凝胶中的 H^+ 则从靠近负极一侧进入环境。由于离子在凝胶中和在电解液中的扩散速率不同，H^+ 进入凝胶的速率快于从凝胶中离开的速率，因此，凝胶靠近正极的一侧带过量正电，渗透压升高，该侧将吸附更多的水而膨胀，导致凝胶靠近正极的一侧将伸展得更厉害而产生向负极弯曲的行为（图 6-15）。这与 IPMC 形变正相反。

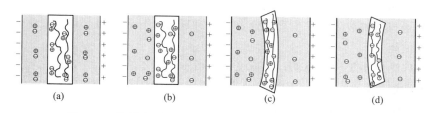

图 6-15　聚阴离子型电解质凝胶在电场作用下的弯曲变形
(a) 溶液中的离子对；(b) 电场下离子迁移；(c) 凝胶靠正极侧膨胀；(d) 凝胶靠正极侧收缩

若在溶液中加入表面活性剂 n-十二烷基氯化吡啶，再将阴离子型聚电解质凝胶置于其中，此时施加电压后，凝胶则向正极弯曲。这是因为带正电荷的表面活性剂分子向阴极方向移动，在正极一侧的凝胶表面与羧基（COO^-）结合，结合后表面活性剂之间由于疏水作用而紧密结合，导致此侧凝胶收缩，从而产生向正极的弯曲。

利用这一原理，通过不同的结构设计，就可得到能做出不同动作的电场响应凝胶。例如直接制作的聚电解质凝胶可以在水中做快速线性游动（凝胶鱼）；改用电极阵列设计则可以制作多足凝胶鱼，在电场作用下能发生翻转运动；若制作成复合凝胶，其中一边对 pH 敏感，另一侧对 pH 没有响应，在电场作用下凝胶就可以产生线形收缩等。

聚电解质凝胶的缺点是强度较低，而且在电解时难免发生电极反应而产生气体。因为在通常情况下，1.23V 的电压就足以使水电解。而凝胶弯曲所需电压通常要高于这个数值。

凝胶的响应速度很大程度上取决于它的尺寸，在驱动器应用中，如果需要足够快的响应速度，则凝胶的尺寸应该控制在几个微米的尺度上。

聚电解质根据大分子离子的种类可分为阴离子型、阳离子型和两性离子型，有时也包括少量非离子型高分子。作为致动材料，这里所用聚电解质通常需要有一定的交联度。

MC 型人工肌肉中，由于溶液中离子浓度已事先调节到适当范围而且分布均匀，因而材料变形迅速而均匀。相比之下，EMC 型人工肌肉中的离子在电极附近区域内逐渐扩散，其浓度变化缓慢，浓度不均匀，因而材料响应时间长，变形缓慢。另外，电场的方向性使离子在凝胶表面分布不均匀，这种不均匀虽然可促进某些类型的 EMC 行为（如凝胶试样在电场中的弯曲变形，见图 6-16），但对于单丝的伸缩变形模式来说，这种不均匀所引起的单丝横截面周边上离子分布不均可能引起变形的不一致。

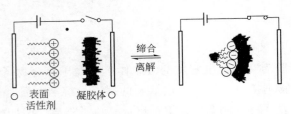

图 6-16　电场中凝胶的弯曲变形

目前的 EMC 型人工肌肉的变形能量主要由电流提供，同时电流又起着控制作用。而在天然肌肉中，以 Ca^{2+} 形式体现的生物电仅仅起控制扳机的作用，触发 ATP 水解反应，肌肉收缩所需能量由 ATP 水解反应提供。与之类似，枪支火器的扳机撞针起控制和触发的作用，而子弹飞行的能量来自弹药的氧化还原反应。理想的人工肌肉体系应当也是由电器控制触发的作用，而肌肉变形对外做功的能量由体系中的化学反应提供。

（三）导电高分子

1984 年，Burgmayer 和 Murray 首次报道了导电高分子在电场下的体积变化。经过掺杂的导电高分子（如聚吡咯、聚苯胺和聚噻吩等）在电场下会在电极附近发生可逆氧化还原反应，促使高分子与电解液之间发生离子迁移，这种迁移会导致高分子体积发生显著变化，将电能转化为机械能。

这类材料广泛应用于弯曲驱动，其应变为 0.5%～10%，最高约 40%；但是由于扩散速度的限制，驱动速度较慢；可产生的驱动应力为 1～35MPa。导电高分子的电机械耦合很低，小于 1%，其高能量输出必须有高的电流才能达到。

在不同电压作用下极化的聚吡咯膜渗透性能可有几个数量级的变化。将掺杂可移动阴离子 ClO_4^- 的聚吡咯膜浸入含有正负离子的电解液中，在高分子膜上施加电压后，会使膜产生氧化还原作用，从而引起离子的注入或排出以维持电中性。当聚吡咯膜被氧化时，高分子链上会产生正电荷，电解液中的阴离子进入高分子膜中以中和产生的电荷。当阴离子进入高分子基体时，阴离子上结合的溶剂跟随进入高分子膜，引起体积膨胀。相反，高分子膜被还原时，电子进入导电高分子膜以中和高分子链上的正电荷，于是阴离子被排出高分子基体以保持电中性，伴随着溶剂的排出，膜体积收缩。

在电场作用下离子进出高分子膜的速率取决于阴阳离子的体积、离子结合的溶剂、电压大小以及高分子膜的厚度。在导电高分子中添加碳纳米管后，可显著提高导电高分子的应力强度和电导率，从而加快电荷注入速度，明显提高响应速度。例如，有研究表明，加入 0.76%（质量分数）单壁碳纳米管，聚苯胺的杨氏模量可提高一倍，拉伸强度可提高 50% 以上，驱动应力可达 100MPa。以聚吡咯体系固体电解质来代替液体电解液，可以使导电高分子驱动体系在空气中使用。相比于其他电活性高分子材料，导电高分子具有驱动电压低，产生应力大，能量密度高（最高近 100J/cm³），使用寿命长，氧化还原循环次数可达到百万数量级等特点。

（四）其他

1999 年，Baughman 及其合作者首次报道了基于碳纳米管的驱动器，它用双面胶将两层单壁碳纳米管片粘在一起。施加电场时，大量的电荷注入碳纳米管，这样带同种电荷的碳纳米管因静电斥力而伸长并膨胀，引起弯曲形变。因为碳纳米管强度较大，应变一般 <1%，响应速率在秒数量级。将碳纳米管混入纤维或薄膜中，由于材料的多孔性，使得充电速度和驱动速度显著提高，响应时间可小于 10ms，有效驱动应变速率达到 19%/s。但是响应速度会随着纤维或膜厚度的增加而降低，同时电极距离的增加以及离子电解液导电性的降低都会使响应速度降低。采用离子液体分散碳纳米管制得物理凝胶电极，两电极夹住用 PVDF（HFP）支持的离子液体电解质层，在 ±3V 电场下可以快速产生朝着正极方向的弯曲应变响应，频率可达 30Hz，应变 0.9%。此外，在 ±2.0V、0.1Hz 的交变电场下，该驱动器在空气中可重复 8000 个来回而没有明显的衰减。新型碳纳米管可通过氧气提供电荷来驱动，溶解在水中的氧气在铂催化剂的作用下向碳纳米管传输电荷，使碳纳米管膨胀，当停止注入电荷时就收缩，这就是 Baughman 等报道的新型的会"呼吸"的人工肌肉。

电流变液是由极细的颗粒（0.1～100μm）分散于绝缘液体中制得的。由于颗粒的介电常数大于基液，当施加电场时，由于诱导偶极距的运动，链会沿着电场方向排列，从而引起结构及黏度的改变，产生应变及其他特性，使电流变体从液体转变成黏弹性物质，响应非常迅速，响应时间可以达到微秒级。

二、致动机制

聚电解质凝胶中含有两种电性相反的离子对以及促进离子对解离的介质（水或极性溶剂）。在与电极紧密接触时，在电场作用下，离子或溶剂在凝胶中的总量不变，但其在凝胶中的分布会随外加电场电压的变化而变化；当凝胶处于介质中而与电极非接触时，外部的离子和外部的介质可以进入和离开凝胶，而凝胶中的离子和介质与外界环境也存在着交换。在电场作用下，离子从外部介质进入凝胶的速率与离子从凝胶中扩散出来的速率是不同的，从而导致离子在凝胶中的含量与分布发生变化，凝胶相应发生变形而产生致动力。如果周围介质中含有无机盐等电解质或其他强极性溶质，则凝胶的变形响应会更为强烈。直流电可以使高分子材料产生电响应型机械行为，而交流电场的频率须小于 6Hz，否则很难引起电致化学机械响应。

由于水凝胶在电场中的响应行为较为复杂，因此对于电致水凝胶响应机理的解释众说纷纭。这些理论包括 Tanaka 采用的平均场理论、Derossi 等采用的水的电解理论、Grimshaw 等提出的电扩散理论、Dio 等结合 Flory 理论与离子迁移及电化学反应的半定量理论，还有

Osada 等提出的一维电场动力学模型、Kim 等提出的去极化理论等等。在众多的响应机理中，Shiga 等提出的与离子浓度相关的渗透压机理可能是被最广泛接受的一种，下面就该机理做一简单介绍。

根据渗透压理论，水凝胶达到平衡时的渗透压 π 取决于水凝胶内外的离子浓度差：

$$\pi = RT\left(\sum_i a_{in}^i - \sum_j a_{out}^j\right) \tag{6-11}$$

式中，a_{in} 和 a_{out} 分别表示水凝胶内外各种离子的总活度，在稀溶液中，可近似等于其浓度；R 为摩尔气体常数；T 为热力学温度。

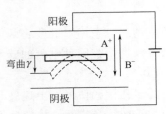

图 6-17　聚阴离子型水凝胶
在电场中的弯曲示意图

将水凝胶放置在非接触的两电极之间并浸于电解质溶液中（如图 6-17 所示），当在电极间加直流电场时，与聚离子对应的反离子向着电性相反的电极方向移动，而聚离子保持不动。溶液中其他自由离子也向着电性相反的电极方向移动并进入水凝胶内部，这就使水凝胶内外离子浓度产生差异，从而导致水凝胶内外渗透压不同。令 π_+ 表示水凝胶面向正极一侧的渗透压，π_- 表示水凝胶面向负极一侧的渗透压，则水凝胶两侧产生渗透压差 $\Delta\pi = \pi_+ - \pi_-$。在稀电解质溶液中，两侧渗透压可分别表示为：

$$\pi_+ \approx \frac{RTx_{2+}}{\widetilde{V}_1} = \frac{RTn_{2+}}{V_+}$$

$$\pi_- \approx \frac{RTx_{2-}}{\widetilde{V}_1} = \frac{RTn_{2-}}{V_-} \tag{6-12}$$

式中，x_{2+} 是水凝胶面向正极一侧的离子分数；x_{2-} 是水凝胶面向负极一侧的离子分数；n_{2+} 是水凝胶中面向正极一侧 V_+ 体积中的反离子的物质的量；n_{2-} 是水凝胶面向负极一侧 V_- 体积中的反离子的物质的量（图 6-18）；$\widetilde{V}_1$ 是溶剂的摩尔体积。在未加电场时，水凝胶中各处离子浓度相等，当 $V_+ = V_-$ 时，$n_{2+} = n_{2-}$；置于电场中时，水凝胶面向正极一侧的离子的物质的量（n_{2+}）将因带正电的反离子从外部进入凝胶而增大，其进入凝胶的离子量与外部自由离子向凝胶内迁移速率（D_+）、电场强度（E）和外部的离子

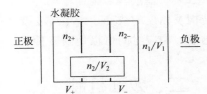

图 6-18　溶液中反离子浓度
与凝胶中反离子浓度

浓度有关；而 x_{2-} 则将因离子从凝胶中迁出而减少，其减少量与离子从凝胶中扩散出去的速率（D_-）、电场强度和凝胶状的离子浓度有关。因此，薄膜两侧离子的物质的量分别为：

$$n_{2+} = n_0 + \frac{n_1}{V_1}D_+EAt$$

$$n_{2-} = n_0 - \frac{n_2}{V_2}D_-EAt \tag{6-13}$$

式中，V_1 和 V_2 分别是水溶液和水凝胶的体积；n_1 和 n_2 分别是水凝胶中反离子摩尔数；D 为自由离子的迁移速率；t 为施加电场的时间。所以，膜两侧的渗透压之差为：

$$\Delta\pi = 2RTC_p\frac{V_2}{V_1}ht(1-r) \tag{6-14}$$

式中，C_p 为不可移动的聚离子浓度；V_1 和 V_2 分别是水溶液和水凝胶的体积；h 为自由离子的迁移速率；t 为施加电场的时间；r 是离子在凝胶中的迁移速率与在水溶液中的迁移速率之比。对于聚阴离子型水凝胶，在电场中其 π_1 增加并且超过 π_2，即 $\Delta\pi > 0$，同时 $d\pi_1/dt > 0$，于是水凝胶面向正极的一侧溶胀，而面向阴极的一侧收缩，导致水凝胶向阴极弯曲；聚阳离子型水凝胶情况正好相反，即 $\Delta\pi < 0$，水凝胶向正极弯曲。

在弯曲过程中，渗透压差被水凝胶拉伸所产生的附加压力所平衡。假定水凝胶在电场中的弯曲等同于一个三点力学弯曲测试，$\Delta\pi$ 等于三点力学弯曲测试中的最大张应力 σ，则：

$$\Delta\pi = \sigma = \frac{6EDY}{L^2} \tag{6-15}$$

式中，E 为杨氏模量；Y 为弯曲度（弯曲前后水凝胶末端的距离）；D 为水凝胶的厚度；L 为水凝胶弯曲前的长度。由式(6-15)可以得出，水凝胶的弯曲度随 $\Delta\pi$ 的增加而增大，而 $\Delta\pi$ 又受到反离子的迁移速度、电场强度、聚离子的浓度和施加电场的时间的影响。当 $\Delta\pi$ 保持不变时，弯曲度取决于水凝胶的杨氏模量和厚度。

除了由离子浓度梯度产生的水凝胶内外的渗透压差以外，由水电解产生的 pH 值梯度也是诱导水凝胶发生弯曲的推动力。将水凝胶浸于 NaCl 溶液中并施加电压后，水凝胶中的反离子和溶液中的自由离子向与其电性相反的电极方向移动，造成水凝胶内外离子浓度的差异，按照渗透压机理，这是水凝胶产生弯曲的动力之一。同时，由于水的电解作用，在电极处会发生如下反应：

$$正极：2Cl^- \longrightarrow Cl_2 + 2e \tag{6-16}$$
$$阴极：2H_2O + 2e \longrightarrow 2OH^- + H_2$$

阴极产生的 OH^- 会向正极方向移动，从而在水凝胶内部产生了 pH 值梯度，这一 pH 值梯度会使由离子迁移产生的离子浓度梯度发生变化甚至逆转，从而改变水凝胶的弯曲程度和方向。可见，水凝胶在电场中的弯曲行为是由这两种因素共同决定的。

三、制备

具有电致化学机械响应行为的高分子很多，一般 pH 型人工肌肉都可以表现出电致化学机械行为。按照形貌分，可以是薄膜，也可以是纤维。按照所带离子的不同，可将 EMC 人造肌肉分为阴离子型高分子、阳离子型高分子和两性离子型高分子。从其来源分可以是天然高分子，也可以是合成高分子。常用的天然高分子及其改性产物有透明质酸、海藻酸、羧甲基纤维素等酸性高分子，壳聚糖等碱性高分子，或其相互间的复合物，以及与合成高分子间的复合体系。常见的合成高分子为各种含有羧基、磺酸基的聚酸及其共聚物，以及含有氨基、季铵盐基团的聚碱或其共聚物。

如交联聚（甲基）丙烯酸（PMAA）、交联聚丙烯酰胺（PAAm）、聚苯乙烯磺酸（PSS）等均聚物都满足 EMC 的基本条件。但一般由单一的高分子获得的水凝胶其力学性能往往较差，因此通常采取共聚或共混的方法来制备具有一定力学强度的电化学机械型人工肌肉。

如将非离子型单体甲基丙烯酸羟乙酯（HEMA）与离子型单体 2-丙烯酰氨基-2-甲基丙磺酸（AMPS）进行共聚，加入聚乙二醇作为改性剂可以制得水凝胶共聚物 P（AMPS-co-HEMA）；将含有羧基的聚甲基丙烯酸共聚物单丝置于 1mol/L 的 NaCl 水溶液中，采用 Pt

电极电解 NaCl 水溶液引起 pH 值变化，共聚物丝束随之发生伸缩变形。

采用大分子功能化改性也同样可以达到目的。如将苯乙烯-乙烯-丁烯嵌段共聚物进行磺酸化处理得到带有磺酸基的交联共聚物水凝胶，将水凝胶在盐溶液中溶胀平衡后置于电场中时，水凝胶弯向阴极；但是当水凝胶在去离子水中达到溶胀平衡后，再置于盐溶液并施加电场时，水凝胶则先弯向正极。在丙烯酰胺和丙烯酸共聚物并添加聚吡咯和炭黑形成复合型水凝胶，将其置于电场中可以发现随着水凝胶中羧基含量的增加，水凝胶在电场中的弯曲程度也增加。

相比共聚法，共混法更为简单。将两种或两种以上的高分子溶液进行溶液共混，再将其浇注成膜或进行纺丝来制备 EMC 型水凝胶。例如用聚丙烯酸和聚乙烯醇的共混液纺丝得到的超细水凝胶纤维充分溶胀后，在电场作用下可以进一步溶胀并弯向阴极。

将聚乙烯醇与丙烯酸单体及交联剂混合，再引发单体聚合，可以得到聚乙烯醇与交联聚丙烯酸的半互穿网络水凝胶纤维。这种水凝胶纤维在电场作用下表现出可回复的弯曲行为，弯曲程度和速度均随所加电压和纤维中聚丙烯酸含量（所带负电荷）的增加而增加。

四、影响因素

电场响应型人工肌肉通常是聚电解质，溶液的 pH 值、离子强度、自由离子的大小、水凝胶的尺寸、所施加的电压以及水凝胶是否接触电极都会影响其在电场中的变形行为。同时，在制备过程中交联剂的用量不仅对水凝胶的力学性能有影响，对其在电场中的溶胀和弯曲行为也有所影响。

（一）pH 值

对于聚阴离子型水凝胶，如含有羧基的聚甲基丙烯酸和海藻酸体系，在高 pH 值下，高分子中的羧基（—COOH）解离为羧酸根离子（—COO⁻），离子间的静电排斥力使水凝胶溶胀，自由离子在电场中容易扩散，使得水凝胶快速弯曲且弯曲角度较大；在低 pH 值下，羧酸根离子质子化为羧基，水凝胶收缩且在电场中弯曲不明显。

对于聚阳离子型水凝胶，如含有氨基的壳聚糖水凝胶体系，在低 pH 值下，氨基质子化为铵离子。同样，离子间的静电斥力使水凝胶溶胀，水凝胶能够在电场中快速弯曲且弯曲幅度较大。而在高 pH 值下，体系中形成的铵离子较少，离子间的静电斥力小，水凝胶溶胀较少，因而水凝胶在电场中的变形亦较小。

（二）离子强度

水凝胶所处溶液中电解质浓度不同，在电场中可以移动的自由离子数就不同，因此由离子运动所形成的水凝胶内外的渗透压也会不同。由于渗透压是引起水凝胶发生形变的主要驱动力之一，所以溶液的离子强度对水凝胶的电场响应行为有较大的影响。

聚乙烯醇/透明质酸互穿网络水凝胶在不同浓度 NaCl 水溶液中的弯曲行为表明，随着 NaCl 浓度的增加，水凝胶在电刺激下的弯曲角度先增加后减小。当 NaCl 的浓度为 0.25mol/L 时，水凝胶的弯曲角度达到最大。人们对这种现象的解释是，当 NaCl 浓度小于 0.25mol/L 时，随着溶液中电解质浓度的增加，电场诱导下运动的自由离子数增加，因此水凝胶的弯曲度也相应增加；但是当 NaCl 浓度大于 0.25mol/L 时，自由离子对水凝胶上所带电荷产生的屏蔽作用变得显著，从而导致聚离子之间的静电斥力减小，水凝胶网络收缩，因此弯曲角变小。

（三）自由离子大小

不同的自由离子在电场中的扩散速度不同，导致由自由离子运动所产生的水凝胶内外的渗透压不同，因而自由离子大小也会影响水凝胶的变形和弯曲。

例如，50％磺酸化的苯乙烯-乙烯-丁烯共聚物和69％磺酸化的聚苯乙烯在4种不同盐溶液中（硫酸钠、硫酸铯、四甲基硫酸氢铵以及四丁基硫酸氢铵）弯曲变化时，随着水合阳离子半径的增大，阳离子的运动性减小，水凝胶在电场诱导下发生弯曲的速度下降，但达到稳态时的弯曲角度增大。

（四）电压

电场是水凝胶产生响应的驱动力，随着电压的增加，自由离子在电场中运动的速度增加，自由离子的浓度梯度会快速形成，水凝胶在电场中的变形速度和弯曲角都会增加。例如，壳聚糖/聚丙烯腈水凝胶在NaCl溶液中的变形行为，随施加的电压从0增大到15V时，水凝胶的弯曲角和弯曲速度都逐渐增大。再如，对聚乙烯醇/聚丙烯酸半互穿网络水凝胶施加10V到50V的电压，水凝胶的弯曲度和弯曲速度都随电压的增加而增加；壳聚糖/聚乙烯醇水凝胶纤维在电场下的弯曲率与电压成线性关系，这种定量关系为设计人工执行元件提供了基础。

离子能量效率相对较低，即便是在最佳条件下还不到30％，而一些电子肌肉可达80％。尽管如此，离子肌肉却有其不可替代的优势，主要是响应电压可以低至十几伏甚至更低，而电子肌肉则每微米厚需要数十甚至上百伏的电压；离子肌肉不仅具有伸缩运动，还能产生弯曲运动。

（五）接触电极

前面主要讨论了在非接触电场中凝胶的变形行为，在水凝胶与电极接触的情况下，也会发生响应，但是与非接触电场中的响应行为明显不同。聚丙烯酸钠水凝胶电场响应行为在非接触式电场中，凝胶面向正极一侧溶胀；但将水凝胶与正极接触并施加电场后，水凝胶面向正极的一侧反而收缩。其原因可能是当水凝胶与正极接触时，由于水的电解，在正极处产生大量的氢离子，抑制了正极一侧水凝胶中羧酸基团的解离，导致凝胶正极一侧的渗透压下降，水凝胶收缩。

（六）水凝胶尺寸

由式(6-15)可知，当水凝胶两侧的渗透压差保持不变时，弯曲度取决于水凝胶的杨氏模量和厚度，即弯曲度随水凝胶厚度的减小而增大。例如，随着聚乙烯醇/聚丙烯酸钠棒状水凝胶直径的减小，水凝胶在电刺激下的弯曲速度和弯曲幅度都会增加。再如壳聚糖/聚乙二醇水凝胶纤维直径越小，其在电场中的弯曲速度越快。

（七）交联度

为得到具有一定力学强度的水凝胶，通常会加入适量的交联剂。交联剂的用量与水凝胶在电场中的响应行为密切相关。交联密度过大时，虽然水凝胶的模量、拉伸强度得到提高，但是由于水凝胶分子的运动受到限制，导致水凝胶的溶胀能力下降，因而水凝胶在电场中的响应性不明显；而当交联密度过小时，由于水凝胶的溶胀度很大，水凝胶网络中固定电荷（聚离子）密度会由于水凝胶体积增大而减小，结果水凝胶内外的渗透压差减小，水凝胶在电场中的弯曲变形也会相应减小。因此，适当的交联度是实现水凝胶快速响应的必要条件之一。例如分别用戊二醛和环氧氯丙烷作交联剂制备的壳聚糖/聚乙二醇水凝胶纤维，随着交联度的增加，水凝胶的杨氏模量增加，溶胀度减小，弯曲方向发生变化。

（八）非水凝胶

利用一些高分子材料的介电常数在湿态下会发生变化的特性可以制作非水凝胶型人工肌肉。其中介电液体溶胀的凝胶驱动体系是这种类型的典型。使用相对介电常数高达 47 的二甲亚砜（DMSO）作溶剂，溶胀聚乙烯醇（PVA）凝胶，可制成具有弯曲形变和线性驱动性质的人工肌肉，凝胶具有非常快的电响应速度，能在空气中做长程可控线性运动，其爬行速率可达 1.63mm/s。该系统还能根据外界环境刺激自动调整其运动状态，并在空气中表现出强的长程快速运动能力，在 300V/mm 的电场作用下，凝胶的最大爬行速率可达 3.22mm/s。通过在玻璃基底上设计具有特殊形状的介电液体图案，建立具有长程路径控制运动能力的电机械系统时，当外加电场强度超过某一临界值 E_{cg} 后，PVA/DMSO 凝胶能在玻璃基底上做路径控制的类蜗牛或类蛇爬行运动。采用 CCD 图像传感器监测结果表明，在 400V/mm 电场作用下，凝胶在线性路径上运动的平均速率可达 14.4mm/s。值得注意的是，此类凝胶系统的寿命约为几分钟至几十分钟，与介电液体线的挥发速度和凝胶溶胀度有关。采用非挥发性溶剂溶胀的凝胶可以延长系统的寿命。

如果没有电流的流动，则无法驱动，因为凝胶的结构是对称的，只有施加电压才会使样品两侧产生不对称结构，从而导致弯曲。弯曲响应不是材料本身具有的性质，而是依赖于系统中电解反应动力学，因此受系统的几何形状、电解液和电极的组成以及凝胶的受力史的影响。

第六节　其他刺激响应型人工肌肉

一、温敏型人工肌肉

俗话说"热胀冷缩"，物质受热膨胀，遇冷收缩，对温度变化都具有一定的响应性。但简单的热胀冷缩是无法用于人工肌肉的。温敏型人工肌肉通常是具有 LCST 的凝胶体系。在 LCST 附近，高分子链由疏松的无规线团结构变为紧密蜷曲的胶粒状结构，即发生了从伸展到蜷缩转变，从而产生温敏性。

这种由无规线团转变为蜷曲球的构象变化一般认为是亲水作用和疏水作用相互竞争的结果。典型的温敏高分子是聚 N-异丙基丙烯酰胺（PNIPAM）（6-3）。

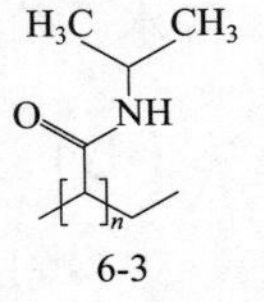

该大分子链上同时具有亲水性的酰氨基和疏水性的异丙基。在低温时，水分子与 PNIPAM 的酰氨基团形成氢键，使得聚合物被一层高度有序的水分子

6-3

包裹，此时水和聚合物之间的亲水相互作用导致体系的混合自由能降低，聚合物在水中溶解形成均匀的溶液；当温度升高至 32℃ 时，氢键和溶剂化层遭到破坏，包裹在聚合物周围的水分子减少，疏水相互作用大于亲水作用，体系混合自由能上升为正值，溶液发生相分离，表现出最低临界溶解温度（LCST）。在 NIPAM 聚合过程中加入交联剂，就成为 PNIPAM 水凝胶，它在室温下吸水溶胀，而在 32℃ 左右发生体积相转变而收缩，收缩的凝胶会随着温度的降低而再次溶胀，恢复原状。

当环境温度上升至其 LCST 时，PNIPAM 分子链段就会发生从亲水状态到疏水状态的转变。将 PNIPAM 接枝到其他基膜表面时，可以充当能感知外界微小化学、物理刺激的高分子刷。环境温度条件的变化可通过改变高分子链的构象，使接枝高分子 PNIPAM 的体积发生改变，进而使膜截留率等性能变化。当环境温度上升至膜材料 LCST 以上时，接枝高分子收缩，膜孔增大，通量增大，截留率降低；当温度降至 LCST 以下时，接枝高分子溶胀，膜孔缩小，通量降低，截留率增大，从而达到通过调控环境温度来实现膜孔的开关转换的目的。温度响应性高分子膜的另一个显著特点就是其响应过程具有可逆性，当温度下降至其 LCST 以下时，该膜的孔径又可恢复到初始状态。

通过共聚其他单体而引入亲水或疏水单体可获得具有不同响应温度的人工肌肉。亲水单体比例增加，临界温度升高；相反，疏水单体含量增加时，其临界相变温度降低。其他具有 LCST 的高分子还包括酰胺类、聚醚、醇类和羧酸类等。

例如，聚（N,N-二乙基丙烯酰胺）（PDEAM）也具有温度敏感性。将 PDEAM 与羟甲基丙烯酰胺（NHMAA）共聚，在侧链上引入亲水性—OH，通过分子链上的—OH 和—NH$_2$ 等基团与水分子形成稳定的氢键，使溶剂化分子链以舒展线团构象溶于水，因此要破坏分子链周围这种有序的溶剂化层结构，使分子链与水的相互作用参数突变而发生相转变，就需要较高的温度以获得更多的能量，从而导致 LCST 升高。另外，侧链上的—OH 和酰氨基在分子链内及链间形成的氢键将导致侧链乙基彼此更加靠近，此时疏水相互作用相对增强，LCST 降低。由此可见，大分子链内亲水基团与水之间的氢键作用、大分子链间的氢键作用共同与侧链乙基之间的疏水作用相互竞争，随着 NHMAA 含量的增加，共聚物的 LCST 先下降后上升，相分离的浓度依赖性减弱。这一结果充分说明上述两种聚合物和水分子形成的氢键、大分子链间及链内形成的氢键以及侧链乙基的疏水相互作用共同影响着分子链的构象变化及相分离过程。

制备方法：在基材膜的表面接枝特性基团的方法有等离子体接枝法、光接枝法和辐照接枝法。接枝膜的水通量实验表明，当接枝率较低时，PNIPAM 接枝膜具有正相开关作用，而当接枝率大于某一值时，水通量变为零，PNIPAM 接枝膜不再具有温度响应特性。而在扩散实验中，PNIPAM 接枝膜在低接枝率和高接枝率时，分别表现出正相开关作用和反相开关作用。接枝率较低时，当环境温度较低时（$T<$LCST），由于膜孔中的 PNIPAM 分子链伸展使得膜孔变小甚至"关闭"，此时溶质的扩散系数较小；当 $T>$LCST 时，由于膜孔内接枝的 PNIPAM 分子链收缩，膜孔变大，溶质的扩散系数变大。但是，当接枝膜的接枝率较高时，PNIPAM 接枝膜表现出反相的开关作用，即溶质在低温时的扩散系数比高温时高，可能是接枝 PNIPAM 开关在低温/高温下的亲水/疏水相转变引起的。迄今，人们对采用等离子体接枝聚合法制备的 PNIPAM 温度响应型智能开关膜的接枝聚合机理、接枝条件对接枝率的影响、接枝膜水通量的温度响应特性、开关膜的微观结构等都做了大量的研究。

其他具有 LCST 的聚合物还有烷氧醚体系，结合烷氧醚单元形成的树枝状聚合物。

二、光敏型人工肌肉

光敏型人工肌肉在光的刺激下会有几何尺寸或形状的改变，材料在尺寸变化过程中产生推动力，也即产生了机械能。

光敏型人工肌肉通常含有能吸收光能的分子或官能团，在光的作用下通过化学或物理反应，产生结构和形态变化。光化学反应机理在第四章第三节感光性高分子与第四节光致变色高分子中已有详细介绍，主要功能基团包括偶氮苯、硫代卡巴腙、螺吡喃、螺噁嗪、三苯基甲烷、俘精酸酐、二芳基乙烯、肉桂酸（酯）、叠氮或重氮盐等。这些光化学转变可以进一步诱导产生化学、光学、力学和溶解特性的变化。

例如偶氮苯在光或热的作用下可以实现顺反异构化的改变。其反式构象在热力学上处于稳定状态，在紫外光的照射下，反式的偶氮苯发生异构反应，转变成顺式偶氮苯；顺式偶氮苯构象热力学上处于非稳定状态，通过可见光的照射或者加热可恢复到反式结构，自然状态下也可逐渐恢复。苯并螺吡喃、螺噁嗪及三苯基甲烷基团在紫外光作用下发生异构化，由一个中性的物质变成一个含有双离子的物质，分子链的极性增加使得高分子-高分子、高分子-溶剂的相互作用发生显著改变，从而引起整个高分子链脱水，凝胶发生收缩，体积减小。俘精酸酐、二芳基乙烯等在光照下发生闭环反应，结构更为紧致，共轭程度增大，宏观体积也随之发生变化。

凝胶在外部环境发生微小变化时，凝胶体积会随之发生数倍或数十倍的变化。将光响应基团引入凝胶制成光响应凝胶，其体积则会在光刺激下发生不连续变化，从而产生机械力。引入光响应基团可以通过化学键，也可以通过分子间作用力。具有疏水空腔结构的环糊精可以作为"主体"包结不同的疏水性"客体"化合物，形成主-客体相互作用。实验表明，反式偶氮苯与β-环糊精衍生物中的空腔有较强的结合力，而顺式偶氮苯与空腔几乎无作用。因此，将β-环糊精制成高分子衍生物，将偶氮苯引入另一高分子体系，如图6-19所示，这样，带有环糊精侧基的高分子复合凝胶在355nm紫外光的照射下，因为反式偶氮苯异构化为顺式偶氮苯，因此，原先通过环糊精包结络合而复合的体系转化为分离的体系，从而诱导复合凝胶发生凝胶-溶胶相转变；再经450nm可见光的照射，顺式偶氮苯异构化为反式偶氮苯，体系发生溶胶-凝胶相转变而重新形成凝胶。

三、形状记忆高分子

形状记忆材料一定程度上也是人造肌肉常见的类型。所谓形状记忆，是通过分子设计，使形状记忆材料在一定的条件下形成某种形状（初始状态）；通过改变外部的条件，材料形状相应改变，且形状能够得到固定（变形状态），但一旦给予一定的外部刺激，材料便可以恢复至初始状态，像是具有生物体的记忆功能。

以往所用形状记忆材料多为金属合金，常温下，处于马氏体状态时，在很大的应变下，也只产生很小的张力，这与骨骼处于松弛状态时的性质一样。当温度升高至材料转变为奥氏体后，材料会变得非常强硬，即使很小的应变也能产生很大的应力。这与处于挛缩状态时的骨骼肌性质一样。

高分子材料的形状记忆性是通过它所具有的多重结构的相态变化来实现的，如结晶的形

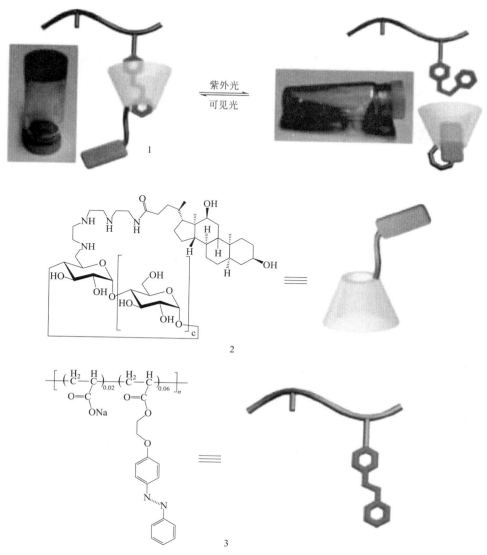

图 6-19　超分子复合凝胶 1 在 355nm 紫外线照射下形成 β-环糊精衍生物 2 和含偶氮苯结构的
共聚物 3 的溶胶；2 和 3 的溶胶在 450nm 可见光照下形成一个超分子的凝胶复合结构 1

成与熔化、玻璃态与橡胶态的转化等，因此迄今开发的形状记忆高分子材料都具有两相结构。形状记忆可以是热响应，也可以是光响应。热响应基于相变温度，而光响应一般基于可逆的光致异构化反应。

例如，将丙烯酰-肉桂酰-乙二酯（HEA-CA，6-4）、丙烯酸丁酯、甲基丙烯酸羟乙酯与丙烯酸酯基团封端的聚丙二醇交联剂进行共聚，肉桂酰基团以侧基方式连接到高分子链上。高分子在被拉伸的状态下用波长大于 260nm 的紫外光照射后，由于肉桂酸基团发生环加成反应形成交联键，当外加应力消除后，材料因交联键的存在弹性变小而仍可长时间保留其被拉伸时的伸长状态；当在室温下用波长小于 260nm 的紫外光照射处于伸长状态下的材料时，肉桂酸的交联键开始解离，则材料弹性恢复，又可恢复到未被拉伸之前的状态。

HEA-CA
6-4

　　在温敏型形状记忆高分子材料中加入具有光热转换效应的分子，通过其光吸收产生的热效应也可以间接实现高分子材料的形状记忆。如 A6 和 t-BA 的交联高分子与金纳米棒复合，在红外光照射下，金纳米棒发生表面等离子共振吸收，将光能转化为热能，材料的温度逐渐升高，使其从无定形的玻璃态变为橡胶态，从而可以从暂时的形状恢复到最初的预设形状。这是一种间接的光响应性形状记忆高分子材料，利用金纳米棒吸收能量而传至高分子体系。

四、液晶弹性体

　　液晶态是既具有晶体有序排列的各向异性又具有液体流动性的状态。处于液晶状态的物质称为液晶。在一定条件下能以液晶态存在的聚合物即为液晶聚合物。将液晶聚合物经适度交联后能在各向同性态或液晶态显示弹性的聚合物称为液晶弹性体。

　　液晶结构所含的介晶基元（致晶基团）通常由苯环、脂肪环、芳香杂环等通过一刚性连接单元（X，又称中心桥键）连接而成。刚性连接单元常见的化学结构包括亚氨基（—C＝N—）、偶氮基（—N＝N—）、氧化偶氮（—NO＝N—）、酯基（—COO—）和乙烯基（—C＝C—）等。在致晶单元的端部通常还有一个柔性基团，如烷基（R—）、烷氧基（RO—）、酯基（—COOR 或—OCOR）、氰基（—CN）、酮羰基（—COR）、烯丙酸酯基（—CH＝CH—COOR）、卤素（—Cl、—Br 等）和硝基（—NO$_2$）等，它对形成的液晶具有一定稳定作用，因此也是构成液晶分子不可缺少的结构因素。

　　液晶可以在各向异性与各向同性间相互转换是其形变的基础。液晶弹性体的概念是 De gennes 在 1975 年首次提出的。他指出，单畴向列相液晶弹性体的形状强烈依赖于有序度，而有序度与温度有关，在相变温度附近，温度的微小变化可以诱发液晶弹性体在保持体积基本不变的基础上发生大尺度的单轴形变，从而产生热机械效应。把向列相液晶弹性体薄膜加热到接近相变温度时，液晶弹性体将从有序的状态进入无序的各向同性态。相变过程中，介晶基元排列的变化引发液晶弹性体薄膜产生沿着介晶基元取向方向的收缩。当温度降低使薄膜从各向同性态回到向列相时，液晶弹性体又恢复至最初的尺寸（如图 6-20 所示）。

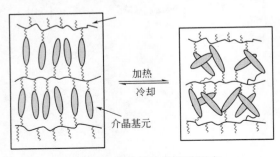

加热
冷却

介晶基元

图 6-20　液晶弹性体热致形变

首例液晶弹性体是 1981 年 Finkelmann 等制备的，他们采用二次交联法得到了单畴液晶弹性体，加热相变过程中的收缩率达到 26%。

　　之后不同的液晶弹性体被设计并合成，柔性聚合物主链包括聚丙烯酸酯、聚硅氧烷等，交联单体则从柔性单体扩展到液晶单元，还有用光刻技术制备液晶弹性体的圆柱阵列以增大形变，提高收缩力。所研究的体系收缩应变可达 40% 以上，收缩力接近 300kPa。

　　在电场作用下，由于介晶基元也可以发生取向的变化，因此液晶弹性体通常也具有电场响应性，可表现出明显的电机械响应。决定其发生取向变化的阈值是电场而不是电压，且随交联度降低，电机械效应增强，电场阈值降低。液晶弹性体中含有可以相互滑行穿过彼此的长链分子，使材料能够在很小的作用下即产生伸长现象。液晶侧链的重排使高分子主链发生应变，从而产生驱动力。驱动机制在于向列型和各向同性态之间的转换，这种转换时间小于

1s。Lehamann 等报道在铁电液晶弹性体中，施加 1.5MV/m 的电场，电致伸缩应变可以达到 4%，但是其弹性模量只有 3MPa，弹性能量密度为 0.002J/cm³。为提高其能量密度，可以通过改变高分子网络和刚性液晶单元的体积分数来改变其黏弹性。由于外界电场可直接影响分子的定位，相比于通过离子扩散发生驱动的其他高分子凝胶，这种液晶凝胶具有更快的响应速度，它可以在 25MV/m 的电场下产生 2% 的应变，具有高达 100MPa 的弹性模量，同样也有较高的能量密度（0.02J/cm³）。Shahinpoor 在这种液晶弹性体中分散导电材料，由电场活化产生热量，能够产生大于 200% 的应变。

有报道通过改变 pH 值使液晶弹性体发生形变，它基于体系在不同的 pH 值条件下，会产生某种相互作用如氢键的生成与破坏，使液晶弹性体在不同有序度的结构间进行转换时发生宏观形变。

将偶氮苯、螺吡喃、二芳基乙烯、俘精酸酐等光致变色基团引入液晶弹性体中，光致变色基团在光照下发生光化学反应，从而引起液晶相转变，导致液晶弹性体发生形变。例如，反式偶氮苯分子呈棒状结构，形状与液晶分子相似，对整个液晶体系有着稳定化作用，而顺式的偶氮苯分子则是弯曲结构，倾向于使整个液晶体系发生取向紊乱。在用 366nm 紫外光照射使其发生反式到顺式的光化学异构反应时，因为液晶基元的协同运动特性，少量顺式的偶氮苯会使得所有液晶基元的排列方向发生紊乱，也就是说整个体系发生了由液晶相到各向同性相的相转变，如图 6-21 所示。当含有偶氮苯的交联液晶高分子接受紫外光照射时，分子取向的变化将进一步使整个交联网络产生各向异性的宏观形变，导致薄膜在近晶相取向方向上发生收缩。这种由液晶体系的相变所产生的形变一般都是双向可控的，很大程度上拓展了材料的应用范围。但是，偶氮苯单元在 366nm 附近的吸光系数很大，以至于 99% 以上的入射光子被厚度小于 1μm 的表面区域吸收。如果所制备的交联液晶高分子薄膜的厚度远大于 1μm，那么只有面向入射光的表面区域发生偶氮苯的光异构，出现有序度的降低，薄膜本体部分的偶氮苯仍保持反式构象。此时只有薄膜的表层发生收缩，即薄膜迎着入射光的方向发生弯曲。且偶氮苯单元优先沿着摩擦方向排列，因此有序度只沿着此方向降低，导致了各向异性的弯曲行为（图 6-22）。Ikeda 和俞燕蕾等采用偏振紫外光照射多畴向列相液晶弹性体，通过调节入射光的偏振方向，实现了对液晶弹性体弯曲方向的精确控制。

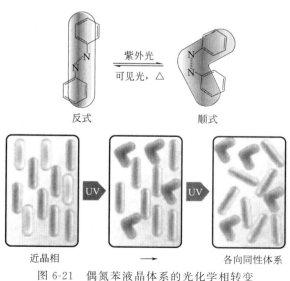

图 6-21　偶氮苯液晶体系的光化学相转变

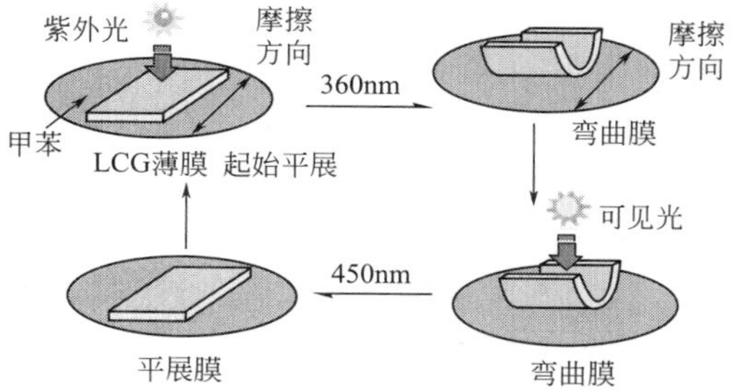

图 6-22　甲苯溶胀的偶氮苯液晶弹性体膜的光致弯曲和平展行为

由于近红外光可以有效地穿透生物组织，所以近红外光致动材料在仿生器件、软机器人等领域有很好的应用前景。在液晶弹性体基体中添加碳纳米管、石墨烯等无机光热转换材料，或添加共轭聚合物、近红外染料等有机光热转换试剂，或通过化学键将光热基团接入特殊设计的液晶弹性体中，在近红外光照下，引发液晶弹性体发生相变、溶胀等效应，就可以产生光致形变。通过掺混的方式会受到掺入量的限制，因为掺入过多将引起材料力学性能下降，而以化学键合方式可以引入较多的光热基团，且分布均匀，具有更为优异的致动效果。

第七节　机器人运动机构设计

微机电系统（MEMS）泛指尺寸小于毫米的，尤其是微米或纳米级的，可对声、光、电、热、磁、运动等自然信息进行感知、识别、控制和处理的，集微结构、微传感器、微执行器和微控制器为一体的微型机电装置系统，它是多种学科交叉融合并具有战略意义的前沿高技术，是未来的主导产业之一。MEMS 不是简单按比例缩小的普通机电系统，它更多的是新材料、新工艺、新机构、新原理和新理论的创造和应用。微型致动器（或称微型执行器或微型驱动器）作为微机电系统的关键部件之一，一直伴随着微机电系统的发展而发展。Feynman 1959 年提出了微型机械的设想，1962 年第一个硅微型压力传感器问世，紧接着开发出尺寸为 $50 \sim 500 \mu m$ 的齿轮、齿轮泵、气动涡轮及连接件等微传动机构。由于微型致动器是比较复杂、难度大的微形器件，其研究进展比较缓慢。20 世纪 70 年代开始进行具体的微执行器的研究，1987 年加州大学伯克利分校展示了转子直径 $120 \mu m$ 的硅微静电微马达，成为 MEMS 发展史上的一个里程碑。随后各国学者先后利用各种功能材料研制出具有不同功能的、适用于不同环境的微执行器。如火星探测器配备的除尘刷子可产生大于 $90°$ 的弯曲[图 6-23（a）]，四爪抓取器在 0.1Hz 5V 方波激励下能举起 10.3g 的物体[图 6-23（b）]，可应用于水中作为船形泳动机器人和仿生鱼的驱动器[图 6-23（c）]，仿人

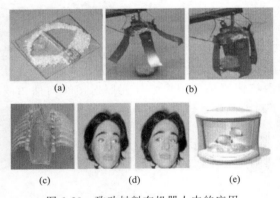

图 6-23　致动材料在机器人中的应用
（a）火星除尘器；（b）四爪抓取器；（c）船形泳动器；
（d）人形头；（e）人工鱼

面部表情和眼珠转动的器件[图 6-23（d）]，日本 EAMEX 公司用人工肌肉作为驱动材料的人工鱼[图 6-23（e）]，一次充电可以工作半年的时间。

从功能上 MEMS 可以划分为：①微位移系统，例如微悬臂梁、微直线位移系统、尺蠖型位移系统、Rainbow 型位移系统、AFM 探头、微马达、微陀螺、微行走系统和微继电器等；②微夹持系统，例如微夹子、微镊子和微爪等；③微流体系统，例如微阀和微泵、打印头、药物释放系统、微喷雾器/微喷嘴、人造喷嘴等；④微光学系统，例如微镜、微扫描器、微快门和微开关等。合理的驱动器设计能够充分发挥人工肌肉材料的驱动性能。实现驱动器的各种运动，就需要将人工肌肉材料所能实现的运动如弯曲或伸缩运动加以组合。在实际应

用中，常由多条相同驱动器进行组合来实现多维运动和旋转。

一、微位移系统

致动材料最常见的运动形式就是伸缩或弯曲，由此实现微位移功能。利用多个一维伸缩致动器构成可操纵的医用导管和蛇形机器人，利用多个二维弯曲致动器构成能在崎岖路面前进的六腿机器人等。将两个一维伸缩致动器与定滑轮相连，可以实现平面转角致动。为了提高其驱动力，往往需要对单个致动材料进行加强处理。材料变形在许多方面可用于产生与肌肉类似的线性运动。将薄膜和电极一起制作成管状、卷成卷筒形状，利用一个框架支撑，或者叠加到一层具有柔韧性的基层材料上以产生弯曲。具体哪一种结构最好取决于具体应用情况和薄膜的特性。图 6-24 是几种线性致动器结构的示意图。特别是领结型和卷筒型致动器都被考虑到人造肌肉的设计中。这两种致动器还可以作为基本结构单元并联以增加输出力，或者串联以增大输出位移。

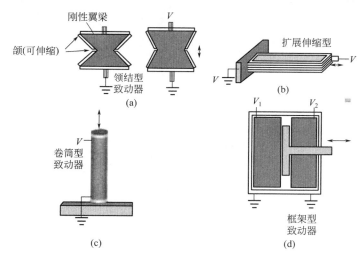

图 6-24　几种线性致动器结构

（a）领结型；（b）复合延伸型；（c）卷筒型；（d）推挽型

如图 6-25(a) 所示，把丝状 PPy 盘绕成弹簧形式的人工纤维驱动器，每根 PPy 纤维直径 0.25mm、圈间隙 0.06mm、丝径 0.03mm，工作电压−0.9V 和 0.7V，应变 23.2%，可拉升 25g 重的物体。图 6-25(b) 把 100 根 PPy 人工纤维捆扎成束，直径 4.5mm，可拉升 2kg 重物。把 25 束共 2500 根 PPy 人工肌纤维捆扎成群 [图 6-25(c)]，直径达 40mm，可提升 50kg 的重物。上述人工肌肉的构成方式就像多个肌纤维构成肌肉乃至肌群，允许用户根据输出位移和驱动力等要求裁剪人工肌纤维的长度和数目。一般情况下，弹簧结构通常能有

(a) 单根PPy　　　　(b) 100根PPy的束捆　　　(c) 25个PPy束捆扎成的群

图 6-25　PPy 纤维束结构

(body)

效提高输出位移，而一组并联机构的人工肌肉纤维能提供很大的驱动力。人工肌纤维越细小，其响应速度越快，还有利于位移和驱动力模拟量输出的控制，同时对人工肌肉驱动器的加工设备和制造工艺也提出了更高的精度要求。

弯曲运动是目前研究的人工肌肉中研究较多的一种变形形式。聚电解质凝胶表面镀金属或贴附石墨电极后在电场作用下就会发生弯曲。含有偶氮苯的交联液晶高分子薄膜也可以实现光致弯曲。图 6-26 所示即为利用偶氮苯液晶材料的光致弯曲运动，实现了爬虫的光致行走和机器人手臂光致运动。偶氮苯聚合物的结构如图 6-26(c) 所示。

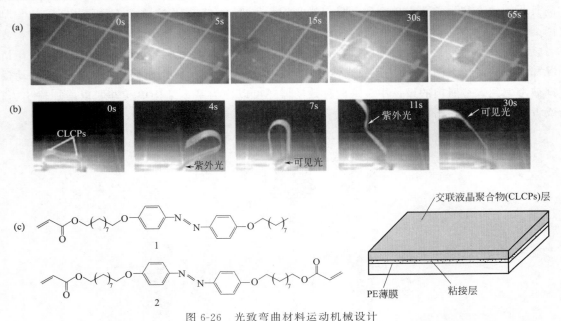

图 6-26　光致弯曲材料运动机械设计
（a）光驱动爬虫走动；（b）光驱动机器人手臂运动；（c）单体（1）与交联剂（2）的化学结构式
注：CLCPs 指交联液晶聚合物

图 6-27 是各种机器人外形结构。其中图 6-27(a) 的 Flex 2 是 2003 年由加州大学伯克利分校生物学家 Robert Full 与斯坦福研究院（SRI）合作开发的，是该系列机器人的第二代，它采用了直接驱动的结构设计，由电池提供能源，使用丙烯酸类聚合物贴附金箔（介电弹性体型人造肌肉）制成卷筒型驱动器。机器人的每个腿具有两个自由度（上/下和前/后），能模拟多足昆虫的简单步态，速度 3.5cm/s。

电活性聚合物致动器的大应变性能可用于制造结构简单的蛇形操纵器关节［图 6-27(b)］。多个这种关节串联起来可以获得更高

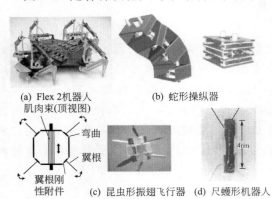

图 6-27　各种机器人

的灵敏度，使这种操纵器能在混杂的环境中工作。蛇形操纵器由于具有柔韧性，因此能够承受与物体的意外触碰。图 6-27(c) 所示昆虫形振翅飞行器设计构思来源于飞行昆虫的结构。这些昆虫的翅膀间接地由位于胸部的肌肉驱动，这些肌肉使昆虫的外骨骼弯曲从而使附于外

骨骼上的翅膀跟着运动。同样地，一束人造肌肉也能够使附有翅膀的塑料外骨骼弯曲。振翅飞行器利用共振增加人造肌肉的能量输出和提高机械装置的效率。昆虫和蜂雀也利用共振。振翅型飞行器与传统的基于回转轴的飞行器相比，在低速飞行时具有推进功率比和稳定性方面的潜在优势。为了消除飞行器噪声，需要轻质而强有力的电致动技术，把 DE 型电活化聚合物应用到仿生振翅机械装置中就能为这样一种振翅型飞行系统提供基础。用 IPMC 材料也可以做原动件的扑翼翅，研究发现适当缩短肌肉片的长度和增加肌肉片的厚度可以增加人工肌肉的输出力，例如厚度为 $800\mu m$ 的 IPMC 材料作为致动原件的扑翼翅，在电压为 $3\sim4V$，频率为 $0.5\sim15Hz$ 驱动下能够产生 $10°\sim80°$ 的振幅角度。图 6-27(d) 尺蠖形机器人使用了能让其在水平和垂直表面爬行的静电夹，利用 DE 型电活化聚合物制成卷筒型而增大应变能力。它能够不依靠独立的刚性支撑框架而工作，就像蠕虫这样的许多生物一样。利用尺蠖形机器人推进系统制作的机器人平台最终能用于制造可在窄管道中执行检查任务的小型机器人。

将上述偶氮苯类液晶高分子与聚乙烯膜复合形成弯曲状复合薄膜可以实现光致行走。将复合薄膜的两端设计成摩擦性不同的节点，在紫外光和可见光的交替照射作用下，复合薄膜发生弯曲和恢复的交替运动，在两端相异节点的作用下薄膜就会如爬虫般向一个方向行走。这种复合薄膜还可以制成可以挥舞摆动的手臂，在紫外光和可见光的照射下实现机器人手臂般的运动，如图 6-26(b) 所示。利用含有偶氮二苯乙炔长共轭基团的液晶高分子已开发出可见光（甚至是太阳光）直接驱动的光致弯曲新材料。其驱动波长大于 430nm，实现了太阳能到机械能的直接转换。其弯曲机理与紫外光驱动的交联液晶高分子膜弯曲机理类似，也是由于薄膜表层的偶氮二苯乙炔基团在 430nm 光照后发生异构化，表层发生收缩，导致薄膜迎着入射光的方向弯曲。

仿生鱼能在水中泳动是依靠弯曲行为实现的。2002 年由日本 EAMEX 公司用人工肌肉为驱动材料制作了人工鱼［图 6-23(e)］；2004 年 Mart Anton 等根据蝠鲼（一种海鱼）的运动原理，制作了蝠鲼作动器；我国郭书祥教授等也研制了一系列水下微型仿生机器人，包括仿生鱼、仿生螃蟹［图 6-28(a)］、仿生水母［图 6-28(b)］等，它们像真的水中生物一样可以转弯、避障、爬行、抓取、上浮、下潜，还具备远程控制、自主巡游等功能。这些水下微型仿生机器人，可以完成水污染探测、细小管道清淤、水下数据收集、辅助手术等多种工作，还可以实现多机器人的协作和分工作业，用途非常广泛。IPMC 材料的独特优点，使其具有了巨大的发展潜力和研究潜能。

(a) 仿生螃蟹　　　　　　　　(b) 仿生水母

图 6-28　仿生螃蟹和仿生水母

将小分子偶氮苯掺杂的液晶弹性体在波长为 514nm 的激光下照射，可观察到快速弯曲行为。如图 6-29(a) 所示，当用可见光照射浮在水面上的液晶薄膜时，薄膜会像鱼一般发生远离光源方向的游动。Bunning 等用偏振激光照射含有偶氮苯的液晶高分子悬臂梁，发现悬臂梁产生频率约为 30Hz 的摆动，摆动幅度达到 170°，如图 6-29(b) 所示。这是由于在偏振激光的照射下，偶氮苯液晶基元由平行于激光的偏振方向排列转变为垂直于偏振方向排列

（Weigert 效应），在悬臂梁摆动的过程中上下表面交替产生变化而产生表面收缩，从而使悬臂梁快速摆动。将偶氮苯基团接在主链上形成的液晶薄膜可用线性偏振光调控其弯曲方向，由于采用非化学交联体系，因此可以制成纤维或是薄膜等任意形状的材料。

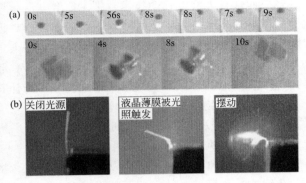

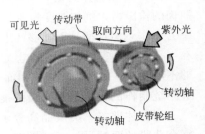

图 6-29 （a）液晶高分子样品在光照下从指定区域移开以及在乙二醇中游离开；（b）液晶高分子悬臂梁在光照下摆动

图 6-30 光驱动马达结构示意图

二、传动履带

这里以光敏液晶致动材料为例说明传动履带的运动机构设计。用偶氮苯单体（6-5）与偶氮苯交联剂（6-6）共聚得到交联液晶高分子，将其与柔性聚乙烯薄膜进行复合可以制得复合膜，再将膜首尾相接便可制成一条传动履带。履带具体的结构和光致转动过程如图 6-30 所示。当用紫外光和可见光同时分别照射履带的右上方和左上方时，在右侧的滑轮上产生一个收缩应力使之逆时针转动，而在左侧的滑轮上产

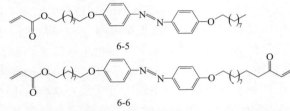

生一个膨胀的应力也使其逆时针转动，于是整条履带便沿着逆时针方向开始转动，而且这样的转动又会带来新的履带接受紫外光和可见光的照射，转动循环下去使得马达能够持续旋转。

采用电驱动、温敏驱动同样可以实现履带的传动机制。

三、抓手

2005 年，Shahinpoor 和 Kim 首次提出了基于微夹持器的概念设计，并制备了一个由护竖条和电线组成的夹持器实验模型，如图 6-31（a）所示。2008 年，龚亚琦等选用 Albut 模型控制平台和移动机构，将 IPMC 材质的夹持爪设计成四分之一圆环形状的夹持器［图 6-31（b）］，微夹钳前段选用质轻的刚性材料。与狭条形相比，它同时具有两个方

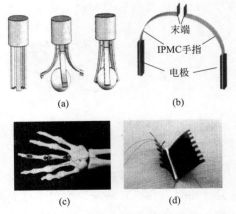

图 6-31 （a）IPMC 末端夹持器；（b）微夹钳前端夹持装置；（c）人手关节；（d）维纳斯捕蝇草

向的变形，运动灵活。此外，韩国 Lee 等也基于 IPMC 设计了人手关节［图 6-31(c)］和维纳斯捕蝇草［图 6-31(d)］。

利用前述液晶高分子膜与聚乙烯薄膜复合，设计出由"手爪""手腕"和"手臂"等部件构成的柔性微机器人，可以实现对物体的抓取，如图 6-32 所示就是俞燕蕾课题组的研究成果。在移动物体时，首先照射手爪结构使其张开；接着光源转向手腕部位，手腕部位的形变使其带动手爪逐渐靠向物体；当照射数秒停止后，手爪恢复环状结构，从而将物体包住；这时再照射上部的手臂结构，其弯曲形变带动整条手臂发生位移，从而将物体移至目的地；再次照射手爪部分，环状结构打开，将物体放下。整个过程在大约 45s 内完成，所用的可见光波长为 470nm，光强约为 $30\,mW/cm^2$，整个微机器人中液晶高分子膜的质量约为 1mg，可搬运的物体质量约 10mg，是实际驱动部件质量的 10 倍之多。在该过程中，物体在水平方向上移动了约 20mm，被"拎起"的最大高度约为 5mm。

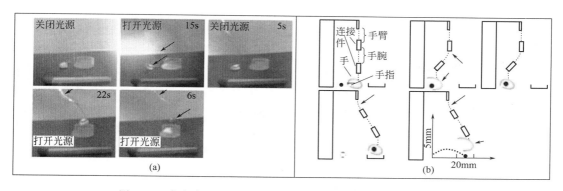

图 6-32　完全由可见光控制的微机器人动作实验照片及示意图

四、驱动微泵

复旦大学俞燕蕾课题组采用的光驱动的微泵结构设计如图 6-33 所示，它主要由泵膜、泵腔、液晶高分子薄膜和盖板等组成。当紫外线照射时，液晶高分子薄膜表层收缩，向下弯曲，使得泵膜向下变形，泵腔体积减小压力增大，从而入口阀关闭，出口阀打开，流体从泵腔流入出口管道。当可见光照射时，光致弯曲材料从弯曲状态恢复到平整状态，使得泵膜也向上运动，恢复到初始状态，泵腔体积增大压力减小，从而入口阀打开，出口阀关闭，流体从入口管道流入泵腔。如此不断循环，从而实现流体的单向驱动。

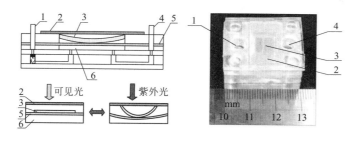

图 6-33　光驱动微泵

1—入口；2—盖板；3—光致弯曲材料；4—出口；5—泵膜；6—泵腔

五、微型执行器

Van Oosten 等用喷墨打印技术制备出了类似纤毛功能的微型执行器。通过选用分别对 360nm 和 490nm 的光有响应的物质 A3MA 和 DR1A 进行组合，能够模拟纤毛的运动并实现对纤毛运动幅度大小的调控。如图 6-34（a）所示，利用紫外光照射时，液晶高分子样品在光照下从指定区域移开以及在乙二醇中游离开；液晶高分子悬臂梁在 360nm 光照下，纤毛的根部产生弯曲，纤毛顶端没变化；利用 490nm 可见光照射时，纤毛顶部产生弯曲，根部没有响应，利用两种波长的光同时照射时，根部与顶部同时产生响应，如图 6-34（b）所示。因此在光照下，这些纤毛结构能够运动，将其放在水中，则能够产生扰动，促进液体的混合。由于这种器件通过 3D 打印技术制备，可以选择不同的喷涂液进行喷涂打印，成本较低，有利于大面积制备响应性执行器件，有望替代传统的电驱动执行器。

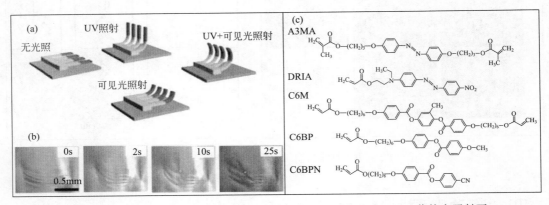

图 6-34 （a）不同波长的光照射下人工纤毛产生不对称运动；（b）紫外光照射下液晶高分子纤毛在水表面运动；（c）构成执行器的液晶单体化学结构式

六、医用

长期以来，尿失禁是泌尿外科临床治疗中的一个难题。到目前为止，临床治疗尿失禁的最有效手段就是植入人工尿道括约肌（artificial urinary sphincter，AUS）。液压式人工括约肌在临床应用较为广泛，尤其以美国医疗系统公司生产的 AMS 800 应用最为普遍，它主要包括括约肌环、液压控制泵和压力调节球三个组成部分，如图 6-35 所示。AMS 800 的压力调节球内充满了液体，通过液压闭锁尿道；需要排尿时，人工打开控制泵的开关，将括约肌内的液体压入压力调节球内，括约肌内压力减小，括约肌环松弛，尿液排出，完毕后再将调节球内的液体压回括约肌内，从而再次锁住尿道。这种传统的人工括约肌功能上其实是利用动力机械装置以代替括约肌排尿，使用时需要在患者腹腔上开洞置入开关控制装置，同时由于体积比较大，对患者伤害也

图 6-35 AM 800 结构
1—压力调节球；2—括约肌环；3—液压控制泵

较大，手术后易诱发周围组织感染，植入术后的并发症也不容忽视。数据显示，术后感染率可达 6.9％。

2004 年，台湾交通大学机械工程研究所陈益臻提出将 IPMC 材料与形状记忆合金 SMA 一起组合应用，依靠形状记忆合金的强度来将尿道闭锁住，用 IPMC 输出的致动力矩来将记忆合金撑开，患者即可进行正常排尿。但是由于记忆合金刚度较大，致动力很难将其撑开。

2005 年，成功大学机械工程学系许敦皓提出利用致动机构来设计尿道人工括约肌，并配合聚二甲基烷氧硅（PDMS）作为束缚尿道的装置，如图 6-36 所示。PDMS 具有较好的柔软性和良好的化学稳定性，人体的生理反应小、无毒。利用上述两种材料，来达成收缩以及束缚尿道的动作。基于人体生理原理，在正常状况下括约肌承担束缚尿道的功能，使尿液不外溢，直到膀胱内尿液压力达到临界值，括约肌在神经系统控制下放松释放尿道压力，让尿液能够顺利排出体外，待

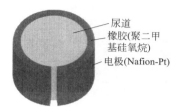

图 6-36　IPMC 人工
括约肌构造

尿液全部排出后，又重新回到闭锁状态。根据其设计构想，IPMC 人工括约肌在电控调解下，可以模仿上述功能。该机构由两部分组成：PDMS 弹性环和 IPMC 控制器。PDMS 具有较好提高 AUS 刚度的作用，IPMC 通过驱动电压来控制弹性材料 PDMS 的开启和闭合，不排尿时 PDMS 是闭合状态；排尿时，IPMC 在外加电压激励下，撑开 PDMS 弹性环，方便尿液排出。

七、人工肌肉的发展趋势

作为具备类似自然肌肉力学形变的智能材料，人工肌肉已得到了广泛的研究和发展。压电材料虽然具有良好的力学性能和快的响应，但其形变率较小；形状记忆材料形变率不大，响应速度也不够；介电弹性体的力学输出性能好，响应快，但其工作电压较高；离子型人工肌肉有些需要在溶液中进行，需要克服阻力做功，能量转换效率不高。如何提高这些材料的综合性能是未来人工肌肉领域的重要方向。

大部分人工肌肉的变形模型可用弹簧形式的高分子链代表。人工肌肉的变形大都与高分子链的构象变化有密切关系，如在 pH 型肌肉中，高分子链上的功能基团与介质发生的离子交换改变了高分子链的电荷形态，使高分子链发生卷曲或伸张，在螯合型和离子交换型人工肌肉中，金属离子通过络合反应将不同或同一高分子链的不同部位牵拉到一起，使高分子链卷曲收缩；在电解质响应型人工肌肉中，蛋白质肽链的氢键等次价键的破坏导致蛋白质晶体结构发生相变，高分子链的构象改变，材料变形；在物理型人工肌肉中，溶剂分子与高分子链之间的亲和性（吸引或排斥）引起凝胶渗透压及溶胀度的变化，进而引起高分子链构象的改变，等等。

而天然肌肉的变形机制明显不同。首先，天然肌肉在变形过程中蛋白质的构象并不发生改变；其次，人工肌肉总的变形是靠单一材料在连续域上积累叠加各处的微观变形产生的，而天然肌肉则是靠两种或多种不同类型的蛋白质材料之间的相对位移，以及高度规则的精密结构上叠加各肌小节中发生的这种相对位移来实现的。在这一意义上讲，人工肌肉与天然肌肉有很大的距离。因此，在实际性能上，尽管人工肌肉与天然肌肉相比在最大收缩率、最大压力和效率方面可以超过天然肌肉（表 6-5），但在稳定性和重复性上还具有很大的差距。

无疑仿生肌肉将是未来人工肌肉发展的重要方向。分子马达的出现实际上已经为实现这种机制提供了条件。

表 6-5　人工肌肉与人的天然肌肉的比较

材　　料	最大收缩率/%	最大压力/MPa	效率/%
人天然肌肉	>40	0.35	>35
离子聚合物金属复合物	100	30	30
收缩性聚合物			
拉延式聚乙烯	0.45	450	
非拉延式聚硫乙烯	1.1	37	
电场致动弹体	60	7.2	
场致收缩聚丙烯	215	2.4	90
pH 响应式水凝胶	>40~80		50
电磁式(发声线圈)	50	0.1	90
电磁式(稀土)			32
铁电式聚合物	0.1		
陶瓷压电晶体	0.2	110	
碳纳米管	0.9	0.75	
离子聚合物金属复合物	>10	10~30	
氢-氧电解相变式致动器	136000	200	70

思　考　题

1. 什么是致动材料？它有哪些应用？
2. 什么是外在伸缩式人工肌肉？什么是内在伸缩式人工肌肉？
3. 简述天然肌肉组织及其致动机制。
4. 如何评价肌肉的功能特性？
5. 外在伸缩式人工肌肉有哪些类型？简述其基本工作原理。不同类型各有何优缺点？
6. 什么是化学响应型人工肌肉？文献中的化学机械型人工肌肉的致动原理是什么？
7. 写出 pH 型、螯合型和离子交换型人工肌肉致动过程的基本反应方程式。
8. 列表比较化学响应型人工肌肉的类型和致动机理。
9. 电场响应型人工肌肉可以分为电子型和离子型两类，它们各有哪些类型？
10. 什么是电活性材料？电子型人工肌肉为什么常用干态？
11. 电活性材料有哪些类型？在电场作用下，这类材料为什么能产生形变响应？
12. 磁致伸缩材料有哪些类型？如何制备磁致伸缩高分子材料？
13. 写出离子型人工肌肉的结构特征，并举例说明。
14. 比较离子型人工肌肉的化学响应与电场响应有什么不同？各有什么特点？
15. 将离子聚合物薄膜置于电场中，它会发生怎样的变形？而当离子聚合物膜表面镀上金属薄膜作为电极时，其在电场下的形变响应又会怎样？
16. 共轭聚合物的导电机理是孤子（电子）导电，它在电场中的致动载体为什么不是孤子（电子）？

17. 简要说明影响离子型人工肌肉电场响应性的因素。

18. 哪些高分子材料水溶液具有 LCST 性质？温度改变时它有怎样的响应？

19. 查找相关资料，了解使高分子溶液 LCST 相变温度接近人体正常温度的方法。

20. 光敏型人工肌肉有哪些类型？试将其与光致变色材料相比较。

21. 什么是形状记忆高分子？为什么有些高分子材料会产生形状记忆功能？

22. 什么是液晶？液晶高分子有哪些类型？

23. 什么是液晶弹性体？简述液晶弹性体的致动原理。

24. 如何分别实现液晶弹性体的温控、光控、电场控制？能否设计液晶弹性体结构，使之具有多重控制功能？

25. 如何利用人工肌肉的伸缩或弯曲实现机器人不同的运动？试举例说明。

26. 什么是微纳马达？什么是分子马达？试查阅相关资料对此加以说明。

27. 请对人工肌肉的未来加以展望。

第七章　生物医用高分子材料

　　生物医用高分子是在生物和医学领域应用的特种高分子材料。这种材料的研究、开发与应用涉及高分子科学与工程、生物化学与物理学、病理学、解剖学、临床医学等多种学科。为了达到完美的临床效果，生物医用高分子还涉及许多新的工程学问题，例如装置设计、电子仪器、自动控制等。所以，生物医用高分子的研究是一门交叉学科，它的发展与上述各学科的发展是紧密联系在一起的。可以说，高分子学科的发展为生物学、医学和药学等学科的发展提供了物质基础；而反过来，这些学科又促进了高分子学科的进一步发展，这也是在现代科学上多学科合作、互相渗透、突破原有的狭小范围而形成一门新学科的一个范例。

　　生物体是有机高分子的天然仓库。生命物质中，蛋白质、肌肉、纤维素、淀粉、各种生物酶、骨胶等都是高分子化合物，因此，在各种材料中，高分子材料的结构、理化性质与生物体最为接近，最有可能用作生物医用材料；而且高分子材料来源丰富，品种繁多，保存容易，性能可变范围广，可以做出利如齿、硬如骨、坚如甲、韧如筋腱、明如角膜等各种特性的产品，同时还可以加工成各种复杂的形状，或细如发丝，或薄如蝉翼，或中空玲珑剔透，或异型精彩纷呈，因而在生物医用材料中占有重要地位（如表 7-1 所示）。就置换外科而言，目前从天灵盖到脚趾骨、从内脏到皮肤，都有了高分子代用品。在药物制剂以及医疗用品等方面，高分子材料也扮演着重要的角色。早在 1855 年，Goodyear 就已著书介绍了橡胶在内科和外科中可能的应用。之后，人们开始用硫化橡胶制作输液管道、医用手套等，到 20 世纪 30 年代，由于天然橡胶价格下落，其应用更广，各种橡胶管、橡胶瓶塞纷纷出现，用于输液装置、医用设备及医疗器械上。之后，又有聚酰胺纤维的缝合线、高分子医用黏结剂以及一些特殊的高分子药物相继问世，在治疗、护理等方面出现了一次性用品，避免了交叉污染，使用量日益增多。生物医用高分子在发展医学、探索生命起源等方面起着越来越重要的作用。虽然有的已基本完善，有的还刚刚起步，但是随着科学技术的进一步发展，随着新的高分子合成方法和手段的出现，尤其是分子设计理论的逐步完善及计算机在模拟、优化和预测方面的应用，对材料的结构与性能间的关系更加了解，医用高分子材料将逐步走向完善，必将取得更为广泛的应用。

表 7-1　生物医用高分子应用概况

功　　能	材　　料	高　分　子
1. 血液、呼吸、循环系统		
止血功能		
血液适应功能	止血材料	α-氰基丙烯酸酯、聚乙醇酸类等
瓣膜功能	抗血栓材料、防溶血材料	PUR、PTFE、肝素表面改性聚酯
血液导管功能	人工瓣膜、瓣膜轮圈收缩材料	PUR、SR、PTFE、PMMA、PE
收缩功能	人工血管材料	涤纶、PTFE、聚乙烯醇缩甲醛
血浆功能	人工心筋材料	尼龙、PVC、PTFE、SR、涤纶
氧的输送功能	人工血浆	葡聚糖、PVA、聚乙烯吡咯烷酮
气体交换功能	人工红细胞	氟碳化合物乳剂、改性血红蛋白制剂
	人工肺	硅橡胶膜、微孔 PP、PTFE 膜、聚砜膜
2. 骨骼运动系统		
身体结构支持功能	人工骨	PMMA、HDPE、PC、复合材料
关节功能	人工关节	合金、复合材料、UHMPE、PET
运动功能	机械连贯装置	UHMPE、EPOXY、PU、PP
防止关节磨损功能	人工浆膜	PTFE、合金、陶瓷
3. 代谢系统		
血糖调节功能	人工 β 细胞	功能膜
代谢合成功能	固定酶	高分子固定化酶
营养功能	高营养输液	蛋白质/维生素/糖/盐营养输液
解毒功能	吸附剂、人工肾、	改性纤维素、PP、SR、尼龙、PC
	人工肝	活性炭-高分子、离子交换树脂
选择透过功能	人工透析膜、人工肾	改性纤维素、PP、SR、尼龙、PC
4. 其他		
眼科整形	人工角膜、	SR、PMMA
	人工眼球、	SR
	人工玻璃体	液态有机硅、骨胶原
齿科整形	龋齿修补材料	改性纤维素、PMMA、PC、SR
身体形态填补功能	整形外科用材料	聚乙烯醇缩甲醛海绵、SR、PE
创伤覆盖功能	人工皮肤	合成高分子水凝胶、天然高分子
生物体黏结功能	黏结剂、缝合线	α-氰基丙烯酸酯、环氧树脂、天然
分解吸收功能	吸收材料、医用缝合线	聚乳酸、聚氨基酸、天然高分子
导管功能	人工气管、食道、胆道、尿道	SR、PE、PTFE、PVA、尼龙、PVC
神经兴奋传递功能	人工神经、电极材料	共轭聚合物、智能高分子
生物情报感知功能	感敏元件	共轭高分子、智能高分子
生物体组织适应性功能	亲水性材料、生物适应性生物化材料	水凝胶、PTFE、涤纶、SR
5. 体外部分		
采样化验用具	采样器皿	PE、PVC
外科手术用具	注射器	PP、PE
	各种插管	PE、PTFE、SR、PMMA
	各种手术用具	PE、玻璃纤维增强塑料
	手术衣	无纺布
6. 内科应用		
药物载体	黏合剂、崩解剂、赋形剂	CMC、PVA、接枝交联淀粉
药物控释	聚合物膜、大分子化药物	硅橡胶、改性纤维素、聚醚、刀豆球蛋白、聚青霉素等
高分子药物	有药效的大分子	离子交换树脂、聚多胺、马来酸酐共聚物

续表

功　能	材　料	高　分　子
7. 特异性诊断材料 　免疫载体 　磁性免疫载体 　环境敏感性载体	抗原或抗体的载体、固定化酶 磁性微球、磁性固定化酶 温敏材料 pH 敏感材料 光敏材料 电场响应材料	PS、聚氨基酸、聚乳酸、天然高分子 PS、聚氨基酸、聚乳酸、天然高分子 PNIPAM、PEO 衍生物、共轭聚合物 聚羧酸、聚氨基酸、聚碱 感光高分子、光致变色高分子 聚电解质、压电材料、共轭聚合物

第一节　概　　述

一、分类

生物医用材料是用来对生物体尤其是人体进行诊断、治疗、修复或替换其病损组织、器官或增进其功能的材料。生物医用材料按照材料的种类可分为金属材料、无机非金属材料和高分子材料，以及由两种或两种以上不同材料组成的复合材料。

金属与合金是较早应用于医学的一种材料。例如 1588 年人们就用黄金板修复颚骨，1775 年就有金属固定体内骨折的记载，1800 年以后有大量关于应用金属板固定骨折的报道，1809 年有人用黄金制成种植牙齿，等等。20 世纪初，不锈钢和金属钛广泛用于矫形外科。之后，钴基合金在医学上开始应用。经过动物实验，人们发现金属植入体内很少引起组织反应。直到今天，金属仍然广泛用于临床，主要用于制作人工硬组织器官。目前，应用较多的仍是不锈钢、钛和钛合金。钛的抗腐蚀性优于不锈钢，但耐磨性差，经长期使用后，材料表面有磨耗并发黑。国外用钴基合金制作人工关节较多，近年来发现铌和钽的材料具有抗疲劳强度高，耐腐蚀性好，与生物相容性好等优点，大有代替不锈钢、钛和钛合金的趋势。此外，还有一种所谓记忆合金正大力发展，其中研究最多的是镍钛合金，其生物相容性好，在低温变形后，升到体温时又可恢复到记忆形状。这种合金相当硬，在高应变范围内呈现超弹性。

陶瓷在我国的历史久远，但直到 20 世纪 60 年代，L. Smith 才将陶瓷作为骨骼材料植入体内。目前，无论是氧化铝陶瓷、微晶玻璃、氧化锆、氧化钛，还是能降解吸收的三磷酸钙陶瓷，都在医学上得到了应用。

在高分子应用方面，公元前约 3500 年古埃及人就利用棉花纤维、马鬃作缝合线缝合伤口，是最早使用的生物医用材料；19 世纪中叶硫化天然橡胶被用来制造人工牙托和颚骨；20 世纪初开发的高分子新材料促成了人工器官的系统研究。1940 年以后，由于人工器官的临床应用，拯救了成千上万患者的生命，减轻了病魔给患者及其家属带来的痛苦与折磨，引起了医学界的广泛重视。生物医用高分子材料也得到了飞速的发展。

医用高分子材料包括合成高分子材料和天然高分子材料两大类别。按照其应用特点来分，可分为以下五类。

（一）与生物体组织不直接接触的材料

这类材料用于制造医疗器械和用品，但不与生物体组织接触，如药剂容器，输血用血浆袋，输血输液用具，注射器，试剂瓶、培养皿、采样器等化验室用品，手术器械、手术衣、面罩、托盘等手术室用品，蛇腹管、蛇腹袋等麻醉用品等。

（二）与皮肤、黏膜接触的材料

这类医疗器械和用品，需要与人体的皮肤和黏膜接触，但不与人体内部组织、血液、体液接触，因此要求无毒、无刺激、有一定强度。用这类材料制造的物品很多，如手术用手套，吸氧管、气管插管等麻醉用品，耳镜、压舌片、导尿管、肠胃窥镜等诊疗用品及绷带、橡皮膏等。

（三）与人体组织短期接触的材料

这类材料大多用来制造在手术中暂时使用或暂时替代病变器官的人工脏器，如人造血管、人工心脏、人工肺、人工肾脏渗析膜、人造皮肤等。在使用中，需与肌体组织或血液接触，故一般要求有较好的生物适应性和抗血栓性能。一些诊断用品和试剂也属于此类。

（四）长期植入体内的材料

用这类材料制造的人工脏器，一经植入人体内，将不再取出，伴随终身。因此，要求它有非常优异的生物体适应性和抗血栓性，并有较高的机械强度和稳定的化学和物理性能，如脑积水髓液引流管、人造血管、心瓣膜、气管、尿道、骨骼、关节、手术缝合线、组织黏结剂等。

（五）药用高分子

这类高分子包括用以固定小分子药物的高分子载体、本身具有药理功能的药物高分子和微胶囊化低分子药物的高分子膜材料等。

二、生物医用高分子材料的基本条件

作为医用高分子材料，由于其在使用过程中常需与生物的肌体、血液、体液等接触，有些还须长期植入体内，因此，对这种材料的要求非常严格，必须从原料开始，精密细致、严格地加以专门制造，使之具有优良的特性。

作为医用高分子材料首先必须满足以下一些基本条件：

（一）化学稳定性

化学稳定性要求高分子材料不会与体液发生反应而变性老化，丧失其功能；体液也不能因与材料接触而受到影响，发生变化。

人体是一个十分复杂的环境，各部位的性质也有很大的差别，如胃液是酸性的，肠液是碱性的，血液则呈微碱性等。血液和体液中含有大量的 Na^+、K^+、Ca^{2+}、Mg^{2+}、SO_4^{2-}、Cl^-、HCO_3^-、PO_4^{3-} 等离子，以及 O_2、CO_2、H_2O、类脂类、类固醇、蛋白质及各种生物酶等物质。在这样复杂的环境中，长期工作的高分子材料必须具有优良的化学稳定性。否则，在使用的过程中，不仅材料本身性能会不断发生变化，影响使用寿命，而且新产生的物质还可能对人体产生危害。人体环境与高分子间的相互作用包括：由体液引起的聚合物的降解、交联和相态的变化；由体内自由基引起的高分子材料的氧化降解反应；在体液作用下，高分子材料中的添加剂溶出，引起高分子性质变化；由生物酶引起聚合物分解反应；由血液、体液中的类脂、类固醇及脂肪等渗入高分子材料中引起增塑使强度下降；等等。如聚烯烃在体内生物酶的作用下，发生断裂产生自由基，对人体有不良影响；聚酰胺、聚氨酯等中的酰氨基团和氨基甲酸酯基团都易水解，在酸性和碱性条件下更不稳定；而硅橡胶、聚乙烯、聚四氟乙烯等高分子无可降解基团，稳定性相对较好。反之，作为医用黏合剂、手术缝合线的材料则希望它们能尽快被组织分解、吸收或排出，但在分解过程中不应产生对人体有害的物质。因此，在选择材料时，必须考虑各种因素的影响，选择合适的材料。

（二）组织相容性

组织相容性要求材料对人体组织不会引起炎症或异物反应。有些高分子材料本身对人体并无不良影响，但在高分子的合成与加工过程中，不可避免地会残留一些单体及一些添加剂，在植入人体后，这些单体和添加剂会慢慢地从内部迁移至表面，从而对周围组织发生作用，引起炎症或组织畸变，甚至引起全身性反应。人体组织反应有以下四类：急性局部反应（如炎症、组织坏死、异物排斥形成血栓等）、慢性局部反应（炎症、肉芽增生、组织增生、钙沉积、组织粘连、溃疡、致癌、形成血栓等）、急性全身性反应（如急性毒性感染、发热、神经麻痹、循环障碍、血液破坏等）和慢性全身性反应（如慢性中毒、血液破坏、脏器功能障碍、组织畸变等）。例如，脲醛树脂、酚醛树脂中残留的甲醛由于急性毒性会引起皮肤炎症；聚氯乙烯单体有麻醉作用；聚氯乙烯中常用铅盐作为稳定剂，但它对血液有毒，会引起严重的贫血等。因此，高分子在植入人体前必须通过体内试片埋植法进行生物体试验，确保万无一失。

（三）不会致癌

现代医学理论认为，人体致癌的原因是正常的细胞发生了变异，当这些变异细胞极速增长并扩散时，就形成了癌。而引起细胞变异的因素是多方面的，包括化学因素、物理因素及病毒等因素。当高分子植入人体后，高分子材料本身的性质，如分子量及其分布、构型、构象、交联度或结晶度、材料中所含的杂质、单体、添加剂等都可能与致癌有关。但研究表明，高分子材料与其他材料相比，并没有更多的致癌可能性，而是植入材料的形状对癌症的产生有较大的影响，如表7-2所示。可见，海绵状、纤维状及粉末状材料植入时，致癌的可能性很小，而大体积的薄片植入后，体内出现癌症的可能性较大。其原因可能是大体积的薄片植入后，其周围的细胞代谢会受到较大程度的干扰和阻碍，造成营养和氧供应不足，同时，细胞长期受异物刺激，造成异常分化产生变异而致癌；而植入的材料为海绵状、纤维状和粉末状时，组织细胞可以围绕它们生长，不会因营养和氧的供应不足而产生变异，因而致癌的危险性较小。

表 7-2　不同形状的材料对产生肿瘤的影响　　　（小白鼠，2年）/%

材料	薄片	大孔薄片	海绵体	纤维状	粉末状
玻璃	33.3	18	0	0	0
赛璐珞	23	19	0	0	0
涤纶树脂	18	8	0	0	0
尼龙	42	7	1	0	0
PTFE	20	5	0	0	0
PS	28	10	0	1	0
PU	33	11	1	1	0
PVC	24	0	2	0	0
硅橡胶	41	16	0	0	0

注：表中的数据是发现肿瘤的概率，指实验对象为小白鼠，实验周期为 2 年。

但如果材料本身已被致癌物质污染，那么，埋植后，也会引起恶性肿瘤。此外，在埋植后，如果材料的外包膜厚度增厚过度，也容易引起癌变。

（四）血液相容性

人体的血液在表皮受到损伤时，会自动凝固形成血栓，这是一种生物体的自然保护性反应。否则，一旦皮肤受伤，即流血不止，生命将受到威胁。高分子材料在与血液接触时，也会产生血栓。因为当异物与血液接触时，血液流动状态发生了变化，情况与表面损伤相似，因此也将在材料表面凝血，产生血栓。高分子材料的抗血栓性研究是一个十分活跃的领域，也相当棘手。

植入人体的高分子材料，尤其是人工脏器材料，必然要长时间与体内的血液相接触，因此，要求材料具有血液相容性，能够抗血栓，不会在材料的表面发生凝血现象。

（五）力学稳定性

许多人工脏器一旦植入人体，将长期存留，有些甚至要伴随人的一生。因此，要求材料在极其复杂的人体环境中，不会很快失去原有的机械强度。

事实上，在长期的使用过程中，高分子材料受到各种因素的影响，其性能不可能永远不变。一般来说，化学稳定性好的，不含易降解基团的高分子材料，其机械稳定性也比较好。如表 7-3 所示。

表 7-3　高分子材料在体内的机械稳定性　　　（试验对象：狗）

材　　料	植入天数	机械强度损失/%
尼龙 6	761	74.6
涤纶树脂	780	11.4
聚丙烯酸酯	670	1.0
聚四氟乙烯	677	5.3

有时，材料植入人体后，要承受一定的负荷和恒定的动态应力。如作为关节材料，既要

承受负荷，更需在动态条件下工作，还有因对磨而引起的磨损问题。材料的机械性能降低，不仅会使材料本身被破坏，失去使用功能，而且聚合物碎粒植床式插入周围组织，会引起周围组织炎症和病变。

（六）耐消毒处理

高分子材料在植入体内之前，都要经过严格的灭菌消毒，如蒸汽消毒、化学灭菌、γ射线灭菌等。

蒸汽灭菌通常在压力灭菌器中进行，温度可达 $120\sim140℃$。故软化点低的高分子材料就不合适。

化学灭菌采用灭菌剂进行灭菌。常用的灭菌剂有环氧乙烷、烷基（芳基）季铵盐、碘化合物、甲醛、戊二醛等。用化学灭菌方法可以进行低温消毒，但要防止发生副反应。如聚氯乙烯可以与环氧乙烷形成氯乙醇，含活泼氢的聚合物（如酚醛树脂、氨基树脂等）与环氧乙烷反应会生产羟乙基聚合物等。此外，有些高分子材料表面易吸附灭菌剂，在人体内释放时就会引起溶血、细胞中毒、组织炎症等局部反应甚至全身性反应。所以在临床应用时，必须除去一切灭菌剂。

γ射线灭菌的原理是γ射线穿透力强，灭菌效果好，并可自动化、连续化操作，可靠性好。但由于辐射能量大，对聚合物材料的性能有较大的影响，通常会使机械强度下降。具有灭菌作用的γ射线剂量至少要 $2\sim3$ Mrad，而许多聚合物则也将受到影响，如聚丙烯、丁基橡胶只能耐 $1\sim2$ Mrad，聚氯乙烯、聚四氟乙烯、硅橡胶、氯丁橡胶只能耐 10Mrad 以下的剂量。耐辐射较好的聚合物有聚乙烯、聚苯乙烯、丁苯橡胶、天然橡胶等，均可耐 100Mrad 的射线剂量，而聚氨酯更可耐 500Mrad 以上。尼龙 6 和尼龙 66 可以多次往复辐照消毒，但辐照后交联度增加，抗拉强度增加，而抗冲强度下降。辐射剂量达到 20Mrad 时，抗冲强度只有原来的一半。

（七）加工成型性

人工脏器往往具有很复杂的形状，因此，用于人工脏器的高分子材料应具有优良的可加工成型性。否则，即使其各项性能都满足医用要求，却无法加工成所需的形状，则仍然是无法应用的。

人工器官种类繁多，形状各异，因而其加工成型的方法也多种多样。往往同种器官用于不同的患者，也有不同的要求，如人工心脏，由于患者的心脏血液流量有多有少，其大小和形状设计的要求有所差别。加工成型方法经过多年的摸索和改进，已积累了丰富的经验。针对不同的器官，采用了模压法、浸渍法、浇注、涂敷、溶液流延、包层、熔融纺丝和编织等不同方法。有些情况下，尚需进行后加工处理，如坯料的车削、薄膜的双向或多向拉伸、表面处理等。3D 打印技术的出现，为复杂形状构件的成型和精确加工带来了飞跃式的进步。

以上是对医用高分子材料的基本要求。作为人工器官用材料，还必须具备生物功能性。对于特殊的场合还有特殊的要求，强调的重点也不尽相同。由于各种器官在生物体中所处的位置不同，功能也不一样，因而对材料的要求也不能一概而论。如心脏血流量平均 $4\sim5$ L/min，多时可达 $14\sim15$ L/min，对抗凝血性能的要求就特别高；同时心脏平均每分钟 72 次的搏动，每年大约要搏动 3600 万次，这就要求材料具备极高的机械强度和耐疲劳性；人工肾则要求其具有高度的选择渗透性，耐压性也需良好；作为人工血液，要求其有吸、脱氧功能；人工皮肤要有细胞亲和性和透气性；人工玻璃体要具有适度的含水率和高度的透光性；等等。

第二节　人　工　血　液

血液是机体中的液体组织，由 55％的血浆和 45％的血细胞组成。

血浆的主要成分是水，占 90％，其次是血浆蛋白，约占 7％，此外还有一些电解质以及糖、酯等营养物。血浆蛋白质包括纤维蛋白原、白蛋白、γ-球蛋白及各种凝血因子、免疫抗体、酶和激素等。血浆起运输血细胞、养分和代谢产物，调节组织的水分、pH、渗透压和温度等作用。

血细胞主要包括三种：红细胞、白细胞和血小板。红细胞主要进行气体交换；白细胞主要用于吞噬细菌、产生抗体；血小板主要用来防止血液外流，起凝血、止血作用。

一、人工血浆

作为代血浆，人工血浆需要具有血浆的基本功能。某些水溶性高分子对水和离子都能保持稳定的作用，而且毒性低，不透过毛细血管，可以使血液维持适当的渗透压和黏度，因此能满足血浆蛋白质的渗透压和基本稳定的特性，是血液中代血浆的用品。

早期代血浆利用明胶或阿拉伯胶为原料制成，第二次世界大战时，开始广泛应用聚乙烯基吡咯烷酮为血浆代用品，主要作用为提高血浆胶体渗透压，增加血容量，用于外伤性急性出血、损伤及其他原因（包括失水太多）引起的血容量减少。此外，聚丝氨酸、聚 N-氧-4-乙烯吡啶等，与聚乙烯基吡咯烷酮具有相似的作用。由于葡聚糖在体内代谢情况较好，因此目前血浆代用品用得更多的是葡聚糖。目前最佳的血浆代用品右旋糖酐就是通过发酵合成的一种高分子葡萄糖聚合物。临床上常用的有中分子右旋糖酐（如分子量 70000 的右旋糖酐-70），主要用作血浆代用品，用于出血性休克、创伤性休克及烧伤性休克等。低分子右旋糖酐（如分子量 40000 的糖酐-40）和小分子右旋糖酐（如糖酐-10，分子量为 10000）能改善微循环，预防或消除血管内红细胞聚集和血栓形成等，亦有扩充血容量作用，但作用较中分子右旋糖酐短暂，用于各种休克所致的微循环障碍、弥漫性血管内凝血、心绞痛、急性心肌梗死及其他周围血管疾病等。

在对低白细胞症进行诊断时，可以用聚乙烯基吡咯烷酮对甲苯碘（[131]I）输入血液，利用[131]I 的放射性对血液中的物质进行简单的定量。例如当白细胞浓度降低时，将此药进行静脉注射，随后进行放射能的测定，以分析血浆蛋白合成的异常现象或者血浆蛋白在消化道内的过量扩散现象。在正常情况下，它的排出量为注射量的 1.5％以下，如果排出量在 19％以上则为异常。

血浆中的其他成分，如脂肪、糖类、电解质等则可以通过在血管中输液直接解决。

二、人工血球

血细胞中的白细胞为有核细胞，它通过不同的方式和机理消灭病原体，消除过敏原而保证机体健康。其部分功能可以用抗生素来代替。而血小板的功能则可以用凝固促进剂来代替。

人体中成熟的红细胞为无核细胞，内部充满红色的血红蛋白，可以与 O_2、CO_2 进行可逆的化学结合和分离。常人体内，每 100mL 血液中，大约含有 15g 的血红蛋白，可以输送 O_2 20mL。具有气体交换功能的血红蛋白的代用品的研究与开发成为人工血球的关键。聚血红素是将血红素分子的蛋白质经化学交联后制成的易于保存和输运的聚合物，可用作失血病人的血液补充，但其仍然是来自于自然血，因此，只能算是半合成血，应用也受到限制。今天所指的人造血，实际上是指能用于人体的具有气体交换功能的合成物质。

1934 年，Amberson 就用牛血红蛋白对动物进行换血试验，没有成功。换血后，动物出现凝血活性增高，肾脏缺血性损害，甚至可以导致动物死亡。之后，1963 年，Rabiner 制成无基质的血红蛋白，基本去掉了上述换血的副作用，但它对末梢组织供氧较难，在血中半衰期不到 3.5h，还不能实用化。对它进行高分子化的改性，也没有取得突破性的进展。1964 年，美国的 Clark 发现氟碳化合物中 O_2 的含量比水高 20 倍，它所能运载的 O_2 的含量是血红蛋白的几倍。之后，用氟碳化合物对鼠进行脑灌流、心脏灌流、全血交换等实验相继取得成功，表明氟碳化合物可以成为血液中血红蛋白的代用品。目前，血红蛋白代用品已经历了三代，第一代是无载氧功能的血管扩容剂，第二代包括全氟碳化合物、化学修饰血红蛋白及基因重组血红蛋白，第三代是模拟天然红细胞膜和红细胞内的生理环境，用仿生高分子材料将血红蛋白包裹起来制备成的"人工红细胞"。

（一）全氟碳化合物

1. 原料的选择

氟碳化合物是一类无色透明的液体，其表面张力很低，通常小于 0.015N/m（25℃），若分子中含有氧、氮等杂原子，其值会略有增加。它与大多数溶剂难以混溶，但对各类气体却有非常好的溶解度。这一点使之具有替代血红蛋白进行输送氧等气体的功效。其化学稳定性特别好，与一般有机试剂或无机试剂不易发生作用，在强酸、强碱及强氧化剂中均能保持稳定。纯净的氟碳化合物在 400℃ 时仍不发生变化，因此它是很好的人工血液替代品的候选者。制备人工血细胞的氟碳化合物必须满足以下条件：

（1）合适的分子量范围　分子量太高，则不易从体内排出；分子量太低，又容易在血管中形成"气栓"。如最早作为人工血液试验的全氟丁基四氢呋喃，即 FX-80，其分子量较低，在给动物进行动脉注射时，发现其因肺部障碍而死亡。所以，一般所用的氟碳化合物的分子量范围在 450～550，其蒸气压为 0.5～3.3kPa。

（2）易被乳化　由于氟碳化合物是疏水性的，在血液中不能溶解，为了使之能在血管中流动，并易于进入末梢血管，同时增加其比表面积，以利于气体交换，还必须将其制成乳状液。

（3）无毒性　不仅要求氟碳化合物本身没有毒性，而且要求乳化剂也没有毒性。而且，由于制备过程中牵涉到许多其他有毒化合物，因此，要求其纯净可靠，不含杂质。

（4）在体内脏器滞留时间要短　作为代血液，希望其在血液中工作的时间要长，而离开血液之后，则应尽快排出体外。

通常所用的氟碳化合物包括链状和环状的全氟碳化合物、带有少量烃基的氟碳分子、带有醚键的直链或环状氟碳化合物、氟代胺等，如全氟（甲基）萘烷、全氟化醚、全氟三丁胺

（FC-43）或全氟三丙胺、全氟甲基吗啉等。其基本特性见表7-4。

表7-4　某些氟碳化合物的特性

氟碳化合物	密度 /(g/mL)	表面张力 /(N/m)	沸点 /℃	气体溶解度(体积分数)/%	
				O_2(37℃)	CO_2(37℃)
全氟丁基四氢呋喃	1.76	1.52	99~107	48.5	160
全氟三丁胺	1.86	1.60	177	40.3	142
全氟化醚	1.79	1.52	193	36.0	77
全氟甲基吗啉	—	1.30	50	42	—
全氟萘烷	1.93	1.30	147	42.5	134
全氟甲基萘烷	1.91	1.50	161	41.7	126
全氟三丙胺	1.87	1.55	130	42.3	167

除此之外，因需将氟碳化合物乳化成乳状液才能应用，所以对乳化剂也有要求。它必须是无毒的，对组织和体液没有不良影响，形成乳液颗粒稳定，同时不能影响气体扩散。此外，如果它在血液中会电离产生离子，则将影响机体中电解质的平衡，因此，乳化剂应选用非离子型表面活性剂。有很多表面活性剂会引起红细胞的溶血反应。经过大量实验筛选，发现卵磷脂是一种较好的乳化剂。它是细胞膜的成分之一，具有广泛的适应性。但当体内卵磷脂浓度过高时，它与体内的某些成分相互作用会影响血液循环的安全性。聚氧乙烯-聚氧丙烯-聚氧乙烯的嵌段共聚物也是一种较好的非离子型乳化剂，在聚氧乙烯与聚氧丙烯的比例为110∶30时，牌号为Pluronic F68，是这一体系中生物毒性最小的，无溶血现象，已得到广泛应用。实验表明，分子量在8500~9000的聚氧乙烯-聚氧丙烯具有最佳的综合优势。

为了使氧能充分输运到末梢血管，应使氟碳化合物高度分散。一般乳胶粒子直径在0.2μm以下方可应用。粒子直径越小，其比表面积越大，进行气体交换越有效。而且小粒径的乳剂稳定性好，在血液中停留的时间也长，同时乳剂的毒性小，对机体各项功能的影响也就小。

经过生理与病理学的研究和考察，氟碳化合物的选择已经历了几代更替。最早使用的全氟二丁基四氢呋喃（FX-80）由于有肺功能障碍，现在已放弃了；之后，采用全氟三丁胺（FC-43），发现其不易从体内排泄，因而也难以实际应用；全氟萘烷（FDC）的综合性能较好，但也发现其配制的乳液稳定性较差，在体内循环一段时间后，粒径会显著增大，从而影响动物的存活期。以全氟萘烷与全氟三丙胺（FTPA）以7∶3的重量比混合，并用Plurorin F68或卵磷脂乳化，所得的氟碳乳剂FDA则具有较为理想的性能，是一种比较成熟的人工血液。它可以用于静脉输注，1978年在当时的联邦德国首次用于临床，之后其他各国也纷纷用于临床，获得成功。

目前，人们还在研究、寻找能从体内迅速排泄、毒性更小、效率更高的新的氟碳代血液。

2. 气体交换机理

血红蛋白与氧可以形成可逆的化学结合，从而达到运输氧的作用。而氟碳化合物则不同，它是通过简单的物理溶解作用输运气体。实验证明，氟碳乳剂中氧的吸收和释放是完全可逆的。O_2在氟碳颗粒表面的迁移速率很快，而且不论氧的分压是高还是低，其对氧的吸收和释放速率常数都是相同的。该过程不受周围环境 pH 值的影响，也不受 CO_2 浓度的影响。氟碳乳剂也能充分输送 CO_2 气体，使之经肺部排出。对高度失血的动物输以氟碳乳剂，发现血液中 pH 值和 CO_2 分压等状况可以接近正常，CO_2 的呼出量有明显增加。

3. 生化性质

氟碳化合物在进入机体之后，会有某些不正常的生理化学方面的反应，必须对此加以重视和研究。

研究表明，氟碳乳剂的毒性与乳胶粒子的大小有关，粒径越小，毒性越低，因为大颗粒乳剂无法通过毛细血管，易产生栓塞。一般红细胞的直径约为 $7\sim8\mu m$，厚度约为 $1\mu m$，可见它是扁平的，在血管中运行时，可以弯曲变形，因此，它可以通过更加细小的毛细血管。氟碳乳剂的颗粒是圆球状的，不易变形，因而其粒径应当更小。一般要求在 $0.2\mu m$，当然如果能小到 $0.1\mu m$ 以下则更好。

目前尚未发现氟碳乳剂的致癌性。对妊娠期的老鼠连续注射氟碳乳剂，也没有发现怪胎情况。

将氟碳化合物注射于血管内，经过一段时间后，其中一部分可以直接排至体外，另一部分则进入网状内皮系统在体内积累，逐渐从血液中消失。其半衰期（血液中氟碳乳剂浓度降低一半所需的时间）与颗粒直径有关，粒径越小，半衰期越长。同时半衰期还与氟碳分子化学组成、立体结构、蒸气压等因素有关。早期使用的全氟三丁胺（FC-43）在体内积累较大，经过 8 周还残存 $40\%\sim50\%$，所以不宜作人工血液；而全氟萘烷（FDC）顺式的半衰期是 6.0 天，反式的半衰期为 7.7 天。但蒸气压高的氟碳化合物，其毒性相应会增加。

进入网状内皮系统的氟碳化合物，大部分进入肝、脾，少量进入肾和肺；研究表明，氟碳排出的主要路径是肺部，通过呼气而离开机体。由于网状内皮系统担负着在血管内除异、代谢血红蛋白、产生抗体等重任，当氟碳化合物进入时，必然会对系统产生不利影响。乳剂粒径越大，对系统功能的抑制就越强。不过，对于一次性给予氟碳乳剂的 72h 后，可以基本恢复正常；连续给予 5～6 天，在投完后 3～5 天内尚有一定程度的抑制，4 周后可恢复正常。它对免疫系统的影响也是暂时性的，由于大量氟碳粒子的进入，网内系统的细胞呈饱和状态，从而阻碍了粒子状抗原的形成。随着氟碳粒子的排泄，影响逐渐减弱。如使用 FDC 乳剂在 10 天之内就可恢复正常。

除了进入网状内皮系统外，氟碳乳剂也可以进入实质细胞，但量很少，经过一段时间后，通过产生界限膜而逐渐排泄至细胞外。

尤其是，氟碳乳剂不会破坏骨髓的造血功能。实验表明，以人工血液急救的动物，在度过危险期后，并不需要一直依赖于人工血液进行气体交换，其红细胞可以逐渐再生，造血功能可以逐渐恢复正常。

4. 应用

氟碳乳剂作为人工血细胞，可以暂时取代自然血来帮助机体完成气体输运和交换任务。它可以用于输血急救、脏器灌流、液体呼吸、人工腮、CO 中毒解救等。

1978 年 9 月，联邦德国 Makowski 等对 7 名交通事故的受害者输以氟碳代血液，1979 年 4 月在日本、1979 年 9 月在美国、1980 年 6 月在中国均成功地进行了氟碳代血液的首次临床应用。它可用于各种来不及配血的大出血时的急救，或者预计有大出血的手术，以及由于血型不合适和宗教原因拒绝输血者的救治中。在治疗缺血性疾病以及治疗新生儿溶血性黄疽和重症肝炎时，它也有重要应用。

出于研究脏器功能以及脏器移植的目的，为了使离体的脏器仍然能够保持活性，必须尽可能维持其体内那样的生存环境，脏器灌流就是常用的方法。氟碳乳剂具有良好的 O_2 输送能力，对促进脏器的新陈代谢非常有效，且没有凝血效应，因而它比血液、血浆、营养液等具有更好的效果。成功进行灌流的脏器包括了心脏、大脑、肝脏、肺、肾等，它在防止组织坏死、保持脏器的新鲜、维持脏器新陈代谢方面起了重要的作用。

液体呼吸和人工鳃是依靠溶解于液体中的氧气来进行呼吸的，它对于研究生命起源以及生物进化具有重要意义，对于海洋开发及其相关的医疗卫生问题也有一定的指导意义。研究发现，采用氟碳化合物，有可能预防潜水病。小鼠在氟碳化合物的溶液中可以像鱼一样有节奏地呼吸。生存时间与液体温度有关，造成死亡的原因是 CO_2 排出不良引起的酸中毒和 CO_2 的积累。

血红蛋白与 CO 的亲和力是与氧的 230～270 倍，在大气中，CO 的浓度即使只有 0.2%，也会使生物体中 80% 的血红蛋白转变为碳氧血红蛋白，它会阻碍氧合血红蛋白的离析，使血液向组织的供氧量减少而导致死亡。而氟碳化合物在 CO 的存在下输送氧的能力不变，因此它可以防止组织缺氧，维持生物体的生命。当增大氧浓度时，高浓度的氧还可以将 CO 从血液中赶出，因而氟碳化合物具有非常有效的解救 CO 中毒的功效。

它用于急性贫血血液极端稀释时，可以维持机体组织的供氧，为输血争取时间。优点是无抗原性、无毒性；不依赖于过期或其他动物的血液，易于大量生产；纯度易于控制。缺点是它只是氧的溶解剂，使用时患者必须呼吸足够的 O_2 才可保证 O_2 的溶解量；循环时间短，高浓度使用可使血液黏度升高；存放需要合适的温度和条件；流感样症状。

（二）血红蛋白类血液代用品

1. 血红蛋白的制备

天然血红蛋白（Hb）直接用红细胞溶解产物来作为血液代用品，用过期的血液来制造，去除了基质磷脂，是一种非细胞携氧物质，又称为无基质血红蛋白（SFH）。其优点是来源广泛、比全氟碳化合物更符合人体生理需要，无须进行交叉验血、能去除病原、能长期储存。通过纯化分离得到的无基质血红蛋白（SFH）在血浆中很快从四聚体分解为二聚体或单体，易于通过肾脏，故其半衰期过短，仅 2～4h。SFH 失去了 2,3-二磷酸甘油酸（2,3-DPG）类物质的变构作用，其氧亲和力明显升高，故不利于向组织细胞释放氧，因 SFH 可滤过至肾小管管腔，而高浓度的蛋白物质可引起管腔堵塞，导致肾功能受损。为此，需要对之进行改进。

2. 血红蛋白的化学修饰

进行血红蛋白的化学修饰目的是稳定血红蛋白四聚体结构，增加蛋白分子量以达到降低毒性的作用。利用血红蛋白表面大量反应基团，修饰的方法有分子内交联、分子间聚合、偶联、脂质体包封、基因重组等方法。分子内交联可以降低氧的亲和力，如采用含有负电基团并能结合在血红蛋白中心腔位置的化合物进行交联，双阿司匹林类化合物（3,5-二溴水杨基双延胡索酸酯）、吡哆醛类化合物、o-棉籽糖交联等均有此作用。但双阿司匹林类化合物交联体系使患者出现皮肤黄染、血尿、肠梗阻等不良反应，已终止了临床试验。采用戊二醛、乙醇醛和糖醛等可以在血红蛋白分子间聚合，可以形成 2～6 个四聚体的聚合物，从而降低渗透压和黏度，延长半衰期。偶联法所用的聚合物基体包括聚乙二醇（PEG）或聚氧乙烯（PEO）、甲氧基聚氧乙烯、葡聚糖多聚糖衍生物等。利用高分子链包裹在血红蛋白表面覆盖抗原位点，起到降低免疫原性的作用。

但是，采用化学修饰，产品是不均匀的混合物，且病原微生物尚未解决，大分子聚合物会引起轻微肾毒性，引起血小板减少和白细胞减少等不良反应，终产物不稳定，导致交联血红蛋白结构重排，重现率低，多聚体的多聚化会增加氧亲和力并降低四聚体间的协同作用。因此，采用物理包封的方法可以克服上述缺点，得到第三代产品。例如采用脂质体包封血红蛋白，将高浓度的血红蛋白包在脂质体内，包裹在其中的血红蛋白四聚体不易解聚，因而载氧能力强，循环半衰期长，不良反应小。采用磷脂制成双分子层膜，加入胆固醇可以增加膜的韧性和稳定性，加入 2,3-DPG 降低其氧亲和力，加入维生素 E 防止其氧化。制备时需确保极易被氧化的血红蛋白不被氧化，脂质体包封血红蛋白及其辅助成分在制备和保存过程中有足够的稳定性，并使脂质体包封血红蛋白的循环存留时间延长。以前所用脂质体是从鸡蛋、大豆中直接提取的不饱和脂肪酸、胆固醇及维生素 E，但其半衰期短，易被氧化；之后改为长链饱和磷脂，虽然延长了半衰期，降低了脂质过氧化问题，但存在溶血磷脂等杂质；改为高纯度的合成二硬脂酰卵磷脂后，又存在磷脂双层与血红蛋白相互作用，引起血小板活化因子浓度升高等问题。为此，对之进行冻干处理和保存，减少污染和降低氧化活性，采用的冻干保护剂有海藻糖或蔗糖等。

3. 基因重组血红蛋白（rHb）

通过酵母、昆虫、转基因动物、植物进行重组血红蛋白的表达，具有人为控制血红蛋白产量及从根本上消除病毒污染的优点。基因策略主要是：①使红细胞蛋白亚甲基间串联；②利用氢键、疏水作用力等稳定四聚体；③将特定氨基酸突变为半胱氨酸使形成链间二硫键。存在的问题是表达量低。关键环节是构建表达的 rHb 工程菌和提高分离纯化技术。

第三节　高分子人工脏器

具有部分或全部代替人体某一器官功能的人工合成器官或物体称为"人工脏器"。外科学的兴起曾经解决了一些内科领域难以解决的问题。而置换外科的问世，又给临床医学增加了新的内容。采用他人或动物的器官来置换人体有缺陷或有缺损的部位，特别是同种移植手术，早已获得成功，如皮肤、心脏、胰脏和骨的移植等，其中以肾脏的移植愈后最佳。然而异体脏器的移植在实际应用到人体时，由于存在着供体来源困难、天然器官不易保存和严重的排异反应及心理方面等问题，它的发展受到了一定的限制。1998 年 10 月，美国哈佛大学的医学生物学家用动物细胞在实验室分别培养出了老鼠、兔子、绵羊等动物的内脏器官，并进一步进行器官移植试验。培养人体器官的试验也正逐步展开。如果这项研究成功的话，它就有可能在预防人的先天性内脏器官缺陷上得到广泛的应用。尽管如此，选择其他合成材料如金属、陶瓷、合成高分子材料等来有效而廉价地制作人工器官仍不失为一种可行的、也较为理想的方法，将具有更大的实际意义和理论价值。经过多年的研究和开发，已有一部分人工脏器可以永久或半永久地进入人体内部，代替原有脏器的功能，如人工食道、尿道、气管、胆管及人工肾等。还有一些人工脏器目前还比较大，尚须经过努力，以实现小型化、内脏化。对于功能特别复杂的脏器，如人工子宫等，目前还在研究开发中。

对于人工脏器而言，血液相容性显得尤为重要。我们知道，血液在以下两种情况下会发生异常：当血管受损伤时，血液离开血管进入组织时，会自动凝血；血液与异物表面接触时，可能发生溶血或凝血，从而形成血栓。在使用人工脏器之时就常出现血栓。显然，不解决这一问题，高分子生物材料就不能在人体中应用。

一、血液相容性

（一）血液的异物反应

当血液与高分子生物材料表面接触时，各种血浆蛋白质随材料表面性质不同，会不同程度地吸附于异物表面，随后又引起血小板的黏附。如果异物与血液接触时，引起红细胞被破坏，血液中的血红蛋白就会增多，这一现象就是溶血。白细胞则通过不同的方式和机理消灭病原体，消除过敏原而保卫健康。当发现异物时，它会聚集在异物周围，如果异物不能被及时清除，就会引起周围组织发炎。血小板是最小的血细胞，呈两面微微凸起的圆盘状。当血管受损血液流出管外时，可以促进血液凝固，维护血管内皮完整性，并促进伤口愈合。其凝血机制如下：

首先，血小板黏附于血管内皮下的胶原或带负电荷的物质的表面并变形，进行初步止血，并迅速聚集形成白色的血小板栓。而血液凝固则是由酶催化的一系列复杂的化学连锁反应的结果，最后，以溶胶状态的纤维蛋白原转变为凝胶状的纤维蛋白而告终。它分三个阶段进行，第一阶段是凝血酶原激活物形成阶段，它由接触负电荷表面而激活，或者由组织损伤后所释放的组织因子来启动。第二阶段，凝血酶原通过与激活物磷脂或血小板磷脂的表面结合再经水解反应，即可生成凝血酶。它具有正反馈作用，使凝血过程加速。第三阶段，在凝血酶作用下，纤维蛋白原被分解产生纤维蛋白单体，其聚合生成纤维蛋白聚合体，并进一步由赖氨酸残基和谷氨酰胺通过转肽作用而交联。它可以网罗各种血细胞而形成红色的凝血块。

（二）抗凝血机制

在人体中，也存在着抗凝血机制。它是保证血液在循环系统中正常运行和防止血栓形成的必要保障机制。在生理情况下，它包括三种抗凝机制，即①由肝脏及其他组织中的单核-巨噬细胞来清理凝血"战场"的细胞抗凝机制；②由血浆中的抗凝血酶Ⅲ、体液中的α_2巨球蛋白、α_1抗胰蛋白酶、肝素及蛋白C系统等通过抑制或灭活凝血酶来抗凝的体液抗凝机制；③是纤维蛋白溶解系统。血液中存在的纤溶酶原转变为具有活性的纤溶酶后，可以催化纤维蛋白原和纤维蛋白逐步降解成小分子多肽，使之溶解。

生物体内的抗凝机制可以让我们在研究高分子材料如何进行抗凝改性时有所借鉴和启迪。

（三）医用高分子的血液相容性

如前所述，凝血主要是血小板的聚集并与凝血酶结合所致。在不同的表面上，血小板的聚集是不同的。当血液和异物表面接触时，材料表面首先迅速吸附一层血浆蛋白质。虽然血液中白蛋白的含量最高，γ-球蛋白次之，纤维蛋白原最少，但在一般高分子生物材料的表面吸附层中，却不是按浓度的大小来分配的。有些表面优先吸附白蛋白，有些表面优先吸附

γ-球蛋白或纤维蛋白原。实验发现，吸附白蛋白的表面上血小板黏附得较少，而吸附 γ-球蛋白或纤维蛋白原的表面易于黏附血小板。因此，应使材料表面具有优先吸附白蛋白的特性，以减少血小板的黏附。大量的实验和研究表明，血小板的黏附与以下因素有关。

1. 与材料的表面能有关

我们知道，物质很难在表面能低的固体表面上黏附，表面能越低，材料的疏水性越大，物质的黏附就越不容易，如有机硅橡胶、PE、PTFE 等疏水性很强，对蛋白质的吸附量就较小，血小板在其表面的黏附也不容易。但由于吸附的蛋白质以纤维蛋白原为主，因而仍可在吸附层上诱发血小板的黏附。如果选择亲水性材料，通过吸附水分子，降低它与血液间的界面能，蛋白质吸附量就较少。由于蛋白质在亲水性表面的脱附速率也较快，因而易发生多种蛋白质的吸附交换作用，其抗凝血的稳定性较差，如聚甲基丙烯酸-β-羟乙酯、聚乙烯基吡咯烷酮等。通过调节材料的亲水与亲油平衡值，使之有足够的吸附力吸附白蛋白，就可以形成一层惰性层，从而减少血小板在其上的黏附。如嵌段型聚醚氨酯（biomer、avcothane 等）具有很高的蛋白质吸附量，而且以白蛋白为主，因此具有较好的抗凝血性。

2. 与表面的荷电性质有关

血液细胞和血管内壁都是带负电荷的，血小板、血细胞等的表面也是带负电荷的，由于同性相斥，所以血小板不会在血管内皮组织上黏附而阻碍血液的流动。这就启发我们，对于带有适当负电荷的材料表面，血小板难于黏附，有利于材料的抗血栓性。但若电荷密度过大，反而会促进血小板活化，造成血栓，所以对材料表面的荷电应仔细周密地考虑。

3. 与表面生物化特性有关

肝素是一种天然酸性糖胺聚糖，有很强的抗凝血性。如果通过离子键或共价键把肝素结合在材料的表面，就可以达到抗凝血的目的。但应防止在使用过程中肝素的流失问题。其他如尿激酶、链霉素生物碱等也可结合至材料的表面，通过溶解血栓物质达到抗凝血的目的。

材料在和血液接触的初期形成一层薄薄的血栓膜，而后，内皮细胞就在这层血纤维蛋白表面生长，形成与血管内膜相同的"伪内膜"，同样可以抗凝血，但要防止在内皮细胞生长之前，血栓膜就已阻塞血管的现象。

4. 与表面光滑程度有关

血液流经的表面应是光滑的，否则将影响血液的流动性，继而影响材料的抗血栓性。据研究，材料的表面凹凸应在 $3\mu m$ 以下，超过 $3\mu m$ 时，就会在该区域形成血栓。

5. 与材料表面微相结构有关

一些嵌段共聚物材料在特定组成和分子量时，呈现较好的血液相容性。通过微观精细结构研究，人们发现这种材料具有微观相分离结构，它对血小板的黏附很少，如 HEMA-St-HEMA（HEMA 是聚甲基丙烯酸-β-羟乙酯）、嵌段型聚醚氨酯等。研究表明，聚醚软段的分子量、微相分离的程度、微区的大小、表面的化学组成、表面结构等因素对嵌段聚醚聚氨酯的抗凝血性有很大影响。

二、人工心脏

心脏是人体血液循环系统中的动力器官，通过心脏与肺的协同作用，使血液不断地氧合更新，并在全身循环，将新鲜的血液送往各器官，确保人体正常的生命活动。一旦心脏发生病变，往往危及生命，因此心脏病的预防和治疗、移植受到广泛重视。以人工心脏代替人体自身的心脏是多年来人们追求的目标。

早在 19 世纪初，人们就已经提出了用机械装置来代替心脏机能的设想。1880 年，Herry Martin 做了离体心脏的灌注，为心脏医学的发展作出了重大的贡献。1951 年，第一台得以广泛应用的"心肺机"（灌注泵）是由 Lindbergh 和 Carrel 在洛克菲勒医学研究所装配成功的，他们把它称作"玻璃心"。1957 年，美国克利夫兰医疗研究所和 Kolff、Akutsu 研制了人工心脏并进行了动物移植试验，得到了 2h 的存活记录。而目前，人工心脏已用于人类心脏病患者的治疗，在接受心脏移植的患者中，有一半左右可存活 5 年或更长。人工心脏的研究已取得了巨大的进步，充分体现了科学与技术的魅力。

人工心脏是指能够部分或完全代替人体心脏的装置，它可以是临时的，也可以是半永久性的。它由心脏的主体泵、驱动装置、计量测定装置、控制装置、能源等组成，而由特种材料制成的心脏主体是关键。

（一）材料的选择

心脏每跳动一次，搏出的血量约 60～70mL，这样每分钟将有 4～5L 的血液流经心脏，多时可达 14～15L。为确保血液循环的畅通无阻，材料首先要具备优异的抗凝血性能。

其次，由于它们要像真正的心脏那样，平均每分钟泵送血液 72 次，也即每天要承受十万次以上的往复受力操作，这就需要材料富有弹性，有优良的抗拉强度和耐疲劳强度。同时，还应具有稳定性，在与血液、体液长期接触中，不被腐蚀、不发生老化。

人们已经研究了多种高分子心脏材料，主要有一些天然材料如牛心内膜、肝素或生胶等，以及合成高分子材料，如嵌段聚醚聚氨酯、聚硅氧烷与聚氨酯的嵌段共聚物、聚离子络合物和各种低表面能的代表——PTFE、聚烯烃和硅橡胶等。这些材料经过适当的生物化处理，可以成为有效的人工心脏材料。方法是将生物机体组织中的骨胶原用醛进行处理使之固定下来，在合成高分子材料中加入蛋白原等生物组织的关键成分，再用醛进行处理，使胶原在材料表面得以稳定，制成与生物体机能相似的生物化材料。这样就可以使材料既具有合适的弹性和机械强度，又具有优良的抗凝血性和生物适应性。

各种材料经动力学凝血试验的结果如表 7-5 所示。其数值表示方法为，凡直接指数负值大且关系指数正值大的材料，其抗凝血性就高。由此可见，经生物化处理的聚醚聚氨酯材料抗凝血性高，对血液的相容性也好。

表 7-5　某些材料的凝血动力学试验结果

材　料	直接指数	关系指数	材　料	直接指数	关系指数
生物处理弹性聚醚聚氨酯	−20.6	27.0	生物化处理生胶	−9.3	15.0
嵌段聚醚聚氨酯	−16.0	9.2	聚烯烃	−7.8	12.1
牛心内膜（甲醛、生物化处理）	−15.5	35.7	生胶加肝素化	−5.5	25.4
聚甲基丙烯酸羟乙酯	−14.1	18.6	硅橡胶	0	0
牛心内膜（戊二醛、生物化处理）	−13.0	24.0	生胶	3.9	−8.0
弹性聚醚聚氨酯	−10.3	9.5			

（二）制作

现有的人工心脏有两种样式，一种是胎型，一种是袋型。

1996 年，美国克利夫兰医学研究所研制了一种非搏动式人工心脏，主要由密封线圈、磁铁和转子组成。其特点是利用血液流动为能量，在磁场的作用下，启动转子组，使人工心脏产生足够的压力和血容量，实现模拟人体心脏跳动。它具有体积小、无感染、造价低等特点，可方便地植入患者的胸腔内。

（三）应用

从 1957 年开始，人工心脏在动物试验中取得了令人惊叹的成就，存活时间由最初的 2h（狗）发展到 1978 年的 184 天（小牛）和 1980 年的 344 天（山羊）。实验中，动物死亡的原因除了因动物长大、原心脏已不符合要求外，主要有手术失败、驱动装置故障和泵故障、呼吸功能不全等，而形成血栓则是相当重要的原因之一。

1982 年 12 月 2 日是一个值得纪念的日子。这一天，第一例全人工心脏在人体中的临床应用获得成功，它是由美国犹他大学心脏外科医生 W. C. Derries 实现的。接受治疗的是 61 岁的患心脏病的牙医 Barney Clark。这个由 biomer 材料制作的以空气驱动的隔膜式全人工心脏使 Clark 继续生活了 112 天。

我们应该感谢为医学发展事业孜孜以求的科学家和技术人员，我们也应该感谢那些为医学事业勇敢献身的病人及其家属。正是人们的精诚合作，才使一个个医学难题迎刃而解。当然，人工心脏的完善还有很长的路要走，要向着抗血栓性优良、小型轻便、长久耐用、安全可靠的方向发展，为心脏病患者造福。

三、人工心脏瓣膜

如果说心脏是血液的泵体，那么瓣膜就是单向的阀门，它们只允许血液朝着一个方向流动。当血液需要通过时就开启，当需要阻止血液通过时就闭锁，这样就保证了血液在身体中的正常循环。

人体中有四个瓣膜，包括三尖瓣、肺动脉瓣、主动脉瓣和二尖瓣 [图 7-1（a）]。无论哪一个瓣膜发生病变，都会引起心肌劳损、左心或右心衰竭，甚至导致死亡。必须对病变的瓣膜进行医治或移植，于是人工瓣膜应运而生。

心脏瓣膜植入人体心腔后，始终浸没于血液中，所以对材料血液相容性要求十分严格，近于苛刻，抗血栓性要求高。同时，它必须承受一定的压力和每日平均 10 万次的开启与闭合，应具有优异的耐疲劳性和抗老化性能。早期球形瓣人工心脏瓣膜通常由支持框、底部轮圈和活门三部分组成 [如图 7-1（b）所示]。实验中发现，球形瓣底部的轮圈经过一段时间后，可以与周围的组织形成一体，保持较好的器官化状况，而球形瓣中活门随血液的流动节拍不停地运动，在上升接触支持框时，由于不断摩擦会造成支持框表面覆盖物的磨损，从而使人工瓣膜在体内的器官化状况遭到破坏，引起血栓或溶血性贫血。因此活门材料与底部轮圈的配合应足够好，它们均应具有良好的弹性，以尽量减少磨损等不良情况发生，提高耐久性。之后又经历了单叶碟形瓣 [图 7-1（c）]、生物瓣 [图 7-1（d）] 和双叶碟形瓣 [图 7-1（e）]等历程。

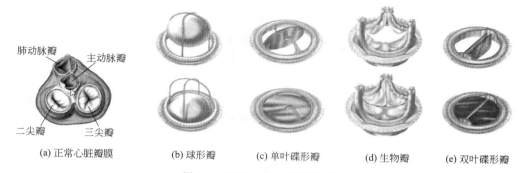

肺动脉瓣　　主动脉瓣

二尖瓣　　　三尖瓣

(a) 正常心脏瓣膜　　(b) 球形瓣　　(c) 单叶碟形瓣　　(d) 生物瓣　　(e) 双叶碟形瓣

图 7-1　球形人工心脏瓣膜结构

（上排为开启状态，下排为闭合状态）

人工瓣膜根据使用材料而分为两大类：一类是全部用人造材料制成的，称机械瓣膜；另一类是全部或部分用生物组织制成的，称生物瓣膜。不论是机械瓣膜还是生物瓣膜，其基本结构都包括瓣架、阻塞体和缝合环三部分。各部分材料有不同的选择。瓣架材料可以采用不锈钢、钛、钨铬钴合金、钴镍合金或其他超硬金属，所以又称为金属支架，其表面可以用涤纶或聚四氟乙烯织物覆盖，以减少血栓。球形瓣的底部轮圈材料也与此相似，内部为金属圈，然后用硅橡胶海绵做弹性衬垫，以减少活门下降时碰撞磨损，外覆涤纶或聚四氟乙烯编织层，以利于形成假内膜，改善血液相容性。球形瓣中的活门可用金属制成空心球，也可用高分子材料制作。常用的高分子材料有三类：一类是低表面张力的硅橡胶或含氟硅橡胶，具有很好的柔性；一类是由烷烃经高温热解沉积在基质上而成的热解碳，具有相当的耐磨性和抗疲劳性；还有一类是将牲畜心脏瓣膜经无菌严格处理，除去抗原性基质后，再用戊二醛交联而成的生物瓣膜。前两类材料在应用时需长期服用抗凝血药物，第三类具有良好的生物相容性，几乎不需要做抗凝处理。碟形瓣中的缝合环是将人工瓣膜缝到人体心脏瓣环的部分，由针织材料缝制而成，包括聚丙烯、涤纶、聚四氟乙烯及碳纤维等。生物瓣膜一般以猪主动脉瓣和牛心包瓣为原料。

现在人造心脏瓣膜的研究以提高耐久性、减少并发症和改善瓣膜机能为目标。

四、人工血管

在血管外科的手术治疗中，常需要人工血管来进行修补或移植。以前曾用象牙、玻璃、金属等材料制作人工血管，都因凝血而失败。1952 年，Voorhees 首先用聚氯乙烯材料对狗的右心室进行血管修补试验，取得初步成功，开创了高分子材料用于人工血管的先例。而今，高分子人工血管已包括了大、中、小等各种血管类型，可用于胸部大动脉、头部和上颈部动脉的人工血管移植和手术治疗，胸腹部大动脉的硬化、动脉瘤的手术移植，肠部动脉的闭塞性硬化手术治疗，腹部内脏动脉的手术治疗，大腿动脉、肺动脉、静脉血路移植等。1970 年，Mansifield 等首次尝试了种植内皮细胞实验，使人工血管进入了新的发展阶段。

（一）人工血管材料

作为人工血管的材料，除了应满足一般医用高分子所必须具备的条件外，还需满足以下特殊的条件：①富有弹性和延展性，与人体血管尽可能相似；②易于缝合，不会绽开；③耐酸性、耐压性好，耐疲劳强度高；④具有适当的孔隙，如希望达到治疗要求时为 $4000 mL/cm^2$；⑤具备利于血液流动的状态，具有优异的抗凝血性；⑥易于消毒等。

目前采用高分子合成纤维制备人工血管已获得成功，用于广大的患者，效果良好。所用的合成材料有聚乙烯、聚丙烯、聚氯乙烯、聚苯乙烯、聚丙烯腈、聚乙烯醇、聚四氟乙烯、聚酰胺、聚酯、聚氨酯、聚氨基酸及纤维素衍生物等。

(二) 制作

为了防止凝血，需要将材料进行特殊的加工。有两种加工制作方式，一种是织造型人工血管，另一种是非织造型人工血管。

织造型人工血管可在体内使组织通过纤维织物间的微小孔隙内生，在血液接触面逐步形成一种不易致栓的光滑组织包膜，成为持久的血管代用品。它可以是机织的，也可以是针织的。织造型人工血管有涤纶人工血管、真丝人工血管和聚四氟乙烯人工血管三种，采用平织和卷织的方法加以编织（图 7-2），再经蛇腹形加工使之具有类似人体血管的伸缩弹性，可替代小血管和大动脉移植。其临床应用广，使用效果佳。特殊的编织方法可以使血浆中的纤维蛋白原沉积于材料表面，在凝血酶的作用下，形成不溶的蛋白质，逐步增长为一层"伪内膜"。也可以在织物中复合骨胶原、白蛋白、明胶等生物物质，通过人体吸附形成"伪内膜"，或将肝素、尿激酶等抗凝剂融入人造血管内壁。

(a) 交叉平织　　(b) 直穿平织

(c) 卷织法

图 7-2 平织法与
卷织法结构

非织造型人工血管，如膨体四氟乙烯人工血管，系采用糊状成型和机械拉伸工艺，使之形成网络状结构，改变了聚四氟乙烯的硬度，成为柔顺易缝的材料。其他如采用丝绒状表面、带有负电荷的表面，以及使内壁尽量光滑等手段，也都使人工血管具有一定的抗凝血性。用浸渍法制作的聚氨酯泡沫塑料的血管，强度高，柔顺性好，具有良好的抗凝血性，也是一种较好的人工血管材料。它主要用于各种血管移植和分流手术。其特点是不仅可替代动脉，也可替代静脉，适用于细小血管如冠状动脉、脑血管，以及膝以下通畅率较低的小动脉移植之用。

传统的人工血管由于术后栓塞、感染和钙化等并发症发生率较高，因此临床效果并不理想。合成材料植入体内后不具有生长能力，不能满足小儿患者的生长发育要求，多数患者需要根据身体发育情况进行更换。血管组织工程提供了新的解决思路。利用血管壁正常细胞和可降解的生物材料进行制备、重建和再生血管替代材料。在此领域需要选择相关组织工程支架材料，常用的有壳聚糖、葡聚糖、明胶等天然生物材料，脱去细胞的动脉等去细胞生物源性生物支架材料和聚乳酸、聚己内酯等可降解高分子生物材料。

五、人工肾

肾脏是泌尿系统的重要器官，其功能包括：①清除血液中代谢的废物，如肌酸酐、尿素、尿酸和中分子量毒物等；②排除过多的水分，维持体内电解质和酸碱平衡，去除过量的钾、钠、氯等离子；③重新吸收补充人体所需的部分营养物质；④通过分泌肾素调节血压；⑤促进红细胞生成；⑥促进维生素 D 的活化。它可以分泌肾素、前列腺素、激肽等许多内分泌激素，也是胰岛素、胃肠激素等降解的场所。

肾功能衰竭会使代谢废物不能及时清除而在血液中积蓄，使机体的生理环境失去平衡而导致尿毒症，甚至危及生命。这种情况已不能采用一般的药物救治方法，只能采用肾移植手术。但由于供体来源受到限制，同时移植后有排异反应，所以采用人工肾进行血液净化是及时挽救生命的一项重要措施。

目前，人工肾仅能起到清除废物的作用，还不能重新吸收必要的物质，不能完成造血、维生素 D 活化等功能，因此还只是一个血液净化装置。

（一）人工肾工作原理

按照脱毒方法的不同，人工肾可分为透析型、过滤型和吸附型三种。透析法包括血液透析、血液滤过、血液灌流和腹膜透析，是分别应用血液透析机、血滤机、血液灌流器和腹膜透析管对病人进行治疗的技术。

透析型人工肾主要是依靠半透膜对物质的传输及平衡作用来去除废物，并达到电解质的平衡的。利用半透膜两侧液体，即血液与透析液中各物质的浓度差为动力，使血液中小分子量及中分子量的代谢废物通过膜除去，其原理可以简单地用图 7-3 来表示。此时半透膜称为透析膜，它具有一定的孔径大小，只允许粒径小于孔径的物质如各种小分子电解质、水、尿素、肌酸酐、尿酸及葡萄糖等小分子通过，而粒径较大的物质如血细胞、球蛋白等蛋白质则被阻挡而留于血液中，中等分子量的物质则既可能通过，也可能被阻挡，主要依赖于膜两侧物质的浓度差。其原理在第三章中已有介绍。

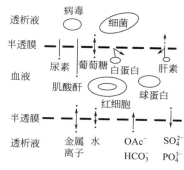

图 7-3　半透膜透析原理

过滤型人工肾是在压力的驱动下，使血液中的水和废物更为有效、快捷地通过过滤膜而除去，血细胞、蛋白质等大分子仍留存于膜内，其原理与超过滤法相似，而与人体肾更为接近。与透析型膜不同的是，过滤型膜的有效过滤面积比透析型半透膜大得多，脱水性能好，并无须透析液，膜的孔径可以根据需要进行调节，不仅可以去除小分子量的肌酸酐等代谢废物，而且可以有效地去除维生素 B_{12} 及菊粉等中等分子量的物质，清除率高，治疗时间短。甚至像 γ 球蛋白等血浆蛋白也可以通过调节膜的孔径而去除，使过去难以治疗的胶原病等也有治愈的可能。

吸附型人工肾利用多孔性的吸附剂把血液中的代谢废物吸附除去，它对于血液急性中毒的解救尤为有效。

（二）材料的选择

透析膜所用材料中以改性纤维素用得最多，它包括铜氨法再生纤维素膜（铜珞玢）和醋酸法再生纤维素膜。但铜珞玢对分子量在 1000～5000 的中等分子量的毒物除去率不高，吸水状态时强度不大等。醋酸纤维素常与增塑剂聚醚一起混合进行熔融纺丝，可制得透析性能优良、机械强度大的透析膜。合成高分子材料有聚甲基丙烯酸甲酯、聚丙烯腈以及乙烯-乙烯醇共聚物膜等。聚砜、聚碳酸酯、聚酰胺以及聚醚碳酸酯等也是性能优良的人工肾透析膜材料。几种人工肾透析膜的性能如表 7-6 所示。

表 7-6　几种人工肾透析膜的性能

材　料	铜珞玢		醋酸纤维素		聚丙烯腈	聚碳酸酯	聚砜聚硫橡胶
牌号	150PM	B2AH	CA-1		RP-AN69	—	PMD
公司	Enka（德）		Cordis-Dow（美）	Celanese（美）	Rhone-Poulene（法）	American Memberance（美）	Amicon（美）
外形	平板	中空丝	中空丝	平板	平板	平板	中空丝
膜厚/μm	12.3(d)	16.4(d)	35(d)	34(w)	31(w)	20.6(w)	58(d)
内径/μm	—	203(d)	206(d)				215(d)
尿素透过性/($\times 10^{-4}$cm/s)	8.64	8.13	6.67	12.8	13.2	17.7	8.21
B_{12}透过性/($\times 10^{-4}$cm/s)	0.47	0.525	0.255	1.79	2.35	1.8	1.46
过滤透水性/[$\times 10^{-5}$mL/(m²·s·atm)]	3.26	5.0	2.58	22.2	6.41	7.9	45.3

注：d—干膜；w—湿膜。

过滤型膜必须承受一定的压力，因此膜的强度要高，必须具有相应的耐压性。所用的高分子膜材料有丙烯腈-氯乙烯共聚物、聚砜、聚醋酸纤维、聚甲基丙烯酸甲酯、丙烯腈-甲基丙烯磺酸钠等。

吸附型人工肾中的吸附剂通常是活性炭，但只要有极少量的微细活性炭粉末带入血液，便会引起栓塞，造成严重的后果，甚至危及生命。因此在活性炭表面需要包覆高分子覆盖层，既保持其吸附解毒性，又增加其与血液的相容性。使用的高分子覆盖层材料有改性纤维素、聚甲基丙烯酸羟乙酯等亲水性高分子。比较有效的方法是进行双重覆盖，即在覆盖一次高分子层并干燥后，再浸渍覆盖干燥。对于改性纤维素覆盖层，还可以在覆盖后用碱进行水解处理，使纤维素在活性炭颗粒的表面再生，提高其吸附能力。

（三）制作

不同的类型，具体的要求不同，但都必须尽量扩大界面处血液与透析液之间的接触面积，提高脱毒效率。

透析型分平板式、盘管式和中空纤维式，均用透析膜制成。血液与透析液从透析膜的两侧对流通过。平板型由几块刻有细沟的高分子材料板支撑，中间放置几张半透膜，板与板之间充满透析液，血液在半透膜间流动，通过半透膜进行过滤。其特点是可将板面积做得较大，并采用多层装置，血液流动时的阻力较小，可以不另置血液泵，直接利用心脏的压力维持透析循环。盘管型是将高分子材料制成细管状透析膜，再卷成螺旋状，装在一个圆桶内，这样就可以把人工肾的体积减小。进一步的改进方法是把透析膜做成空心纤维状，把成千上万根空心丝束在一起，置于一个圆桶容器内，血液在空心纤维内侧流动，透析液在其外侧对流，通过膜壁进行透析。这样既大大缩小了人工肾的体积，又使透析有效面积大大增加，提高了透析效率。不过由于纤维排列紧密，安置不良将造成应力集中而使纤维破裂，而血流不畅处又易导致凝血。如果按一定的角度交叉放置空心纤维，则可以改进其透析性能。

过滤型膜的外形通常亦为平板膜或空心纤维膜，制作方法与透析型相似。例如，可将近万根空心纤维束在一起，装在一圆桶形的有机玻璃容器内，使血液在压力的作用下通过空心纤维内侧，将水分和废物滤去即可。由于这种方法对水分的去除量大，临床应用时会大量脱水，所以要根据超过滤的水量的多少，用相应的办法，如预稀释法或外加补充液法加以补偿。

吸附型通常用于血液灌流，不规则形状的活性炭外覆高分子层易于破损，因此，活性炭应制成球形，也可以是纤维状。纤维状是将粉末状的活性炭放在70%重量比以下的碱性羟乙基纤维素水溶液中分散，在酸性凝固剂的浴槽中挤出纺丝，部分干燥后制得的。将此纤维状活性炭以交叉状卷起来，置于聚碳酸酯的圆桶中，即可做成吸收罐。

（四）应用

吸附型人工肾解毒速度快，因此特别适合于血液中毒的抢救。对于慢性肾功能衰竭患者的治疗，还必须与透析或超滤相结合，这样比单独使用透析或超滤的方法可以大大缩短时间。由于一般血液透析每次需要耗用300L透析液，如果透析液可以再生利用，则透析液的用量可以大大降低。如用活性炭和铝矾土作吸附剂，可以使透析液减少到30L；用多层无机吸附的REDY系统，透析液则可降低到5.5L。利用高分子功能膜与化学处理相结合的方法，可以更有效地净化透析液，使人工肾趋于更小、更轻、更便于携带。

此外，人们还发现人工肾在治疗肾功能衰竭的同时，对精神分裂症及牛皮癣患者也有可喜的疗效。这可能是患者血液内的某种物质在高分子膜的透析过滤作用中被一并除去了。

六、其他

人工肺主要包括临时替代心肺功能的人工心肺装置、加强气体交换功能的辅助人工肺和能替代人体肺进行移植的完全人工肺。在辅助人工肺方面，具有气体分离特性的高分子膜材料备受关注，而完全人工肺则有赖于材料的抗凝血性能。早期鼓泡型人工肺中，高分子纤维材料主要用作消泡部分的过滤材料，将血液中的 O_2 泡滤除。在此类人工肺中，O_2 泡与血液直接接触进行气体交换，虽然气体交换率大，但血液中氧分布不均，且血清蛋白变性，并易产生溶血，其功能不如人意。目前广泛应用的是膜型人工肺，简称膜肺，其基本原理与人工肾相似，它用中空纤维微孔膜将血液与 O_2 隔开，一侧通血液，另一侧通纯氧，通过微孔膜实现气体交换。静脉血中 O_2 的分压为40mmHg（1mmHg＝133.322Pa），而纯氧的压力约700mmHg，因此两侧存在压力梯度，O_2 经膜弥散进入血液，使血液氧合。而血液中的 CO_2 分压是40mmHg，而 O_2 中的 CO_2 分压为0～5mmHg，因此 CO_2 经膜向气体侧弥散，最终逸出。这种人工肺最接近人体肺的生理功能，故而已广泛用于呼吸衰竭的抢救治疗、心血管手术的体外循环装置，它对植入型完全人工肺的发展也起到了积极的推动作用。植入型人工肺要求血液灌注压＜15mmHg，以空气作气源也能有良好的血气交换功能，能提供＞200mL/min 的 O_2 和 CO_2 交换功能。

人工肝脏的解毒功能与人工肾相似，可以用涂有高分子材料的活性炭和高分子透析膜进行血液灌流和透析。

人工胰腺是由微机控制的机械装置，其原理是用人工方法取代正常胰腺的内分泌，以补充胰岛素的分泌不足，它也分为体外和植入型两类。心脏起搏器是通过外部电脉冲刺激心脏使其正常工作的电子机械，有体外式和体内植入式两种。体外式使用简单，便于在紧急状态下对患者进行抢救。体内植入式便于患者长期使用，通常植入患者的腹部或腋下。对于植入型人工脏器，生物相容性材料的选择就显得非常重要。

气管、食道、胆管和尿道等都有了高分子材料的代用品。通常为聚四氟乙烯、聚乙烯、硅橡胶或涤纶等材料经过编织而成的网状圆管。用聚甲基丙烯酸羟乙酯等亲水性高分子的水凝胶制作尿管时生物反应小，似更为有效。采用胶原蛋白偶合的聚酯聚丙烯人工器官，可以防止管壁漏气，同时增加移植的人工气管与上皮细胞的相容性。

其他还有用硅橡胶制作的人工膀胱、脑积水引流管、人工喉，以及用聚乙烯、涤纶或聚四氟乙烯等高分子网状编织物制成的人工胸壁和人工横膈膜等。

第四节　整形与修复材料

高分子材料在医学领域中首先得以应用的就是整形与修复材料。如义眼、假牙，整容材料，人工骨、人工关节等，为医学的发展作出了贡献。

一、眼科材料

眼科材料包括接触眼镜、人工角膜、人工玻璃体和人工晶状体等。

（一）接触眼镜

接触眼镜是为了矫正视力而在角膜外贴附的一层透明镜片，又称"隐形眼镜"，它对于运动员、演员来说尤其适用。它的发展经历了由硬到软的逐步完善的过程。早期所采用的有机玻璃是硬接触镜，贴在眼球角膜上很不舒服，又缺乏透气性，影响角膜的需氧代谢，不宜久戴。1960 年，捷克科学院的 Wichterle 和 Lim 用亲水性聚甲基丙烯酸羟基酯为原料成功地制成了新型接触眼镜，它在生理盐水中浸渍后，成为柔软透明的镜片，与角膜接触较舒适，透氧性好，可较长时间佩戴，它还可以吸收溶解在生理盐水中的药物，在配戴时逐渐释放，起到同步治疗的作用。

目前，用作软接触眼镜的聚合物主要是聚甲基丙烯酸羟乙酯、聚 N-乙烯基吡咯烷酮或两者的共聚物，经适度交联后成型。通常采用离心成型法或将圆柱形的聚合物材料切削研磨，得到具有一定曲率的镜片。

接触眼镜的透氧率是评估隐形眼镜材料好坏的一个重要指标，因此镜片材料有较高的透氧率是选择镜片一个很重要的因素。角膜所需氧气 80% 来自空气，15% 来自角膜缘血管网，5% 来自房水。角膜缺氧会引起角膜水肿、视力下降、神经末梢感觉下降、角膜缘血管增生和角膜上皮及内皮功能下降等，睁眼戴软性隐形眼镜角膜的氧气供应主要来自于空气，睡眠戴普通水凝胶材质的软性隐形眼镜，角膜得不到充足氧气供应，导致角膜缺氧。表 7-7 是不同因素对接触眼镜透气性的影响。可见，镜片越薄，越有利于氧的透过；含水率增加，也有利于提高氧透气性。为了改善其性能，采用共聚的方法来破坏聚合物结构的规整性、提高其亲水性，也是常用的手段。

表 7-7　接触眼镜的 O_2 供给量

接触眼镜材料	含水率/%	氧透过性/[×10^{-10} cm^3·cm/(cm^2·s·mmHg)]	厚度/mm	氧供给量/[μL/(cm^2·h)][①]	
				睁眼($\Delta P = 144$mmHg)	闭眼($\Delta P = 40$mmHg)
聚甲基丙烯酸羟乙酯	39	1.45	0.3 0.1	2.5(73) 7.7(220)	0.74(21) 2.2(63)
甲基丙烯酸羟乙酯/N-乙烯基吡咯烷酮	56.4	2.84	0.4 0.1	3.8(108) 15.1(430)	1.1(31) 4.3(124)
T-3	64.5	3.93	0.2	10.4(298)	3.0(85)

① 指标准状态下参数，括号内的数据是在 3.5μL/(cm^2·h) 的对应供给量时，角膜的 O_2 最低需要量。ΔP 是镜片前后的 O_2 分压差。

接触眼镜最初的功能是矫正视力、治疗眼疾和改善色盲，它不仅从外观上和方便性方面给近视、远视、散光等屈光不正患者带来了很大的改善，而且视野宽阔、视物逼真。此外，在控制青少年近视、散光发展，治疗特殊的眼病等方面也发挥了特殊的功效。随着成本的下降，接触眼镜也逐渐产生了年抛、季抛、月抛和日抛等品种。且其功能也已发展到彩色美目接触眼镜和 3D 接触眼镜等美容和其他功能方面。

（二）人工玻璃体

玻璃体是眼球的主要部分，体积约占眼球的 70%，压住视网膜起保护作用。当眼睛受到外部侵害，玻璃体被破坏时，或者眼部由于某些疾病而需要进行手术（如晶状体摘除、视网膜剥离、人工角膜移植）时，都要补充或替换玻璃体。作为动物或人体眼球内玻璃体的代用品，必须满足以下条件：无菌、无害、无刺激，折射率与眼睛视力要求相适应，性质稳定、操作简单等。

1958 年，Stone 首先采用液体硅烷注入家兔的眼中代替玻璃体，结果比采用无机玻璃、异体玻璃体效果要好得多。但硅烷注入时间一长，在其周围会产生一层包围的膜状物，发生由外因引起的白内障。改用亲水性高分子后，这种现象有所改变。

目前，聚乙烯醇水凝胶是一种相对较好的人工玻璃体，它是用 7% 的聚乙烯醇水溶液在杀菌消毒后，用 0.6～6Mrad 的 ^{60}Co 放射线辐照而得到的交联聚乙烯醇水凝胶。在研究中，将白兔的玻璃体取出一部分，用聚乙烯醇水凝胶来代替，在开始一个月左右，还可以看到这种代用品，但之后与自体玻璃体就可以融合，经过一年半之久，兔子的视力没有发现任何变化。这种亲水性高分子具有一定的生物亲和性。

（三）人工角膜和人工晶状体

由于疾病或以外伤引起角膜浑浊，若将瞳孔遮住，就要造成失明。用透明的高分子材料制成人工角膜，目前已取得良好效果。如用硅橡胶、聚甲基丙烯酸酯类或聚酯等材料的薄片，并带有能与人体角膜黏合的固定结构件，植入已除去浑浊角膜的眼球上便能达到目的。据报道，我国于 20 世纪 70 年代初期就已成功地制成了人工角膜，并用于临床，使许多盲人重见光明。

人眼中的晶状体犹如照相机中的镜头。晶状体被摘除的病人需佩戴高倍折射率的眼镜，十分不便。将人工晶状体植于眼中，可使病人较好地恢复。这种人工晶状体一般用聚甲基丙烯酸酯类的透明高分子做成，并配有爪状细枝等便于固定的附件。附件材料与主体材料不同，通常为了增加附件的韧性，常采用共聚方法来改性高分子。

二、齿科材料

牙齿是人体获得营养物质的重要器官，也是人体最坚硬的部分。牙齿可分为三个部分，长在牙床内的部分是牙根，露在外面的部分是牙冠，在牙根和牙冠之间是牙颈。构成牙齿的主要物质是牙本质，在牙冠部分，牙本质外面是釉质，非常坚硬。牙根部分牙本质外面是牙骨质。牙齿中央的空腔为牙髓腔，其中充满牙髓，富有神经和血管。因此当牙齿龋蚀影响牙髓时会产生剧烈的疼痛。而一旦恒齿发生损坏便不能再生，此时就需要进行修补。

齿科用高分子材料可追溯至 19 世纪中叶。那时，人们用硫化橡胶制作牙托和人工颚骨材料。合成高分子工业发展以后，高分子齿科材料更是得到了广泛的应用。

(一) 龋齿填补材料

当牙齿发生龋蚀时就需要用填补材料加以填补。早期使用的是银汞合金。1942 年开始，Kulzer 公司将 PMMA 和其单体 MMA 混合作为填补材料。修复前牙和修复后牙对材料的性能有不同的要求。前牙修复主要体现美观功能，可以用复合型树脂，或用塑料全冠、全瓷冠、金属烤瓷全冠、瓷嵌体等加以修复。后牙承担咀嚼功能，需要采用机械强度更高的材料，如高分子复合材料，其他还有银汞合金、瓷或金属嵌体、金属全冠或瓷全冠等。用作龋齿填补材料的高分子必须具备以下条件：具有与人体组织的适应性，对齿组织及口腔黏膜等没有危害；有适当的机械强度；与人齿黏结性好；具有化学稳定性，形状、尺寸、色泽稳定；能进行 X 射线造影，易于判断治疗效果；固化快，操作简便。

快速固化要求材料单体在几分钟内引发聚合，在人体环境中，不可能使用高温条件，因此必须采用能快速引发聚合的常温引发剂。常温引发剂一般都是氧化还原体系，第一代由过氧化物与叔胺配合而成，如过氧化苯甲酰和二甲基对甲苯胺等。由于叔胺类物质在空气中会氧化成深颜色，使用一段时间后，会因树脂变色而影响美观。第二代是由亚磺酸与水或亚磺酸盐与有机酸组成的氧化还原引发体系，但前者在空气中不稳定，后者对人齿的黏结性较差。三丁基硼/氧气、丙二酰脲的酯类/氯化亚铜等体系也曾用作甲基丙烯酸甲酯的常温引发剂，但效果都还不能尽如人意。采用烯丙基硫脲/过氧化异丙苯作引发剂，可以在 3min 内固化完全。

填补材料通常使用混合树脂。其中，基础树脂常采用双酚 A 和甲基丙烯酸缩水甘油酯缩合的产物，另配以多官能团单体，如双甲基丙烯酸乙二醇酯、双甲基丙烯酸三缩乙二醇酯、双甲基丙烯酸 1,3-丁二醇酯、双酚 A 双甲基丙烯酸缩水甘油酯等。为了提高其表面硬度、耐压强度和耐磨性，在体系中还要加入一些无机添加剂制成复合材料。这种体系在固化时，体积收缩少，固化物热膨胀系数也小，其性能与人齿组织的比较如表 7-8 所示。以二氧化硅、氧化铝、氟化钙、磷酸铝和氟铝酸钠等无机物充分混合后在 1100～1500℃ 高温熔融成玻璃，再在水中骤冷后研磨成粉剂，以分子量为 30000～60000 的聚丙烯酸与衣康酸或马来酸共聚形成的酸性溶液为液剂，混合后即为目前广为使用的玻璃离子水门汀（Cement）。它采用无机与有机复合的仿生结构，强度高、刚性大，并有氟释放能力。

表 7-8　填补树脂与人齿组织的机械性能比较

项　　目	表面硬度 (努氏硬度)/N	耐压强度 /(kg/cm^2)	抗拉强度 /(kg/cm^2)	热膨胀系数 /($\times 10^{-6}$℃$^{-1}$)	固化时收缩 /%
齿组织	珐琅质 300 象牙质 65	2300~3000	100~525	11	—
聚甲基丙烯酸甲酯	16~18	350~1000	270~360	80~85	6.0~8.0
混合树脂	40~80	1200~3000	230~350	25~34	0.4~2.7

要使树脂发挥良好的治疗作用，必须使树脂与齿组织紧密而牢固地黏合，否则，在缝隙处还会产生二次龋蚀现象。这样，在树脂填补时必须采用黏结剂加以黏结。黏结剂有 α-氰基丙烯酸酯瞬间胶、甲基丙烯酸羟乙酯等。为了增强黏结效果，可以先用磷酸对珐琅质稍加腐蚀，再将用作黏结剂的单体溶液薄薄地涂布一层，然后填入填补树脂与少量黏结剂的混合单体，聚合后，可以有效地保护齿面。

(二) 高分子义齿

当龋蚀很厉害无法填补修复，或者牙冠有部分损坏时，就需要制作一个能正好盖住牙齿的牙冠来进行修复，即牙冠修复。冠有被覆冠和桩冠两种。被覆冠直接在打磨过的自然牙冠上全覆盖和部分覆盖，还有一种是在打磨过的前牙唇面上贴一层牙片（甲冠）以修补变色牙。因桩冠又称插入牙齿，是在牙齿损坏很严重时，将牙冠部分去除形成一个孔洞，将采型后制作的带有桩杆的牙冠安装进去，形成基底和牙冠一体化的义齿。

当患者的个别牙齿拔去后，若齿床仍十分完好，就可以把义齿种植在人的齿槽骨上来固定，好像活的齿根一样。这种义齿称为种植牙。种植牙是在植入的人工牙根上镶嵌牙冠的义齿。人工牙根又称牙种植体，通过外科手术将人工牙根植入牙缺失部位的牙床颌骨内，经过 1~3 个月愈合后再在其上安装牙冠，达到恢复缺失牙及其咀嚼功能的作用。种植牙的关键在于人工牙根，它必须与周围组织具有良好的组织适应性。人工牙根材料包括金属及其合金、陶瓷、碳素材料、高分子材料和复合材料五大类型。早期制作牙根的高分子材料是聚甲基丙烯酸甲酯，或以金属管或陶瓷小球作内芯，以聚甲基丙烯酸甲酯作外覆层，并用黏结剂将其固定于齿槽骨中。但这种人工齿根在受强力往复咬嚼后，齿槽负担过重，会出现骨的吸收现象，造成齿根脱落。采用具有高抗冲强度的聚砜为基材，并配合以磷酸钙、磷灰石、氢氧化钙等无机物和葡萄糖、半乳糖等有机小分子，制成复合材料，可以提高齿根的机械性能。尤其是采用表面发泡材料进行牙根种植时，发现生物组织向细孔内侵入，因此，与生物体组织适应性较好。牙冠可以用镀陶材料或硬质树脂制作。

个别牙齿缺失时，还可以通过冠桥来修复。冠桥是利用缺失牙两侧的牙齿作支撑牙，将支撑牙打磨后盖上牙冠，两个牙冠间用人工牙齿来连接，正好补上缺损的牙齿。

活动义齿包括全口活动义齿属于活动修复体，它通过特定的附着方法将义齿与牙托相连。义齿必须具有较好的机械强度与耐磨性，可耐咬嚼，同时色泽与人齿相近，因此，硬度和色泽较好的丙烯酸酯类聚合物成为首选材料。

最早用于义齿基托的高分子材料是硫化橡胶，颜色不美观。1937 年 PMMA 用于制作基托，可达临床需要。目前临床广泛使用的义齿基托是 PMMA 及其改性产品，虽然它具有良好的理化、力学等性能，且易于加工成型，广泛适用于修复各类牙列缺失，但其韧性较差，脆性较大。为此常在基托中埋入不锈钢丝或铸造网状支架。而以纤维增强复合树脂取代金属作为加强处理埋入义齿基托应力集中区，加强效果显著。用双甲基丙烯酸双酚 A 酯和双甲基丙烯酸三缩乙二醇酯混合配成共聚单体，再与聚甲基丙烯酸甲酯配合，可以制成硬度、压缩强度、耐磨性都较满意的假牙材料。为了增加耐磨性，还可以加入少量无机填料。多官能团的单体含量不宜太高，以免交联过度使假牙变脆。

（三）其他

修复缺损牙齿时，除了填补材料、牙冠材料、牙根和牙托材料外，还包括印模材料、模型材料、粘接材料等其他齿科材料。

印模材料是用于复制牙齿和口腔软硬组织解剖形态及其关系的材料。它与患者口腔直接接触，因此，要求无毒、无刺激性、无致敏性。此外，要求其具有可流动性、弹性和可塑性，从混合拌料开始 3～5min 凝固，时间过长患者感觉不适，时间过短医师来不及操作。制作印模要求准确反映所制取的口腔组织情况，且具有形状的稳定性。常用的有藻酸盐类和琼脂等天然高分子材料、合成橡胶类弹性材料、印模石膏和印模膏等。藻酸盐溶于水后形成溶胶状，溶胀后为半固体状，添加辅助材料后可满足印模材料要求。琼脂印模材料的基本成分是琼脂，配制成 8%～15% 的水溶液，在 36～40℃ 发生胶凝，而在 60～70℃ 又可转变为溶胶。加入硼砂等增稠剂，可以进一步增大体系的黏度。合成橡胶类材料主要是硅橡胶，但要配合高强度的石膏。

模型材料是制作各种口腔组织阳模的材料，主要有石膏、人造石、低熔合金、模型蜡等。

粘接材料用于牙体硬组织与塑料、金属及烤瓷等材料的粘接，如粘接充填体、粘固固定修复体或固定矫治器等。常用的有水门汀类材料和合成高分子材料。

三、人工骨和人工关节

（一）人工骨和人工关节

最早用于人工骨的材料大约是 1850 年所用的硫化橡胶，当时用作下颚骨和头盖骨，但该材料以及后来所用的赛璐珞等都有刺激性强的缺点。第二次世界大战中，PMMA 成为人工头盖骨的理想材料，它对组织刺激性小，密度小，机械性能好，成型加工容易，但生物相容性差，与骨组织间有纤维间隔。之后，表面发泡的聚氯乙烯和聚四氟乙烯等因与人体组织的相容性较好，也逐渐发展成为新型的人工骨材料。用硫化硅橡胶可以制成富有弹性的人工骨。如硫化硅橡胶做成指骨关节，进行了 35 万次弯曲与伸直试验，仍具有强韧的机械性能。

另一类有效的人工骨是用复合材料制成的，如用氧化铝陶瓷为骨架，表面浸渍环氧树脂，或者用磷酸钙与聚砜混合制成高分子复合材料，所制作的人工骨已用于临床。但人工骨与自体骨愈合后，当承受过重的外力时，会发生骨吸收现象而与自体骨相分离。

从骨基质中提取的骨诱导物质 BMP，可在体外诱导结缔组织中的间充质细胞、骨髓基质细胞、滑膜细胞、成纤细胞呈现软骨细胞及骨细胞表型。将 BMP 植入啮齿类动物肌肉、皮下等处，可引起软骨内成骨过程。因此，在聚乳酸-聚乙醇酸（PLGA）干粉微颗粒中复合 BMP 制成复合材料，则具有良好的骨诱导作用，在修复大鼠颅骨缺损、修复大鼠股骨 5mm 缺损时收到较好的成骨效果。

而用碳纤维增强的聚砜或聚醚酮复合材料制成植入型全髋骨假体，其力学性能优于钴铬钼合金和不锈钢，其弹性模量与骨骼相当，减小了应力遮挡，同时有较好的生物相容性，与骨床的结合良好，引起的骨吸收也较小。但这种材料尚未应用于临床。

骨关节通常由关节窝和关节头两部分组成，曾经试验过的组合有金属关节头或表面涂覆陶瓷的金属关节头，关节窝则采用高密度聚乙烯或聚四氟乙烯材料，但由于关节头在窝部的频繁转动，对窝部材料的磨损较为严重，磨损的碎屑对关节周围刺激作用强，需进一步研究以找到耐磨蚀的材料组合。

（二）接骨材料

传统的接骨方法是用不锈钢针等金属接骨材料插入骨髓腔进行接骨，愈合后再拆除。但是金属材料有一定的不良反应，主要是腐蚀和应力释放作用可引起骨质疏松和再骨折，给患者带来很多痛苦并留下隐患。因此，用可吸收材料进行接骨具有深刻的意义。

用于接骨的内固定材料必须能在体内降解并被机体所吸收。目前认为，最合适的材料是聚羟基酸，如聚乙醇酸、聚丙醇酸（聚乳酸）或其各种共聚物。聚对二噁酮也是研究对象之一。这些材料在骨组织内通过水解的形式降解，降解速率与材料的分子量及其分布、材料的结晶程度、热处理历史以及材料的外观形状等都有关系。如左旋聚丙醇酸的降解速率就比右旋聚丙醇酸慢得多，其半衰期达 6 个月。降解后，有 70% 左右渗入临近组织，绝大多数通过呼吸道和尿道排出体外。在降解过程中，材料内可见新骨沉积。

为了使材料具有较高的初始强度，聚羟基酸的合成不能用羟基酸缩聚的方法，而必须采用环内酯（通常为环双酯）开环聚合的方法。

$$R-CH{\overset{O}{\underset{O=C}{\langle}}}{\overset{C=O}{\underset{CH-R}{\rangle}}} \xrightarrow{\text{开环聚合}} {\left(O-{\overset{O}{\overset{\|}{C}}}-{\underset{R}{CH}}\right)}_n \tag{7-1}$$

即便如此，由于材料在降解前强度就开始衰减，如用纤维增强的聚乙醇酸和纤维增强的左旋聚丙醇酸在植入前强度分别可达 350MPa 和 210MPa，前者仅过 3 周，后者 12 周后，强度即可衰减 50%。因此，通常在材料的表面涂覆一层保护层，如氰基丙烯酸酯、聚二噁酮、聚羟基丁酸酯等，可减缓强度的衰减。

将这些材料制成接骨针、接骨棒、接骨板或接骨螺钉，分别对动物松质骨骨折、皮质骨骨折和骨骺分离实施内固定，试验结果表明，除了板、钉不能稳定犬桡骨干截骨端外，其余均能提供适当的固定强度。而且，这类聚酯材料具有骨传导作用，可加速骨缺损的愈合。但其异物反应性尚不确定。在临床应用方面，聚羟基酸可用于长骨骨折的内固定，聚丙醇酸因强度不足，目前还仅限于上颌骨骨折、踝部骨折的固定。

（三）骨组织用黏合剂

人工骨和人工关节与骨组织的接合以前采用 PMMA 骨水泥，但由于其单体易引起细胞毒性反应并伴有血压下降、骨水泥和骨组织界面有纤维组织生长，以及聚合物的热效应对骨水泥四周产生损伤、结合力不足等弊病，近年来已为磷酸钙系骨水泥所替代。这种材料因生物相容性好、能在早期就与骨质发生化学结合等优势而得到广泛的关注。其作用是使埋入骨内的材料表面活化，在材料表面上形成骨组织与骨的直接接合。在生物体内，材料表面刚一溶出就从四周组织吸收钙、磷构成磷灰石层，同时，接近材料表面的骨组织有产生新生骨的功能，它可以直接与材料新生的磷灰石层结合，从而形成结合性形成骨。

四、人工肌腱与人工皮肤

（一）人工肌腱

严重损伤或因感染必须手术切除造成大量肌腱缺失时，需要移植人工肌腱来修复缺损，恢复功能。人工肌腱移植多用于陈旧性手指肌腱损伤，特别是屈指肌腱损伤。

1976年美国巴特尔哥伦布研究所研制成功一种可植入体内的，具有肌肉功能的人体肌肉系统。它与橡皮带相似，利用其内在的张力，可使手臂回到弯曲的位置上。其外部是一根硅橡胶管，内部是一根褶叠起来的涤纶织物管，它可以伸长，但其总长限制其不能过度伸展至反曲臂膀的位置。管件的两端设有多孔板，以便与自体肌腱缝合后周围组织能长入多孔板的网孔内，起到加固缝合处的作用。这种由涤纶和硅橡胶膜组成的人工肌腱，具有良好的屈伸和伸展性，且可耐受不锈钢线或尼龙线的缝合。3～4周后，人工肌腱周围便形成近似生理的假腱鞘。到二期手术时，就可除去埋置物，将移植的自体肌腱穿入假腱鞘内，这样就防止了肌腱粘连，使其重建滑动功能。

此外，用内置炭纤维束与外覆聚乳酸层的组合制成人工肌腱也有报道，在修复肌腱或韧带时，将其缝合于自体肌腱或韧带上，术后，聚乳酸涂层逐渐被吸收，剩下的碳纤维支架有胶原附着，形成胶原纤维，使损伤的肌腱和韧带牢固地连接而恢复功能。

（二）人工皮肤

人类的皮肤由表皮和真皮组成，其不仅可以起保护生物体的作用，而且还具有分泌、排泄、调节体温和呼吸、感觉等功能。当皮肤受烧伤或其他损伤时，人体的正常生理机能就会受到阻碍，水分从皮肤的蒸发量显著增加，同时，人体的蛋白质、离子等有效成分也会和渗出液一起流失。程度严重时，医治不良则会引起致命的后果。由于皮肤本身是一种再生能力很强的组织，对于小面积皮肤缺损，一般可首先采用其自身的皮肤进行移植，只要医治得当，可以逐渐愈合。但若烧伤面积过大，自体无法满足需求时，必须采用他人的皮肤或其他动物的皮肤进行同种或异种移植。不过时间一长，异种移植的皮肤就会因排异作用而脱落，而同种移植皮肤来源则受到限制。因此，开发利用人工皮肤进行暂时性的创面保护就显得尤为适用和必要了。

这样看来，人工皮肤的作用主要是防止体液从创面蒸发与流失，防止创面被细菌感染，同时，使肉芽或上皮能逐渐成长，促进愈合。制作人工皮肤可以用硅橡胶、多孔性聚四氟乙烯等疏水性高分子制成膜，也可以用聚氨基酸、聚乙二醇或聚甲基丙烯酸羟乙酯等亲水性高分子膜。其中，硅橡胶膜在自体移植上有促进组织自然再生的作用；聚氨基酸的化学结构近似于蛋白质，与生物组织相容性较好，且对水蒸气、氧等的透过性较高。亲水性聚合物膜是1977年发表的，它是将分子量为400的聚乙二醇先涂布在创面上，然后再洒以200目的以聚甲基丙烯酸羟乙酯为主体的粉末状聚合物，数分钟可以成膜，约半小时干燥，在临床应用中取得了较好的效果。1983年，天津医院也用了相似的人工皮肤，在55例应用中，有45例膜下愈合。

凝胶也是一种常用的人工皮肤。如聚氧乙烯和聚氧化丙二醇的接枝共聚物在冷水中可以溶解，至人体表面温度以上时，发生相变而形成水凝胶。如把它的冷水溶液涂敷于创面，受人的体表温度的影响，聚合物可以很快形成凝胶成膜，把创面覆盖。若在此凝胶中加入乳酸银或妥布霉素作抗菌剂，还可具有抗菌防感染的作用。

除此之外，一些生物材料如骨胶原等也可制成人工皮肤。在制备时，首先须把骨胶原所带的抗原基团除去，以减少其对人体的抗原性。通常将骨胶原制成海绵状或制成无纺布，它与皮肤创面有良好的贴合性能，透湿性与人的皮肤相当，而对分泌的体液能很好地吸收，并将其集合成为组成体，在创面上形成一层假痂皮层，对创面起着有利的保护作用。在它的下面，纤维芽细胞能很好地发育，没有排异反应和炎症，是较为理想的生物化医用高分子材料。以血浆为原料，用凝血酶将血纤维蛋白凝固，可以得到具有弹性的血浆膜，经 2% 重铬酸钾溶液处理后，也是一种相当好的人工皮肤，只是其造价太高。

随着组织工程的发展，出现了生物杂化人工皮肤。它是将聚羟基酸、胶原蛋白等大分子或其复合物制成多孔海绵体，以此作为组织工程的多孔支架，再种植皮肤成纤细胞，经体外培养得到生物杂化人工皮肤。目前这种皮肤已适用于临床，治疗大面积烧伤（自体细胞培养）、下肢皮肤溃疡（同种异体细胞培养）以及新生儿皮肤疾患等。

（三）整容材料

整容材料包括体外修复材料和体内填补材料，前者主要对面部、四肢进行修复，如制成假鼻、假耳、假肢等具有特定外形的部件，有时还结合外力或自体残余动作，恢复其部分活动的功能；后者用于因某种原因造成的体表变形瘪陷部位的填充修复，如垫高鼻梁、丰润脸庞、充填胸腔等。

对面部进行修复的体外材料一般不具有功能性，仅以恢复患者的外容为主。如用聚氯乙烯、硅橡胶等制成与皮肤色泽相似的假耳、假鼻，用医用黏结剂黏结在缺损的部位。对四肢缺损的修复，则要更多地考虑如何恢复或部分恢复其原有的功能。以往所研究的假肢中，高分子材料主要起支承和装饰作用。如用聚甲基丙烯酸甲酯制成假足；用聚酯基复合材料覆在木制圆桶外制作假腿的承重内柱；或用聚碳酸酯复合材料来制作假手臂等。假肢的运动完全靠外接电子控制系统来实现，实现的方式有两种，一种是靠残存肢体的运动能力来引导关节联动装置；另一种是外加能源如电力、油压等配合电子控制装置，指令或信号可以利用残肢或其他有运动能力的部位进行输入。

对身体的瘪陷而进行的修复主要是填充无毒、无嗅、无害的高分子材料，如无毒聚氯乙烯、聚乙烯醇、聚四氟乙烯及其他亲水性高分子材料。

第五节　其他医用材料

一、医用黏结剂

在外科手术中，缝、扎是两项基本操作。这种方法既费时费力，又易造成大量出血和组织损伤，给病人带来更多的痛苦。采用医用黏结剂用于生物组织的黏结可以克服上述弊端，实现了外科手术的大改革。

除了必须符合医用材料的一般标准外，医用黏结剂必须具备一些特殊性能，如无毒无菌、黏结力强、黏结速度快，且无须加热加压，黏结后对组织反应轻、异物反应小、不易形成血栓、有弹性等。

目前广泛使用的医用黏结剂有 α-氰基丙烯酸酯、聚氨酯预聚体、明胶共混改性酚醛、环氧、亚甲基丙二酸甲基烯丙基酯等，虽然已有几十个品种，但仍然以 α-氰基丙烯酸酯为主，包括甲酯、乙酯、丁酯、戊酯、庚酯、辛酯、癸酯、三氟异丙酯、烷氧基酯等。它在常温常压下就可以黏结，黏结面无须特殊处理，铺展性好，固化速度快，有一定的耐温性和耐溶剂性，尤其是对比较潮湿的活组织表面结合力强，因此应用广泛。

（一） α-氰基丙烯酸酯制备及其聚合

α-氰基丙烯酸酯的活性很高，尤其是阴离子聚合能力很强，不能用直接酯化或酯交换等普通的丙烯酸酯合成法来制备，一般采用氰基乙炔法和缩合裂解法来制备。

氰基乙炔法：

$$
\begin{aligned}
&CH\!\equiv\!C\!-\!CN + HCOOR \\
&CH\!\equiv\!C\!-\!CN + CO + ROH
\end{aligned}
\left.\right\}
CH_2\!=\!C\!\underset{COOR}{\overset{CN}{\diagup}}
\tag{7-2}
$$

缩合裂解法：

$$
n\,CH_2O + n\,CH_2(CN)COOR \xrightarrow{\text{碱催化}} \!-\!\!\left(CH_2\underset{COOR}{\overset{CN}{\underset{|}{\overset{|}{C}}}}\right)_{\!n}\!\!- \xrightarrow{150\sim380℃} n\,CH_2\!=\!C\!\underset{COOR}{\overset{CN}{\diagup}}
\tag{7-3}
$$

在碱催化时，还需用甲苯或二氯乙烷等与水共沸脱水。

α-氰基丙烯酸酯的 α 位氰基和酯基都是很强的吸电子基，使 β 位碳原子呈现更大的正电性；而 β 位无取代基，因而对亲核试剂尤其敏感，使其具有很大的聚合倾向，只要一接触到阴离子，便会由单体转变为聚合物。聚合时释放大量的聚合热，如甲酯在水中的聚合热约为 2.43kJ/mol，因而当一小滴单体在皮肤上聚合固化时，会有灼人的感觉。

光、热或引发剂可以引发 α-氰基丙烯酸酯进行自由基聚合。它与其他单体进行 1:1 共聚时，按单体类型不同可以得到不同的结果，如与乙烯基单体共聚时，聚合物中基本上是氰基丙烯酸酯；与丙烯酸酯类共聚时，氰基丙烯酸酯的含量占 $80\%\sim90\%$；与甲基丙烯酸酯类单体共聚时，得到的是 1:1 左右的无规共聚物；而与苯乙烯类单体共聚时，则得到近似于 1:1 的交替共聚物。

碱金属、烷（氧）基金属、有机胺等只要有 0.05% 的用量就可以急速引发氰基丙烯酸酯的阴离子聚合，反应无法制止；水或醇等用量为 $1\%\sim2\%$ 时，也可以快速引发其聚合；DMF 或醚等引发氰基丙烯酸酯的聚合时，其用量需达 $1\%\sim10\%$，同时需要加热才能进行。

在适量水的作用下，α-氰基丙烯酸酯可以快速聚合，聚合固化的时间从几秒到几分钟，随基体材料的不同而异，通常，生物体＞玻璃＞腈类橡胶＞塑料＞金属。外界条件如空气的湿度与温度、材料表面的酸碱性等对聚合速率也有影响。

由于空气和生物体中存在大量水分，产生大量的 OH^-，因而在其表面 α-氰基丙烯酸酯可以很快聚合。同时，因它与氨基酸可以形成氢键或化学键，故而可以用于生物体黏结。

（二） 聚合物特性

α-氰基丙烯酸烷酯除了新戊烷酯外，在常温下都是无色透明、有特殊刺激性气味、黏度较小的液体，由于极性液体如醇、DMF 等会促进其聚合，因而不适于作溶剂，仅可溶解于丙酮、丁酮、甲苯、苯、乙酸乙酯、硝基甲烷等溶剂中。而其聚合物则可溶解于 DMF、DMA、硝基甲烷、乙腈等强极性溶剂中，乙酯以上的聚合物还可溶解于丙酮中。然而水既可以引发 α-氰基丙烯酸酯的聚合，同时，水的存在又会对其聚合物有分解破坏的作用。温度升高和碱性物质的添加可以加速分解过程。因而在极性溶剂中如果存在少量的水，长期存放就会引起聚合物的分解，分解速率随酯基碳原子数的增加而降低。

聚 α-氰基丙烯酸乙酯的玻璃化温度为 151℃，抗拉强度为 610kg/cm²，而冲击强度仅 2.0kg·cm/cm²，性质偏脆。随着酯基的碳原子数的增加，玻璃化温度降低，抗拉强度降低，而冲击强度增加，韧性有所改善。

聚 α-氰基丙烯酸酯的黏结强度与其聚合度有关，分子量高，黏结强度也高。因此，在高湿度下聚合固化比低湿度下聚合固化的强度要差。被粘材料的极性越大，黏结强度就越高，所以，它对生物体、无机材料、尼龙等极性有机材料的黏结强度较大，而对聚乙烯、聚丙烯、聚四氟乙烯、硅橡胶等非极性和弱极性材料的黏结强度就很差。

（三）生化性质

α-氰基丙烯酸酯在水、生理盐水、5% 葡萄糖水溶液及人尿中聚合时，酯链越短，聚合反应速率越快；而在血液、血清、白蛋白、纤维蛋白原、牛奶等含有蛋白质或氨基酸的体系中，其聚合规律相反，酯链越长，反应速率越快。因此，α-氰基丙烯酸长链酯更适用于组织的黏结和止血。

α-氰基丙烯酸酯通常是无菌的，而且具有一定的抗菌能力，但随酯链的延长而迅速降低。其致癌作用尚未发现。由于单体在聚合时会产生较大的聚合热，因此，会引起生物组织反应，酯链越长，组织反应越轻。例如，甲酯会引起组织坏死，而己酯的组织反应就很弱。单体的毒性以皮下注射为小，腹腔注射的毒性较大。聚合物由于体液的作用，也会引起中毒。不过，临床应用的剂量（几毫升）一般远远小于全身性中毒剂量（几百毫升）。聚 α-氰基丙烯酸酯在体内的分解随酯链变长而减缓。为了改进长链酯分解速率慢的缺点，可以增加体系的亲水性，如将烷基改为烷氧基就可在保持快速固化的优点的同时加速其在体内的分解，然后主要通过尿液，部分通过粪便而排到体外。如 α-氰基丙烯酸异丙氧基酯就特别适用于组织的黏结。

在实际应用中，采取长链酯与短链酯配合使用的方法，可以取得良好的综合效果。

（四）应用

α-氰基丙烯酸酯的黏结速率快，因此可以在一定程度上代替手术的缝合操作。在临床上，可以对组织断裂处实施黏合，但通常不能将黏结剂直接涂覆在创面上，否则组织间的这层聚合物将妨碍组织的愈合。一般采用的是间接黏合法，即将组织断裂处拉近后，放上涤纶布片，再涂以黏结剂使之固定。

在血管外科手术方面，为了保持适当的管腔，耐 200～250mmHg 的压强，不产生血栓等，对黏结的要求比较高。因此，可将一端血管翻转涂胶，再与另一端血管重叠粘接，使内膜密合以减少血栓；也可辅以支持管，将两段血管拉近，再用涂有黏结剂的涤纶布片覆盖将其粘牢；或者使用缝合与黏结并用的方法提高耐压性、抗张力等。试验表明，聚 α-氰基丙烯酸乙酯具有较好的血液相容性和耐组织液性。

对肠管吻合、食道吻合以及胃肠间的吻合，采用间接黏合方法有较好的效果。如果再与缝合法相配合，成功率更高。

对皮肤的黏结试验结果表明，黏结法与缝合法相比，各有优点，黏结法的初始强度较高，4～5天后逐渐下降，但仍比缝合法要高。此后，无论哪种方法，强度都增加，直至创口愈合。

二、医用缝合线和止血剂

（一）医用缝合线

医用缝合线是外科手术中应用十分频繁的材料，它必须满足以下条件：①可进行彻底的消毒和杀菌处理；②有适当的强度和弹性，缝合后仍能保持一定的强度；③操作方便；④与人体具有组织适应性；⑤无毒，最好能被人体吸收。

现在使用的医用缝合线既有可被人体吸收的，如羊肠线、聚氨基酸等，也有不被人体吸收的，如各种天然纤维和合成纤维，如表7-9所示。

表7-9　各种医用缝合线

吸收类别	材料类别	典型产品
非吸收型	天然纤维	蚕丝、木棉、麻、马毛等
	合成纤维	聚酯、聚酰胺、聚烯烃、聚四氟乙烯、聚氨酯等
可吸收型	天然高分子	羊肠线、骨胶原、白纤蛋白等
	合成高分子	聚氨基酸、聚羟基酸、聚乙烯醇等

手术后，皮肤抗拉强度可以逐渐恢复。其恢复比的一般要求是，一般手术后的一周后，恢复20%～30%，两周后，恢复60%，三周后恢复80%。因此缝合线应具有这种强度的适应性。

聚乙醇酸是合成类可吸收医用缝合线的典型代表。其强度比羊肠线的强度高，强度随时间的衰减小，足以维持皮肤缝合的强度需要。乙醇酸与丙醇酸的嵌段共聚物性能更好，其强度衰减呈开关特性，在50天左右仍保持近100%，但超过70天，强度立刻减少到零。由于可被机体吸收，因而是创口缝合的理想材料。

（二）止血剂

α-氰基丙烯酸酯具有快速聚合固化的特性，因此，它也可以用作止血剂。在某些脏器做部分切除手术时，采用缝合法阻止出血或阻止分泌物的流出是相当困难的，而且还可能因缝合导致新的出血。用α-氰基丙烯酸酯进行临时快速止血，已证明非常有效。但一般的酯组织适应性差，且有一定的刺激性，为此，合成了一些新的品种。如α-氰基丙烯酸乙氧基乙酯适用于脏器的止血，从对小白鼠的肝脏部分切除手术效果看可迅速止血，术后，小白鼠逐渐恢复健康。2,2,2-三氟乙基-α-氰基丙烯酸酯适用于脉管器官的止血，对猫进行棒状脾脏组织切除时，用它在距离创面4～8cm处以喷雾涂布，待充分聚合固化，将器官放回腹腔，用常法缝合封闭，除最初几天精神不好外，以后便逐渐康复。

其他的止血剂还有聚乙醇酸、羧甲基纤维素、聚乙烯基吡咯烷酮及其共聚物等。这些水溶性的聚合物可以制成绒毡、海绵，或与海藻酸盐、非离子型表面活性剂等混合制成止血粉料，亦具有较好的止血效果。

三、代石膏绷带

石膏是用于骨折固定的传统材料，一般锁骨骨折要上 4 周的石膏，而大腿骨折需 8～10 周，有的部位甚至更长，打石膏期间，患者的皮肤与石膏长期接触，分量重，透气性差，难以忍受。因此有必要研制一种轻便的代石膏制品来帮助患者解除痛苦。

（一）基本要求

① 与人体适应性好，对皮肤无害，不会引起炎症，不产生变态反应；
② 能承受人的肌肉用力而不变形，长期绷扎不变形、不破坏，有特定的物理机械性能；
③ 有一定的透气性，可以将皮肤所蒸发的水分传输出去；
④ 具有良好的化学性能，不怕水及体液的侵蚀，黏结性好，不会燃烧；
⑤ 易于加工成型，可以方便地塑造与人体各部位复杂的外形相吻合的形状；
⑥ 能透过 X 射线，以便于骨折部位愈合情况的检查。

（二）材料

独立气泡型的聚乙烯泡沫塑料在 140℃ 左右的炉温下加热 5min，然后稍冷至与皮肤接触不感烫人的状况下，按一定的部位贴覆成型，用刀截去多余的部分，冷却后在 20s 内就会硬化。密度仅 $0.04g/cm^3$，轻便耐水，耐酸碱，为了增加强度，可在两层泡沫之间夹一层聚乙烯薄膜。但总的来说，其机械强度还不够高，仅适用于轻度挫伤的固定，而对四肢部位的严重骨折还不太适用。

天然橡胶的另一种异构体是杜仲胶，它是反式构型，其玻璃化温度比天然橡胶高得多，也易于结晶，具有类皮革的韧性。人工合成的反式聚异戊二烯中，反式的含量不同时，性能也不相同。有一种代石膏绷带材料中反式聚异戊二烯的含量约为 80%，并加入了一些无毒添加剂，它在 55℃ 就可结晶，70～80℃ 可以软化，具有自黏性，手按即可黏合。冷却硬化后，把它加热还可以进行整修操作。它具有 X 射线通透性，便于随时检查。

用改性的聚丙烯也可制成代用石膏绷带，密度是石膏的 1/3，但强度却增加了 3 倍。由于它不怕水，故病人还可以洗澡或进行水浴治疗。

四、医用诊断材料

诊断是从医学角度对患者的精神和体质状态做出判断的过程，是治疗、预后、预防的前提。当身体产生疾患时，人体就会有相应的内部反应和外在表现。通过细心分析人体各种外在表现和多种检测数据，就可以判断疾病所在的部位和疾患的程度。对疾病的正确诊断是有效治疗的前提。

生物体有一项特殊的功能，当外界的细菌、病毒等异物（抗原）侵入生物体时，会自动产生与异物抗原相对应的抗体蛋白。该抗体与入侵的抗原发生特异结合，使入侵抗原失活。这就是生物体自我保护功能。通过检测抗原或抗体的有无及浓度的高低，便可诊断疾病感染、病变或在治疗过程中疾病的康复程度。当人体发生疾患时，在体内必然生成异种蛋白质（抗原），测定该蛋白质（抗原），便可诊断疾病。把抗原或抗体通过物理吸附或化学键合的方法固载于功能高分子材料表面，这种功能高分子材料便可应用于疾病的检测和诊断。

（一）免疫载体

将抗体或抗原通过物理吸附或化学键合的方法固载于高分子微球表面，可以制成定量或定性检测试剂，能够检测体液中对应的抗原或抗体。因为直接观察抗体和抗原是比较困难的，只有在其浓度很高时，抗体和抗原接触反应后可以形成沉淀，但浓度较低时就不易看到。采用高分子作载体后，抗原抗体结合时，就会有许多颗粒的聚集而便于观察。例如聚苯乙烯胶乳可用于快速检测乙型肝炎、血吸虫病、类风湿、梅毒等疾病。利用乳胶的免疫系统与被检测试样中的抗体或抗原反应发生凝聚作用，在临床检测初期肿瘤中有较高的检出率。

利用固定化酶的特异识别功能也可以制备相应的分离试剂或诊断试剂。如 N-异丙基丙烯酰胺（NIPAM）与甲基丙烯酸缩水甘油酯（GMA）的共聚物凝胶可以作为胰蛋白酶的载体，在生化反应中，使胰蛋白酶的分离精制取得较好的效果。离子交换树脂对 T-淋巴球活性化蛋白、风湿性因子、免疫复合体等都有很好的吸附作用，可应用于自免疫疾病的诊断。

当高分子微球表面固定 DNA、配位体或激素等生物活性组分后，能用于各种生物特性的诊断。如对于癌症能够在初期检测出基因的异常情况。带单链 DNA 的高分子微球能捕捉与它相应的 DNA 或 RNA，因此可用于突变 DNA 的检测。

荧光标记的聚苯乙烯微球被用于局部血液流动的检测。通过光谱法测定血液中荧光剂的浓度可以确定血液的流动情况。

利用结合有一定生物活性分子的高分子微球对某些病毒具有很高识别性和亲和性来分离一些较难用药物治愈的病毒。例如，利用 HIV-1 病毒表面的活性基可以与高分子固定的伴刀豆蛋白 A 发生凝聚，从而可以分离除去 HIV-1 病毒，以达到脱除病毒的目的。

将磁性粒子包覆于高分子微球中制成磁性载体，再接上抗体或抗原，与环境中的特异性抗原或抗体结合后可以形成磁性大分子负载的抗原-抗体复合物。在外磁场作用下，这种磁性复合物可以快速与体系中其他物质分离，与非磁性复合物相比，灵敏度和检测速度都得到大大的提升。借助磁性高分子微球上亲和素-生物素系统与非蛋白质结合，可以直接对各种DNA、RNA 大分子进行扩增，并快速分离纯化，实现半自动化、自动化测序，从而更加方便、快捷、有效地了解基因组的结构特点，在临床检验和大规模的测序工作中获得应用。

（二）环境响应性载体

聚 N-异丙基丙烯酰胺（PNIPAM）、聚氧乙烯（PEO）等高分子水溶液具有 LCST 特性，即在低温下可溶而在升高到相变温度及以上时会使体系变得浑浊。利用这一特性可以将其应用于诊断中。一些液晶高分子和高分子染料在不同的温度下有不同的颜色，也可用于诊断。

在不同 pH 条件下产生相变的体系，如聚乙基噁唑啉和聚甲基丙烯酸在水溶液中可以通过静电作用而自组装产生相分离，在改变 pH 时又可以解离而重新溶解，利用这一性质可以将聚乙基噁唑啉与聚甲基丙烯酸配合用于诊断存在 pH 变化的病变部位。联吡啶盐、聚苯胺等一些在不同 pH 条件下有明显颜色变化的高分子也可用于相似的诊断中。

光照产生体积变化的物质与探针分子结合也可以用于诊断。将荧光探针与 PNIPAM 或聚氧乙烯衍生物组成检测体系，在光照下，高分子体系体积产生收缩，探针的荧光也会被屏蔽，而当停止照射时，体系重新溶解，荧光物质被释放，则其荧光又能重新被检测到。光致变色高分子、蛋白质或质子酸与一些光敏剂可以结合形成激基复合物而使光敏剂原本的荧光发生红移。这些对光有敏感特性的高分子即可作为检查试剂来诊断某些疾病。

聚电解质凝胶、电致伸缩高分子等在电场下会产生体积变化，聚苯胺、聚吡咯等共轭聚合物在电场下会产生颜色变化，因此可用作电场响应型诊断试剂。

五、组织工程用支架

组织、器官损伤或缺损修复以及功能重建一直是医学领域研究的重大课题。组织器官损伤或病灶切除后造成的缺损，传统的修复方法是自体组织移植、异体组织器官移植或应用人工代用品。但自体移植存在着"以创伤修复创伤"的遗憾，而异体移植中供体来源不足、免疫排斥是主要的缺陷，人工代用品也存在着炎症反应、免疫排斥和老化失效等风险。1984年美籍华裔科学家 Y. C. Fung 教授首次提出了组织工程概念，美国 Joseph P. Vacanti 医生和 Robert Langer 教授对组织工程进行了研究探索，美国国家科学基金委员会 1987 年予以正式确定。

组织工程学的基本原理是从机体获取少量的活体组织，用特殊的酶或其他方法将细胞（又称种子细胞）从组织中分离出来在体外进行培养扩增，然后将扩增的细胞与具有良好生物相容性、可降解性和可吸收的组织工程支架材料按一定的比例混合，使细胞黏附在支架上形成细胞-支架复合物；将该复合物植入机体的组织或器官病损部位，随着支架材料在体内逐渐被降解和吸收，植入的细胞在体内不断增殖并分泌细胞外基质，最终形成相应的组织或器官，从而达到修复创伤和重建功能的目的。种子细胞、支架材料和细胞生长调节因子是组织工程的三大基本要素。其中支架材料不仅为特定的细胞提供结构支撑作用，而且还起到模板作用，也为细胞获取营养、生长和代谢提供了一个良好的环境。目前组织工程技术可应用于复制肌肉、骨骼、软骨、腱、韧带、人工血管和皮肤等各种组织，也可应用于胰脏、肝脏、肾脏等生物人工器官的开发，还可用于人工血液的开发、神经假体和药物传输等方面。组织工程支架材料需根据具体替代组织所具备的功能来设计。

人工骨的组织工程支架材料必须具备以下两个功能：①有一定机械强度以支撑组织的高强度材料；②有一定生物活性可诱导细胞生长、分化，并可被人体降解吸收。早期的人工骨支架材料都是非生物降解型的，包括高分子材料、金属材料、生物惰性陶瓷或生物活性陶瓷等，机械强度高，具有生物惰性，但存在着二次手术问题。用可生物降解并具有生物活性的材料可解决这一问题，这类材料有纤维蛋白凝胶、胶原凝胶、聚乳酸、聚醇酸及其共聚体、聚乳酸和聚羟基酸类、琼脂糖、壳聚糖和透明质酸等多糖类。将可降解材料和非降解材料结合使用可以提高强度。

神经缺损时需要进行桥接，以往用于桥接神经缺损的神经套管材料有硅胶管、聚四氟乙烯等，如以硅胶管为外支架，管内平行放置 8 根尼龙线作为内支架的"生物性人工神经移植体"。目前主要采用聚乙醇酸（PGA）、聚乳酸（PLA）及它们的共聚物等可降解吸收材料。选择适宜的生物材料，使经过体外培养扩增的雪旺细胞（SC）与支架材料黏附，加入生长因子，将细胞外基质与可降解吸收生物材料经体外培养，在体内预制成类似神经样 SC 基膜管结构，使人工神经血管化或预制带血管蒂，并保证 SC 存活、增殖并有活性。神经修复的组织工程支架材料一类是取自于自体的神经、骨骼肌、血管、膜管的天然活性材料；另一类是非生物活性材料，例如脱钙骨管、尼龙纤维管、硅胶管、聚氨酯等。神经支架材料的功能必须为神经的恢复提供所需的三维空间，即要保证神经导管具有合适的强度、硬度和弹性，使神经具有再生的通道；同时要保证其有理想的双层结构，其中外层提供必要的强度，为毛细血管和纤维组织长入提供营养的大孔结构，内层则起到防止结缔组织长入而起屏障作用。因此，神经修复所用支架材料一般为：外层是强度大、降解速率慢的可降解材料，内层是具细胞生长活性的降解材料。用于神经修复的内层材料多为胶原和多糖。目前研究和使用的多为胶原和聚乳酸的杂化材料。

血管支架材料与神经支架材料类似，其结构也为双层，但内层必须与血液相容性好，该类材料要求不仅要有生物活性，同时还要具有抗凝血和抗溶血作用。这类材料一般为经过表面修饰的降解材料。外层材料必须为保证内层材料细胞生长提供一定的支撑强度、抗拉强度和韧性。最早的外层材料一般为尼龙、聚酯等无纺布或无纺网等，目前应用较多的是经胶原或明胶蛋白表面处理的聚乳酸、聚羟基酸和多肽等的可降解的无纺布或无纺网。

其他如肝、胰、肾、泌尿系统使用的组织工程支架材料多为天然蛋白、多糖与合成高聚物杂化的可降解材料；人工角膜支架材料要求透明，吸水，有一定的机械强度，屈光性好等，以前常用的材料为 HAMA、PMMA，近来则多采用胶原和聚醇酸等材料；肌腱组织支架材料必须可降解，但一定要是降解时间较长的材料等。

六、其他

高分子在医用领域还有很多其他应用。如制作外科手术的遮盖层，即用具有压敏性的透明薄膜对手术区进行覆盖，只要稍加手压，就可以将其紧密贴合于手术区皮肤上。由于其透明性好，不妨碍医生的手术；透气性好，不会使病人感到不舒适；贴合紧密，又可以防止感染、避免其他污染。

用无毒软聚氯乙烯、PP 或 PE 膜可制成塑料储血和输血袋，既透明，又有柔性，输血时，血袋可相应地吸瘪，不必另开通气孔，因而不会发生外界细菌污染的问题，也不会发生空气进入血管引起栓塞的危险。用这种血袋保存的血液，其中红细胞的存活率也高。

吸血海绵代替脱脂棉在外科手术，尤其是眼科手术中应用，可以避免手术中遗留棉丝的弊病，提高了精细手术质量。它具有吸血量大，吸液速度快，保液率高，无残留纤维，无毒副作用，使用方便等特点。

一次性医疗用品中高分子所占的比重就更大，如用无纺布制作护士围裙、病床床单、检查用衣等，用合成纸制作护士帽、口罩，用聚乙烯、聚氯乙烯制作氧气袋、输液袋，用尼龙、聚酯、聚丙烯酸酯等制作纱布、橡皮膏，用聚氯乙烯、聚乙烯、聚丙烯、尼龙、橡胶等制作各种导管、插管、连接管等，还有聚氯乙烯的听诊器、直肠镜、吸引器，聚乙烯、聚丙烯的药水瓶等，不胜枚举。这些用品，因为在出厂前已充分消毒，因而增强了安全感，储存使用方便，用过也不必进行烦琐的清洗处理，因而可以提高护理水平，减少感染事故，提高工作效率。

但是，所有这些产品都必须严格消毒，严格把关，一旦包装有破损，应重新消毒。使用后应专门处理，防止重复使用引起感染。对丢弃物的处理要慎重，防止对环境造成新的污染。

第六节　药用高分子

　　药用高分子通常包括在药物中添加的高分子助剂、对小分子药物进行控制释放的高分子载体以及本身具有药效的高分子药物等。作为药用高分子，它应该具备以下一些基本特性：高分子药物本身及其分解产物应无毒，不会引起炎症和组织反应，无致癌性；进入血液系统的药物，应不会引起血栓；能有效地到达病灶，并保持一定的浓度；对于口服药剂，高分子主链应不会水解，以便通过排泄系统排出体外；对于导入循环系统的药物，则必须易分解，以免在体内积累。

一、药物载体

　　为了方便药物制剂加工，提高安全性和稳定性，以及为了提高疗效，对于儿童，还要求美观、味甜等特殊效果，因此，在制剂加工过程中，需要加入许多辅料。高分子化合物即是其中一种比较重要的辅助添加剂。

　　药物制剂的形态可分为液态制剂和固体制剂两大类。在液态制剂中，高分子通常用作增稠剂、稀释剂、分散剂及消泡剂等。如聚乙烯基吡咯烷酮和聚乙烯醇等亲水性高分子可以被体液溶解，且其迁移速率较慢，所以对药物有一定的持续化效果。羧甲基纤维素钠等高分子可以用作增稠剂，而有机硅酮则可以起消泡作用，在止咳糖浆中添加少许，可减轻患者支气管分泌物的起泡现象，对缓解咳嗽有明显的效果。

　　固体制剂有粉状、粒状、片状、胶囊涂膜等多种形态。根据实际需要，高分子可以用作药物的黏合剂、崩解剂、润滑剂、分散剂、赋形剂、包衣剂、膏糊及涂膜等。例如，羧甲基纤维素、聚乙烯醇等水溶性高分子可用于药物的黏合，到了消化道内，在水分的作用下，高分子再度溶解，药物分子得以分散而发挥药效。有些药物遇水不稳定，此时就必须在有机溶剂中进行药物黏合，而进入体内时，高分子又能被水所溶解，因此，高分子应既可以溶解于水，又可溶解于有机溶剂。聚乙烯基吡咯烷酮就是一个很好的例子。

　　淀粉是药物常用的崩解剂。近年来，为了改进其自身一些不足，人们对淀粉用接枝、交联等方法改性，提高了崩解能力。在制造片剂或造粒时，还需使用润滑剂。早期所用的润滑剂是非水溶性的滑石粉或硬脂酸镁等，之后还用过聚氧乙烯，但润滑性不好。赋形剂是使极少量药物也能够成型的药物助剂，如聚乙烯基吡咯烷酮、聚醋酸乙烯酯、聚甲基丙烯酸甲酯等，其本身不具有药理作用，但能够保持各种药物的药效，而且由于溶解速率较慢，使药效可以持久。

　　通常药物还要包上一层外衣，一方面保护药物不受储存条件的影响，避免受潮、见光等引起药物变质；另一方面也可以防止药物散发气味，增加美观。外衣同时也是一种标识，可以区别药物品种。如果选材得当，还可控制药物释放的部位，避免不必要的刺激，提高药效。如聚氧乙烯、聚乙烯醇、聚乙烯基吡咯烷酮、羧甲基纤维素等为水溶性高分子，在中性左右的环境中可以溶解而释放药物。而聚乙烯基吡啶、羟氨基醋酸纤维素及其衍生物、聚乙烯胺等含氮聚合物或共聚物具有一定的碱性，可以在酸性的胃液中溶解。若需在肠道环境中发挥药效，则应该选择带有羧酸基团的聚合物，如醋酸纤维琥珀酸酯、马来酸酐共聚物、丙烯酸酯共聚物等。一些两性高分子电解质，如乙烯基吡啶与丙烯酸酯的共聚物等则既可以在酸性的胃液中溶解，又可以在碱性的肠道中溶解。

至于药品的外包装，所涉及的高分子材料更多，如聚氯乙烯、聚偏氯乙烯等用于药品的压塑包装、聚乙烯药瓶用于眼药水、滴鼻药等液体制剂的包装，泡沫塑料可以作为药品储存和运输过程中的缓冲层等。

二、靶向药物载体

(一) 靶向治疗药物载体

化疗是非手术治疗恶性肿瘤的重要手段之一，但化疗对肿瘤组织和细胞缺乏选择性杀灭作用，对正常组织有多种毒副作用，应用受到很大限制。靶向治疗应运而生。靶向治疗又称为靶向给药系统，它由三部分组成：导向物质、骨架材料和效应物质。导向材料指抗体、磁性物质、配体等具有导向作用的部分，骨架材料目前主要集中于可降解高分子材料上，部分骨架材料本身或经过修饰后由于尺寸、电荷性质等特点具有靶向到某一器官、组织或细胞的能力；效应物质则是化疗药物或其他药物，或用于基因治疗的特殊寡核苷酸等。

1. 靶向方式

实现靶向的方式包括四种：①被动靶向，又称自然靶向，药物与载体通过正常的生理过程，被肝、脾及骨髓等器官组织中的网状内皮系统摄取，从毛细血管渗透到靶器官或者发生病变的部位，药物在体内的分布取决于微粒的粒径大小、微粒的疏水性、静电等性质；②主动靶向，表面经修饰的药物载体可以不被单核吞噬细胞系统所识别，或者载体连接有特殊的配体，可直接与靶细胞的受体结合；③转移靶向，通过削弱多数单核吞噬细胞的作用而达到靶向；④物理化学靶向，利用温度、pH 值、磁场或电荷电位性质等将药物载体导向靶向部位。

2. 主动靶向

由于叶酸受体是一种在人体癌细胞中广为分布的细胞膜蛋白，因此利用叶酸作为靶向药物载体中的靶向基团。据报道在人体的卵巢、结肠、肺、乳腺、脑等组织的癌细胞中都有叶酸受体的过度表达。将叶酸分子通过其分子中的 γ-羧基连接到脂质体等聚合物载体表面后，并不影响叶酸受体对于叶酸分子的亲和力，因此修饰了叶酸分子的脂质体作为一种药物载体对于肿瘤细胞体现出了很好的靶向输送能力。在脂质体中加入部分叶酸还可以防止其被免疫细胞非特异性吞噬，改善其在体内的循环能力。通过控制链长和脂质体尺寸，选择合适的物质作为脂质体的构造片段等可以进一步改善含有叶酸的脂质体的靶向载药能力。

3. 磁导航靶向

磁导航靶向载药体系主要由磁性材料、骨架材料和抗癌药物三部分构成，通过物理或化学的方法将抗癌药物、磁性材料包裹于高分子中。磁性微球通常采用乳化或乳液聚合方法制备，将白蛋白、脂质体等天然高分子或合成聚合物制成直径 $1\mu m$ 左右的微球，将磁性颗粒包覆其中。与变性白蛋白相比，脂质体作为药物载体能降低药物毒性，天然靶向性和通透性较好，可帮助药物颗粒更有效地定位于靶向部位，结合抗体后会进一步提高其靶向特异性。

近年来生物医用高分子材料包覆磁性纳米粒子作为靶向药物载体成为该领域的研究热点。将磁性靶向载药体系注入体内，同时在肿瘤外部施加一定场强的外磁场，利用磁性药物的流动性能和磁场诱导性能将磁性药物载体固定于肿瘤靶区内，在靶区药物以受控的方式从载体中释放。由于它能提高靶区的药物浓度，并能延长药物在靶区的作用时间，使药物在靶组织的细胞或亚细胞水平发挥药效作用，而对正常组织细胞无太大影响。目前磁靶向主要集中于肝、胃肠道肿瘤、骨肉瘤等浅表恶性肿瘤的诊断和治疗。磁性靶向治疗在肿瘤局部可以达到较高的化疗药物浓度，降低术后肿瘤的复发率，对于晚期肿瘤患者，靶向化疗可以减少肿瘤出血、缩小肿瘤，从而有可能使晚期肿瘤患者获得再次手术的时机。

4. 物理化学靶向

用温敏聚合物制备具有核壳结构的聚合物微球，其核层主要是修饰了荧光染料的，而壳层则主要是修饰了叶酸分子的。在体外肿瘤细胞实验中，这种修饰了叶酸的聚合物微球相对参照样品体现出了很好的靶向能力。制备叶酸分子修饰的聚 N-异丙基丙烯酰胺、聚 N,N-二甲基丙烯酰胺和聚 10-十-烯酸的共聚物 P，这种聚合物在水溶液中可以自组装成具有温度和 pH 双重响应性的纳米颗粒，粒子的体积随着相转变温度的变化而变化。用这种纳米颗粒装载抗癌性药物阿霉素后，和肿瘤细胞培养进行细胞实验，可以发现肿瘤细胞对于修饰了叶酸分子的纳米载药颗粒具有更好的吸收能力。并且纳米颗粒的温度、pH 双重响应性可用于阿霉素的可控释放。

5. 基因治疗载体

基因治疗中载体设计是关键，它通常需要具备靶向性以易于进入肿瘤细胞，在肿瘤细胞中可以保证外源基因有规律、充分持续地表达，且无免疫原性，具有较高的安全性。载体主要有病毒载体和非病毒载体。通过基因重组将外源基因组装在病毒衣壳内，利用重组病毒将外源基因导入特定类型的宿主细胞中并表达，这类病毒称为病毒载体。但其成本较高，且有免疫原性，有安全隐患。非病毒载体主要是阳离子脂质体、壳聚糖、多聚赖氨酸、聚乙烯亚胺、聚 N,N-二甲基氨基乙酯等带正电荷的高分子，它可以通过静电吸附与 DNA 或 RNA 结合而具有靶向性。

（二）靶向诊断药物载体

很多疾病在出现明显的临床症状前在分子水平上已经存在较为明显的病理生理改变，利用超声分子影像技术可以有助于疾病的早期诊断。成功的分子成像须满足"四大要素"：①有高度特异性及亲和力的分子探针；②分子探针须能克服生物传递屏障从而有效进入靶组织或靶器官；③适度的化学或生物的扩增方法；④要有快速敏感高清晰度的成像技术。然而，目前用于超声造影的大都为微米级脂质含气微泡，存在粒径较大（多为 $1 \sim 4 \mu m$）、组织穿透力弱等问题，很难穿越血管内皮间隙到达血管外部位；同时，其稳定性欠佳、体内循环时间短、容易发生破裂、载药量低及安全性不足等也需要着力解决。要提高超声分子成像的水平，靶向超声造影剂应具备更小的粒径，可以穿越血管屏障到达靶组织；应具有更好的稳定性，为靶向聚集及显影提供充足的时间；其表面应具有多种功能性化学基团，便于进行特异性修饰，从而能够稳定地结合于靶组织；应具备更高的携药潜能，以便靶部位有效释药；等等。

近年来，高分子纳米级超声造影剂采用高分子材料作为超声造影剂的壳膜，显示了非常优越的稳定性及较高的载药量。但是高分子纳米材料声学回声很弱，纳米级高分子造影剂显影效果不理想，可将沸点较低的液态氟碳等引入超声造影剂中，得到高分子包裹液态氟碳的相变型纳米级超声造影剂，这种体系具有特殊的声气化液滴（acoustic droplet vaporization，ADV）效应，克服了粒径大、稳定性差等问题，也将液态氟碳在一定条件下由液态转变为气态解决了显影不理想的问题。

三、药物控制释放

为了治病，通常药物的一次摄入剂量往往超过实际需求量，药物在体内的浓度经常高于或低于有效的范围，利用率仅有 40%～60%，如图 7-4 所示。剂量太高，可能使人中毒；剂量太低，则对疾病无效。如果采用控制释放药物系统，则可能使药物的有效率达到 80%～90%，并且，不需要经常使用，不存在遗忘的问题，药物浓度可以长时间保持在有效范围，不良反应小，安全可靠。控制释放最早应用于农业，20 世纪 70 年代中已在医学界取得了很大的进展，用于治疗很多疾病，也可用于生育控制。控制释放的原理包括扩散控制、化学控制、磁控制和智能控释等。

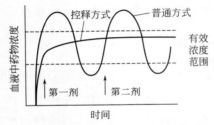

图 7-4 普通药物与控释药物在血液中浓度变化示意图

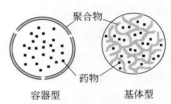

图 7-5 扩散控制的两种形式

（一）扩散控制

利用扩散控制有两种形式，一种是 Reservoir（即容器）型，另一种是 Matrix（即基体）型，如图 7-5 所示。

容器型中药物被聚合物膜所包围。它利用体液的渗透性来影响药物从聚合物中释放的速率。最简单的渗透装置是一个中空的半透膜，中间是药物试剂，膜上有一小孔，它与体液相接触时，体液可以渗透到中间的药物中，使药物通过小孔而释放。药物的扩散符合 Fick 第一扩散定律：

$$M_i = \frac{D_p KAC_i}{d} t \qquad (7\text{-}4)$$

式（7-4）中，M_i 为 t 时刻药物 i 总的释放量；D_p 为药物 i 在聚合物膜中的扩散系数；K 是药物 i 在膜与环境中的分配系数；A 是膜的表面积；C_i 是药物 i 的浓度；d 为膜的厚度。因此，调节 D_i、K、C_i、A、d 等参数，可以调节药物释放速率。若 C_i 远远大于其在体系内形成饱和浓度所需的量时，可以认为 C_i 保持不变，这样的释放为零级释放，即恒速释放。膜内的溶液在相当长的时间内是饱和的，因此可以均匀地释放药物。释放速率只与药物的溶解度有关。

这种体系有胶囊、微胶囊、中空纤维及覆膜等形式。包衣的高分子材料有改性纤维素类、大多聚烯烃、聚醋酸乙烯酯、聚乙烯醇、聚醚、聚酰胺、聚氨酯、有机硅及各种天然高分子等。如"Ocusert"就是用 EVA 作载体控制释放毛果芸香碱来治疗青光眼的，释放期限大于一周。而孕甾酮用硅橡胶制成微胶囊植入子宫，药物均匀释放，有效期达一年以上，而且由于药物不会流失到其他部位，对人体不产生不良影响。

Matrix 体系的药物扩散受溶胀控制。它是将药物分散在聚合物中，溶剂进入药物与聚合物的复合体系中时，高分子链因溶胀而打开，聚合物体积膨胀，从而释放药物。药物的释放速率符合下列方程：

$$\frac{M_i}{M_\infty}=4\left(\frac{D_p t}{\pi d}\right)^{\frac{1}{2}} \tag{7-5}$$

式(7-5) 中，M_i 为 t 时刻释放的药物总量；M_∞ 为完全释放的药物总量；D_p 是药物的扩散系数；d 是基体的厚度。可见，这种控制是难以得到恒速释放的。基体材料有乙烯醋酸乙烯酯共聚物、交联硅橡胶、聚乙烯醇、聚乙烯基吡咯烷酮及其共聚物等。如用聚甲基丙烯酸羟乙酯的均聚物和共聚物作基体释放妊激素等，释放时间为 60 天。

（二）化学控制

这种控制方法实际上是将小分子药物用化学键与聚合物相连，通过体液对化学键的解离作用，主要是水解作用，使药物逐渐释放，所以将这类药物称为高分子改性的低分子药物。当体系中药物释放完毕后，聚合物载体可以完全降解并排出体外。由于高分子能在生物体内水解，产生有药理活性的基团，所以它应具有一定的亲水特性。高分子材料有聚羟基酸、聚氨酯、聚原酸酯、聚酸酐，以及聚乙烯基吡咯烷酮、聚乙烯醇和乙烯醋酸乙烯酯共聚物等。它包括以下四种体系：

1. 主链降解体系

由于聚合物本身降解而导致药物释放，如交联键破坏形成线型分子、不溶性的大分子链断裂成可溶于水的低分子量分子等。例如，青霉素是一种广谱抗生素，应用十分广泛，具有易吸收、见效快的特点，但也有排泄快的缺点，利用青霉素上的羧基和氨基缩聚，可制得药理活性位于主链的聚青霉素。

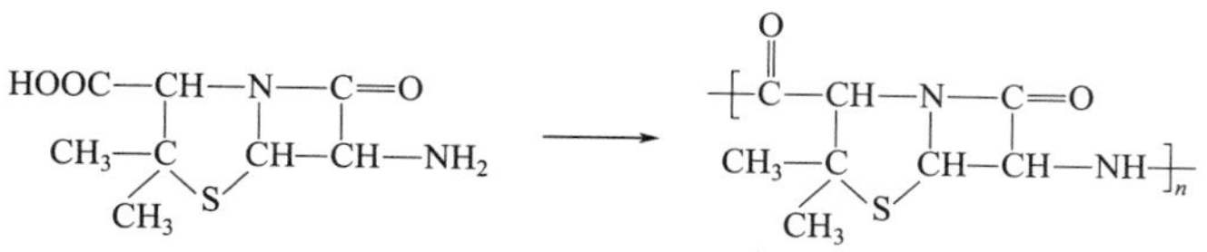

$$\tag{7-6}$$

链霉素上的醛基与甲基丙烯酰肼缩合后，再与甲基丙烯酰胺共聚，就可大大降低链霉素的毒性。

有一种称作 Anaflex 的脲醛系高分子在体内可以缓慢分解产生具有杀菌作用的甲醛，对尿道炎和鼻炎等细菌疾病有很好的疗效。

一些抗癌药也是这样。许多抗癌药都有恶心、脱发、全身不适等不良反应，接上高分子链后，就可减少其毒性作用。如将 6-巯基嘌呤（治疗慢性白血病药）、5-氟尿嘧啶（治疗胃肠癌、胰腺癌、乳腺癌）与乙烯基氨基甲酰基团结合，再与可溶性单体共聚成为能够溶解的高分子体系。

2. 侧链降解体系

药物侧链经水解或酶解而释放，而聚合物骨架不降解，可溶性的聚合物可用于靶向体

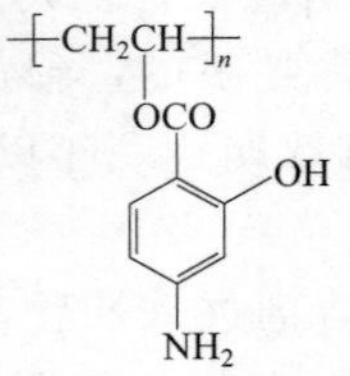

系，不溶性的聚合物则可用于口服。

7-1
聚乙烯醇氨基水杨酸酯

如对氨基水杨酸钠是一种传统的抗结核菌药物，将它与聚乙烯醇反应制得侧链药物聚合物，仍是有效的抗结核菌药。乙酰基水杨酸是传统的消炎、解热镇痛药，近年来发现它有抗血小板凝聚作用。将它与聚乙烯醇等含羟基的聚合物熔融酯化（7-1），就可以通过酯键在体内缓慢水解而释放药物，使药力持久。

维生素是人体生长和代谢所必需的微量有机物，所需量很小，一般每天食用蔬菜、水果和谷物中的维生素已足够。但有些人对食物中的维生素吸收差，易排泄，浪费大，就需用维生素来进行治疗。维生素 B_1、维生素 C 等具有可反应的羟基，因此，可接在聚丙烯酸、羧甲基纤维素等含羧基的高分子上（7-2，7-3）。再如治疗动脉硬化的尼古丁酸可以用含有羟基的淀粉与之结合，成为缓慢释放的药物，并且对生物体是无毒的。

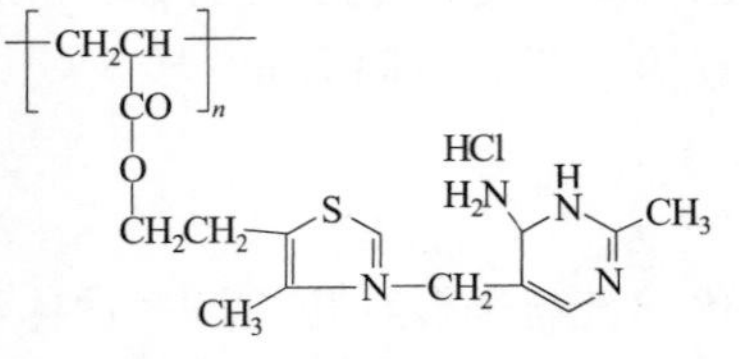

7-2
聚丙烯酸维生素B₁硫胺盐酸盐酯

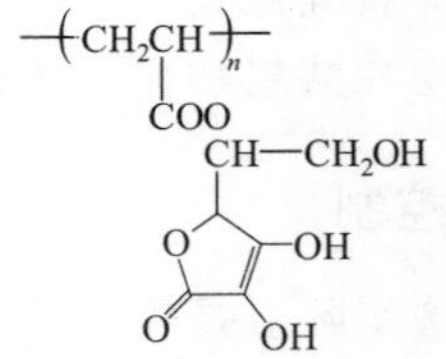

7-3
聚丙烯酸维生素C酯

3. 离子交换药剂

离子交换药剂是通过中和或离子交换而释放药物的。例如对低钾病人的治疗，可以用弱酸性阳离子交换树脂的钾盐作为补充钾的载体，进入胃部后与胃酸作用，释放钾离子。为了降低不良反应，通常将其包覆胶囊，使之在十二指肠的条件下释放钾，可以避免胃液的 pH 值的急剧变化。除了离子外，有些药物带有酸性基团，可以选用碱性的阴离子交换树脂与之结合成盐，而含有碱性基团的药物，则选用酸性的阳离子交换树脂构成树脂酸盐。据介绍，可用于树脂酸盐的药物包括兴奋剂、抗组胺剂、镇咳剂、安神药、血压下降剂、抗结核剂、强心利尿剂、各种生物碱制剂、各种维生素以及抗生素等。

4. 固定化酶

将酶与高分子链通过化学方法或物理方法有机地结合起来，使之既保持酶的活性，又降低机体对其的排异作用，对治疗某些疾病收到很好的效果。例如天门冬酰胺是癌细胞生长的营养物质，而 L-天门冬酰胺酶能分解天门冬酰胺，将它制成固定化酶，使白血病患者的血液从其中通过，就有可能因 L-天门冬酰胺酶对人体的免疫作用而医治白血病。

（三）磁控制

把药物和磁粉均匀分散在聚合物中，当暴露在释放环境中时，药物以通常的方式释放，但如果外加一个变化的磁场，药物就可以快速释放。如 EVA 中包埋药物和磁性微粒，药物的释放就可以由外部控制，虽然其机制还不太清楚，但在诸如治疗糖尿病或进行生育控制等方面已取得了初步成效。

（四）智能控制

智能控制体系是以智能高分子材料为基础的。它可使药物释放体系（DDS）智能化，通过感知由疾病所引起的信号变化，并依据对此类信号的响应进行自反馈，从而释放药物或终止释放。体系用药与否，由药剂本身判断。它集传感器、处理及执行功能于一体，是新一代的药剂。由疾病所引起的信号变化有两种类型，一种是化学变化，一种是物理变化。如抗肿瘤药物一般都有不良反应，因此采用定向（靶向）药物进行治疗极其重要，用于恶性肿瘤细胞与正常细胞在物理、化学性质上有差异，据此可设计靶向药物，提高疗效，减小不良反应。

1. 化学刺激体系

化学刺激体系是以疾病产生的化学物质变化为感应和反馈信号的。以糖尿病患者为例，生物体的血糖值由肝脏控制，当血中的葡萄糖浓度偏高时，胰脏就会分泌胰岛素来促进组织吸收血中的葡萄糖。糖尿病患者血中葡萄糖浓度过高，需用胰岛素治疗，但治疗时必须注意不能使糖的浓度过低，否则，则可能引起低血糖。利用智能释放体系就可以避免这一血糖忽高忽低的现象。将治疗药物胰岛素糖基化，制成糖基化胰岛素（7-4），这样药物载体刀豆球蛋白 A（ConA）就既可以和葡萄糖结合，也可以和糖基化的胰岛素结合。利用葡萄糖和糖基化胰岛素在刀豆球蛋白上的平衡，实现药物胰岛素释放的智能化。将接有糖基化胰岛素的刀豆球蛋白接在琼脂糖珠上，以扩大其分子体积，然后用聚合物膜包覆琼脂糖珠负载的刀豆球蛋白，聚合物膜的孔径可以允许葡萄糖、糖基化胰岛素等低分子量化合物自由进出，而大分子则无法出入。当外界环境中葡萄糖的浓度过高时，葡萄糖分子进入聚合物膜内，与糖基化胰岛素交换，置换出的糖基化胰岛素进入体内，促进组织吸收血液中的葡萄糖；当体内葡萄糖浓度较低时，体内的胰岛素将进入膜中将葡萄糖置换出来，向体内释放，从而达到平衡，如图 7-6 所示。将此体系植入小狗的腹膜内，可得到葡萄糖水平在 $50\sim180\text{mg/dL}$ 的范围。

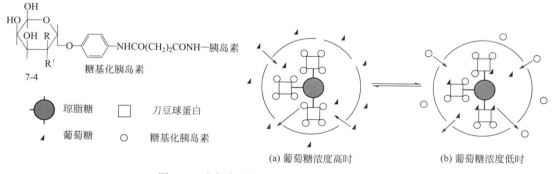

图 7-6　胰岛素治疗糖尿病的智能化控释系统

疾病所产生的 pH 变化也是可感知的一种信号。例如肿瘤的表面通常富集着神经氨酸，其微环境比正常的细胞更显酸性，且肿瘤代谢作用比较旺盛，剧烈地生成酸性化合物，因此，可将 pH 响应的药物释放体系用于肿瘤的治疗。如将聚丙烯酸与磷脂等结合成脂质体，与 $L\text{-}\alpha\text{-}$ 二棕榈酰磷脂酰胆碱（DPPC）一起分散于水中，在酸性条件下，聚丙烯酸的羧基与DPPC 上的季铵盐静电相互作用而缔合；而在弱碱性条件下，聚丙烯酸完全不与 DPPC 缔合，因而可用于释放药物。用阳离子型聚合物与激素结合，在不同的 pH 值下，激素释放量不同。pH 值从 6.5 增加至 7.5，释放量可以从 18％增加至 44％。

2. 物理刺激体系

聚合物体系对光、电、热等外界刺激极为敏感，因此可将其对物理信号变化的响应用于药物控释系统。

  聚合物凝胶在不同的温度下有不同的溶胀行为，不同的结构其溶胀规律也不相同。大多数高分子在升高温度时，易于溶胀，但也有一些高分子的溶胀规律正相反。如聚 N-异丙基丙烯酰胺水凝胶升高温度反而收缩，其水溶液具有 LCST 特性，相转变温度约为 32℃；聚 N-丙酰乙烯亚胺的 LCST 温度约为 60℃；聚醚和聚甲基丙烯酸复合物水溶液也具有同样的特性。如在多孔性尼龙胶束表面接枝 N-异丙基丙烯酰胺，形成温敏胶束，内置萘二磺酸钠等药物。当温度高于 35℃时，大分子链形态紧密，收缩而露出释放孔，离子释放；反之则释放受抑制。用温度的敏感特性可以对人体受细菌侵害时所产生的发热进行感知，从而通过高分子的溶胀或收缩过程进行药物的控释，达到去病的目的。

  用聚异丙基丙烯酰胺与光敏分子如叶绿酸等共聚，形成药物凝胶，由于叶绿酸吸收光后可以释放热能，因而在相变温度附近，随着光强的连续变化，可使凝胶在某个光强处生热收缩，产生不连续的体积变化，从而达到由光控制释放的效果。

  有些高分子聚电解质体系对电场有响应，如（聚丙烯酰胺-聚乙二醇-聚环氧丙烷）-聚丙烯酸凝胶在直流电场下试样向阴极方向弯曲，在阳极方向溶胀，中心处曲率随电场的变化而变化（详见第六章）。含甲基丙磺酸基团的共聚物在中性条件下带负电，它对不带电的药物如氢化可的松作用较弱，但电流可促进它的进一步释放；而带电药物如氯化乙基（3-羟苯基）二甲铵（带正电）更可为电流所促进，并呈现"通—断"脉冲式释放；以降解性聚 N_5-(3-羟丙基)-2-谷氨酰胺与药物键合，再将此药物注入癌变部位，用 350MHz 的微波照射，可以使药物释放。因此，这些药物的释放可以由体外来控制。

四、高分子药物

  天然高分子药物，如激素、酶制剂、肝素、抗原等已为大众所熟悉。它们都属于生物制剂的范畴，而合成高分子药物也逐步显露出端倪。虽然其研究还处于初始阶段，对其作用机理还不甚了解，但由于生物体本身就是由高分子所组成的，所以高分子药物必定会比低分子化合物更易被生物体所接受。因此，其研究开发的前景是广阔的。

  利用弱碱性阴离子交换树脂的碱性中和胃液中的盐酸来治疗胃炎、胃溃疡等已有很长的历史了，这是最早的合成高分子药物。降胆宁是弱碱性阴离子交换树脂，为二乙烯三胺与环氧氯丙烷的聚合物，可用于治疗冠心病。

  癌细胞所带的负电荷比正常的细胞多，因此，含氮的阳离子型聚合物可以用来中和其电荷，并抑制其产生的非特异性的网状内皮系统机能亢进，从而阻止癌细胞的分裂。如多胺类、聚氨基酸类、聚亚胺类等。含有 5-氟尿嘧啶的聚酯（7-5）对肺癌、网织细胞瘤的抑制率达 $80\% \sim 92\%$。但阳离子型聚合物的不良反应还较大。阴离子聚合物可以诱发干扰素，同时还可与低分子抗癌剂形成络合物，因而也可能成为一种新的抗癌药。

7-5
聚对苯二甲酸
羟甲基氟尿嘧啶酯

  引人注目的是由二乙烯醚与马来酸酐共聚所得的吡喃共聚物，其活性与分子量及其分布有关，分子量过低或过高都不能发挥药效，一般在 $5000 \sim 2 \times 10^4$，且为窄分布。它可直接抑制多种病毒的繁殖，有持续的抗肿瘤活性，可用于治疗白血病、肉瘤、泡状口腔炎症、脑炎等。

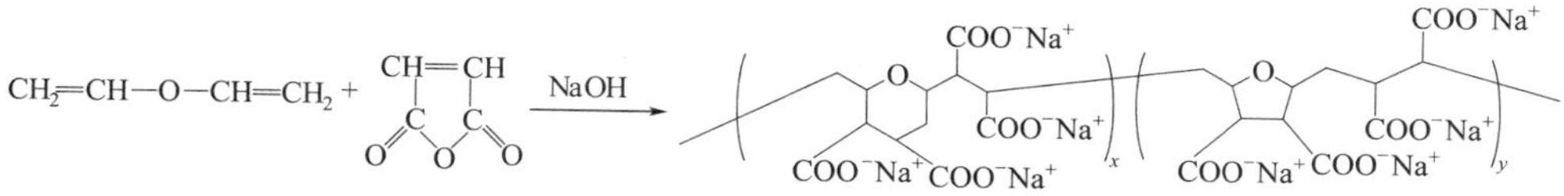

(7-7)

将极少量的聚丙烯酰胺加入消防水龙管中可以减小管道阻力，在血液中加入类似的物质也可以改善动脉内血液流动的情况，因此，这类降阻剂对于治疗动脉硬化有一定的效果。但聚丙烯酰胺分解后产生的丙烯酰胺单体对中枢神经有麻痹作用，因此，应注意控制其用量或研究选用单体无毒的大分子降阻剂。

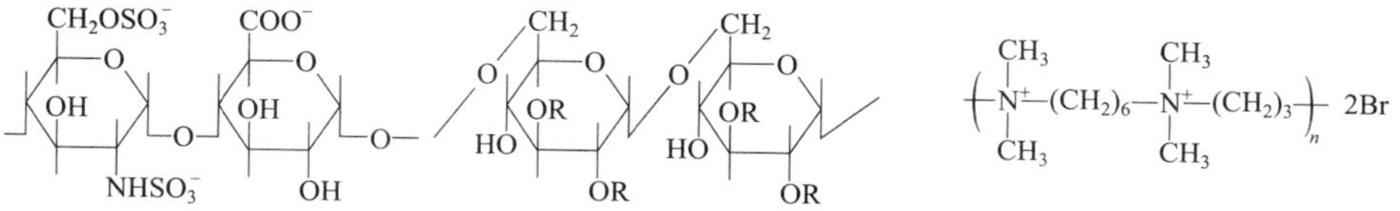

7-6
肝素

R=SO_3Na　7-7
葡聚糖硫酸钠

7-8
聚己烷二甲氨基丙基溴

肝素（7-6）、葡聚糖硫酸钠（7-7）等高分子是良好的抗凝血剂，其结构如下：

当使用了抗凝血药物后，要恢复血液的凝血功能就需要破坏抗凝血药的活性。一些含氮高分子如聚己烷二甲氨基丙基溴（7-8）等，可以有效地中和肝素，恢复血液的凝固性，防止失血现象发生。静脉注射后5min即可产生凝血效果，毒性也较小。

氨基酸没有抗菌性，而聚氨基酸却具有良好的抗菌活性，如对大肠杆菌的有效投药量，二聚赖氨酸为450μg/mL，聚赖氨酸则仅需2.5μg/mL。青霉素在一定条件下可以发生开环聚合，生成的主链为聚酰胺，分子量为1000～3000，仍具有良好的抗菌作用。

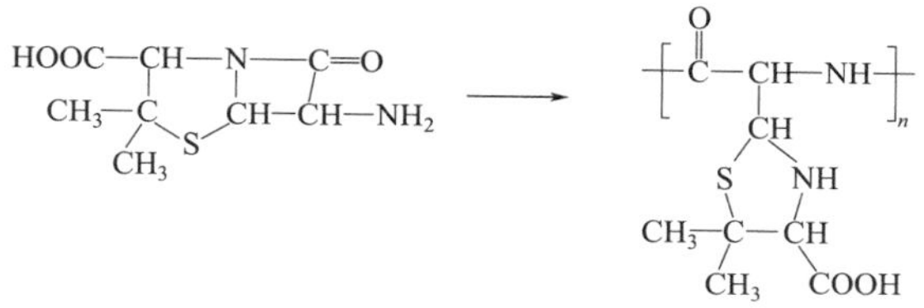

(7-8)

含有酸性基团的聚合物电解质如聚马来酸、聚丙烯酸或其共聚物等可以刺激体内细胞产生干扰素，因此具有诱导抗病毒的能力。而聚乙烯基吡咯烷酮对于治疗脊髓炎有一定的疗效，它可以抑制脊髓炎病毒在血液中的活动能力。

马来酸共聚物还具有一定的止泻功能，较宜用于急性腹泻的治疗。而导泻药poloxalkol则是一种聚氧乙烯-聚氧丙烯-聚氧乙烯的嵌段聚醚，它能在保持水分和降低表面张力的情况下使粪便软化，对习惯性便秘很有效。

此外，在急性非水肿的呼吸道以及功能紊乱的胃肠道中经常伴随泡沫引起呼吸困难、胀痛等病状，严重的甚至造成死亡。此时，需要应用消泡剂来缓解病情。聚二甲基硅氧烷就是一种很好的消泡剂，在医学上已得到广泛的应用。其化学性质稳定，在肺部、胃肠道中生理稳定性好，消泡效率高。但它在血管和其他临床应用中发现有血管栓塞和脑部损害的情况，应引起注意。

五、高分子免疫佐剂

免疫是人体的一种生理功能，人体依靠这种功能识别自身与异己物质，并通过免疫应答破坏和排除抗原性异物以维持机体生理平衡，保护身体健康。免疫佐剂又称非特异性免疫增强剂，其本身不具抗原性，但同抗原一起或预先注射到机体内能增强免疫原性或改变免疫反应类型。

佐剂以非特异性方式增强机体对抗原免疫应答的物质，通常与抗原一起使用组成疫苗，可以明显增强疫苗的免疫效果。对于以弱抗原构成的疫苗而言，要诱生较强的，具有保护性的免疫应答，佐剂是必不可少的成分。

免疫佐剂的生物作用包括：①抗原物质混合佐剂注入机体后，改变了抗原的物理性状，可使抗原物质缓慢地释放，延长抗原的作用时间；②佐剂吸附了抗原后，增加了抗原的表面积，使抗原易于被巨噬细胞吞噬；③佐剂能刺激吞噬细胞对抗原的处理；④佐剂可促进淋巴细胞之间的接触，增强辅助 T 细胞的作用；⑤可刺激致敏淋巴细胞的分裂和浆细胞产生抗体，使无免疫原性物质变成有效的免疫原；⑥可提高机体初次和再次免疫应答的抗体滴度，即识别特定抗原决定部位所需浓度可以降低（提高稀释度）；⑦改变抗体的产生类型以及产生迟发型变态反应，并使其增强。

理想的佐剂应该具有长期的自身稳定性，生物可降解，生产价格便宜，免疫惰性，促进产生合适的免疫反应、自身为非免疫原。常用的免疫佐剂包括无机佐剂（如氢氧化铝、明矾等）、微生物及其产物佐剂（如分歧杆菌、百日咳杆菌等）、合成佐剂（如双链多聚核苷酸、左旋咪唑等）和油剂（如矿物油、植物油等）四类。它分本身具有免疫原性的（如百日咳杆菌、抗酸杆菌等）和本身无免疫原性的（如氢氧化铝、矿物油等）。高分子免疫佐剂对于新一代合成多肽疫苗非常重要。小分子佐剂对于低分子量多肽效果不明显，而高分子佐剂则有望用于这类合成多肽抗原。高分子免疫佐剂有三种作用类型：

（1）刺激、活化免疫细胞　一些天然多糖及其衍生物，如壳聚糖、葡聚糖磺酸盐、革兰氏阴性菌脂多糖等，具有促进 β 细胞有丝分裂，刺激巨噬细胞释放白细胞介素和诱导 T 细胞活化、增殖作用，从而能够增强体液免疫和细胞免疫应答。一些带有阴离子的合成高分子，如聚丙烯酸及其共聚物、聚马来酸（酐）及其共聚物等，也能活化巨噬细胞和 T 细胞。

（2）改变抗原的物理状态和递呈方式　颗粒性抗原和不溶性抗原能够比可溶性抗原诱生更强的免疫应答，用聚丙烯酸酯等疏水性聚合物吸附可溶性抗原，可以大大增强抗原的免疫原性。

（3）对抗原控制释放　利用高分子控制释放系统，可以调节抗原的释放和递呈方式，调节免疫细胞的功能，实现对免疫应答的调控，以获得最佳的免疫效果。设计具有向免疫器官（如脾脏、淋巴结等）和免疫细胞（如巨噬细胞、T 细胞等）靶向输送性能的高分子佐剂，可以更为有效地提高免疫能力。

思 考 题

1. 什么是生物医用材料？它有哪些类型？
2. 生物医用高分子材料有哪些类型？试运用不同的分类法加以分类，并列表说明。
3. 简述医用高分子材料的基本条件。
4. 简述材料具有组织相容性和血液相容性的意义。
5. 血液的基本成分是什么？如何据此设计人工血液？
6. 人工血细胞有哪些类型？其基本要求是什么？

7. 简述全氟碳化合物输运 O_2、CO_2 的机理。它与人体血细胞的机理有何不同？

8. 血液的凝血机制是怎样的？如何使材料具有抗凝血性？

9. 用作人工器官的高分子材料应具备哪些条件？

10. 人工心脏所用材料需要具备哪些特性？

11. 心脏瓣膜的作用是什么？人工心脏瓣膜有哪几种类型？它对材料的基本要求是什么？

12. 人工肾有哪几种去除废物的机制？

13. 简述膜肺的工作原理。解释弥散与扩散的区别。高分子材料在膜肺中起什么作用？

14. 对于人工血管材料有哪些要求？

15. 什么是伪内膜？它是怎样形成的？它对材料性能有什么影响？

16. 人工肾有哪些类型？简述其工作机理。

17. 透析型人工肾所用的高分子膜材料，其结构有什么特点？

18. 简述人工肺的基本类型和工作原理。

19. 为什么软接触眼镜多为水凝胶？请设计一种软接触镜的材料配方。

20. 人工玻璃体材料的基本要求是什么？哪些高分子材料可以用于人工玻璃体？

21. 举出几种能用于人工晶状体的高分子材料。人工晶状体材料有哪些基本要求？

22. 什么是龋齿？如何针对不同龋蚀程度的龋齿进行修复？

23. 对用于牙齿修复的填补材料有什么要求？

24. 什么是冠桥？什么是种植牙？试画出简图说明。

25. 用作义齿基托的材料有什么要求？请列举几种能用于基托材料的高分子。

26. 简述采用印模材料复制口腔内牙床形貌的方法。

27. 人体骨骼的主要成分是什么？如何仿造人体骨骼来设计制造人工骨？

28. 金属材料作为接骨材料有哪些缺点？如何设计制作高分子接骨材料？

29. 怎样合成聚乙醇酸、聚乳酸？不同的合成方法所得的聚合物有什么特点？

30. 人工皮肤的基本作用是什么？它有哪些类型？各有什么特点？

31. 整容材料有哪些类型？不同类型的整容材料有什么基本要求？

32. 如何制备 α-氰基丙烯酸酯？它有什么特性？它在医学上有什么应用？

33. 医用缝合线有哪些类型？分别举出各类型下的几种高分子材料。

34. 代石膏绷带材料有哪些？简述其工作原理。

35. 高分子在医用诊断中有哪些应用？请举例说明。

36. 高分子在制药行业有哪些基本用途？

37. 控制释放型药物在血液中浓度的变化与普通型相比有什么特点？

38. 简述实现药物控制释放的方法。

39. 举例说明药物的智能控制释放。

40. 高分子微球有哪些制备方法？它在生物医用领域有哪些应用？

41. 什么是抗原？什么是抗体？如何利用抗体和抗原的特异性结合来设计诊断试剂？

42. 谈谈你对生物医用高分子材料的看法。

43. 试举出几种高分子药物，分别说明其治疗疾病的原理。

特种高分子材料

参考文献

[1] Prasad P N, Nigam J K. Frontiers of Polymer Research. New York：Plenum Press，1991

[2] ［日］日本高分子学会高分子实验学编委会编．功能高分子．李福绵译．北京：科学出版社，1983

[3] ［日］伊势典夫，田伏岩夫．特种聚合物导论．徐鼎声等译．北京：化学工业出版社，1989

[4] 王国建，王公善编．功能高分子．上海：同济大学出版社，1996

[5] 赵文元，王亦军．功能高分子材料化学．北京：化学工业出版社，1996

[6] 黄维垣，闻建勋主编．高技术有机高分子材料进展．北京：化学工业出版社，1994

[7] 蓝立文，姜胜年，张秋禹编．功能高分子材料．西安：西北工业大学出版社，1995

[8] 金关泰．高分子化学的理论和应用进展．北京：中国石化出版社，1995

[9] 孙酣经．功能高分子材料及应用．北京：化学工业出版社，1990.

[10] ［日］加藤顺．功能高分子材料．陈桂富，吴贵芬译．北京：烃加工出版社，1990

[11] 田莳．功能材料．北京：北京航空航天大学出版社，1995

[12] ［日］仓田正也．新型非金属材料进展．姜作义，马立等译．北京：新时代出版社，1987

[13] ［日］大森英三．功能性丙烯酸树脂．张育川，朱传榮，余尚先等译．北京：化学工业出版社，1993

[14] 何天白，胡汉杰．海外高分子科学的新进展．北京：化学工业出版社，1997

[15] 陈义镛．功能高分子．上海：上海科技出版社，1988

[16] ［美］A. B. 史泰尔斯．催化剂载体与负载型催化剂．李大东，钟孝湘译．北京：中国石化出版社，1992

[17] ［英］P. 霍奇，D. C. 谢里顿．有机合成中聚合物载体化反应．汤惠工，杨旭清译．北京：化学工业出版社，1988

[18] Grant G A. Synthetic Peptides：a User′s Guide. New York：W. H. Freemen & Company，1992

[19] Szwarc M, Beylen M V, Ionic Polymerization and Living Polymers. New York：Chapman and Hall，1993

[20] 钱庭宝．离子交换剂应用技术．天津：天津科技出版社，1984

[21] 何炳林，黄文强．离子交换与吸附树脂．上海：上海科技教育出版社，1995

[22] 严瑞渲，陈振兴，宋宗文，等．水溶性聚合物．北京：化学工业出版社，1988

[23] 陈立仁．液相色谱手性分离．北京：科学出版社，2006

[24]　王学松．膜分离技术及其应用．北京：科学出版社，1994

[25]　高以烜，叶凌碧．膜分离技术基础．北京：科学出版社，1989

[26]　刘茉娥，陈欢林．新型分离技术基础．杭州：浙江大学出版社，1993

[27]　梁为民．凝聚与絮凝．北京：冶金工业出版社，1987

[28]　马青山，贾瑟，孙利民．絮凝化学与絮凝剂．北京：中国环境科学出版社，1988

[29]　郑武城，安连生，韩娅娟，等．光学塑料及其应用．北京：地质出版社，1993

[30]　王敬义，王长安．光盘与光记录材料．武汉：华中理工大学出版社，1990

[31]　H. M. 史密斯．全息记录材料．马春荣，郑桂泉，王诚华译．北京：科学出版社，1984

[32]　［法］M. 弗朗松．用于辐射分离的光学滤光片．徐森禄译．北京：科学出版社，1986

[33]　刘德森，殷宗敏，祝颂来，等．纤维光学．北京：科学出版社，1987

[34]　侯印春，周哲仪，颜生辉．光功能晶体．北京：中国计量出版社，1991

[35]　Geoffrey A Lindsay，Kenneth D Singer. Polymers for Second-Order Nonlinear Optics. Washington，DC：Am Chem Soc，1995

[36]　Lawrence A Hornak. Polymers for Lightwave and integrated optics：Technology and Applications. New York：Marcel Dekker，Inc，1992

[37]　朱光伟，张强．感光材料与磁记录材料．北京：化学工业出版社，1990

[38]　B. B. 查夫查尼德泽．光学信息记录新材料．丘家白，吕锡，刘程译．北京：北京科学技术出版社，1987

[39]　李善君，纪才圭．高分子光化学原理及应用．上海：复旦大学出版社，1993

[40]　孙扬远，黄冠华．感光材料基础．杭州：浙江大学出版社，1990

[41]　［日］永松元太郎，乾英夫著．感光性高分子．丁一等译．北京：科学出版社，1984

[42]　［瑞典］B. 朗比，J. F. 拉贝克．聚合物的光降解、光氧化和光稳定．崔孟元等译．北京：科学出版社，1986

[43]　吴南屏．电工材料学．北京：机械工业出版社，1993

[44]　张良莹，姚熹．电介质物理．西安：西安交通大学出版社，1991

[45]　刘炳尧．高电压绝缘基础．长沙：湖南大学出版社，1986

[46]　高南，华家栋，俞善庆，等．特种涂料．上海：上海科技出版社，1984

[47]　雀部博之．导电高分子材料．曹镛，叶成，朱道本译．北京：科学出版社，1989

[48]　P. 哈根穆勒等．固体电解质：一般原理特征材料和应用．陈立泉，薛荣坚等译．北京：科学出版社，1984

[49]　林组骧，郭祝昆，孙成文等．快离子导体：基础、材料、应用．上海：上海科学技术出版社，1983

[50]　林展如．金属有机聚合物．成都：成都科技大学出版社，1987

[51]　吴报铢，沈寿彭，史观一，等．压电高聚物．上海：上海科技出版社，1980

[52]　Mullen K，Wegner G. Electronic Materials：The Oligmer Approch. Weinheim：Wiley-Vch，1998

[53]　Sequeira C A C，Hooper A. Solid State Batteries. Dorrecht：Martinus Nijhoff Publishers，1985

[54]　Nalwa H S. Recent Developments in Ferroelectric Polymers. JMS-Rev. Macromol Chem Phys，1991，C31（4）：341

[55]　Nalwa H S. Ferroelectric Polymers：Chemistry Physics and Applications. New York：Marcel Dekker，Inc，1995

[56]　Diaz A F，Kaneko M，et al. Advances in Polymer Science：Electronic Applications. Berlin：Springer-Verlag，1988

[57]　顾振军，王寿泰．聚合物的电性和磁性．上海：上海交通大学出版社，1990

[58]　徐海波．磁带与磁盘．北京：电子工业出版社，1989

[59] Hastings G W，Ducheyne P. Macromolecular Biomaterials. Florida：CRC Press，Inc，1984

[60] Joon B Park. Biomaterials——An Introduction. New York：Plenum Press，1979

[61] El-Nokaly M A，David M Piatt，Charpentier B A. Polymeric Delivery Systems：Properties and Applications. Washington，D C：Am Chem Soc，1993

[62] Joseph D Andrade. Surface and Interfacial Aspects of Biomedical Polymers，Vol 1：Surface Chemistry and Physics. New York：Plenum Press，1985

[63] Allen I Laskin. Enzymes and Immobilized Cells in Biotechnology. London：Benjamin/Cummings Pub Co，1985

[64] Nikolaos A Peppas. Hydrogels in Medicine and Pharmacy，Vol III. Florida：CRC Press，Inc Roca Raton，1987

[65] 汪锡安，胡宁先，王庆生编译. 医用高分子. 上海：上海科技文献出版社，1980

[66] 赵光陆，胡良俊. 生物医用材料. 北京：人民卫生出版社，1986

[67] 王重庆. 人工器官与材料. 天津：天津科学技术出版社，1981

[68] 凤兆玄，戚国荣. 医用高分子. 杭州：浙江大学出版社，1989

[69] 大河原信. 有机合成化学协会志，1970，28：1

[70] 伊势典夫. 化学增刊，1971，51：1

[71] 伊势典夫. 高分子，1977，26：255

[72] Smets G. Angew. Chem，1962，74：337

[73] Gregor H P，Luttinger L B，Lobel E M. J Phys Chem，1955，59：34

[74] Affrossman S，Murray J. J Chem Soc，1966，B：1015

[75] Inoue H，Kida Y，Imoto E. Bull. Chem Soc，Japan，1965，38：2214；1967，40：184

[76] Kammerer H，et al. Makromol. Chem，1968，116：62&72；1970，(135：97；138：137；139：17)

[77] Kabanov V A，et al. J Polym Sci，1967，C16：1079；1968，C22：339

[78] Ferguson J，Shah S A O. Eur Polym J，1968，4：343；4：611

[79] Паписов идр И М. Высокмол. Соеб，1969，11B：614

[80] Chapiro A，Mankowski Z，et al. Eur Polym J，1978，14：15；Polym Preprints，1978，19：198；J Polym Sci-A1，1980，18：327

[81] Challa G，et al. J Polym Sci-A1，1972，10：1031；1975，13：1699；1973，11：1003 & 1013 & 2975

[82] Nishida H，et al. Makromol. Chem，1976，177：2295；Chem Lett，1976，169

[83] Clasen H. Z. Elecktrochem，1956，60：982

[84] White D M，et al. J Am Chem Soc，1960，82：5671 & 5678

[85] Chatani Y，Nakatani S，et al. Macromolecules，1972，5：597；1970，3：481

[86] Bohlmann F. Angew Chem，1957，69：82

[87] Wegner G. Z. Naturforsch.，1969，24b：824；Makromol. Chem.，1970，134：219

[88] Smets G，Humbeeck W V. J Polym Sci-A1，1963，1227

[89] 童林荟. 化学通报，1981，(1)：68

[90] Van Etten R L，et al. J Am Chem Soc，1967，89：3242 & 3253

[91] Bender M L，et al. J Am Chem Soc，1966，88：2318

[92] Hua J，Liu Y，Fu R. J Macromol Sci-Phys，1989，B28 (3&4)：455

[93] Hua J，Liu Y，Zhang K，et al. J Macromol Sci-Phys，1993，B32 (2)：183

[94] Hua J，Liu Y，Yuan W. J Macromol Sci-Phys，2000，B39 (3)：359

[95] Tomoi M，Kihara K，Kakiuchi H. Tetrahedron Lett，1979，36：3485

［96］ Moyers E M，Fritz J S. Anal Chem，1977，49：418

［97］ Welch R C W，Rase H F. Ind&Eng Chem Fundamentals，1969，8：389

［98］ Hatano M，Nozawa T，et al. Makromol Chem，1968，115：10

［99］ 野泽庸则，簇野昌泓，神原周. 工化志，1969，72：369.

［100］ Nozawa T，Nose Y，et al. Makromol Chem，1968，112：73

［101］ Tomono T，Hasegawa E，Tsuchide E. J Polym Sci-A1，1974，12：953

［102］ 岩仓义男，栗田惠辅. 反应性高分子. 讲谈社，1976

［103］ Parrish J R. Chem Ind（London），1956，18：137

［104］ Okawara M，et al. J Macromol Sci Chem，1979，A13：441

［105］ Harrison C R，Hodge P. J Chem Soc，Chem Comm，1974，（24）：1009

［106］ Michels R，Kato M，Heitz W. Makromol Chem，1976，177：2311

［107］ Grosky G A，Mweinshenker N，Hong-Sun Uh. J Am Chem Soc，1975，97：2232

［108］ Bongini A，et al. J Chem Soc，Chem Comm，1980，1278

［109］ Sato Y，Kunieda N，Kinoshita M. Makromol Chem，1977，178：683；Chem Lett，1972，1023

［110］ Frechet J M J，Warnock J，Farrall M J. J Org Chem，1978，43：2618

［111］ Christensen L W，Heacock D J. Synthesis，1978，（1）：50

［112］ Cohen Z，et al. J Org Chem，1975，40：2141

［113］ Weinshenker N M，et al. J Org Chem，1975，40：1966

［114］ Emerson D W，et al. J Org Chem，1979，44：4634

［115］ Hallensleben M L. J Polym Sci Symp，1974，47：1

［116］ Gibson H W，Bailey F C. J Chem Soc Chem Comm，1977，815

［117］ Sansoni B，Dorfner K. Angew Chem，1959，71：160

［118］ Sansoni B. Naturwissenschaften，1954，41：212；1952，39：281

［119］ Santaniello E，Farachi C，Manzocchi A. Synthesis，1979，912

［120］ Fung N Y M，et al. J Org Chem，1978，43：3977

［121］ Grubbs R H，Kroll L C. J Am Chem Soc，1971，93：3062

［122］ 柳泽靖浩，秋山雅安，大河原信. 工化志，1969，72：1399

［123］ Wunsch E. Angew Chem Int Ed，1971，10：786

［124］ Martin G E，et al. J Org Chem，1978，43：4571；J Pharm Sci，1978，67：110

［125］ Schwartz R H，Fillppo J S Jr. J Org Chem，1979，44：2705

［126］ Weinshenker N M，Shen C M. Tetrahedron Lett，1972，3281

［127］ Rubinstein M，Patchornik A. Tetrahedron Lett，1972，2881；Tetrahedron，1975，31：1517

［128］ Brown J，Williams R E. Can J Chem，1971，49：3765

［129］ Moore J A，Kennedy J J. J Macromol Sci Chem，1979，A13：461

［130］ Birr C. Aspects of the Merrifield Peptide Synthesis. Heidelberg：Springer-Verlag，1978

［131］ Field G B，Noble R L. Int J Peptide Protein Res，1990，35：161

［132］ Beaucage S L，Iyer R P. Tetrahedron，1993，48：2223

［133］ Danishefsky K F，McClure K F，et al. Science，1993，260：1307

［134］ 廖文胜，陆德培. 有机化学，1994，14：571

［135］ Frechet J M，Schuerch C. J Am Chem Soc，1971，93（2）：492

［136］ 杜宇国，孔繁祚. 有机化学，1996，16（6）：497

［137］ Paulson H，Bielfeldt T. Liebigs Ann Chem，1994，369

［138］ Reimer K，Meldal M. J Chem Soc，Perkin Trans，1993，I，925

[139] Andrews D M，Seale P W. Int J Peptide Protein Res，1993，42：165

[140] Bielfeldt T，Peter S. Angew Chem Int Ed，1992，31：857

[141] Luning B，Norberg T. J Chem Soc Chem Comm，1990，483

[142] Patchornik A，Krans M A. J Am Chem Soc，1970，92：7587

[143] Crowley J I，Rapoport H. J Org Chem，1980，45：3215

[144] Leznoff C C，Fyles T M，Weatherston J. Can J Chem，1977，55：1143；1978，56：1031

[145] Worster P M，Mcarthur C R，Leznoff C C. Angew Chem Int Ed，1979，18：221

[146] 李伟章，恽榴红. 有机化学，1998，18（5）：403

[147] 许家喜. 有机化学，1998，18（1）：1

[148] 喻爱明，杨华铮，张政朴. 有机化学，1998，18（4）：386

[149] 喻爱明，杨华铮. 有机化学，1998，18（2）：186

[150] 廖文胜，陆德培. 有机化学，1994，14（1）：571

[151] 赵斌. 石油化工，1992，21（3）：192

[152] Pittman C U. Polym News，1995，20（6）：182

[153] Issa R，Akelah A. Tec Ad，Int J Technol Adv，1994，2（2）：93

[154] Gates B C. Adv Chem Ser，1995，245：301

[155] Putano V P，Plavsic M. Hem Ind，1995，49（6）：284

[156] Kaneda K，Bergbreiter D E. Sekiyu Gakkaishi，1993，36（4）：268

[157] Tsukagoshi K，Takagi M. Kagaku（kyoto），1992，47（7）：500

[158] Steinke J，Sherrington D C，Dunkin I R. Adv Polym Sci，1995，123：81

[159] Dubin P，Bock J，Davis R，et al. Macromolecular Complexes in Chemistry and Biology. Berlin：Springer，1994

[160] Hodge P. Rapra Rev Rep，1992，5（4）：1

[161] 江龙. 化学进展，1994，6（3）：195

[162] 马建标. 色谱，1991，9（2）：98

[163] 林炳承. 色谱，1990，8（6）：363

[164] 袁直，何炳林. 离子交换与吸附，1992，8（1）：63

[165] 王洪祚，刘芝兰. 应用化学，1990，7（1）：10

[166] 江其清，袁国政. 现代化工，1986，（6）：28

[167] 王洪祚，宋桂珍. 高分子通报，1991，（1）：28

[168] 徐景文. 水处理技术，1987，13（6）：330

[169] 苏致兴. 离子交换与吸附，1994，10（5）：453

[170] Vallet M，Jose A，Gimenez G，et al. Span. ES 2，064，286，（Cl. B65D81/24），1995

[171] Yashima E，Dkamoto Y. Methods Chromatogr，1996，1（Adveances in liquid chromatography）：231

[172] 晏良增，朱常英，钱庭宝. 离子交换与吸附，1992，8（5）：473

[173] Peterson R J. J Member Sci，1993，83（1）：81

[174] Uriarte C，Iruin J J，Elortza J M. Elhuyar，1993，19（1-2）：65

[175] 高从阶，鲁学仁，张建飞，等. 膜科学与技术，1993，13（3）：1

[176] Yu P. Yampolskii Vysokomol Soedin Ser B，1993，35（1）：51

[177] Kulkarni M G. New Mater Ed by S K Joshi，New Delhi（India）：Narosa，1992：300-321.

[178] Tanaka K. Kogyo Zairyo，1994，42（4）：18

[179] 李新贵，黄美荣，林刚，等. 水处理技术，1994，20（1）：1

[180] 张子勇，林尚安. 高分子通报，1994，（4）：200

［181］ Puri P S. Memburein，1996，6（3）：117

［182］ Kusuki Y. Kagaku Sochi，1995，37（9）：39

［183］ Robeson L M，Burgoyne W F，Langsam M，et al. Polym，1994，35（23）：4970

［184］ Oono S，Suzuki T. Jpn Kokai Tokkyo Koho JP 06，134，300，1994

［185］ Neel J. Makromol Chem Macromol Symp，1993，70-71：327

［186］ Hensema E R. Adv Mater，1994，6（4）：269

［187］ Yoshikawa M. Kobunshi，1995，44（10）：684

［188］ Vgelstad J，Olsvik O，et al. Mol Interact Biosep，1993：299-344

［189］ Yamazaki I. Kobunshi，1993，42（6）：496

［190］ Mu J，Yang K-Z. J Dispersion Sci Tech，1995，16（5）：338

［191］ Aoki T，Oikawa E. Kagaku Kogyo，1995，46（2）：105

［192］ Misra B M，Ramachandhran V. Chem Ind Dig，1995，8（3）：73

［193］ 潘波，李文俊. 膜科学技术，1995，15（1）：1

［194］ Zhang Y，Li R，Li H，et al. Waster Treat，1995，10（3）：221

［195］ Hirata S，Mastumoto K，Ohya H. Maku，1993，18（5）：264.

［196］ Kirsh Y E. Vysokomol Soedin，Ser B，1993，35（3）：163

［197］ 李瑛，谢明贵. 功能材料，1998，29（2）：113

［198］ 王夺元. 化学进展，1994，6（3）：214

［199］ 樊美公. 化学进展，1994，6（3）：209

［200］ 樊美公. 化学进展，1997，9（2）：170

［201］ 王江洪，余从煊，沈玉全. 功能材料，1998，29（6）：566

［202］ 彭必先，阎文鹏. 感光科学与光化学，1994，12（4）：322

［203］ 辛忠，冯岩，黄德音. 功能高分子学报，1994，7（3）：344

［204］ Prasad P N. Int J Nonlinear Opt Phys，1994，3（4）：531

［205］ Gonokami M. Kobunshi，1996，45（2）：101

［206］ Sastre R，Costela A. Adv Mater（Weinheim，Ger），1995，7（2）：198

［207］ Yu L，Chan W K，et al. ACS Chem Res，1996，29（1）：13

［208］ Tsutsui T. Reza Kenkyu，1993，21（11）：1116

［209］ Lukyanchuk I，Zhitomiraskii M. Physica C（Amsterdam），1991，185-189（pt 4）：2629

［210］ Silence S M，Burland D M，Moerner W E. Photorefractive Eff Master Ed by Nelte D D Boston：Kluwer，1995：265-309.

［211］ Spangler C W，Lin P K，Nickel E G，et al. Front Polym Res（Proc Int Conf），1st，Ed by Prasad P N，Nigam J K. New York：Plenum，1991：149-156

［212］ Singh J，Agrawal K K. J Macromol Sci，Rev Macromol Chem Phys，1992，C32（3-4）：521

［213］ Nigam I K，Malile A，Bhalla G L. Front Polym Res（Proc Int Conf），1st，213-217. Ed by Prasad P N，Nigam J K. New York：Plenum，1991

［214］ Dalton L R. Report，1994，（AFOSR-TR-94-0549，Order No. AD-A284 938）：59

［215］ Bloor D，Cros G H. MCKS & T，Sect B：Nonlinear Opt，1995，14（1-4）：13

［216］ Tanaka A. Kobunshi，1996，45（2）：74

［217］ Przhonska O V，Bondar M V，Tikhonov Ye A. Proc SPIE-Int Soc Opt. Eng，1994，2115（Visible and UV lasers）：127

［218］ Nakomishi H. Kikan Kagaku Sosetsu，1992，15：145

［219］ Kaimo T，Tomaru S. Adv Mater，1993，5（3）：172

[220] Bonokami M，Takeda K. Kagaku（Kyoto），1992，47（3）：156

[221] Wild U P，Rebane A，Renn A. Adv Mater（Weinheim，Fed Repub Ger），1991，3（9）：453

[222] Serova V N，Vasil′ev A A，Koryagina E I，et al. OSA Proc Adv Solid-state lasers，Proc Top Meet，1993，277

[223] Wu M H，Yamada S，Shi R F，et al. Polym Prep（Am Chem Soc，Div Polym Chem），1994，35（2）：103

[224] Sasagawa K，Kajimoto N. Petrotech（Tokyo），1991，14（8）：756

[225] Hornak L A. Polymer for Lightwave and Intergrated Optics Technology and Applications. New York：Dekker，1992，744

[226] Koide d. Kino Zairo，1993，13（1）：5

[227] Tomescu M，Hubca G. Mater Plast（Bucharest），1991，28（1-2）：13

[228] Jansson J F. in Liq Cryst Polym Ed by Collyer A A. Landon：Elsevier，1992：447-463

[229] Roggero A，Enricerche S，Donato M. Thermotropic Liq Cryst Polym Blends，Ed by La F P Mantia. Lancaster：Technomic，1993：157-177

[230] Okada T. Prog Pac Polym Sci，2，Proc Pac Polym Conf，2nd 1992，vol. 2（ISS/PTTL）：273

[231] Kawatstuki M，Uetsuki M. Opt Eng（N Y），1992，32（polymers for Lightwave and intergrated Optics）：171

[232] Kim T T，Lee E L H. Mol Cryst Liq Cryst Sci Technol，Sect A，1993，227：71

[233] Nakanishi H. J Photopolym Sci Technol，1993，6（2）：181

[234] Jacobson S，Landi P，Findalky T，et al. J Appl Polym Sci，1994，53（5）：649

[235] Kaino T，Ooba N. Mater Res Soc Symp Proc，1994，328（Electrical，optical and magnetic properties of organic solid state materials）：449

[236] Marder S R，Perry J W. Organic，Metallo-Organic，and Polymeric Materials for Nonlinear Optical Applications：25-26 January 1994，Los Angeles，California，Bellingham，wash：SPIE，1994

[237] Groh W，Lupo D，Sixl H. Angew Chem，1989，101（11）：1580

[238] Buckley A. Adv Mater（Weinheim，Fed Repub Ger），1992，4（3）：153

[239] Prasad P N. SPEC Publ-R Soc Chem，1993，137（org Mater for Non-Linear Optics III）：139

[240] March N H，Paranjupe B V. Phys Chem Liq，1994，28（3）：201

[241] Ming N. Pac Rim Int Conf Adv Master Process Proc Meet，1st，Ed by Shi Changxu，Li Hengde，A Scott Warrendale Pa：Miner Met Master Soc，1992（pub 1993）：29-36

[242] Kaino T. Opt Eng（New York），1992，32（Polymers for lightwave and Intergrated Optics）：1

[243] Stehlin T F. Opt Eng（New York），1992，32（Polymers for Lightwave and Intergrated Optics）：39

[244] Hornak L A，Weidman T S. Mol Cryst Liq Cryst Sci Technol Sect B，1992，3（1-2）：25

[245] Bootl B L. Opt Eng（New York），1992，32（Polymers for Lightwave and Intergrated and Intergrated Optics）：231

[246] Horfuan D H. Opt Eng（New York），1992，32（Polymers for lightwave and Intergrated Optics）：267

[247] Norwood R A，Findakly T，Goldberg H A，et al. Opt Eng（New York），1992，32（Polymers for lightwave and Intergrated Optics）：287

[248] Marder S R，Perry J W. Science（Washington，D C），1994，263（5154）：1706

[249] Mohlmann G R，Horsthuis W H G，Mertens J W，et al. Proc SPIE-Int Soc Opt Eng，1991，1560（Nonlinear opt Prop Org Mater 4）：426

[250] Mohlmann G R，Kleinkoerkamp M K，Heideman J-L P，et al. Proc SPIE-Int Soc Opt Eng，1994，

2285（Nonlinear Optical Properties of Organic Materials Ⅶ）：366

[251] Aoki T. Konbatekku，1992，20（11）：41

[252] Ide F. Optoelectronics and polymeric materials（Japan），1995，232

[253] Hengen Paul N. Trends Biochem Sci，1996，21（12）：492

[254] Kahuta A. Kokagaku，1994，18：46

[255] Monroe B M，Smothers W K. Opt Eng（New York），1992，32（Polymers for Lightwave and Inter-grated optics）：145

[256] Lessard R A，Maninann G. AIP Conf Proc，1995，342（CAM-94 Physics Meeting，1994）：636

[257] Buehler N. Chimia，1993，47（10）：375

[258] Mizoguchi K，Masegawa E. Polym Adv Technol，1996，7（5&6）：471

[259] Barachevskii V A. Proc SPIE-Int Soc Opt Eng，1991，1559（photopolym Device Phys，Chem，Appl 2）：184

[260] McArdle C B. Applied Photochromic Polymer Systems. Glasgow：Blackie，1992

[261] Carre C，Lougnot D J. J Phys. Ⅲ，1993，3（7）：1445

[262] Prasad P N. Front Polym Res（Proc Int Conf），1st 1991：45-62. Ed by Prasad P N，Nigam J K. New York：Plenum，1991

[263] Belin C，Bonvallot D，Carre C，et al. Ann Phys（Paris），1995，20（5/6）：717

[264] Watanabe N. Kino Zairyo，1995，15（8）：45

[265] Burland D M，Bjorklund G C，Moerner W E，Silence S M，et al. Pure Appl Chem，1995，67（1）：33

[266] Leclere P，Renotte Y，Lion Y. Phys Mag，1991，13（2）：67

[267] Barachevskii V A. Zh Nauchn Prikl Fotogr，1993，38（1）：75

[268] Batrachevskii V A，Rot A S，Zaks I N. Proc SPIE-Int Soc Opt Eng，1991，1021（Opt Mem. Neural Networks）：33

[269] Phillips N J，Barnett C A，Wang C，et al. Proc SPIE-Int Soc Opt Eng，1995，2333：206

[270] Bauer S. J Appl Phys，1996，80（10）：5531

[271] 郑立新，王德利，陈天禄，等. 高分子通报，1994，（3）：152

[272] Cale M T，Rino E. Kunz，Hans P Zapple Opt Eng，1995，34（8）：2396

[273] Lessard R A，Cheng K R，Manivannan G. Process Photoreact Polym，1995，307

[274] Prasad P N，Orczyk M E，Zieba J，et al. Front Polym Adv Mater，2nd，Ed by Prasad P N，New York：Plenum，1993（pub.1994）：75-91

[275] Singer K D. Polym Prepr，1994，35（2）：86

[276] Levin V M，Aleksandar S Chegolya，Svistuunov V A，et al. Russ Ru 2.018，890（Cl. G02B6/00），1994

[277] Miyata S. Kikan Kagaku Sosetsu，1992，15，122

[278] Van der Vorst C P J M，Horsthuis W H G，Mohlmann G R. Opt Eng（New York），1992，32（Polymers for lightwave and Integrated Optics）：365

[279] Tamura T. Jpn Kokai Tokkyo Koho JP 04，238，087（Cl B41M5/26），1992

[280] Dubois J-C，Spitz E. Adv Mater，Proc Int Conf，2nd，Ed by Prasad P N. New York：Plenum，1993（pub 1994），93-106

[281] 许京军，张光寅，刘思敏，等. 物理，1994，23（2）：73

[282] 李晓常，李世晋. 导电高分子材料. 化工进展，1992，（4）：31

[283] Salaneck W R，Bredas J L. Solid State Communications，1994，92（1-2）：31

[284] 汪茫，陈红征，杨士林. 功能高分子学报，1994，7（2）：186

［285］ Jerome D. Solid State Communications，1994，92 (1-2)：89

［286］ 谢德民，谢忠巍，王荣顺，等．功能高分子学报，1995，8 (3)：386

［287］ 严宏宾，罗雪梅，沈永嘉．功能材料，1998，29 (6)：578

［288］ 李文连．功能材料，1997，28 (2)：109

［289］ 陆珉，吴益华，姜海夏．功能材料，1998，29 (4)：353

［290］ Hari S. Nalwa JMS--Rev Macromol Chem Phys，1991，C31 (4)：341

［291］ Jany C，Foulon F，et al. Diamond Relat Mater，1996，5 (6-8)：741

［292］ Hayashi H，Yamamoto T. Shinsozai，1995，6 (11)：56

［293］ Singer K D，Kuzyk M G，et al. NATO ASI Ser，Ser E，1991，194 (org mol nonlinear opt photonics)：105

［294］ Wgtanabe M. Kagaku Kogyo，1995，46 (1)：25

［295］ Shaw J M，Buchwalter S L，Gelorme J D，et al. Polym Prepr (Am Chem Soc，Div Polym Chem)，1996，37 (1)：172

［296］ Gilleo K. Microelectron Int，1996，41：19

［297］ Yoshizumi A. Kobunshi，1993，42 (5)：408

［298］ Tong H. Mater Res Soc Symp Proc，1992，264 (Electronic Packageing Material Science VI)：51

［299］ Roberts S，Ondray G. Chem Eng (New York)，1996，103 (7)：44

［300］ Kiefer R. Plast Eng (New York)，1995，28：815

［301］ Tatsuma T，Oyama N，Sotomura T，Shinsozai，1995，6 (10)：40

［302］ Ito H，Kidoguchi A，Inaba T. Jpn Kokai Tokkyo Koho JP 05，318，464 (Cl. B29B7188)，1993

［303］ Zharkova G M，Sonin A S. Vysokmol Soedin，Ser A，1993，35 (10)：1722

［304］ Endrst R，Svorcik V，Rybka V. Chem Listy，1993，87 (11)：807

［305］ Panero S，Passerini S，Scrosati B. Mol Cryst Liq Cryst Sci Technol Sect A，1993，229：97

［306］ Jankovskii O，Svorcik V，Rybka V. J Electr Eng，1995，46 (6)：226

［307］ Alva S，Phadre R. Indian J Chem，Sect A：Inorg，Bio-inorg，Phys，Theor Anal Chem，1994，33A (6)：561

［308］ Sukeerthi S，Contractor A Q. Indian J Chem Sect A：Inorg，Bio-inorg，Phys，Theor Anal Chem，1994，33A (6)：565

［309］ Lal R，Sukeerthi S，Dabke R B，et al. Indian J Pure Appl Phys，1996，34 (9)：589

［310］ Naoi K，Shouji E. Solid State Butteries Cupacitors，Ed by Munshi M，Zafar A. Singapore：World Scientific，1995：247-272.

［311］ May P. Phys World，1995，8 (3)：52

［312］ Pokhodenko V D，Krylov V A. NATO ASI Ser，Ser，3，1996 (Now Promising Electrochemical systems for Rechargeable Batteries)：307

［313］ Pope M. Mol Cryst Liq Cryst Sci Technol，Sect A，1993，230：1

［314］ Rubner M F. Mol Electron，1992：65-116

［315］ Kido J. Junji Kako，1993，42 (6)：284

［316］ Bradley D D C，Brown A R，Burn P L，et al. Spec Publ-R Soc Chem，1993，125 (Photochemistry and Polymeric Systems)：120

［317］ Blackwood K M. Science (Washington D C)，1996，273 (527)：909

［318］ Salaneck W R，Clark D T，Samuelser E J. Science and Applications of Conducting Polymers (6th European physical Society Industrial Workshop，Held in Lofthus，Norway，1990)，Bristol：Hilger，1991：185

［319］ Gogola A. Termeszet Vilaga，1992，123（2）：78

［320］ Unsworth J，Conn C，Jin Zheshi，et al. J Intell Mater Syst Struct，1994，5（5）：595

［321］ Aldessi M. Intrinsically Conducting Polymers：An Emerging Technology．（Proceedings of the NATO Advanced Research Workshop on Applications of Intrinsically Conducting Polymers. Burlington，Vermont，Oct 12-15，1992）Dordrecht Neth．：Klumer，1993：223

［322］ Sunders H E，Schoch K F Jr. Proc Electr/Electron Insul Conf，1991，20：201

［323］ Yamamoto T. Yuasa Jiho，1995，78：1

［324］ Saidov M J，Curtis C L. Adv Mater（Weinheim Ger.），1994，6（9）：688

［325］ Yang S C，Chandrasekhar P. Optical and Photonic Applications of Electroactive and Conducting Polymers. SPIE：Bellingham，Wash，1995：272.

［326］ Lvtel R，Lipscomb F，Ticknor T. Proc SPIE-Int Soc Opt Eng，1993，1852（Nonlinear Optical Properties of Advanced Materials）：168

［327］ Lytel R. IEEE Nonlinear Opt：Mater Fundam Appl，1994：3-5

［328］ Bauer F，Brown L F，Fukada E. Special issue on Piezo/pyro/ferroelectric Polymers，in Ferroelectrics，1995，171（1-4），Lausann Switz：Gordon &. Breach

［329］ Orlando F. Plast Eng（New York），1995，28：735

［330］ Suzuki T. Kagaku to Kogyo（Tokyo），1994，47（5）：654

［331］ 汪长春，明伟华，府寿宽. 高分子通报，1995，（4）：237

［332］ Dougherty D A. Res Front Magnetochem Ed by O'connor C J. Singapore：World Sci，1993：327-349

［333］ Manivannan G，Lessard R A. Trends Polym Sci（Cambridge，U K），1994，2（8）：282

［334］ Hatfield J V，Hicks P J，Neaves P，et al. Sens VI（Proc Conf Sens Theor Appl）6th，Ed by Grattan K T V，Augousti A T. Bristol：Inst Phys，1993：27-32

［335］ Rymuza Z. Polimery（Warsaw），1994，39（6）：354

［336］ Watanable M，Longmire M，Wooster T T，et al. NATO ASI Ser，Ser E 1991，197（microelectrodes）：377

［337］ Thompson L F，Willson C G. Tagawa S. Polymers for Microelectronics，Resists and Dioelectrics. In ACS Symp Ser，1994，537（203rd national meeting of the American Chemical Society），Washington D C：Am Chem Soc

［338］ Ver Meersch J，Lion W. Chem Mag，1991，17（2）：29，31，33.

［339］ Epstein A J，Miller J S. Nobel Symp，1991（pub 1993），81st（conjugated polymers and related materials）：475

［340］ Staring E G J. Recl Trav Chim Phys-Bas，1991，110（12）：492

［341］ 姜振华，赵东辉，汤心颐. 高分子通报，1992，（3）：177

［342］ Roskova M，Milovska S. Elektroizol Kablova Tech，1994，47（3）：105

［343］ Kawahara K，Nagano S. Tojota Chuo Kenkyusho R &. D Rebyu，1994，29（4）：13

［344］ Takenaka H. Kobunshi，1995，44（2）：80

［345］ Armand M，Sanchez J Y，Gauthier M J，et al. Electrochem Novel Mater，Ed by Lipkowski J，Philip N. Ross，New York：VCH，1994：65-110

［346］ Wen J. in Phys Prop Polym Handb，Ed by Mark J E. New York：AIP Press，1996：371-377

［347］ 杜仕国. 化工进展，1995，（2）：10

［348］ Ying Wang. Pure Appl Chem，1996，68（7）：1475

［349］ 施敏敏，陈红征，汪茫，等. 材料科学与工程，1996，14（1）：17

［350］ Halls J J M，Baigent D R，Cacialli F，et al. Thin Solid Films，1996，276（1-2）：13

[351] Sethi R S, Goosey M T. In Spec Polym Electron Optoelectron, Ed by Chilton J A, Goosey M T. London: Chapman & Hall, 1995, 1-36

[352] 江敦润，王伟，唐伯成. 贵金属, 1995, 16 (1): 51

[353] Muldoon M T, Stanker L H. Chem Ind (London), 1996, (6): 204

[354] Gatteschi D. NATO ASI Ser Ser E, 1995, 297 (Applications of Organometallic Chem in the Preparation and Processing of Advanced Materials): 317

[355] Chen W T, Lafuntaine W, Brauer J, et al. Mater Res Soc Symp Proc, 1994, 323 (Electronic Packaging Materials Science Ⅶ): 41

[356] Haensel R, Harzer D. Coating (Ger), 1994, 27 (10): 342

[357] Dubois J-C. Polym Adv Technol, 1995, 6 (1): 10

[358] Miller J S. Adv Mater (Weinneim, Ger), 1992, 4 (6): 435

[359] Jeszka J K. Mater Sci Forum, 1995, 191: 141

[360] Prater K B. J Power Sources, 1992, 37 (1-2): 181

[361] 邱永兴，封麟先. 中国生物医学工程学报, 1997, 16 (3): 193

[362] 胡天培等. 中国生物医学工程学报, 1997, 16 (2): 142

[363] 黄占杰. 功能材料, 1997, 28 (1): 1

[364] Ugelstad J, et al. Polym Int, 1993, 32 (2): 157

[365] Bovin N V, Gabius H J Chem Soc Rev, 1995, 24 (6): 413

[366] 熊党生. 生物材料与组织工程. 北京：科学出版社, 2010

[367] 赵长生. 生物医用高分子材料. 北京：科学出版社, 2009

[368] 高长有，马列. 医用高分子材料. 北京：化学工业出版社, 2006

[369] 葛斌. 人体机能替代装置. 北京：科学出版社, 2007

[370] 郑玉峰，李莉. 哈尔滨：哈尔滨工业大学出版社, 2005

[371] 刘昌胜，白春礼. 硬组织修复材料与技术. 北京：科学出版社, 2014

[372] 郭红超，史雪岩，王敏. 化学进展, 2002, 14 (5): 391

[373] 黄淑平，姚金水，张希岩，等. 材料导报, 2007, 21 (8): 51

[374] 李多，姜忠义，王艳强. 膜科学与技术, 2003, 23 (6): 33

[375] 李红艳，李亚新，岳秀萍. 工业水处理, 2009, 29 (4): 16

[376] 李莉，字敏，任朝兴，等. 化学进展, 2007, 19 (2/3): 393

[377] 李亚平，方洪波，郭燕生. 精细石油化工进展, 2011, 12 (10): 40

[378] 刘天穗，陈亿新，刘军涛，等. 精细化工, 2007, 24 (11): 1091

[379] 吕晓龙. 膜科学与技术, 2011, 31 (3): 96

[380] 寿崇琦，张志良，赵春宾. 山东轻工业学院学报, 2004, 18 (1): 69

[381] 宋力. 工业水处理, 2010, 30 (6): 4

[382] 唐丽群，梁斌，黄东. 湖南有色金属, 2010, 26 (6): 10

[383] 王辉，徐晓冬. 高分子通报, 2011, (1): 94

[384] 熊焕嘉，刘崎嵘. 油气田环境保护, 2011, 21 (2): 30

[385] 徐超，刘福强，巢路，等. 离子交换与吸附, 2013, 29 (6): 481

[386] 薛乐乐，黄英，邓茂盛. 材料开发与应用, 2014, 29 (1): 99

[387] 杨淑超. 二茂铁键合的新型型手性固定相的设计合成及色谱性能研究. 济南：山东大学, 2012

[388] 袁湘淇，余万林，方宏伟. 氯碱工业, 2011, 47 (8): 8

[389] 张兵. 两类手性化合物在 Pirkle 型手性固定相上拆分机理的理论研究. 杭州：浙江大学, 2004

[390] 张希岩，姚金水，何倩倩，等. 化学试剂, 2007, 29 (6): 333

[391]　赵峰．昭通师范高等专科学校学报，2008，30（5）：10

[392]　朱元棋，徐晓冬，冯四伟，等．高分子通报，2012，（6）：92

[393]　梁宁宁，辛振祥，夏琳．高分子通报，2014，（9）：25

[394]　张静娴，姚朝晖，郝鹏飞，等．应用数学和力学，2014，35（3）：322

[395]　冯晓娟，石彦龙，杨武．化学通报，2014，77（5）：418

[396]　冉明浩．有机硅复合涂层的超疏水表面构造及其抗冰性能研究．上海：上海大学，2012

[397]　Young T. The Royal Society，1805，95（1）：65

[398]　Hum C，Mason S G. J Colloid Interface Sci，1977，60（1）：11

[399]　Wenzel R N. J Phys Colloid Chem，1949，53：1466.

[400]　Cassie A B D，Baxter S. Transacyions of the Faraday Society，1944，40：546

[401]　Buzagh A，Wolfram E. Kolloid Zeitschrift，1956，149：125

[402]　Buzagh A，Wolfram E. Kolloid Zeitschrift，1958，157：50

[403]　Furmidge C G L. Journal of Colloid Science，1962，17：309

[404]　Murase H. Proceedings of the Fifth Interface Meeting of the Science Council of Japan，Tokyo，1998
（in Japanese）

[405]　Roura P，Fort J. Langmuir，2002，18：566

[406]　杨常卫，郝鹏飞，何枫．科学通报，2009，54（4）：436

[407]　陈晓玲，吕田．中国科学 G：物理学 力学 天文学，2009，39（1）：58

[408]　柯清平，李广录，郝天歌．化学进展，2010，22（2/3）：284

[409]　闫超，李梅，路庆华．化学进展，2011，23（4）：649

[410]　汪建伟，石刚，陈晓薇．油气井测试，2014，23（4）：73

[411]　张靓，赵宁，徐坚．科学通报，2013，58（33）：3372

[412]　文孟喜，郑咏梅．高等学校化学学报，2014，35（5）：1011

[413]　马蕾，王贤明，宁亮．中国涂料，2014，29（1）：11

[414]　王冠，张德远，陈华伟．工业技术创新，2014，1（2）：241

[415]　吕健勇，王健君．涂料技术与文摘，2014，35（8）：37

[416]　李辉，赵蕴慧，袁晓燕．化学进展，2012，24（11）：2087

[417]　冯杰，卢津强，秦兆倩．材料研究学报，2012，26（4）：337

[418]　柏芳，王泽华，王国伟．腐蚀与防护，2014，35（5）：420

[419]　吉庆勋，刘德春，刘勇．中国农学通报，2012，28（3）：225

[420]　张兴旺．水黾腿润湿性及水黾运动特性研究．吉林：吉林大学，2014

[421]　马迪，彭双，韩立峰，等．沈阳药科大学学报，2014，31（5）：355

[422]　高雪峰，江雷．物理，2006，35（7）：559

[423]　Ran Minghao，Yang Chengxia，Fang Yuan，et al. J Phys Chem C，2012，116：8449

[424]　曹艳霞，李光吉，强伟．化学进展，2008，20（11）：1810

[425]　滕传新，夏洪运，景宁，等．光电子·激光，2013，24（1）：1

[426]　郭毅，李庆春，信春玲．中国塑料，2005，19（5）：17

[427]　尹秀玲．内蒙古石油化工，2011，（1）：18

[428]　谢兴阳，李庆春，丛林．橡塑技术与装备，2009，35（3）：25

[429]　张洁，郝晓东．化学推进剂与高分子材料，2005，3（2）：19

[430]　曾方，周南桥．塑料，2003，32（6）：63

[431]　郑金红，黄志齐，文武．精细化工，2005，22（5）：348

[432]　郑金红，黄志齐，侯宏森．感光科学与光化学，2003，21（5）：346

[433] 郑金红，黄志齐，陈昕，等．感光科学与光化学，2005，23（4）：300

[434] 马建军，张崇巍．电子工业专用设备，2009，（175）：1

[435] 许箭，陈力，田凯军．影像科学与光化学，2011，29（6）：417

[436] 王文君，李华民，王力元．感光科学与光化学，2005，23（1）：48

[437] 沃尔弗拉姆？施纳贝尔．聚合物与光：基础和应用技术．张其锦译．北京：化学工业出版社，2010

[438] 孙宾宾，郑继忠，杨博．合成材料老化与应用，2013，42（5）：52

[439] 胡世荣，蒋淑恋，黄立漳，等．应用化工，2013，42（6）：996

[440] 王颖伟，杨志范．山西大学学报（自然科学版），2013，36（3）：431

[441] 陈红云，章洛汗，胡仲禹．化工新型材料，2013，41（10）：28

[442] 孟庆华，方永增，王珍，等．影像科学与光化学，2012，30（2）：150

[443] 邹祺，张隽佶，田禾．化学进展，2012，24（9）：1632

[444] 林坚，柴文祥，杨芸芸，等．中南大学学报（自然科学版），2011，42（10）：2977

[445] 贾屹夫，张复实．信息记录材料，2011，21（6）：34

[446] 杨素华，庞美丽，孟继本．有机化学，2011，31（11）：1725

[447] 郑春梅，曾和平．化学试剂，2011，33（6）：518

[448] 刘文杰，曹德榕．有机化学，2008，28（8）：1336

[449] 宋固全，陈忠良，陈煜国．化工新型材料，2013，41（11）：152

[450] 杨逢时，张琼，李国斌，等．化工新型材料，2014，41（12）：1

[451] 张学勇，李斌，付朝阳，等．材料导报，2013，27（22）：174

[452] 钟雁，谢鹏程，丁玉梅，等．工程塑料应用，2011，39（1）：100

[453] 张诚，陈孟奇，马淳安．工程塑料应用，2009，37（3）：76

[454] Chai Jingchao, Liu Zhihong, Ma Jun, et al. Adv Sci, 2016, 1600377

[455] Liao Haiyang, Zhang Haiyan, Hong Haoqun, et al. Journal of Membrane Science, 2016, 514: 332

[456] Ma Cheng, Zhang Jinfang, Xu Mingquan. Journal of Power Sources, 2016, 317: 103

[457] Liu Qiongzhen, Xia Ming, Chen Jiahui, et al. Electrochimica Acta, 2015, 176: 949

[458] 邵亮，柳明珠，邱建辉，等．化学进展，2011，23（5）：923

[459] 陈伟，张以河．工程塑料应用，2010，38（6）：89

[460] Li Yawen, Wang Jinwei, Tang Jinwei. Journal of Power Sources, 2009, 187: 305

[461] 田强，周会，朱瑞．中国科学A，2002，32（6）：574

[462] 娄伟波，王立，潘杰，等．功能高分子学报，2001，14（1）：122

[463] 周瑞，安忠维，柴生勇．光谱学与光谱分析，2004，124（8）：922

[464] 张驰，刘治田，沈陟，等．化学进展，2012，24（7）：1359

[465] 任铁钢，补朝阳，李伟杰，等．化学研究，2010，21（6）：86

[466] 何念，霍延平，汤胤旻，等．化工新型材料，2014，42（9）：13

[467] 卞春雷，江国新，程延祥，等．高分子学报，2012，（3）：334

[468] 刘引烽，李琛骏，关士友．高分子通报，2012，（12）：81

[469] 万梅香．物理学报，1992，41（6）：917

[470] 刘献明，付绍云，张以河，等．航空电子技术，2004，35（2）：31

[471] 王少敏，高建平，于九皋，等．宇航材料工艺，2000，54（2）：41

[472] 李春生，李晓常，李世瑨．高分子学报，1994，（4）：418

[473] 黄科，冯斌，邓京兰．高科技纤维与应用，2010，35（6）：54

[474] Dyakonova O A, Kazantsev Y N. Electromagnetics, 1997, 17 (1): 89

[475] Chambers B. Electronics Letters, 1995, 31 (5): 404

［476］ 曹辉. 宇航材料工艺，1993，4：35

［477］ 刘海涛，程海峰，王军，等. 材料导报，2009，23（10）：24

［478］ Kim B R，Lee H K，Kim E，et al. Synthetic Metals，2010，160：1838

［479］ Hourquebie P，Blondel B，Dhume S. Synthetic Metals，1997，85：1437

［480］ Fonteiner I，Michaeli W，Stollenwerk M. Annual Technical Conference-Society of Plastics Engineers，
1998，56（2）：1734

［481］ 丁春霞，范丛斌，章洛汗，等. 化工工业与工程技术，2006，27（4）：4

［482］ Phang S W，Rusli Daik，Abdullah M H. Thin Solid Films，2005，477：125

［483］ 毛倩瑾，周美玲，陆山，等. 北京化工大学学报，2004，30（4）：488

［484］ 刘一山，郭佩佩，廖学品，等. 2011，42（6）：1024

［485］ Zhu S，Jiang M，Zhao A，et al. Advanced Materials Research（Zuerich，Switzerland），2011，194-
196（Pt. 3，Advanced Engineering Materials）：2268

［486］ Bhattacharya P，Dhibar S，Das C K. Polymer-Plastics Technology and Engineering，2013，52（9）：
892

［487］ 唐红梅，袁茂林，邓科，等. 化学研究与应用，2010，22（1）：8

［488］ Duan Y，Wu G，Li X，et al. Solid State Sciences，2010，（12）：1374

［489］ 晁单明，姚雷，陈大鹏，等. 高等学校化学学报，2011，32：2696

［490］ Liu C Y，Jiao Y C，Zhang L X，et al. Acta Metall Sinica，2007，43：409

［491］ Wang Lei，Huang Ying，Huang Haijian. Materials Letters，2014，124：89

［492］ Zhao Dong-Lin，Shen Zeng-Min. Materials Letters，2008，62：3704

［493］ Mandal Avinandan，Das Chapal Kumar. Macromolecular Symposia，2013，327（1）：99

［494］ Wang W，Gumfekar S P，Jiao Q，et al. Journal of Materials Chemistry C：Materials for Optical and
Electronic Devices，2013，1（16）：2851

［495］ Chen Ke Yu，Xu Qing Qing，Li Liang Chao，et al. Science China：Chemistry，2012，55（7）：1220

［496］ Chen Keyu，Li Liangchao，Tong Guoxiu，et al. Synthetic Metals，2011，161（21-22）：2192

［497］ Liu Panbo，Huang Ying，Wang Lei，et al. Journal of Alloys and Compounds，2013，573：151

［498］ Liu Panbo，Huang Ying. RSC Advances，2013，3（41）：19033

［499］ Anil Ohlan，Kuldeep Singh，Namita Gandhi，et al. AIP Advances，2011，1（3）：032157，7

［500］ Pradeep Sambyal，Avanish Pratap Singh，Meenakshi Verma，et al. RSC Advances，2014，4（24）：
12614

［501］ Xuan Xie，Yunwen Wu，Yiyang Kong，et al. Colloids and Surfaces A：Physicochem Eng Aspects，
2012，（408）：104

［502］ Wang G，Gao Z，Tang S，et al. ACS Nano，2012，6（12）：11009

［503］ 王智慧，骆武，夏志东，等. 兵器材料科学与工程，2006，29（1）：61

［504］ Xu Fenfang，Ma Li，Huo Qisheng，et al. Journal of Magnetism and Magnetic Materials，2014，
（374）：311

［505］ Landy N I，Sajuyigbe S，Mock J J，et al. Physical Review Letters，2008，100（20）：207402

［506］ 周卓辉，黄大庆，刘晓来，等. 材料工程，2014，5：91

［507］ 许卫锴，卢少微，马克明，等. 功能材料，2014，4（45）：4017

［508］ Shiga T，Kurauchi T. J Appl Polym Sci，1990，39：2305

［509］ 陶国良，谢建蔚，周洪. 机械工程学报，2009，45（10）：75

［510］ 赵淳生，杨淋. 微特电机，2006，（10）：1

［511］ 郭锡章，龚振邦，刘东升，等. 应用科学学报，1999，17（4）：439

[512] 朱平，薛晨阳．微纳电子技术，2013，50（2）：100

[513] 谢光辉，金牧娜，王光建．中国机械工程，2014，25（14）：1888

[514] 唐华平，姜永正，唐运军，等．中南大学学报（自然科学版），2009，40（1）：153

[515] 陈洁，张国贤，金健．机械工程材料，2008，32（11）：46

[516] 李林朋，周轶然，林世伟，等．功能材料，2011，42（1）：51

[517] 徐岩，赵刚，杨立明，等．功能材料，2013，44（11）：1646

[518] 李新贵，张瑞锐，黄美荣，等．材料科学与工程学报，2004，22（1）：128

[519] 李靖，彭宏业，秦现生．微特电机，2012，40（6）：68

[520] 宋玎，黄红，宋才生．高分子材料科学与工程，2007，23（4）：29

[521] 张良平．国际生物医学工程杂志，2006，29（1）：14

[522] 梁迪迪，刘根起，李莎，等．粘接，2013，（12）：75

[523] 戴丰加，祁新梅，郑寿森，等．材料科学与工程学报，2008，26（1）：156

[524] 相梅，郑志伟，汪辉亮，等．高分子通报，2010，（3）：16

[525] 廖列文，龚涛，周静，等．化工进展，2011，30（2）：345

[526] 王威，王晓振，程伏涛，等．化学进展，2011，23（6）：1165

[527] 尚婧，陈新，邵正中．化学进展，2007，19（9）：1393

[528] 靖伟伟，刘根起，程永清，等．高分子学报，2007，（5）：478

[529] 何小权．高分子通报，1994，（4）：215

[530] 李儒，李红波，李清文．材料导报A，2013，27（1）：50

[531] 刘勇，刘根起，梁迪迪，等．粘接，2013，（10）：87

[532] 金淑萍，柳明珠，陈世兰，等．物理化学学报，2007，23（3）：438

[533] 张福强．高分子通报，1993，（1）：34

[534] 卢普生．共聚物凝胶驱动器及其在机器人中的应用．上海：上海大学，2001

[535] 黄美荣，李新贵．材料科学与工程学报，2004，22（2）：304

[536] 罗玉元，李朝东，张国贤．中国机械工程，2006，17（4）：410

[537] 魏源远，冯志华，刘永斌，等．功能材料与器件学报，2006，12（6）：501

[538] 李刚．电场活化聚合物（DE）一维伸缩致动器设计．合肥：合肥工业大学，2007

[539] 魏强，陈花玲．传感器世界，2007，（4）：6

[540] 谢锐，褚良银．膜科学与技术，2007，27（4）：1

[541] 李刚，冯敏亮，吕新生，等．机械工程师，2007，（8）：100

[542] 刘巧宾，卢秀萍．弹性体，2007，17（2）：76

[543] Kupfer J，Finkelmann H．Makromol Chem Rapid Commun，1991，12：717

[544] 邓登，朱光明，宋斐，等．化学进展，2006，18（10）：1352

[545] 詹茂盛，丁乃秀．塑胶工业，2008，（2）：40

[546] 李晓锋，梁松苗，李艳芳，等．高分子通报，2008，（8）：134

[547] 李万超，赵义平，陈莉，等．材料导报，2008，22（10）：108

[548] 徐婉娴，尹若元，林里，等．化学进展，2008，20（1）：140

[549] De Gennes P G，Seances C R．Acad Sci B，1975，281：101

[550] Finkelmann H，Kock H J，Rehage G．Makromol Chem Rapid Commun，1981，2：317

[551] Kupfer J，Finkelmann H．Makromol Chem Rapid Commun，1991，12：717

[552] Clarke S M，Hotta A，Terentjev E M，et al．Phys Rev E，2001，64：061702

[553] Ikeda T，Nakano M，Yu Y L，et al．Adv Mater，2003，15：201

[554] Yu Y L，Nakano M，Ikeda T，et al．Chem Mater，2004，16：1637

[555]　Yu Y L，Maeda T，Ikeda T，et al. Angew Chem Int Ed，2007，46：881

[556]　龚亚琦. 电致动特性分析及其相关结构数值模拟. 武汉：华中科技大学，2009

[557]　吴新明，齐暑华，贺捷，等. 工程塑料应用，2009，37（3）：77

[558]　刘亚东. 电场活化聚合物（DE）平面弯曲致动器设计. 合肥：合肥工业大学，2009

[559]　夏冬梅，庞宣明，陈晓南，等. 西安交通大学学报，2009，43（7）：92

[560]　景素芳，庞宣明，陈晓南. 西安交通大学学报，2009，43（11）：47

[561]　Pelyine R E，Kornbluh R D，Joseph J P，et al. Sensors and Actuators A，1998，(64)：77

[562]　洪熠. 基于气动人工肌肉仿人机械手臂肩关节的运动控制. 上海：上海交通大学，2009

[563]　苏生荣，应申舜. 机械科学与技术，2009，28（6）：835

[564]　陈娟，刘琨，吕新生，等. 中国机械工程，2010，21（22）：2684

[565]　安莉，聂文婷，游步东，等. 液压与气动，2010，(5)：70

[566]　李林朋，周轶然，林世伟，等. 功能材料，2011：51

[567]　安莉，聂文婷，付永钦，等. 机床与液压，2011，39（9）：29

[568]　惠耀. 基于 IPMC 型人造肌肉的柔性机械手设计与测试. 南京：南京航空航天大学，2011

[569]　丁燕. 聚合物的粘附和电致动性能研究. 南京：南京航空航天大学，2011

[570]　于敏，丁海涛，郭东杰. 功能材料，2011，42（8）：1436

[571]　Zhao Y L，Stoddart J F. Langmuir，2009，25：8442

[572]　Lendlein A，Jiang H Y，Junger O，et al. Nature，2005，434：879

[573]　Ikeda T，Nakano M，Yu Y L，et al. Adv Mater，2003，15：201

[574]　Yu Y L，Nakano M，Shishido A，et al. Chem Mater，2004，16：1637

[575]　Kondo M，Yu Y L，Ikeda T. Angew Chem Int Ed，2006，45：1378

[576]　Yamada M，Kondo M，Mamiya J，et al. Angew Chem Int Ed，2008，47：4986

[577]　Yamada M，Kondo M，Miyasato R，et al. J Mater Chem，2009，19：60

[578]　Yin R Y，Xu W X，Kondo M，et al. J Mater Chem，2009，19：3141

[579]　Cheng F T，Zhang Y Y，Yin R Y，et al. J Mater Chem，2010，20：4888

[580]　Cheng F T，Yin R Y，Zhang Y Y，et al，Soft Matter，2010，6：3447

[581]　Chen M L，Xing X，Zhao L，et al. J Applied Phys A，2010，100：39

[582]　Van Oosten C L，Bastiaansen C W M，Broer D J. Nature Mater，2009，8：677

[583]　王吉岱，张晓琳，闫磊，等. 液压与气动，2012，(9)：102

[584]　徐岩，赵刚，杨立明，等. 功能材料，2013，44（11）：1646

[585]　刘勇，刘根起，梁迪迪，等. 粘接，2013，(10)：87

[586]　李莉，王荣，沈倩宇. 化学研究与应用，2013，25（7）：929

[587]　朱平，薛晨阳. 微纳电子技术，50（2）：101

[588]　李儒，李红波，李清文. 材料导报 A，2013，27（1）：50

[589]　梁迪迪，刘根起，李莎，等. 粘接，2013，(12)：75

[590]　谢光辉，金籽娜，王光建. 中国机械工程，2014，25（14）：1888

[591]　王思乾，金子大作，金子达雄. 高分子通报，2014，(12)：89

[592]　盛俊杰，张玉庆，李树勇，等. 四川理工学院学报（自然科学版），2016，29（4）：16

[593]　Wang Y，Zhu J. Extreme Mechanics Letters，2016，6：88

[594]　Yang Q，Li G. J Mechanics Physics Solids，2016，92：237

[595]　Petscha S，Rixb R，Khatria B，et al. Sensors and Actuators A，2015，231：44

[596]　Toribio F Otero，Jose G Martinez. Progress in Polymer Science，2015，44：62

[597]　Zhang Pengfei，Li Guoqiang. Polymer，2015，64：29

[598] Mehmet Itik, Erdinc Sahin, Mustafa Sinasi Ayas. Expert Systems with Applications, 2015, 42: 8212

[599] Kazuto Takashima, Jonathan Rossiter, Toshiharu Mukai. Sensors and Actuators A, 2010, 164: 116

[600] Wang Xuan-Lun, Il-Kwon Oh, et al. Sensors and Actuators B, 2010, 145: 635; 150: 57

[601] Foroughi J, Spinks G M, Aziz S, et al. ACS Nano, 2016, 10: 9129

[602] Guo Dong-Jie, Liu Rui, Cheng Yu, et al. ACS Appl Mater Interfaces, 2015, 7: 5480

[603] Akira Harada, Yoshinori Takashima, Masaki Nakahata. Acc Chem Res, 2014, 47: 2128

[604] Zarzar L D, Aizenberg J. Accounts Of Chemical Research, 2014, 47 (2): 530

[605] Jean E Marshall, Sarah Gallagher, Eugene M Terentjev, et al. J Am Chem Soc, 2014, 136: 474

[606] Jae Ah Lee, Youn Tae Kim, Geoffrey M Spinks, et al. Nano Lett, 2014, 14: 2664

[607] Toribio F Otero, Jose G Martinez. Chem Mater, 2012, 24: 4093

[608] 谭敬豪，李敏. 中国修复重建外科杂志，2012, 26 (7): 865

[609] 刘鹏鹏，沈慧娟，王子轶. 中国组织工程研究，2014, 18 (7): 1115

[610] 李亮亮. 种植义齿黏结界面和骨结合界面在冲击力下的应力及变形分析. 北京：北方工业大学，2014

[611] 黄华莉，左伟文，石磊. 口腔医学研究，2014, 30 (3): 277

[612] 毛静，汲平. 口腔颌面修复学杂志，2014, 15 (2): 114

[613] 孔方圆，郑元俐. 口腔材料器械，2010, 19 (4): 204

[614] 张冬梅，张少锋. 中国美容医学，2010, 19 (6): 928